KANON DER PHYSIK.

DIE
BEGRIFFE, PRINCIPIEN, SÄTZE, FORMELN,
DIMENSIONSFORMELN
UND KONSTANTEN DER PHYSIK

NACH DEM NEUESTEN STANDE DER WISSENSCHAFT
SYSTEMATISCH DARGESTELLT

VON

DR. FELIX AUERBACH,
PROFESSOR DER THEORETISCHEN PHYSIK
AN DER UNIVERSITÄT JENA.

LEIPZIG,
VERLAG VON VEIT & COMP.
1899

Druck von Metzger & Wittig in Leipzig.

KANON DER PHYSIK

Vorrede.

Die moderne physikalische Litteratur ist reich an vortrefflichen Lehrbüchern der Physik, der experimentellen wie der mathematischen, und auch das Bedürfnis nach einem vielbändigen Nachschlagewerke ist durch das von Winkelmann herausgegebene Handbuch der Physik vor kurzem befriedigt worden. Dagegen fehlte es noch immer, und zwar nicht bloß in Deutschland, an einem kompendiösen Buche, in welchem die Begriffe und Prinzipien, Lehrsätze und Formeln, Dimensionsformeln und Zahlen jener Wissenschaft systematisch dargestellt und zusammengestellt wären, und zwar in einer Weise, die zwei Absichten zugleich gerecht würde: einerseits dem Leser einen zusammenhängenden, durch methodische, historische und andere Einzelheiten nicht gestörten Überblick über das Ganze zu gewähren, andererseits dem Nachschlagenden auf eine Frage, um die er das Buch zu Rate zöge, ohne Umschweife eine bestimmte Antwort zu erteilen. Die prinzipielle Schwierigkeit eines solchen „Kanon" der Physik liegt offenbar darin, daß es in der exakten Wissenschaft in vielen, vielleicht in den meisten Fällen gar nicht möglich ist, auf eine kurze Frage eine kurze Antwort zu setzen. Wird z. B. gefragt: Was ist Masse? Was ist Elastizität? Was ist Entropie?, so pflegt der Gefragte tief Atem zu holen und mit einer längeren Einleitung zu beginnen — und nicht mit Unrecht; denn die Schwierigkeit einer kurzen, von allem übrigen losgelösten Antwort liegt in der Natur der Sache. Aber für unüberwindlich darf diese Schwierigkeit nicht gelten. Man muß nur das Augenmerk auf das Wesentliche, Charakteristische richten, dieses in der Antwort zum Ausdruck bringen und im übrigen, soweit dies erforderlich ist, durch nachträgliche Zusätze oder Bemerkungen das Gesagte präzisieren resp. ergänzen.

In diesem Sinne ist das vorliegende Buch ausgearbeitet worden. Es umfaßt das Wichtigste aus dem Gesamtgebiete der Physik; besondere Sorgfalt aber ist denjenigen Begriffen und Sätzen zugewendet, die bei der neuerlichen ungeheuren Ausdehnung des Beobachtungsmateriales und der Mannigfaltigkeit der daran geknüpften hypothetischen Vorstellungen in eine gewisse Fluktuation geraten sind; sie sind hier in einem bestimmten, durch die Natur der Sache und das Gewicht der Autoritäten gestützten Sinne festgelegt worden, etwa abweichende Auffassungen aber trotzdem nicht unberücksichtigt geblieben. Als Übersetzungen in eine exaktere Sprache sind den Begriffen die Dimensionsformeln, den Sätzen die entsprechenden Formeln zur Seite gestellt und schliesslich, um das Buch nach allen Richtungen hin nützlich zu machen, reichliche Zahlentabellen aus allen Gebieten hinzugefügt worden.

Die Anordnung des Stoffes weicht von der üblichen einigermaßen ab, indem sie sich erst in zweiter Reihe an die durch unsere Sinnesempfindungen bedingte Verschiedenheit der Erscheinungen, in erster Reihe aber an die wichtigsten Begriffe: Raum und Zeit, Kraft und Masse, Energie und Entropie, anlehnt. Daß dieses Einteilungsprinzip gegenwärtig noch nicht streng durchführbar ist, dessen ist sich der Verfasser wohl bewußt gewesen; insbesondere hat der allgemeine Entropiebegriff noch zu wenig feste Gestalt angenommen, als daß sich, wie es im Prinzip sein sollte, alle wirklichen Naturerscheinungen, seien es solche des Gleichgewichtes oder der Veränderung, ungezwungen an ihn anschließen ließen. Es lassen sich daher gegen die Einordnung des Stoffes in die Kapitel, besonders in das Energie- resp. Entropiekapitel, Bedenken erheben; es findet sich in ihnen sogar einzelnes, was prinzipiell in frühere Kapitel gehört hätte (z. B. die geometrische Optik in das Kapitel vom Raum), und was nur des Zusammenhanges wegen oder aus anderen äußerlichen Gründen bis dorthin aufgespart wurde. Andererseits hätte auch noch weiter gegangen und gleich mit der Energie begonnen werden können, entsprechend der Forderung der Energetiker; ein solcher Versuch erschien aber dem Verfasser bei dem ersten Erscheinen eines Buches wie das vorliegende zu gewagt, und er glaubt in der Weise, wie er vorgegangen ist, die richtige Mitte inne gehalten zu haben.

Das Buch macht, soweit das Thatsachenmaterial der Physik dies erfordert, von der Formelsprache der höheren Mathematik vollen Gebrauch; es ist aber so gearbeitet, daß es mit Ausschluß der genannten Partien auch für den Nichtmathematiker ohne Schwierigkeit zu benutzen ist, und es wendet sich in seiner knappen Form nicht zum wenigsten gerade an diejenigen, für welche die Physik eine Hilfswissenschaft ist.

Der Übersichtlichkeit halber sind sechs verschiedene Numerierungen durchgeführt worden, nämlich:

fette Ziffern für die Begriffe,
fette Kursivziffern für die Sätze,
kleine lateinische Buchstaben für die Formeln,
große lateinische Buchstaben für die Dimensionsformeln,
deutsche Buchstaben für die Zahlentabellen,
gewöhnliche Ziffern in Klammern für die jeder Nummer beigefügten Anmerkungen.

Eine strenge Trennung von Begriffen, Sätzen und Anmerkungen ließ sich übrigens nicht überall durchführen.

Die Zahlentabellen geben, je nachdem es die Umstände geboten erscheinen ließen, neueste Werte oder Mittel aus den zuverlässigsten Werten; die Stoffe sind fast durchweg alphabetisch geordnet, ihre

Auswahl erfolgte nach Rücksichten teils des wissenschaftlichen Interesses, teils der praktischen Wichtigkeit.

Die Autorennamen und Jahreszahlen sind erst bei der Korrektur hinzugefügt worden und machen selbstverständlich auf irgend welche Vollständigkeit keinen Anspruch.

Schließlich spreche ich den hiesigen und auswärtigen, engeren und weiteren Fachgenossen, die mich durch Rat und That freundlichst unterstützt haben, meinen wärmsten Dank aus.

Jena, im Juni 1899.

F. Auerbach.

Inhalt.

Seite

Erstes Kapitel. Allgemeines . . . . 1—5

1. Physik. 2. Beobachtung und Experiment. 3. Theorie. 4. Experimental- und theoretische Physik. 5. 6. Begriffe. 7. Größen. 8. Prinzipien. 9. Variable und Konstanten.

Zweites Kapitel. Raum und Zeit . . . . 6—16

10. Raum. 11. Punkt, Linie, Fläche, Körper. 12. Skalare, Vektoren, Tensoren. 13. Einheiten. 14. Richtungen. 15. Winkel. 16. Ort, Koordinaten, Ortstabelle. 17. Gestalt. 18. Zusammenhang. 19. Zeit. 20. Tag. 21. Sekunde. 22. Zeitraum und Zeitpunkt.

Drittes Kapitel. Bewegung . . . . 16—37

23. Ruhe und Bewegung. 24—26. *1. 2.* Geschwindigkeit. 27. 28. *3. 4.* Beschleunigung. 29. Verschiebung und Drehung. 30. Periode. 31. Phase. 32. Amplitude. 33. Geschwindigkeitsgesetz. *5.* Koexistenz der Schwingungen. *6.* Fourier'scher Satz. 34. Schwingungsform. 35. Dämpfung. 36. Freie und erzwungene Schwingung. 37—40. Wellen. 41. Interferenz. 7. Huygens'sches Prinzip. 42. Beugung. 43. Strahlen. 44. Polarisation. 45. Schatten. *8.* Entfernungsgesetz. 46. Absorption. 47. 48. *9.* Reflexion und Brechung. 49. Dispersion.

Viertes Kapitel. Kraft und Masse . . . . 37—54

50. Kraft. 51. *10.* Beharrung. 52. Gleichgewicht. *11.* Kraftprinzip. *12.* Parallelogramm der Kräfte. 53. Kraftkomponenten. 54. Masse. 55. Kraft. *13.* Massenprinzip. *14.* Wechselwirkungsprinzip. 56. Arten der Kräfte. 57. Moment. 58. *15.* Druckkomponenten. 59. Gewicht. 60. Gramm. 61. Dyne. 61 a—c. Gewichts- und Gravitationsmaaß. 62. Druckeinheit.

Fünftes Kapitel. Eigenschaften der Materie . . . . . . 54—146

63. Dichte. 64. *16.* Dilatation und Kontraktion. 65. Spezifisches Gewicht. *17.* Konstanz der Masse. *18.* Äquivalenz der Stoffe.

Seite

66. Homogen und heterogen, isotrop und heterotrop. 67. Schwerpunkt. *19.* Schwerpunktssatz. 68. Trägheitsmoment. *20.* Flächensatz. 69—73. *21.* Krystalle. 74—78. Elastizität. 79. Aggregatzustände. *22.* Elastizität. 80. Thermische Ausdehnung. *23.* Druckgesetz. *24 a, b.* Boyle-Gay-Lussac'sches Gesetz. 81. Temperatur. 82. Hypothetische Stoffe. 83 a—c. Schmelzung, Auflösung, Verdampfung. 84. Dämpfe. 85. Kritischer Zustand. 86. *25.* Gemische. 87. *26.* Lösungen.* 88. Absorption. 89. Elastische Vollkommenheit. 90. Festigkeit. 91. Härte. 92. Plastizität. 93. Adhäsion. 94. 95. Reibung. 96. Kapillarität. 97. Konvektion, Leitung, Strahlung. 98. Konstitution der Materie. 99. Molekeln und Atome. 100—102. *27. 28.* Kinetische Gastheorie. 103. *29 a, b.* Molekulartheorie der Lösungen; 104. der festen Körper. 105. Wirbelatome.

Sechstes Kapitel. Potential . . . . 146—172

106. Geschwindigkeitspotential. *30.* 107—109. Strömung und Wirbelbewegung. 110. Potential. 111. Kraftfeld. *31.* Entfernungsgesetz der Kraft. 112—116. Potential des Punktes, der Linie, Fläche, des Körpers, des Punktpaares u. s. w. *32.* Grundgleichung des Potentials. *33.* Green'scher Satz u. s. w. 117. Potential der Druckkräfte.

Siebentes Kapitel. Energie.

Erster Abschnitt: Allgemeines . . . . 172—186

118. Arbeit. 119. Erg. 120. Effekt. 121. Energie. *34.* Konstanz der Energie. 122. Zustand, Prozeß. 123. Aktuelle und potentielle Energie. 124. Energiearten. 125. Energiebewegung und -Verwandlung. *35.* Äquivalenz der Energien.

Zweiter Abschnitt: Mechanische Energie . . . . . . 186—189

36. Satz von der lebendigen Kraft.

Dritter Abschnitt: Schall . . . . 189—198

126. Schall, Knall, Ton, Geräusch. 127. Tonhöhe. 128. Schallstärke. 129. Klang.

Vierter Abschnitt: Wärme . . . . 199—229

130. Wärme. *37.* Erster Hauptsatz. 131. Carnot'scher Kreisprozeß. 132. Wärmeäquivalent. 133. 134. Spezifische Wärme. *38.* Thomson-Joule'scher Satz. *39.* Adiabatische Gasgesetze. 135. *40. 41.* Molekular- und Atomenergie. 136. Schmelzwärme. 137. Lösungswärme. 138. Verdampfungswärme. 139. Spezifische Wärme des Dampfes. 140. Chemische Wärme.

Fünfter Abschnitt: Elektrizität und Magnetismus . . . 229—308

141. Elektrizität und Magnetismus. 142. Elektrizitätsmenge. *42.* Elektrisches Grundgesetz. 143. Elektrisches Potential u. s. w. *43.* Kontaktspannungen. *44.* Elektrisches Gleichgewicht. 144. Kapazität. 145. Dielektrizität. 146. Elektrostatische Induktion. 147. Elek-

Seite

trischer Strom. 148. Widerstand. *45.* Ohm'sches Gesetz. 149. Magnetismus. *46.* Magnetisches Grundgesetz. 150. Magnetisierung. 151. *47.* Magnetisches Potential. 152. Magnetische Induktion. 153. Natürliches Maaßsystem. *48.* Elektromagnetismus. *49.* Elektrodynamik. 154. *50.* Induzierte Ströme. *51.* Äquivalenz von Strömen und Magneten. 155. 156. Die drei absoluten und das praktische Maaßsystem. 157. Elektro- und Magnetostriktion, Piezo- und Pyroelektrizität. 158. *52a, b.* Joule'sche, Peltier-, Thomsonwärme. 159. *53.* Thermoströme. 160. Magnetisierungswärme. 161. *54. 55.* Elektrolyse, Polarisation.

Sechster Abschnitt: Licht . . . . 308—321

162. Licht. 163. Natürliches und polarisiertes Licht. 164. Farbe. 165. Intensität des Lichtes. 166. Lichteinheiten. *56.* Psychophysisches Gesetz für Lichtstärken.

Achtes Kapitel. Entropie.

Erster Abschnitt: Allgemeines . . . . 321—328

167. Wirkungsfähigkeit der Energie. *57.* Umwandlungsprinzip. 168. Wirkungsgrad. 169. *58.* Kinetisches Potential. *59.* 170. Gleichgewicht.

Zweiter Abschnitt: Mechanik . . . . 328—380

171. Kräfte und Bedingungen. 172. Mechanik. *60.* Prinzip der virtuellen Geschwindigkeiten. *61.* Gleichgewicht des Punktes, *62.* des starren Körpers. 173. *63.* Einfache Maschinen. *64.* Kettenlinie. *65.* Elastisches Gleichgewicht. *66. 67.* Hydrostatik. *68.* Kapillares Gleichgewicht. *69.* Aerostatik. *70.* Bewegungsprinzip. *71.* Lagrange'sche Gleichungen. *72.* Freier Fall. *73.* Wurf. 174. *74.* Pendel. *75.* Kepler'sche Gesetze. *76.* Rotation. 175. *77.* Elastische Dynamik. *78.* Stoß. *79—83.* Hydrodynamik. *84.* Aerodynamik. *85.* Reibung. 176. *86.* Diffusion.

Dritter Abschnitt: Schall . . . . 380—393

177. Tonschwingungen. *87—91.* Töne von Saiten, Stäben, Gabeln, *92.* von Membranen und Platten, *93.* von Pfeifen. 178. Fortpflanzung des Schalles. *94.* Resonanz. *95.* Interferenz.

Vierter Abschnitt: Wärme . . . . 393—423

179. Wärmebewegung. *96.* 180. *97.* Wärmeleitung. 181. 182. *98—100.* Wärmestrahlung. *101.* Zweiter Hauptsatz. 183. Absolute Temperatur. 184. Wirkungsgrad. 185. *102.* Entropie. 186. *103.* Freie Energie, thermodynamisches Potential. *104.* Zweite Hauptgleichung. *105.* Anwendungen. *106.* Thermodynamische Bewegungsgleichungen.

Fünfter Abschnitt: Elektrizität und Magnetismus . . 424—454

107. Elektrische und magnetische Energieverwandlung. 187. Elektrizitätsbewegung. *108.* Stationäre Ströme. 188. *109.* Leitvermögen.

Seite

189. Geschwindigkeit. 190. Elektrische Strahlung. 191. *110.* Maxwell'sche Theorie.

Sechster Abschnitt: Licht . . . . 455—508

192. Lichtbewegung. *111.* Grundgleichungen. 193. Geschwindigkeit, Aberration. 194. *112—117.* Geometrische Optik. *118.* Reflexion und Brechung. 195. Interferenz. 196. Beugung. 197. Dispersion. 198. Krystalloptik. 199. Fluorescenz und Phosphorescenz. 200. Elektrisches Licht. 201. Photographie.

Register . . . . 509—522

Berichtigungen 522

Erstes Kapitel.

Allgemeines.

1. Physik ist die Lehre von den Energieerscheinungen, insbesondere von den Orts-, Modalitäts- und Qualitätsänderungen, welche die Energie erfährt, ohne ihre Gesamtquantität zu ändern.

(1) Dem Brauche gemäß wird hier eine Definition des heutigen Begriffes „Physik“ an die Spitze gestellt, und zwar diejenige, welche der jetzigen Auffassung resp. dem jetzigen Stande der Erkenntnis am meisten entspricht. Wie es aber überhaupt unmöglich ist, eine Wissenschaft exakt zu definieren, ohne von den in ihr vorkommenden Begriffen oder mindestens von einem von ihnen Gebrauch zu machen, so werden hier die Begriffe der Energie (**121**), des Ortes (**16**), der Modalität und Qualität vorweggenommen. Der rechtmäßige Platz obiger Definition ist demnach hinter den angeführten.

(2) Ganz entsprechend ist die Chemie die Lehre von den Verwandlungen des Stoffes unter Wahrung seiner Quantität. Da übrigens Stoff und Energie aneinander geknüpft sind und niemals gesondert auftreten, giebt es streitige Grenzgebiete zwischen beiden Wissenschaften, die man unter dem Namen „Physikalische Chemie“ zusammenfaßt.

(3) Geometrie (d. h. die Lehre von den Mannigfaltigkeiten und Änderungen der räumlichen Gestalt), Physik und Chemie bilden zusammen die exakte Naturwissenschaft, d. h. diejenige Naturwissenschaft, deren Aufgabe es ist, nicht bloß die Qualität, sondern auch die Quantität der Vorgänge festzustellen, also alle sie bestimmenden Begriffe als „Größen“ zu definieren. Jene drei Disciplinen bilden zugleich die ganze exakte Naturwissenschaft und durchdringen damit auch die übrigen naturwissenschaftlichen Disciplinen; was in letzteren exakt ist, ist geometrisch oder physikalisch oder chemisch, es sei denn, daß man das biologische als ein viertes Prinzip, für das jedoch die Definition fehlt, anerkennen will.

(4) Der Zusatz betr. die Konstanz der Quantität (des Stoffes resp. der Energie) könnte überflüssig erscheinen, zumal bisher keine wissenschaftliche, ihm widersprechende Thatsache festgestellt ist; er ist aber

notwendig, insofern Physik und Chemie, im Vertrauen auf jene Konstanz, sie geradezu als leitendes Postulat benutzen und somit alle etwa abweichenden, überlieferten oder noch zu erwartenden Erscheinungen, ohne über deren außernaturwissenschaftliche Möglichkeit ein Urteil zu fällen, prinzipiell von ihrem Bereiche ausschließen.

(5) Die meisten Physiker (in neuester Zeit z. B. HERTZ) bezeichnen es als die Aufgabe der Physik, alle Erscheinungen auf Bewegung (Mechanik) zurückzuführen; andere wiederum (z. B. OSTWALD) erklären dies für einen Rückschritt und wollen jede Energieerscheinung spezifisch aufgefaßt wissen; näheres siehe weiter unten.

2. Beobachtung und Experiment. Beobachtung ist die wissenschaftliche Feststellung von Erscheinungen, welche sich in der Natur vorfinden. Experiment oder Versuch dagegen ist die wissenschaftliche Feststellung von Erscheinungen, welche künstlich hervorgerufen werden.

Beobachtung und Experiment zusammengenommen bilden das Gebiet der Erfahrung.

(1) Die Physik im engeren Sinne hat es stets mit Experimenten zu thun; insoweit sie sich mit Beobachtungen befaßt, geht sie über in das Gebiet der kosmischen Physik (Astronomie, Geophysik, Meteorologie), der Mineralphysik, der Biophysik. Entsprechendes gilt von der Chemie (reine Chemie, Mineralchemie, physiologische Chemie).

3. Theorie ist die Zurückführung von Erscheinungen auf einfachere und die dadurch ermöglichte Verknüpfung verschiedener Erscheinungen miteinander durch ein einfaches Gesetz.

(1) Durch diese Verknüpfung und Vereinfachung („einfachste und vollkommenste Beschreibung" nach KIRCHHOFF) nimmt die Theorie formell den Charakter einer „Erklärung" an, ohne materiell eine solche zu sein.

(2) Die Theorie ist am wertvollsten, wenn sie ohne „Hypothesen", d. h. unbewiesene Annahmen, auskommt, und sie ist alsdann von unbedingter Sicherheit. Enthält sie Hypothesen, so hat sie nur eine gewisse Wahrscheinlichkeit, die sich desto mehr steigert, je mehr aus ihr zu ziehende Folgerungen durch die Erfahrung bestätigt werden, und die zur Sicherheit wird, wenn es nachträglich gelingt, die Hypothesen selbst zu erweisen.

4. Experimentalphysik und theoretische Physik. Die Experimentalphysik bedient sich zur Feststellung der Gesetze jeder einzelnen Erscheinung des Experimentes, ihr Gang ist vom speziellen zum allgemeinen („induktive Methode"). Die theoretische Physik sucht umgekehrt aus möglichst wenigen Erfahrungsthatsachen möglichst viele Erscheinungen auf dem Wege der Theorie abzuleiten, ihr Endziel ist geradezu, die Zahl der erforderlichen Erfahrungsthatsachen auf das geringste Maaß zurückzuführen; ihr Gang ist, auf der so gewonnenen Grundlage, vom Allgemeinen zum Speziellen („deduktive Methode").

(1) Auch die theoretische Physik ist hiernach Erfahrungswissenschaft und als solche nicht zu verwechseln mit der „spekulativen Physik" oder „Naturphilosophie" früherer Zeiten, die auf der Grundlage der reinen Idee die Probleme der Natur zu lösen vorgab.[1]

(2) Zur Formulierung, Lösung und Anwendung ihrer Probleme muß sich die theoretische Physik in allen nicht äußerst einfachen Fällen und jedenfalls stets, wenn es sich um exakte, quantitative Ermittelungen handelt, der mathematischen Sprache bedienen, weshalb man sie auch als „Mathematische Physik" bezeichnet. Die Gesamtheit der für ein Problem typischen Formeln bildet in ihr dessen Beschreibungs- oder Erklärungssystem.

5. Allgemeine Begriffe sind solche, welche bei einer großen Zahl im übrigen verschiedenartiger Erscheinungen eine wesentliche Rolle spielen.

(1) Die Zahl der allgemeinen Begriffe wird einerseits durch die fortschreitende Vollkommenheit der Erkenntnis und Verknüpfung der Erscheinungen erhöht, andererseits durch die zunehmende Einfachheit der Beschreibung herabgemindert.

6. Grundbegriffe und abgeleitete Begriffe. Grundbegriffe sind solche allgemeine Begriffe, auf die alle übrigen, die aber selbst nicht auf andere zurückgeführt werden können; die übrigen kann man demgemäß abgeleitete Begriffe nennen. Die Gesamtheit der Grundbegriffe heißt das System der Grundbegriffe, Grundsystem oder Fundamentalsystem. Das heute vorherrschende ist das Länge-Zeit-Massesystem.

(1) Im Laufe der Zeit sind verschiedene Grundsysteme aufgestellt worden, und noch heute werden verschiedene vertreten. Zunächst ist zu unterscheiden zwischen Systemen mit einer verschiedenen Zahl von Grundbegriffen, nämlich 4, 3, 2 oder 1. Allen Systemen gemeinsam ist der Grundbegriff Raum (Länge); allen mehr als eingliedrigen die Grundbegriffe Raum und Zeit. Den viergliedrigen ist ferner gemeinsam die Masse, dagegen unterscheiden sie sich durch Wahl entweder der Kraft oder der Energie zum 4. Begriff; jenes kann das historische, dieses das energetische System genannt werden. Bei den dreigliedrigen Systemen ist der 3. Grundbegriff entweder die Masse (siehe oben) oder die Kraft (Länge-Zeit-Kraftsystem). Bei den zweigliedrigen Systemen wird auch noch die Masse resp. die Kraft (z. B. mittels des Newtonschen Gesetzes), bei den eingliedrigen überdies noch die Zeit (z. B.

[1] Die heutige „natural philosophy" der Engländer ist identisch mit „theoretische Physik".

mittels des WEBERschen Gesetzes) eliminiert, so daß schließlich nur der Grundbegriff der Länge übrig bleibt.

(2) Als Hauptvertreter sind zu nennen für das historische System GALILEI, NEWTON, LAGRANGE u. A., für das energetische OSTWALD und HELM, für die dreigliedrigen KIRCHHOFF und HERTZ, für die zwei- und eingliedrigen GAUSS u. A.

(3) Die dreigliedrigen Systeme haben vor den viergliedrigen den Vorzug größerer Einfachheit der Grundlegung; außerdem aber im Vergleich zum historischen System den Vorzug größerer Freiheit von metaphysischen Vorstellungen, dem energetischen gegenüber den Vorzug größerer Anschaulichkeit und infolgedessen größerer Zuverlässigkeit. Immerhin kommen auch die dreigliedrigen Systeme nicht ohne Hilfsvorstellungen (Konfiguration, verborgene Bewegung u. s. w.) aus. Noch schwieriger gestaltet sich die Ausbildung des zwei- resp. eingliedrigen Systems, so daß diese bisher nicht in merklichem Maße benutzt worden sind.

(4) Zu den abgeleiteten Begriffen gehört auch die Temperatur. Da dieser Begriff indessen im folgenden schon eine Rolle spielen wird, ehe es möglich sein wird, ihn auf die Grundbegriffe zu reduzieren, soll er, rein empirisch, als der durch die Angabe des Thermometers (nach CELSIUS, Eispunkt = 0°, Siedepunkt des Wassers = 100°) bestimmte Zustand eines Körpers angesehen und provisorisch als Grundbegriff betrachtet werden.

7. Zahlengrößsen und Dimensionsgrößsen. Eine Zahlengröße oder reine Zahl ist durch Angabe eines Zahlenwertes vollständig charakterisiert. Dagegen enthält eine Dimensionsgröße drei verschiedene Elemente in sich: a) die Dimension, d. h. die Art, in welcher die Grundbegriffe in ihr enthalten sind; b) die Einheiten, welche für diese Begriffe benutzt werden; c) den in diesen Einheiten ausgedrückten Zahlenwert. Eine Dimensionsgröße, als quantitativer Ausdruck eines Begriffes, heißt oft auch schlechthin Größe.

(1) Bei gleicher Einheit verhalten sich die Zahlenwerte verschiedener Größen wie diese Größen; bei verschiedenen Einheiten verhalten sich die Zahlenwerte einer und derselben Größe umgekehrt wie die Einheiten.

(2) Man unterscheidet zwischen absoluten Einheiten und praktischen Einheiten; ein prinzipieller Unterschied zwischen beiden besteht jedoch nicht, vielmehr zeichnen sich die absoluten Einheiten nur dadurch aus, dass sie für das Gesamtgebiet der Erscheinungen und auf Grund möglichst allgemeiner Übereinkunft benutzt werden.

(3) Das Schema einer Größe ist hiernach im dreigliedrigen System:

$$G = z\, l^{\lambda} t^{\tau} m^{\mu},$$

wo z der Zahlenwert, l, t, m die für die drei Grundbegriffe gewählten Einheiten und λ, τ, μ beliebige Zahlen sind. Handelt es sich nicht um den Zahlenwert, sondern lediglich um die Dimension der Größe, so setzt man diese in eckige Klammern und erhält die Dimensionsformel der Größe:

$$[G] = l^{\lambda} t^{\tau} m^{\mu}. \tag{A}$$

Eine reine Zahl enthält weder l noch t noch m, d. h. alle drei Dimensionen in der 0. Potenz, man erhält also als Dimensionsformel für sie

$$[r.z] = 1. \tag{B}$$

8. Grundprinzipien sind solche Sätze, welche irgendwie gegeben und nicht weiter reduzierbar sind.

(1) Unter den als Prinzipien bezeichneten Sätzen finden sich solche sehr verschiedenen Charakters, und zwar besonders folgende: a) Logisch einleuchtende Sätze, b) Definitionen der in ihnen enthaltenen Begriffe, c) Erfahrungsthatsachen, d) Postulate; ein und dasselbe Prinzip rückt bei tieferem Eindringen in sein Wesen nicht selten aus einer dieser Klassen in eine andere ein, insbesondere erweisen sich manche Prinzipien, die für etwas Anderes gehalten wurden, lediglich als Definitionen. Aus diesen Gründen ist auch die Frage nach der notwendigen und hinreichenden Zahl von Grundprinzipien noch unbeantwortet, resp. noch nicht einheitlich beantwortet.

(2) Die übrigen Sätze, welche die Untersuchung der Erscheinungen liefert, werden je nach ihrer Tragweite Prinzipien, Gesetze, Lehrsätze oder Regeln genannt.

(3) In der mathematischen Physik werden Größen durch Buchstaben oder Kombinationen solcher untereinander und mit Zahlen, Gesetze und überhaupt Beziehungen zwischen Größen durch Gleichungen ausgedrückt (Differentialgleichungen für die infinitesimalen räumlichen und zeitlichen Beziehungen, wozu noch räumliche und zeitliche Grenzbedingungen kommen; endliche Gleichungen für die daraus sich ergebenden endlichen Beziehungen).

9. Variable und Konstanten. Unter den Größen giebt es solche, welche sich verändern und darum Variable heißen; man unterscheidet dabei unabhängige oder willkürliche Variable, deren Veränderung primären Charakters ist, und abhängige Variable oder Funktionen, deren Veränderung aus der jener unmittelbar folgt; die Beziehung zwischen beiden Veränderungen ist das Gesetz. Andererseits giebt es Größen, welche ihren Wert allgemein oder in gewissen Fällen beibehalten und deshalb Konstanten heißen. Man kann dabei zwischen universellen Konstanten, die eine allgemeine Bedeutung haben, und individuellen Konstanten, die z. B. nur für bestimmte Stoffe gelten, unterscheiden.

Zweites Kapitel.

Raum und Zeit.

10. Der **Raum** ist die Form unserer äußeren Anschauung (Kant); seine drei Mannigfaltigkeiten heißen Dimensionen.

(1) Räume von mehr Dimensionen sind für uns wohl abstrakt denkbar und können der formalen Rechnung unterworfen werden, sind aber nicht anschaubar und fallen daher nicht unter die obige Definition.

(2) Unser Raum heißt auch „ebener Raum“, weil er sich zu anderen denkbaren, aber nicht oder nur künstlich bis zu einem gewissen Grade (v. Helmholtz) anschaubaren, ebenfalls dreidimensionalen Räumen verhält, wie die Ebene zu den übrigen Flächen, d. h. weil sein Krümmungsmaaß überall null ist; in ihm gilt das Kongruenzprinzip, und hierauf beruht die Zulässigkeit unserer räumlichen Meßmethoden.

11. Punkt, Linie, Fläche, Körper. Ein Raumgebilde ohne Dimensionen heißt Punkt (mathematischer Punkt), ein Gebilde von einer Dimension heißt Linie oder Strecke, ein Gebilde von zwei Dimensionen heißt Fläche, von drei Dimensionen Körper. Die Größe einer Linie heißt Länge, die einer Fläche Flächeninhalt, die eines Körpers Rauminhalt oder Volumen.

(1) Die hier eingeführten Gebilde sind die geometrische Linie, die geometrische Fläche, der geometrische Körper, im Gegensatz zu den entsprechenden physikalischen Gebilden (s. w. u.).

(2) Ein-, zwei-, dreidimensionale Erscheinungen sind im engeren Sinne solche, die sich nur in einer Linie, einer Fläche oder aber im Raume abspielen (freier Fall, ebenes Pendel, Raumpendel; oder elektrischer Strom in Drähten, Platten, Körpern). Im weiteren Sinne versteht man aber darunter auch räumliche Vorgänge, wenn ihre Mannigfaltigkeit nur ein-, zwei-, dreidimensional ist, wenn sich also in allen parallelen (oder anderweitig zugeordneten) Linien resp. Flächen die Erscheinung in gleicher Weise abspielt (eindimensional: Regen, Abnahme des Luftdruckes mit der Höhe; zweidimensional: Strömung in einem breiten Kanal ohne Rücksicht auf die Ufer, Cylinderwellen u. s. w.).

12. Skalare, Vektoren, Tensoren. Größen, die durch Einheiten, Dimensionen und Zahlenwert vollständig bestimmt sind, heißen Skalare (Hamilton 1853); Größen, welche außerdem noch eine bestimmte einseitige Richtung haben, Vektoren; Größen mit zweiseitiger, d. h. nach beiden Seiten gleichwertiger Richtung Bivektoren oder Tensoren (Voigt); die beiden letzteren Größen zusammen werden auch Richtungsgrößen genannt.

(1) Von den Vektoren giebt es zwei Arten: axiale und polare (ohne oder mit unendlich vielen hindurchgehenden Symmetrieebenen).

(2) Typisch für den Skalarbegriff ist die Temperatur, für den axialen Vektor Rotation, weshalb auch der Name „Rotor" dafür gebraucht wird (Clifford, Wiechert), für den polaren Verschiebung, für den Tensor Druck (vgl. auch weiter unten).

13. Längeneinheit, Flächeneinheit, Volumeneinheit. Als absolute Einheit der Länge dient das Centimeter (cm), der hundertste Teil des Meters (m), welches selbst wieder ursprünglich definiert war als der zehnmillionste Teil eines Meridianquadranten der Erde und durch einen Normalmaaßstab festgelegt wurde; diesen Normalmaaßstab hat man beibehalten, auch nachdem neuere Messungen für den Quadranten einen etwas anderen Wert ergeben haben; man kann also gegenwärtig nur definieren: 1 cm ist der hundertste Teil des Normalmeterstabes (bei 0° C.). Entsprechend ist die absolute Flächeneinheit das Quadratcentimeter (qcm oder cm^2), die absolute Volumeneinheit das Kubikcentimeter (ccm oder cm^3).

(1) Der Originalstab wird in Paris aufbewahrt, Kopien finden sich an vielen Orten.

(2) Der wahre Wert des Quadranten beträgt:

	$Q = 1\,000\,085\,576$ cm	(a)
des Meridians	$M = 4\,000\,342\,305$ „	(b)
des Äquators	$A = 4\,007\,036\,810$ „	(c)
des Polarradius	$r = 635\,607\,896$ „	(d)
des Äquatorialradius	$R = 637\,739\,715$ „	(e)
der Abplattung	$\frac{R-r}{R} = 0{,}003\,343 = \frac{1}{299{,}153}$.	(f)

Übrigens sind, wie es scheint, auch die Meridiane verschieden lang, d. h. es ist auch der Äquator abgeplattet, die Abplattung beträgt aber wahrscheinlich noch nicht $^1/_{20}$ der polaren.

(3) Andere, aus dem Centimeter abgeleitete Längenmaaße, sowie die entsprechenden Flächen- und Volumenmaße sind folgende:

Kilometer	= km	= 100 000 cm	= 10^5 cm	(g)
Meter	= m	= 100 „		
Dezimeter	= dm	= 10 „		
Millimeter	= mm	= 0,1 „		
Mikron	= μ	= 0,001 mm = 0,0001 cm	= 10^{-4} cm	
Millimikron	= $\mu\mu$	= 0,000001 „ = 0,0000001 „	= 10^{-7} „	

Quadratkilometer	= qkm (km^2)	= 10^{10} qcm	(h)
Quadratmeter	= qm (m^2)	= 10^4 „	
Quadratmillimeter	= qmm (mm^2)	= 0,01 „	

Hektar	= ha	= 10^4 qm	= 10^8 qcm			(𝔥)
Ar	= a	= 10^2 „	= 10^6 „			

Kubikmeter	= cbm (m^3)	= 10^6 ccm		(𝔦)
Kubikdezimeter	= cbdm (dm^3)	= 10^3 „	(Liter)	
Kubikmillimeter	= cbmm(mm^3)	= 0,001 „		

(4) Zur Umrechnung älterer Maaße dienen folgende Angaben:

	cm	
Geographische Meile	742 044	(𝔨)
Preußische „	753 249	
Englische „	160 900	
Seemeile	185 500	
Toise	194,9	
Yard	91,44	
Englischer Fuß	30,479	
Pariser „	32,484	
Rheinischer „	31,385	
Pariser Zoll	2,712	
„ Linie	0,2256	

Quadratmeile	55,0588	qkm	(𝔩)
Preuß. Morgen	25,53	a	
„ Quadratfuß	985,04	qcm	
„ Quadratzoll	6,8405	„	
„ Kubikfuß	30916	ccm	(𝔪)
„ Kubikzoll	17,891	„	

(5) Für sehr große Strecken bedient man sich, besonders in der Astronomie, als Maaßes der Zeiten, welche der Lichtstrahl zu ihrer Zurücklegung im leeren Raume braucht; man spricht also von Lichtsekunden, Lichtminuten, Lichtstunden u. s. w. bis zu Lichtjahren; dabei ist:

Lichtsekunde = 299 890 km
Lichtjahr = $94\,639 \cdot 10^8$ km (𝔫)

Auch für sehr kleine Längen und überhaupt als absolute Längeneinheit hat man eine den Lichterscheinungen entnommene Größe vorgeschlagen, die „Lichtwelleneinheit“, d. h. die Wellenlänge einer bestimmten Spektrallinie, z. B. die rote, grüne oder blaue Kadmiumlinie (Michelson):

λ (rot) = 0,643 847 22 μ	1 cm = 15531,635 λ (rot)		(𝔬)
λ (grün) = 0,508 582 40 „	1 „ = 19002,497 λ (grün)		
λ (blau) = 0,479 991 07 „	1 „ = 20833,721 λ (blau).		

(6) Dimensionsformeln für Länge, Fläche, Volumen:

$$[l] = l, \qquad [f] = l^2, \qquad [v] = l^3. \qquad \text{(C, D, E)}$$

14. Richtungen. Unter den Richtungen haben eine besondere Bedeutung die vertikale Richtung, d. h. die Richtung des Lotes, und die horizontale Richtung, d. h. die Richtung jeder in einer

Niveau- oder Horizontalebene verlaufenden Linie; beide stehen aufeinander senkrecht.

(1) Von der Lotrichtung sind, obwohl thatsächlich von ihr nur wenig verschieden, folgende Richtungen zu unterscheiden: a) die Richtung des freien Falles, b) die Richtung nach dem Erdmittelpunkt, c) d) die Richtungen nach den beiden Erdbrennpunkten. Ebenso ist von der Horizontalebene die Tangentialebene zu unterscheiden.

(2) Die Lotlinie unterliegt nicht nur örtlichen, sondern auch zeitlichen Einflüssen (Schwankungen der Lotlinie).

(3) Andere ausgezeichnete Richtungen sind die Nord-Süd-Richtung, die magnetische Nord-Süd-Richtung, die Richtung nach dem Himmelspol u. s. w.

15. Winkel. Man unterscheidet: a) Linienwinkel, d. h. Richtungsunterschied zwischen zwei geraden, sich schneidenden Linien. Als Einheit dient entweder der Grad, d. h. der 360. Teil des ganzen Umlaufes um einen Punkt, mit seinen Unterabteilungen:

$$1^0 = 60 \text{ Minuten} = 60', \quad 1' = 60 \text{ Sekunden} = 60''; \tag{p}$$

oder der Winkel, für welchen ein zugehöriger Kreisbogen um den Winkelscheitel gleich dem betreffenden Kreisradius ist, also der Winkel:

$$\omega = \frac{360^0}{2\pi} = 57{,}2958^0 = 3437{,}75' = 206\,265''. \tag{q}$$

Umgekehrt ist $1^0 = 0{,}017\,453.$ (r)

Der rechte Winkel, d. h. der vierte Teil des ganzen Umlaufes, ist gleich 90^0, resp. gleich $\pi/2$.

b) Flächenwinkel, d. h. der Richtungsunterschied zwischen zwei sich schneidenden Ebenen, besser der Richtungsunterschied zwischen zwei in demselben Punkte ihrer Schnittkante im gleichen Sinne auf ihnen errichteten Senkrechten; Einheit und Maaße wie beim Linienwinkel.

c) Körperwinkel, Raumwinkel oder Kegelöffnung, d. h. derjenige Bruchteil, welcher von einem beliebig geformten, von einem Punkte ausgehenden Kegel aus einer um diesen Punkt geschlagenen Kugelfläche ausgeschnitten wird; die Einheit ist der Quadratgrad, ausgeschnitten von einem Kegel von der Form einer quadratischen Pyramide, deren je zwei Kanten einen Winkel von 1^0 miteinander bilden; die ganze Kugeloberfläche hat

$$\frac{360 \times 360}{\pi} = 41252{,}86 \text{ Quadratgrade.} \tag{s}$$

(1) Das Dezimalsystem für Winkel ist schon wiederholt vorgeschlagen worden, hat sich aber nicht Bahn brechen können.

(2) Alle Winkel sind Verhältnisse gleichartiger Begriffe (Bogen : Kreis, Flächenausschnitt : Kugelfläche), also reine Zahlen:

$$[\omega] = 1, \quad [\omega'] = 1, \quad [\Omega] = 1 \tag{F}$$

(ω Linienwinkel, ω' Flächenwinkel, Ω Raumwinkel).

(3) In Fällen, wo es auf die Gleichheit der Teile nicht ankommt, teilt man die Kugelfläche nicht in Quadratgrade, sondern mittels der Längen- und Breitenkreise in Trapeze, deren es 64800 giebt, und von denen die dem Äquator anliegenden gleich Quadratgraden, die übrigen nach den Polen zu kleiner und kleiner sind.

(4) Mit dem Raumwinkel steht in unmittelbarem Zusammenhange die „scheinbare Größe" einer beliebigen Fläche von einem Punkte aus. Formel:

$$S = \int \frac{dF}{r^2} \sin\alpha \tag{a}$$

(F wahre, S scheinbare Größe, r Abstand des Elementes dF vom Punkte, α Winkel der Sehrichtung mit dem Flächenelement); sich überdeckende Teile heben sich dabei eventuell auf. Die scheinbare Größe spielt in vielen Gebieten eine wichtige Rolle, z. B. im Magnetismus und in der Optik.

16. Ort, Koordinaten. Ort eines Punktes ist seine Entfernung von einem anderen Punkte, auf den sein Ort bezogen wird, und zwar dem Zahlenwerte und der Richtung im Raume nach. Da der Ort hiernach drei Elemente enthält, kann man auch anders verfahren und sagen: Der Ort eines Punktes ist durch drei beliebige, voneinander unabhängige, eindeutige Bestimmungsstücke charakterisiert, diese Größen heißen die Koordinaten des Punktes. Je nach der Wahl der Bestimmungsstücke erhält man verschiedene Koordinatensysteme. Eine Fläche, deren sämtliche Punkte eine Koordinate gemeinsam haben, heißt eine Koordinatenfläche, der ganze Raum wird von drei Scharen solcher Koordinatenflächen durchsetzt. Je nachdem die Flächen ersten Grades (Ebenen), zweiten u. s. w. Grades sind, unterscheidet man ebene Koordinaten, Koordinaten zweiten Grades („elliptische Koordinaten") u. s. w.; ferner je nachdem sich die Flächen senkrecht oder schief schneiden, orthogonale oder anorthogonale Koordinaten, speziell für ebene Flächen rechtwinklige oder schiefwinklige Koordinaten. Spezielle Varianten von Koordinaten zweiten Grades sind die sphärischen oder Polarkoordinaten und die Cylinderkoordinaten.

In den ebenen Systemen heißen die drei Geraden, für deren Punkte zwei Koordinaten 0 sind, Koordinatenaxen, ihr Schnittpunkt Anfangspunkt oder Nullpunkt; in der Ebene selbst heißt die horizontale Axe Abscissenaxe, die vertikale Ordinatenaxe.

(1) Ort im Raume hat hiernach keine absolute, sondern nur relative Bedeutung.

(2) Rechtwinklige Koordinaten: x, y, z.

Schiefwinklige Koordinaten: ξ, η, ζ, Winkel zwischen den Ebenen α und β.

Polarkoordinaten: r (Radiusvektor), φ (Breite, zuweilen auch Poldistanz), ψ (Länge).

Cylinderkoordinaten: ϱ (Abstand von der Cylinderaxe), z (Abstand von der Grundebene), θ (Länge).

Formeln für den Übergang von einem zu einem anderen System (Koordinatentransformation):

a) von einem zu einem anderen rechtwinkligen

$$\left.\begin{aligned} x' &= a + \alpha_1 x + \alpha_2 y + \alpha_3 z, \\ y' &= b + \beta_1 x + \beta_2 y + \beta_3 z, \\ z' &= c + \gamma_1 x + \gamma_2 y + \gamma_3 z \end{aligned}\right\} \tag{b}$$

(a, b, c Koordinaten des Nullpunktes des einen im anderen System, die α, β, γ die Cosinus der neun Winkel zwischen den Axen des einen und denen des anderen Systems);

b) von rechtwinkligen zu Polarkoordinaten (φ Breite, z wird Polaraxe, x die Nullaxe der Längen):

$$\left.\begin{aligned} x &= r \cos\varphi \cos\psi, \\ y &= r \cos\varphi \sin\psi, \\ z &= r \sin\varphi; \end{aligned}\right\} \tag{c}$$

umgekehrt

$$r = \sqrt{x^2 + y^2 + z^2}, \qquad \varphi = \arcsin \frac{z}{\sqrt{x^2 + y^2 + z^2}}, \qquad \psi = \operatorname{arctg} \frac{y}{x}; \tag{d}$$

c) von rechtwinkligen zu cylindrischen

$$x = \varrho \cos\theta, \qquad y = \varrho \sin\theta, \qquad z = z; \tag{e}$$

umgekehrt

$$\varrho = \sqrt{x^2 + y^2}, \qquad \theta = \operatorname{arctg} \frac{y}{x}, \qquad z = z; \tag{f}$$

d) von rechtwinkligen zu elliptischen: den Koordinaten x, y, z entsprechen als elliptische die drei Wurzeln λ_1, λ_2, λ_3 der in λ kubischen Gleichung

$$\frac{x^2}{a^2 + \lambda} + \frac{y^2}{b^2 + \lambda} + \frac{z^2}{\lambda} = 1. \tag{g}$$

(3) Entfernung eines Punktes vom Anfangspunkte:

$$\left.\begin{aligned} &\text{rechtwinklig } r = \sqrt{x^2 + y^2 + z^2}, \\ &\text{schiefwinklig} \\ &r = \sqrt{x^2 + y^2 - 2xy\cos\alpha + z^2 - 2z\sqrt{x^2 + y^2 - 2xy\cos\alpha}\cos\beta}, \end{aligned}\right\} \tag{h}$$

$$\left.\begin{array}{ll} \text{polar} & r = r, \\ \text{cylindrisch} & r = \sqrt{\varrho^2 + z^2}. \end{array}\right\} \quad \text{(h)}$$

Flächenelement in der xy-, resp. $r\varphi$-Ebene:

$$\left.\begin{array}{ll} \text{rechtwinklig} & df = dx\,dy, \\ \text{schiefwinklig} & df = dx\,dy \sin\alpha, \\ \text{polar} & df = r\,dr\,d\varphi. \end{array}\right\} \quad \text{(i)}$$

Raumelement:

$$\left.\begin{array}{ll} \text{rechtwinklig} & d\tau = dx\,dy\,dz, \\ \text{schiefwinklig} & d\tau = dx\,dy\,dz \sin\alpha \sin\beta, \\ \text{polar} & d\tau = r^2 \cos\varphi\,dr\,d\varphi\,d\psi, \\ \text{cylindrisch} & d\tau = \varrho\,d\varrho\,d\theta\,dz. \end{array}\right\} \quad \text{(k)}$$

(4) Eindimensionale Erscheinungen (**11** (2)) hängen nur von einer, zweidimensionale von zwei, dreidimensionale von allen drei Koordinaten ab.

(5) Tabelle einiger Orte auf der Erde mit ihren Polarkoordinaten: h = Höhe über dem Meeresspiegel in Metern (örtliches r minus wahrem r), meist für die Sternwarte gültig; φ = geographische Breite (vom Äquator aus, + nach Norden, − nach Süden), ψ geographische Länge (von Greenwich, + östlich, − westlich).

Ort	h	φ	ψ	Ort	h	φ	ψ
Aachen	185	50° 47′	6° 5′	Chicago	183	41° 54′	−87° 38′
Amsterdam	4	52 23	4 53	Christiania	23	59 55	10 43
Athen	105	37 59	23 44	Darmstadt	135	49 52	8 40
Basel (Münster)	282	47 33	7 36	Dorpat	73	58 23	26 43
Bergen	15	60 24	5 20	Dresden	115	51 2	13 44
Berlin	37	52 30	13 23	Dublin	16	53 23	− 6 20
Bern	572	46 57	7 26	Edinburg	71	55 57	− 3 11
Bologna	88	44 30	11 21	Erlangen (Prot. K.)	324	49 36	11 0
Bonn	57	50 44	7 6	Florenz	70	43 47	11 15
Braunschweig	72	52 16	10 32	Frankfurt (Dom)	74	50 7	8 41
Bremen	4	53 5	8 48	Freiburg (Bad.)	268	48 0	7 51
Breslau	117	51 7	17 2	Genf	407	46 12	6 9
Breteuil	67	48 50	2 16	Gießen	142	50 35	8 41
Brocken	1041	51 48	10 37	Glasgow	56	55 53	− 4 18
Brüssel	19	50 51	4 22	Göttingen	146	51 32	9 57
Budapest	153	47 30	19 2	Graz (Jes. Sch.)	392	47 5	15 27
Cambridge (England)	12	52 13	0 6	Greenwich	47	51 29	0 0
Cambridge (Amerika)	64	42 23	−71 8	Greifswald (Leuchtt.)	0	54 15	13 56
Cap d. g. H.	8	−33 56	18 29	Halle	108	51 30	11 58

Ort	h	φ	ψ	Ort	h	φ	ψ
Hamburg	7	53° 33′	9° 58′	Neapel	149	40° 52′	14° 15′
Hammerfest . .	58	70 42	23 44	New York . . .	56	40 44	−73 59
Hannover (Techn. H.) .	54	52 23	9 43	Nizza	340	43 43	7 18
Heidelberg . . .	112	49 25	8 42	Oxford	64	51 45½	− 1 16
Helsingfors . . .	16	60 10	24 77	Palermo	72	38 7	13 21
Hongkong . . .	6	22 18	114 10	Paris	64	48 50	2 20
Jena	155	50 56½	11 37	Potsdam	32	52 23	13 4
Innsbruck . . .	592	47 16	11 24	Prag	188	50 5	14 25
Kairo	29	30 5	31 17	Rio de Janeiro	64	−22 54	−43 10
Karlsruhe	114	49 ½	8 24	Rom (Ppstl. St.)	58	41 54	12 29
Kiel	5	54 20½	10 9	Rostock	27	54 5½	12 9
Köln	55	50 57	6 58	S. Franzisko . .	18	37 47	−122 26
Königsberg . . .	22	54 43	20 30	St. Louis	174	38 38	−90 12
Konstantinopel (H. S.)	50	41 0	29 0	St. Petersburg .	11	59 50	30 18
Kopenhagen . .	10	55 41	12 35	Stockholm . . .	20	59 20½	18 3½
Krakau	220	50 4	19 58	Straßburg	143	48 35	7 46
Leipzig	120	51 20	12 23½	Stuttgart	249	48 47	9 11
Lissabon	95	38 42½	− 9 11	Tiflis	487	41 41	44 51
Madrid	663	40 24½	− 3 41	Triest	26	45 39	13 45½
Mailand	130	45 28	9 11½	Tübingen	322	48 31	9 2½
Marburg	240	50 49	8 46	Turin	250	45 4	7 42
Melbourne . . .	30	−37 50	144 59	Upsala	24	59 51½	17 34½
Montreal	20	45 31	−73 33	Warschau . . .	110	52 13	21 2
Moskau	147	55 45	37 34	Washington . .	35	38 54	282 57
München	525	48 9	11 36½	Wien	150	48 12½	16 23
Münster	63	51 58	7 38	Würzburg . . .	184	49 48	9 58½
				Zürich	470	47 23	8 33

17. Gestalt. Jedes Raumgebilde hat außer der Größe (11) noch ein zweites Charakteristikum, die Form oder Gestalt. Sie ist allerdings nicht von der Natur einer „Größe“ (7) und daher an sich nicht zahlenmäßig angebbar; sie läßt sich aber mit Hilfe anderer Größen als eine Beziehung zwischen diesen mathematisch formulieren: Gleichungen von Linien, Flächen, Körpern. Bei einem Körper kommt die Gestalt auf die Gestalt seiner Oberfläche hinaus; diese kann entweder eine einheitliche krumme Fläche sein (Kugel, Ellipsoid u. s. w.) oder sich aus mehreren ebenen Flächen (Polyeder) oder zusammenstossenden krummen Flächen (Linse) oder getrennten krummen Flächen (Hohlkugel u. s. w.) zusammensetzen; im letzteren Falle unterscheidet man äußere und innere Oberfläche. Eine spezielle Art der zweiten Klasse von Körpern sind die regulären Polyeder, deren ebene Grenzflächen untereinander gleiche, reguläre Polygone sind. — Körper, die in einer Dimension nur geringe Ausdehnung haben, heißen Platten, Lamellen oder Schalen; Körper, die in zwei Richtungen geringe Ausdehnung haben, heißen Fäden, Stäbe, Drähte, Saiten.

(1) Die Lehre von den räumlichen Größen und Gestalten ist die Geometrie, ihre Anwendung auf die Krystallformen die geometrische Krystallographie.

18. Zusammenhang. Eine besonders wichtige Unterscheidung hinsichtlich der Gestalt ist die zwischen zusammenhängenden Linien, Flächen, Körpern, die aus einem, und unzusammenhängenden, die aus mehreren getrennten Stücken bestehen. Zusammenhängende Gebilde können wieder einfach, zweifach u. s. w. zusammenhängend sein, je nachdem ein, zwei oder mehr beliebige Schnitte sie zum Auseinanderfallen bringen. In einem einfach zusammenhängenden Raume kann man jede Verbindungslinie zweier Punkte in jede andere zwischen denselben Punkten stetig überführen, in einem mehrfach zusammenhängenden Raume ist das nicht möglich.

(1) Ein einfaches Beispiel eines einfach zusammenhängenden Raumes ist eine Kugel oder Hohlkugel, eines zweifach resp. dreifach zusammenhängenden Raumes ein ring- resp. 8-förmiger Raum.

(2) Zahlreiche Erscheinungen, z. B. Strömungen und Wirbel von Flüssigkeiten, elektromagnetische Wirkungen, spielen sich in ein- oder mehrfach zusammenhängenden Räumen wesentlich verschieden ab.

19. Die **Zeit** ist die Form unserer inneren Anschauung (Kant). Sie ist eindimensional, an sich aber keine exakt meßbare Größe, sondern wird dies erst unter Zuhilfenahme von Vorgängen im Raume.

(1) Die direkte Zeitschätzung ist ganz unsicher, sie hängt von der zeitlichen Entfernung der zu schätzenden Zeit von der Zeit des Schätzens ab, ferner von den Vorgängen während der Zeit, sie wird immer unsicherer, je schwächer von Vorgängen angefüllt die Zeit ist, und würde ganz unmöglich werden, wenn es möglich wäre, eine ganz „leere“ Zeit herzustellen.

(2) Zur Zeitmessung müssen solche räumliche periodische Vorgänge herangezogen werden, deren Perioden als sämtlich gleich nachgewiesen werden können, ohne daß es hierzu eines Zeitmaßes bedürfte. Einen diese Bedingungen prinzipiell und absolut erfüllenden Vorgang giebt es nicht; unter den praktisch brauchbaren ist die Axendrehung der Erde am geeignetsten.

20. Tag, genauer Sterntag, ist die Dauer der wahren Umdrehung der Erde um ihre Axe, d. h. die Zeit zwischen zwei aufeinanderfolgenden Durchgängen eines Fixsternes durch den Ortsmeridian. Vom Sterntag zu unterscheiden ist der wahre Sonnentag (Zeit zwischen zwei Durchgängen der Sonne durch den Meridian) und, da die verschiedenen

Sonnentage eines Jahres verschieden lang sind, der mittlere Sonnentag, nach welchem in der Astronomie und im bürgerlichen Leben (astronomischer resp. bürgerlicher Tag) gerechnet wird. Die Differenz zwischen mittlerer und wahrer Zeit heißt Zeitgleichung; sie wird viermal im Jahre Null, kann in der Zwischenzeit aber bis zu 16 Minuten anwachsen.

(1) Im Prinzip muß sich die Tageslänge wegen der Flutreibung, der Meteorfälle und anderer Einflüsse verändern und zwar im Endresultate vergrößern, solange bis sie der Jahreslänge gleich wird (wie sie beim Monde thatsächlich schon gleich der Monatslänge ist). Thatsächlich läßt sich aber aus den ältesten Nachrichten über Finsternisse der Schluß ziehen, daß eine merkliche Änderung der Tageslänge in historischer Zeit nicht eingetreten ist.

(2) Der mittlere Sonnentag (t) wird in 24 Stunden (h) zu je 60 Minuten (m) zu je 60 Sekunden (s) geteilt.

(3) Zwischen Sterntag, mittlerem Tag und Jahreslänge, genauer „tropisches Jahr“ (Dauer der Drehung der Erde um die Sonne, bezogen auf den Frühlingspunkt der Erde) bestehen folgende Beziehungen:

$$\left.\begin{array}{l} 1 \text{ Jahr} = 365{,}2422 \text{ mittl. Sonnentage} = 365\,\text{t}\ 5\,\text{h}\ 48\,\text{m}\ 47{,}8\,\text{s} \\ 1 \text{ Jahr} = 366{,}2422 \text{ Sterntage} \\ 1 \text{ Sterntag} = 1 \text{ mittl. Tag} - 3\,\text{m}\ 55{,}9\,\text{s} = 0{,}99727 \text{ m. T.} \\ 1 \text{ mittl. Tag} = 86400\,\text{s} \\ 1 \text{ Sterntag} = 86164{,}09\,\text{s} \\ 1 \text{ Jahr} = 31\,556\,926\,\text{s}. \end{array}\right\} \quad (\mathfrak{u})$$

21. Sekunde. Als Zeiteinheit im absoluten Maaß-Systeme dient die Sekunde.

(1) Zur irdischen Festlegung und Reproduktion der Sekunde dient das Sekundenpendel, d. h. die Länge desjenigen einfachen Pendels, welches unter 45° Breite im Meeresspiegel eine Schwingungsdauer von 1 s besitzt (s. w. u.). Es ist

$$l = 99{,}349 \text{ cm.} \quad (\mathfrak{v})$$

22. Zeitraum und Zeitpunkt. Bisher wurden nur Zeitdauern, die man auch Zeiträume (passender wäre Zeitstrecken) nennt, besprochen, und in der That ist die Zeitdauer die einzige wirkliche Grösse, welche es im Gebiete der Zeit giebt. Ihr gegenüber steht der Begriff des Zeitpunktes (entsprechend dem Orte im Raume), welcher nur durch Beziehung auf einen anderen als Anfangspunkt oder Nullpunkt der Zeit gewählten Zeitpunkt quantitative Bedeutung, und auch dann nur relative, gewinnt.

(1) Praktisch unterscheidet man zwischen absoluter und relativer Zeit, je nachdem man als Nullpunkt einen allgemeingültigen (Nullpunkt

der christlichen Zeitrechnung) oder einen für den besonderen Fall willkürlich angenommenen wählt. Für die eigentliche Physik, d. h. für das Gebiet des willkürlich angestellten Experimentes, ist die absolute Zeit gleichgültig (als Nullpunkt dient meist der Beginn des Experimentes); wesentlich dagegen ist die absolute Zeit (Säkulum, Jahreszeit, Tageszeit u. s. w.) für die kosmische Physik, d. h. für die Beobachtung natürlicher Erscheinungen.

(2) Die absolute Zeit ist für Orte auf demselben Meridian gleich, dagegen auf verschiedenen Meridianen verschieden (pro Grad um 4 m); sie heißt daher Ortszeit. Ihr gegenüber steht die für alle Orte gleiche Weltzeit, welche mit der Ortszeit der Sternwarte in Greenwich übereinstimmt. Da beide Zeiten Vorzüge und Nachteile haben, hat man einen Kompromiß zu schaffen gesucht, indem man die Erde in Zonen von je 15 Längengraden teilte, allen Orten einer Zone dieselbe Zeit beilegte und diese Zonenzeit nannte, so daß die verschiedenen Zonenzeiten um je 1 Stunde differieren. Die europäischen Zonen heißen osteuropäische, mitteleuropäische, westeuropäische; die amerikanischen atlantic, intercolonial, central, mountain, pacific. Im Stillen Ozean findet beim Durchgange durch den 180. Längengrad ein Datumwechsel statt, nach Westen vorwärts, nach Osten rückwärts.

(3) Der astronomische Tag fängt nicht wie der bürgerliche um Mitternacht, sondern erst am Mittag an.

(4) Es ist empfehlenswert, Zeitpunkte (meist unabhängige Variable) stets mit t, Zeitdauern (meist Konstanten) stets mit T zu bezeichnen.

(5) Die Lehre von der Zeit ist die Chronologie.

Drittes Kapitel.

Bewegung.

23. Ruhe und Bewegung. Ruhe ist die Beibehaltung, Bewegung die Änderung des Ortes mit der Zeit.

(1) Bewegung ist hiernach die allgemeinste Verknüpfung der Begriffe Raum und Zeit, ein Spezialfall von ihr ist die Ruhe. Wäre mit Raum und Zeit die fundamentale Mannigfaltigkeit erschöpft, so würde hieraus, wie in der That zahlreiche Naturforscher postulieren, die Möglichkeit und Notwendigkeit sich ergeben, alle Naturerscheinungen auf Bewegung zurückzuführen. Übrigens ist nach dem obigen einleuchtend, daß erkenntnistheoretisch nicht die Bewegung aus Ort und Zeit zusammengesetzt, sondern die Zeit aus Raum und Bewegung abstrahiert ist.

(2) Die Lehre von den Bewegungen ist die **Kinematik**; sie steht zwischen der Geometrie (**17** (1)) und der Mechanik (s. w. u.).

24. Bewegungsarten. Verschiedene Einteilungsprinzipien führen zu folgenden Bewegungsarten:

a) Gleichförmige und ungleichförmige Bewegung, je nachdem in gleichen Zeiten gleiche oder ungleiche Strecken zurückgelegt werden. Die ungleichförmige Bewegung wiederum ist beschleunigt oder verzögert, je nachdem die Strecken größer oder kleiner werden. Der einfachste Fall ist die gleichförmig beschleunigte resp. gleichförmig verzögerte Bewegung, bei welcher die Zu- resp. Abnahme der Strecken immer dieselbe ist.

b) Geradlinige, einfach krummlinige und doppelt gekrümmte Bewegung, je nachdem die Richtung dieselbe bleibt oder nur die Ebene dieselbe bleibt oder auch diese sich ändert. Der einfachste Fall einer krummlinigen Bewegung ist die Bewegung auf einem Kreise, nächstdem auf einer Ellipse u. s. w.

(1) Die Bahn während eines unendlich kleinen Zeitteilchens läßt sich im allgemeinen als gerade Linie, die zweier Zeitteilchen als Kreisbogen, die dreier Zeitteilchen als Schraubenlinie ansehen.

c) Unperiodische und periodische Bewegung, je nachdem dieselben Orte des Raumes nur einmal oder nach gewissen Zeiten immer wieder eingenommen werden.

(1) Manche Bewegung ist nur deshalb unperiodisch, weil die erste Periode noch nicht abgelaufen oder weil die Bewegung vor deren Ablauf abgebrochen worden ist.

(2) Bei einer im engeren Sinne periodischen Bewegung müssen alle Orte genau wieder eingenommen werden, bei einer weiteren Begriffsfassung braucht nur ein Teil der Orte, und auch dieser eventuell mit gewissen Modifikationen, sich zu wiederholen.

d) Drehung (Rotation) und Schwingung (Oscillation), je nachdem die Richtungsänderung allmählich oder mehr plötzlich erfolgt.

(1) Eine scharfe Trennung ist nur in besonderen Fällen vorhanden (z. B. ebenes Pendel); im allgemeinen findet ein allmählicher Übergang statt, und man wendet dann den Ausdruck Schwingungen allgemein auf alle Fälle an (z. B. Lichtschwingungen, die unter Umständen Rotationen sind).

(2) Eine Schwingungsbewegung hat sechs Charakteristika: Periode, Phase, Amplitude, Geschwindigkeitsgesetz, Form, Dämpfungsverhältnis (vgl. **30** bis **35**).

e) Freie und unfreie Bewegung, je nachdem man sie durch Kräfte allein oder mit Hinzunahme von Bedingungen ausdrückt; eine mehr formell-mathematische Unterscheidung.

f) Verschiebung, Drehung, Deformation. Die Bewegung eines Körpers kann entweder eine Verschiebung sein, d. h. eine Bewegung aller Punkte in derselben Richtung und von gleichem Betrage; oder eine Drehung, d. h. eine Drehung aller Punkte um dieselbe Axe und den gleichen Winkel; oder eine Deformation (elastische Bewegung), bei welcher die verschiedenen Punkte verschiedene Bewegungen ausführen.

(1) Ein Körper, welcher nur die beiden ersten Bewegungsarten ausführen kann, heißt ein starrer Körper, ein Körper, welcher auch der dritten Art fähig ist, heißt ein elastischer Körper (s. weiter unten).

(2) Die Kombination der beiden ersten Bewegungsarten ergiebt die allgemeinste unendlich kleine Bewegung eines starren, die Kombination aller drei die eines elastischen Körpers.

g) Stationäre, cyklische und veränderliche Bewegung. Bei einem Körper ist ferner der Fall herauszuheben, daß die Bewegung an jedem Orte des von dem Körper erfüllten Raumes zu allen Zeiten dieselbe ist: eine solche Bewegung heißt stationär, im Gegensatz hierzu steht die veränderliche. Ist die stationäre Bewegung überdies periodisch (in sich zurücklaufend), so nennt man sie eine cyklische Bewegung (v. Helmholtz).

(1) Die stationären Bewegungen haben manche Eigenschaften mit der Ruhe gemeinsam, sie bilden ein Mittelglied zwischen der Ruhe und den veränderlichen Bewegungen.

(2) Im allgemeineren Sinne kann man von stationärer resp. cyklischer Bewegung auch noch sprechen, wenn die Bewegung an einem und demselben Orte sich sehr langsam ändert oder raschen periodischen Schwankungen (durchschnittlich stationäre Bewegung, unecht cyklische Bewegung) unterworfen ist.

(3) Man spricht von gekoppelten cyklischen Bewegungen, wenn mehrere einheitlich verknüpfte, in sich zurücklaufende Bewegungen existieren; dagegen von monocyklischen, dicyklischen, polycyklischen Bewegungen, je nachdem ein, zwei oder mehr voneinander unabhängige, in sich zurücklaufende Bewegungen in dem System stattfinden.

(4) Der Körper oder das System, in welchem sich die cyklischen Bewegungen abspielen, heißt ein Cykel (gekoppelter Cykel, unechter Cykel, Monocykel, Dicykel, Polycykel).

h) Absolute und relative Bewegung. Bewegung als Änderung des Ortes hat wie der Ort selbst (**17** (1)) nur relative Bedeutung, d. h. sie muß auf einen Nullpunkt und auf ein Axensystem, die als ruhend angesehen werden, bezogen werden.

(1) Zur Gewinnung eines letzten, gewissermaßen absoluten Bezugsystems sind verschiedene Vorschläge gemacht worden (Fundamentalaxen, „Körper α", „Grundmaterie" u. s. w.). Auch herrscht Widerstreit

über die Frage, ob es inhärente Eigenschaften der absoluten Bewegung gebe oder nicht (Erhaltung der Rotationsebene u. s. w.).

25. Geschwindigkeit ist der Grenzwert, dem sich das Verhältnis der zurückgelegten Strecke zu der Zeit, in der sie zurückgelegt wird, nähert, wenn beide Größen, von dem Orte und Zeitpunkte aus, für den die Geschwindigkeit gelten soll, kleiner und kleiner genommen werden. Die Geschwindigkeit ist ein Vektor, ihre Projektion auf irgend eine Richtung heißt Geschwindigkeitskomponente nach dieser Richtung, insbesondere heißen die Projektionen auf die Koordinatenaxen die Geschwindigkeitskomponenten nach den Koordinatenaxen. Zeichen: G, resp. u, v, w. Formeln (t Zeit, l Strecke, f und f_1 Funktionen, α, β, γ Richtungswinkel von G)

$$G = \frac{dl}{dt} = f(t) = f_1(l); \tag{l}$$

$$\left.\begin{aligned} u &= \frac{dx}{dt} = G\frac{dx}{dl} = G\cos\alpha, \\ v &= \frac{dy}{dt} = G\frac{dy}{dl} = G\cos\beta, \\ w &= \frac{dz}{dt} = G\frac{dz}{dl} = G\cos\gamma; \end{aligned}\right\} \tag{m}$$

$$G = \sqrt{u^2 + v^2 + w^2} = \sqrt{\left(\frac{dx}{dt}\right)^2 + \left(\frac{dy}{dt}\right)^2 + \left(\frac{dz}{dt}\right)^2}. \tag{n}$$

Dimensionsformeln:

$$[G] = l\,t^{-1}, \qquad [u] = [v] = [w] = l\,t^{-1}. \tag{G}$$

(1) Für gleichförmige Bewegung ist die Geschwindigkeit konstant, für beschleunigte zunehmend, für verzögerte abnehmend. Bei der stationären Bewegung ist sie keine Funktion der Zeit, sondern nur des Ortes.

(2) Für gleichförmige Bewegung ist die Bildung des obigen Grenzwertes nicht notwendig; man kann dann einfacher definieren: Geschwindigkeit ist das Verhältnis der in irgend einer Zeit zurückgelegten Strecke zu dieser Zeit, oder noch kürzer: Geschwindigkeit ist die in der Zeiteinheit (sec) zurückgelegte Strecke (in cm). Formel:

$$G = \frac{l}{T} = L_{T=1} = \text{const.} \tag{o}$$

Die Einheit der Geschwindigkeit ist also die, bei der 1 cm in 1 sec zurückgelegt wird; hierfür sind verschiedene Namen (cel, kin) vorgeschlagen worden, aber nicht durchgedrungen.

(3) Während G für jede gleichförmige Bewegung konstant ist, sind es die rechtwinkligen Komponenten nur für die geradlinige gleichförmige Bewegung, die Polarkomponenten nur für gleichförmige Schraubenbewegung u. s. w.

(4) Zahlenwerte einiger Geschwindigkeiten (pro Sekunde):

	m		km
Schnecke	0,0015	Mond	1
Mensch im Schritt	1,25	Äquatorpunkt der Sonne	2
Halleys Komet im Aphel	3	Explosionswelle	6
Strom (Maximum)	6	Sonne	7,6
Pulswelle	9,4	Sirius	15,4
Dampfer (Maximum)	12	Erde	29,5
Fahrrad („)	15	Sternschnuppe	40
Schnellzug („)	30	Halleys Komet im Perihel	393
Nervenleitung	34	Kabelstrom	4000
Orkan	50	Licht u. elektr. Kraft	300 000
Cyklon (Maximum)	120		
Erdbebenwelle	300		
Schall in Luft	335		
Luft ins Vakuum	395		
Äquatorpunkt	463		
Kanonenkugel	600		
Flutwelle (Maximum)	800		

$(\mathfrak{w})$

***1.* Geschwindigkeitsprinzip.** Die Geschwindigkeit einer Bewegung hat in jedem Zeitpunkte die Richtung der Tangente an die Bahnlinie.

(1) Dieser Satz, der vielleicht selbstverständlich erscheint, gewinnt seine Bedeutung durch Vergleichung mit einem folgenden (***3***).

***2.* Parallelogramm und Polygon der Geschwindigkeiten.** Werden einem Punkte gleichzeitig zwei Geschwindigkeiten erteilt, so gelangt er an den Endpunkt der Diagonale des Parallelogramms, dessen Seiten die beiden Einzelbewegungen darstellen; bei drei Bewegungen, die nicht in eine Ebene fallen, an das Ende der Diagonale des aus ihnen gebildeten Parallelepipedons; allgemein bei beliebig vielen Bewegungen, gleichviel ob oder ob nicht in einer Ebene, an den Punkt, den man erhält, wenn man die einzelnen Bewegungen als Linien eines Polygons nach Größe und Richtung aneinander setzt. Man kann alsdann, unter Einführung eines neuen Ausdruckes, auch sagen: Die resultierende Geschwindigkeit ist gleich der „geometrischen“ oder „Vektorsumme“ der einzelnen Geschwindigkeiten.

(1) Auch dieser Satz hat an sich, ohne Beziehung zu späterem, keinen über das Selbstverständliche hinausgehenden Sinn, weil ein Punkt (oder Körper) eben stets nur e i n e Bewegung ausführen kann. Die Einzelbewegungen sind also entweder zeitlich nacheinander zu setzen, und dann ist der Satz selbstverständlich (Definition des Begriffes „Diagonale“), oder sie sind reine Abstraktionen, fallen mit den Be-

wegungs- oder Geschwindigkeitskomponenten (25) zusammen, und führen dann zu folgender Fassung des Satzes: Von den Komponenten, in die man eine Bewegung (Geschwindigkeit) in Gedanken zerlegen kann, sind alle bis auf die letzte willkürlich; diese letzte aber muß so gewählt werden, daß die Bewegung die Diagonale des Komponentenpolygons (Parallelepipeds, Parallelogramms) wird.

26. Winkelgeschwindigkeit. Bei Bewegung um ein Centrum betrachtet man häufig nicht die Geschwindigkeit, die man in diesem Falle als Strecken- oder Bogengeschwindigkeit bezeichnen kann, sondern das Verhältnis des zu dem Bogen gehörigen Winkels zu der Zeit, in welcher er beschrieben wird; diese Größe heißt Winkelgeschwindigkeit, aus der Streckengeschwindigkeit ergiebt sie sich durch Division mit dem Abstand (r) des Punktes vom Centrum. Formel (φ Winkel):

$$\omega = \frac{d\varphi}{dt} = \frac{G}{r} = \frac{1}{r}\frac{dl}{dt}. \tag{p}$$

Dimensionsformel: $[\omega] = t^{-1}$. (H)

27. Beschleunigung heißt bei einer geradlinigen Bewegung der Grenzwert, welchem sich das Verhältnis der Änderung der Geschwindigkeit zu der Zeit, in welcher diese Änderung erfolgt, nähert, wenn die Zeit kleiner und kleiner genommen wird. Ihre Projektionen heißen Komponenten der Beschleunigung, speziell die Projektionen auf die Koordinatenaxen Komponenten der Beschleunigung nach den Koordinatenaxen. Formeln:

$$B = \frac{dG}{dt} = \frac{d^2 l}{dt^2} = F(t) = F_1(l); \tag{q}$$

$$\left.\begin{aligned} \xi &= B\cos\alpha = \frac{du}{dt} = \frac{d^2x}{dt^2} = \frac{dG}{dt}\cos\alpha, \\ \eta &= B\cos\beta = \frac{dv}{dt} = \frac{d^2y}{dt^2} = \frac{dG}{dt}\cos\beta, \\ \zeta &= B\cos\gamma = \frac{dw}{dt} = \frac{d^2z}{dt^2} = \frac{dG}{dt}\cos\gamma; \end{aligned}\right\} \tag{r}$$

$$\left.\begin{aligned} B &= \sqrt{\xi^2+\eta^2+\zeta^2} = \sqrt{\left(\frac{du}{dt}\right)^2 + \left(\frac{dv}{dt}\right)^2 + \left(\frac{dw}{dt}\right)^2} \\ &= \sqrt{\left(\frac{d^2x}{dt^2}\right)^2 + \left(\frac{d^2y}{dt^2}\right)^2 + \left(\frac{d^2z}{dt^2}\right)^2}. \end{aligned}\right\} \tag{s}$$

Dimensionsformel:

$$[B] = l\,t^{-2}, \qquad [u] = [v] = [w] = l\,t^{-2}. \tag{I}$$

Für gleichförmige Bewegung ist die Beschleunigung null, für beschleunigte positiv, für verzögerte negativ; im letzten Falle wird ihr Zahlenwert auch Verzögerung genannt.

Für gleichförmig beschleunigte (oder verzögerte) Bewegung ist die

Beschleunigung konstant und kann als die Änderung der Geschwindigkeit in der Zeiteinheit definiert werden. Die Beschleunigung ist also 1, wenn die Geschwindigkeit sich in 1 sec um 1 cm vergrößert; für diese Einheit ist der Name gal (nach GALILEI) vorgeschlagen worden, aber bisher nicht durchgedrungen.

Tangential- und Normal-(Centripetal-)Beschleunigung. Die Beschleunigung einer krummlinigen Bewegung ist kein einfacher Begriff, weil sie die Änderung der Geschwindigkeit sowohl der Größe als der Richtung nach angeben soll. Sie kann daher nicht direkt aus der Geschwindigkeit, wohl aber können ihre rechtwinkligen Komponenten aus denen der Geschwindigkeit (da diese sich auf geradlinige Bewegungen beziehen) abgeleitet und aus ihnen dann die Beschleunigung zusammengesetzt werden. Formeln (r Krümmungsradius der Bahn, ψ Winkel zwischen B und G):

$$\xi = \frac{du}{dt} = \frac{d\left(G\frac{dx}{dl}\right)}{dt} = \frac{dG}{dt}\frac{dx}{dl} + G^2\frac{d^2x}{dl^2} \text{ (etc. etc.[1])}; \tag{t}$$

$$B = \sqrt{\xi^2+\eta^2+\zeta^2} = \sqrt{\left(\frac{dG}{dt}\right)^2 + \frac{G^4}{r^2}}; \tag{u}$$

$$\operatorname{tg}\psi = \frac{G^2}{r\frac{dG}{dt}} = \frac{G^2\omega}{\frac{dG}{dt}}. \tag{v}$$

Der erste der beiden Teile, aus denen sich hiernach B zusammensetzt, heißt Tangentialbeschleunigung und fällt in die Richtung der Bahn (also der Geschwindigkeit), der zweite heißt Normal- oder Centripetalbeschleunigung; er fällt in die Richtung des Krümmungsradius der Bahn. Formeln:

$$B_{\parallel} = \frac{dG}{dt}, \qquad B_{\perp} = \frac{G^2}{r} = \omega^2 r. \tag{w}$$

Einige Zahlenwerte der Beschleunigung in cm/sec:

Mond gegen die Erde	0,27	(x)
Erde gegen die Sonne	0,58	
Fall mit 1° Neigung	17	
Abfahrender Schnellzug	60	
Freier Fall auf dem Monde	158	
Fall mit 10° Neigung	170	
„ „ 30° „	490	
Freier Fall	981	
„ „ auf der Sonne	26000	

[1] etc. etc. bedeutet, daß zwei analoge Gleichungen für η und ζ hinzukommen.

3. **Beschleunigungsprinzip** (vgl. *1*). Die Beschleunigung einer beliebigen Bewegung in einem bestimmten Zeitpunkte fällt in die Schmiegungsebene, aber nicht in die Richtung der Bahn, bildet vielmehr mit dieser einen Winkel, dessen Tangente gleich dem Geschwindigkeitsquadrat dividiert durch den Krümmungsradius und die Änderung der Geschwindigkeit mit der Zeit ist; anders ausgedrückt: sie zerfällt in eine Tangentialbeschleunigung, die aus der Geschwindigkeit wie bei einer geradlinigen Bewegung abzuleiten ist, und einer Centripetalbeschleunigung gleich dem Quadrat der Geschwindigkeit dividiert durch den Krümmungsradius, oder auch gleich dem Quadrat der Winkelgeschwindigkeit multipliziert mit dem Krümmungsradius.

(1) Bei der geradlinigen beschleunigten Bewegung existiert nur die Tangentialbeschleunigung, bei der krummlinigen gleichförmigen Bewegung nur die Normalbeschleunigung.

(2) Wie man aus dem Orte die Geschwindigkeit (1. Differentialquotient) und aus dieser die Beschleunigung (2. Differentialquotient) ableitet, so könnte man noch weitere Begriffe (höhere Differentialquotienten nach der Zeit) einführen; die Erfahrung hat aber gelehrt, daß damit für die Darstellung der Erscheinungen nichts gewonnen wird.

4 (vgl. *2*). **Parallelogramm und Polygon der Beschleunigungen.** Werden einem Punkte gleichzeitig zwei oder mehr Beschleunigungen erteilt, so gelangt er an den Endpunkt der Diagonale des Parallelogramms oder Polygons, dessen Seiten die Bewegungen darstellen, die er ausführen würde, wenn man ihm die Beschleunigungen nacheinander einzeln erteilte.

(1) Über die Bedeutung dieses Satzes gilt das in *2*, (1) Gesagte.

28. Winkelbeschleunigung. Sie wird aus der Beschleunigung abgeleitet, wie die Winkelgeschwindigkeit aus der Geschwindigkeit. Formel und Dimensionsformel:

$$\beta = \frac{d^2\varphi}{dt^2} = \frac{B}{r}, \qquad [\beta] = t^{-2}. \qquad \text{(x) (K)}$$

29. Verschiebungs- und Drehungskomponenten. Die Verschiebung eines Körpers (**24**f) läßt sich in die drei Verschiebungskomponenten u_1, v_1, w_1 zerlegen, wobei

$$G_1 = \sqrt{u_1^2 + v_1^2 + w_1^2} \qquad \text{(y)}$$

ist und die Richtung der Verschiebung durch die Winkel α, β, γ, für welche

$$\cos\alpha = \frac{u_1}{G_1}, \qquad \cos\beta = \frac{v_1}{G_1}, \qquad \cos\gamma = \frac{w_1}{G_1} \qquad \text{(z)}$$

ist, charakterisiert ist. Ebenso läßt sich die Drehung in die drei

Drehungskomponenten π_1, χ_1, ϱ_1 zerlegen. Zwischen beiden besteht die Beziehung:

$$\pi_1 = \frac{1}{2}\left(\frac{\partial w_1}{\partial y} - \frac{\partial v_1}{\partial z}\right), \quad \chi_1 = \frac{1}{2}\left(\frac{\partial u_1}{\partial z} - \frac{\partial w_1}{\partial x}\right), \quad \varrho_1 = \frac{1}{2}\left(\frac{\partial v_1}{\partial x} - \frac{\partial u_1}{\partial y}\right). \tag{aa}$$

Die gesamte Drehung hat den Winkelbetrag

$$\omega_1 = \sqrt{\pi_1^2 + \chi_1^2 + \varrho_1^2} \tag{ab}$$

und die Drehungsaxe ist durch ihre Richtungswinkel α, β, γ bestimmt, die den Gleichungen

$$\cos\alpha = \frac{\pi_1}{\omega_1}, \qquad \cos\beta = \frac{\chi_1}{\omega_1}, \qquad \cos\gamma = \frac{\varrho_1}{\omega_1} \tag{ac}$$

genügen. Ersetzt man in allen diesen Formeln die Streckenkomponenten durch die Geschwindigkeitskomponenten u, v, w, so erhält man die Komponenten der Drehungsgeschwindigkeit und letztere selbst:

$$\pi = \frac{1}{2}\left(\frac{\partial w}{\partial y} - \frac{\partial v}{\partial z}\right), \quad \chi = \frac{1}{2}\left(\frac{\partial u}{\partial z} - \frac{\partial w}{\partial x}\right), \quad \varrho = \frac{1}{2}\left(\frac{\partial v}{\partial x} - \frac{\partial u}{\partial y}\right), \tag{ad}$$

$$\omega = \sqrt{\pi^2 + \chi^2 + \varrho^2}. \tag{ae}$$

Dimensionsformeln:

$$[G_1] = [u_1] = [v_1] = [w_1] = l; \quad [\omega_1] = [\pi_1] = [\chi_1] = [\varrho_1] = 1; \quad \text{(L) (M)}$$

$$[G] = [u] = [v] = [w] = lt^{-1}; \quad [\omega] = [\pi] = [\chi] = [\varrho] = t^{-1}. \quad \text{(N) (O)}$$

(1) Freiheitsgrade. Ein freier Punkt hat drei Freiheitsgrade, nämlich in jeder Raumdimension einen; ist er dagegen gezwungen, auf einer Fläche oder Kurve zu bleiben, so hat er nur zwei, resp. einen Freiheitsgrad. Ein freier Körper hat sechs Freiheitsgrade, nämlich drei Verschiebungen und drei Drehungen; durch den Zwang auf einer Fläche oder Kurve zu bleiben, verliert er hiervon einen, resp. zwei. Ein Körper mit einem festen Punkte hat nur drei Freiheitsgrade, nämlich die drei Drehungen; ein Körper mit zwei festen Punkten hat nur noch einen Freiheitsgrad, nämlich die Drehung um die Verbindungslinie jener Punkte.

In jedem einzelnen Falle läßt sich die Zahl der Freiheitsgrade leicht angeben.

(2) Die allgemeinste unendlich kleine Bewegung eines geometrischen Körpers ist eine Schraubenbewegung; sie setzt sich zusammen aus einer Verschiebung in einer gewissen Richtung und einer Drehung um eine in dieser Richtung verlaufende Axe (vgl. **24**b, (1)).

30. Periode, Schwingungsdauer und Schwingungszahl, Rotationsdauer und Tourenzahl. Das erste Charakteristikum einer Schwingung oder Rotation ist die Periode, dort Schwingungsdauer, hier Rotationsdauer genannt. Die reziproke Größe, d. h. die Zahl der Schwingungen, resp. Umdrehungen in der Zeiteinheit heißt dort Schwingungszahl, hier Tourenzahl. Formel für letztere beiden:

$$n = \frac{1}{T}. \qquad \text{(af)}$$

Dimensionsformeln:

$$[T] = t, \qquad [n] = t^{-1}. \qquad \text{(P) (Q)}$$

(1) Der größeren Deutlichkeit halber muß für Schwingungen die Periode als die Zeit definiert werden, welche vergeht, bis die Bewegung nach jeder Hinsicht (Ort, Richtung, Geschwindigkeit) von neuem beginnt, also die Zeit eines Hin- und Herganges; man nennt dies auch ganze Schwingung oder Doppelschwingung und spricht im Gegensatz dazu von einer einfachen oder halben Schwingung. Leider herrscht keine Einheitlichkeit hinsichtlich der Anwendung des Wortes Schwingung schlechthin (beim Pendel z. B. bedeutet es gewöhnlich einfache Schwingung, bei Tönen in Deutschland ganze, in Frankreich einfache Schwingung u. s. w.).

(2) Einige Schwingungs- resp. Rotationsdauern in sec (zum Teil nur die Größenordnung bezeichnend):

Erde um Sonne	31 556 926	Normal = *a*	0,0023	(ϑ)
Mond um Erde	2 551 443	Offene Induktions-Schw.	10^{-4}	
Erde um ihre Axe	86 400	Höchster Ton	5×10^{-5}	
Ebbe und Flut	44 700	Oscill. Flaschen-Entldg.	10^{-6}	
Minutenzeiger	3 600	Langs. Hertzsche Schw.	10^{-8}	
Größte Meereswogen	30	Schnellste „ „	10^{-10}	
Größte Schwungräder	10	Langsamste Wärme- „	3×10^{-13}	
Mittlere Wasserwellen	2	„ Lichtschwingung	3×10^{-14}	
Sekundenpendel	1	Natriumlicht	$1{,}96 \times 10^{-14}$	
Kräuselwellen	0,2	Schnellste Lichtschw.	$1{,}2 \times 10^{-14}$	
Tiefster Ton	0,07	„ photograph. Schw.	3×10^{-15}	

31. Phase. Die Phase, das zweite Charakteristikum einer periodischen Bewegung, kann auf vier verschiedene Arten definiert werden, nämlich als a) der einem bestimmten Orte auf der Bahn entsprechende Zeitpunkt, b) der einem bestimmten Zeitpunkte entsprechende Ort der Bahn, c) der Bruchteil der ganzen Periode, in welchem ein bestimmter Ort erreicht wird, d) der Bruchteil der in einer Periode zurückgelegten Strecke, welcher bis zu einem bestimmten Momente zurückgelegt wird. Am üblichsten ist die dritte Definition, und noch üblicher das 2π-fache des durch sie gegebenen Bruches. An sich ist die Phase nichts Charakteristisches, da durch sie nur der Nullpunkt der Zeit und der Nullpunkt der Bahn in ihrem Verhältnis zu einander festgelegt werden. Charakteristisch wird sie aber bei der Vergleichung zweier Schwingungen oder Rotationen, und zwar ist alsdann charakteristisch die **Phasendifferenz** der beiden Bewegungen; sie ist konstant, wenn die Bewegungen gleiche Periode haben (und zwar null, wenn sie gleiche Phase haben), dagegen fortwährend, und zwar periodisch, veränderlich für Bewegungen von ungleicher Periode (s. weiter unten). Dimensionsformeln:

$$\text{a)}\ [ph] = t, \qquad \text{b)}\ [ph] = l, \qquad \text{c) d)}\ [ph] = 1. \qquad \text{(R)}$$

(1) Eine andere Bedeutung des Wortes „Phase" (= Zustand) s. w. u.

(2) Die wichtigsten Spezialfälle sind die, wo die Phasendifferenz $^1/_4$, $^1/_2$, $^3/_4$ der Periode $\left(\frac{\pi}{2}, \pi, \frac{3\pi}{2}\right)$ beträgt.

32. Amplitude. Das dritte Charakteristikum ist die Amplitude oder Schwingungsweite. Man versteht darunter bald die größte Abweichung des schwingenden Punktes von der Ruhelage, bald die Entfernung der beiden entgegengesetzt größten Abweichungen voneinander, also im allgemeinen das Doppelte der vorigen Größe; die erstere Definition ist vorzuziehen. Dimensionsformel:

$$[A] = l. \qquad \text{(S)}$$

(1) Bei Schwingungen, die aus einem geradlinigen Hin- und Hergange bestehen, ist die Amplitude die Strecke, die der Punkt von der Ruhelage bis zur Umkehr wirklich zurücklegt. Bei Schwingungen, die aus einem und demselben krummlinigen Hin-Hergange (z. B. ebenes Pendel) bestehen, wird die Definition modifiziert und unter Amplitude der wirkliche Bogen, oft auch der ihm entsprechende Winkel zwischen Ruhelage und Umkehrlage verstanden. Bei Bewegungen in geschlossener Bahn (z. B. Ellipse) ist die Amplitude die halbe große Axe (beim Kreis jeder beliebige Radius).

(2) Unter unendlich kleinen Schwingungen versteht man solche mit unendlich kleiner, praktisch genommen also sehr kleiner Amplitude.

33. Geschwindigkeitsgesetz. Das vierte Charakteristikum einer Schwingung u. s. w. ist das Gesetz, nach welchem während einer Periode (und ebenso während jeder folgenden) die Geschwindigkeit variiert.

(1) Zur besseren Veranschaulichung des Geschwindigkeitsgesetzes dient die **chronographische Auflösung**, d. h. die Aufzeichnung der (der Einfachheit halber geradlinig, z. B. von oben nach unten, angenommenen) Schwingung des Punktes auf einer senkrecht zur Schwingungsrichtung gleichförmig nach links fortbewegten Ebene; man erhält dann für jede Periode je nach dem Schwingungsgesetz eine andere

Kurve, z. B. für gleichförmigen Hin- und Hergang ein geradlinig symmetrisches Dach, desto steiler, je größer die Geschwindigkeit; für gleichförmigen Hingang und gleichförmigen, aber schnelleren oder langsameren Hergang ein geradlinig unsymmetrisches Dach; für gleichförmig verzögerten Hingang und gleichförmig beschleunigten Hergang eine Parabel; für eine nach dem Sinusgesetz oder Kosinusgesetz variierende Geschwindigkeit eine Sinuslinie oder Kosinuslinie u. s. w.

***5.* Prinzip der Übereinanderlagerung oder Koexistenz der Schwingungen.** Wenn einem Punkte gleichzeitig mehrere Schwingungsbewegungen erteilt werden, so führt der Punkt die durch Superposition resp. Kombination aus ihnen entstehende Bewegung aus.

(1) Man vergleiche hierüber das bei *2* (1) und *4* (1) Gesagte Übrigens sind die thatsächlichen Verhältnisse beim Zusammentreffen von Schwingungen noch nicht in allen Gebieten vollständig geklärt, und es ist notwendig, gewisse Unterscheidungen zu machen (z. B. bei Lichtschwingungen zwischen „kohärenten“ und „inkohärenten“). In seiner einfachsten Form gilt das Prinzip für unendlich kleine Schwingungen; für große Schwingungen nimmt die Kombination unter Umständen eine besondere Form an, und es können dann, außer der den Einzelschwingungen entsprechenden Erscheinung, noch besondere „Kombinationserscheinungen“ auftreten.

***6.* Fourier'scher Satz.** Jede geradlinige Schwingung läßt sich darstellen als die Übereinanderlagerung geradliniger Sinusschwingungen, deren Schwingungszahlen sich wie die natürlichen Zahlen verhalten, und deren Amplituden geeignet gewählt sind.

(1) Die erste, langsamste dieser Schwingungen heißt Grundschwingung, die übrigen harmonische Oberschwingungen, jede einzelne heißt auch Teil- oder Partialschwingung.

(2) Die Sinusschwingung (oder Kosinusschwingung, was nur eine Phasendifferenz bedeutet), ist die einzige, welche die obige Eigenschaft hat; sie ist daher als einfache Schwingung, alle anderen sind als zusammengesetzte Schwingungen zu bezeichnen.

(3) Man kann nunmehr als das vierte Charakteristikum der Schwingungsbewegung (**33**) auch die Amplituden der in der Schwingung enthaltenen Partialschwingungen bezeichnen; mit anderen Worten: „Geschwindigkeitsgesetz“ und „Partialamplituden“ haben äquivalente Bedeutung.

(4) Formeln (x Abweichung von der Ruhelage zur Zeit t, a Amplitude, T Periode, n Schwingungszahl, τ Phase):

Einfache Schwingung

$$x = a \sin \frac{2\pi}{T} t = a \sin 2\pi n t = a \sin \alpha t. \qquad \text{(ag)}$$

Einfache Schwingung mit Phase

$$x = a \sin(\alpha t + \tau). \tag{ah}$$

Zusammengesetzte Schwingung

$$x = a_1 \sin \alpha t + a_2 \sin 2\alpha t + a_3 \sin 3\alpha t + \cdots = \sum a_m \sin m\alpha t = f(t)$$

oder auch

$$x = b_0 + b_1 \cos\beta t + b_2 \cos 2\beta t + \cdots = \sum b_m \cos m\beta t = f(t),$$

wobei die Koefficienten a und b bestimmt sind durch die Formeln (ai)

$$a_m = \frac{2}{\pi}\int_0^\pi f(u) \sin m u \, du, \qquad b_m = \frac{2}{\pi}\int_0^\pi f(u) \cos m u \, du.$$

Allgemeinster Fall (Superposition beider Reihen)

$$x = \sum a_m \sin m\alpha t + \sum b_m \cos m\beta t = f(t). \tag{ak}$$

Die obigen Reihen heißen Fouriersche Reihen.

34. Schwingungsform, Lissajous'sche Figuren. Das fünfte Charakteristikum der Schwingungsbewegung ist ihre Form, d. h. die Gestalt der von dem Punkte beschriebenen Bahn; man unterscheidet demgemäß geradlinige, kreisförmige oder Cirkular-, elliptische Schwingungen u. s. w. Die ebenen Schwingungsformen lassen sich aus zwei aufeinander senkrechten geradlinigen Schwingungen von verschiedener Periode, Phase, Amplitude und Schwingungsgesetz kombinieren und werden in diesem Sinne Lissajous'sche Figuren genannt. Ihre Mannigfaltigkeit ist sehr groß, weil für jede Komponente vier Elemente variiert werden können.

(1) Die Elimination von t aus den beiden Einzelformeln ergiebt die Gleichung der Schwingungskurve. Am einfachsten ist die Zusammensetzung von Sinus- oder Kosinusschwingungen. Haben diese gleiche Periode, so hat man

$$\left.\begin{aligned} x = a \cos\alpha t, \qquad y = b \cos(\alpha t + \tau), \\ \frac{x^2}{a^2} + \frac{y^2}{b^2} - 2\frac{xy}{ab}\cos\tau - \sin^2\tau = 0, \end{aligned}\right\} \tag{al}$$

die Bahn ist eine Ellipse; ist die Phasendifferenz 0 oder π, so geht die Ellipse in eine gerade Linie über, deren Neigungstangente nach rechts oder links durch das Amplitudenverhältnis $b:a$ gegeben ist (also für gleiche Amplituden Neigung von 45°); ist dagegen $\tau = \pi/2$ oder $3\pi/2$, so wird die Ellipse eine solche, deren Axen in die Richtungen der Einzelschwingungen fallen, und speziell für gleiche Amplituden ein Kreis. Verhalten sich die Perioden wie $1:2$, so hat man

$$\left.\begin{aligned} x = a\cos\alpha t, \qquad & y = b\cos(2\alpha t + \tau), \\ \frac{x}{a} = \cos\tau\left[2\left(\frac{y}{b}\right)^2 - 1\right] & - 2\sin\tau\sqrt{1-\left(\frac{y}{b}\right)^2}, \end{aligned}\right\} \qquad \text{(am)}$$

also für $\tau = 0$ oder $\tau = \pi$ eine Parabel, für $\tau = \pi/2$ oder $\tau = 3\pi/2$ eine 8artige, für andere Werte dazwischenliegende Figuren. Je größer die kleinsten Zahlen werden, durch die man das Periodenverhältnis der Einzelschwingungen ausdrücken kann, desto komplizierter werden die Figuren. Ist das Verhältnis nicht genau, aber nahezu kleinzahlig, so besteht die komplizierte Figur aus einer Aufeinanderfolge nicht ganz geschlossener einfacherer Figuren, die dabei alle ihre möglichen Typen durchlaufen (z. B. bei nahezu 1 : 1 eine periodisch von der geraden Linie zum Kreise und umgekehrt sich verändernde Ellipse).

(2) Während eine geradlinige Schwingung keinen Richtungssinn hat, kann eine elliptische oder Cirkularschwingung rechts- oder linksherum erfolgen; man unterscheidet daher rechts- und linkscirkulare u. s. w. Schwingungen; sie sind beim Licht von Bedeutung (**163**). Eine Rechts- und eine Linkscirkularschwingung ergeben, wenn sonst gleich, eine geradlinige Schwingung; umgekehrt läßt sich diese in jene zerlegen (s. w. u.).

35. Dämpfungsverhältnis, logarithmisches Dekrement. Das sechste Charakteristikum einer Schwingungsbewegung ist das Verhältnis der Amplituden zweier aufeinander folgender einfacher (halber, vgl. **30** (1)) Schwingungen. Bei gleichförmigen Schwingungen ist es gleich Eins, bei zunehmenden Schwingungen kleiner, bei abnehmenden oder gedämpften Schwingungen größer. In letzterem Falle heißt es Dämpfungsverhältnis, und sein (der bequemeren Rechnung wegen eingeführter) Logarithmus, also die Differenz der Logarithmen zweier aufeinander folgender Amplituden heißt logarithmisches Dekrement. Eine Schwingung, bei welcher das logarithmische Dekrement konstant ist, heißt gleichförmig gedämpfte Schwingung. Formel für die gedämpfte Schwingung

$$x = a e^{-\alpha t} \sin \beta t \qquad \text{(an)}$$

und für ihr logarithmisches Dekrement

$$\lambda = \pi \frac{\alpha}{\beta}, \qquad [\lambda] = 1. \qquad \text{(ao) (T)}$$

(1) Wird α und damit λ so groß, daß der Punkt sich schon nach einer Periode oder gar schon nach einer halben, seinem ursprünglichen Orte mit auf null abnehmender Geschwindigkeit nähert, so heißt die Bewegung aperiodisch.

(2) Die verschiedenen Schwingungsarten können mit den exponentiellen Bewegungsarten in die allgemeine Formel

$$x = a\,e^{(\alpha + \beta i)t} \tag{ao}$$

($i = \sqrt{-1}$) zusammengefaßt werden; dieselbe liefert:

$$\left.\begin{array}{ll} \text{a) für } \alpha > 0,\ \beta = 0: & \text{anschwellende Bewegung } (x = a\,e^{\alpha t}) \\ \text{b) für } \alpha < 0,\ \beta = 0: & \text{abschwellende Bewegung } (x = a\,e^{-\alpha t}) \\ \text{c) für } \alpha = 0,\ \beta > 0: & \text{gleichförmige Schwingung } (x = a \sin \beta t) \\ \text{d) für } \alpha > 0,\ \beta > 0: & \text{anschwellende Schwingung } (x = a\,e^{\alpha t} \sin \beta t) \\ \text{e) für } \alpha < 0,\ \beta > 0: & \text{gedämpfte Schwingung } (x = a\,e^{-\alpha t} \sin \beta t) \end{array}\right\} \tag{ap}$$

36. Freie und erzwungene Schwingungen unterscheiden sich dadurch, daß jene von dem Punkt oder System selbst, diese von außen her erregt und in ihren Eigenschaften bestimmt werden. Erfolgt insbesondere die Erregung durch eine außerhalb bestehende Schwingungsbewegung, so wird die Erscheinung Mitschwingung oder Resonanz genannt (akustische, elektrische Resonanz, s. w. u.). Der primäre Körper heißt Erreger, der sekundäre Resonator; haben beide gleiche natürliche Periode, so heißen sie synchron; die Abweichung, bei der eben noch Resonanz eintritt, heißt Resonanzbreite.

37. Schwingungs- oder Wellenbewegung einer Punktreihe oder Linie. Es sind hier folgende Unterscheidungen zu machen:

a) Stehende und fortschreitende Schwingungen oder Wellen. Stehende Schwingungen sind solche, bei welchen alle Punkte dieselbe Phase haben, fortschreitende solche, bei welcher jeder folgende Punkt eine Phasendifferenz gegen den vorhergehenden aufweist.

(1) Bei den stehenden Schwingungen ist besonders wichtig der Fall, daß die Amplitude der verschiedenen Punkte verschieden ist, für gewisse am größten, für gewisse andere am kleinsten, im speziellen Falle geradezu null; jene Punkte heißen Schwingungsbäuche, diese Schwingungsknoten. Der wichtigste Fall fortschreitender Schwingungen ist umgekehrt der, wo die Amplitude aller Punkte dieselbe ist; Bäuche und Knoten existieren hier nicht.

(2) Beide Arten von Schwingungen können primär erregt, beide aber auch aus der anderen Art abgeleitet werden, z. B. stehende Schwingungen durch Superposition zweier gleicher, aber in entgegengesetzten Richtungen fortschreitender Schwingungen.

(3) Formeln: Stehende Schwingung (einfachster Fall)

$$\xi = A \sin \alpha x \sin \beta t, \tag{aq}$$

fortschreitende Schwingung (einfachster Fall)

$$\xi = A \cos \alpha (x \pm v t) \tag{ar}$$

(x Linienkoordinate, ξ Abweichung eines Punktes aus der Ruhelage; das Zeichen $-$ für Fortschreiten in der $+x$-, $+$ in der $-x$-Richtung). Über die Bedeutung von v s. 39.

b) Querschwingungen und Längsschwingungen oder Transversalschwingungen und Longitudinalschwingungen. Längsschwingungen einer Linie sind solche, bei welchen die Bewegung jedes Punktes in die Richtung der Linie fällt, Querschwingungen solche, wo sie darauf senkrecht stehen. Bei Längsschwingungen ändern sich die Abstände der Punkte, oder, wie man sagen kann, die Dichten der Linienelemente periodisch mit der Zeit und dem Orte, bei den Querschwingungen ändert sich die Gestalt der Linie periodisch.

(1) Es giebt, nach der Mannigfaltigkeit der Schwingungsrichtungen, nur eine Art von Längsschwingungen, dagegen unendlich viele Arten von Querschwingungen: geradlinige, in allen möglichen auf der Linie senkrechten Richtungen, elliptische u. s. w.; die nicht geradlinigen Querschwingungen werden unter Umständen zu Dreh- oder Torsionsschwingungen.

(2) Quer- und Längsschwingungen sind nur die einfachsten Grenzfälle; im allgemeinsten Falle bildet die Schwingungsrichtung mit der Linienrichtung einen schiefen Winkel; ist dieser klein, so kann man von „quasilongitudinalen", ist er wenig von 90^0 verschieden, von „quasitransversalen" Schwingungen sprechen.

38. Schwingungsbewegungen einer Fläche und eines Körpers. Es gelten hier die sinngemäß übertragenen Definitionen der vorigen Nummer.

(1) Das Mannigfaltigkeitsverhältnis von Quer- und Längsschwingungen kehrt sich bei einer Fläche, der Linie gegenüber, um: es giebt nur eine Art von Querschwingungen, dagegen unendlich viele Arten von Längsschwingungen.

(2) Eine besondere Art der Schwingungen eines Körpers sind die Pulsationen, d. h. die periodischen Veränderungen des Volumens.

39. Wellenbewegung heißt ganz allgemein das Vorhandensein und die Ausbreitung von Schwingungsbewegungen in einem Raume. Die Elemente der Wellenbewegung heißen Wellen (stehende bei überall gleicher, fortschreitende bei wechselnder Phase); bei wechselnder Phase diejenigen Flächen, deren sämtliche Punkte gleiche Phase haben, Wellenflächen; die Strecke, um welche zwei Wellenflächen, die eine Phasendifferenz gleich der Schwingungsdauer aufweisen, voneinander abstehen, heißt die Wellenlänge; das Verhältnis der Wellenlänge zur Schwingungsdauer heißt die Fortpflanzungsgeschwindigkeit der Wellenbewegung. Formeln (λ Wellenlänge, T Schwingungsdauer, v Fortpflanzungsgeschwindigkeit):

$$v = \frac{\lambda}{T} = \lambda n, \qquad \lambda = vT = \frac{v}{n}, \qquad T = \frac{\lambda}{v}, \qquad n = \frac{v}{\lambda}, \tag{as}$$

Dimension: $[v] = l t^{-1}, \qquad [\lambda] = l.$ (U) (V)

(1) Die Wellenlänge ist die Fortpflanzungsstrecke während einer ganzen, die halbe Wellenlänge die während einer halben Schwingung; der Abstand eines Bauches vom nächsten oder eines Knotens vom nächsten ist stets eine halbe, der Abstand eines Bauches vom benachbarten Knoten im einfachsten (symmetrischen) Falle eine viertel Wellenlänge. Bei Transversalwellen unterscheidet man bildlich zwischen Wellenbergen und Wellenthälern als den beiden entgegengesetzten Arten von Bäuchen, während die dazwischen gelegenen Knoten gleichartig sind; bei Längsschwingungen unterscheidet man umgekehrt zwischen Punkten größter Verdichtung und Punkten größter Verdünnung als den beiden entgegengesetzten Arten von Knoten, während die dazwischen gelegenen Bäuche (größte Geschwindigkeit) gleichartig sind.

40. Ebene, Cylinder-, Kugelwellen. Die einfachste Klasse von Wellen ist diejenige, bei welcher die Erregung in einer Ebene stattfindet und die Wellenflächen lauter parallele Ebenen sind: ebene Welle; bei der cylindrischen Welle sind die Wellenflächen koaxiale Cylinderflächen, deren Axe die Erregungslinie ist; bei der sphärischen oder Kugelwelle konzentrische Kugelflächen, deren Centrum der Erregungspunkt ist.

(1) Diese drei Wellen sind die einfachsten Typen von (im Sinne von **11** (2)) 1-, 2-, 3-dimensionalen Wellenbewegungen, und zwar die, welche auftreten, wenn die Fortpflanzungsgeschwindigkeit an allen Stellen und nach allen Richtungen dieselbe ist (über die Bedingungen hierfür s. w. u.).

41. Interferenz ist das Resultat des Zusammentreffens verschiedener Wellen, kommt also auf die Superposition und Kombination der Schwingungen (*5*) zurück. Im einzelnen hängt die Natur der Interferenzerscheinung von zahlreichen Faktoren ab (Fortpflanzungsrichtung und Geschwindigkeit der Wellen, Schwingungsrichtung und Dauer, Amplitude, Phase, Schwingungsgesetz).

(1) Der einfachste Interferenzfall ist der, wo zwei Wellen von gleicher Schwingungsdauer und gleicher gerader Schwingungsrichtung zusammentreffen. Sind außerdem noch die Amplituden gleich, also nur die Phase verschieden, so entsteht eine Schwingung von gleicher Periode und einer Amplitude, die $2A$ oder null ist, je nachdem die Phasendifferenz gleich null oder der halben Periode ist, und in allen übrigen Fällen zwischen diesen Werten liegt; sind die Amplituden (A_1 und A_2) verschieden, so schwingt die resultierende Amplitude zwischen $A_1 + A_2$ und $A_1 - A_2$.

Sind die beiden interferierenden Schwingungsperioden (n_1 und n_2) verschieden, so entsteht eine zusammengesetzte Schwingung (*6* (2)), deren Periode gleich dem Generalnenner von n_1 und n_2 ist; sind n_1

und n_2 nur wenig verschieden, so kann man das Ergebnis auch anders auffassen, nämlich als eine einfache, aber der Amplitude nach periodisch schwankende Schwingung: Schwebung. Unter Umständen können diese Schwebungen wieder zu besonderen Erscheinungen Anlaß geben (s. *5* (1) u. w. u. bei Akustik u. s. w.).

Bei verschiedener Schwingungsrichtung entstehen besondere Schwingungskurven (**34**).

(2) Finden in einem ganzen Raumgebiete Interferenzen statt, so tritt eine räumliche Interferenzerscheinung auf, die in den einfachsten Fällen eine ebene oder gar lineare Erscheinung ist. In dem in (1) bezeichneten Falle besteht sie aus einem örtlichen Wechsel maximaler und minimaler Amplituden. Sie entstehen insbesondere dann, wenn eine Schwingungsbewegung sich von dem Orte ihrer Entstehung auf verschiedenen Wegen nach denselben Stellen des Raumes fortpflanzen kann.

(3) Die Interferenz fortschreitender Wellen erzeugt unter Umständen stehende Wellen.

(4) In manchen Gebieten (Lichtwellen) sind erfahrungsgemäß nicht alle Wellen interferenzfähig, sondern nur die gleichen Ursprunges (s. oben *5* (1)).

***7.* Huygens'sches Prinzip.** Der Schwingungszustand eines Punktes in einem Raume mit einem Erregungspunkte ist bestimmt durch die Interferenz aller ihn treffenden Wellen, die man erhält, wenn man sich sämtliche Punkte der vor dem betrachteten Punkte getroffenen Wellenfläche als neue Erregungspunkte denkt. In dem einfachsten Falle, wenn nämlich die Fortpflanzungsgeschwindigkeit überall und nach allen Richtungen dieselbe ist, und wenn zwischen der Wellenfläche und dem Punkte kein Hindernis ist, wenn also alle „Elementarwellen" den Punkt wirklich treffen, hebt sich ihre Wirkung auf den Punkt gerade auf, mit Ausnahme der mittelsten, d. h. derjenigen, deren Erregungspunkt auf der Wellenfläche in der geraden Verbindungslinie des ursprünglichen Erregungspunktes mit dem betrachteten Punkte liegt; in diesem Falle pflanzt sich also die Wirkung geradlinig fort. In allen anderen Fällen liefert die Interferenz der seitlichen Elementarwellen Reste, und der Schwingungszustand in dem Punkte hängt von der Natur und Lage der Hindernisse ab.

(1) Das Prinzip enthält sachlich und historisch zwei verschiedene in sich; als Prinzip der Elementarwellen ist es von Huygens (1690) aufgestellt, durch Hinzufügung des Interferenzprinzipes ist es von Fresnel (1818) in die obige Form gebracht worden. Schließlich hat die Potentialtheorie (Green) die Möglichkeit gegeben, ihm einen strengen mathematischen Ausdruck zu verleihen (Kirchhoff 1875 resp. 1882, s. weiter unten).

42. Beugung oder Diffraktion ist die Abweichung von der geradlinigen Fortpflanzung, welche eine Wellenbewegung in einem Medium durch den Rand von Hindernissen erleidet. Die hierdurch im weiteren Verlaufe der Wellenbewegung hervorgerufenen Erscheinungen heißen Beugungserscheinungen oder Diffraktionserscheinungen.

43. Strahlen sind die geraden Linien, in denen eine Wellenbewegung in genügender Entfernung von Rändern seitlicher Hindernisse fortschreitet. Ein Komplex solcher Strahlen heißt Strahlenbündel oder Strahlenbüschel. Der Vorgang und die Wirkung der Aussendung von Strahlen heißt Strahlung.

(1) Ein Strahl ist eine reine Abstraktion, nämlich die Axe oder Mittellinie einer Wellenbewegung oder eines Strahlenbündels, welches letztere aber selbst wiederum eine Abstraktion ist, da es nur einen von allen wirklichen Rändern genügend entfernten centralen Teil einer Wellenbewegung darstellt. Wollte man einen Strahl durch Verengerung des Bündels isolieren, z. B. indem man es durch eine immer kleiner gedachte Öffnung in einem Hindernis hindurchschickt, so würde man nicht nur keinen realen Strahl erhalten, sondern auch die Abstraktion des Strahles verlieren; von der Öffnung geht alsdann ein neues Bündel nach allen Seiten aus.

(2) Die verschiedenen spezifischen Strahlenarten sind Schallstrahlen, Wärmestrahlen, elektrische Strahlen, Lichtstrahlen. Bis zu welchen Dimensionen herab die Erscheinungen den Charakter von Strahlen haben, während sie bei engeren Bündeln Beugungscharakter haben, hängt von der Wellenlänge ab; je größer diese, desto früher wird jene Grenze erreicht, und es haben daher Schallstrahlen einen sehr geringen, Lichtstrahlen einen sehr großen Geltungsbereich.

(3) Im allgemeinen, d. h. bei nicht kugeliger, cylindrischer oder ebener Gestalt der Wellenflächen stehen die Strahlen auf den Wellenflächen nicht senkrecht, und es ist daher zwischen „Strahl" und „Wellennormale" zu unterscheiden.

(4) Diffusion oder diffuse Ausbreitung heißt die Ausbreitung einer Wellenbewegung nach allen Richtungen; sie findet nicht nur vom Erregungscentrum der Wellenbewegung, sondern auch von einem engen Öffnungspunkte, durch den sie hindurch muß, aus statt; überhaupt immer dann, wenn die Wellenbewegung Punkte trifft, die durch sie zu sekundären Erregungscentren werden.

44. Polarisation. Polarisiert heißt ein in Transversalschwingungen bestehender Strahl, wenn unter den möglichen Schwingungsrichtungen oder Schwingungsformen auf seinen einzelnen Strecken eine bestimmte herrscht oder vorherrscht. Man unterscheidet hiernach (vgl. **34** und **34**(2)) geradlinig, rechts- und linkscirkular, elliptisch polarisierte und andererseits unpolarisierte Strahlen. Die Verwandlung unpolarisierter in polarisierte Strahlen und der Zustand der letzteren heißt Polarisation.

(1) Bei der longitudinalen Wellenbewegung giebt es keine Polarisation, oder richtiger, es sind hier alle Strahlen geradlinig polarisiert nach der Strahlrichtung.

45. **Schatten** heißen die von einer gegebenen Wellenbewegung unberührt bleibenden Raumteile. Infolge der Beugungserscheinungen ist zwischen geometrischem Schatten und physikalischem Schatten zu unterscheiden; jener ist teils ausgedehnter, teils beschränkter als dieser.

(1) Sind verschiedene Erregungscentren vorhanden, so ist zwischen partiellen Schatten, in die nur die Wirkung einiger fällt, und totalen Schatten, in die gar keine Wirkung fällt (die aber nicht immer vorhanden zu sein brauchen), zu unterscheiden; ebenso bei ausgedehnten Erregungskörpern zwischen Halbschatten und Kernschatten; vgl. w. u.

(2) Die Schattenbildung ist desto markierter, je kleiner die Wellenlänge ist, also z. B. scharf markiert beim Licht, sehr verschwommen beim Schall.

8. **Entfernungsgesetz der Strahlung.** Die Intensität einer Strahlung von gleichbleibender Wellenamplitude nimmt mit der Entfernung vom Orte der Erregung in demselben Verhältnis ab, wie die Größe der Wellenflächen zunimmt. Sie ist also bei Kugelwellen umgekehrt proportional dem Quadrate der Entfernung vom Erregungspunkt, bei Cylinderwellen umgekehrt proportional dem Abstande von der Erregungslinie, bei ebenen Wellen unabhängig vom Abstande von der Erregungsebene, also konstant.

(1) Dieses Gesetz der Strahlungsintensität (Schallstärke, Lichtstärke u. s. w.) ist im Grunde nichts anderes, als die Definition des Begriffes „Strahlungsintensität" als der auf die Flächeneinheit entfallenden Wellenbewegung; näheres darüber s. w. u.

46. **Absorption der Strahlung** ist die mit dem Fortschreiten einer Wellenbewegung verknüpfte Abnahme der Amplitude.

(1) Absorption ist also als Vorgang im Raume das Entsprechende, was Dämpfung rein zeitlich ist (**35**); auch die Begriffe Absorptionsverhältnis und logarithmisches Dekrement können in analogem Sinne benutzt werden.

(2) Bei Vorhandensein von Absorption gelten natürlich die obigen Strahlungsgesetze (*8*) nicht mehr. Die Abnahme der Intensität mit wachsender Entfernung ist dann stärker, als dort angegeben.

47. **Reflexion** (Spiegelung, Zurückwerfung) **und Brechung** (Refraktion) sind die Zweiteilung, welche eine Wellenbewegung erfährt, wenn sie an die Grenze zweier Gebiete gelangt, in denen die Fortpflanzungsgeschwindigkeit der betreffenden Wellenbewegung verschieden ist, und zwar heißt Reflexion das Vorhandensein einer im

Ausgangsgebiete, Brechung das Vorhandensein einer im zweiten Gebiete in veränderter Richtung fortschreitenden Wellenbewegung. Die ursprüngliche Wellenbewegung heißt einfallende Welle (einfallendes Strahlenbüschel, einfallender Strahl), die durch Reflexion entstandene reflektierte Welle (reflektiertes Strahlenbüschel, reflektierter Strahl), die durch Brechung entstandene gebrochene Welle (gebrochenes Strahlenbüschel, gebrochener Strahl). Die Winkel der drei Strahlen mit dem Einfallslot heißen Einfallswinkel, Reflexionswinkel, Brechungswinkel, die drei entsprechenden Ebenen Einfalls-, Reflexions- und Brechungsebene.

(1) Auch die Erscheinungen von Reflexion und Brechung beziehen sich thatsächlich nur auf Strahlenbüschel, nicht auf Strahlen (**43** (1)).

(2) Im allgemeinen existieren beide Teile, d. h. es findet partielle Reflexion und partielle Brechung statt. Unter gewissen Umständen hingegen existiert keine gebrochene Wellenbewegung; es findet dann totale Reflexion statt.

(3) Ändert sich die Fortpflanzungsgeschwindigkeit einer Wellenbewegung in einem Gebiete fortwährend und allmählich, so findet fortwährend minimale Brechung statt, und man erhält gekrümmte Strahlen.

(4) Auch bei der einfachen Bewegung eines Körpers, z. B. auf einer Unterlage oder in einer Flüssigkeit, findet Reflexion (an den Wänden) und Brechung (an der Grenze zweier Unterlagen resp. Flüssigkeiten von verschiedenem Widerstande) statt; aber auch hier muß der Körper eine endliche Breite haben.

9. **Reflexions- und Brechungsgesetz der Strahlung** an der Grenze von Gebieten mit nach allen Richtungen gleicher Fortpflanzungsgeschwindigkeit: Die Reflexions- und die Brechungsebene fallen mit der Einfallsebene zusammen, der reflektierte und der gebrochene Strahl liegen auf der dem einfallenden Strahle abgekehrten Seite des Einfallslotes, der Reflexionswinkel (β) ist gleich dem Einfallswinkel (α), und der Sinus des Einfallswinkels verhält sich zum Sinus des Brechungswinkels (γ) wie die Fortpflanzungsgeschwindigkeit im ersten Gebiete zu der im zweiten, dieses Verhältnis ist also für alle Einfallswinkel dasselbe. Formeln:

$$\beta = \alpha, \qquad \frac{\sin \alpha}{\sin \gamma} = \frac{v_1}{v_2} = \text{const.} \qquad \text{(at) (au)}$$

(1) Für Gebiete, in denen die Fortpflanzungsgeschwindigkeit nach verschiedenen Richtungen verschieden ist, wird das Gesetz wesentlich komplizierter, auch tritt dann als neue Erscheinung die Doppelbrechung auf, d. h. es existieren zwei in verschiedenen Richtungen verlaufende gebrochene Strahlen.

(2) Für die der Strahlung gegenüberstehende Fortpflanzungsart, die sog. Leitung, existiert ein ähnliches Brechungsgesetz (tg statt sin).

48. Brechungsquotient (Brechungsindex, Brechungsverhältnis, Brechungsexponent, Brechungskoeffizient) an der Grenze zweier Gebiete oder auch Brechungsquotient des zweiten Gebietes relativ zum ersten heißt das Verhältnis der Fortpflanzungsgeschwindigkeiten einer und derselben Wellenbewegung im ersten und zweiten Gebiete, also das konstante Verhältnis des Einfallssinus zum Brechungssinus. Formel:

$$n = \frac{v_1}{v_2} = \frac{\sin\alpha}{\sin\gamma}, \qquad [n] = 1. \qquad \text{(av) (W)}$$

(1) Wählt man als erstes Gebiet ein bestimmtes als Norm dienendes (leerer Raum), so erhält man in n den absoluten Brechungsquotienten des zweiten Gebietes.

49. Dispersion; Spektrum. Dispersion heißt das bei der Beugung oder Brechung eines Strahles, welcher aus zusammengesetzten Schwingungen — oder aus Partialschwingungen von verschiedener Periode — resp. Partialwellen von verschiedener Länge (vgl. oben) — besteht, eintretende Auseinandergehen der gebrochenen Strahlung nach verschiedenen Richtungen und zwar, unter normalen Verhältnissen, gemäß dem Brechungsgesetz so, daß die Partialstrahlen desto stärker gebrochen werden, je kleiner die in ihnen enthaltene Periode resp. Wellenlänge ist. Das Resultat der Dispersion, d. h. die stetige Aneinanderreihung von Strahlen verschiedener Periode, heißt Spektrum (Schall-, Wärme-, elektrisches, Licht-, photochemisches Spektrum).

(1) Alles Nähere, insbesondere über Lichtstrahlen, s. w. u.

Viertes Kapitel.

Kraft und Masse.

50. Kraft ist die „Ursache“ der Bewegung, also umgekehrt Bewegung die „Wirkung“ der Kraft. Die Ruhe hat keine Ursache, sie ist der Zustand, in welchem sich die Materie „von selbst“ befindet. Die Ursache der geradlinigen gleichförmigen Bewegung ist eine Kraft, welche wirksam war, aber nicht mehr wirksam ist. Die Ursache einer geradlinigen beschleunigten oder einer krummlinigen (gleichförmigen oder beschleunigten) Bewegung ist eine gegenwärtig wirksame Kraft. Man kann hiernach bestimmter sagen: Kraft ist die Ursache der Beschleunigung. Durch Verallgemeinerung erhält man hieraus den erweiterten Begriff der Kraft als Ursache irgend einer Erscheinung (Wirkung), z. B. die elektromotorische Kraft als Ursache des elektrischen Stromes, die magnetisierende Kraft als Ursache des Magnetismus.

(1) Der Begriff der physikalischen Kraft ist eine dem Muskelgefühl nachgebildete Abstraktion aus den beobachteten Erscheinungen, welche dazu dient, einerseits unser Kausalitätsbedürfnis, wenn auch nur formell, zu befriedigen (vgl. **3** (1)), andererseits die Darstellung der Erscheinungen einfacher und einheitlicher zu gestalten. In diesem, aber auch nur in diesem Sinne ist es erlaubt zu sagen, es sei die Aufgabe der Physik, die in der Natur waltenden Kräfte zu ermitteln.

(2) Eine Kraft, welche nur während einer sehr kurzen Zeit wirksam ist, heißt Momentankraft oder Impuls.

(3) Die Ursache einer verzögerten Bewegung ist eine negative Kraft oder ein Widerstand. Das Wort Widerstand wird jedoch noch in einem anderen, sachlich nahe verwandten, aber begrifflich abweichenden Sinne gebraucht, nämlich als Inbegriff der Eigenschaften, vermöge deren in einem Körper eine Widerstandskraft zur Geltung kommt (hydrodynamischer, elektrischer, magnetischer Widerstand).

(4) An sich ist die Kraft zwar eine Richtungsgröße wie die Beschleunigung, aber nichts absolut Räumliches; man pflegt sie jedoch räumlich auszugestalten und insbesondere ihr einen Sitz im Raume zuzuschreiben, der innerhalb oder außerhalb des oder der sich bewegenden Körper liegen kann, und dem im letzteren Falle der sog. Angriffspunkt gegenübersteht.

51. Trägheit oder Beharrungsvermögen ist die Eigenschaft der Körper in dem Zustande der Ruhe oder der geradlinigen gleichförmigen Bewegung, in dem sie sich einmal befinden, von selbst zu beharren.

10. **Trägheits- oder Beharrungsprinzip** (GALILEIsches Prinzip 1638). Jeder Körper beharrt, wenn keine Kraft auf ihn wirkt, in dem Zustande der Ruhe oder geradlinigen gleichförmigen Bewegung, in dem er sich befindet.

(1) Dieser Satz heißt auch das erste NEWTONsche Bewegungsprinzip (1686).

(2) Das Beharrungsprinzip kommt im Grunde auf die Definition der Begriffe „von selbst“ und „Kraft“ hinaus. Es wäre auch eine andere Definition des Kraftbegriffes möglich, nämlich als Ursache einer geradlinigen gleichförmigen Bewegung, und dann würde das Prinzip ganz anders, nämlich so, lauten: Jeder Körper, der sich selbst überlassen ist, bleibt in Ruhe, wenn er in Ruhe ist, und kommt zur Ruhe, wenn er in Bewegung ist. Diese Auffassung würde für die stationären Erscheinungen zwar zu einer einfacheren, für die anwachsenden Erscheinungen aber zu Komplikationen führen. Bei der herrschenden Auffassung wird z. B. ein anfahrender Zug oder eine angehende Maschine durch die Dampfkraft in Gang gebracht, der gleichförmig fahrende Zug oder die in Gang befindliche Maschine dagegen durch

die Beharrung in Gang erhalten, während die Kräfte, Dampfkraft und Widerstandskraft, sich gerade aufheben. Die Namen Trägheit und Trägheitsprinzip würden bei jener Auffassung charakteristisch sein, während bei der herrschenden die Bezeichnungen Beharrungsvermögen und Beharrungsprinzip vorzuziehen sind.

(3) Nachwirkung oder Hysteresis. Wie die Bewegung, so haben auch die anderen Wirkungen der Kraft (50) Beharrung, d. h. sie bleiben unter Umständen bestehen, auch wenn die Kraft zu wirken aufgehört hat; diese Erscheinung heißt Nachwirkung, neuerdings auch Hysteresis; am wichtigsten unter ihnen sind die elastische und die magnetische Nachwirkung (s. w. u.), am beträchtlichsten von allen ist wohl die thermische.

52. Gleichgewicht. Wenn ein Körper in Ruhe oder in gleichförmig geradliniger Bewegung ist, so ist es häufig von Vorteil, anzunehmen, daß mehrere Kräfte auf ihn wirken, die, richtig kombiniert, zusammen die Kraft null ergeben; man sagt dann: die Kräfte befinden sich im Gleichgewicht, oder auch: der Körper ist im Gleichgewicht; der letztere Ausdruck findet jedoch meist nur auf den Ruhezustand Anwendung. Näheres über das Gleichgewicht s. w. u. (Entropie).

***11.* Kraftprinzip.** Die Beschleunigungen, die ein Körper durch verschiedene Kräfte erfährt, sind diesen Kräften direkt proportional.

Formel:
$$K_1 = B, \qquad \text{(aw)}$$
$$[K_1] = l t^{-2}. \qquad \text{(X)}$$

(1) Das Kraftprinzip stimmt mit dem zweiten Newtonschen Bewegungsprinzip überein.

(2) Die obige Form des Prinzipes ist die deduktive, auf dem einmal gewonnenen Kraftbegriff fußende; die erkenntnistheoretisch ursprüngliche Form würde lauten: die Kräfte, die man einführen muß als Ursachen verschiedener Beschleunigungen, die ein und derselbe Körper in verschiedenen Fällen hat, sind diesen Beschleunigungen direkt proportional.

(3) Da der Proportionalitätsfaktor gänzlich unbestimmt bleibt, kann man, solange man es nur mit einem und demselben Körper zu thun hat, die Größen der Kraft und der Beschleunigung geradezu einander gleich setzen (causa aequat effectum).

(4) Da der Impuls nur eine spezielle Art von Kraft ist, kann man ihn wie diese durch die während seiner Dauer stattfindende Beschleunigung pro sec messen; zweckmäßiger ist es, ihn durch die ganze durch ihn erzeugte Beschleunigung, also, wenn der Körper vorher ruhte, durch die Geschwindigkeit zu messen, die der Körper durch seine Wirkung erlangt. Man erhält dann einen ganz neuen Begriff

des Impulses, der sich von dem der Kraft durch Hinzutritt der Zeitdauer der Kraft als Faktor unterscheidet:

$$J_1 = \int K_1\, dt, \text{ im speziellen Falle } J_1 = K_1 T; \qquad \text{(ax)}$$

zugleich ergiebt sich der Satz (Impulsprinzip):

Die Geschwindigkeiten, welche ein Körper durch das Wirken von Impulsen erlangt, sind diesen Impulsen direkt proportional. Formel:

$$J_1 = G, \qquad \text{(ay)}$$

$$[J_1] = l\,t^{-1}. \qquad \text{(Y)}$$

(5) Die durch die Beschleunigung gemessene Kraft heißt auch beschleunigende Kraft; besser wäre kinematische Kraft und analog kinematischer Impuls, im Gegensatz zu späteren Definitionen.

(6) In entsprechender Weise sind die Verzögerungen proportional den Widerständen.

***12.* Parallelogramm der Kräfte.** Wirken zu gleicher Zeit zwei Kräfte auf einen Punkt, so kann man sie durch eine einzige ersetzen, die durch die Diagonale des aus den gegebenen Kräften gebildeten Parallelogramms dargestellt wird. Ebenso kann man eine gegebene Kraft in zwei andere zerlegen, deren erste beliebig, deren zweite so beschaffen ist, daß das aus beiden gebildete Parallelogramm die gegebene Kraft zur Diagonale hat.

(1) Über die Bedeutung dieses Satzes gilt das bei den analogen früheren Sätzen in *2* und *4* Gesagte.

(2) Der Satz läßt sich zum Parallelepiped der Kräfte und schließlich, für beliebig viele gleichzeitige Kräfte, zum Polygon der Kräfte erweitern und lautet dann: Mehrere gleichzeitige Kräfte lassen sich ersetzen durch eine einzige, die man erhält, wenn man die die gegebenen Kräfte nach Größe und Richtung darstellenden Linien zu einer gebrochenen Linie aneinander reiht und den Anfangs- und Endpunkt der letzteren verbindet; kurz: die resultierende Kraft ist die geometrische oder Vektorsumme der einzelnen. Umgekehrt sind bei der Zerlegung einer gegebenen Kraft alle Einzelkräfte willkürlich bis auf die letzte, deren Endpunkt bei obiger Konstruktion mit dem Endpunkt der gegebenen Kraft zusammenfallen muß.

(3) Der Satz heißt auch Kombinations-, Zerlegungs- oder Unabhängigkeitsprinzip und sagt als letzteres aus, daß gleichzeitige Kräfte sich in ihrer Wirkung nicht beeinflussen; diese Aussage geht jedoch über die formale Feststellung des Begriffes gleichzeitiger Kräfte nicht hinaus und besagt nichts über die bei der Kombination von Erscheinungen in Wirklichkeit auftretenden spezifischen Kombinations- oder Interferenzerscheinungen.

(4) Haben die Einzelkräfte gleiche Richtung, so addieren sie sich einfach. In dem Unabhängigkeitsprinzipe ist demgemäß das Kraftprinzip (*11*) enthalten.

53. Kraftkomponenten sind diejenigen Kräfte, die, in der Richtung der Koordinatenaxen wirkend, zusammengenommen mit der ganzen Kraft äquivalent sind. Für die rechtwinkligen Kraftkomponenten X_1, Y_1, Z_1 gelten die Formeln (vgl. **27**):

$$\left.\begin{aligned} X_1 &= K_1 \cos\alpha = \xi \\ Y_1 &= K_1 \cos\beta = \eta \\ Z_1 &= K_1 \cos\gamma = \zeta \end{aligned}\right\} \quad K_1 = \sqrt{X_1^2 + Y_1^2 + Z_1^2}. \tag{az}$$

Entsprechend für die Impulskomponenten.

54. Masse. Für die Masse sind zwei verschiedene Definitionen möglich, deren jede zu einem neuen erweiterten Kraftbegriffe (**55**) und zu einem neuen Prinzipe (*13* und *14*) führt:

a) Massen sind die Faktoren, mit denen man die Beschleunigungen (im Spezialfalle die Geschwindigkeiten), die verschiedene Körper unter gleichen Umständen erfahren, multiplizieren muß, um stets dasselbe Produkt zu erhalten.

b) Massen sind die Faktoren, mit denen man die Beschleunigungen (im Spezialfalle die Geschwindigkeiten), die zwei Körper sich gegenseitig erteilen, multiplizieren muß, um für beide dasselbe Produkt zu erhalten.

55. Kraft im weiteren Sinne (im Spezialfalle Impuls im weiteren Sinne) heißt das bei der einen oder der anderen Massendefinition (**54** a, b) auftretende gleiche Produkt. Man erhält also die Definitionen: Kraft ist das Produkt aus Masse und Beschleunigung; Impuls ist das Produkt aus Masse und Geschwindigkeit. Formeln:

$$K = mB, \qquad B = \frac{K}{m}, \qquad m = \frac{K}{b}; \tag{ba}$$

$$J = mG, \qquad G = \frac{J}{m}, \qquad m = \frac{J}{G}; \tag{bb}$$

$$[m] = m, \qquad [J] = l\,t^{-1} m, \qquad [K] = l\,t^{-2} m. \quad \text{(Z) (AA) (AB)}$$

13. **Massenprinzip.** Die Beschleunigungen, welche verschiedene Körper unter gleichen Umständen (durch dieselbe Kraft) erfahren, sind ihren Massen umgekehrt proportional.

14. **Wechselwirkungsprinzip** (Prinzip der Gleichheit von Aktion und Reaktion). Die Beschleunigungen, welche sich zwei Körper gegenseitig erteilen, sind entgegengesetzt und ihren Massen umgekehrt proportional. Oder: Die Kräfte, mit denen zwei Körper aufeinander wirken, sind einander entgegengesetzt gleich. Oder verallmeinert: Zu jeder aus den Erscheinungen abstrahierten Kraft gehört eine entgegengesetzt gleiche Gegenkraft, die mit ihr zusammen eine Wechselwirkung darstellt.

Zu **54**, **55**, ***13*** und ***14*** sind folgende Bemerkungen zu machen:

(1) Die erste Massen- und Kraftdefinition hat den Vorzug, daß sie der bisherigen Vorstellung treu bleibt und die beiden Faktoren der Erscheinung, die passive Materie und die aktive Ursache, scharf voneinander trennt: Das passive Charakteristikum heißt Masse, das aktive Kraft; man kann auf Grund dieser Auffassung geradezu definieren: Masse ist der Widerstand der Materie gegen Bewegung (das Wort Widerstand im Eigenschaftssinne, vgl. **50** (2)); oder, indem man den Unterschied zwischen Intensitätsgrößen und Quantitäts-, Extensitäts- oder Kapazitätsgrößen einführt:

Die Masse ist der Quantitätsfaktor, die Beschleunigung der Intensitätsfaktor der Kraft; oder noch etwas sinnlicher ausgedrückt: die Masse ist die Kapazität eines Körpers für Kraft. (Über die Kapazität eines Körpers für Drehkraft (**68**), Druck (**76** und **77**), Wärme, Elektrizität u. s. w., die analoge Bedeutung hat, s. w. u.)

Die zweite Definition dagegen verlegt die Masse und die Kraft an denselben Ort, und es wird hierdurch die Masse ein zugleich passiver und aktiver Begriff. Der Gegensatz findet einen anschaulichen Ausdruck in der Vergleichung der zur Bestimmung der Masse möglichen Methoden: bei der Fortschleuderung von Kugeln durch die Muskelkraft z. B. ergiebt sich die passive Masse der Kugel, in der Astronomie andererseits wird in der Regel die aktive Masse bestimmt. Bei dieser zweiten Definition treten für eine und dieselbe Erscheinung zwei Kräfte auf, und man ist, um zu einer einheitlichen Formulierung zu gelangen, genötigt, den neuen Begriff der Wechselkraft einzuführen, für die gleichzeitig beide Massen bestimmend sind, und die daher begrifflich und dimensional (s. u.) von ganz anderer Art ist.

Die erste Definition hat jedoch den Nachteil der Unbestimmtheit des in ihr auftretenden Begriffes „unter gleichen Umständen“; von vornherein ist z. B. anzunehmen, daß beim freien Fall auf der Erdoberfläche alle Körper sich unter gleichen Umständen befinden, man muß ihnen also, da sie die gleiche Beschleunigung erfahren, gleiche Masse beilegen; andererseits zeigt sich aber, daß diese Körper durch den gleichen Muskelimpuls verschiedene Geschwindigkeiten erfahren, so daß man ihnen verschiedene Massen beilegen muß; man muß also entweder bei gleichen Muskelkräften, ausgeübt auf verschiedene Körper, oder beim freien Falle verschiedener Körper auf der Erdoberfläche die Vorstellung von den gleichen Umständen fallen lassen und entscheidet sich dabei für das letztere, indem man außer der Erde auch den fallenden Körper selbst in die ursächliche Konfiguration einbezieht und die

Kraft dadurch zu einer von beiden Körpern abhängigen Wechselkraft macht. Die zweite Definition, zu der man auf diese Weise geführt wird, erweist sich in diesem Punkte als überlegen, weil sie zur Feststellung der Massen nur eines einzigen Vorganges, nicht zweier schwer vergleichbarer Vorgänge bedarf.

(2) Es ist zu beachten, daß die Massendefinition von dem Kraftbegriff unabhängig (es kommt nur der Ausdruck „gleiches Produkt" vor), die Kraftdefinition dagegen von dem Massenbegriff abhängig ist; es entspricht dies der Wahl des Grundeinheitensystems, in welchen die Masse, nicht aber die Kraft, enthalten ist; im Länge-Zeit-Kraftsystem müßte man genau umgekehrt verfahren.[1]

(3) Das Produkt aus Masse und Geschwindigkeit heißt auch Bewegungsgröße; sie ist gleich dem erzeugenden Impuls.

(4) Die Prinzipien ***13*** und ***14*** sind oben entsprechend wie das Kraftprinzip (***11***) in der deduktiven Form ausgedrückt, wie sie für die Anwendung brauchbar ist; in der erkenntnistheoretisch ursprünglichen Form lauten sie: Die Massen, die man verschiedenen Körpern beilegen muß, verhalten sich umgekehrt wie die Beschleunigungen, die sie unter gleichen Umständen zeigen. Und: Die Massen, die man zwei Körpern beilegen muß, verhalten sich umgekehrt wie die Beschleunigungen, die sie sich gegenseitig erteilen.

(5) Die Kraft enthält zwar eine Beschleunigung als Faktor, diese Beschleunigung braucht aber nicht notwendig aktuell zu sein, es kann vielmehr der Kraft durch eine Gegenkraft das Gleichgewicht gehalten werden, derart, daß der betreffende Körper in Ruhe bleibt.

(6) Die Kraft im weiteren Sinne des Wortes heißt auch, im Gegensatz zur beschleunigenden Kraft, bewegende Kraft; besser wäre es, sie der kinematischen Kraft (***11*** (5)) als dynamische Kraft und ebenso dem kinematischen Impuls den dynamischen Impuls gegenüberzustellen. Wirkt die dynamische Kraft auf die Masseneinheit (s. w. u.), so wird sie mit der kinematischen Kraft identisch, und es gelten dann die früheren Formeln (***11*** und **53**).

(7) Das hier für die Kraft aufgestellte Wechselwirkungsprinzip wird bei der Betrachtung der Energie wiederkehren und dort eine erhöhte Bedeutung gewinnen.

56. Klassifikation der Kräfte. Nach den verschiedenen möglichen Klassifikationsprinzipien erhält man folgende Unterscheidungen:

---

[1] Eine allgemeine Antwort auf die Frage, ob besser von der Kraft oder der Masse auszugehen sei, läßt sich nicht geben; es hängt einerseits von der Auffassung, andererseits von dem Erscheinungsgebiete ab. So definiert z. B. Hertz in der Mechanik von vornherein die Masse, erst ganz zuletzt die Kraft; in der Elektrodynamik verfährt er genau umgekehrt.

a) **Fernkräfte und Nahkräfte.** Die Fernkräfte üben Fernwirkung aus, d. h. der Ort des Kraftsitzes und der Ort der Wirkung sind räumlich voneinander getrennt, und zwar durch einen Raum, welcher weder aktiv (als Kraftsitz), noch passiv (durch auftretende Wirkungen) an der Erscheinung beteiligt ist, womit zugleich notwendig das zweite Charakteristikum verknüpft ist, daß die Wirkung eine augenblickliche ist, d. h. keine Zeit braucht, um von dem Kraftsitz an den Sitz der Wirkung zu gelangen. Umgekehrt üben die Nahkräfte Nahwirkungen aus, d. h. der Kraftsitz und der Ort der Wirkung grenzen unmittelbar aneinander, der letztere wird selbst zum Kraftsitz, überträgt die Wirkung auf das nächstbenachbarte Gebiet u. s. w.; die Kraft braucht also Zeit, um sich fortzupflanzen, es kommt ihr eine endliche Fortpflanzungsgeschwindigkeit zu.

(1) Von diesen beiden gegensätzlichen Vorstellungen, die sich seit den ältesten Zeiten bei der Erklärung der Naturerscheinungen den Rang streitig machen, hat je nach den Umständen die Nahkraft oder die Fernkraft den Vorzug der größeren formalen Einfachheit, die Nahkraft aber außerdem den Vorzug, den naiven Verstand mehr zu befriedigen, und man hat daher ebenso oft anscheinende Nahewirkungen auf Fernkräfte, wie anscheinende Fernwirkungen auf Nahkräfte zurückzuführen sich bemüht (Beispiel: Maxwell in der Gastheorie einerseits, in der Elektrodynamik andererseits); dabei hat sich gezeigt, daß der erste Vorzug bestehen bleibt, der zweite aber sich verflüchtigt, indem die Analyse der Nahewirkungen zu nicht geringeren Unbegreiflichkeiten führt, als die Fernwirkungen es sind. Man wird also die obigen Kriterien den Ausschlag geben lassen und sagen müssen: Solange die Beteiligung des Zwischenmediums und die Zeitlichkeit unerwiesen sind, ist diejenige Darstellung einer Erscheinung vorzuziehen, welche bei gleicher Vollständigkeit einfacher ausfällt (z. B. in der Gravitation durch Fernkräfte, in der Elastizität durch Nahkräfte); ist aber einer jener Punkte erwiesen, so ist nur noch die Darstellung durch Nahkräfte zulässig (z. B. bei den elektrischen Schwingungen).

(2) Der Ausdruck Fernwirkung besagt nur, daß zwischen Kraft und Wirkung eine Entfernung, nicht aber, wie groß diese sei; sie kann ungeheuer groß (Himmelskörper) oder außerordentlich klein (Molekeln) sein.

b) **Druckkräfte und Stoßkräfte.** Bei den Nahekräften kann die unmittelbare Berührung entweder eine dauernde oder eine vorübergehende sein; im ersten Falle spricht man von Druckkräften und Druckwirkung, im zweiten Falle von Stoßkräften und Stoßwirkung; außer in der angegebenen Weise unterscheiden sich beide noch durch den Bewegungszustand der aufeinander wirkenden Körper.

(1) Beide Wirkungen sind vielfach (z. B. zur Erklärung der Gravitation, LESAGE, PRESTON, ANDERSSON u. A.) herangezogen worden; ihr Gegensatz fällt vielfach mit dem Gegensatz zwischen den beiden Auffassungen von der Konstitution der Materie (s. w. u.) zusammen.

c) **Normalkräfte und Tangentialkräfte.** Dieser auf Fernkräfte wie auf Nahkräfte anwendbare Gegensatz bezieht sich auf das Verhältnis, in dem die Richtung der Kraft zu der Richtung steht, in welcher Sitz der Kraft und Sitz der Wirkung zu einander liegen. Eine Kraft, die in die letztere Richtung fällt, heißt Normalkraft, eine Kraft, die auf jener Richtung senkrecht steht, Tangentialkraft. Bei Druckkräften insbesondere ist demgemäß zwischen Normaldrucken und Tangentialdrucken zu unterscheiden. Bei Fernkräften ist eine andere, bezeichnendere Nomenklatur üblicher; die Normalkraft heißt hier Centralkraft (in die Linie zwischen Centrum, d. h. Kraftsitz, und Sitz der Wirkung fallend), die Tangentialkraft dagegen Drehkraft (weil die Bedingung, senkrecht zur Centrallinie zu bleiben, die Kraftrichtung fortwährend ändert). Die Wirkung der Centralkraft ist entweder eine Anziehung oder eine Abstoßung, die Kraft heißt dementsprechend entweder Anziehungs- oder Abstoßungskraft; die Wirkung einer Drehkraft ist eine Drehung. Es ist jedoch zu beachten, daß eine Drehung auch als Wirkung einer Centralkraft unter Mitwirkung eines einmal stattgehabten Impulses dargestellt werden kann (Himmelskörper).

(1) Die Kraftrichtung kann natürlich auch einen schiefen Winkel mit der Verbindungslinie zwischen Kraftsitz und Ort der Wirkung bilden; man kann sie alsdann aber in die beiden obigen Komponenten zerlegen.

(2) Bei der Drehung eines Punktes um ein Centrum oder überhaupt bei der krummlinigen Bewegung eines Punktes hat die Beschleunigung (**28**) eine Centripetal- und eine Tangentialkomponente; als die Ursache jener hat man die Centripetalkraft, als Ursache dieser die Tangentialkraft einzuführen, beide zusammen ergeben die Drehkraft. Diese Auffassung ist weniger einfach als die obige, bei der die Drehkraft eine reine, freilich auf eine sich drehende Centrallinie bezogene Tangentialkraft ist; sie hat aber gewisse Vorzüge und ist deshalb vorwiegend im Gebrauch (besonders in der Mechanik). Wie man die Drehkraft aus Centripetal- und Tangentialkomponente zusammensetzt, so kann man schließlich auch die Tangentialkraft, d. h. die Ursache der bei Aufhören der Centripetalkomponente eintretenden geradlinigen Bewegung des Punktes, als die Resultante der Drehkraft und noch einer zweiten, der Centripetalkraft offenbar entgegengesetzt gleichen Komponente betrachten; diese Kraft heißt Centrifugalkraft; sie ist eine reine Abstraktion, tritt aber häufig dadurch in die Erscheinung, daß die Bewegung relativ zur Drehbewegung als eine Bewegung nach

außen (vom Centrum weg) oder, wenn eine solche Bewegung nicht zu stande kommt, ein Druck nach außen aufzutreten scheint, der absolut genommen natürlich ein Tangentialdruck ist. Die Centrifugalkraft wird auch Schwungkraft genannt. Formeln (vgl. **27**, t bis w) für die Tangentialkraft K_t und die Centripetalkraft K_{cp} resp. Centrifugalkraft K_{cf}:

$$K_t = mB_{\|} = m\frac{dG}{dt}, \quad K_{cp} = -K_{cf} = mB_{\perp} = m\frac{G^2}{r} = m\omega^2 r \qquad \text{(bc)}$$

(wegen des Vorzeichens vgl. jedoch weiter unten) und für die ganze Kraft:

$$K = mB = m\sqrt{\left(\frac{dG}{dt}\right)^2 + \frac{G^4}{r^2}}. \qquad \text{(bd)}$$

(3) Zwei an verschiedenen Punkten angreifende Drehkräfte von gleicher Größe und entgegengesetztem Sinne heißen ein Kräftepaar oder ein Drehpaar.

(4) Nach dem Prinzip der Wechselwirkung kommen alle Kräfte paarweise vor; einer Anziehungskraft eines Punktes auf einen anderen entspricht daher eine entgegengesetzt gleiche Centralkraft, also auch eine Anziehungskraft des zweiten auf den ersten; ebenso der Drehkraft eines Punktes auf einen anderen eine gleiche, aber entgegengesetzte Drehkraft des zweiten auf den ersten, die also, beide Male vom Kraftsitze betrachtet, den gleichen Sinn haben wird.

(4) In Bezug auf das Vorzeichen von Kräften herrscht nicht durchweg Einheitlichkeit; es ist zu empfehlen, Abstoßungskräfte (Zunahme der Entfernung) stets positiv, Anziehungskräfte stets negativ zu rechnen (vgl. jedoch ***30***(4)), und ebenso Drehkräfte im Sinne der Uhrzeigerbewegung stets positiv, entgegengesetzte negativ zu rechnen.

57. Drehungsmoment oder kurz Moment einer Kraft in Bezug auf einen Punkt heißt das Produkt aus einer Drehkraft und dem Abstand ihres Sitzes von dem Punkte. Dieser Abstand, der natürlich senkrecht auf der Kraftrichtung steht resp. von dem (bei einer nicht reinen Drehkraft) die zur Kraftrichtung senkrechte Projektion zu nehmen ist, heißt der Hebelarm der Kraft. Formeln:

$$D = Kl, \qquad [D] = l^2 t^{-2} m. \qquad \text{(be) (AC)}$$

(1) Die auf der Ebene der Kraftwirkung und des Hebelarmes senkrechte Linie heißt Drehungsaxe, und das Moment auch Drehungsmoment um diese Axe. Man kann daher, wie eine Kraft, so auch ein Drehungsmoment in drei Momentkomponenten um die Koordinatenaxen zerlegen. Formeln:

$$\left.\begin{array}{lll} D_x = yZ - zY, & D_y = zX - xZ, & D_z = xY - yX; \\ D_x = D\cos\alpha, & D_y = D\cos\beta, & D_z = D\cos\gamma; \end{array}\right\} \qquad \text{(bf)}$$

$$D = \sqrt{D_x^2 + D_y^2 + D_z^2}. \qquad \text{(bg)}$$

D selbst, oder allgemeiner das in einem gegebenen Falle größte D heißt Hauptdrehungsmoment, die betreffende Axe Hauptdrehungsaxe.

(2) Direktionskraft heißt das Verhältnis des Drehungsmoments einer Drehkraft auf einen Körper zu dem Winkel α, um den er aus seiner natürlichen Lage gedreht ist. Formel:

$$\Delta = \frac{D}{\alpha} = \frac{Kl}{\alpha}, \qquad [\Delta] = l^2 t^{-2} m. \tag{bh}$$

Für kleine Drehungswinkel ist allgemein D proportional mit α, also Δ konstant; für größere Drehungswinkel ist es je nach der Natur der Drehung konstant oder variabel.

58. Druckkomponenten. Während eine Fernkraft an einem bestimmten Orte eine bestimmte Größe hat, hängt eine Druckkraft an demselben Orte auch noch von der Richtung der Trennungsfläche der beiden Gebiete ab, die aufeinander den Druck resp. Gegendruck ausüben. Der Druck auf eine durch die Richtung n ihrer Normale charakterisierte Fläche heiße P_n, er läßt sich stets ausdrücken durch die drei Drucke P_x, P_y, P_z, welche an demselben Orte auf drei Flächen wirken, deren Normalen die Koordinatenaxen sind; jeder dieser drei Drucke läßt sich als ein im allgemeinen schiefer Druck in die drei Komponenten nach den Koordinatenaxen $X_x Y_x Z_x$ resp. $X_y Y_y Z_y$ resp. $X_z Y_z Z_z$ zerlegen. Diese neun Größen heißen die Druckkomponenten.

***15.* Sätze von den Druckkomponenten.**

a) Die x-Komponente des Druckes auf ein Flächenelement, dessen Normale die y-Axe ist, ist stets gleich der y-Komponente des Druckes auf ein an demselben Orte befindliches Flächenelement, dessen Normale die x-Axe ist, und entsprechend für die beiden anderen Richtungen.

(1) Formeln:

$$X_y = Y_x, \qquad Y_z = Z_y, \qquad Z_x = X_z. \tag{bi}$$

Es bleiben somit nur sechs voneinander verschiedene Druckkomponenten übrig, und von diesen sind drei, nämlich:

$$X_x, \qquad Y_y, \qquad Z_z$$

die Normaldrucke (56 c) in den drei Raumrichtungen, die anderen drei, nämlich:

$$X_y \text{ oder } Y_x, \qquad Y_z \text{ oder } Z_y, \qquad Z_x \text{ oder } X_z$$

die drei Tangentialdrucke. Die Druckkomponenten für ein durch seine Normale n charakterisiertes Flächenelement lassen sich dann so ausdrücken:

$$\left.\begin{aligned} X_n &= X_x \cos(nx) + X_y \cos(ny) + X_z \cos(nz) \\ Y_n &= Y_x \cos(nx) + Y_y \cos(ny) + Y_z \cos(nz) \\ Z_n &= Z_x \cos(nx) + Z_y \cos(ny) + Z_z \cos(nz). \end{aligned}\right\} \tag{bk}$$

b) Die Drucke, welche auf alle möglichen, durch einen Punkt gehenden Flächenelemente wirken, lassen sich der Richtung und Größe nach durch die Strahlen eines Ellipsoides mit dem Punkt als Mittelpunkt darstellen; dieses Ellipsoid heißt **Druckellipsoid**. Es giebt daher in jedem Punkte drei aufeinander senkrechte Flächenelemente, welche reine Normaldrucke erfahren, und von denen zugleich eins unter allen Flächenelementen den größten, ein zweites den kleinsten Druck (das dritte einen Maximum-Minimumdruck) erfährt; diese drei Drucke heißen **Hauptdrucke**, ihre Richtungen **Hauptdruckaxen**.

(1) Sind die Hauptdrucke $P_1\, P_2\, P_3$, ihre Winkel mit den Koordinatenaxen $\alpha_1\, \alpha_2\, \alpha_3$, $\beta_1\, \beta_2\, \beta_3$, $\gamma_1\, \gamma_2\, \gamma_3$, so gelten die Formeln:

$$\left.\begin{aligned} X_x &= P_1 \cos^2\alpha_1 + P_2 \cos^2\alpha_2 + P_3 \cos^2\alpha_3 \\ Y_y &= P_1 \cos^2\beta_1 + P_2 \cos^2\beta_2 + P_3 \cos^2\beta_3 \\ Z_z &= P_1 \cos^2\gamma_1 + P_2 \cos^2\gamma_2 + P_3 \cos^2\gamma_3 \\ Y_z = Z_y &= P_1 \cos\beta_1 \cos\gamma_1 + P_2 \cos\beta_2 \cos\gamma_2 + P_3 \cos\beta_3 \cos\gamma_3 \\ Z_x = X_z &= P_1 \cos\gamma_1 \cos\alpha_1 + P_2 \cos\gamma_2 \cos\alpha_2 + P_3 \cos\gamma_3 \cos\alpha_3 \\ X_y = Y_x &= P_1 \cos\alpha_1 \cos\beta_1 + P_2 \cos\alpha_2 \cos\beta_2 + P_3 \cos\alpha_3 \cos\beta_3 ; \end{aligned}\right\} \quad \text{(bl)}$$

wählt man die Hauptdruckaxen zu Koordinatenaxen, so werden die Normaldrucke $P_1\, P_2\, P_3$, die Tangentialdrucke 0; das Druckellipsoid hat dann die einfache Gleichung

$$\frac{\xi^2}{X_x^2} + \frac{\eta^2}{Y_y^2} + \frac{\zeta^2}{Z_z^2} = 1. \qquad \text{(bm)}$$

(2) In besonderen Fällen kann das Ellipsoid ein Rotationsellipsoid sein, es werden dann zwei Hauptdrucke und damit alle Drucke in ihrer Ebene gleich groß; in einem noch spezielleren Falle wird das Ellipsoid eine Kugel, es sind dann die drei Hauptdrucke und damit überhaupt die Drucke in allen Richtungen einander gleich. Andere Spezialfälle erhält man, wenn von den drei Hauptdrucken einer oder zwei gleich null sind.

(3) Außer Richtung und Größe kommt jedem Druck noch ein Vorzeichen resp. Richtungssinn zu: einen positiven Druck nennt man **Druck im engeren Sinne**, einen negativen dagegen **Zug** (in gewissen Fällen auch **Spannung**). Ferner gehört zu jedem Druckstrahl ein bestimmtes Flächenelement, das diesen Druck erfährt. In dem Druckellipsoid findet beides keinen Ausdruck, wohl aber in der **Hilfsfläche**

$$\frac{\xi^2}{X_x} + \frac{\eta^2}{Y_y} + \frac{\zeta^2}{Z_z} = 1, \qquad \text{(bn)}$$

welche nur für drei positive Hauptdrucke ein Ellipsoid darstellt, für einen positiven und zwei negative Drucke oder umgekehrt hingegen aus zwei Hyperboloiden, einem einschaligen und einem zweischaligen, besteht; welche aber in jedem Falle die Eigenschaft hat, daß die an sie im Endpunkte eines Druckstrahles gelegte Tangentialebene die Richtung des im Mittelpunkte gelegenen Flächenelementes angiebt, das diesen Druck erfährt. Im zweiten, hyperboloidischen Falle giebt es Flächenelemente, die einen reinen Tangentialdruck erfahren; derselbe wird auch als Scherungsdruck bezeichnet.

(4) Einheitsdruck ist der auf die Flächeneinheit wirkende Druck, im absoluten Maaßsystem also der auf 1 qcm wirkende Druck. Dimensionsformel

$$[P_1] = l^{-1} t^{-2} m. \tag{AE}$$

Er wird auch Druckintensität oder kurz Druck (im Gegensatz zu dem alsdann Gesamtdruck genannten Druck auf die wirklich vorhandene Fläche) genannt. Unter den Druckkomponenten X_x u. s. w. versteht man in der Regel ebenfalls Einheitsdrucke; es ist also auch

$$[X_x] = l^{-1} t^{-2} m \text{ etc. etc.} \tag{AF}$$

59. Gewicht (oder Gewichtsdruck) heißt der Gesamtdruck eines Körpers auf einen anderen, ihn am Falle hindernden Körper; es ist also das Produkt aus seiner Masse in seine Beschleunigung beim freien Fall. Formel:

$$P = mg, \qquad m = \frac{P}{g}, \qquad g = \frac{P}{m}, \tag{bo}$$

$$[P] = l t^{-2} m. \tag{AG}$$

(1) Das Hindernis muß ein vollständiges sein, wenn es das volle Gewicht zum Ausdruck bringen soll; bei partieller Hinderung (z. B. auf der schiefen Ebene oder im Wasser) ist der Druck, also auch das durch ihn definierte Gewicht kleiner.

60. Gramm (g, auch gr) ist die **Masseneinheit** im absoluten System. Es ist ursprünglich definiert als die Masse Wasser, welche bei einer bestimmten Temperatur (vgl. **6** (4)), nämlich bei 4° C. den Raum von 1 ccm einnimmt, und durch eine in Paris aufbewahrte 1000fache Normalmasse festgelegt worden; diese Normalmasse dient auch jetzt noch als Grundlage, obwohl sie mit der ursprünglichen Definition nach neueren Messungen nicht mehr übereinstimmt (vgl. das analoge Verhältnis bei der Längeneinheit: **13**). Man kann also jetzt nur definieren: Das Gramm ist der 1000. Teil der Pariser Normalmasse.

(1) Die wahre Masse Wasser, welche bei 4° C. 1 ccm ausfüllt, ist etwa um 10 bis 15 Milliontel größer als 1 g, oder anders ausgedrückt, die Temperatur, bei welcher 1 g Wasser 1 ccm ausfüllt, beträgt nicht 4°, sondern etwa 3° oder etwa 5°; natürlich muß das Wasser physikalisch und chemisch rein sein.

(2) Kopien der Normalmasse, meist aus Platin hergestellt, befinden sich an vielen Orten, z. B. in Berlin.

(3) Aus dem Gramm werden folgende weitere Massenmaaße abgeleitet:

Tonne = t = Megagramm = 1000 kg = 1 000 000 g			(ʒ)
Doppelcentner oder Metercentner = 100 kg = 100 000 g			
Kilogramm oder Kilo = kg (oder K) = 1000 g			
(Hektogramm	= hg (oder H)	= 100 g)	
(Dekagramm	= D	= 10 g)	
Dezigramm	= dg	= 0,1 g	
Centigramm	= cg	= 0,01 g	
Milligramm	= mg	= 0,001 g	
Mikrogramm	= μg	= 0,000 001 g.	

(4) Zur Umrechnung anderer Gewichtsmaaße dienen folgende Angaben in Grammen:

Metrisches Pfund	500	1 Centner	50000	(aa)
Französisches „	489,5	1 Unze	28,35	
Englisches „	453,6	1 Gran	0,0648	
Österreichisches „	560,0	1 Pud	16381	
Russisches „	409,5			
Preußisches u.s.w. „	467,7			
Bayrisches „	560,0			
Schwedisches „	425,3			

(5) Zu den Volumenmaaßen (**14** (3)) ist hier nachzutragen, daß das Liter aus dem Kilogramm abgeleitet, also mit dem Kubikdezimeter nicht streng identisch ist; der Unterschied ist aber minimal und fast stets zu vernachlässigen.

61. Dyne ist die **Krafteinheit** im absoluten System. Sie ist definiert als diejenige Kraft, die der Masse 1 g die Beschleunigung 1 cm in 1 sec erteilt (oder die ihr, wenn sie ruht, in 1 sec die Geschwindigkeit 1 cm in 1 sec erteilt).

(1) Außer der Dyne werden auch noch die folgenden abgeleiteten Maaße benutzt:

1 Megadyne	= 1 000 000	Dynen	(ab)
1 Kilodyne	= 1000	Dynen	
1 Millidyne	= 0,001	Dyne	
1 Mikrodyne	= 0,000 001	Dyne.	

61a. Gewichtsmaafs. In der Praxis werden Kräfte häufig in einem anderen Maaße angegeben, nämlich, statt auf Länge-Zeit-Masse, auf Länge-Zeit-Gewicht als Grundbegriffe bezogen; da Gewicht eine Kraft ist, hat dieses System (vgl. **14**(2)) ebenfalls Anspruch auf den Namen eines absoluten, pflegt aber dem anderen absoluten als praktisches gegenübergestellt zu werden. Es hat den Vorzug, daß es den Kraftbegriff zu einem einfachen macht, während er dort ein Produkt darstellt, und es läßt die weitere Vereinfachung zu, daß man die Massen der Körper mit ihren Gewichten, durch die man sie mißt, geradezu identifiziert; d. h. man nennt die Gewichtseinheit ebenfalls Gramm. Zur Vermeidung von Zweideutigkeiten empfiehlt es sich, Gewichte stets durch einen beigefügten Stern zu charakterisieren, also mit g*, kg*, mg* u. s. w. zu bezeichnen. Ein Gewicht im Gewichtsystem wird also durch dieselbe Zahl ausgedrückt, wie die Masse, die dieses Gewicht ausübt, im Massesystem. Das Gewichtsystem hat aber andererseits den großen prinzipiellen Fehler, daß es eine Kraft (nämlich das Gewicht) als Grundbegriff einführt, welche (nach dem Massesystem) von Ort zu Ort verschieden ist, so daß man entweder eine variable Einheit oder, wenn man eben die Einheit überall gleich macht, einen variablen Massenbegriff erhält. Aus diesem Grunde ist für wissenschaftliche Zwecke das Massesystem vorzuziehen.

(1) Das Gewicht eines Körpers im Massesystem verhält sich zu seiner Masse oder, was dasselbe ist, zu seinem Gewicht (59) im Gewichtsystem, wie die Beschleunigung durch die Schwere (g) zu 1. Man muß also, wenn man ein g*-Gewicht in Dynen verwandeln oder das einer Masse im Massesystem entsprechende Gewicht ableiten will, mit g multiplizieren, bei der entgegengesetzten Operation mit g dividieren; ist das Gewicht, wie es in der Praxis gewöhnlich geschieht, in kg* angegeben, so muß man, um Dynen zu erhalten, sogar mit $1000\,g$ multiplizieren, und umgekehrt. Dabei ist g auch auf der Erdoberfläche merklich verschieden je nach der geographischen Breite φ und der Höhe h (in Metern) über dem Meeresspiegel; versteht man nämlich unter g schlechthin den Wert unter 45° und am Meeresspiegel, so ist

$$g_{\varphi,h} = g(1 - 0{,}00259 \cos 2\varphi)(1 - 0{,}000\,000\,2\,h) \qquad \text{(bp)}$$

(auf Bergen; im Ballon $(1 - 0{,}0000003\,h)$). Einige Werte von g sind folgende:

$\varphi = 45^\circ$, $h = 0: g = 980{,}6$	Berlin	981,27	Rom	980,33	(ac)
$\varphi = 0^\circ$, $h = 0: g = 978{,}1$	Bern	980,69	St. Petersburg	981,87	
$\varphi = 90^\circ$, $h = 0: g = 983{,}2$	Jena	981,11	Stockholm	981,84	
	London	981,19	Washington	980,07	
	München	980,79	Wien	980,87	
	Paris (Breteuil)	980,95			

für Deutschland ist 981 ein guter Mittelwert (genaueres s. w. u.). Formeln:

$$\left.\begin{array}{r} 1\ g^* = 981 \text{ Dynen}, \ 1 \text{ Dyne} = 0{,}001\,019\ g^*, \\ 1\ kg^* = 981\,000 \text{ Dynen} = 0{,}981 \text{ Megadynen}, \\ 1 \text{ Dyne} = 0{,}000\,001\,019\ kg^*, \ 1 \text{ Megadyne} = 1{,}019\ kg^*; \end{array}\right\} \quad (\mathfrak{ab})$$

angenähert kann man sagen: eine Dyne ist um 2 Proz. größer als 1 mg*, eine Kilodyne um 2 Proz. größer als 1 g*, eine Megadyne um 2 Proz. größer als 1 kg*; verwandelt man also Zahlen, die in mg* ausgedrückt sind, in Dynen (oder g* in Kilodynen oder kg* in Megadynen), so muß man 2 Proz. abziehen, und umgekehrt.

Das Länge-Zeit-Masse-System wird, bei cm, sec und g als Einheiten, als **„CGS-System"** bezeichnet (die drei Buchstaben in alphabetischer, aber nicht in logischer Ordnung); entsprechend hat man das Länge-Zeit-Gewicht-System symbolisch als **CG*S-System** zu bezeichnen.

61b. Gravitationsmaafs. Die Gravitation, d. h. die Anziehung zwischen zwei Körpern, ist wie jede Wechselkraft für zwei punktförmige Massen diesen Massen direkt und dem Quadrat der Entfernung umgekehrt proportional (s. w. u. ***30***); ihre Dimension ist also:

$$[W] = l^{-2} m^2 . \qquad \text{(AH)}$$

Die Wechselwirkung ist also begrifflich von der Kraft gänzlich verschieden. Trotzdem pflegt man sie in die Form einer Kraft zu bringen. Dies kann am bequemsten, d. h. ohne Aufgabe prinzipieller, bisher gemachter Festsetzungen dadurch geschehen, daß man dem in dem obigen Gesetze vorkommenden Proportionalitätsfaktor, der Gravitationskonstante oder allgemeiner Wechselwirkungskonstante, nicht nur einen Zahlenwert, sondern auch einen Dimensionswert beilegt, nämlich den Wert:

$$[\gamma] = l^3 t^{-2} m^{-1}; \qquad \text{(AJ)}$$

der Zahlenwert ist natürlich für die verschiedenen Wechselwirkungen verschieden, für die Gravitation ist er im Mittel aus den neuesten Messungen (Richarz, Poynting, C. Braun, Wilsing u. A.):

$$\gamma = 66{,}8 \times 10^{-9}, \qquad (\mathfrak{ae})$$

d. h. als Kraft ausgedrückt beträgt die Gravitation zweier Grammmassen in 1 cm Abstand $66{,}8 \times 10^{-9}$ Dynen oder 0,0668 Mikrodynen; damit zwei gleiche Massen in 1 cm Abstand eine Dyne ergeben, muß jede 3870 g betragen, und die Beschleunigung, die sie sich erteilen, würde 0,000257 cm $\sec^{-2}$ betragen; zur Erzeugung der Beschleunigung 1 in einer 1 cm entfernten Masse müßte also eine Masse rund 15000000 g (15 Tonnen) betragen. Wählt man diese Masse als neue Masseneinheit, so behält $[\gamma]$ die bisherige Dimension zwar bei, zahlenmäßig aber wird $\gamma = 1$.

Gaufs'sches Massen- und Zeitmaafs. Radikaler ist der andere Weg, den man einschlagen kann, indem man mittels begrifflicher Gleichsetzung von Kraft ($l t^{-2} m$) und Wechselkraft ($l^{-2} m^2$) die Möglichkeit schafft, eine der drei Größen $l t m$ als Grundbegriff zu beseitigen. Beseitigt man m, so erhält man als abgeleiteten Massenbegriff:

$$[M] = l^3 t^{-2}; \tag{AK}$$

dieser Massenbegriff wird übrigens in der theoretischen Astronomie für die Masse eines Zentralkörpers ($M = 4\pi^2 a^3 t^{-2}$, wo a die große Bahnaxe eines Trabanten, t dessen Umlaufszeit ist) thatsächlich benutzt. Das zweigliedrige Grundsystem, zu dem man so gelangt ist, kann als Gravitations- oder Gauss'sches System bezeichnet werden. In ihm hat die Kraft die Dimensionsformel:

$$[K] = l^4 t^{-4}; \tag{AL}$$

man kann auch die Masse als das Produkt der Beschleunigung in das Quadrat der Entfernung, die Kraft als das Produkt des Quadrates der Beschleunigung in das Quadrat der Entfernung bezeichnen, die Einheiten beider sind $1/\gamma = 15\,000\,000$ mal so groß wie Gramm resp. Dyne.

(1) Beseitigt man andererseits t, so erhält man als abgeleiteten Zeitbegriff T (vgl. **63** (9)) und entsprechenden Kraftbegriff K:

$$[T] = l^{3/2} m^{-1/2} \qquad [K] = l^{-2} m^2. \tag{AM}$$

(2) Über die Möglichkeit t und m zu eliminieren s. w. u.

61c. Gemischtes System. Ein gemischtes Verfahren wendet man bei Elektrizität und Magnetismus an. Man setzt nämlich die Begriffe Kraft und Wechselwirkung zwar geradezu gleich (wie beim Gravitationssystem), behält aber nunmehr den Faktor m in K bei und bestimmt aus der Gleichung den Faktor ε (elektrische Masse) resp. μ (magnetische Masse) in der Wechselwirkung:

$$K = m B = \frac{\varepsilon_1 \varepsilon_2}{r^2} = \frac{\mu_1 \mu_2}{r^2}, \tag{bq}$$

also:

$$[\varepsilon] = l^{3/2} t^{-1} m^{1/2} \qquad [\mu] = l^{3/2} t^{-1} m^{1/2}. \tag{AN}$$

(1) Da diese Begriffe und Dimensionen sehr gekünstelt sind, ist wiederholt (leider ohne Erfolg) vorgeschlagen worden, einfach

$$[\varepsilon] = m \qquad [\mu] = m \tag{AO}$$

zu setzen und somit den Wechselwirkungsfaktor γ beizubehalten.

62. Druckeinheit (*15* (4)) ist im absoluten Maaße 1 Dyne pro qcm, im Gewicht-System 1 kg* pro qcm, häufig auch 1 kg* pro qmm, zuweilen endlich auch 1 g* pro qcm. Eine fernere vielfach benutzte Druckeinheit ist der „Atmosphärendruck", d. h. der Druck der über einem Erdoberflächenstück lagernden Atmosphärensäule bei einem Barometerstand von 76 cm und einer Temperatur von 0° C. Dieses Maaß ist ein Gewichtsmaaß, hat also zwar in kg* oder g* ausgedrückt einen konstanten, in Dynen ausgedrückt aber einen mit Breite und Höhe veränderlichen Wert; Formeln:

$$\left.\begin{array}{ll} \text{allgemein: } 1\ \mathrm{A} = 1{,}0333\ \mathrm{kg}^* & = 1033{,}3\ \mathrm{g}^* \text{ pro qcm,} \\ \text{für } g = 981\text{: } 1\ \mathrm{A} = 1{,}013667\ \text{Dynen} & = 1{,}0137\ \text{Megadyn. pro qcm.} \end{array}\right\} \quad (\mathrm{af})$$

Da hiernach eine Atmosphäre nur wenig größer als eine Megadyne pro qcm ist, ist vorgeschlagen worden, sie genau gleich einer Megadyne zu machen, indem man den Barometerstand (statt 76) 75 cm wählt, und diesen Atmosphärendruck als Normaldruck zu bezeichnen.

(1) Statt in Atmosphären giebt man kleinere Drucke auch in cm Quecksilber (cm Hg) oder in mm Hg an; es ist das der 76. resp. der 760. Teil der obigen Einheit.

Fünftes Kapitel.

Eigenschaften der Materie.

63. Dichte oder Dichtigkeit oder spezifische Masse ist die Masse der Volumeneinheit eines physikalischen (d. h. mit Masse erfüllten, nicht bloß geometrischen, vgl. **11**) Körpers oder das Verhältnis seiner Masse zu seinem Volumen, oder allgemeiner für einen Körper, dessen Dichte an verschiedenen Stellen verschieden ist: Dichte eines Körpers in einem Punkte ist der Grenzwert, dem sich das Verhältnis der Masse eines den Punkt umgebenden Theiles des Körpers zum Volumen dieses Teiles nähert, wenn der Teil kleiner und kleiner gewählt wird. Im absoluten System ist das Volumen in ccm, die Masse in g zu messen. Formeln:

$$\varrho = \frac{m}{v}, \quad m = \varrho v, \quad \varrho = \frac{dm}{dv}, \quad dm = \varrho\, dv, \tag{br}$$

$$[\varrho] = l^{-3} m. \tag{AP}$$

Die Dichte muß auf eine bestimmte Temperatur bezogen werden (**79a**).

Die Dichte ist — im Gegensatz zur Masse, die eine Eigenschaft der Körper ist — eine Eigenschaft der Materie als solcher, und zwar die erste dieser Eigenschaften; ihr werden sich weitere anreihen.

(1) Die Dichte des Wassers bei 4° C. ist nach **60** gleich 1, nach **60** (1) genau genommen etwas größer, ein Unterschied, den man jedoch

außer Acht zu lassen pflegt. Man kann hiernach auch sagen: Dichte eines Körpers ist das Verhältnis seiner Masse zu der Masse Wasser, welche bei 4° C. denselben Raum einnimmt; so gefaßt würde die Dichte dimensional eine reine Zahl sein.

(2) Die Dichte ist für verschiedene Stoffe außerordentlich verschieden (Grenzen: 23 und 0,000088), für einen und denselben Stoff außerdem verschieden bei verschiedenen Temperaturen (s. w. u. **79a** u. **24**) und bei verschiedenen Drucken, von anderen Einflüssen abgesehen.

(3) Dichten einiger Körper (meist nur Durchschnittswerte bei 0°, für Metalle im gegossenen Zustande, für Hölzer in trockenem Zustande).

Aluminium	2,58	Bronze	8,8	Elfenbein	1,88
Barium	4,0	Aluminium-		Feldspat	2,55
Blei	11,34	bronze	7,7	Flußspat	3,15
Eisen	7,6	Messing	8,4	Glas	2,6 bis 3,9
Gold	19,3	Neusilber	8,4	Gips	2,3
Jod	4,95			Hartgummi	1,15
Kalium	0,87			Kalkspat	2,72
Kohle	1,7	Ahorn	0,67	Kautschuk	0,95
„ Diamant	3,52	Buche	0,75	Kork	0,24
„ Graphit	2,25	Buchsbaum	1,33	Marmor	2,75
Kupfer	8,9	Eiche	0,88	Quarz	2,65
Lithium	0,59	Fichte	0,47	Schwerspat	4,44
Natrium	0,97	Kiefer	0,55	Steinsalz	2,28
Nickel	8,28	Linde	0,48	Wachs	0,97
Platin	21,5	Pappel	0,38		
Schwefel	2,0	Tanne	0,52		
Silber	10,5				
Zink	7,2				
Zinn	7,3				

(ag)

Wasser.

0°	0,99987	20	0,99826
2	0,99997	30	0,99577
4	1,00000	40	0,99524
6	0,99997	50	0,9882
8	0,99988	60	0,9833
10	0,99975	80	0,9719
15	0,99914	100	0,9587

(ah)

Quecksilber.

0°	13,596	80°	13,400
10	13,571	100	13,352
20	13,546	150	13,232
30	13,522	200	13,118
40	13,497	300	12,875
60	13,449	360	12,732

(ai)

Säuren bei 15°. (af)

Gew.-Proz.	HNO_3	H_2SO_4	HCl	$C_2H_4O_2$	H_3PO_4
10	1,059	1,068	1,049	1,014	1,057
20	1,120	1,144	1,098	1,028	1,120
30	1,185	1,223	1,149	1,041	1,189
40	1,251	1,306	1,197	1,052	1,265
50	1,317	1,398	—	1,062	1,349
60	1,374	1,501	—	1,069	1,440
80	1,460	1,734	—	1,075	—
100	1,530	1,843	-	1,055	—

Alkohol. (al)

Gew.-Proz.	0°	10°	20°	30°
0	0,99988	0,99975	0,99831	0,99579
10	0,98493	0,98409	0,98195	0,97892
20	0,97566	0,97263	0,96877	0,96413
30	0,96540	0,95998	0,95403	0,94751
40	0,94939	0,94255	0,93511	0,92787
50	0,92940	0,92182	0,91400	0,90577
60	0,90742	0,89944	0,89129	0,88304
70	0,88420	0,87613	0,86781	0,85925
80	0,86035	0,85215	0,84366	0,83483
90	0,83482	0,82665	0,81801	0,80918
100	0,80625	0,79788	0,78945	0,78096

Flüssigkeiten. (am)

Äther	0,74
Anilin	1,04
Benzol	0,89
Glycerin	1,26
Kupfervitriol	2,27
Meerwasser	1,02
Öl	0,92
Petroleum	0,88

Gase. (an)

Acetylen	0,001 165	Kohlenoxyd	0,001 251
Ätylen	0,001 252	Kohlensäure	0,001 965
Ammoniak	0,000 762	Sauerstoff	0,001 430
Chlor	0,003 180	Stickstoff	0,001 256
Chlorwasserstoff	0,001 613	Wasserstoff	0,000 895

Luft bei verschiedenen Temperaturen und Barometerständen. (ao)

	72	73	74	75	76	77
0°	0,001 225	0,001 242	0,001 259	0,001 276	0,001 293	0,001 310
5	0,001 204	0,001 220	0,001 236	0,001 253	0,001 271	0,001 287
10	0,001 182	0,001 198	0,001 215	0,001 231	0,001 248	0,001 264
15	0,001 161	0,001 178	0,001 194	0,001 210	0,001 226	0,001 242
20	0,001 142	0,001 157	0,001 173	0,001 189	0,001 205	0,001 221
25	0,001 122	0,001 138	0,001 154	0,001 169	0,001 185	0,001 200
30	0,001 104	0,001 119	0,001 135	0,001 150	0,001 165	0,001 181

(4) In manchen Fällen ist es zweckmäßiger, die Masse eines Körpers nicht mit der Masse Wasser, welche bei 4° C. dasselbe Volumen einnimmt, zu vergleichen, sondern mit der Masse eines dem untersuchten Stoffe ähnlichen Stoffes, welche bei derselben Temperatur wie der untersuchte Körper dasselbe Volumen hat. So pflegt man häufig die Dichte von Lösungen auf Wasser (allgemeiner auf das Lösungsmittel) von gleicher Temperatur zu beziehen, ebenso die Dichte von Gasen und Dämpfen auf Luft oder auf Wasserstoff von gleichem Druck und gleicher Temperatur; in letzterem Falle erhält man die sog. Gasdichte oder **Dampfdichte**, die der Dichte gegenüber den Vorzug hat (s. w. u.), nicht oder nicht in so hohem Maaße von Druck und Temperatur abzuhängen.

Lösungen bei etwa 15° bezogen auf Wasser von 15°. (ap)

Gew.-Proz.	NH_3	NaHO	KHO	NaCl	KCl	$FeSO_4$ + 7 aq	$CuSO_4$ + 5 aq	Zucker
2	0,992	1,023	1,017	1,015	1,013	1,011	1,013	1,008
6	0,975	1,070	1,049	1,044	1,039	1,032	1,038	1,024
10	0,959	1,115	1,083	1,073	1,066	1,054	1,065	1,040
20	0,925	1,225	1,177	1,151	1,136	1,112	1,135	1,083
30	0,898	1,332	1,288	(bei	(bei	1,174	1,215	1,130
40	—	1,437	1,412	26,4%	24,9%	1,239	—	1,179
50	—	1,540	1,539	1,204)	1,172)	—	—	1,233
60	—	1,643	1,667			—	—	1,290
70	—	1,748	1,790			—	—	1,351

Gas- resp. Dampfdichten (bezogen auf Luft). (aq)

Acetylen	0,92	Grubengas	0,556	Schwefelkohlenstoff	2,645
Äther	2,565	Jod	8,716	Schwefelsäure	2,15
Alkohol	1,603	Knallgas	0,415	Schwefelwasserstoff	1,192
Ammoniak	0,589	Kohlenoxyd	0,967	Stickstoff	0,971
Arsendampf	10,39	Kohlensäure	1,526	Stickoxyd	1,039
Benzol	2,77	Phosphorwasserstoff	1,185	Stickoxydul	1,527
Brom	5,393	Quecksilberdampf	6,976	Wasserdampf	0,622
Chlor	2,448	Sauerstoff	1,1054	Wasserstoff	0,0692
Chlorwasserstoff	1,247	Schwefel	2,20		
Cyan	1,806				

(5) Die mittlere Dichte der Erde ist im Mittel aus den zuverlässigsten Bestimmungen (Richarz, Poynting, C. Braun, Wilsing)

$$\Delta = 5{,}516 \qquad \text{(ar)}$$

(die der uns zugänglichen Erdkruste nur etwa 2,7), und hieraus ergiebt sich die Masse der Erde

$$M = 59750 \times 10^{23}\,\mathrm{g} = 597500 \times 10^{17} \text{ Tonnen}, \tag{af}$$

und in Vielfachen hiervon ausgedrückt die Masse der Sonne

$$S = 326800\ M. \tag{at}$$

Im Gravitationsmaaß würde sich die Erdmasse ohne Kenntnis der Erddichte als Produkt aus g und R^2 (R Erdradius) ergeben (vgl. **61b**), was 398×10^{18} ergeben würde.

(6) Die Definition der Dichte involviert den Satz, daß für gleiche Stoffart die Masse proportional dem Volumen ist. Dieser Satz kann sehr verschieden aufgefaßt werden, nämlich als selbstverständlich, als logisch beweisbar, als Erfahrungssatz oder, womit man der Sache wohl auf den Grund käme, als ein zur Definition des Ausdruckes „gleiche Stoffart" notwendiges, wenn auch nicht hinreichendes Charakteristikum; d. h. nur wenn die Proportion gilt, darf man von gleichem Stoffe reden (es können aber auch verschiedene Stoffe gleicher Dichte sein), andernfalls muß man die Stoffe als verschieden bezeichnen (z. B. Kupfer und Silber, gezogenes Kupfer und gegossenes Kupfer, kaltes Kupfer und warmes Kupfer). Eine neue Bedeutung gewinnt der Satz in Verbindung mit einem weiter unten folgenden Prinzip (*17*).

(7) Von den beiden Begriffen Masse und Dichte kann man jeden als in gewissem Sinne einfacher bezeichnen, und könnte deshalb auch die Dichte als Grundbegriff wählen, um aus ihr die Masse durch Multiplikation mit dem Volumen abzuleiten. Die Dichte ist, indem sie sich auf eine ganze Stoffart erstreckt, allgemeineren, aber abstrahierten Charakters, die einem individuellen Körper eigentümliche Masse von speziellerer, aber unmittelbarer Bedeutung, und deshalb vorzuziehen.

(8) Spezifisches Volumen ist das Volumen der Masseneinheit eines Körpers oder das Verhältnis des Volumens zu seiner Masse, wobei im allgemeinen wie in **63** Zähler und Nenner dieses Verhältnisses möglichst klein zu nehmen sind. Das spezifische Volumen ist also der reziproke Wert der Dichte. Formeln:

$$v_1 = \frac{v}{m} = \frac{dv}{dm}, \qquad v = v_1 m, \qquad dv = v_1\, dm, \qquad v_1 \varrho = 1; \tag{bs}$$

$$[v_1] = l^3 m^{-1}. \tag{AQ}$$

(9) Im Gravitationsmaaß (**61 b**) wird die Dimension der Dichte resp. des spezifischen Volumens

$$[\varrho'] = t^{-2}, \qquad [v'_1] = t^2; \tag{AR}$$

beide Größen sind also reine Zeitgrößen. Umgekehrt kann man dieser Beziehung eine neue Zeitdefinition, als Quadratwurzel aus dem spezifischen Volumen, entnehmen und gelangt so zu dem Gauß'schen oder Gravitationsmaaß der Zeit (**61b** (1)); es ist von der Rotationsdauer der Erde, wie überhaupt von jedem Bewegungsvorgange unabhängig.

(10) Massenfläche, Massenlinie, Massenpunkt; Flächendichte, Liniendichte, Punktdichte. Ein physikalischer Körper (vgl. **63**), bei welchem eine Dimension sehr klein ist (in der Abstraktion unendlich klein), heißt materielle Fläche oder Massenfläche; ein Körper mit zwei kleinen (unendlich kleinen) Dimensionen heißt eine materielle Linie oder Massenlinie; ein Körper mit drei kleinen (unendlich kleinen) Dimensionen heißt materieller Punkt oder Massenpunkt. Derartige Körper enthalten unter gewöhnlichen Umständen sehr (unendlich) wenig Masse, haben aber eine endliche Dichte; in gewissen Fällen (Platten, Membranen, Stäbe, Saiten, magnetische Schalen oder Fäden, elektrische Grenzschichten oder Drähte, s. w. u.), betrachtet man jedoch ihre Masse als endlich und führt dann statt der Dichte, welche sehr groß (unendlich groß) werden würde, die neuen und endlichen Begriffe Flächendichte, d. h. Masse pro Flächeneinheit, und Liniendichte, d. h. Masse pro Längeneinheit, ein (die ebenso einzuführende Punktdichte wird offenbar mit der Masse identisch). Formeln:

$$\varrho_f = \frac{m}{f}, \qquad m = \varrho_f f, \qquad \varrho_l = \frac{m}{l}, \qquad m = \varrho_l l; \tag{bt}$$

$$[\varrho_f] = l^{-2} m, \qquad [\varrho_l] = l^{-1} m. \tag{AS}$$

Bezeichnet man die Dicke der Fläche mit d, den Querschnitt der Linie mit q, so hat man ferner zwischen der Flächen- resp. Liniendichte einerseits und der Dichte (Volumendichte) andererseits die Beziehungen:

$$\varrho_f = \varrho d, \qquad \varrho = \frac{\varrho_f}{d}, \qquad \varrho_l = \varrho q, \qquad \varrho = \frac{\varrho_l}{q}. \tag{bu}$$

Auch in einem nach allen Richtungen ausgedehnten Körper kann man von Flächen- und Liniendichte reden, und es kann diese hier entweder in allen Richtungen gleich oder in verschiedenen Richtungen verschieden sein (s. w. u.)

(11) Momentdichte. Bei gewissen hypothetischen Stoffen läßt man außer positiver auch negative Masse zu; es treten dann außer den obigen Gebilden noch paarige Gebilde auf, nämlich der materielle Doppelpunkt oder das Punktpaar, d. h. zwei benachbarte Punkte von entgegengesetzt gleicher Masse, und entsprechend die Doppellinie und die Doppelfläche oder Doppelschicht. Da die Gesamtmasse, also auch die Gesamtdichte bei diesen Gebilden null ist, dient hier als Charakteristikum das Moment oder die Momentdichte, d. h. das Produkt aus der Masse des einen Punktes und seinem Abstand vom

anderen (Moment des Punktpaares) resp. das Produkt aus Linien- oder Flächendichte der einen Linie oder Fläche und dem Abstand von der anderen (Moment oder Momentdichte der Doppellinie oder Doppelfläche). Formeln (ε Abstand):

$$m_p = m\varepsilon, \qquad m_l = \varrho_l\,\varepsilon, \qquad m_f = \varrho_f\,\varepsilon, \tag{bv}$$

$$[m_p] = lm, \qquad [m_l] = m, \qquad [m_f] = l^{-1}m. \tag{AT}$$

Weitere derartige Gebilde erhält man durch Längsreihung von Punktpaaren: Punktpaarkette oder Faden, speziell gleichförmige Fäden für gleiches Moment aller Glieder, sowie durch bündelartige Zusammenfügung von Fäden oder schichtenweise Aneinanderreihung von Doppelflächen: Punktpaarkörper (Magnet).

(12) Über eine andere Definition der Dichte (aus dem Potential) s. w. u. (sechstes Kapitel).

64. Dilatation und Kontraktion, Verdünnung und Verdichtung. Lineare Dilatation ist die Verlängerung, lineare Kontraktion die Verkürzung einer irgend einem Körper angehörigen Linie im Verhältnis zu ihrer ursprünglichen Länge; statt dessen kann man auch in beiden Fällen von einer Dilatation sprechen, und diese im ersten Falle positiv, im zweiten negativ rechnen. Ebenso heißt die relative Vergrößerung oder Verkleinerung einer Fläche Flächendilatation (resp. Flächenkontraktion), die relative Vergrößerung oder Verkleinerung eines Volumens räumliche Dilatation resp. räumliche Kontraktion. Dieselben Begriffe kann man auch durch die Liniendichte, Flächendichte und Raumdichte ausdrücken und bezeichnet sie dann als lineare, flächenhafte oder räumliche Verdünnung (entsprechend der Dilatation) und Verdichtung (entsprechend der Kontraktion). Formeln ($\alpha\,\beta\,\delta$ lineare, flächenhafte, räumliche Dilatation, $\alpha'\,\beta'\,\delta'$ entsprechende Verdichtung):

$$l = l_0\,(1 \pm \alpha), \qquad f = f_0\,(1 \pm \beta), \qquad v = v_0\,(1 \pm \delta), \tag{bw}$$

$$\varrho_l = (\varrho_l)_0\,(1 \mp \alpha'), \quad \varrho_f = (\varrho_f)_0\,(1 \mp \beta'), \quad \varrho = \varrho_0\,(1 \mp \delta'), \tag{bx}$$

wo die $\alpha'\,\beta'\,\delta'$ im allgemeinen von den $\alpha\,\beta\,\delta$ verschieden sind (und in leicht ersichtlicher Beziehung zu ihnen stehen), für kleine Dilatationen aber mit ihnen bis auf das Vorzeichen identisch werden; ferner:

$$\alpha = \frac{l - l_0}{l_0}, \qquad \beta = \frac{f - f_0}{f_0}, \qquad \delta = \frac{v - v_0}{v_0}. \tag{by}$$

$$\alpha' = \frac{(\varrho_l)_0 - \varrho_l}{(\varrho_l)_0}, \qquad \beta' = \frac{(\varrho_f)_0 - \varrho_f}{(\varrho_f)_0}, \qquad \delta' = \frac{\varrho_0 - \varrho}{\varrho_0}. \tag{bz}$$

Für kleine Dilatationen erhält man mit Hilfe der Verschiebungskomponenten $u_1\,v_1\,w_1$ (29) folgende Ausdrücke für die Dilatationen der in die Richtung der Koordinatenaxen resp. Koordinatenebenen fallenden Linien resp. Flächen, sowie für die räumliche Dilatation:

$$\left.\begin{aligned} &\alpha_x = \frac{\partial u_1}{\partial x}, \qquad \alpha_y = \frac{\partial v_1}{\partial y}, \qquad \alpha_z = \frac{\partial w_1}{\partial z}, \\ &\beta_x = \alpha_y + \alpha_z = \frac{\partial v_1}{\partial y} + \frac{\partial w_1}{\partial z}, \quad \beta_y = \alpha_z + \alpha_x = \frac{\partial w_1}{\partial z} + \frac{\partial u_1}{\partial x}, \\ &\beta_z = \alpha_x + \alpha_y = \frac{\partial u_1}{\partial x} + \frac{\partial v_1}{\partial y}. \end{aligned}\right\} \quad \text{(ca)}$$

$$\delta = \alpha_x + \alpha_y + \alpha_z = \frac{\partial u_1}{\partial x} + \frac{\partial v_1}{\partial y} + \frac{\partial w_1}{\partial z}. \quad \text{(cb)}$$

Im einfachsten Falle, wenn nämlich $\alpha_x = \alpha_y = \alpha_z$ $(= \alpha)$ ist, wird auch $\beta_x = \beta_y = \beta_z$ $(= \beta)$ und

$$\beta = 2\alpha, \qquad \delta = 3\alpha. \quad \text{(cc)}$$

Dimensionsformeln:

$$[\alpha] = [\beta] = [\delta] = 1. \quad \text{(AU)}$$

***16.* Satz von den Dilatationen.** In jedem Punkte eines Körpers lassen sich die durch die Dilatationen erzeugten Längen der von ihm nach allen Richtungen gehenden, ursprünglich der Längeneinheit gleichen Linien durch die Strahlen eines Ellipsoids um diesen Punkt als Mittelpunkt darstellen; dieses Ellipsoid heißt Dilatationsellipsoid. Es giebt demgemäß von jedem Punkte aus drei aufeinander senkrechte Richtungen, in denen die Verschiebungen ein Maximum, ein Minimum und ein Maximum-Minimum sind; diese Dilatationen heißen Hauptdilatationen, ihre Richtungen Hauptdilatationsaxen.

(1) Diese Verhältnisse sind ganz analog den Druckverhältnissen in einem Punkte (*15*). Die Gleichung des Dilatationsellipsoids, bezogen auf die Hauptaxen als Koordinatenaxen, lautet:

$$\frac{x^2}{\left(1 + \frac{\partial u_1}{\partial x}\right)^2} + \frac{y^2}{\left(1 + \frac{\partial v_1}{\partial y}\right)^2} + \frac{z^2}{\left(1 + \frac{\partial w_1}{\partial z}\right)^2} = c^2. \quad \text{(cd)}$$

(2) Sind zwei Hauptdilatationen einander gleich, so wird das Ellipsoid ein Rotationsellipsoid, und alle mit jenen beiden in einer Ebene liegenden Dilatationen werden gleich; sind alle drei Hauptdilatationen einander gleich, so sind es alle Dilatationen, und das Ellipsoid wird eine Kugel, oder mit anderen Worten: die ursprüngliche Kugel bleibt eine Kugel (nur mit anderem Radius).

(3) Die Hauptaxen haben außerdem noch die Eigenschaft, daß in ihnen ausschließlich Dilatationen stattfinden, während die übrigen Linien gleichzeitig auch Drehungen erfahren.

(4) Die allgemeine Veränderung eines Körperelements ist für beliebiges Koordinatensystem durch 6 Größen bestimmt, nämlich außer den obigen Dilatationskomponenten:

$$\frac{\partial u_1}{\partial x}, \qquad \frac{\partial v_1}{\partial y}, \qquad \frac{d w_1}{\partial z},$$

noch durch die drei Deformationskomponenten (im engeren Sinne Komponenten der relativen Verdrehung oder Drillung):

$$\frac{\partial v_1}{\partial z} + \frac{\partial w_1}{\partial y}, \qquad \frac{\partial w_1}{\partial x} + \frac{\partial u_1}{\partial z}, \qquad \frac{\partial u_1}{\partial y} + \frac{\partial v_1}{\partial x};$$

s. hierüber w. u.

65. Spezifisches Gewicht ist das Gewicht der Volumeneinheit eines Körpers oder das Verhältnis seines Gewichtes zu seinem Volumen, beide Größen nötigenfalls (**63**) möglichst klein genommen.

(1) Die spezifischen Gewichte werden gewöhnlich im Gewichtsmaaß ausgedrückt, d. h. auf das spezifische Gewicht des Wassers von 4° C. als Einheit bezogen; sie sind dann mit den Dichten derselben Körper identisch. Im absoluten System dagegen ist das spezifische Gewicht das g-fache der Dichte, also von Ort zu Ort verschieden, es ist (**59** u. **63**):

$$\sigma = \frac{P}{v} = \varrho g, \tag{ce}$$

und der Dimension nach

$$[\sigma] = l^{-2} t^{-2} m. \tag{AV}$$

Die reziproke Größe müßte man zur Unterscheidung von dem eigentlichen spezifischen Volumen (**63** (8)) spezifisches Gewichtsvolumen nennen; sie hat die Dimension

$$[v_\sigma] = l^2 t^2 m^{-1}. \tag{AW}$$

(2) Für Körper, die besonders in zwei oder gar nur einer Richtung ausgedehnt sind, kommt häufig das Gewicht der Flächeneinheit resp. das Gewicht der Längeneinheit in Betracht:

$$\sigma_f = \frac{P}{f} = \sigma d, \qquad \sigma_l = \frac{P}{l} = \sigma q \tag{cf}$$

(d Dicke der Schicht, q Querschnitt des Fadens).

***17.* Prinzip der Konstanz der Masse oder der Erhaltung des Stoffes.** Bei allen Erscheinungen in der Natur bleibt die Gesamtmasse der beteiligten Körper ungeändert. Formel:

$$\sum m = \text{const.} \tag{cg}$$

(1) Ein System oder Körper, welches für sich das Prinzip der Konstanz der Masse erfüllt, heißt ein materiell abgeschlossenes oder materiell vollständiges System (vgl. w. u. über energetisch vollständige Systeme). Im Gegensatze hierzu stehen Systeme oder Körper, welche mit der Umgebung in materiellem Austausche stehen.

(2) Das Prinzip stellt eine Erfahrungsthatsache oder, wenn man will, ein Postulat dar, ohne welches exakte Forschung nicht möglich ist; insbesondere hat erst die bewußte Anwendung des Prinzips durch LAVOISIER die Chemie zu einer exakten Wissenschaft gemacht (1 (2) und (4)). Daß das Prinzip an sich nicht selbstverständlich ist, d. h. aus der Definition der Masse nicht logisch folgt, zeigt z. B. der Umstand, daß das Prinzip der Konstanz des Gewichtes nicht gilt; das Gewicht eines Körpers ändert sich durch Ortsveränderung, und es ist prinzipiell nicht unmöglich, wenn auch nicht mit Sicherheit nachgewiesen, daß sich das Gewicht zweier Körper auch bei Eingehung einer Verbindung ändere.

(3) Additive Größen. In nahem Zusammenhange mit dem Konstanzprinzip steht der Begriff der „additiven" Größe, d. h. im weitesten Sinne einer Größe, die für ein System von Körpern gleich der Summe — oder bei Relativgrößen gleich dem physikalischen Mittel — ihrer Werte für die einzelnen Körper, für einen einzelnen Körper gleich der Summe (oder dem Mittel) der Werte für seine Teile, für einen einheitlichen (homogenen, s. w. u. **66**) Körper also proportional mit seinem Volumen ist. Die einzigen mit Sicherheit additiven Größen sind die, für welche das Konstanzprincip gilt, also hier die Masse resp. die Dichte; für andere Größen kann man nur empirisch zeigen, daß sie bis zu gewissem Grade additiven Charakters sind, und man muß dann weiter feststellen, ob dieser Charakter auf die Massen oder die Volumina zu beziehen ist. Den additiven stehen die konstitutiven Größen gegenüber (OSTWALD).

(4) In der Differentialform, d. h. für ein Massenelement dm eines Körpers ausgesprochen, nimmt das Prinzip mit Benutzung der Dichte ϱ und der durch die Geschwindigkeitskomponenten u, v, w ausgedrückten räumlichen Dilatation (**64**) die Form an

$$\frac{d\varrho}{dt} + \varrho\left(\frac{\partial u}{\partial x} + \frac{\partial v}{\partial y} + \frac{\partial w}{\partial z}\right) = 0 \tag{ch}$$

$$\text{oder:}\quad \frac{\partial \varrho}{\partial t} + \frac{\partial(\varrho u)}{\partial x} + \frac{\partial(\varrho v)}{\partial y} + \frac{\partial(\varrho w)}{\partial z} = 0. \tag{ci}$$

Diese Gleichung heißt die Gleichung der Konstanz der Masse oder Kontinuitätsgleichung; wenn ϱ mit der Zeit sich nicht ändert, lautet sie einfacher:

$$\frac{\partial u}{\partial x} + \frac{\partial v}{\partial y} + \frac{\partial w}{\partial z} = 0. \tag{ck}$$

***18.* Prinzip der Äquivalenz verschiedener Stoffe** oder Gesetz der konstanten Verbindungsverhältnisse. Bei allen Stoffverwandlungen stehen die Massen verschiedener Stoffe, welche einander ersetzen oder sich mit einander verbinden, in bestimmten Verhältnissen.

(1) Das Prinzip ist von speziellen Vorstellungen unabhängig, gewinnt aber seine besondere Bedeutung erst durch die Atomtheorie (s. w. u. **99**).

(2) Am nächsten läge es nach dem Bisherigen, als Vergleichsstoff das Wasser zu benutzen; aus praktischen und atomistischen Gründen wählt man jedoch den Wasserstoff und nennt die Zahlen, welche angeben, wie viele Gramm eines Stoffes 1 g Wasserstoff ersetzen oder sich mit ihm verbinden, die Äquivalentmassen oder Äquivalentgewichte der Stoffe. Einige Äquivalentmassen sind folgende:

Arsen	25	Kalium	39	Schwefel	16	(au)
Antimon	40	Kohlenstoff	3	Silicium	7	(au)
Brom	80	Natrium	23	Stickstoff	4,7	(au)
Chlor	35,5	Phosphor	10	Wasserstoff	1	(au)
Jod	127	Sauerstoff	8			

Natürlich stellen die Äquivalentzahlen nur die Einheiten dar, von denen auch zwei oder mehr in eine Verbindung eintreten können; näheres s. w. u.

66. Homogen und heterogen, isotrop und heterotrop. Ein Körper, der sich in allen seinen Punkten gleich verhält, heißt homogen, ein Körper, der sich in seinen verschiedenen Punkten verschieden verhält, heterogen oder inhomogen. Ein Körper, der sich in einem seiner Punkte (und ebenso in allen anderen) nach allen Richtungen gleich verhält, heißt isotrop, ein Körper, der sich nach verschiedenen Richtungen verschieden verhält, heterotrop oder a n i s o t r o p oder ä o l o t r o p.

(1) Ein homogener Körper kann isotrop oder heterotrop sein, ein heterogener Körper ist dagegen notwendig auch heterotrop, wenn auch nur partiell. Man kann ferner unterscheiden zwischen grober oder unstetiger und feiner oder stetiger Heterogenität.

(2) Homogenität bedeutet gleiches Verhalten der verschiedenen Punkte in a l l e n Beziehungen; eine der wichtigsten ist die gleiche Dichte. Ebenso bedeutet Isotropie gleiches Verhalten nach den verschiedenen Richtungen in a l l e n Beziehungen; Körper, die nur in einigen Hinsichten sich nach allen Richtungen gleich verhalten, werden zuweilen in beschränktem Sinne als isotrop bezeichnet, z. B. als optisch isotrop.

(3) Heterotropie kann von zweierlei Art sein, je nachdem sich nämlich der Körper in zwei entgegengesetzten Richtungen gleich oder verschieden verhält. Es ist dies indes keine Eigenschaft des Körpers

an sich, sondern an die Natur der Vorgänge geknüpft, in denen sich die Heterotropie zeigt. Man unterscheidet demgemäß centrisch symmetrische und centrisch asymmetrische Vorgänge (vgl. Vektor und Tensor, 12).

(4) Körper, deren Beschaffenheit zwar von Punkt zu Punkt wechselt, aber periodisch, so daß sie nur um eine gewisse mittlere Beschaffenheit nach beiden Seiten hin schwankt, kann man durchschnittlich homogen oder quasi-homogen nennen. Ebenso heißt ein Körper, dessen einzelne kleine Teile zwar heterotrop sind, aber mit allen möglichen Orientierungen, d. h. so, daß sich die verschiedensten Richtungen in ihnen entsprechen, und dadurch ein Ausgleich der Richtungsverschiedenheiten zu stande kommt: durchschnittlich isotrop oder quasi-isotrop.

(5) Homogene Veränderung oder homogene Deformation heißt eine Veränderung eines homogenen Körpers, bei der er homogen bleibt. Bei ihr bleiben Gerade Gerade und Ebenen Ebenen, aber ihre Richtung und Größe ändert sich im allgemeinen; ein Kreis wird Ellipse, ein Quadrat schiefes Parallelogramm, eine Kugel Ellipsoid, ein Würfel schiefes Parallelepiped.

67. Massenmittelpunkt und Schwerpunkt. Massenmittelpunkt ist derjenige Punkt eines Körpers, dessen Koordinaten, mit der Masse des Körpers multipliziert, die Summen der entsprechenden Produkte für die einzelnen Massenelemente des Körpers geben. Ersetzt man Masse durch Gewicht, so hat man die Definition des Schwerpunktes; man kann diesen auch als den Angriffspunkt der Schwerkraft bezeichnen. Beide Punkte fallen praktisch zusammen. Formeln:

$$x_0 = \frac{\Sigma m x}{M}, \quad y_0 = \frac{\Sigma m y}{M}, \quad z_0 = \frac{\Sigma m z}{M}. \tag{cl}$$

(1) Der Schwerpunkt hat eine nur von dem Körper selbst abhängige, dagegen von seiner Lage im Raume resp. von der Wahl des Koordinatensystems unabhängige Lage.

(2) Bei homogenen Körpern ist der Schwerpunkt einfacher derjenige Punkt, dessen Koordinaten die Mittelwerte der Koordinaten seiner einzelnen Elemente sind.

(3) Bei regelmäßigen (geometrisch und physikalisch regelmäßigen) Gebilden liegt der Schwerpunkt im Mittelpunkt, bei ringsum symmetrischen in der Axe, bei zweiseitig symmetrischen in der Mittelebene. Bei ganz unregelmäßigen Gebilden kann er unter Umständen außerhalb des von ihnen eingenommenen Raumes liegen.

(4) Formeln für den Schwerpunkt bestimmter Gebilde:

a) Zwei materielle Punkte mit den Massen m_1 und m_2 im Abstande r; Abstand r_0 des Schwerpunktes von m_1:

$$r_0 = \frac{m_2}{m_1 + m_2} r, \tag{cm}$$

speziell für gleiche Massen in der Mitte $\left(r_0 = \frac{r}{2}\right)$.

Drei materielle Punkte. Der Schwerpunkt liegt in dem Schnittpunkte der drei Verbindungslinien je eines Punktes mit dem Schwerpunkte der beiden anderen; speziell für drei gleiche Massen im Schnittpunkte der Verbindungslinien der Ecken mit den Seitenmitten des Dreiecks.

Vier Punkte im Raume: Der Schwerpunkt liegt im Schnittpunkte der Verbindungslinien je eines Punktes mit dem Schwerpunkte der drei anderen; speziell für vier gleiche Massenpunkte im Schnittpunkte der Linien von den Tetraederecken nach den Mittelpunkten der Tetraederflächen.

b) Materielle Linien (l Länge, $x_1 y_1 z_1$ und $x_2 y_2 z_2$ Endpunkte):

$$x_0 = \int_{x_1}^{x_2} \varrho x \, dl \Big/ \int_{x_1}^{x_2} \varrho \, dl, \quad y_0 = \int_{y_1}^{y_2} \varrho y \, dl \Big/ \int_{y_1}^{y_2} \varrho \, dl, \quad z_0 = \int_{z_1}^{z_2} \varrho z \, dl \Big/ \int_{z_1}^{z_2} \varrho \, dl, \tag{cn}$$

für homogene Linien einfacher:

$$x_0 = \frac{1}{l} \int_{x_1}^{x_2} x \, dl, \quad y_0 = \frac{1}{l} \int_{y_1}^{y_2} y \, dl, \quad z_0 = \frac{1}{l} \int_{z_1}^{z_2} z \, dl. \tag{co}$$

Kreisbogen (Radius a, Sehne s). Abstand a_0 des auf der Symmetrielinie gelegenen Schwerpunktes vom Kreismittelpunkte:

$$a_0 = \frac{s}{l} a \quad (\text{Halbkreis: } a_0 = 0{,}6366\, a). \tag{cp}$$

Kettenlinie $\left[y = \frac{k}{2}(e^{x/k} + e^{-x/k}),\ l = \frac{k}{2} e^{x_1/k} - e^{-x_1/k}\right]$:

$$y_0 = \tfrac{1}{2}\left(y_1 + \frac{k x_1}{l}\right). \tag{cq}$$

Cykloide $[x = a(\omega - \sin\omega),\ y = a(1 - \cos\omega),\ l = 8a]$:

$$x_0 = \pi a, \quad y_0 = \tfrac{4}{3} a. \tag{cr}$$

Dreiecksumfang: Der Schwerpunkt liegt im Mittelpunkt des Kreises, der dem Seitenmitten-Dreieck des gegebenen Dreiecks eingeschrieben ist.

c) Materielle Flächen:

$$\left.\begin{aligned} x_0 &= \int_{x_1}^{x_2}\int_{y_1}^{y_2} \varrho x \, df \Big/ \int_{x_1}^{x_2}\int_{y_1}^{y_2} \varrho \, df, \quad y_0 = \int_{x_1}^{x_2}\int_{y_1}^{y_2} \varrho y \, df \Big/ \int_{x_1}^{x_2}\int_{y_1}^{y_2} \varrho \, df, \\ z_0 &= \int_{x_1}^{x_2}\int_{y_1}^{y_2} \varrho z \, df \Big/ \int_{x_1}^{x_2}\int_{y_1}^{y_2} \varrho \, df. \end{aligned}\right\} \tag{cs}$$

Für homogene Flächen einfacher:

$$x_0 = \frac{1}{f}\int_{x_1}^{x_2}\int_{y_1}^{y_2} x\,df, \qquad y_0 = \frac{1}{f}\int_{x_1}^{x_2}\int_{y_1}^{y_2} y\,df, \qquad z_0 = \frac{1}{f}\int_{x_1}^{x_2}\int_{y_1}^{y_2} z\,df. \tag{ct}$$

Dreiecksfläche: Der Schwerpunkt liegt im Schnittpunkte der Mitteltransversalen (er fällt also mit dem Schwerpunkte der drei mit gleichen Massen erfüllten Ecken zusammen).

Kreissektor (Radius a, Centriwinkel ω): Abstand des in der Mittellinie gelegenen Schwerpunktes vom Kreismittelpunkte:

$$a_0 = \frac{4}{3}\frac{\sin\frac{1}{2}\omega}{\omega}a, \tag{cu}$$

speziell: Halbkreis Quadrant sehr schmaler Sektor

$$\frac{4}{3\pi}a = 0{,}4244\,a, \quad \frac{4\sqrt{2}}{3\pi}a = 0{,}6002\,a, \quad \frac{2}{3}a = 0{,}6667\,a. \tag{cv}$$

Quadrant der archimedischen Spirale ($r = a\vartheta$):

$$x_0 = \frac{2(\pi^3 - 24\pi + 48)}{\pi^3}a = 0{,}226\,a, \qquad y_0 = \frac{12(\pi^2 - 8)}{\pi^3}a = 0{,}724\,a \tag{cw}$$

oder durch ϑ_0 und a_0 ausgedrückt

$$\vartheta_0 = 72\tfrac{2}{3}^0, \qquad a_0 = 0{,}759\,a. \tag{cx}$$

Fläche zwischen der Kettenlinie und der Aufhängelinie

$$y_0 = \frac{1}{4}\left(y_1 + \frac{kx_1}{l}\right) \tag{cy}$$

(also halb so tief, wie für die Kettenlinie selbst).

Kugelzone: $$x_0 = \frac{x_1 + x_2}{2}, \tag{cz}$$

der Schwerpunkt liegt also im Mittelpunkt der Zonenaxe.

Rotationsflächen (l erzeugende Kurve, r Radiusvektor, x Rotationsaxe):

$$x_0 = \int_{x_1}^{x_2} rx\,dl \Big/ \int_{x_1}^{x_2} r\,dl. \tag{da}$$

d) Körper. Tetraeder: Der Schwerpunkt ist der Schnittpunkt der Verbindungslinien der Ecken mit den Schwerpunkten der Gegenflächen, er fällt also mit dem Schwerpunkte von vier gleichen, in den Ecken gelegenen Massen zusammen.

Kugelsektor (Radius a, Centriwinkel ω):

$$a_0 = \tfrac{3}{4}\left(\cos^2\frac{\omega}{4}\right)a, \tag{db}$$

speziell: Halbkugel | sehr schmaler Sektor

$$a_0 = \tfrac{3}{8}a = 0{,}375\,a, \qquad a_0 = \tfrac{3}{4}a = 0{,}750\,a. \tag{dc}$$

Pyramide und Kegel: Der Schwerpunkt liegt in $^1/_4$ der Höhe über dem Schwerpunkt der Grundfläche.

19. **Satz von der Bewegung des Schwerpunktes,** insbesondere: **Satz von der Erhaltung der Bewegung des Schwerpunktes.** Der Schwerpunkt eines Systems bewegt sich so, als ob die gesamte Masse in ihm vereinigt wäre und die gesamte Kraft auf ihn wirkte. Sind äußere Kräfte nicht vorhanden, so bewegt sich der Schwerpunkt geradlinig und gleichförmig. Formeln:

$$m\frac{d^2x_0}{dt^2}=\sum X, \qquad m\frac{d^2y_0}{dt^2}=\sum Y, \qquad m\frac{d^2z_0}{dt^2}=\sum Z, \tag{dd}$$

speziell:

$$\frac{d^2x_0}{dt^2}=0, \qquad \frac{d^2y_0}{dt^2}=0, \qquad \frac{d^2z_0}{dt^2}=0. \tag{de}$$

(1) Die strengere Analyse der Bedingungen, unter denen der Spezialfall eintritt, findet sich in den Handbüchern der Mechanik.

(2) Bei der Bewegung der einzelnen Punkte eines Systems ist zu unterscheiden zwischen der absoluten Bewegung (Bewegung relativ zu einem festen äußeren Punkte) und der Bewegung relativ zum Schwerpunkte des Systems; jene setzt sich zusammen aus dieser und der obigen Bewegung des Schwerpunktes; die Darstellung wird durch diese Zerlegung häufig wesentlich vereinfacht.

(3) Der Schwerpunktsatz wird mit Rücksicht auf seine prinzipielle Rolle in der Entwickelung der Mechanik häufig als Prinzip bezeichnet; thatsächlich ist er eine unmittelbare Folgerung aus den Definitionen von Masse, Kraft und Schwerpunkt (ein Integral der Bewegungsgleichungen, s. w. u.).

68. Trägheitsmoment. Es sind zwei ganz verschiedene (wenn auch thatsächlich identische) Definitionen möglich:

a) Trägheitsmoment eines Körpers in Bezug auf eine Axe ist die Summe der Produkte aus allen seinen Massenelementen und den Quadraten ihrer Entfernungen von der Axe.

b) Trägheitsmoment eines Körpers um eine Axe ist der Faktor, mit dem man seine Winkelbeschleunigung multiplizieren muß, um das Drehungsmoment der Kraft zu erhalten (strenger: Trägheitsmomente zweier Körper sind die Faktoren, mit denen man die Winkelbeschleunigungen, die sie sich gegenseitig erteilen, multiplizieren muß, um beidemal dasselbe Produkt zu erhalten).

Formeln (vgl. **28, 29** und **57** (1)):

$$\left.\begin{array}{c} M_x=\sum mr_x^2=\int r_x^2 dm, \qquad M_y=\sum mr_y^2=\int r_y^2 dm, \\ M_z=\sum mr_z^2=\int r_z^2 dm. \end{array}\right\} \tag{df}$$

$$M_x = \frac{D_x}{\beta_x} = \frac{\sum(yZ - zY)}{\frac{d^2\varphi_x}{dt^2}}, \quad M_y = \frac{D_y}{\beta_y} = \frac{\sum(zX - xZ)}{\frac{d^2\varphi_y}{dt^2}}, \quad M_z = \frac{D_z}{\beta_z} = \frac{\sum(xY - yX)}{\frac{d^2\varphi_z}{dt^2}}. \tag{dg}$$

$$[M_x] = [M_y] = [M_z] = l^2 m. \tag{AW}$$

(1) Nach der ersten Definition ist das Trägheitsmoment ein aus der Masse abgeleiteter, nach der zweiten ein dem Massenbegriff koordinierter Begriff, der aus der Winkelbeschleunigung in genau derselben Weise sich ergiebt, wie die Masse (vgl. **54 b**, es hätte auch die Form **54 a** gewählt werden können) aus der Beschleunigung, und welche durch Multiplikation mit der Winkelbeschleunigung in derselben Weise zu dem Begriffe des Drehungsmomentes führt, wie die Masse durch Multiplikation mit der Beschleunigung zum Kraftbegriff; d. h. das Trägheitsmoment ist der Quantitätsfaktor des Drehungsmomentes oder kurz die Drehkraftkapazität. Wie für Verschiebungen die Masse, so ist für Drehungen das Trägheitsmoment maaßgebend; je kleiner in letzterem Falle die Radialausdehnung des Körpers im Vergleich zum Bahnradius ist, desto mehr nähert sich das Trägheitsmoment dem Produkte der Körpermasse in das Quadrat des Bahnradius, und wenn jenes Verhältnis sehr klein ist, kann man die Bewegung in gleicher Weise durch Masse und Geschwindigkeitsquadrat oder durch Trägheitsmoment und Winkelgeschwindigkeitsquadrat (vgl. **28** und **56 c** (2)) darstellen.

(2) Trägheitsmittellinie eines Körpers in Bezug auf eine Axe heißt diejenige der Axe parallele Linie, in die man, ohne sein Trägheitsmoment zu ändern, seine ganze Masse verlegen kann. Der Abstand dieser Linie von der Axe heißt Trägheitsradius oder Gyrationsradius. Für ihn gilt die Formel

$$r = \sqrt{\frac{M}{m}}. \tag{dh}$$

(3) Das Trägheitsmoment in Bezug auf alle möglichen einander parallelen Axen ist am kleinsten für die durch den Schwerpunkt gehende Axe; für jede andere von dieser um a abstehende Axe ist

$$M = M_0 + a^2 m. \tag{di}$$

Die Trägheitsmomente um die Koordinatenaxen sind

$$M_x = \sum m(y^2 + z^2), \quad M_y = \sum m(z^2 + x^2), \quad M_z = \sum m(x^2 + y^2). \tag{dk}$$

(4) Unter allen durch einen Punkt gehenden Axen ist eine, für die das Trägheitsmoment ein Maximum, eine zweite auf ihr senkrechte, für die es ein Minimum, und eine dritte, auf beiden senkrechte, für die es ein Maximum-Minimum wird. Diese Axen heißen die Haupt-

trägheitsaxen des Körpers, die auf sie bezüglichen Trägheitsmomente die Hauptträgheitsmomente des Körpers. Trägt man auf den Hauptaxen Strecken ab, die den reziproken Quadratwurzeln der entsprechenden Trägheitsmomente proportional sind, und konstruiert das zugehörige Ellipsoid, so ergiebt irgend ein Strahl die reziproke Wurzel des Trägheitsmomentes des Körpers um den Strahl als Axe. Das Ellipsoid heißt Trägheitsellipsoid, seine Gleichung ist

$$a_{11}\xi^2 + a_{22}\eta^2 + a_{33}\zeta^2 - 2a_{23}\eta\zeta - 2a_{31}\zeta\xi - 2a_{12}\xi\eta = 1; \quad \text{(dl)}$$

a_{11}, a_{22}, a_{33} sind die Hauptträgheitsmomente, die drei anderen Konstanten, a_{23}, a_{31}, a_{12}, haben die entsprechende Bedeutung

$$a_{23} = \sum m y z \qquad a_{31} = \sum m z x \qquad a_{12} = \sum m x y \quad \text{(dm)}$$

und heissen Deviationsmomente. Dasjenige Trägheitsellipsoid, welches den Schwerpunkt zum Mittelpunkte hat, heißt Centralträgheitsellipsoid, die betreffenden Axen und Momente die Hauptträgheitsaxen, resp. Hauptträgheitsmomente des Schwerpunktes.

(5) Sind zwei Hauptträgheitsaxen einander gleich, wird also das Ellipsoid ein Rotationsellipsoid, so werden die Trägheitsmomente um alle in dieser Ebene gelegenen Axen durch diesen Punkt gleich, und die auf ihr senkrechte Axe heißt dann Hauptträgheitsaxe im engeren Sinne. Werden alle drei Hauptaxen einander gleich, ist also das Ellipsoid eine Kugel, so ist das Trägheitsmoment des Körpers um alle Axen durch diesen Punkt dasselbe.

(6) Bei Körpern von überall gleicher Dichte hängt das Trägheitsmoment nur von den geometrischen Verhältnissen des Körpers ab, ebenso die Gestalt des Trägheitsellipsoids. Für die Kugel und für die fünf regulären Körper (Tetraeder, Würfel, Oktaeder, Dodekaeder und Ikosaeder) ist das Centralträgheitsellipsoid eine Kugel; für den Kreiscylinder, die übrigen Rotationskörper sowie für Körper „vom unechten Charakter eines Rotationskörpers“, d. h. Cylinder mit regelmässigem Polygon als Querschnitt, ist es ein Rotationsellipsoid.

(7) Trägheitsmoment einiger homogener Gebilde.

a) Linien: Kreislinie, um einen Durchmesser:

$$M = \tfrac{1}{2} m r^2 \quad \text{(dn)}$$

b) Flächen: Kreisringfläche, um einen Durchmesser:

$$M = \frac{m}{4}(r_2^2 + r_1^2). \quad \text{(do)}$$

Kreisfläche, um einen Durchmesser:

$$M = \frac{m}{4} r^2. \quad \text{(dp)}$$

Elliptische Ringfläche um die Axe a:

$$M = \frac{m}{4} \cdot \frac{a_2 b_2^3 - a_1 b_1^3}{a_2 b_2 - a_1 b_1}. \tag{dq}$$

Volle Ellipsenfläche:

$$M = \frac{m}{4} b^2. \tag{dr}$$

c) Körper: Rechtwinkliges Parallelepipedon (Seiten $a\,b\,c$): um die Mittellinie $\parallel c$:

$$M = \frac{m}{12}(a^2 + b^2), \tag{ds}$$

um die Kante c selbst:

$$M = \frac{m}{3}(a^2 + b^2). \tag{dt}$$

Kreiscylinder von der Länge l und dem Radius r:
um die Cylinderaxe:

$$M = \frac{m}{2} r^2, \tag{du}$$

um die darauf senkrechte, durch den Mittelpunkt gehende Axe:

$$M = m\left(\frac{l^2}{12} + \frac{r^2}{4}\right), \tag{dv}$$

um eine schiefe Mittelpunktaxe (γ Winkel gegen die Cylinderaxe):

$$M = \frac{m}{4}\left[r^2 + \frac{l^2}{3} + \left(r^2 - \frac{l^2}{3}\right)\cos^2\gamma\right]. \tag{dv'}$$

Kugel um einen Durchmesser:

$$M = \frac{2}{5} m r^2, \tag{dw}$$

Ellipsoid um die Axe a:

$$M = \frac{m}{5}(b^2 + c^2). \tag{dx}$$

Um eine beliebige Mittelpunktaxe (Richtungswinkel $\alpha\ \beta\ \gamma$):

$$M = \frac{m}{5}(a^2 \sin^2\alpha + b^2 \sin^2\beta + c^2 \sin^2\gamma). \tag{dy}$$

Gerader Kreiskegel mit dem Grundradius r und der Höhe h:
um die Kegelaxe:

$$M = \frac{3}{10} m r^2, \tag{dz}$$

um die darauf senkrechte, durch den Schwerpunkt gehende Axe:

$$M = \frac{3}{80} m h^2. \tag{ea}$$

Dünner Stab von der Länge l um eine zu ihm senkrechte durch den Mittelpunkt gehende Axe:

$$M = \frac{m}{12} l^2, \tag{eb}$$

um eine schiefe Axe (ω Winkel gegen die Stabrichtung):

$$M = \frac{m}{12} l^2 \sin^2 \omega. \qquad \text{(ec)}$$

***20.* Flächensatz, insbesondere Satz von der Erhaltung der Flächen.** Bei der Drehung irgend eines Systems ist die in der Zeiteinheit stattfindende Änderung der Summe aller Produkte aus den Trägheitsmomenten und den Winkelgeschwindigkeiten der Teile gleich dem Drehungsmomente der Kräfte; ist das Drehungsmoment null, so ist die Summe jener Produkte konstant. Oder: Für jede Drehung eines Systems ist die in der Zeiteinheit stattfindende Änderung der Summe aller Produkte aus den Massen der einzelnen Teile und den doppelten von ihnen in der Zeiteinheit beschriebenen Flächen (ihren „Flächengeschwindigkeiten") gleich dem Drehungsmomente der Kräfte; ist letzteres null, so ist die Summe jener Produkte konstant. Formeln für die Drehungen um die drei Koordinatenaxen (Drehungswinkel φ):

allgemein — speziell

$$\left.\begin{aligned} \frac{d}{dt}\sum m r_x^2 \frac{d\varphi_x}{dt} &= \sum(yZ - zY) \\ \frac{d}{dt}\sum m r_y^2 \frac{d\varphi_y}{dt} &= \sum(zX - xZ) \\ \frac{d}{dt}\sum m r_z^2 \frac{d\varphi_z}{dt} &= \sum(xY - yX) \end{aligned}\right\} \text{(ed)} \qquad \left.\begin{aligned} \sum m r_x^2 \frac{d\varphi_x}{dt} &= \text{const.} \\ \sum m r_y^2 \frac{d\varphi_y}{dt} &= \text{const.} \\ \sum m r_z^2 \frac{d\varphi_z}{dt} &= \text{const.} \end{aligned}\right\} \text{(ee)}$$

(1) Die exakten Bedingungen, unter denen der Spezialfall eintritt, müssen eingehend untersucht werden (vgl. ***19*** (1)).

(2) Für einen einzigen Punkt oder für einen im Vergleich zum Bahnradius kleinen Körper nimmt der Satz die einfache Form an: Bei der Drehung eines Körpers unter der ausschließlichen Einwirkung eines Zentralkörpers beschreibt der Radiusvektor in gleichen Zeiten gleiche Flächen, d. h. seine Winkelgeschwindigkeit ändert sich umgekehrt proportional wie das Quadrat seines Abstandes vom Zentralkörper. Es ist dies das zweite Kepler'sche Gesetz und als solches aus der Erfahrung gewonnen. Theoretisch wird der Flächensatz seiner historischen Rolle halber häufig als Prinzip bezeichnet, ist aber thatsächlich eine Konsequenz der ihm vorangehenden Definitionen (ein Integral der Bewegungsgleichungen, vgl. ***19*** (3) und w. u.).

69. Krystalle sind Körper von homogener, aber ihrem Wesen nach heterotroper Beschaffenheit.

(1) Durch die Homogenität unterscheiden sich die Krystalle von anderen heterotropen Körperklassen, z. B. Hölzern und anderen organischen Gebilden. Krystalle können natürlichen Ursprungs oder künstlich hergestellt sein, ihre Heterotropie muß aber eine ursprüng-

liche, ihnen von selbst anhaftende sein, was z. B. bei gepreßten oder grob gekühlten Gläsern nicht der Fall ist. Die meisten Mineralien sind Krystalle. Im Gegensatz zu den Krystallen stehen die ebenfalls homogenen, aber isotropen Körper, welche man amorph nennt. Im Gegensatz zu den Mineralien als homogenen Körpern stehen die heterogenen, aus Mineralien zusammengesetzten Gesteine.

(2) Ein Krystall, in dessen sämtlichen Teilen die Richtungen von bestimmtem Verhalten dieselben sind, heißt einfacher Krystall oder Individuum, andernfalls spricht man von Zusammensetzungen oder Aggregaten; am wichtigsten unter ihnen sind die Zwillinge, sie können entweder Berührungszwillinge oder Durchdringungszwillinge sein.

(3) Die auffälligste Eigenschaft der schwebend und ungestört entstandenen Krystalle ist ihre Begrenzung durch ebene Polygone, die bei einfachen Krystallen ein „konvexes" (d. h. von einspringenden Ecken oder Kanten freies) Polyeder bilden und gewisse gesetzmässige Beziehungen darbieten. Solche Körper nennt man ausgebildete Krystalle, im Gegensatze zu ihnen stehen die unvollkommen ausgebildeten oder krystallinischen, in dritter Reihe die derben Gebilde. Bei den ausgebildeten Krystallen ist die hervortretendste jener Beziehungen die Winkelkonstanz, d. h. die Gleichheit der von entsprechenden Flächen gebildeten Winkel (STENO 1669, ROMÉ DE L'ISLE 1783), während die Kantenwinkel unter Umständen schwanken können.

70. Elemente eines Krystalles. Wählt man irgend einen Punkt im Krystall zum Anfangspunkt und legt durch ihn drei Ebenen, die zu drei beliebigen eine Ecke bildenden Krystallflächen parallel sind, so nennt man diese Ebenen Axenebenen, ihre Schnittlinien Axen, die Winkel der Axen miteinander Axenwinkel, die acht Teile, in welche die Axenebenen den Raum teilen, Oktanten (anliegende, gegenüberliegende, entgegengesetzte, je nachdem sie in einer Ebene, in einer Linie oder in einem Punkte aneinander stoßen). Die von irgend einer anderen Krystallfläche abgeschnittenen Axenstücke heißen ihre Parameter; eine bestimmte solche Fläche, deren Parameter endlich sind, wählt man aus und nennt ihre Parameter Axenlängen. Da es zur Charakterisierung eines Krystallpolyeders sich nur um Richtungen handelt, kommt es nicht auf die absoluten Werte der Parameter resp. Axenlängen, sondern nur auf das Verhältnis der zweiten und dritten dieser Grössen zur ersten an. Die beiden letzteren Verhältnisse $b:a$ und $c:a$ zusammen mit den drei Axenwinkeln $\alpha\,\beta\,\gamma$ heißen die Elemente des Krystalles, die vier Flächen, auf die sie sich beziehen, seine Elementarflächen. Die Parameter jeder weiteren Fläche pflegen auf die Axenlängen bezogen zu werden, und zwar heißen die

Verhältnisse der Axenlängen zu den Parametern der Fläche ihre Indices.

21 a. **Grundgesetz der geometrischen Krystallographie** oder Gesetz der Rationalität der Indices: Die Indices jeder Krystallfläche sind drei ganze rationale Zahlen (meist kleine ganze Zahlen).

(1) Dieses Gesetz erlaubt eine sehr einfache symbolische Bezeichnung der Krystallflächen, nämlich durch $(h k l)$, wo $h k l$ drei kleine ganze Zahlen sind, die sich auf die Richtungen nach vorn, rechts und oben oder, wenn mit einem Minuszeichen darüber versehen, auf die Richtungen nach hinten, links und unten beziehen; bei manchen Krystallen treten statt dreier vier solche Buchstaben auf (**73**, V). Durch diese sog. Miller'sche Bezeichnungsweise (Whewell 1825) sind die anderen (Weiss, Naumann, Lévy u. A.) mehr in den Hintergrund gedrängt worden.

(2) In ähnlicher Weise wie die Flächen kann man auch die Kanten durch Indices, die aus den Flächenindices abgeleitet sind, charakterisieren.

(3) Für eine „Zone" von Krystallflächen, d. h. eine Schar von Flächen, die sich in parallelen Kanten schneiden, gilt ein weiteres Gesetz, das Zonengesetz (Ch. S. Weiss), das übrigens aus dem Gesetz der rationalen Indices folgt (F. Neumann). Aus diesem und dem Begriffe der Zone folgt schliesslich als drittes das Gesetz der rationalen Doppelverhältnisse (Gauss, Miller).

71. Symmetrie der Krystalle. Ein Krystall besitzt Symmetrie, wenn er durch Drehung um einen ganzen (von 1 verschiedenen) Bruchteil von 360° oder durch Spiegelung oder durch Drehung in Verbindung mit Spiegelung mit sich selbst zur Deckung gebracht werden kann. Die Spiegelungsebene heißt Symmetrieebene; die Drehungsaxe heißt Deckbewegungsaxe oder Symmetrieaxe, und zwar n-zählig, wenn eine Drehung um den $n$ten Teil von 360° zur Deckung genügt; endlich heißt derjenige Punkt, welcher alle durch ihn gezogenen und durch die Krystallflächen begrenzten Geraden halbiert, Symmetriecentrum oder Centrum der Inversion; bei Krystallen mit Symmetriecentrum giebt es zu jeder Fläche eine parallele, gleichwertige Gegenfläche. Das Symmetriecentrum ist zugleich geometrischer Mittelpunkt (aber nicht allgemein umgehrt).

21 b. **Symmetriegesetz der Krystalle**: Die Zahl der möglichen Symmetriearten der Krystallpolyeder (an sich unendlich) reduziert sich mit Berücksichtigung des Gesetzes der rationalen Indices auf 31 oder, wenn die Symmetrielosigkeit hinzugerechnet wird, auf 32 (Hessel 1830).

(1) Unbegrenzt ist die Zahl, weil es im Prinzip beliebig-zählige Symmetrieaxen geben kann; mit dem Gesetze der rationalen Indices sind aber nur 2-, 3-, 4- und 6-zählige vereinbar.

72. Krystallklassen oder **Gruppen** sind die 32 dem Symmetriegesetz entsprechenden möglichen Klassen krystallischer Körper.

(1) Die Reihenfolge, Charakteristik und Nomenklatur der Klassen fällt verschieden aus je nach der Art der Ableitung (Hessel 1830, Bravais 1849, Gadolin, Fedorow, P. Curie, Minnigerode u. A.); der Kürze halber muß hier folgende Übersicht genügen:

1) Kein Symmetrieelement.

2) 3) 4) 5) Eine 2-, 3-, 4-, 6-zählige Axe.

6) Drei 2-zählige Axen.

7) 8) 9) 10) 11) Mehrere verschiedenzählige Axen.

12) Centrum.

13) 14) 15) 16) Centrum, eine Ebene und eine 2-, 3-, 4-, 6-zählige Axe.

17) 18) 19) 20) 21) 22) Centrum und mehrere Ebenen.

23) Eine Ebene.

24) 25) 26) 27) 28) Eine Axe und mehrere Ebenen.

29) 30) Mehrere Axen und Ebenen.

31) Eine 3-zählige Axe und eine Ebene.

32) Vier Axen und vier Ebenen.

Von diesen 32 Klassen haben 2) bis 11) nur Axen, 12) nur das Centrum, 23) nur eine Ebene der Symmetrie, 24) bis 32) Axen und Ebenen, 17) bis 22) Centrum und Ebenen, 13) bis 16) alle drei Symmetrieelemente. Ferner haben 11 Klassen (12) bis 22)) ein Centrum, die übrigen 21 nicht.

(2) Die Krystalle der Klassen 1) bis 11) können in zwei Formen auftreten; die nicht miteinander zur Deckung gebracht werden können, weil sie nicht kongruent, sondern nur spiegelbildlich gleich sind (wie rechte und linke Hand); man nennt solche Formen enantiomorph (Naumann), jede einzelne von ihnen gewendet (Marbach). Gewisse Erscheinungen, z. B. die Drehung der Polarisationsebene des Lichtes (s. w. u.) können nur bei gewendeten Formen auftreten.

73. Krystallsysteme. Trifft man die Wahl der Axen für die Krystallformen so, daß, was immer möglich ist, die Indices gleichwertiger Flächen gleich werden (C. S. Weiss), so gelangt man immer für mehrere Klassen zu demselben Axensysteme, im ganzen aber zu sieben oder, wenn man zwei einander nahestehende zusammenfaßt, zu sechs verschiedenen Axensystemen. Die entsprechenden Gruppen heißen Krystallsysteme.

I. Triklines System (asymmetrisches System); drei schiefwinklige, ungleichwertige Axen (Klassen 1 und 12).

II. Monoklines System (klinorhombisches, monosymmetrisches): zwei schiefe Axen, die dritte auf ihrer Ebene senkrecht, alle drei ungleichwertig (Klassen 2, 13, 23).

III. Rhombisches System: drei senkrechte, ungleichwertige Axen (Klassen 6, 17, 24).

IV. Tetragonales System (quadratisches System): drei senkrechte Axen, zwei von ihnen gleichwertig (Klassen 4, 8, 15, 19, 26, 29, 30).

V. Hexagonales System (in zwei Systeme: trigonales und hexagonales, oder in drei Abteilungen teilbar): drei gleichwertige Axen in einer Ebene unter 60^0 gegeneinander und eine auf ihrer Ebene senkrechte ungleichwertige, drei- oder sechszählige Axe (Klassen: a) Trigonal 3, 7, 14, 18, 25, 31, 32; b) hexagonal 5, 9, 16, 20, 28).

VI. Reguläres System: drei zu einander senkrechte, gleichwertige Axen (Klassen 10, 11, 21, 22, 27).

(1) In jedem System kann man Abteilungen bilden, deren jede folgende der vorhergehenden gegenüber dadurch charakterisiert ist, daß die Körper in ihr nur die Hälfte der Flächen, diese aber auf Kosten der übrigen ausgedehnt, besitzen; man unterscheidet demnach Holoëdrie, Hemiedrie, Tetartoëdrie (nur bei IV bis VI vorkommend) und Ogdoëdrie (nur bei V vorkommend).

(2) Von der Hemiedrie verschieden ist die Hemimorphie, die besagt, daß der Krystall in den beiden Richtungen (Hälften) einer Axe verschieden ausgebildet ist; mit ihr stehen die pyro- und piezoelektrischen Erscheinungen (s. w. u.) in Beziehung.

(3) In physikalischer Hinsicht kann man die Krystalle je nach dem Charakter der Erscheinungen, um die es sich handelt, in eine verschiedene Anzahl von Gruppen ordnen, wobei mehrere der 32 Klassen und unter Umständen sogar mehrere Systeme sich zu einer Gruppe vereinigen. In dieser Hinsicht kann man insbesondere vier Klassen von Vorgängen unterscheiden:

a) Vorgänge, die in jeder Richtung der Größe nach durch einen anderen Zahlenwert bestimmt sind, und zwar auch in zwei einander entgegengesetzten Richtungen durch verschiedene Werte (dazu gehört auch der spezielle Fall, daß diese beiden Werte einander entgegengesetzt gleich sind); stellt man die Zahlenwerte durch Radienvektoren dar, die man von einem Punkte aus nach den betreffenden Richtungen zieht, so erhält man eine Oberfläche ohne spezielle Eigenschaften. Die Zahl der Gruppen für solche Vorgänge läßt sich nicht allgemein angeben; es läßt sich nur sagen, daß sie höchstens 21 beträgt (entsprechend der Zahl der Klassen ohne Symmetriecentrum).

b) Vorgänge, die in je zwei entgegengesetzten Richtungen durch denselben Zahlenwert charakterisiert sind; hier wird die gedachte Oberfläche centrisch symmetrisch, entsprechend heißen diese Vorgänge centrisch symmetrisch. Für solche Vorgänge giebt es prinzipiell höchstens elf, thatsächlich aber nur neun Gruppen.

c) Vorgänge, die nicht nur in entgegengesetzten Richtungen durch gleiche Zahlenwerte bestimmt sind, sondern deren Zahlenwerte in den verschiedensten Richtungen zwar verschieden sind, aber nach dem einfachsten Gesetze, das überhaupt möglich ist, nämlich nach demjenigen, bei welchem die gedachte Oberfläche ein Ellipsoid wird. Hierzu gehören die homogenen Deformationen (**66** (5)). Für solche Vorgänge reduziert sich die Gruppenzahl auf 5, nämlich: 1) triklin, 2) monoklin, 3) rhombisch, 4) einaxig (hexagonal und tetragonal), 5) regulär. Bei 4) wird das Ellipsoid ein Rotationsellipsoid, bei 5) eine Kugel.

d) Für manche spezielle Fragen kommt schließlich nur in Betracht, ob ein Krystall 1) zweiaxig oder 2) einaxig oder 3) regulär ist; hier bleiben also nur drei Gruppen übrig.

Die Zugehörigkeit der wichtigsten Vorgänge zu a) b) c) ist folgende:

a)	b)	c)
Pyroelektrizität	Elastizität (einseitig)	Elastizität (allseitig)
Piezoelektrizität	Härte	Thermische Ausdehnung
	Spaltbarkeit	Wärmeleitung
	Plastizität	Dielektrische Polarisation
		Magnetische Induktion

(4) Die regulären Krystalle werden zuweilen schlechthin als isotrop bezeichnet, sie sind es aber nur hinsichtlich der Vorgänge c).

5) Polymorphismus und Isomorphismus. Manche Stoffe krystallisieren in mehreren physikalisch verschiedenen Modifikationen, die meist verschiedenen Klassen und sogar verschiedenen Systemen angehören; diese Erscheinung heißt Polymorphismus, insbesondere wenn es sich um zwei verschiedene Modifikationen handelt, Dimorphismus. Umgekehrt giebt es Reihen chemisch ähnlicher Stoffe, die in gleichen oder nahezu gleichen Formen krystallisieren; solche Reihen heißen isomorphe Reihen, die Erscheinung selbst Isomorphismus (Mitscherlich). Jedoch zeigt eine nähere Betrachtung, dass der Begriff des Isomorphismus, wenn überhaupt, so doch nicht in einfacher Weise exakt definierbar ist (Nernst).

(6) Zwischen der Krystallform und den physikalischen Eigenschaften eines Stoffes besteht ein inniger Zusammenhang, insbesondere ist jedes Symmetrieelement der Krystallform auch ein physikalisches, und zwei krystallographisch gleichwertige Richtungen sind auch physikalisch gleichwertig.

(7) Zugehörigkeit einiger wichtiger Stoffe zu den Krystallsystemen:

I. Triklin	II. Monoklin		III. Rhombisch
Axinit	Augit	Milchzucker	Anhydrit
Borsäure	Bleiacetat	Natriumacetat	Antimonglanz
Disthen	Blutlaugensalz	Orthoklas	Aragonit
Kupfervitriol	Borax	Oxalsäure	Bittersalz
Natronkalkfeldspäte	Eisenvitriol	Rohrzucker	Brechweinstein
Saures weinsaures Strontium	Epidot	Salicylsäure	Cölestin
Traubensäure	Gips	Saures oxalsaures Kalium	Kaliumnitrat
	Glaubersalz	Schwefel (β)	Kieselzinkerz
	Glimmer	Soda	Kupferglanz
	Hornblende	Weinsäure	Schwefel (α)
	Kaliumchlorat		Schwerspat
			Topas
			Zinkvitriol

IV. Tetragonal	Va. Trigonal	Vb. Hexagonal	VI. Regulär	
Anatas	Antimon	Apatit	Alaun	Magnetit
Apophyllit	Dioptas	Beryll	Bariumnitrat	Natriumchlorat
Bor	Dolomit	Jodsilber	Blei	Phosphor (α)
Harnstoff	Eis	Kaliumlithiumsulfat	Bleiglanz	Platin
Kupferkies	Eisenglanz	Nephelin	Bleinitrat	Quecksilber
Pentaerythrit	Kalkspat	Zink	Diamant	Salmiak
Quecksilberchlorür	Korund		Eisen	Silber
Rutil	Natriumnitrat		Eisenkies	Silberglanz
Scheelit	Natriumperjodat		Fahlerz	Spinell
Strychninsulfat	Phosphor (γ)		Flußspat	Steinsalz
Wulfenit	Quarz		Gold	Sylvin
Zinnerz	Turmalin		Granat	Zinkblende
Zirkon	Wismut		Kupfer	
	Zinnober			

74. Starre und elastische Körper. Ein Körper, der sich nur als unveränderliches Ganzes im Raume bewegen kann, heißt starr. Ein Körper dagegen, dessen Teile ihre relative Lage gegeneinander ändern können, heißt elastisch (vgl. **24f** (1)).

(1) Starrheit ist hiernach kein Größenbegriff, sondern ein nur in einer einzigen Art möglicher Zustand; übrigens ein Zustand, den es in Wirklichkeit nicht giebt, da alle Körper, wenn auch noch so schwach, elastisch sind: es giebt jedoch zahlreiche Erscheinungen, dei denen sich die Körper wie starr verhalten, und für die es deshalb, abgesehen von ihrer Masse, resp. ihrer stofflichen Dichte, auf ihre stoffliche Ver-

schiedenheit nicht ankommt; von ihnen handelt die sog. allgemeine Mechanik oder Mechanik starrer Körper, im Gegensatz zur speziellen Mechanik oder Mechanik elastischer Körper.

(2) Über eine andere, quantitative Bedeutung des Wortes Starrheit vgl. **76** (2).

75. Elastizität ist der Widerstand eines Körpers gegen relative Lagenänderungen seiner Teile, also gegen Deformation im allgemeinen Sinne des Wortes. Insbesondere heißt der Widerstand gegen Volumenänderung (Dilatation oder Kontraktion) Volumenelastizität, der Widerstand gegen Gestaltsänderung (Deformation im engeren Sinne) Gestaltselastizität. Mit dieser Unterscheidung im wesentlichen übereinstimmend ist die zwischen Normalelastizität (Widerstand gegen Normaldrucke) und Tangentialelastizität (Widerstand gegen Tangentialdrucke).

(1) Die obige Definition von Elastizität entspricht vollkommen der Definition der Masse als Widerstand eines Körpers gegen starre Bewegung (*14* (1)). Elastizität ist also für relative Verschiebungen der Teile dasselbe, was die Masse für Bewegungen des Körpers als Ganzen ist. Führt man die Analogie weiter, so kommt man zu folgender Definition:

Elastizität ist der Faktor, mit dem man die elastische Veränderung eines Körpers multiplizieren muß, um den erzeugenden Druck oder, was dasselbe ist, die durch die Veränderung in dem Körper wachgerufene Gegenkraft (Elastizitätskraft, häufig ebenfalls kurz Elastizität genannt) zu erhalten. Allgemein genommen ist aber eine elastische Veränderung keine mathematische Größe, man muß also für die Definition entweder einfache typische Fälle benutzen oder auf das allgemeine System der Druck- und Dilatationskomponenten zurückgehen (s. u. **78**).

(2) Elastizität ist hiernach eine Eigenschaft, die sich während der Dauer der Beanspruchung offenbart. Im Interesse der Klarheit ist es gut, dies festzuhalten und die Erscheinungen, die nach dem Aufhören der Beanspruchung auftreten, durch besondere Nomenklatur zu kennzeichnen (s. u. **89**).

76. Volumenmodul und **Gestaltsmodul**, oder Normaldruck-Kapazität und Tangentialdruck-Kapazität. Unterwirft man einen Würfel homogener isotroper Substanz einem kleinen, für alle drei Richtungen gleichen Normaldruck, so erfährt er eine reine Volumenänderung; ist p der Einheitsdruck (Druck pro Flächeneinheit), α die lineare, δ die räumliche Kontraktion (**64**), so heißt in den Formeln:

$$p = k_1 \delta = 3 k_1 \alpha, \qquad k_1 = \frac{p}{\delta} = \frac{p}{3\alpha}, \tag{ef}$$

k_1 Volumenmodul oder Kontraktionsmodul, am bezeichnendsten aber ist der Ausdruck Normaldruck-Kapazität; denn k_1 ist der Quantitätsfaktor (*14*) (1) des allseitigen Druckes. Unterwirft man andererseits einen Würfel homogener isotroper Substanz in der einen Richtung einem kleinen Drucke, in der zweiten einem ebenso großen Zuge (*15* (3)), während man die dritte Richtung unbeeinflußt läßt, so erfährt er eine reine Gestaltsänderung; ist wieder p der Druck (also $-p$ der Zug) und φ die Änderung, die der rechte Winkel zwischen den Diagonalen der in der Druck- und Zugebene liegenden Würfelfläche erfährt, so heißt in den Formeln

$$p = k_2 \varphi, \qquad k_2 = \frac{p}{\varphi}, \tag{eg}$$

k_2 Gestaltsmodul oder Deformationsmodul, am bezeichnendsten aber ist der Ausdruck Tangentialdruck-Kapazität. Setzt man endlich

$$\frac{k_2}{k_1} = \varkappa, \tag{eh}$$

so ist $\varkappa$ das Verhältnis des Gestaltsmoduls zum Volumenmodul.

(1) Die beiden Moduln k_1 und k_2 sind Größen von ganz analoger Natur wie die Masse; diese mißt die Kapazität des Körpers für Fernkraft, jene beiden für Druckkraft (vgl. *14* (1)). k_1 und k_2 charakterisieren das elastische Verhalten eines isotropen Stoffes vollständig; für gewisse Vorgänge ist k_1 allein, für andere k_2 allein, für noch andere $\varkappa$ allein bestimmend.

(2) Von englischen Autoren wird die Gestaltselastizität resp. der Gestaltsmodul auch als Starrheit bezeichnet (vgl. **74**).

(3) Der Gestaltsmodul ist identisch mit dem bei der Torsion, einer reinen Gestaltsänderung, auftretenden Torsionsmodul.

77. Dehnungsmodul und Elastizitätszahl. Ein anderer typischer Fall ist folgender: Man unterwirft einen Cylinder aus isotropem Stoff einem kleinen, reinen Längszug, er erfährt dann eine Dilatation in der Längsrichtung und eine Kontraktion in beiden Querrichtungen; ist p der Längszug pro Flächeneinheit, α die lineare Längsdilatation, α' die lineare Querkontraktion, so heißt in den Formeln

$$p = E\alpha, \qquad E = \frac{p}{\alpha} \tag{ei}$$

E Zugmodul, Dehnungsmodul oder schlechthin Elastizitätsmodul, am bezeichnendsten ist, da E der Quantitätsfaktor des Längszuges ist, der Ausdruck Längszug-Kapazität vgl. *14* (1) u. **76**); und ferner heißt in der Formel

$$\mu = \frac{\alpha'}{\alpha}, \qquad \alpha' = \mu\alpha \tag{ek}$$

μ das Verhältnis der Querkontraktion zur Längsdilatation oder kurz Elastizitätszahl.

(1) Die beiden Größen E und μ charakterisieren ebenfalls das elastische Verhalten eines isotropen Stoffes vollständig; gegenüber k_1

und k_2 haben sie prinzipiell geringere Bedeutung, weil sie sich auf einen aus Volumen- und Gestaltsänderung zusammengesetzten Vorgang beziehen, praktisch dagegen größere Bedeutung, weil sie sich beide aus einem und demselben Versuche ergeben. E steht mit k_1 und k_2 im Zusammenhange, μ dagegen offenbar nur mit $\varkappa$ (s. w. u.).

(2) Mit dem Zugmodul E nahe verwandt ist der Eindringungsmodul

$$E' = \frac{E}{1-\mu^2}, \tag{el}$$

der auftritt, wenn zwei Körper gegeneinander drücken (z. B. zwei Kugeln oder eine Kugel und eine Platte).

(3) Modullänge ist die Länge desjenigen Drahtes von gleichem Stoff und Querschnitt, der, an den gegebenen angehängt, ihn um sich selbst verlängern würde.

(4) Andere typische Fälle sind:

Biegung (längs und quer), Torsion oder Drillung, Scherung oder Schiebung; näheres s. w. u.

78. Elastizitätskonstanten sind die Koeffizienten der durch die relativen Verrückungskomponenten ausgedrückten Druckkomponenten. Setzt man zur Abkürzung die drei Dilatationskomponenten (64; *16* (4))

$$\left.\begin{aligned} &\frac{\partial u_1}{\partial x} = x_x, \qquad \frac{\partial v_1}{\partial y} = y_y, \qquad \frac{\partial w_1}{\partial z} = z_z, \\ \text{also} \qquad &x_x + y_y + z_z = \delta \text{ (räuml. Dilatation)} \end{aligned}\right\} \tag{em}$$

und die drei Deformationskomponenten (*16* (4))

$$\left(\frac{\partial v_1}{\partial z} + \frac{\partial w_1}{\partial y}\right) = y_z, \quad \left(\frac{\partial w_1}{\partial x} + \frac{\partial u_1}{\partial z}\right) = z_x, \quad \left(\frac{\partial u_1}{\partial y} + \frac{\partial v_1}{\partial x}\right) = x_y, \tag{en}$$

so lauten diese für kleine Verrückungen linearen Ausdrücke:

$$\left.\begin{aligned} X_x &= c_{11} x_x + c_{12} y_y + c_{13} z_z + c_{14} y_z + c_{15} z_x + c_{16} x_y \\ Y_y &= c_{12} x_x + c_{22} y_y + c_{23} z_z + c_{24} y_z + c_{25} z_x + c_{26} x_y \\ Z_z &= c_{13} x_x + c_{23} y_y + c_{33} z_z + c_{34} y_z + c_{35} z_x + c_{36} x_y \\ Y_z &= c_{14} x_x + c_{24} y_y + c_{34} z_z + c_{44} y_z + c_{45} z_x + c_{46} x_y \\ Z_x &= c_{15} x_x + c_{25} y_y + c_{35} z_z + c_{45} y_z + c_{55} z_x + c_{56} x_y \\ X_y &= c_{16} x_x + c_{26} y_y + c_{36} z_z + c_{46} y_z + c_{56} z_x + c_{66} x_y. \end{aligned}\right\} \tag{eo}$$

Die Koeffizienten c heißen die Elastizitätskonstanten des Körpers; ihre Zahl ist 21 (eigentlich 36, es muß aber, was oben schon berücksichtigt ist, $c_{21} = c_{12}$ u. s. w. sein, vgl. w. u.). Für die verschiedenen Krystallsysteme treten aber weitere Reduktionen auf, und man erhält folgendes Schema:

$$\left.\begin{array}{lr}
\text{I. Triklin} \dots\dots & 21 \\
\text{II. Monoklin } (c_{14} = c_{15} = c_{24} = c_{25} = c_{34} = c_{35} = c_{46} = c_{56} = 0) & 13 \\
\text{III. Rhombisch (auserdem noch } c_{26} = c_{36} = c_{45} = c_{16} = 0) \dots & 9 \\
\text{IV. Tetragonal (außerdem noch } c_{11} = c_{22}, c_{44} = c_{55}, c_{13} = c_{23}) & 6 \\
\text{V. a) Rhomboedrisch } (c_{66} = 0, \text{ dagegen } c_{14} \text{ nicht null}) \dots & 6 \\
\text{b) Hexagonal } (c_{66} = 0 \text{ und } c_{14} = 0) \dots & 5 \\
\text{VI. Regulär (wie IV, und außerdem } c_{22} = c_{33}, c_{23} = c_{12}, c_{55} = c_{66}) & 3 \\
\text{Isotrop } (c_{11} = c_{44}) \dots & 2
\end{array}\right\} \quad (\text{ab})$$

Für reguläre Krystalle lauten demgemäss die Formeln:

$$\left.\begin{array}{ll}
X_x = c_{11} x_x + c_{12}(y_y + z_z) & Y_z = c_{44} y_z \\
Y_y = c_{11} y_y + c_{12}(z_z + x_x) & Z_x = c_{44} z_x \\
Z_z = c_{11} z_z + c_{12}(x_x + y_y) & X_y = c_{44} x_y
\end{array}\right\} \quad (\text{ep})$$

Für isotrope Körper ist c_{11} statt c_{44} zu schreiben; gewöhnlich formt man aber die Gleichungen etwas um, setzt $c_{11} = -K$ und $c_{12} = -2KL$ und erhält dann (δ räumliche Dilatation):

$$\left.\begin{array}{ll}
X_x = -2K\left(\frac{\partial u_1}{\partial x} + L\delta\right) & Y_z = -K\left(\frac{\partial v_1}{\partial z} + \frac{\partial w_1}{\partial y}\right) \\
Y_y = -2K\left(\frac{\partial v_1}{\partial y} + L\delta\right) & Z_x = -K\left(\frac{\partial w_1}{\partial x} + \frac{\partial u_1}{\partial z}\right) \\
Z_z = -2K\left(\frac{\partial w_1}{\partial z} + L\delta\right) & X_y = -K\left(\frac{\partial u_1}{\partial y} + \frac{\partial v_1}{\partial x}\right)
\end{array}\right\} \quad (\text{eq})$$

K und L heißen Kirchhoff'sche Elastizitätskonstanten, und im Gegensatz zu ihnen $-c_{11}$ und $-c_{12}$ Lamé'sche Elastizitätskonstanten.

(1) Die Größen k_1 und k_2 haben für Krystalle im allgemeinen keine einfache Bedeutung, dieselbe muß im einzelnen Falle festgestellt werden; im allgemeinen kann man nur von einer mittleren Volumen- resp. Gestaltselastizität sprechen. Ebenso ist E (und entsprechend μ) bei Krystallen für jede Richtung verschieden, und wenn man die E durch Strahlen darstellt, die von einem Punkte ausgehen, so erhält man Dehnungsmodulflächen, die für jedes Krystallsystem (und eventuell deren Unterabteilungen) verschieden sind. Denkt man sich eine Kugel von gleichem Volumen wie der von der Modulfläche eingeschlossene Raum, so stellt deren Radius den mittleren Dehnungsmodul dar. Weniger streng, aber einfacher ist es, den Modul nur in den verschiedenen ausgezeichneten Richtungen des Krystalls zu bestimmen und das Mittel aus ihnen als mittleren Modul zu bezeichnen.

(2) Elastische Veränderungen sind centrisch-symmetrisch (**66** (3)), reine Volumenänderung ist sogar eine homogene Veränderung (**66** (5)).

(3) Statt der Grössen k_1 und E werden häufig ihre reziproken Werthe C und ε benutzt:

$$C = \frac{1}{k_1} \qquad \varepsilon = \frac{1}{E}, \qquad \text{(er) (es)}$$

C ist der Kompressionskoeffizient oder die **Kompressibilität** (Verhältnis der räumlichen Kontraktion zum allseitigen Einheitsdrucke), ε heißt **Dehnungskoeffizient**, Zugkoeffizient, **Elastizitätskoeffizient** oder auch Dehnbarkeit (Verhältnis der linearen Dilatation zum einseitigen Einheitszug). Übrigens ist die Nomenklatur von E und ε sehr verschieden und zum Teil sogar geradezu entgegengesetzt wie die hier nach dem überwiegenden Gebrauch und aus inneren Gründen gewählte.

(4) **Übersicht über die Beziehungen zwischen den verschiedenen Elastizitätskonstanten isotroper Körper:**

<table>
<tr><th>—</th><th>$-c_{11}$</th><th>$-c_{12}$</th><th>K</th><th>L</th><th>$k_1\left(=\frac{1}{C}\right)$</th><th>$k_2$</th><th>$\varkappa$</th><th>$E\left(=\frac{1}{\varepsilon}\right)$</th><th>$\mu$</th></tr>
<tr><td>$-c_{11}$</td><td>—</td><td>—</td><td>K</td><td>—</td><td>—</td><td>k_2</td><td>—</td><td colspan="2">$\frac{1}{1+\mu}\frac{E}{2}$</td></tr>
<tr><td>$-c_{12}$</td><td>—</td><td>—</td><td colspan="2">$2KL$</td><td colspan="2">$\frac{1}{3}(3k_1-2k_2)$</td><td>—</td><td colspan="2">$\frac{\mu}{1-\mu-2\mu^2}E$</td></tr>
<tr><td>K</td><td>c_{11}</td><td>—</td><td>—</td><td>—</td><td>—</td><td>k_2</td><td>—</td><td colspan="2">$\frac{E}{2(1+\mu)}$</td></tr>
<tr><td>L</td><td colspan="2">$\frac{c_{12}}{2c_{11}}$</td><td>—</td><td>—</td><td colspan="2">$\frac{3k_1-2k_2}{6k_2}$</td><td>$\frac{1}{2\varkappa}-\frac{1}{3}$</td><td>—</td><td>$\frac{\mu}{1-2\mu}$</td></tr>
<tr><td>$k_1\left(=\frac{1}{C}\right)$</td><td colspan="2">$-\frac{1}{3}(2c_{11}+3c_{12})$</td><td colspan="2">$\frac{2}{3}K(1+3L)$</td><td>—</td><td colspan="2">$\frac{k_2}{\varkappa}$</td><td colspan="2">$\frac{E}{3(1-2\mu)}$</td></tr>
<tr><td>k_2</td><td>$-c_{11}$</td><td>—</td><td>K</td><td>—</td><td>$(k_1\varkappa)$</td><td>—</td><td>—</td><td colspan="2">$\frac{E}{2(1+\mu)}$</td></tr>
<tr><td>$\varkappa$</td><td colspan="2">$\frac{3c_{11}}{2c_{11}+3c_{12}}$</td><td>—</td><td>$\frac{3}{2(1+3L)}$</td><td colspan="2">$\frac{k_2}{k_1}$</td><td>—</td><td>—</td><td>$\frac{3(1-2\mu)}{2(1+\mu)}$</td></tr>
<tr><td>$E\left(=\frac{1}{\varepsilon}\right)$</td><td colspan="2">$-c_{11}\frac{2c_{11}+3c_{12}}{c_{11}+c_{12}}$</td><td colspan="2">$2K\frac{1+3L}{1+2L}$</td><td colspan="2">$\frac{9k_1k_2}{3k_1+k_2}$</td><td>—</td><td>—</td><td>—</td></tr>
<tr><td>μ</td><td colspan="2">$\frac{c_{12}}{2(c_{11}+c_{12})}$</td><td>—</td><td>$\frac{L}{1+2L}$</td><td colspan="2">$\frac{3k_1-2k_2}{2(3k_1+k_2)}$</td><td>$\frac{3-2\varkappa}{2(3+\varkappa)}$</td><td>—</td><td>—</td></tr>
</table>

(5) Einige Autoren benutzen noch andere Konstanten, nämlich A und B oder, gleichbedeutend damit, c und c'; es sind das die Koeffizienten des Druckes in einer Richtung, ausgedrückt durch die lineare Dilatation in derselben Richtung als erstes Glied und durch die Summe

der linearen Dilatationen in den beiden anderen Richtungen als zweites Glied:

$$p_x = - A\alpha_x - B(\alpha_y + \alpha_z); \tag{et}$$

zur Reduktion auf die obigen Konstanten dienen die Formeln:

$$A = c = -2c_{11} - c_{12} = 2K(1+L) = \tfrac{1}{3}(3k_1 + 4k_2) = \frac{1-\mu}{1-\mu-2\mu^2}E \tag{eu}$$

$$B = c' = -c_{12} \qquad = 2KL \qquad = \tfrac{1}{3}(3k_1 - 2k_2) = \frac{\mu}{1-\mu-2\mu^2}E. \tag{ev}$$

(6) Dimensionsformeln für die verschiedenen Elastizitätskonstanten:

$$[c_{11}] = [c_{12}] \text{ u. s. w.} = l^{-1}t^{-2}m, \tag{AX}$$

$$[K] = l^{-1}t^{-2}m \qquad [L] = 1, \tag{AY}$$

$$[k_1] = [k_2] = l^{-1}t^{-2}m \qquad [\varkappa] = 1 \tag{AZ}$$

$$[E] = l^{-1}t^{-2}m \qquad [\mu] = 1, \tag{BA}$$

$$[\varepsilon] = lt^2m^{-1} \qquad [C] = lt^2m^{-1}, \tag{BB}$$

$$[A] = [c] = [B] = [c'] = l^{-1}t^{-2}m. \tag{BC}$$

79. Aggregatzustände. Nach ihrem elastischen Verhalten kann man die Körper in drei Klassen teilen, deren jede einen sog. Aggregatzustand darstellt. In idealer Abstraktion sind diese Zustände folgendermaßen charakterisiert:

a) Stoffe von unendlich großer Volumenelastizität und unendlich großer Gestaltselastizität heißen starre Körper oder **ideale feste Körper.**

b) Stoffe von unendlich großer Volumenelastizität und unendlich kleiner Gestaltselastizität heißen **ideale Flüssigkeiten.**

c) Stoffe von einer Volumenelastizität, die für Kompression endlich, für Dilatation unendlich klein ist, und von unendlich kleiner Gestaltselastizität heißen **ideale Gase.**

In der Wirklichkeit sind die Größen, welche nach dem Gesagten teils unendlich groß, teils unendlich klein sein sollen, endlich, aber jene sehr groß, diese sehr klein, ausgenommen gewisse Fälle, in denen auch dies nicht mehr richtig ist. Von diesen Fällen abgesehen kann man also sagen:

Feste Stoffe haben große Volumen- und große Gestaltselastizität, Flüssigkeiten haben große Volumen- und kleine Gestaltselastizität, Gase haben kleine Gestaltselastizität und setzen Volumenverkleinerungen einen mäßigen, Volumenvergrößerungen keinen Widerstand entgegen.

(1) Man kann dieses Verhalten auch in der abgekürzten Form aussprechen: Feste Körper haben selbständiges Volumen und selbstständige Gestalt, Flüssigkeiten haben selbständiges Volumen, aber keine selbständige Gestalt, Gase haben weder selbständiges Volumen, noch selbständige Gestalt, sie erfüllen vielmehr jeden ihnen dargebotenen Raum.

(2) Eine ideale Flüssigkeit hat außer ihrer Dichte keine charakteristische Konstante, mit anderen Worten: In elastischer Hinsicht verhalten sich alle idealen Flüssigkeiten gleich, es ist für sie $k_1 = \infty$, $k_2 = 0$; für eine wirkliche Flüssigkeit ist k_1 groß, k_2 klein. Die Kontinuitätsgleichung nimmt hier die zweite (einfachere) Form (***17*** (4) Gl. ck) an. Für feste Körper ist sowohl k_1 als k_2 groß. Für Gase ist k_2 klein, k_1 hat hier einen zweifachen Wert, es ist endlich (und für verschiedene Gase verschieden) für Kompression, null für Dilatation.

(3) Flüssigkeiten und Gase haben die gemeinsame Eigenschaft kleiner Gestaltselastizität, also großer Neigung zu Gestaltsänderungen; man bezeichnet sie daher auch zusammengenommen als Flüssigkeiten im weiteren Sinne und unterscheidet alsdann zwischen inkompressibeln Flüssigkeiten (tropfbaren Flüssigkeiten) und kompressibeln Flüssigkeiten (Gasen). Vgl. hierüber w. u.

(4) Als Dämpfe werden Gase bezeichnet, wenn die betreffenden Stoffe unter normalen Verhältnissen flüssig sind und nur unter veränderten Umständen gasförmigen Zustand annehmen (s. u.). Eine scharfe Scheidung zwischen den Begriffen Dampf und Gas besteht hiernach nicht.

(5) Die drei Aggregatzustände unterscheiden sich im großen und ganzen durch ihre Dichte, indem die festen Stoffe am dichtesten, die Flüssigkeiten weniger und die Gase am wenigsten dicht sind. Im einzelnen giebt es jedoch feste Körper (Lithium, einige Hölzer u. s. w.), welche weniger dicht sind als die meisten Flüssigkeiten, und umgekehrt Flüssigkeiten, welche dichter sind als die meisten festen Stoffe (Quecksilber, Brom u. s. w.).

22. **Gemeinsames Grundgesetz der festen und flüssigen Stoffe.** Die elastische Veränderung fester oder flüssiger Körper ist mit dem Drucke proportional. Oder: Die elastischen Konstanten und Moduln der festen und flüssigen Stoffe sind vom Drucke unabhängig.

(1) Das Gesetz gilt nur für mäßige Drucke (s. w. u.) und auch da nicht mit voller Strenge, vielmehr wächst mit wachsendem Drucke die Veränderung unter Umständen ein wenig schneller.

(2) Der Satz ist nichts anderes als eine Wortfassung der in **76** (ef u. eg) und **77** (ei) aufgestellten Proportionalitäten resp. der linearen Gleichungen zwischen Verrückungen und Drucken (**78** (eo, ep, eq)), er drückt also die Annahme aus, daß die im Inneren wachgerufenen elastischen Drucke lineare Funktionen der Verrückungen und in besonderen Fällen diesen proportional sind, mit anderen Worten, daß die Größen $k_1\, k_2\, E\, c_{11}$ u. s. w. vom Drucke unabhängig sind.

(3) Der Satz gilt für alle Arten der elastischen Veränderung; für den Längszug fester Körper wird er gewöhnlich als Hooke'sches Gesetz (1679) bezeichnet.

(4) Auf Grund des obigen Satzes kann man die elastischen Konstanten fester und flüssiger Stoffe zahlenmäßig angeben; allerdings sind sekundäre Einflüsse, z. B. der der Temperatur, vorhanden, die im allgemeinen gering sind, unter Umständen aber beträchtlich werden können.

a) Für feste Stoffe sind als Charakteristika anzugeben E und μ oder k_1 $\left(=\frac{1}{C}\right)$ und k_2 (= dem Torsionsmodul T oder K, vgl. **78**); davon ist μ eine reine Zahl, die anderen Größen sind im absoluten Maaße in Dynen pro qcm auszudrücken, sie werden aber gewöhnlich in kg* (**61a**) pro qmm ausgedrückt; zur Umrechnung auf erstere muß man die letzteren Zahlen mit $0{,}981 \times 10^8$ multiplizieren, so daß man z. B. erhält:

$$E \text{ (Bessemerstahl)} = 207 \times 10^{10} \text{ u. s. w.} \qquad (\mathfrak{aw})$$

Die meisten der folgenden Zahlen sind sehr unsicher und oft Mittel aus mehreren sehr verschiedenen Einzelwerten (bei Metallen ist Herstellung und Härte von großem Einfluß).

E — Metalle (ax)

	E
Aluminium	6570
Blei	1800
Bronze	9400
Cadmium	7070
Eisen,	
gezogen	20700
gegossen	12200
Bessemerstahl	21130
Tiegelgußstahl	23000
Gold	7580
Kupfer	12100
Messing	9750
Neusilber	12100
Nickel	20300
Platin	17050
Silber	7700
Wismut	3190
Zink	10300
Zinn	5400

E — Hölzer (axial, 20% Feuchtigkeit) (ay)

	E		E
Akazie	1260	Birke	1000
Ulme	1170	Buche	980
Esche	1120	Eiche	920
Tanne	1110	Fichte	560
Ahorn	1020	Pappel	520

Verschiedene Stoffe (az)

Stoff	E	Stoff	E
Borsäure	2300	Marmor	2600
Eis	670	Sandstein	630
Gips	360	Schiefer	10000
Kalkstein	1900		

Krystalle (für die leichtkenntlichen Hauptrichtungen) (ba)

Krystall	E	Krystall	E
Flußspat, *O*	9100	Adular 0°	8100
„ „ *W*	14700	Apatit 0°	13800
Steinsalz, *O*	3300	Topas 0°	29000
„ „ *W*	4100	Korund 0°	52000
Beryll, 90°	23100		
Kalkspath ⊥ *Sp*	8400		
Quarz, 0°	10300		

Kautschuk für kleine Dehnungen 0,1 (bb)

Abnahme von E für 1° C. (bc)

Metalle	0,01 %	bis	0,2 %
Gläser	0,001 %	„	0,038 %

(bd)

E bei	0°	20°	40°	60°	80°	100°	150°	200°	300°
Eisen	21483	21441	21391	21336	21277	21212	20895	20458	19175
Stahl	18518	18481	18439	18391	18325	18232	18052	17820	17372

(be)

$k_2 = T = K$	
Eisen	7700
Kupfer	4800
Messing	3650
Silber	2850
Zink	3600

(bf)

	μ
Blei	0,40
Borsäure	0,28
Ebonit	0,39
Eisen	0,28
Kautschuk	0,48
Kupfer	0,30
Leimgallert	0,50
Messing	0,37
Paraffin	0,50
Stahl	0,30

(bg)

	$C = \frac{1}{k_1}(\times 10^8)$ (Druck in Atmosphären)
Blei	276
Kupfer	106
Messing	95
Baryt	193
Beryll	75
Flussspat	120
Kalkspat	157
Quarz	268
Steinsalz	420
Topas	61
Turmalin	117

Jenaer Gläser (bh)

Nr.	Charakter	E	μ	$k_1 = \frac{1}{C}$	$k_2 = T$
665	Zinkborat	8170	0,32	7520	3100
1299	Barytsilikat	7970	0,27	5750	3140
—	Normalglas	7400	0,23	4530	3010
802	Natronborosilikat.	7300	0,19	4030	3050
278III	Borosilikat	6640	0,21	3820	2740
709	Natronzinksilikat.	6630	0,23	3990	2710
290	Kalisilikat	6010	0,25	4060	2400
658	Borobleisilikat . .	5470	0,25	3660	2190
S 208	Schwerst.Bleisilik.	5090	0,26	3550	2020

Die Werte von E schwanken hiernach zwischen 52000 (Korund) und 0,1 (Kautschuk); jener ist am stärksten, dieser am schwächsten elastisch (weshalb er populär als elastisch bezeichnet wird, darüber s. w. u.). — Die Werthe von μ schwanken zwischen 0,19 und 0,50 (größer können sie nicht werden, weil sonst ein Zug eine Volumenverminderung erzeugen würde, s. w. u.), meist aber zwischen 0,20 und

0,40, wenigstens wenn man von Kautschuk, Gallert und Paraffin (vgl. bei Flüssigkeiten) absieht. Nach der Poisson'schen Theorie (s. w. u.) müßte $\mu = 0,25$ sein, und es würden alsdann die weiteren Beziehungen

$$\left.\begin{array}{lll} \mu = 0,25 & K = {}^2/_5\, E & L = {}^1/_2 \\ k_1 = {}^2/_3\, E & k_2 = {}^2/_5\, E & \varkappa = {}^3/_5 \end{array}\right\} \qquad \text{(ew)}$$

sowie für reguläre Krystalle die Beziehung (vgl. **78**, Gl. ep)

$$c_{12} = c_{44} \qquad \text{(ex)}$$

(ähnliche für die anderen Krystalle) gelten; nach umstehenden Zahlen kann man diese Beziehungen höchstens als eine gewisse Annäherung betrachten, von der aber viele Stoffe weit abweichen.

Für kleine Beanspruchungen besagt der Wert $\mu = 0,5$, daß das Volumen ungeändert bleibe (wegen $(1 + \alpha)(1 - 0,5\alpha)(1 - 0,5\alpha) = 1$); für größere muß behufs Wahrung des Volumens (Röntgen)

$$\mu = \frac{1}{\alpha}\left(1 - \sqrt{\frac{1}{1+\alpha}}\right) \qquad \text{(ey)}$$

sein, z. B. für

$$\left.\begin{array}{llllll} \alpha = 0,001 & 0,03 & 0,5 & 1 & 2 & 4 \\ \mu = 0,4995 & 0,489 & 6,367 & 0,293 & 0,211 & 0,138; \end{array}\right\} \qquad \text{(bf)}$$

ferner hängt μ mit $\varkappa$ $(k_2 : k_1)$ folgendermaßen zusammen:

$$\left.\begin{array}{llllll} \varkappa = 0 & {}^3/_8 & {}^1/_2 & {}^3/_5 & 1 & ({}^3/_2) \\ \mu = {}^1/_2 & {}^1/_3 & {}^2/_7 & {}^1/_4 & {}^1/_8 & (0); \end{array}\right\} \qquad \text{(bl)}$$

da es Stoffe mit $\mu < {}^1/_8$ nicht zu geben scheint, ist also die Gestaltselastizität stets kleiner als die Volumenelastizität.

b) Bei Flüssigkeiten, soweit sie frei von Gestaltselastizität sind (s. w. u.), kommt nur k_1 in Betracht, und dieses ist, da μ nahezu ${}^1/_2$ ist (Volumen nahezu unveränderlich), sehr groß, die Compressibilität C also sehr klein; sie wird, statt absolut, oft auf qmm und kg*, meistens aber auf Atmosphären (**62**) bezogen; zur Umrechnung jener Zahlen auf diese muß man mit 97 multiplizieren (k_1) resp. dividieren (C). Auch diese Zahlen sind Mittelwerte und wenig genau.

Flüssigkeit	$k_1\left(\frac{kg^*}{qmm}\right)$	$C\left(\frac{qmm}{kg^*}\right)$	Flüssigkeit	k_1	C
Äther (18°)	73	0,0138	Methylalkohol (15°)	99	0,0101
Alkohol (15°)	108	0,0093	Quecksilber (15°)	3450	0,00029
Amylalkohol (18°)	114	0,0088	Rüböl (20°)	172	0,0058
Benzol (16°)	118	0,0085	Schwefelsäure (2 aq, 14°)	420	0,00238
Chloroform (12°)	149	0,0067	Wasser (0°)	202	0,00495
Glycerin (20°)	415	0,0024	„ (15°)	224	0,00446
Kochsalzlösung, stark (18°)	402	0,0025	„ (25°)	241	0,00415

(bm)

Mit der Temperatur nimmt k_1 meist stark ab, C zu, z. B. bei Alkohol pro 1° C. rund um 1 Proz., bei Äther um 1—2 Proz.; nur bei Wasser nimmt bis zu 60° C. umgekehrt k_1 zu, C ab, anfangs $^1/_2$ Proz. pro 1° C., dann allmählich schwächer, oberhalb 60° C. tritt normales Verhalten ein.

Im Vergleich mit den festen Körpern sind die Flüssigkeiten meist sehr viel kompressibler.

80. Thermische Ausdehnung und thermischer Druck der festen und flüssigen Körper. Mit der Temperatur ändert sich im allgemeinen sowohl das Volumen als auch der Druck der Körper; jene Erscheinung heißt thermische Ausdehnung, diese thermischer Druck oder thermische Spannung. Thermischer Ausdehnungskoeffizient heißt das Verhältnis der Dilatation zur Temperaturerhöhung, durch die sie erzeugt wurde; sie kann Linien-, Flächen- oder räumliche Dilatation (**64**) sein, demgemäß unterscheidet man linearen, quadratischen und kubischen Ausdehnungskoeffizienten; bei festen Körpern pflegt der lineare, bei Flüssigkeiten der kubische Ausdehnungskoeffizient angegeben zu werden. Die Dilatation pflegt nicht auf den Wert der Länge (Fläche, Volumen) bei Beginn der Ausdehnung, sondern auf ihren Wert bei 0° C. bezogen zu werden. Ist die Temperaturänderung groß (endlich), so heißt der durch sie ermittelte Koeffizient der mittlere Ausdehnungskoeffizient zwischen Θ_1 und Θ_2; je kleiner sie wird, desto mehr nähert er sich dem wahren Ausdehnungskoeffizienten bei Θ_1; beide sind im allgemeinen verschieden, weil der Ausdehnungskoeffizient von der Temperatur abhängt. Formeln (vgl. **64**):

$$\alpha_l = \frac{dl}{l_0 \, d\Theta}, \qquad \alpha_f = \frac{df}{f_0 \, d\Theta}, \qquad \alpha_v = \frac{dv}{v_0 \, d\Theta}. \tag{ez}$$

$$\alpha^{12)} = \frac{l_2 - l_1}{l_0(\Theta_2 - \Theta_1)}, \qquad \alpha_f^{(12)} = \frac{f_2 - f_1}{f_0(\Theta_2 - \Theta_1)}, \qquad \alpha_v^{(12)} = \frac{v_2 - v_1}{v_0(\Theta_2 - \Theta_1)}, \tag{fa}$$

$$l_1 = l_0(1 + \alpha_l^{(01)}\Theta_1), \qquad v_1 = v_0(1 + \alpha_v^{(01)}\Theta_1) \tag{fb}$$

oder, wenn man die von Θ abhängigen α auf Konstanten a, b ... reduziert:

$$l_1 = l_0(1 + a_l\Theta_1 + b_l\Theta_1^2 + \ldots), \quad v_1 = v_0(1 + a_v\Theta_1 + b_v\Theta_1^2 + c_v\Theta_1^3 + \ldots). \tag{fg}$$

In analoger Weise ist der thermische Druckkoeffizient

$$\alpha_p = \frac{dp}{p_0 \, d\Theta}; \tag{fh}$$

mit Hilfe des Elastizitätsmoduls (**76** u. **77**) läßt er sich auf α_v zurückführen (s. w. u. **122a**).

(1) Der Ausdehnungskoeffizient gehört, als Temperaturkoeffizient der Länge, der Fläche, des Volumens, zur Klasse der Temperaturkoeffizienten, speziell der linearen (Formel: $1 + \alpha\Theta$) und hat demgemäß die Dimension:

$$[\alpha_l] = [\alpha_f] = [\alpha_v] = \Theta^{-1}, \tag{BD}$$

wo aber Θ, da es selbst kein Grundbegriff ist, noch auf diese reduziert werden muß (s. w. u. **100** (4) und **129**). Ebenso ist

$$[a_l] = [a_v] = \Theta^{-1}, \qquad [b_l] = [b_v] = \Theta^{-2}. \tag{BE) (BF}$$

(2) Der mittlere Koeffizient ergiebt sich aus dem wahren nach der Formel

$$\alpha^{(12)} = \frac{1}{\Theta_2 - \Theta_1}\int_{\Theta_1}^{\Theta_2} \alpha\, d\Theta; \tag{fi}$$

ist umgekehrt $\alpha^{(01)} = \varepsilon_0 + \varepsilon_1 \Theta_1 + \varepsilon_2 \Theta_1^2 + \dots$ ermittelt, so ist

$$\alpha(\text{bei } \Theta_1) = \varepsilon_0 + 2\varepsilon_1 \Theta_1 + 3\varepsilon_2 \Theta_1^2 + \dots, \tag{fk}$$

und es ist dann $2\varepsilon_1$ in erster Annäherung die Änderung von α für 1°.

(3) Sind $\alpha_1\, \alpha_2\, \alpha_3$ die linearen Koeffizienten in drei aufeinander senkrechten Richtungen, so ist

$$\alpha_v = \alpha_1 + \alpha_2 + \alpha_3 + \alpha_2\alpha_3 + \alpha_3\alpha_1 + \alpha_1\alpha_2 + \alpha_1\alpha_2\alpha_3; \tag{fl}$$

speziell für kleine Dilatationen:

$$\alpha_v = \alpha_1 + \alpha_2 + \alpha_3; \tag{fm}$$

für isotrope Körper ist nun $\alpha_1 = \alpha_2 = \alpha_3 = a_l$, und folglich

$$\alpha_v = 3\alpha_l + 3\alpha_l^2 + \alpha_l^3, \tag{fn}$$

speziell für kleine Dilatationen

$$\alpha_v = 3\alpha_l, \tag*{o)}$$

(und entsprechend $\alpha_f = 2\alpha_l$).

(4) Bei Krystallen bringt die Erwärmung außer der Verlängerung auch eine Drehung der Linien hervor; es giebt aber stets drei aufeinander senkrechte Richtungen, welche ungedreht bleiben, man nennt sie die thermischen Hauptausdehnungsaxen und die entsprechenden linearen Koeffizienten die thermischen Hauptausdehnungskoeffizienten $h_1\, h_2\, h_3$; der Ausdehnungskoeffizient in irgend einer Richtung, die mit den Hauptaxen die Winkel $\lambda_1\, \lambda_2\, \lambda_3$ bildet, ist dann:

$$\alpha_l = h_1 \cos^2\lambda_1 + h_2 \cos^2\lambda_2 + h_3 \cos^2\lambda_3. \tag{fp}$$

Für eine Richtung, die mit den drei Axen die gleichen Winkel 54° 44′ bildet, ist

$$\alpha_m = \tfrac{1}{3}(h_1 + h_2 + h_3) = \tfrac{1}{3}\alpha_v, \tag{fq}$$

also der im Vergleiche aller Richtungen mittlere Ausdehnungskoeffizient. Die thermische Ausdehnung ist übrigens eine homogene

Veränderung (66 (5)), das aus einer Kugel entstehende Ellipsoid heißt **thermisches Dilatationsellipsoid** (oder Deformationsellipsoid); bei hexagonalen und tetragonalen Krystallen ist es ein Rotationsellipsoid, bei regulären eine Kugel. Die Winkel $\lambda_1 \lambda_2 \lambda_3$ sind nach der Ausdehnung:

$$\cos \lambda'_1 = \cos \lambda_1 (1 + h_1 - \alpha_l) \text{ u. s. w.} \quad \text{(fr)}$$

und ihre Änderung $\delta_1 \delta_2 \delta_3$, wenn klein:

$$\sin \frac{\delta_1}{2} = \frac{h_1 - \alpha_l}{4 \sin \lambda_1} \text{ u. s. w.} \quad \text{(fs)}$$

(5) Der Ausdehnungskoeffizient der meisten festen und flüssigen Stoffe ist nach allen Richtungen und bei allen Temperaturen positiv und nimmt mit der Temperatur zu; für einige wenige (Kautschuk, Kalkspat, Smaragd, Gips) ist er nach einzelnen Richtungen negativ, so daß nach diesen eine Zusammenziehung stattfindet; der kubische ist nur für Jodsilber negativ, hier verringert sich also das Volumen. Für Wasser, wässerige Lösungen und Mischungen, sowie möglicherweise für einige feste Körper (Kupferoxydul, festes Quecksilber, Diamant) nimmt er mit abnehmender Temperatur so stark ab, daß er für eine bestimmte Temperatur negativ wird; bei ihr hat dann der Stoff ein **Dichtemaximum**. Das Dichtemaximum liegt bei Lösungen und Mischungen tiefer als bei reinem Wasser, und zwar ist die Erniedrigung annähernd proportional der Menge des gelösten oder gemischten Stoffes.

(6) **Ausdehnungskoeffizienten** einiger fester und flüssiger Stoffe.

Metall	$\alpha_l \times 10^7$ ($\Theta = 15°$)	$2 s_1 \times 10^7$	$\alpha_l \times 10^7$ (zw. 0° u. 600—1000°)	Stoff	$\alpha_l \times 10^7$ ($\Theta = 15°$)
Aluminium .	223	0,47	315	Diamant . . .	8
Antimon . .	115	—	—	Gaskohle . . .	51
Blei	285	0,24	—	Glas, gewöhnl.	85
Bronze . . .	173	0,35	250	„ Borat- . .	40—70
Eisen	110	0,33	145	„ Phosphat-	90
Gold	140	0,17	—	„ Silikat- . .	80—100
Iridium . . .	68	0,08	—	„ Alkali- . .	90—110
Kupfer . . .	163	0,29	200	Graphit	76
Messing . . .	181	0,20	225	Hartgummi . .	800
Neusilber . .	180	—	—	Hölzer (‖) . . .	30—100
Platin	88	0,08	113	Paraffin	2500
Silber	188	0,29	205	Schwefel . . .	510
Wismut . . .	129	0,5	—	Steinkohle . .	270
Zink	273	—	—		
Zinn	218	0,35	—		

(bn)

Reguläre Krystalle. $\alpha_l \times 10^7$

Diamant . .	8
Flußspat . .	191
Kupferoxydul . .	3
Steinsalz . .	404

Hexagonale Krystalle.

	$h_1 \times 10^7$ (Axe)	$h_2 \times 10^7 (\perp)$	$\alpha_v \times 10^7$
Beryll	−11	14	17
Jodsilber . .	−40	6	−27
Kalkspat . .	262	−54	154
Korund . . .	62	53	170
Quarz	73	135	343
	$(2 s_1 = 0{,}17)$		

Zweiaxige Krystalle.

	$h_1 \times 10^7$	$h_2 \times 10^7$	$h_3 \times 10^7$	$\alpha_v \times 10^7$
Adular	20	191	15	—
Aragonit	346	172	102	620
Gips	126	208	−10	—
Schwefel	214	860	714	—
Topas	59	48	41	149

(bo)

Wasser.

Mittlerer kubischer Ausdehnungskoeffizient				Wahrer kub. A.	
−10 bis 0°	−0,000 173	100 bis 120°	0,00084	−10°	−0,00027
0 „ 4	−0,000 031	120 „ 140	0,00098	0	−0,00005
4 „ 10	+0,000 044	140 „ 160	0,00110	+ 4	+0,00001
10 „ 20	0,000 148	160 „ 180	0,00126	10	0,00009
20 „ 30	0,000 254	180 „ 200	0,00155	20	0,00020
30 „ 40	0,000 343	200 „ 220	0,00187	30	0,00030
40 „ 50	0,000 428	220 „ 240	0,00205	40	0,00038
50 „ 60	0,000 496	240 „ 260	0,00250	50	0,00046
60 „ 70	0,000 566	260 „ 280	0,00291	60	0,00053
70 „ 80	0,000 630	280 „ 300	0,00351	70	0,00060
80 „ 90	0,000 683	300 „ 320	0,00458	80	0,00066
90 „ 100	0,000 745			90	0,00071
0° bis 100°	0,000 432			100	0,00077
				120	0,0009
				150	0,0011
				200	0,0017
				300	0,0040

(bp)

Dichtemaximum bei 4,04° C.
(unter 0 4 10 Atm. Druck
bei 4,2° 3,8° 3,4°) (bq)

Quecksilber: $\alpha_v \times 10^7$ zw. 0° und Θ°.

10°	1815	80°	1821
20	1816	100	1823
40	1817	200	1837
60	1819	300	1858

α_v bei 15° 0,000 181 6

(br)

Wässerige Lösungen.

Stoff	Proz.	a_v (18°)
KOH	5,36	0,00020
NaOH	3,84	0,00022
KCl	7,14	0,00028
NaCl.	5,63	0,00028
Na_2SO_4	6,70	0,00031
H_2SO_4	4,76	0,00024

(bs)

Andere Flüssigkeiten.

	a_v	b_v	c_v
Alkohol	0,00104	0,000 002 36	0,000 000 017 6
Äther	0,00149	0,000 002 93	0,000 000 033 5
Benzol	0,00118	0,000 001 28	0,000 000 008 1
Terpentinöl . . .	0,00090	0,000 001 96	0,000 000 004 5

(bt)

Dichtemaximum von NaCl-Lösungen.

Proz. =	0	1	2	4	6	8
	4,0	1,8	−0,6	−5,6	−11,1	−16,6°

(Meerwasser: −3,5°)

(bu)

Verflüssigte Gase.

	Mittl. Ausd.-Koeff.	
	−5 bis 0°	15 bis 20°
Schweflige Säure . . .	0,00194	0,00210
Ammoniak .	0,00200	0,00240
Kohlensäure	0,00492	0,00975
Stickoxydul	0,00428	0,00872

(bv)

23. **Gemeinsames Grundgesetz der Flüssigkeiten und Gase:** In idealen Flüssigkeiten und Gasen ist der Druck nach allen Richtungen gleich und auf den Flächen, auf die er wirkt, senkrecht.

(1) Es folgt dies unmittelbar aus **79** (2) u. (3). Die drei tangentialen Druckkomponenten Y_z, Z_x, X_y (***15***) sind hier null, die drei normalen gleich groß, also gleich dem Druck schlechthin:

$$Y_z = Z_x = X_y = 0\,, \qquad X_x = Y_y = Z_z = p\,; \tag{ft}$$

das Druckellipsoid (***15***) ist hier eine Kugel, ganz unabhängig von der Gestalt der Masse und der Natur des Vorganges.

24a. **Grundgesetz der idealen Gase: Boyle'sches oder Mariotte'sches Gesetz.** (Boyle 1662, Mariotte 1676.) Erste Ausspruchsweise: Das Volumen eines idealen Gases ist mit dem Drucke, unter dem es steht, umgekehrt proportional. Oder: Die Spannung einer gegebenen Gasmasse ist mit dem Volumen, das sie einnimmt, umgekehrt proportional. Oder: Bei einem idealen Gase ist das Produkt aus Volumen und Druck (Spannung) konstant. Oder: Bei einem idealen Gase ist das spezifische Volumen (v_1, vgl. **63** (8)) umgekehrt, die Dichte direkt proportional mit dem Drucke. Formeln:

$$v = \frac{\text{const}}{p} \qquad vp = \text{const} = v_0 p_0 \tag{fu}$$

$$v_1 = \frac{c}{p} \qquad \varrho = \frac{1}{c} p \tag{fv}$$

Zweite Ausspruchsweise: Bei einem idealen Gase ist der Volumenmodul stets gleich dem Drucke. Formel:

$$k_1 = p. \tag{fw}$$

(1) Um das Grundgesetz der Gase mit dem der festen und flüssigen Stoffe (**22**) vergleichen zu können, muß man beachten, daß ein Gas stets unter einem gewissen Drucke steht, daß man also die Volumenänderung hier nicht mit dem Druck (vgl. **76** u. **22**), sondern mit der Druckänderung in Beziehung setzen muß:

$$p - p_0 = k_1 \,.\, \delta = k_1 \frac{v_0 - v}{v_0}; \tag{fx}$$

dies mit $vp = v_0 p_0$ kombiniert liefert $k_1 = p$. Ein Gas hat also nicht wie ein fester oder flüssiger Stoff eine durch eine Zahl ausdrückbare Volumenelastizität resp. Kompressibilität, sondern es ist jene stets gleich dem Drucke, diese stets gleich dem reziproken Werte des Druckes.

(2) Drückt man alles in absolutem Maaße aus, und ist ϱ die Dichte (bei 0°) des Gases im Vergleich mit Luft, so erhält man für die Masseneinheit Gas, für die v_1 und v identisch sind:

$$vp = v_0 p_0 = \frac{1013670}{0{,}001293} \cdot \frac{1}{\varrho_0} = \frac{783 \times 10^6}{\varrho_0} = \frac{R_0'}{\varrho} = R'; \tag{fy}$$

gewöhnlich wählt man Gewichtsmaaß, kg* und m als Einheiten, führt das spezifische Gewicht des Gases s_0 in Bezug auf Luft ein und hat dann:

$$vp = \frac{7987}{s_0} = \frac{r_0'}{s_0} = r'. \tag{fz}$$

(3) Bei wirklichen Gasen nimmt vp mit wachsendem Drucke etwas zu oder ab; man kann in diesen Fällen die Boyle'sche Formel durch die van der Waals'sche Formel (1873) ersetzen:

$$\left(v - b\right) \left(p + \frac{a}{v^2}\right) = r', \tag{ga}$$

wo a und b zwei für die verschiedenen Gase charakteristische, im allgemeinen kleine Konstanten sind. Dimensionen:

$$[a] = l t^{-2} m \qquad [b] = l^3. \tag{BG}$$

Einige Werte von a und b (für 1 kg* und 1 m Quecksilber als Druckeinheit):

G a s	a	b
Luft	0,0037	0,0026
Wasserstoff	0,0000	0,0007
Kohlensäure	0,0115	0,0030
Äthylen	0,0142	0,0069

(bw)

Je nachdem a oder b den größeren Einfluß hat, findet die Abweichung in dem einen oder anderen Sinne statt. Bei wirklichen Gasen ist demgemäß nicht $k_1 = p$, sondern es kann die Volumenelastizität etwas kleiner oder größer sein als der Druck. (Eine ähnliche Formel ist von CLAUSIUS angegeben.)

***24b.* Temperaturgesetz der idealen Gase; Gay-Lussac'sches Gesetz (1802).** Kombiniertes Grundgesetz der idealen Gase. Das Volumen eines idealen Gases bei konstantem Druck, ebenso die Spannung eines idealen Gases bei konstantem Volumen, allgemein das Produkt aus Volumen und Druck, wächst proportional der Temperatur, und der Temperaturkoeffizient ist für alle Gase derselbe, nämlich

$$\alpha = 0{,}003665 = 1/273 \qquad [\alpha] = \Theta^{-1}; \qquad \text{(bx) (BH)}$$

in Formel für die Masseneinheit Gas in absoluten oder in praktischen Einheiten (vgl. ***24a*** (2))

$$v_{p\,=\,\mathrm{const}} = v_0 (1 + \alpha\Theta) \qquad p_{v\,=\,\mathrm{const}} = p_0 (1 + \alpha\Theta) \qquad \text{(gb)}$$

$$vp = R' (1 + \alpha\Theta) \text{ (absolut)} \qquad vp = r' (1 + \alpha\Theta) \text{ (praktisch).} \qquad \text{(gc)}$$

Nennt man die Größe

$$273 + \Theta = T \qquad \text{(gd)}$$

die absolute Temperatur, und setzt man

$$\frac{R'}{273} = \frac{2871000}{\varrho_0} = \frac{R_0}{\varrho_0} = R, \qquad \frac{r'}{273} = \frac{29{,}27}{s_0} = r, \qquad \text{(ge) (gf)}$$

so erhält man:

$$vp = RT \text{ (absolut)} \qquad vp = rT \text{ (praktisch),} \qquad \text{(gg)}$$

die hierin auftretende Größe R resp. r heißt die Konstante des Gasgesetzes.

Man kann also das kombinierte Grundgesetz der idealen Gase auch so aussprechen: Das Produkt aus Volumen und Druck ist für ein und dasselbe Gas mit der absoluten Temperatur proportional, für verschiedene Gase außerdem umgekehrt proportional ihrer Dichte bei

0° C. Die obige Gleichung heißt die **Zustandsgleichung der idealen Gase.**

(1) Für wirkliche Gase erhält man gemäß **24a** (3) die Zustandsgleichung

$$(v-b)\left(p+\frac{a}{v^2}\right)=RT \qquad p=\frac{RT}{v-b}-\frac{a}{v^2} \qquad \text{(gh)}$$

Infolgedessen wird hier 1) für ein und dasselbe Gas der thermische Koeffizient von v etwas verschieden von dem von p, 2) werden beide von Druck und Temperatur abhängig, und 3) werden beide für verschiedene Gase verschieden; zwischen ihnen besteht für ein und dasselbe Gas die Beziehung (k_1 der Volumenmodul)

$$\alpha_v=\frac{p}{k_1}\alpha_p, \qquad \text{(gi)}$$

die für ideale Gase ($k_1=p$, vgl. **24a**) $\alpha_v=\alpha_p$ ergiebt.

(2) Einige Werte von α_v und α_p:

Gas	α_v	α_p
Luft	0,003671	0,003668
Sauerstoff	—	0,003674
Stickstoff	—	0,003662
Wasserstoff	0,003660	0,003663
Kohlensäure	0,003708	0,003695
Schweflige Säure	0,003902	0,003845

(hy)

α_v bei verschiedenen Drucken:

Luft				Kohlensäure	
p (m Hg)	α_v	p	α_v	p	
0,006	0,00376	2	0,00369	0,02	0,00368
0,013	0,00371	4	0,00373	0,07	0,00366
0,05	0,00367	6	0,00377	0,76	0,00373
0,2	0,00366	8	0,00378	2	0,00377
0,76	0,00367	10	0,00379	4	0,00388
1	0,00367	15	0,00384	10	0,00458

(hz)

α_v bei verschiedenen Temperaturen: Kohlensäure.

0° bis 50°	0° bis 100°	0° bis 150°	0° bis 200°
0,003714	0,003711	0,003706	0,003704

(ca)

(3) Über die Dimension von R u.s.w. vgl. **129**; über die obigen Zahlen zu Grunde gelegte Temperaturmessung vgl. **130**.

81. Praktische Temperatur. Die Volumen- oder Druckzunahme der Körper mit zunehmender Temperatur wird ganz allgemein zur Messung der Temperatur, also zunächst und im wesentlichen zur Aufstellung einer **Temperaturskala** benutzt. Bei festen und flüssigen

Körpern dient gewöhnlich die Volumenzunahme bei konstantem Druck, bei Gasen verdient die Druckzunahme bei konstantem Volumen den Vorzug. Dabei kann man zwei verschiedene Festsetzungen treffen, durch die man zu zwei verschiedenen Skalen, der arithmetischen oder Galileischen und der geometrischen oder Dalton'schen kommt.

a) Arithmetische oder Galilei'sche Skala (1613; jetzt allgemein im Gebrauch): Ein Temperaturgrad soll in allen Teilen der Skala immer dieselbe absolute Volumen- oder Druckänderung in ccm resp. g/qcm ergeben; es sollen also die den einzelnen Temperaturgraden entsprechenden Volumina oder Drucke eine arithmetische Reihe bilden (daher der Name arithmetische Skala). Ist v_0 das Volumen resp. p_0 der Druck, dessen zugehörige Temperatur man, um einen Ausgangspunkt zu haben, null setzen will, so ist irgend eine andere Temperatur

$$\Theta = \frac{v - v_0}{c_1 v_0} \quad \text{resp.} \quad \Theta = \frac{p - p_0}{c_2 p_0}, \tag{gk}$$

wo c_1 und c_2 Konstanten sind; wählt man als Nullpunkt den Schmelzpunkt des Eises und setzt man außerdem fest, daß der Siedepunkt des Wassers unter normalem Druck die Temperatur 100 haben soll, so erhält man für c_1 und c_2 gerade den thermischen Ausdehnungs- resp. Spannungskoeffizienten der betreffenden Substanz, also für Gase gerade die Größe α_v und α_p, also rund 0,00367; diese Skala heißt Celsius-Skala und ist gegenwärtig in der Praxis fast allgemein üblich. Aus ihr erhält man andere ähnliche Skalen, indem man die Gradgröße ändert oder den Nullpunkt verschiebt oder beides thut; es ist z. B. ein Réaumurgrad $^5/_4$ so groß wie ein Celsiusgrad, der Nullpunkt ist derselbe, also der Siedepunkt = 80°; ferner ist ein Fahrenheitgrad $^5/_9$ so groß wie ein Celsiusgrad, der Nullpunkt liegt außerdem 32° F. tiefer, der Eispunkt also bei 32°, der Siedepunkt bei 212°. Formeln:

$$\left.\begin{aligned} \Theta(\text{R.}) &= \tfrac{4}{5}\,\Theta(\text{C.}) = \tfrac{4}{9}\,[\Theta(\text{F.}) - 32] \\ \Theta(\text{F.}) &= \tfrac{9}{5}\,\Theta(\text{C.}) + 32 = \tfrac{9}{4}\,\Theta(\text{R.}) + 32 \\ \Theta(\text{C.}) &= \tfrac{5}{4}\,\Theta(\text{R.}) = \tfrac{5}{9}\,[\Theta(\text{F.}) - 32] \end{aligned}\right\} \tag{gl}$$

Für Rechnungen, die sich auf Gase beziehen, kann man sich die Formeln vereinfachen, wenn man den Eispunkt nicht gleich null, sondern gleich $1/\alpha = 273^0$ C. setzt, man hat alsdann einfach

$$T = \alpha_v \frac{v}{v_0} \quad \text{resp.} \quad T = \alpha_p \frac{p}{p_0}; \tag{gm}$$

hier wird $T = 0$ für $v = 0$ resp. $p = 0$, negativ kann es nicht werden; man kann also jenen Punkt den absoluten Nullpunkt der Temperatur nennen, muß aber beachten, daß der Punkt eine reine Fiktion ist, da er in der Wirklichkeit sich weder erreichen läßt, noch die Gasformeln, die ihm zu Grunde liegen, bis zu ihm gültig bleiben.

Man kann die so erhaltene Skala **Gasskala** oder **Gay-Lussac'sche** oder, bis auf weiteres, auch **absolute arithmetische Temperaturskala** nennen (vgl. w. u.).

Einige zusammengehörige Zahlen:

C.	R.	F.	C. (abs.)	C.	R.	F.	C.(abs.)
−273	−218,4	−459,4	0	+20	+16	+68	293
−200	−160	−328	73	30	24	86	303
−100	− 80	−148	173	40	32	104	313
− 50	− 40	− 80	223	60	48	140	333
− 40	− 32	− 40	233	80	64	176	353
− 30	− 24	− 22	243	100	80	212	373
− 20	− 16	− 4	253	150	120	302	423
− 17,8	− 14,2	0	255,2	200	160	392	473
− 10	− 8	+ 14	263	300	240	572	573
0	0	32	273	400	320	752	673
+ 10	+ 8	50	283	600	480	1112	873
				1000	800	1832	1273
				1500	1200	2732	1773

(cb)

b) **Geometrische oder Daltonsche Skala** (1802; bisher nicht dauernd in Gebrauch gekommen): Man setzt fest, daß sich bei einem Grad Temperaturerhöhung das Volumen oder der Druck in allen Teilen der Skala um den gleichen Bruchteil seines Wertes vor der Temperaturerhöhung ändern soll, d. h. die den fortlaufenden Temperaturgraden entsprechenden Volumina resp. Drucke sollen eine geometrische Reihe bilden (daher „geometrische Skala"). Ist wieder v_0 das Volumen, p_0 der Druck, für welchen man $\Theta = 0$ setzen will, so hat man

$$\Theta' = \frac{1}{c_3}\log\frac{v}{v_0} \quad \text{resp.} \quad \Theta' = \frac{1}{c_4}\log\frac{p}{p_0}; \tag{gn}$$

setzt man wieder fest, daß für den Eispunkt $\Theta = 0$, für den Siedepuukt $\Theta = 100$ sein soll (man könnte auch andere Punkte wählen), so erhält man

$$c_3 = \frac{1}{100}\log(1 + 100\,\alpha_v), \qquad c_4 = \frac{1}{100}\log(1 + 100\,\alpha_p), \tag{go}$$

also für ideale Gase $c_3 = c_4 = 0{,}003\,124\,6$. Die geometrischen Grade werden, im Vergleich mit den arithmetischen, mit zunehmendem v resp. p, also nach oben hin (zunehmendes Θ) immer größer, die Temperaturangaben lauten daher unter 0 kleiner, zwischen 0 und 100 größer und über 100 wieder kleiner, als Angaben nach der arithmetischen Skala; zur Vergleichung beider diene folgende Tabelle (Schreber):

Θ	Θ'	Θ	Θ'	Θ	Θ'
−273	− ∞	0	0	+115	+113
−214	−492	+ 8	+ 9	151	141
−167	−303	+ 17	+ 19	228	194
−106	−158	+ 26	+ 29	288	231
− 39	− 49	+ 50	+ 54	357	262
− 10	− 12	+ 75	+ 77	448	311
− 5	− 6	+ 90	+ 91	606	375
		+100	+100	1040	503

(cc)

Einen absoluten Nullpunkt hat diese Skala nicht, die Temperaturen gehen beliebig weit in die Tiefe.

(1) Die Dimension der Temperatur bleibt vorläufig unbestimmt; setzt man die Konstanten c gleich reinen Zahlen, so wird auch Θ (und Θ') eine reine Zahl u. s. w. Vgl. die Festsetzung der Dimension w. u.

(2) Am zuverlässigsten als thermometrische Substanz verhalten sich die Gase; Gasthermometer geben in erster Annäherung dieselben Temperaturwerte, in zweiter wegen des verschiedenen Ganges von α_p (resp. α_v) kleine Abweichungen (vgl. **24 b** (2)):

Wasserstoff	Stickstoff	Kohlensäure
0°	0,000°	0,000°
20	20,009	20,043
40	40,011	40,059
100	100,000	100,000

(cb)

Etwas größer sind die Differenzen oberhalb 100°; die Werte sind aber noch nicht sicher festgestellt.

(3) Bei den Flüssigkeitsthermometern hat die Ausdehnung des Glases einen merklichen und für jede Glassorte anderen Einfluß, so daß die Angaben nicht vergleichbar sind; man muß sie deshalb für genauere Zwecke auf das Gasthermometer reduzieren, wozu folgende Formel dient (Q_0 Ausdehnungskoeffizient der Flüssigkeit bei 0°, $Q_0 + q\Theta$ derselbe im Mittel zwischen 0° und Θ°, G_0 und $G_0 + g\Theta$ dasselbe für das Glas, (Θ) abgelesen, Θ korrigierte Temperatur):

$$\Theta = (\Theta) + \Theta\left[1 - \frac{[(Q_0 - G_0) + (q - g)\,\Theta]\,.\,[1 + 100\,G_0 + 100^2 g]}{[(Q_0 - G_0) + (q - g)\,100]\,.\,[1 + \Theta\,G_0 + \Theta^2 g]}\right], \quad \text{(gp)}$$

was nach Θ aufzulösen ist. Einige für Quecksilberthermometer aus verschiedenen Glassorten experimentell ermittelte Korrektionen sind folgende:

	100°	150°	200°	250°	300°
Bleisilikat mit Kali.	0	−0,40	−1,25	−3,00	−5,72
Natronsilikat mit Kalk. . .	0	+0,20	−0,30	−0,05	−1,08
Kalksilikat mit Natron. . .	0	−0,30	−0,80	−1,85	—
Kalisilikat mit Kalk	0	−0,15	−0,50	−1,44	—

(ce)

Viel kleiner sind die Korrektionen bei dem eigens für Thermometer fabrizierten Jenaer Normalglas:

−20°	+0,153	60°	−0,096	180°	+0,06
−10	+0,067	70	−0,078	200	−0,04
0	0	80	−0,054	220	−0,21
+10	−0,049	90	−0,028	240	−0,46
20	−0,083	100	0	260	−0,82
30	−0,103	120	+0,05	280	−1,30
40	−0,110	140	+0,09	300	−1,91
50	−0,107	160	+0,10		

(cf)

Zur Messung tiefer Temperaturen muß man statt des Quecksilbers eine andere Flüssigkeit nehmen; unter ihnen ist Alkohol am verbreitetsten, Toluol aber weit vorzuziehen; die den Gasthermometergraden entsprechenden Zahlen sind freilich von diesen sehr verschieden, sind aber für verschiedene Toluolthermometer gut übereinstimmend:

Thermometer mit Wasserstoff	−10°	−20°	−30°	−40°	−50°	−60°	−70°
Toluol	−8,54	−16,9	−25,1	−33,2	−41,1	−48,9	−56,6
Alkohol	−9,31	−18,5	−27,4	−36,3	−45,1	−53,7	−62,3

(cg)

(3) Der geometrische Temperaturbegriff hat den Nachteil, daß in ihm die meisten Formeln komplizierter werden, als bei dem arithmetischen; z. B. wird das Boyle-Gay-Lussac'sche Gesetz

$$pv = c \,.\, e^{\beta \Theta'}. \qquad \text{(gq)}$$

82. Weitere Aggregatzustände. Hypothetische Stoffe. Die im Laufe der Zeiten beobachteten Erscheinungen haben mehrfach Veranlassung zu der Hypothese gegeben, daß es außer den drei gewöhnlichen noch andere Aggregatzustände gebe. In den meisten Fällen hat sich jedoch später gezeigt, daß eine solche Hypothese entbehrlich ist. Fälle dieser Art sind der sog. sphäroidale Zustand der Materie (beim Leidenfrostschen Phänomen) und der sog. vierte Aggregatzustand, auch als strahlende Materie bezeichnet (Radiometer von Crookes). Auch bei den Kathodenstrahlen und ihren weiteren Umwandlungsprodukten scheint es sich nicht, wie man einige Zeit angenommen hat, um das Auftreten eines sich besonders verhaltenden materiellen Substrates zu handeln.

Eine besondere Klasse von Stoffen, die in der Geschichte der Naturerkenntnis eine wichtige Rolle spielen, sind die sog. Imponderabilien; in diese Klasse wurden nach und nach aufgenommen der Wärmestoff, der Lichtäther, das elektrische und das magnetische Fluidum. Es sind das Stoffe, deren Existenz aus den Erscheinungen erschlossen wurde, ohne daß es gelungen wäre, diejenige Eigenschaft festzustellen, durch welche die gewöhnliche Materie ihre Existenz in erster Reihe kundgiebt: die Masse resp. die durch sie gemessene Trägheit oder Kraftkapazität (***14***(1), **51** u. ***10***). Damit ist die durch den Namen ausgedrückte weitere Eigenschaft verknüpft, daß sich diese Stoffe nicht wägen lassen. Im übrigen ist die Hypothese der Existenz eines Wärmestoffes aufgegeben, und die drei übrigen Imponderabilien haben sich auf einen einzigen, den elektrischen, magnetischen und optischen Erscheinungen gemeinschaftlich zu Grunde liegenden Stoff, den **Äther**, reduziert. Nach seinem allgemeinen Verhalten müßte der Äther dem gasförmigen, nach seinem elastischen Verhalten dem festen Aggregatzustande angehören; trotzdem ist anzunehmen, daß er sich in Zukunft unter die Arten gewöhnlicher Materie wird einordnen lassen, womit dann die Imponderabilien aus dem Kreise der unentbehrlichen Erkenntnismittel überhaupt ausscheiden würden.

83. Änderung des Aggregatzustandes. a) Schmelzung und Erstarrung. Schmelzung heißt der Übergang aus dem festen in den flüssigen Zustand ohne Beteiligung fremder Körper, Erstarrung heißt der entsprechende Übergang aus dem flüssigen in den festen Zustand. Durch welche Einflüsse die Zustandsänderung erfolgt, ist im Prinzip gleichgültig, thatsächlich kommen nur zwei Einflüsse in Betracht: Temperaturänderung und Druckänderung. Steigerung der Temperatur bringt stets Schmelzung, Erniedrigung stets Erstarrung zu Wege; Drucksteigerung hingegen bringt Erstarrung oder Schmelzung hervor, je nachdem der betreffende Stoff im festen oder im flüssigen Zustande dichter ist, und umgekehrt bei der Druckverringerung. Die Temperatur, bei welcher Schmelzung eintritt, heißt Schmelztemperatur oder Schmelzpunkt, die Temperatur, bei welcher Erstarrung eintritt, heißt Erstarrungstemperatur oder Erstarrungspunkt; entsprechende Bedeutung haben die Ausdrücke Schmelzdruck und Erstarrungsdruck.

(1) Der Zusatz „ohne Beteiligung fremder Körper“ ist notwendig zur Unterscheidung von einem anderen Prozeß (s. w. u. **83b**).

(2) Nur für einheitliche Körper ist der Schmelzvorgang selbst einheitlich; es giebt dann für jeden Druck eine bestimmte Schmelz-

temperatur (und für jede Temperatur einen bestimmten Schmelzdruck), und man kann alsdann als Schmelzpunkt diejenige Temperatur bezeichnen, bei welcher der Stoff im festen und flüssigen Zustande, beide nebeneinander, bestehen kann.

(3) Unter gewöhnlichen Umständen fallen Schmelzpunkt und Erstarrungspunkt eines Stoffes zusammen; während aber der Schmelzpunkt (bei bestimmtem Drucke) durchaus bestimmt ist, kann bei absteigender Temperaturänderung die Erstarrung hintan gehalten werden (durch Ruhe, im Vakuum u. s. w.), so daß der Erstarrungspunkt tiefer zu liegen kommt. Diese Erscheinung heißt Unterkühlung oder Überschmelzung.

(4) Bei den meisten Stoffen verringert sich die Dichte beim Schmelzen, nur beim Eis und Wismut nimmt sie sicher zu, wahrscheinlich auch beim Gußeisen, bei einigen anderen Stoffen ist es zweifelhaft.

(5) Der Schmelzpunkt der verschiedenen Stoffe liegt sehr verschieden hoch; bei vielen Stoffen, von Elementen bei Kohle und Molybdän, ist er noch nicht erreicht worden. Bei Gemischen, z. B. Legierungen, liegt er häufig tief unter denen der Bestandteile. Nach unten ist der Erstarrungspunkt seit kurzem für alle Stoffe erreichbar, wenn auch für einige noch nicht exakt bestimmt.

(6) Da ein fester Stoff durch große, eine Flüssigkeit durch kleine Gestaltselastizität charakterisiert ist, wird es einen Zwischenzustand mit mittlerer Gestaltselastizität geben. Solche Stoffe nennt man halbflüssig oder weich (Pech, Butter, Amalgam u. s. w.). Auch für andere feste Stoffe giebt es eine Temperatur, bei der sie weich werden, die Erweichungstemperatur; sie geht der Schmelztemperatur mehr oder weniger voran, zuweilen nur um Bruchteile von Graden, zuweilen um 50—100° (Gläser).

(7) Schmelzpunkte wichtiger Stoffe (Celsiusgrade bei gewöhnlichem Druck):

Aluminium	645	Fluor	— 185	(c𝔥)
Antimon	440	Gold	1070	
Argon	— 190	Jod	114	
Blei	327	Iridium	2200	
Brom	— 7,3	Kalium	62	
Chlor	— 102	Kupfer	1090	
Eisen, rein	1500	Magnesium	775	
„ , Gußeisen	1200	Natrium	98	
„ , Gußstahl	1375	Phosphor	44,3	

Platin	1765	Eis	0
Quecksilber	− 38,9	Essigsäure	16,5
Schwefel	115	Glycerin	20
Sauerstoff	− 220	Glas	500 bis 1000
Silber	970	Kohlenoxyd	−207
Stickstoff	− 214	Kohlensäure	− 57
Wismut	264	Öl (Baumöl)	+ 2
Zink	412	Paraffin	46
Zinn	230	Phenol	18
		Rose's Metall	95
Äther	− 32	Salpetersäure	− 47
Alkohol	− 90	Schwefelsäure	10,5
Benzol	5,4	Schweflige Säure	− 79
Borsäure	186	Stickoxyd	−167
Bronze	900	Terpentinöl	− 10
Butter	32	Wachs	63
Chlornatrium	780	Walrat	46
Chloroform	− 70	Woods Metall	66
Chlorwasserstoff	−116	Xylol (Para-)	15

(ch)

Bei vielen Stoffen, insbesondere bei den meisten Mineralien, liegt der Schmelzpunkt sehr hoch, und man kann meist nur eine Stufenleiter bilden, je nachdem der Stoff vor dem Lötrohr leicht, schwer oder nicht schmelzbar und im letzteren Falle nur im Knallgasgebläse oder im elektrischen Flammenbogen schmelzbar ist.

(8) Schmelzpunkte einiger Stoffe bei verschiedenen Drucken:

Wasser		Walrat		Schwefel	
1 Atm.	0 °	1 Atm.	51 °	1 Atm.	107 °
8,1 „	0,059	519 „	60	519 „	135,2
16,8 „	0,129	792 „	80,2	792 „	140,5

Wachs		Benzol	
1 Atm.	64,5 °	1 Atm.	5,4 °
792 „	80,2	700 „	22

(ci)

83b. Auflösung ist der Übergang eines Körpers aus dem festen in den flüssigen Zustand, der erfolgt, wenn man ihn mit einer geeigneten Flüssigkeit in Verbindung bringt. Letztere heißt L ö s u n g s m i t t e l, der ursprünglich feste Stoff heißt nunmehr gelöst, das Ganze heißt Lösung (s. u. **86** u. **87**). Die in der Masseneinheit des Lösungsmittels auflösbare Masse Stoffes heißt die **Löslichkeit** desselben. Der der Auflösung gerade entgegengesetzte Prozeß, also die Rückkehr eines gelösten Stoffes in den festen Zustand, heißt **Ausscheidung** oder Niederschlagung, der ausgeschiedene Stoff selbst **Niederschlag**.

(1) Zuweilen wird auch von der Auflösung von Flüssigkeiten in anderen Flüssigkeiten gesprochen; ein Bedürfnis zu einer derartigen Ausdehnung des Begriffes Auflösung liegt aber nicht vor (s. w. u.). Ebenso sind für die entsprechende Erscheinung bei Gasen andere Ausdrücke üblich.

(2) Die Löslichkeit ist nach obigem eine reine Zahl:

$$[\lambda] = 1, \qquad \text{(BJ)}$$

sie wird gewöhnlich in Prozenten angegeben, d. h. λ besagt, wieviel Gewichtsteile des Stoffes von 100 Gewichtsteilen des Lösungsmittels gelöst werden. Zu betonen ist noch, daß λ nicht die Konstante eines Stoffes schlechthin, sondern die Konstante eines Stoffes in Bezug auf einen anderen ist.

(3) Die Löslichkeit hängt in hohem Grade von der Temperatur ab, und zwar nimmt sie mit der Temperatur meist stark zu, nur bei wenigen Stoffen ab, und auch da fast stets erst in höheren Temperaturen; sie hängt ferner in geringem Grade auch vom Drucke ab, und zwar nimmt sie mit steigendem Drucke zu oder ab, je nachdem das Volumen der Lösung kleiner oder größer ist als die Summe der Volumina der Bestandteile (s. u.). Temperatursteigerung bringt also stets Auflösung (falls diese noch möglich ist), Temperaturerniedrigung stets Ausscheidung zuwege, dagegen kann Druckänderung je nach den Umständen das eine oder das andere hervorrufen.

(4) Löslichkeit einiger Stoffe in Wasser:

Stoff	0° C.	20° C.	100° C.	Stoff	0° C.	20° C.	100° C.
KCl	28	35	57	$BaCl_2$	31	36	59
KJ.	128	144	209	$CaCl_2$	49	74	155
$KClO_3$. . . .	3	7	56	$CaSO_4$. . . .	0,19	0,21	0,17
KNO_3	13	31	250	$MgSO_4$ . . .	27	36	74
K_2SO_4. . . .	8	11	26	$ZnSO_4$. . . .	43	53	9,5
$K_2Cr_2O_7$. . .	5	12	94	$CuSO_4$. . . .	18	24	75
K_2CO_3. . . .	83	94	154	$NiSO_4$. . . .	29	40	
NH_4Cl . . .	28	37	73	$AgNO_3$ . . .	120	240	900
NaCl	35,5	36,0	39,6	$HgCl_2$	6	7	54
Na_2CO_3 . . .	7	26	47	Rohrzucker .	186	203	
LiCl	64	80	130				

(cf)

(5) Mit der Auflösung ist eine Volumenänderung und zwar meist eine Kontraktion verknüpft.

(6) Bei den Krystallen ist die Löslichkeit in verschiedenen Richtungen verschieden, durch Beobachtung der Auflösung verschieden orientierter Platten erhält man die sog. Lösungsoberfläche. Eine Folge dieser Verschiedenheiten sind die Ätzfiguren.

83c. Verdampfung oder Verflüchtigung heißt der Übergang eines Stoffes aus dem flüssigen in den gasförmigen Zustand, und zwar Verdampfung im engeren Sinne, wenn die Umwandlung durch die ganze Masse des Körpers hindurch erfolgt, Verdunstung, wenn sie nur langsam an seiner Oberfläche erfolgt. Die Verdampfung fester Körper wird speziell Sublimation genannt, in den meisten Fällen erfolgt sie langsam, ist also eine Art von Verdunstung. Der der Verdampfung entgegengesetzte Vorgang heißt Kondensation oder Verflüssigung. Das Produkt der Verdampfung heißt Dampf (**79c** (4)). Verdampfung kann im wesentlichen auf zwei Arten hervorgerufen werden: durch Temperatursteigerung und durch Druckverminderung, ebenso Verflüssigung auf zwei Arten: durch Temperaturerniedrigung und durch Drucksteigerung; jedoch ist hierzu erforderlich, daß der Druck, bei dem die Abkühlung resp. die Temperatur, bei der die Drucksteigerung erfolgt, eine gewisse Bedingung erfüllen (s. u. **85**). Verdunstung erfolgt bei jeder Temperatur. Die Temperatur, bei der volle Verdampfung eintritt, heißt die dem betreffenden Drucke entsprechende Siedetemperatur oder Siedepunkt, insbesondere beim Verdampfen in freier Luft, also Atmosphärendruck (**62**), normaler Siedepunkt oder Siedepunkt schlechthin. Entsprechend heißt der Druck, bei dem für gegebene Temperatur Verdampfung erfolgt, Siededruck. Umgekehrte Bedeutung haben die Begriffe Kondensationstemperatur und Kondensationsdruck.

(1) Unter gewöhnlichen Umständen fallen Siedepunkt und Verflüssigungspunkt zusammen. Man kann aber eine Flüssigkeit (durch Ruhe, Freihaltung von Luftbläschen) künstlich „überhitzen" („Siedeverzug") und einen Dampf künstlich „unterkühlen".

(2) Die Abhängigkeit des Siedepunktes vom Drucke oder umgekehrt des Siededruckes von der Temperatur läßt sich durch zahlreiche Formeln darstellen, die aber meist nur für bestimmte Stoffe, und auch für sie nur annähernd gelten.

(3) Siedepunkte einiger wichtiger Stoffe (bei gewöhnlichem Drucke von 76 cm Hg).

Äther	34,9	Methylalkohol	65
Alkohol	78,3	Natrium	ca. 800
Äthylen	−103	Ozon	−106
Ammoniak	− 38,5	Paraffin	370
Amylacetat	139,8	Paraldehyd	124,6
Amylalkohol	137	Phenol	185
Argon	−187	Phosphor	288
Benzol	80,2	Quecksilber	357,3
Blei	1500	Salpetersäure	86
Brom	61	Sauerstoff	−181,4
Chlor	− 33,6	Schwefel	448
Chloroform	62	Schwefelkohlenstoff	47
Chlorwasserstoff	− 83,7	Schweflige Säure	− 10
Essigsäure	118	Selen	675
Glycerin	290	Stickoxyd	−153,6
Jod	210	Stickoxydul	− 88,8
Kalium	710	Stickstoff	−193
Kohlenoxyd	−193	Terpentinöl	160
Kohlensäure	− 79,5	Toluol	109
Luft	−191,4	Wasser	100
Magnesium	1100	Xylol	138
Methan	−164	Zink	ca. 1000
Methyäther	− 23,7		

(C)

(4) Siedepunkte Θ des Wassers bei verschiedenen Barometerständen p:

p	Θ	q	Θ	p	Θ	p	Θ
50	88,72	66	96,11	74	99,26	78	100,73
52	89,73	68	96,93	74,5	99,44	78,5	100,91
54	90,72	70	97,72	75	99,63	79	101,08
56	91,68	71	98,11	75,5	99,82	80	101,44
58	92,62	72	98,50	76	100,00	82	102,13
60	93,53	72,5	98,69	76,5	100,18	85	103,1
62	94,41	73	98,88	77	100,36	90	104,7
64	95,27	73,5	99,07	77,5	100,55	100	107,8

(cm)

Weitere Angaben s. w. u.

(5) Die Verdampfung ist stets mit einer Dilatation, also Verringerung der Dichte, die Verflüssigung stets mit einer Kontraktion, also mit einer Erhöhung der Dichte, verknüpft. Die Größe der Verdünnung resp. Verdichtung hängt von der Temperatur und dem zugehörigen

Drucke ab, bei welcher die Umwandlung erfolgt: je höher letztere sind, desto geringer ist jene. Die Zahlenwerte ergeben sich durch Division der flüssigen und der gasförmigen Dichte, beide genommen für Siededruck und Siedetemperatur. Einige Zahlen (für normalen Siedepunkt) sind folgende:

Wasser	1581	Äther	298
Alkohol	528	Terpentinöl	193

(cn)

(6) Leidenfrost'sches Phänomen (1756) ist die Erscheinung, daß ein auf eine sehr heiße Unterlage gebrachter Tropfen nicht verdampft, dies aber bei Abkühlung der Unterlage um so heftiger nachholt; die Ursache ist eine dünne, den Tropfen von der Unterlage trennende Dampfschicht.

(7) Die Verdampfungsgeschwindigkeit hängt von zahlreichen Umständen ab, insbesondere, außer von der Temperatur, auch von der Oberfläche der Flüssigkeit nach Größe und Gestalt; und zwar ist nicht die Fläche selbst, sondern weit mehr ihre Randlänge maaßgebend (Stefan), und zwar deshalb, weil an den peripherischen Teilen die Verdampfung weit stärker ist als in der Mitte (Winkelmann).

84. Gesättigte Dämpfe; Dampfspannung. Ein Dampf, der mit seiner eigenen Flüssigkeit in Berührung ist, heißt gesättigter Dampf, im Gegensatze zum ungesättigten oder überhitzten Dampf, der nur ohne Berührung mit seiner Flüssigkeit existieren kann. Während ein ungesättigter Dampf ein Gas ist und sich mehr oder weniger angenähert wie ein solches verhält, ist der gesättigte Dampf ein wesentlich anderer Zustand. Sein Druck ist nämlich im Gegensatze zum Grundgesetze der Gase (*24a*) vom Volumen unabhängig, indem sich bei Darbietung eines größeren Raumes seine Menge durch Verdampfung von Flüssigkeit vergrößert, bei Einschränkung des Raumes durch Verflüssigung eines Teils seiner eigenen Menge verringert, und zwar in dem Maaße, daß hierdurch die Druckänderung, die nach dem Gasgesetze eintreten müßte, gerade ausgeglichen wird. Dagegen hängt der Druck eines gesättigten Dampfes von der Temperatur ab, und zwar ist er gerade gleich dem dieser Temperatur entsprechenden Siededrucke der Flüssigkeit, und zugleich der größte Druck, der in dem Dampfe bei dieser Temperatur überhaupt möglich ist. Dieser Druck heißt der der betreffenden Temperatur entsprechende Maximaldruck oder Maximalspannung oder Spannung des gesättigten Dampfes oder kurz Dampfspannung, Spannkraft oder Tension.

(1) Die Dampfspannung nimmt nach dem Früheren mit der Temperatur zu, vgl. hierüber **83 c** (2).

Dampfspannung wichtiger Flüssigkeiten:

a) Wasser (in cm Hg, dann in Atmosphären) (co)

−30°	0,04 cm	20°	1,73 cm	100°	76 cm
−20	0,09	22	1,95	110	108
−10	0,21	24	2,21	100	1 Atm.
0	0,46	26	2,48	125	2,3
5	0,65	28	2,79	150	4,7
10	0,90	30	3,13	175	8,6
12	1,04	35	4.16	200	15,2
14	1,18	40	5,46	225	25,2
15	1,26	50	9,15	250	39,4
16	1,34	60	14,7	275	59,3
17	1,43	70	23,2	300	87,5
18	1,52	80	35,3	350	167,2
19	1,62	90	52,4	364	194,5

c) Alkoholdampf (cq)

−20°	0,33 cm
0	1,25
10	2,42
20	4,5
50	22,1
78,3	76
100	170
200	31 Atm.

b) Quecksilberdampf (in cm Hg) (cp)

	cm		cm		cm
0°	0,00002	80°	0,0093	220°	3,35
10	0,00005	90	0,017	250	7,5
20	0,00013	100	0,028	300	24,5
30	0,0003	120	0,075	350	66,8
40	0,0007	140	0,184	357,3	76
50	0,0014	160	0,42	400	156,5
60	0,0028	180	0,89	450	325
70	0,0051	200	1,76	500	652

d) Ätherdampf (cr)

−20°	6,2 cm
0	18,6
10	28,9
20	44,0
34,9	76
50	127,5
100	6,4 Atm.
195	35,5

e) Kohlensäure (Atm.) (cs)

−79,5°	1 Atm.
−70	2,1
−50	6,8
−25	17,1
0	34,5
10	44,2
20	56,3
31,3	72,9

f) Sauerstoff (ct)

−211°	0,7 cm	−150	11,3 Atm.
−205	3,1	−130	33,1
−196	14	−120	48,8
−190,5	28	−119	50,5
−181,4	76		
−181,4	1 Atm.		
−175	2,2		
−160	6,2		

(2) Im Zusammenhange hiermit steht es, daß das spezifische Volumen v_1 gesättigter Dämpfe komplizierteres Verhalten aufweist, mit anderen Worten, daß die Dampfdichte δ für verschiedene Θ und die ihnen nach obigen Tabellen entsprechenden p, bezogen auf Luft von gleichem Θ und p, nicht konstant ist (vgl. **63** (4)), sondern sich etwas ändert. Einige Zahlen für Wasserdampf:

Θ	v_1	δ	Θ	v_1	δ
0°	204 680	0,625	99,6°	1690	0,634
15	80 311	0,627	130,3	662	0,638
27,2	39 534	0,629	182,9	188	0,657
57	8 739	0,630	202,2	125,4	0,671
78,5	3 632	0,631	231,4	72,4	0,706

(cu)

(3) Unterhalb des Schmelzpunktes einer Substanz ist zwischen ihrem über der flüssigen und ihrem über der festen Substanz gesättigten Dampfe zu unterscheiden; beide haben bei gleicher Temperatur etwas verschiedene Spannung; die Differenz ist beim Schmelzpunkt null und erreicht nach unten ein Maximum. Beispielsweise ist die Spannung des Wasserdampfes bei $-11,7^0$ über Wasser 0,187, über Eis 0,167 cm.

85. Kritischer Zustand heißt der durch ein bestimmtes zusammengehöriges Wertepaar von Druck und Temperatur charakterisierte Zustand eines Stoffes, in welchem sein Übergang aus dem dampfförmigen in den flüssigen Zustand ohne Verdichtung, der umgekehrte Vorgang ohne Verdünnung erfolgt, während bei den nächstkleineren Werten von Druck und Temperatur noch eine Verdichtung resp. Verdünnung stattfindet. Von einer eigentlichen, sog. fortschreitenden Kondensation kann man in diesem Falle überhaupt nicht mehr sprechen, und streng genommen gar nicht von einer Änderung des Aggregatzustandes; man kann deshalb auch sagen, daß der Stoff unterhalb des kritischen Zustandes je nach den Umständen (Volumen der Masseneinheit) entweder Dampf oder Flüssigkeit, daß er dagegen oberhalb des kritischen Zustandes unter allen Umständen „Gas" ist. Die Temperatur, bei der die Verdichtung eben verschwindet, heißt kritische Temperatur, der dieser Temperatur entsprechende Druck des gesättigten Dampfes heißt kritischer Druck, die entsprechende Dichte kritische Dichte und ihr reziproker Wert kritisches spezifisches Volumen oder kurz kritisches Volumen; endlich heißt das Verhältnis der kritischen Temperatur zum kritischen Drucke der kritische Koeffizient. Alle diese Größen zusammengenommen heißen die kritischen Konstanten.

(1) Die kritische Temperatur ist der höchste mögliche Siedepunkt der Flüssigkeit, sie heißt deshalb auch absoluter Siedepunkt; ebenso ist der kritische Druck der höchste Druck, die kritische Dichte die größte Dichte und das kritische Volumen das kleinste Volumen, das der gesättigte Dampf haben kann.

(2) Kritische Konstanten wichtiger Stoffe: $\mathfrak{T}$ Temperatur, $\mathfrak{P}$ Druck in Atmosphären, $\mathfrak{D}$ Dichte.

Stoff	$\mathfrak{T}$	$\mathfrak{P}$	$\mathfrak{D}$	Stoff	$\mathfrak{T}$	$\mathfrak{P}$	$\mathfrak{D}$
Acetylen . . .	37	68		Methan	− 86	53	
Äther	195	35,7	0,23	Methylalkohol	238	77	0,27
Äthylen	11	54	0,21	Propylalkohol	260	51	0,28
Alkohol	242	63	0,25	Sauerstoff. . .	−118,4	50,4	0,65
Ammoniak . .	130,5	114		Schwefel-			
Argon	−121	50,6		kohlenstoff.	273	73	0,38
Benzol	292	48	0,30	Schwefel-			
Brom	302	—	1,18	wasserstoff.	100	90	
Chlor	145	90		Schwefl. Säure	156	79	0,51
Chlorkohlenst.	284	56	0.56	Stickoxyd . . .	− 93,5	71	
Chlorwasserst.	51,8	89	0,61	Stickoxydul .	36	74	0,41
Essigsäure . .	322	57	0,35	Stickstoff . . .	−146	34	0,40
Kohlenoxyd .	−140	35,7		Wasser	364	195	0,21
Kohlensäure .	31,35	72,9	0,46	Wasserstoff. .	−234	20	
Luft	−140,5	39,1					

(c$\mathfrak{v}$)

(3) Die Zustandsgleichung der wirklichen Gase (***24b*** (1)) ist für v kubisch, hat also entweder eine oder drei reelle Wurzeln v; jenes findet oberhalb, dieses unterhalb des kritischen Zustandes statt, der kleinste Wert v_1 bezieht sich dann auf die Flüssigkeit, der größte v_3 auf den Dampf (der mittelste auf die Sondererscheinung der „Überhitzung", s. **83 c** (1)). Für den kritischen Zustand selbst werden die drei Wurzeln einander gleich, und es ergeben sich die Beziehungen ($\mathfrak{V}$ kritisches Volumen):

$$\mathfrak{T} = \frac{8}{27}\frac{a}{b r_0}, \qquad \mathfrak{P} = \frac{1}{27}\frac{a}{b}, \qquad \mathfrak{V} = 3\mathfrak{b}. \tag{gr}$$

(4) Drückt man die in irgend einem Augenblicke in einem Stoffe herrschende Temperatur als Bruchteil der kritischen aus, ebenso den Druck als Bruchteil des kritischen Druckes und das spezifische Volumen als Bruchteil des kritischen Volumens:

$$\Theta = \mathfrak{t}\mathfrak{T}, \qquad p = \mathfrak{p}\mathfrak{P}, \qquad v = \mathfrak{v}\mathfrak{V}, \tag{gs}$$

$$\mathfrak{t} = \frac{\Theta}{\mathfrak{T}}, \qquad \mathfrak{p} = \frac{p}{\mathfrak{P}}, \qquad \mathfrak{v} = \frac{v}{\mathfrak{V}}, \tag{gt}$$

$$[\mathfrak{t}] = 1, \qquad [\mathfrak{p}] = 1, \qquad [\mathfrak{v}] = 1, \tag{BK}$$

so nennt man $\mathfrak{t}$ die reduzierte Temperatur, $\mathfrak{p}$ den reduzierten Druck, $\mathfrak{v}$ das reduzierte Volumen, diejenigen Temperaturen, Drucke, Volumina zweier Stoffe, deren reduzierte Werte gleich sind, korrespondierende Temperaturen, Drucke, Volumina, und solche Zustände zweier Substanzen, bei denen $\mathfrak{t}\,\mathfrak{p}\,\mathfrak{v}$ gleich sind, übereinstimmende Zustände. Drückt man die Zustandsgleichung in den reduzierten Größen aus, so erhält man:

$$\left(\mathfrak{p} + \frac{3}{\mathfrak{v}^2}\right)(\mathfrak{v} - 1) = 8\mathfrak{t}, \tag{gu}$$

die Zustandsgleichung wird also für alle Gase und Dämpfe identisch, oder wie man auch sagen kann: Die reduzierte Dampfspannung ist für alle Stoffe dieselbe Funktion der reduzierten Temperatur. Diese Sätze sind jedoch in vielen Fällen nur angenähert gültig.

86. Gemische, Legierungen, Lösungen. Gemische sind Körper, welche aus zwei oder mehr Stoffen bestehen, die mehr oder weniger innig miteinander gemischt sind. Man unterscheidet Gemenge und Gemische, ferner mechanische und physikalische Gemische, ohne daß jedoch diese Unterscheidungen in allen Fällen streng durchzuführen wären. Das bekannteste Beispiel eines Gemenges ist die atmosphärische Luft. Gemische, welche aus verschiedenen Metallen bestehen, heißen Legierungen (s. u.) oder, wenn das eine Metall Quecksilber ist, Amalgame; Gemische aus verschiedenen Flüssigkeiten heißen Flüssigkeitsgemische; Gemische endlich aus einer Flüssigkeit und einem ursprünglich festen, durch Auflösung (**83 b**) in ihnen aber ebenfalls flüssig gewordenen Stoffe (oder mehreren solchen) heißen Lösungen, und zwar verdünnte Lösungen, konzentrierte Lösungen oder gesättigte Lösungen, je nachdem der gelöste Stoff in kleiner, großer oder der größtmöglichen Menge, die das Lösungsmittel aufnehmen kann (Löslichkeit, vgl. **83 b**), vorhanden ist. Die auf die Masseneinheit des Lösungsmittels entfallende gelöste Masse heißt Konzentration oder auch Gewichtskonzentration, im Gegensatze zu der Volumenkonzentration, die zuweilen auch von Interesse ist.

(1) Mechanische Gemische werden zuweilen als solche definiert, die ohne Arbeitsaufwand (s. w. u.), physikalische als solche, die nur mit Arbeitsaufwand zerlegt werden können; oder, was damit im Zusammenhange steht, die mechanischen Gemische als solche, bei denen jeder Bestandteil sich so verhält, als ob die anderen nicht da wären, physikalische als solche, deren Bestandteile sich gegenseitig beeinflussen. Beiden gegenüber stehen die chemischen Verbindungen (s. w. u.), die physikalisch als völlig einheitliche Körper zu betrachten sind und nur auf chemischem Wege zerlegt werden können.

(2) Die nähere Untersuchung der Legierungen zeigt, daß diese, je nach Natur und Menge der Bestandteile, Gemische, feste Lösungen, Gemische von Lösungen (*a* in *b* und *b* in *a*) oder chemische Verbindungen sein können.

(3) Normale Zusammensetzung der Atmosphäre (Volumina):

$$\left.\begin{array}{c}78{,}35\,\%\ \text{Stickstoff},\ 20{,}77\,\%\ \text{Sauerstoff},\ 0{,}84\,\%\ \text{Wasserdampf},\\ 0{,}04\,\%\ \text{Kohlensäure},\end{array}\right\}\ (\text{ctw})$$

wozu noch Spuren von Ammoniak, Wasserstoff u. s. w., sowie suspendierte feste Teilchen kommen. Das Verhältnis von Stickstoff und Sauerstoff schwankt sehr wenig (rund 79 : 21 nach Volumen oder

77 : 23 nach Gewichten); stärker der Gehalt an Kohlensäure, am stärksten der an Wasserdampf. Die Zahlen gelten übrigens nur für die Schicht über der Erdoberfläche, nach oben hin nimmt wahrscheinlich der Anteil des Stickstoffes und schließlich der des Wasserstoffes mehr und mehr zu.

(4) Von anderen Arten von Gemischen seien genannt: die Pulver oder pulverförmigen Körper, bestehend aus festen, durch Luft oder andere Stoffe getrennten Teilen (sie haben unter Umständen eine sehr kleine Gestaltselastizität und verhalten sich daher unter Umständen wie Flüssigkeiten); die Emulsionen, bestehend aus mehr oder weniger feinen Flüssigkeitsteilchen, die in einer anderen Flüssigkeit verteilt sind; entweder „freiwillig“ (Gad 1878) oder durch Schütteln u. s. w. entstehend, wegen ihrer optischen Eigenschaften auch trübe Medien genannt; Schaum, bestehend aus Flüssigkeit und gasförmigen Zwischenräumen.

***25.* Grundgesetz der Gasgemenge oder Dalton'sches Gesetz** (1808). Der Druck eines Gasgemenges ist gleich der Summe der Drucke, die jeder Bestandteil ausüben würde, wenn er für sich den Raum erfüllte (Partialdrucke).

87. Lösungen. Osmose, osmotischer Druck. Zwei Lösungen oder auch eine Lösung und ein Lösungsmittel (einfache Flüssigkeit) können entweder durch eine undurchlässige oder durch eine ganz durchlässige (für beide Stoffe durchlässige) oder endlich durch eine halbdurchlässige (nur für den einen Stoff, z. B. nur für das Lösungsmittel durchlässige) Membran getrennt sein; zu letzteren gehören insbesondere die chemisch gebildeten „Niederschlagsmembranen“, z. B. von Ferrocyankupfer (M. Traube 1867). Der Stoffaustausch durch die Scheidewand hindurch heißt Osmose (Pfeffer 1877), und zwar im ersten Falle doppelseitige Osmose oder Diosmose, im zweiten Falle einseitige Osmose, speziell wenn sie sich auf Wasser bezieht, Wassereinstrom. Die Diosmose ist im allgemeinen unsymmetrisch, und man unterscheidet zwischen positiver und negativer Osmose, je nachdem mehr oder weniger Lösungsmittel, speziell Wasser, als Lösung übertritt; der äußerste Grenzfall ist alsdann die einseitige Osmose. Die anziehende Kraft der Stoffe aufeinander, durch die man die Osmose darstellen kann, heißt osmotische Kraft. Osmotischer Druck endlich ist derjenige Überdruck in einer vom Lösungsmittel, speziell Wasser, durch eine nur für dieses durchlässigen Scheidewand getrennten Lösung, welcher ihrer osmotischen Kraft auf das Lösungsmittel gerade das Gleichgewicht hält; er wird als unabhängig von der Natur des Lösungsmittels und der Scheidewand angenommen.

(1) Die Osmose gehört als Erscheinung zur Klasse der Diffusions-

erscheinungen (s. w. u.), führt aber für die Lösungen zur typischen Charakterisierung und muß deshalb hier herausgehoben werden.

(2) Isotonische Konzentrationen heißen verdünnte Lösungen in demselben Mittel, die gleiche osmotische Kraft auf das Lösungsmittel, speziell Wasser, ausüben; umgekehrt heißen die relativen Anziehungen gleich stark konzentrierter Lösungen ihre isotonischen Koeffizienten; sie gehen, bezogen auf Salpeterlösung und Wasser als Einheit, von 1 bis auf 5 hinauf.

***26.* Grundgesetz der verdünnten Lösungen** (VAN'T HOFF 1885). In verdünnten Lösungen ist der osmotische Druck mit dem Volumen, auf welches die Einheit gelösten Stoffes entfällt, umgekehrt proportional, oder mit der Konzentration direkt proportional; umgekehrt ist bei willkürlichen Änderungen des osmotischon Druckes die Konzentration mit diesem proportional. Ferner ist der osmotische Druck der absoluten Temperatur proportional.

(1) Das Gesetz ist durchaus analog dem Boyle-Gay-Lussac'schen Gesetz für ideale Gase (***24** a* u. ***b***) und läßt sich in dieselben Formeln bringen; außerdem kann man seinen ersten Teil, wenn k die in der Zeit 1 beim Konzentrationsgefälle 1 übertretende Menge ist, p den osmotischen Druck und K den sog. osmotischen Widerstand bezeichnet, in der Differentialform

$$k = -\frac{1}{K}\frac{\partial p}{\partial x}, \quad \text{also} \quad p = \frac{p_1}{K}, \qquad K = \frac{p_1}{k} \qquad \text{(gv)}$$

aussprechen, wo p_1 der osmotische Druck in einer Lösung von der Konzentration 1 ist. Für Lösungen in Wasser ist z. B. K für

Harnstoff $2{,}5 \times 10^9$ kg*, Rohrzucker $6{,}7 \times 10^9$ kg*,
Karamel 44×10^9 kg*. (cx)

(2) Osmotischer Druck in cm Quecksilber für Zuckerlösungen:

1%	2%	4%	6%
55	102	208	308

(cy)

(3) Für elektrolytische Flüssigkeiten sind wegen der in ihnen auftretenden chemischen Vorgänge besondere Betrachtungen anzustellen (s. w. u.).

(4) Gefrierpunktserniedrigung. Die Gefriertemperatur einer Lösung liegt stets tiefer als die des reinen Lösungsmittels, und zwar ist die Gefrierpunktserniedrigung mit der Konzentration proportional. Diese Thatsache läßt sich auch auf die Flüssigkeitsgemische (bis zu einem gewissen Grade), die Metalllegierungen und die Amalgame ausdehnen. Diejenige Lösung oder Mischung mit Wasser, welche den niedrigsten Schmelzpunkt besitzt, heißt Kryohydrat oder, in ihrer praktischen Anwendung, Kälte-

mischung. Das Kryohydrat ist die einzige Lösung oder Mischung, welche sich beim Erstarren wie eine einfache Flüssigkeit verhält, d. h. als Ganzes und bei konstanter Temperatur gefriert.

(5) Siedepunktserhöhung resp. Dampfdruckerniedrigung. Eine Lösung hat stets einen höheren Siedepunkt, als das reine Lösungsmittel; oder mit Rücksicht darauf, daß bei fast allen Lösungen der Siedepunkt des gelösten Stoffes sehr viel höher liegt als der des Lösungsmittels und daß folglich letzteres allein verdampft: Der Siedepunkt einer Flüssigkeit wird durch Auflösung eines Stoffes von höherem Siedepunkt in ihr erhöht, und diese Siedepunktserhöhung ist mit der Konzentration proportional, vom Drucke aber unabhängig, d. h. für alle Siedepunkte die gleiche; oder endlich (vgl. **84**): Die Dampfspannung einer Substanz ist über einer Lösung kleiner als über einer reinen Flüssigkeit, und die relative Dampfspannungsverminderung ist mit der Konzentration proportional, aber unabhängig von der Temperatur (Babo'sches Gesetz 1848, aus dem rückwärts der zweite Teil des Grundgesetzes folgt).

(7) Die sämtlichen angeführten Sätze gelten vielfach nur annähernd (desto besser, je verdünnter die Lösung), und insbesondere sind es chemische Vorgänge (s. w. u.), welche oft ganz wesentliche Abweichungen hervorrufen.

(8) Weiteres hierüber folgt bei der Molekulartheorie.

88. Absorption ist das scheinbare Verschwinden eines Gases oder Dampfes in einem festen oder flüssigen Körper; man kann es auch in Analogie mit dem scheinbaren Verschwinden fester Körper in Flüssigkeiten als Auflösung von Körpern in festen oder flüssigen Stoffen bezeichnen. Die Absorption in festen Körpern nennt man auch Occlusion, wenn das Gas in das Innere des Körpers eindringt, dagegen Adsorption, wenn es in dessen oberflächlichen Schichten verbleibt. Das Resultat der Absorption ist eine Lösung (Gaslösung), jedoch fehlt ein besonderer Name für diese Art von Gemischen. Der Absorptionskoeffizient giebt an, das Wievielfache seines eigenen Volumens ein Körper absorbieren kann. Dimensionsformel:

$$[a] = 1. \qquad \text{(BL)}$$

(1) Henry'sches Gesetz (1803). Das absorbierte Gasvolumen ist vom Drucke unabhängig, die absorbierte Masse also mit dem Drucke proportional. Jedoch finden bei höheren Drucken Abweichungen statt, z. B. nimmt die Absorption von Ammoniak in Wasser zwischen 6 und 2000 cm Druck auf den vierten Teil ab, andererseits bei festen Körpern meist etwas zu. Bei Gasgemischen ist die aufgenommene Masse jedes Bestandteiles mit dem Partialdrucke desselben proportional.

(2) Die eigentliche Absorption ist mit dem Volumen, die Adsorption mit der Oberfläche des absorbierenden Körpers proportinal.

(3) Die Absorptionskoeffizienten sind für verschiedene Stoffpaare außerordentlich verschieden. Einige Zahlen für gewöhnlichen Druck und Temperatur:

	Ammoniak	Schweflige Säure	Schwefelwasserstoff	Kohlensäure	Kohlenoxyd
in Wasser	727	43,6	3,2	1,0	0,024
„ Alkohol	—	144,6	9,5	3,2	0,204
„ Buchsbaumkohle	90	65	55	35	9,4

	Sauerstoff	Stickstoff	Luft	Wasserstoff
in Wasser	0,030	0,015	0,018	0,019
„ Alkohol	0,284	0,121	—	0,067
„ Buchsbaumkohle	9,2	7,5	—	1,75

(cz)

(4) Mit der Temperatur nimmt der Absorptionskoeffizient ab, aber meist in abnehmendem Maaße, also:

$$a = a_0(1 - \beta\vartheta + \gamma\vartheta^2), \qquad \text{(gw)}$$

z. B. Stickstoff oder Sauerstoff in Wasser:	$\beta = 0{,}026$,	$\gamma = 0{,}00055$
Kohlensäure „ „	43	91
Stickstoff in Alkohol	03	05
Kohlensäure in Alkohol	22	29

(da)

(5) Salzlösungen absorbieren schwächer als Wasser und desto schwächer, je konzentrierter sie sind.

(6) Die Occlusion von Gasen ist besonders stark in einigen Metallen, wie Palladium, Silber, Meteoreisen; z. B. occludiert Palladium je nach Umständen das 500- bis 1000fache Volumen Wasserstoff.

(7) Mit der Absorption hängen verschiedene Erscheinungen zusammen, so das Spratzen der Metalle (herausschleudern von Metalltröpfchen gleichzeitig mit der Wiederabgabe des absorbierten Gases) und die Moser'schen Hauchbilder.

89. Elastische Vollkommenheit ist die Größe der Beanspruchung (Druck auf die Flächeneinheit), die ein fester Körper ertragen kann, ohne eine dauernde Veränderung zu erfahren. Man nennt sie auch Grenzbeanspruchung, Grenzzwang, Grenze der elastischen Vollkommenheit oder kurz Elastizitätsgrenze. Die der Grenzbeanspruchung entsprechende temporäre Veränderung, also diejenige unter der Wirkung der Kraft stattfindende Veränderung, welche nach deren Aufhören noch gänzlich verschwindet (während von einer etwas größeren schon ein Teil dauernd zurückblickt), heißt Grenzveränderung. Die

Veränderung während der Kraftwirkung heißt **temporäre**, die nachher noch bleibende **permanente**, die Differenz beider **verschwindende Deformation**.

(1) So viele Arten von Elastizität es giebt (vgl. **75** u. f.), ebenso viele Arten elastischer Vollkommenheit giebt es: Volumen-, Gestalts-, Druck-, Zugvollkommenheit u. s. w., die bei einem und demselben Stoffe im allgemeinen verschieden sind.

(2) Stoffe mit unbegrenzter elastischer Vollkommenheit heißen **vollkommen elastisch**, der entgegengesetzte Ausdruck „vollkommen unelastisch" wird ebenfalls gebraucht, ist aber seiner Zweideutigkeit wegen nicht zu empfehlen.

(3) Die Elastizitätsgrenze ist keine eigentliche mathematische Größe, weil ihr Wert von der Genauigkeit der Messung in erster Linie abhängt und mit der Verfeinerung der Feststellung bleibender Veränderungen immer kleiner und kleiner wird. Einer vielfach bestehenden Übereinkunft zufolge wird eine Längenänderung von 0,05 cm auf 100 cm als eben merkliche dauernde Veränderung gerechnet. Es ist nicht unwahrscheinlich, daß, wenn man die allerkleinsten Veränderungen feststellen könnte, solche schon bei der kleinsten Beanspruchung zurückbleiben würden, daß also die elastische Vollkommenheit aller Stoffe null ist.

(4) Jenseits der Elastizitätsgrenze gilt das Grundgesetz (**22**), z. B. das Hooke'sche Gesetz (**22** (3)) nicht mehr, wenigstens nicht als Proportionalität zwischen der Kraft und der während ihrer Wirkung herrschenden elastischen Veränderung; es gilt aber vielfach noch als Proportionalität der Kraft mit der unter ihr stattfindenden, nachher wieder verschwindenden Veränderung, d. h. mit der Differenz der temporären und der permanenten Deformation. Die Gesamtdeformation wächst also schneller als die deformierende Kraft, und zwar mit Rücksicht auf das Obige schon von kleinen Kräften ab.

(5) Definiert man den Elastizitätsmodul nach wie vor als Verhältnis der Kraft zur ganzen unter ihr stattfindenden Deformation, so kann man auch sagen: Der Elastizitätsmodul nimmt mit wachsender Beanspruchung ein wenig und nach merklicher Überschreitung der Elastizitätsgrenze stärker ab.

(6) Ist E der Zugmodul bei der Elastizitätsgrenze, so besteht zwischen der Dehnungsgrenze $\mathfrak{E}$ und der Grenzdehnung Δ die Beziehung (entsprechend bei anderen Arten der Beanspruchung):

$$\mathfrak{E} = E\Delta, \qquad \Delta = \frac{\mathfrak{E}}{E}, \qquad E = \frac{\mathfrak{E}}{\Delta}; \qquad \text{(gx)}$$

Dimensionsformeln

$$[\mathfrak{E}] = l^{-1}t^{-2}m, \qquad [\Delta] = 1. \qquad \text{(BM) (BN)}$$

(7) Einige usuelle Dehnungsgrenzen (kg* pro qmm) und Grenzdehnungen von Metallen:

	𝔈	Δ		𝔈	Δ
Blei, gezogen . . .	0,3	0,00013	Platin, gezogen . .	26	0,0015
Bronze	25	0,0028	Silber, „ . .	11	0,0015
Eichenholz(‖Faser)	2	—	Stahl, „ . .	43	0,0025
Eisen, gezogen. . .	32	0.0015	„ , gehärtet . .	60	0,0030
„ , Guß-	12	0,0012	„ , Bessemer . .	33	0,0017
Gold, gezogen . . .	14	0,0018	Zink, gezogen . . .	10	0,0011
Kupfer, „ . . .	12	0,0009	Zinn	4	0,0010
Messing, „ . . .	24	0,0029			

(𝔡𝔟)

(8) Die populäre Bezeichnung eines Stoffes als elastisch bedeutet, soweit ihr überhaupt eine bestimmte Vorstellung zu Grunde liegt, weder die Elastizität, noch die Elastizitätsgrenze, sondern die Grenzdehnung, d. h. ein Stoff wird als desto elastischer bezeichnet, nach einer je größeren Dehnung er noch in den ursprünglichen Zustand zurückkehrt (z. B. ist Kautschuk im wissenschaftlichen Sinne sehr schwach, im populären sehr stark elastisch).

(9) Elastische Nachwirkung (vgl. ***10*** (3)) ist die zeitliche Verzögerung der Annahme des deformierten Zustandes nach Eintreten der Kraftwirkung, sowie der Rückkehr in den ursprünglichen (oder wenn die Elastizitätsgrenze überschritten war, in den neuen) Zustand nach Aufhören der Kraftwirkung. Quantitativ heißt elastische Nachwirkung derjenige Teil der Deformation, welcher nach Eintritt oder Aufhören der Kraftwirkung nicht sofort, sondern erst mit der Zeit sich einstellt; eine exakte Abtrennung dieses Teiles ist natürlich nicht möglich. Man hat versucht, die Stoffe durch elastische Nachwirkungskoeffizienten zu charakterisieren; dieselben haben aber keine allgemeinere Bedeutung, da die Nachwirkung nicht nur von der Größe, sondern auch von der Art und Zeitdauer der vorangegangenen Wirkung abhängt.

(10) Die Dehnungs- oder Kontraktionsgrenze wird in der Technik auch als Tragmodul oder Tragfähigkeit bezeichnet, weil sie die äußerste Grenze der zulässigen Belastung darstellt.

90. Festigkeit oder Kohäsion ist der Widerstand eines Körpers gegen die Bildung von Unstetigkeiten, also gegen die (lokale oder durchgehende) Trennung seiner Teile voneinander. Sie wird gemessen durch den Festigkeitsmodul, auch Festigkeitsgrenze oder kurz Festigkeit genannt, d. h. durch den Einheitsdruck (Druck auf die Flächeneinheit), bei welchem die erste, wenn auch noch so kleine Unstetigkeit eintritt; andererseits könnte sie auch durch die Deformation, bei der die erste Unstetigkeit eintritt, gemessen werden. Die Entscheidung, welche von beiden Definitionen das Wesen der Sache trifft, d. h. ob der Druck oder die Deformation maßgebend für die Trennung ist, läßt sich nicht allgemein geben; wahrscheinlich wirken beide Momente zusammen (Voigt, Auerbach). Wie die Elastizität und die elastische Vollkommenheit ist auch die Festigkeit eine ganze Kategorie von Begriffen, die wichtigsten Arten sind folgende:

a) Zugfestigkeit oder Zerreißungsfestigkeit oder absolute Festigkeit.

b) Druckfestigkeit oder rückwirkende Festigkeit. Eine von ihr verschiedene Modifikation ist die Zerknickungsfestigkeit.

c) Biegungsfestigkeit oder relative Festigkeit.

d) Scherungsfestigkeit oder Schubfestigkeit.

e) Torsionsfestigkeit oder Drillungsfestigkeit.

f) Stoßfestigkeit oder dynamische Festigkeit.

g) Eindringungsfestigkeit oder Härte (s. u.)

(1) Dimensionsformel der Festigkeit im absoluten Maaße:

$$[F] = l^{-1} t^{-2} m, \tag{BO}$$

in der Praxis sind wie bei den anderen Elastizitätsgrößen kg* und qmm als Einheiten üblich.

(2) Bei Krystallen ist die Festigkeit in verschiedenen Richtungen verschieden, es läßt sich auch für sie wie für die Elastizität (**78** (1)) eine Fläche konstruieren, die durch ihre Radienvektoren die Größe der Festigkeit in den betr. Richtungen angiebt. Die Richtung der kleinsten Zugfestigkeit wird durch die „Spaltungsflächen" bestimmt, die Eigenschaft in diesen Flächen, den Zusammenhang der Teile am leichtesten aufzugeben, heißt Spaltbarkeit nach diesen Flächen. Eine andere Art ausgezeichneter Krystallflächen, die Gleitflächen, sind Flächen kleinster Scherungs- oder Schubfestigkeit; sie stehen entweder senkrecht auf den Spaltungsflächen oder symmetrisch zu ihnen unter gleichen Winkeln (Hintze); im übrigen ist die Erscheinung, in der auch Drehungen enthalten sind, bei näherer Betrachtung zu kompliziert, als daß hier darauf eingegangen werden könnte.

(3) Einige Festigkeitsmoduln (rohe Werte).

Zugfestigkeit (bc)

Blei, gez.	2	Gold	27	Silber	29
Eichenholz	7	Granit	0,5	Stahl, gez.	75
Eisen, gez.	65	Hanfseil	5	„ gehärtet	100
Glas, Natronsilikat	8	Kupfer, gez.	40	Zink	13
Glas, Borat	6	Messing	70	Zinn	2.5
„ schwerstes Bleisilikat	3,5	Platin	34		
		Quarz ∥	16,3		
		„ ⊥	12,5		

Druckfestigkeit			Biegungsfestigkeit		
Basalt	13		Eichenholz	7	
Eichenholz	7		Eisen	30	
Eisen	50 bis 100		Granit	0,8	
Glas, Natronsilikat	120		Sandstein	0,6	
„ Borat	80		Stahl	80	
„ schwerstes Bleisilikat	60	(dd)			(de)
Granit	10		**Schubfestigkeit**		
Kupfer	40		Eisen	28	
Porphyr	24		Granit	0,8	
Quarz ∥	182		Laubholz	0,5	
„ ⊥	160		Nadelholz	1,5	
Stahl, Guß-	bis 430		Stahl	bis 60	

(4) Die Festigkeit hängt übrigens von zahlreichen Einflüssen ab: von der Temperatur, bei Hölzern von der Feuchtigkeit, bei der Dehnung von Metalldrähten von der Dicke, z. B.:

Schwedisches Stabeisen

Dicke (mm) .	0,72	0,50	0,30	0,10
F	64	83	96	123

(df)

Man kann dies auf eine besondere Oberflächenfestigkeit zurückführen.

(5) Zur Vervollständigung ist zu dem Festigkeitsmodul und dem wesentlich kleineren Tragmodul (**89** (10)) als dritter der noch um einen usuellen Faktor kleinere Sicherheitsmodul hinzuzufügen, der in der Technik der Sicherheit halber vielfach benutzt wird.

91. Härte ist eine Art von Festigkeit, nämlich der Widerstand gegen die Bildung von Unstetigkeiten oder dauernden Deformationen beim Drucke zweier sphärischer Oberflächen oder speziell einer sphärischen und einer ebenen Oberfläche gegeneinander und kann Eindringungsfestigkeit genannt werden (vgl. **77** (2)); statt der sphärischen können eventuell auch cylindrische Flächen gewählt werden. Sie ist quantitativ durch den Grenzeinheitsdruck im Mittelpunkte der Druckfläche bestimmt (s. u. ***62*** (5)) und wird wie die anderen Festigkeiten in kg* pro qmm gemessen, hängt aber von dem Krümmungsradius ϱ der sphärischen Fläche derart ab, daß

$$h\sqrt[3]{\varrho} = H \tag{gy}$$

für einen bestimmten Stoff eine Konstante ist; man kann H die absolute Härte des Stoffes nennen, diese ist dann derjenige Einheitsdruck im Mittelpunkte der durch den Druck einer Linse vom Radius 1 gegen eine Ebene erzeugten Druckfläche, bei welchem entweder eine Unstetigkeit einzutreten beginnt (Hertz 1882, Auerbach 1891) oder dem sich das Material bei wachsender Beanspruchung anpaßt (Auerbach 1892); jenes gilt für spröde, dieses für plastische Stoffe (**92**).

(1) Zur ungefähren Schätzung der Härte kann man verschiedene einfache Prozesse, wie das Bohren, Ritzen u. s. w. benutzen, erhält dann aber Resultate, die von zahlreichen fremden Einflüssen (Beschaffenheit des Bohr- oder Ritzinstrumentes, Neigung, Geschwindigkeit u. s. w.) abhängen und deshalb so gut wie gar keine zahlenmäßige Bedeutung haben. Handelt es sich nur um die Rangordnung der Stoffe nach ihrer Härte, so kann man die auf Ritzung begründete Mohs'sche Härteskala (1822) mit den Nummern 1 bis 10 benutzen, muß aber dabei beachten, daß dies lediglich Nummern und keine Zahlen sind, und daß auch den Nummern nur beschränkte Sicherheit zukommt, weil zahlreiche Stoffe sich gegenseitig ritzen.

(2) Die Härte der Krystalle ist in verschiedenen Druckrichtungen, also für die verschiedenen Flächen verschieden. Dagegen hat die Verschiedenheit der Zahlen, welche die Ritzmethode für die verschiedenen Richtungen innerhalb einer und derselben Fläche liefert, mit der Härte an sich nichts zu thun, sondern drückt das Verhalten des Krystalles gegenüber dem Bewegungsvorgange des Ritzens aus.

(3) Die Abhängigkeit der Eindringungsfestigkeit vom Krümmungsradius der Linse weist zunächst darauf hin, daß für die Härte nicht der kritische Druck, sondern die Deformation wesentlich maßgebend sei (vgl. **90**). Da dies, wie sich zeigt, zur Erklärung nicht ausreicht, muß man die Erscheinung auf eine besondere Oberflächenhärte (Oberflächenfestigkeit, Oberflächenspannung) der festen Körper zurückführen (vgl. das analoge Verhalten bei der Dehnung **90**(3)).

(4) Die Härte hängt in hohem Grade von der Temperatur ab; mit wachsender Temperatur nimmt sie ab, und ganz besonders stark bei Annäherung an den Schmelzpunkt (Erweichung, s. **83 a**(6)).

(5) Härtenummer und absolute Härte einiger Körper:

Stoff	n	H	Stoff	n	H
Achat	7	—	Blei	$1^1/_2$	10
Adular	6	253	Borsäure	3	62
Aluminium	2	50	Diamant	10	—
Apatit	5	237	Eisen	$4^1/_2$	190
Aragonit	$3^1/_2$	—	Eisenvitriol	2	—
Augit	6	—	Flußspat (okt.)	4	110
Bernstein	$2^1/_2$	—	Glas, gewöhnlich	5	220
Beryll (‖)	8	588	„ schwerst. Bleisilik.	$4^1/_2$	170

(bg)

Stoff	n	H	Stoff	n	H
Glas, Borosilikat.	$6^1/_2$	275	Platin	4	—
Glimmer . . .	3	—	Phosphorbronze .	4	120
Glockenguß . .	4	110	Platiniridium . .	$6^1/_2$	—
Gold	3	—	Quarz (‖) . . .	7	308
Granat	7	—	Stahl, ganz weich	5	220
Graphit	$^1/_2$	—	Stahl, ganz hart .	$8^1/_2$	920
Gips	$1^1/_2$	14	Steinkohle . . .	$2^1/_2$	—
Iridosmium . . .	7	—	Steinsalz (würf.) .	2	20
Kalkspat . . .	3	92	Talk	1	5
Korund (‖) . . .	9	1150	Topas	8	525
Kupfer	3	90	Wachs (0°) . . .	$^1/_4$	—
Kupfervitriol . .	$2^1/_2$	—	Wismut	$2^1/_2$	—
Marmor	$3^1/_2$	—	Zinn (gegossen) .	$1^1/_2$	11
Messing	$3^1/_2$	105			

(bg)

Von den gemessenen Stoffen sind also Korund und Hartstahl am härtesten, ersterer etwa 60 mal so hart wie Steinsalz, letzterer etwa 90 mal so hart wie Blei.

92. Plastizität (Geschmeidigkeit) und **Sprödigkeit.** Plastische Körper sind solche, welche dauernde Veränderungen erfahren können, ohne den stetigen Zusammenhang ihrer Teile aufzugeben; spröde Körper solche, die dies nicht vermögen; plastische Körper also solche, welche über die Elastizitätsgrenze hinaus ihren stetigen Zusammenhang bewahren; spröde Körper solche, für welche die Elastizitätsgrenze zugleich die Festigkeitsgrenze ist. Indessen betreffen diese Definitionen nur die beiden Extreme, in Wahrheit ist Plastizität eine quantitative Eigenschaft der Stoffe, und ein absolut spröder Stoff stellt den Spezialfall eines Stoffes von der Plastizität null dar.

(1) Die Plastizität ist ebenfalls eine ganze Kategorie von Begriffen, sie enthält u. a. die Zugplastizität, Druckplastizität, Scherungsplastizität u. s. w. Derselbe Stoff kann für die eine Beanspruchung in hohem, für die andere in geringerem Maaße plastisch sein, im extremen Falle also für die eine Beanspruchung plastisch, für die andere spröde. Die Plastizität für Längszug heißt Duktilität oder Geschmeidigkeit; sie ist groß bei Platin, Silber, Kupfer, Eisen und Gold, klein bei Blei, Zink und Zinn, bei manchen Stoffen ist sie bei gewöhnlicher Temperatur null, wird aber bei höherer Temperatur groß, so bei Zink, Siegellack, Glas und Quarz. Die Flächenplastizität heißt Walzbarkeit; sie ist am größten für Gold, aber auch für die anderen Metalle beträchtlich, zum Teil freilich erst bei hoher Temperatur. Die Plastizität beim Stoß heißt Hämmerbarkeit oder Schmiedbarkeit. Gegen Druck haben sich u. a. als plastisch erwiesen fast alle Metalle, Flußspat

und Steinsalz (letzteres gegen Zug spröde), dagegen spröde Glas, Quarz, Topas und Korund; eine Mittelstellung nimmt Kalkspat ein. Übrigens erscheinen bei plötzlicher Steigerung der Beanspruchung Stoffe, die thatsächlich erheblich plastisch sind, als spröde, und umgekehrt würde eine äußerst vorsichtige Drucksteigerung auch bei spröden Stoffen Spuren von Plastizität erkennen lassen.

(2) Härtung, Anlassen, Ablöschen. Demselben Stoffe kann man sehr verschiedene Grade von Plastizität geben, indem man ihn erhitzt und mehr oder weniger allmählich oder plötzlich abkühlt; das plötzliche Abkühlen heißt Ablöschen und macht spröde („glashart", was aber ebenso wie „Härtung" sich auf Sprödigkeit, nicht auf Härte bezieht); allmähliches Steigern der Temperatur heißt Anlassen und macht plastisch. Die Temperatur, bis zu der man allmählich hinaufgeht, heißt Anlaßtemperatur, die beim Stahl für sie charakteristischen Farben heißen Anlauffarben:

220° blaßgelb, 230° strohgelb; 240° goldgelb, 250° braun, 275° purpurn, 285° hellblau, 290° vollblau, 315° dunkelblau, dann grau, schließlich weiß. (dh)

Andere Härtungsmittel sind der Drahtzug, die Appretur und der Zusatz anderer Stoffe.

(3) Als Maaß der Plastizität (Auerbach 1892, andere Definitionen von Brillouin und Ascoli) kann man verschiedene Größen benutzen, nämlich:

$$\Pi = F - \mathfrak{E}, \qquad \pi = \frac{F - \mathfrak{E}}{F}, \qquad \pi' = \varDelta(F) - \varDelta(\mathfrak{E}) = \frac{F - \mathfrak{E}}{E}, \quad \text{(gz)}$$

wo $\mathfrak{E}$ und F die Elastizitäts- resp. Festigkeitsgrenze, die $\varDelta$ die entsprechenden Dilatationen und E den mittleren Modul zwischen beiden Grenzen bedeuten (vgl. **89** (6), Gl. gx). Der Plastizitätsmodul Π ist hiernach der Überschuß der Festigkeit über die elastische Vollkommenheit, er kann auch Plastizitätsintervall oder Plastizitätsbereich genannt werden. Die Plastizitätszahl π ist der in Bruchteilen der Festigkeit ausgedrückte Überschuß der Festigkeit über die Vollkommenheit. Endlich ist die „praktische Plastizität π' die zwischen der Elastizitäts- und Festigkeitsgrenze eintretende Dilatation. Dimensionsformeln:

$$[\Pi] = l^{-1}\, t^{-2}\, m, \qquad [\pi] = 1, \qquad [\pi'] = 1. \quad \text{(BP)}$$

Beispielsweise wird für gezogenen Eisendraht und für Beanspruchung durch Druck (vgl. **89** und **90** (3)):

$$\Pi = 33, \qquad \pi = 0{,}5, \qquad \pi' = 0{,}002. \quad \text{(di)}$$

93. Adhäsion ist der Widerstand zweier Körper gegen die Losreißung ihrer in Berührung befindlichen Oberflächen von einander; sie wird gemessen durch den **Adhäsionsmodul**, d. h. den pro Flächeneinheit zur Trennung erforderlichen Zug A; der ganze Zug ist alsdann

$$Z = f A, \tag{ha}$$

und die Dimensionsformel

$$[A] = l^{-1}\, t^{-2}\, m. \tag{BQ}$$

(1) Einige Adhäsionsmoduln (kg* pro qmm):

Kupfer und Kupfer	0,0000013	Glas und Wasser	0,000006	(bf)
Zink und Zink	10	„ und Quecksilber	18	
Blei und Blei	09	Zinkamalgam und Quecksilber	50	
Zinn und Zinn	06			

Natürlich hängen die Zahlen sehr erheblich von der Oberflächenbeschaffenheit ab; immerhin sieht man, wie klein die Adhäsion im Vergleich zur Festigkeit ist.

(2) Häufig handelt es sich nur scheinbar um Adhäsion, in Wahrheit aber um Erscheinungen des Luftdruckes und der Lufteinströmung (Stefan).

(3) In das Gebiet der Adhäsionserscheinungen gehören zahlreiche Vorgänge, z. B. die Schweißung, Lötung, Leimung u. s. w.

94. Zähigkeit oder innere Reibung (Newton 1687) ist der Widerstand gegen Tangentialzug (Scherung) in seinen besonderen Wirkungen bei der relativen Bewegung benachbarter Schichten gegeneinander, kurz gesagt, der dynamische Tangentialwiderstand. Die Folge der inneren Reibung ist ein Ausgleich der Geschwindigkeiten, derart, daß die größeren verringert, die kleineren vergrößert und die bisher ruhenden Teile mit in die Bewegung hineingezogen werden. Alle festen Körper haben große Zähigkeit, Flüssigkeiten (und Gase) mit innerer Reibung werden im Gegensatz zu den idealen Flüssigkeiten, die keine solche besitzen, **reibende** oder **zähe Flüssigkeiten** genannt, ihre Zähigkeit ist aber im allgemeinen klein gegen die der festen Körper.

Die innere Reibung wird gemessen durch den **Zähigkeitsmodul**, Reibungsmodul, **Reibungskoeffizient**, Reibungskonstante, d. h. durch den Widerstand für die Flächeneinheit von Schichten, deren Geschwindigkeitsunterschied in der Richtung senkrecht zur Bewegungsrichtung gleich 1 für die Entfernung 1 ist, oder auch gleich dem Reibungswiderstand zwischen zwei Schichten einer Masse von der Höhe 1, deren unterste Schicht ruht, deren oberste mit der Geschwindigkeit 1 horizontal fortschreitet; Formel (R Reibung, η Reibungsmodul, f Fläche):

$$R = \eta f \frac{dG}{dn}. \tag{hb}$$

Oder endlich für Flüssigkeiten: Der Reibungsmodul ist die Konstante η in den Ausdrücken für die Druckkomponenten (p der Druck ohne Reibung):

$$\left.\begin{array}{ll} X_x = p - 2\eta\dfrac{\partial u}{\partial x} & Y_z = -\eta\left(\dfrac{\partial v}{\partial z} + \dfrac{\partial w}{\partial y}\right) \\ Y_y = p - 2\eta\dfrac{\partial v}{\partial y} & Z_x = -\eta\left(\dfrac{\partial w}{\partial x} + \dfrac{\partial u}{\partial z}\right) \\ Z_z = p - 2\eta\dfrac{\partial w}{\partial z} & X_y = -\eta\left(\dfrac{\partial u}{\partial y} + \dfrac{\partial v}{\partial x}\right), \end{array}\right\} \quad \text{(hc)}$$

welche zeigen, daß in einer reibenden Flüssigkeit nicht wie in einer idealen (**23**, Gl. ft) die Normaldrucke einander gleich und die Tangentialdrucke null sind. Für Gase kommt bei X_x, Y_y, Z_z rechts noch das Glied

$$2\eta'\left(\frac{\partial u}{\partial x} + \frac{\partial v}{\partial y} + \frac{\partial w}{\partial z}\right)$$

hinzu, wo η' eine zweite Reibungskonstante ist.

Dimensionsformel

$$[\eta] = l^{-1}t^{-1}m. \qquad \text{(BR)}$$

(1) Es ist zu beachten, daß die $u\,v\,w$ Geschwindigkeitskomponenten (**25**), in den Ausdrücken der Druckkomponenten in **78** dagegen die $u_1\,v_1\,w_1$ Verschiebungskomponenten (**29**) sind; daher die dimensionale Verschiedenheit zwischen dem Zähigkeitsmodul und den anderen (Elastizitäts, Festigkeits- u. s. w.) Moduln, die infolgedessen auch zahlenmäßig nicht vergleichbar sind.

(2) Der Reibungsmodul nimmt mit wachsender Temperatur bei den festen und flüssigen Stoffen ab, bei den Gasen dagegen zu. Vom Druck resp. der Dichte ist er bei den Gasen (von besonderen Fällen, z. B. sehr kleiner oder sehr großer Dichte, abgesehen) gänzlich, bei den Flüssigkeiten fast unabhängig.

(3) Spezifische Zähigkeit ζ ist das Verhältnis der Zähigkeit eines Stoffes zu der des Wassers; sie wird häufig in Prozenten ausgedrückt, d. h. die Zähigkeit des Wassers gleich 100 gesetzt. Dimensionsformel

$$[\zeta] = 1. \qquad \text{(BS)}$$

(4) Fluiditätskoeffizient φ heißt der reziproke Wert des Reibungsmoduls:

$$\varphi = \frac{1}{\eta}, \qquad [\varphi] = l\,t\,m^{-1}. \qquad \text{(hd) (BT)}$$

(5) Einige Reibungsmoduln in absolutem Maaße.

a) Feste Stoffe:

	η		
Kupfer	3730000	(bei gewöhnlicher Temperatur)	(bl)
Nickel	12500000		

b) Flüssigkeiten:

	η		ζ		ζ
Wasser (0°)	0,01777	Wasser (0°)	100	NaCl (10°, 23%)	128
„ (18°)	0,01070	Essigsäure (10°)	84	HCl (15°, 23%)	92
Alkohol (10°)	0,01475	Alkohol (10°)	83	KJ (10°, 54%)	69
Äther (18°)	0,00256	Äther (10°)	14,5	$N_2O_3H_4$ (10°, 50%)	88
Quecksilber (17°)	0,01633	Chloroform (10°)	36	$CuSO_4$ (15°, 17%)	120
Schwefelkohlenstoff (18°)	0,00383	Benzol (10°)	42	H_2SO_4 (15°, 23%)	121
Flüss. Kohlensäure (15°)	0,000784				

(bm)

Temperatureinfluß für Wasser:

$$\eta = \frac{0{,}01777}{1 + 0{,}03312\,\Theta + 0{,}000242\,\Theta^2} \qquad \text{(he)}$$

ζ für Wasser bei versch. Temperatur.

0°	10°	20°	30°	40°	50°	60°
100	73,3	56,1	45,0	37,0	31,2	26,9

(bn)

c) Gase und Dämpfe:

Äther (16°)	0,000073
Alkohol (17°)	0,000089
Benzol (17°)	0,000076
Chlor (17°)	0,000141
Kohlensäure (15°)	0,000156
Luft (0°)	0,000172
Sauerstoff (15°)	0,000212
Stickstoff (15°)	0,000184
Wasserdampf (20°)	0,000098
Wasserstoff (15°)	0,000093

(bo)

Abhängigkeit vom Druck (resp. von der Dichte).

Luft (relative Zahlen):

gewöhnliche Dichte . . .	100
stark verdünnt	70
sehr stark verdünnt . . .	40

Kohlensäure (η):

gewöhnliche Dichte .	0,000165
Dichte 0,1	0,000180
„ 0,24	0,000218
„ 0,52	0,000366
„ 0,73	0,000580

(bp)

Abhängigkeit von der Temperatur:

$$\eta = \eta_0(1 + \beta\Theta) = \eta_0(1 + \alpha\Theta)^\varepsilon = \eta_0(1 + 0{,}00367\,\Theta)^\varepsilon \qquad \text{(hf)}$$

(β der Reibungs-Temp.-Koeff., α der Ausdehnungs-Koeff. (**24 b**), ε ein Exponent):

Gas oder Dampf	β	ε
Äther	0,00390	0,94
Kohlensäure	0,00338	0,92
Luft	0,00265	0,72
Sauerstoff	0,00283	0,79
Stickstoff	0,00264	0,74
Wasserstoff	0,00254	0,69

(bq)

Luft		Kohlensäure		Wasserstoff	
Θ	η	Θ	η	Θ	η
0°	0,000 172	0°	0,000 143	0°	0,000 086
20	0,000 181	20	0,000 152	50	0,000 097
40	0,000 189	40	0,000 160	100	0,000 108
60	0,000 197	60	0,000 168	150	0,000 118
80	0,000 204	80	0,000 176		
100	0,000 211	100	0,000 184		
150	0,000 230	150	0,000 204	200	0,000 148
200	0,000 248			300	0,000 162
300	0,000 282			500	0,000 176
400	0,000 315			1000	0,000 249
500	0,000 343				
1000	0,000 473				

(dr)

95. Äufsere Reibung ist der Widerstand zweier sich berührender Körper gegen die relative Verschiebung ihrer Oberflächen gegen einander. Bei der Reibung von Flüssigkeiten und Gasen gegen feste oder flüssige Stoffe wird sie gemessen durch den Widerstand pro Flächeneinheit gegen die Verschiebung der beiden Oberflächen mit der relativen Geschwindigkeit 1, allgemein ist dann die Gesamtreibung

$$R = \lambda f(G_2 - G_1), \qquad \text{(hg)}$$

und hierin ist λ der äußere Reibungsmodul oder -koeffizient:

$$\lambda = \frac{R}{f(G_2 - G_1)}, \qquad [\lambda] = l^{-2} t^{-1} m; \qquad \text{(hi)(BU)}$$

das Verhältnis der inneren Reibung eines Stoffes zu seiner äußeren Reibung an einem anderen Stoffe heißt Gleitungsverhältnis oder Gleitungskoeffizient:

$$\gamma = \frac{\eta}{\lambda}, \qquad [\gamma] = l. \qquad \text{(hk)(BV)}$$

Bei festen Körpern gegen feste Körper ist die Reibung oder Friktion eine zusammengesetzte Erscheinung, die von der Rauhigkeit der Oberflächen abhängt, und zwar setzt sie sich aus zwei Gliedern zusammen, deren eines desto größer ist, je rauher, deren anderes desto größer ist, je glatter die Oberfläche ist (Rauhigkeitsreibung und Adhäsionsreibung). Man unterscheidet zwischen gleitender Reibung (specieller Fall: Zapfenreibung, Axenreibung) und rollender oder wälzender Reibung. Die Reibung fester Körper gegeneinander ist proportional dem Druck und unabhängig von der Geschwindigkeit, die rollende Reibung außerdem umgekehrt proportional dem Krümmungsradius des rollenden Körpers. Das Verhältnis des zur Überwindung der gleitenden Reibung erforderlichen Druckes zum ganzen Druck heißt hier Reibungskoeffizient ϱ:

$$\varrho = \frac{p}{P}, \qquad [\varrho] = 1. \qquad \text{(hl)(BW)}$$

Bei der rollenden Reibung ist der Reibungswiderstand vom Charakter eines Drehungsmomentes D, ihr Verhältnis zum Druck heißt hier Reibungskoeffizient ϱ':

$$\varrho' = \frac{D}{P}, \qquad [\varrho'] = l. \qquad \text{(hm)(BW}_1\text{)}$$

(1) Je größer η und je kleiner λ ist, desto größer ist die Gleitung γ, für $\gamma = 0$ haftet die Flüssigkeit oder das Gas an dem Nachbarkörper, z. B. an der Wand des festen Nachbarkörpers; man nennt solche Flüssigkeiten auch benetzende Flüssigkeiten (s. w. u.); umgekehrt wird für $\lambda = 0$ und endliches η die Gleitung $\gamma = \infty$, der Oberflächendruck ist alsdann rein normal.

(2) Einige Gleitungskoeffizienten an Glas:

Wasser 0,235, Äther 0,012, Alkohol 0,011, (bf)

die beiden letzteren haften also nahezu am Glase; ferner für Gase an Glas:

Luft 0,000011, Wasserstoff 0,000019, Kohlensäure 0,000007, (bt)

also äußerst klein, d. h. die Gase haften an Glas; jedoch wächst γ mit abnehmender Dichte.

(3) Einige Reibungskoeffizienten ϱ resp. ϱ':

Gleitende Reibung:

Schmiedeeisen auf Schmiedeeisen	0,14	Leder auf Metall	0,56
Gußeisen auf Gußeisen	0,16	Holz auf Holz	0,3 bis 0,5
Schmiedeeisen auf „	0,20	Holz auf Stein	0,4
		Eisen auf Eis	0,025

Rollende Reibung (in cm):

Eichenholz auf Eichenholz	0,018
Gußeisen auf Gußeisen	0,006

(bu)

(4) Reibungswinkel oder Ruhewinkel ist der Winkel w, den eine schiefe Ebene haben darf, ohne daß ein auf ihr befindlicher Körper ins Gleiten gerät:

$$\varrho = \operatorname{arctg} w, \qquad w = \operatorname{tg} \varrho. \qquad \text{(hn)}$$

Hiermit verwandt ist auch der sog. Böschungswinkel loser Massen.

(5) Relaxation (Maxwell) heißt die allmähliche Abnahme der infolge von Deformationsbewegungen in einem Körper wachgerufenen

Druckkräfte; die Zeit, in der der Druck auf den *e*. (2,72.) Teil seines ursprünglichen Wertes sinkt, heißt **Relaxationszeit** T:

$$p = p_0 - ce^{-t/T}, \qquad T = \frac{\eta}{E}, \tag{ho}$$

(E Modul für die betr. Beanspruchung). Für Luft wird etwa $T = 2 \times 10^{-10}$, für Flüssigkeiten etwa von der Ordnung 10^{-13}, für Metalle etwa von der Ordnung 10^{-5}, also für alle Stoffe äußerst klein. (bv)

96. Kapillarität (im weitesten Sinne) oder **Oberflächenspannung** ist der Inbegriff der Druckkräfte, welche in der Oberfläche flüssiger Körper außer den durch die ganze Masse des Körpers verteilten Drucken noch besonders wirksam sind; bestimmter gesagt: Oberflächenspannung ist der Widerstand der Flüssigkeiten gegen Vergrößerung ihrer Oberfläche. Quantitativ läßt sie sich nicht einheitlich messen, weil sie sich aus zwei Gliedern zusammensetzt, nämlich einem auch für ebene Oberflächen vorhandenen und einem zweiten durch die Krümmung bedingten Gliede; man kann sie Normaldruck und Krümmungsdruck nennen, ersterer ist eine spezifische Konstante K der Flüssigkeit, letzterer ist mit der mittleren Krümmung der Oberfläche proportional, der Proportionalitätsfaktor H ist ebenfalls eine spezifische Konstante der Flüssigkeit:

$$p = K + \frac{H}{2}\left(\frac{1}{r_1} + \frac{1}{r_2}\right), \tag{hp}$$

(r_1 und r_2 die beiden Hauptkrümmungsradien); für Rotationsflächen einfacher:

$$p = K + \frac{H}{r}, \tag{hq}$$

K und $H/2$ heißen die beiden Kapillarkonstanten, $H/2$ auch schlechthin die Kapillarkonstante oder Oberflächenspannung der Flüssigkeit, weil sie bei fast allen Erscheinungen ausschließlich maßgebend ist; gewöhnlich wird sie mit α bezeichnet, es ist also

$$\alpha = \frac{H}{2}, \tag{hr}$$

$$[K] = l^{-1}\,t^{-2}\,m, \qquad [H] = [\alpha] = t^{-2}\,m. \tag{BX) (BY}$$

(1) K und $H/2$ oder α heißen die Laplace'schen Konstanten, sie werden häufig in Gewichtsmaaß ($[H] = l\,t^{-2}\,m : l$), und zwar in mgr* und mm als Einheiten angegeben, werden aber besser, und zwar durch Multiplikation mit 9,81, auf absolutes Maaß reduziert. α hat die Bedeutung des pro Einheit der Kontaktlinie an einer Wand gehobenen Gewichts einer vollkommen benetzenden Flüssigkeit. Statt K und α führte Gauss andere Konstanten ein, die sog. Gauß'schen Kon-

stanten; die für α eintretende ist für eine einzige, z. B. an Luft grenzende Flüssigkeit (sonst kommen die beiden Dichten in Betracht):

$$\beta = \sqrt{\frac{\alpha^*}{\sigma^*}} = \sqrt{\frac{\alpha}{\varrho g}}, \tag{hs}$$

σ spezifisches Gewicht, ϱ Dichte; ihre Dimension ist

$$[\beta] = l; \tag{BZ}$$

endlich ist eine weitere Konstante a von Bedeutung, für welche die Definition gilt:

$$a = \sqrt{\frac{2\alpha^*}{\sigma^*}} = \sqrt{\frac{2\alpha}{\varrho g}} = \beta\sqrt{2}, \qquad [a] = l; \tag{CA}$$

a hat die Bedeutung der Erhebung einer vollkommen benetzenden Flüssigkeit an einer unendlich langen ebenen vertikalen Wand. Zuweilen findet man übrigens in der Definition von β und a statt ϱg die Dichte ϱ, es wird dann:

$$\beta = \sqrt{\frac{\alpha}{\varrho}}, \qquad a = \sqrt{\frac{2\alpha}{\varrho}}, \tag{hu}$$

$$[\beta] = [a] = l^{3/2} t^{-1}. \tag{CB}$$

Die Größe a^2 wird häufig die spezifische Kohäsion der Flüssigkeit genannt, sie ist das Verhältnis der Kapillarkonstante zum spezifischen Gewicht.

(2) Die Kapillarkonstante nimmt mit steigender Temperatur ab. Für wässerige Lösungen ist sie größer als für Wasser, und zwar um einen mit dem Gehalt an Salz äquivalenten proportionalen Betrage (für viele Lösungen um 2 Proz. pro Äquivalent).

(3) Einige Kapillarkonstanten:

Stoff	α gegen Luft	Feste Körper, geschmolzen	α gegen Luft
Wasser	79	Glas	175
Alkohol	25	Silber	400
Quecksilber	545	Zinn	600
Schwefelkohlenstoff	32	Gold	1000
Olivenöl	35	Platin	1600
Terpentinöl	29		

(dw)

Stoffe gegeneinander.

Quecksilber = Wasser	418
„ = Alkohol	399
„ = Olivenöl	335
„ = Terpentinöl	250
Wasser = Olivenöl	21
„ = Terpentinöl	12
Alkohol = Olivenöl	2,3

(dx)

Temperatureinfluß:
$a^2 = a_0^2(1 - c\Theta)$.

Stoff	c gegen Luft
Wasser	0,0020
Alkohol	0,0022
Äther	0,0050
Olivenöl	0,0014
Terpentinöl	0,0024

(dy)

(4) Randwinkel heißt der Winkel zwischen den Tangenten an die freie Flüssigkeitsoberfläche und an den benetzten Teil der festen Wand (beide im Hauptschnitt genommen); er ist spitz oder stumpf, je nachdem die spezifische Kohäsion der Flüssigkeit oder ihre Adhäsion (**93**) an den festen Körper größer ist, für vollkommen benetzende Flüssigkeiten ist er null, z. B. für Alkohol gegen Glas, für Quecksilber gegen Glas beträgt er etwa 135°. Genaue Werte für ihn lassen sich schwer angeben, weil er von unscheinbaren Einflüssen in hohem Maaße abhängt.

(5) Die Entfernung nach dem Inneren einer Flüssigkeit hin, bis zu welcher man die Kapillarkräfte als wirksam betrachten muß, heißt Radius der Wirkungssphäre der Kapillarkräfte, die bis dahin reichende Oberflächenschicht heißt kapillare Grenzschicht oder Flüssigkeitshaut.

(6) In das Gebiet der Kapillarität gehören zahlreiche spezielle Erscheinungen, wie das Ansteigen in Röhren u. s. w., die Bildung von Blasen, Tropfen (s. w. u.) und Emulsionen (**86** (4)).

(7) Daß auch feste Körper eine besondere Oberflächenspannung besitzen, deuten verschiedene Erscheinungen an (vgl. **90** (4) und **91** (3)).

97. Konvektion, Leitung, Strahlung. Die Materie vermag die an einer bestimmten Stelle des Raumes auftretenden Erscheinungen nach anderen Stellen zu übertragen, und zwar entweder durch Konvektion, indem sie sich selbst von der ersten an die zweite Stelle begiebt, oder indem sie die Übertragung nur vermittelt, selbst aber, sei es überhaupt oder im Durchschnitt, ihren Ort nicht ändert; man nennt diese letztere Übertragung Leitung, wenn die Erscheinung auch an allen Zwischenstellen auftritt, Strahlung, wenn dies nicht der Fall ist; jedoch läßt sich diese Unterscheidung nicht in allen Gebieten streng durchführen, z. B. ist zwischen Schallleitung und Schallstrahlung kein wesentlicher Unterschied. Auch die Unterscheidung zwischen Leitung als unmittelbarer Druck- oder Stoßwirkung (**56b**) und der Strahlung als Fernwirkung (**56a**) ist hinfällig geworden, seitdem auch bei der Strahlung sich vielfache Zeugnisse für die Druckwirkung gefunden haben. Die Fähigkeit, eine Erscheinung fortzuleiten, wird durch das Leitungsvermögen oder die Leitungsfähigkeit gemessen, statt dessen kann man auch den reziproken Begriff, den Leitungswiderstand, einführen; je nach dem Grade des Leitungsvermögens unterscheidet man gute und schlechte Leiter oder häufig kurz Leiter und Nichtleiter, zwischen die man zuweilen noch Halbleiter einschiebt. Bei der Strahlung heißt die entsprechende Fähigkeit Durchstrahlbarkeit oder Durchlässigkeit für Strahlen (der Ausdruck Strahlungsvermögen ist hier, weil für einen anderen Begriff im Gebrauch, nicht anwendbar, s. w. u.). Außer den genannten, die Übertragung quantitativ bestimmenden Größen kommen noch diejenigen in Betracht, welche die Übertragung zeitlich charakterisieren, nämlich die Leitungsgeschwindigkeit und die Strahlungsgeschwindigkeit, beide zusammen auch Fortpflanzungsgeschwindigkeit genannt.

(1) Die Leitungs- und Strahlungsfähigkeit eines und desselben Stoffes kann für verschiedene Erscheinungen sehr verschieden sein, es kann sogar derselbe Stoff eine Erscheinung sehr gut, eine andere gar nicht übertragen (Beispiel: der Äther für Licht und Schall). Es bestehen aber gewisse Beziehungen und Parallelismen, z. B. zwischen der Leitung der Wärme und der Elektrizität. Für den Magnetismus sind alle Stoffe Nichtleiter, d. h. die magnetischen Eigenschaften können durch Leitung nicht übertragen werden. Über die Einzelheiten s. w. u.

98. Konstitution der Materie; Stetigkeits- und Molekularhypothese. Über die Konstitution sind zwei einander entgegengesetzte Hypothesen aufgestellt worden: die Stetigkeitshypothese und die Molekularhypothese. Die Stetigkeitshypothese nimmt an, daß die Materie den Raum, wie es den Anschein hat, stetig erfüllt, daß also, wenn man sie sich in Teile geteilt denkt, diese Teile lückenlos aneinander stoßen, selbst wieder in kleinere Teile geteilt gedacht werden können, die wiederum lückenlos aneinander stoßen u. s. w. Die Molekularhypothese dagegen oder Atomistik nimmt an, daß die Materie aus gewissen selbständigen und voneinander getrennten Teilen, den Molekeln, zusammengesetzt ist, die selbst entweder einfach, d. h. nicht weiter zerlegbar sind oder wenigstens aus einer endlichen Anzahl einfacher und nicht weiter zerlegbarer Teile, den Atomen, bestehen.

(1) Jede der beiden Hypothesen hat gewisse Vorzüge: Die Stetigkeitstheorie den Vorzug größerer Einfachheit der Vorstellungen und der Anwendbarkeit der infinitesimalen Rechnungsmethoden auf die wirklichen Naturgrößen, die Molekulartheorie den Vorzug anscheinend tieferen Eindringens in das Wesen der stofflichen und Erscheinungsverschiedenheiten; während jene alles auf Druckkräfte zurückführt, gelangt diese zu der Alternative zwischen Fernkräften und Stoßkräften von Molekel zu Molekel, im letzteren Falle muß sie überdies den Molekeln und Atomen elastische Eigenschaften beilegen, wodurch sie den Charakter elementarer Teile einbüßen und selbst wieder kleine Körper werden. Man kann hiernach das Wesen der Atomistik dahin charakterisieren, daß sie die komplizierteren Erscheinungen des Makrokosmos auf die einfacheren eines angenommenen Mikrokosmos zurückführt, ohne damit an den prinzipiellen Schwierigkeiten oder Grenzen der Erkenntnis etwas zu ändern.

(2) Die Gebiete, in denen die Atomistik die bedeutendsten Erfolge aufzuweisen hat, sind die Lehre von den Stoffverwandlungen (Chemie),

die Lehre von den Gestalten und Symmetrieverhältnissen fester Körper (Krystallographie), die Lehre von den Gasen und die Lehre von den Lösungen.

(3) Die Molekel eines *chemischen Elementes*, d. h. eines nicht in andere Stoffe zerlegbaren Stoffes ist entweder ein Atom oder sie besteht aus mehreren gleichartigen Atomen; dagegen besteht die Molekel einer chemischen Verbindung aus Atomen, die teils gleichartig, teils ungleichartig sind.

(4) Die Unterscheidung zwischen Molekel und Atom wird ebenso sehr durch chemische wie durch physikalische Thatsachen gefordert (s. w. u.). In ersterer Hinsicht kann man sagen: Molekel ist die kleinste im freien, Atom die kleinste in verbundenem Zustande existenzfähige Stoffmenge. Es giebt sogar chemische und physikalische Vorgänge und Beziehungen, die zu der Annahme zu führen geeignet sind, daß die Atome selbst wieder aus Teilen bestehen; man nennt sie *Uratome*.

(5) Die Molekeln und Atome werden, entsprechend der Wahl der Masse als Grundbegriff, gewöhnlich als Massencentra aufgefaßt; man kann sie natürlich ebenso gut, wenn man vom Kraftbegriff als ursprünglichem ausgeht, als Kraftcentra betrachten. An den chemischen und physikalischen Konsequenzen wird dadurch nichts geändert.

99. Eigenschaften der Molekeln und Atome. Auf die Molekeln und Atome werden die Begriffe: Masse, Gewicht, Volumen übertragen, man erhält auf diese Weise die Begriffe *Atommasse* $\mathfrak{m}'$, *Atomgewicht* $\mathfrak{g}'$, *Atomvolumen* $\mathfrak{v}'$ und entsprechend *Molekularmasse* $\mathfrak{m}$, *Molekulargewicht* $\mathfrak{g}$, *Molekularvolumen* $\mathfrak{v}$; jedoch haben alle diese Begriffe zunächst nur relative Bedeutung, d. h. sie werden für irgend einen Stoff verglichen mit den entsprechenden Werten für einen als Vergleichsstoff gewählten Stoff, für den sie gleich 1 gesetzt werden; als Vergleichsstoff dient im Prinzip der Wasserstoff, und zwar wird das Atomgewicht des Wasserstoffes gleich 1 gesetzt: $H = 1$, also das Molekulargewicht des (zweiatomigen) Wasserstoffes $H_2 = 2$; da die Molekeln der meisten Elemente ebenfalls zweiatomig sind, so werden ihre Molekulargewichte doppelt so groß wie ihre Atomgewichte, z. B. $O = 16$, $O_2 = 32$. Neuerdings hat man dieses System, weil der Sauerstoff methodisch als Bezugsstoff vorzuziehen ist, dahin modifiziert, daß man alle Zahlen auf Sauerstoff bezieht, diesen aber nicht gleich 1, sondern gleich 16 setzt, wodurch der Wasserstoff den von 1 etwas abweichenden Atomgewichtswert $H = 1{,}008$ (nach neuesten Berechnungen richtiger als der frühere Wert 1,003) erhält. Dimensionsformeln:

$$\left.\begin{aligned}[\mathfrak{m}'] = [\mathfrak{g}'] = [\mathfrak{v}'] = 1\\ [\mathfrak{m}] = [\mathfrak{g}] = [\mathfrak{v}] = 1\end{aligned}\right\} \qquad \text{(CC)}$$

Zeichen und Atomgewichte der Elemente, bezogen auf O = 16 resp. H = 1,008 (? bedeutet Unsicherheit der Angaben).

Atom	Zeichen	Atom-gewichte	Atom	Zeichen	Atom-gewichte
Aluminium .	Al	27,1	Neon . . .	Ne	— (?)
Antimon .	Sb	120	Nickel . .	Ni	58,7
Argon . .	A	40 (?)	Niobium . .	Nb	94
Arsen . . .	As	75	Osmium . .	Os	191
Barium . .	Ba	137,4	Palladium .	Pd	106
Beryllium .	Be	9,1	Phosphor .	P	31,0
Blei . . .	Pb	206.9	Platin . .	Pt	194,8
Bor . . .	B	11	Praseodym .	Pr	140 (?)
Brom . . .	Br	79,96	Quecksilber	Hg	200,3
Cadmium .	Cd	112	Rhodium .	Rh	103,0
Cäsium . .	Cs	133	Rubidium .	Rb	85,4
Calcium . .	Ca	40	Russium . .	—	70 (?)
Cerium . .	Ce	140	Ruthenium .	Ru	101,7
Chlor . . .	Cl	35.45	Samarium .	Sa	150 (?)
Chrom . .	Cr	52.1	Sauerstoff .	O	16,00
Decipium .	Dp	171 (?)	Scandium .	Sc	44,1
Eisen . . .	Fe	56,0	Schwefel .	S	32,06
Erbium . .	Er	166 (?)	Selen . . .	Se	79,1
Fluor . . .	F	19	Silber . .	Ag	107,93
Gadolinium	Gd	156,8	Silicium . .	Si	28,4
Gallium . .	Ga	70	Stickstoff .	N	14,04
Germanium.	Ge	72	Strontium .	Sr	87,6
Gold . . .	Au	197,2	Tantal . .	Ta	183
Helium . .	He	4 (?)	Tellur . .	Te	127
Indium . .	In	114	Terbium . .	Tb	160 (?)
Iridium . .	Ir	193,0	Thallium .	Tl	204,1
Jod . . .	J	126,85	Thorium .	Th	232
Kalium . .	K	39,15	Thulium . .	Tu	170,7 (?)
Kobalt . .	Co	59	Titan . . .	Ti	48,1
Kohlenstoff.	C	12,00	Uran . . .	U	239,5
Krypton . .	Kr	22 (?)	Vanadin . .	V	51,2
Kupfer . .	Cu	63,6	Wasserstoff.	H	1,008
Lanthan . .	La	138	Wismut . .	Bi	208,5
Lithium . .	Li	7,03	Wolfram .	W	184
Magnesium .	Mg	24,36	Ytterbium .	Yb	173
Mangan . .	Mn	55,0	Yttrium . .	Y	89
Metargon .	—	20 (?)	Zink . . .	Zn	65,4
Molybdän .	Mo	96,0	Zinn . . .	Sn	118,5
Natrium . .	Na	23,05	Zirkonium .	Zr	90,6
Neodym . .	Nd	144 (?)			

(1) Das Atomvolumen ist das Verhältnis des Atomgewichtes zum spezifischen Gewicht, bezogen auf das des Wasserstoffes = 1; die zu ihm reziproke Größe $\mathfrak{n}$ ist die Zahl der Atome in demjenigen Volumen, in welchem 1 Atom Wasserstoff enthalten ist; unter Atomvolumen hat man sich demgemäß nicht das eigentliche Volumen des Atoms, sondern den auf es entfallenden Raumteil zu denken. Formeln

$$\mathfrak{v}' = \frac{\mathfrak{g}'}{\sigma'}, \qquad \mathfrak{n} = \frac{\sigma'}{\mathfrak{g}'}. \tag{hv}$$

Atomvolumen einiger wichtiger Elemente bei gewöhnlicher Temperatur:

Element	$\mathfrak{v}'$	$\mathfrak{n}$	Element	$\mathfrak{v}'$	$\mathfrak{n}$
Aluminium	0,00094	1060	Natrium	0,00213	470
Barium	0,00308	330	Phosphor (rot)	0,00130	770
Blei	0,00165	610	Platin	0,00073	1370
Eisen	0,00066	1500	Quecksilber	0,00133	750
Gold	0,00092	1090	Schwefel	0,00144	690
Jod	0,00228	440	Silber	0,00092	1090
Kohle (Diamant)	0,00031	3200	Zink	0,00081	1230
Kupfer	0,00064	1560	Zinn	0,00144	690

(ea)

Während die spezifischen Gewichte sowohl wie die Atomgewichte der festen und flüssigen Elemente wie 1 : 35 schwanken, halten sich die Atomvolumina in den Grenzen 1 : 10.

(2) Die Atomgewichte sind mit den Äquivalentgewichten (*18* (2)) entweder identisch oder ganze Vielfache von ihnen; der Faktor giebt die sog. Wertigkeit oder Valenz an, es ist also zwischen einwertigen, zweiwertigen u. s. w. Atomen zu unterscheiden; indessen ist die Wertigkeit allgemein keine Eigenschaft des betreffenden Stoffes an sich, sondern charakteristisch für sein Verhalten gegen verschiedene andere Stoffe und selbst gegen den gleichen anderen Stoff unter verschiedenen Umständen. Am typischsten ist die Wertigkeit in Beziehung zum Wasserstoff (dessen eigene Wertigkeit 1 gesetzt); es sind nämlich

1-wertig		2-wertig			3-wertig		4-wertig		5-wertig	6-wertig
Br	K	O	Ca	Pb	N	B	C	Cr	Ta	Mo
Cl	Na	S	Ba	Cu	As	Tl	Si	Sn	Vn	W
Fl	Li	Se	Be	Hg	P	Bi	Al	Pt		
J	Rb	Te	Mg		Sb	Au	Fe			
	Cs		Zn				Ni			
	Ag		Cd							

(eb)

(3) Unter einem Gramm-Atom oder einer Gramm-Molekel („Mol") versteht man eine Gewichtsmenge der betreffenden Substanz, die in Grammen ausgedrückt gleich dem Atomgewicht oder Molekulargewicht ist; ganz analoge Bedeutung hat der Ausdruck Gramm-Äquivalent. Nimmt man von verschiedenen Stoffen je eine Gramm-Molekel, so nimmt man von allen dieselbe Molekelzahl, nämlich soviel wie in 2 gr Wasserstoff enthalten sind (also nach der kinetischen Gastheorie etwa 4×10^{23} Molekeln, vgl. **102 d**). Man kann dann, von diesem Faktor abgesehen, so rechnen, als ob man von jedem Stoff eine Molekel hätte.

100. Molekulartheorie der Gase oder kinetische Gastheorie (Krönig 1856, Clausius 1857) heißt die Theorie der Gase, die auf der Vorstellung aufgebaut ist, daß die Gase aus Molekeln bestehen, die in allen möglichen Richtungen und mit allen möglichen Geschwindigkeiten sich gradlinig bewegen, außer, wenn sie einander sehr nahe kommen, nämlich bis in die sog. Wirkungssphäre; alsdann sollen sie, sei es durch Stoßwirkung, sei es durch Fernwirkung, von der bisherigen Bahn abgelenkt werden. Der Radius der Wirkungssphäre ist im allgemeinen klein gegen den Molekularabstand, aber groß gegen den Durchmesser der Molekel selbst. Der Druck ist das Ergebnis der Stoßwirkungen (oder Fernwirkungen) der Molekeln aufeinander oder auf die feste Wand, die das Gas begrenzt, er wird gemessen durch die Formel ($\mathfrak{n}$ Zahl der Molekeln in der Volumeneinheit, $\mathfrak{m}$ Molekularmasse, beides absolut genommen, $\mathfrak{G}^2$ das durchschnittliche Geschwindigkeitsquadrat der Molekeln):

$$p = \frac{1}{3}\mathfrak{n}\mathfrak{m}\mathfrak{G}^2 = \frac{1}{3}\varrho\mathfrak{G}^2, \qquad \mathfrak{G} = \sqrt{\frac{3p}{\varrho}}. \qquad \text{(hw)}$$

Diese Gleichung erlaubt $\mathfrak{G}$ zu berechnen (s. w. u.).

(1) Das Boyle'sche Gesetz (*24 a*) ergiebt sich hier als einfache Folgerung aus dem Druckbegriff. Das Gay-Lussac'sche Gesetz andererseits (*24 b*) ergiebt für die Abhängigkeit der Molekulargeschwindigkeit von der Temperatur die Formel:

$$\left.\begin{aligned}\mathfrak{G} &= \mathfrak{G}_0\sqrt{1+\alpha\Theta} = \mathfrak{G}_0\sqrt{1+0{,}003665\,\Theta}\\ &= \mathfrak{G}_0\sqrt{\alpha}\sqrt{T} = \frac{\mathfrak{G}_0}{16{,}5}\sqrt{T}\end{aligned}\right\} \qquad \text{(hx)}$$

(T die Gay-Lussac'sche Temperatur, vgl. **81 a**), und umgekehrt

$$\Theta = \frac{1}{\alpha}\left(\frac{\mathfrak{G}^2}{\mathfrak{G}_0^2} - 1\right), \qquad T = \frac{1}{\alpha}\frac{\mathfrak{G}^2}{\mathfrak{G}_0^2}, \qquad \text{(hy)}$$

die Gay-Lussac'sche Temperatur eines bestimmten Gases wird also, von einem Faktor abgesehen, durch das Quadrat der Molekulargeschwindigkeit gemessen; im absoluten Nullpunkte, der freilich nur eine Fiktion ist (**81**), ist die Molekulargeschwindigkeit null, die Molekeln ruhen. Auch das Dalton'sche Gesetz (***25***) ist eine unmittelbare Folge des Druckbegriffes.

(2) Das Grundgesetz der idealen Gase (***24 a*** u. ***b***) kann man mit Hilfe der Molekularmasse auch schreiben:

$$pv = \frac{14{,}3 \times 2}{\mathfrak{m}} R_0 T, \qquad \text{(hz)}$$

wo 14,3 die Dichte der Luft im Vergleich mit Wasserstoff und 2 die Molekularmasse des letzteren ist; also

$$pv = \frac{82\,600\,000}{\mathfrak{m}} T, \qquad \text{(ia)}$$

für die Masseneinheit und

$$pv = 82\,600\,000\,\mathfrak{N}\,T \qquad \text{(ib)}$$

für eine aus $\mathfrak{N}$ Molekeln bestehende Gasmasse.

(3) In dem Grundgesetz für wirkliche Gase (Formel von van der Waals, ***24 a***(3) und ***b***(1), Gl. ga u. gh) erhalten die Konstanten a und b jetzt einfache Bedeutungen: b ist der von den Molekeln resp. ihren Wirkungssphären eingenommene Raum (den man von dem ganzen Raum abziehen muß, um den für die Bewegung der Molekeln verfügbaren Raum zu erhalten), a ist der Zusatzdruck, der infolge der Ausdehnung der Wirkungssphären zu dem Hauptdruck hinzuzufügen wäre, falls das Volumen 1 wäre.

(4) Vom Molekularstandpunkte aus ergiebt sich nach (1), wenn die Konstante $\alpha \mathfrak{G}_0^2$ in Gl. hy als reine Zahl betrachtet wird, als Dimension der Temperatur (bisher noch offen geblieben, vgl. **81** (1)):

$$[\Theta] = [T] = l^2\, t^{-2} \qquad \text{(CD)}$$

(Quadrat einer Geschwindigkeit) und damit für die Größen α, a und b, resp. R', R und R_0, die die thermische Ausdehnung der festen und flüssigen resp. der gasförmigen Körper bestimmen (**80**) resp. (***24***):

$$[\alpha] = l^{-2}\, t^2, \qquad [a] = l^{-2}\, t^2, \qquad [b] = l^{-4}\, t^4, \qquad \text{(CE)}$$

$$[R'] = l^2\, t^{-2}, \qquad [R] = 1, \qquad [R_0] = l^{-3}\, m. \qquad \text{(CF)}$$

27. **Gasgesetze von Clausius, Gay-Lussac** (zweites Gay-Lussac'sches Gesetz) **und Avogadro:**

a) (Clausius 1857): Die Quadrate der Molekulargeschwindigkeiten zweier Gase bei gleicher Temperatur verhalten sich umgekehrt wie ihre Molekulargewichte; oder: Das Maaß der absoluten Celsiustemperatur verschiedener Gase (für ein Gas s. o. **100** (1)) ist, von einem Faktor abgesehen, das Produkt des Molekulargewichtes in das Quadrat der Molekulargeschwindigkeit. Formel:

$$\mathfrak{m}_1\, \mathfrak{G}_1^2 = \mathfrak{m}_2\, \mathfrak{G}_2^2. \qquad \text{(ic)}$$

b) (GAY-LUSSAC 1809): Bei gleichem Druck und gleicher Temperatur verhalten sich die Dichten zweier Gase wie ihre Molekulargewichte; oder auch (da die Wasserstoffmolekel zweiatomig ist): die Molekulargewichte der Gase sind ihre doppelten auf Wasserstoff bezogenen Dichten. Formel:

$$\varrho_1 : \varrho_2 = \mathfrak{m}_1 : \mathfrak{m}_2. \tag{id}$$

c) (AVOGADRO 1811): Bei gleichem Druck und gleicher Temperatur enthalten alle Gase gleich viel Molekeln in der Volumeneinheit; oder: das Molekularvolumen aller Gase ist dasselbe, und zwar, bezogen auf den Wasserstoff, gleich 1. Formel:

$$\mathfrak{N}_1 = \mathfrak{N}_2, \qquad \mathfrak{v}_1 = \mathfrak{v}_2 = 1. \tag{ie}$$

Statt $\mathfrak{N}$ kann man auch den Molekularabstand λ einführen und erhält:

$$\lambda_1 = \lambda_2. \tag{if}$$

Zwischen $\mathfrak{N}$, λ, ϱ und $\mathfrak{m}$ bestehen die Beziehungen:

$$\left.\begin{array}{lll} \mathfrak{N}\lambda^3 = 1, & \mathfrak{N} = \frac{1}{\lambda^3}, & \lambda = \sqrt[3]{\frac{1}{\mathfrak{N}}}, \\ \varrho = \mathfrak{N}\mathfrak{m}, & \mathfrak{N} = \frac{\varrho}{\mathfrak{m}}, & \mathfrak{m} = \frac{\varrho}{\mathfrak{N}}, \\ \mathfrak{m} = \varrho\lambda^3, & \varrho = \frac{\mathfrak{m}}{\lambda^3}, & \lambda = \sqrt[3]{\frac{\mathfrak{m}}{\varrho}}, \end{array}\right\} \tag{ig}$$

(1) Atomzahl der Molekeln; Dissoziation und Polymerisation. Aus einem Atom besteht, soweit bis jetzt bekannt, die Molekel von Quecksilber, Cadmium und Zink, aus zwei Atomen die Molekel der meisten Stoffe, aus vier Atomen die Molekel von Phosphor und Arsen; bei Quecksilber u. s. w. ist also das Molekulargewicht mit dem Atomgewicht identisch, bei Sauerstoff u. s. w. doppelt so groß, bei Phosphor und Arsen viermal so groß; man schreibt demgemäß die Quecksilbermolekel Hg, die Sauerstoffmolekel O_2, die Phosphormolekel P_4.

Es gilt dies jedoch nur für den gasförmigen Zustand, in welchem allein die Atomzahl sich feststellen läßt, und nur bis zu gewissen Temperaturen hinauf. Mit steigender Temperatur findet häufig eine Zerlegung der Molekeln in solche mit weniger Atomen statt, sie heißt Dissoziation. In sehr hohen Temperaturen kann daher die Atomzahl kleiner, im festen oder flüssigen Zustande größer sein, als die normale. Sie ist z. B. für Joddampf 2, oberhalb 1500° aber nur noch 1, bei Schwefel ist sie 2, unterhalb 600° aber 6. Mit der Dissoziation sinkt die Dampfdichte auf den entsprechenden Bruchteil, z. B. bei Jod auf die Hälfte herab, aber nicht plötzlich, sondern ganz allmählich (bei Jod zwischen 600° und 1500°), ein Zeichen dafür, daß auch die Dissoziation allmählich vor sich geht.

Andererseits kommt es auch vor, daß mehrere Molekeln zu einer einzigen zusammentreten; diese Erscheinung heißt Polymerisation, der betreffende Stoff polymer.

28. **Maxwellsches Gasgesetz** (1860). Die Wahrscheinlichkeit, daß die Geschwindigkeit einer Gasmolekel (im stationären Zustande) gleich $\mathfrak{g}$ sei (genauer: zwischen den Grenzen $\mathfrak{g}$ und $\mathfrak{g} + \mathfrak{d}\mathfrak{g}$ liege), ist durch die Formel bestimmt:

$$W = \frac{4}{\sqrt{\pi}} (k\,\mathfrak{m})^{3/2}\, \mathfrak{g}^2 e^{-k\,\mathfrak{m}\,\mathfrak{g}^2} d\mathfrak{g}, \tag{ih}$$

wo k eine von der Temperatur abhängige Konstante ist. Es giebt hiernach einen wahrscheinlichsten Geschwindigkeitswert $\mathfrak{G}_w$, einen arithmetischen Mittelwert $\mathfrak{G}_m$, ferner den schon oben eingeführten „kinetischen" Mittelwert $\mathfrak{G}$, dessen Quadrat der Mittelwert aller Geschwindigkeitsquadrate ist, endlich einen Wert von mittlerer Wahrscheinlichkeit (über dem es ebenso viele raschere wie unter ihm langsamere Molekeln giebt) $\mathfrak{G}_{mw}$. Der Größe nach ordnen sie sich folgendermaßen an:

$$\mathfrak{G} > \mathfrak{G}_m > \mathfrak{G}_{mw} > \mathfrak{G}_w,$$

insbesondere ist

$$\mathfrak{G}_m = \sqrt{\frac{8}{3\pi}}\,\mathfrak{G} = 0{,}921\,\mathfrak{G}, \quad \mathfrak{G}_w = \frac{\sqrt{\pi}}{2}\,\mathfrak{G}_m = \sqrt{\frac{2}{3}}\,\mathfrak{G}, \tag{ii}$$

und die Beziehung zu Druck und Dichte lautet (vgl. ob. **100**):

$$p = \frac{\varrho}{3}\mathfrak{G}^2 = \frac{\pi}{8}\varrho\,\mathfrak{G}_m^2 = \frac{\varrho}{2}\mathfrak{G}_w^2, \quad \mathfrak{G}_m = \sqrt{\frac{8p}{\pi\varrho}}, \quad \mathfrak{G}_w = \sqrt{\frac{2p}{\varrho}}. \tag{ik}$$

(1) Kinetischer Mittelwert der Molekulargeschwindigkeit einiger Gase bei 0° C. in Metern pro Sekunde (berechnet unter Annahme des Boyle'schen Gesetzes).

Äther	302	Jod	164	Schwefelwasserstoff	444
Äthylen	491	Kohlenoxyd	493	Schweflige Säure	324
Alkohol	382	Kohlensäure	392	Stickoxyd	476
Ammoniak	628	Luft	485	Stickoxydul	393
Brom	206	Phosphorwasserstoff	452	Stickstoff	492
Chlor	310	Quecksilber	184	Wasserdampf	614
Chlorwasserstoff	434	Sauerstoff	461	Wasserstoff	1843
Cyan	361				
Grubengas	636				

(ec)

Für Sauerstoff insbesondere ist

$$\mathfrak{G} = 461, \quad \mathfrak{G}_m = 425, \quad \mathfrak{G}_{mw} = 410, \quad \mathfrak{G}_w = 377, \qquad \text{(eb)}$$

und unter 1000 Teilchen haben eine Geschwindigkeit von:

< 100	100 bis 200	200 bis 300	300 bis 400	
13	81	167	215	(ee)
400 bis 500	500 bis 600	600 bis 700	> 700	
203	152	92	77	

Teilchen.

(2) Von der Wahrscheinlichkeit des Vorkommens einer Geschwindigkeit von bestimmter Größe ist wohl zu unterscheiden die Wahrscheinlichkeit des Vorkommens einer Geschwindigkeit von bestimmter Größe und Richtung $\mathfrak{g}\,\varphi\,\psi$ oder, was dasselbe ist, einer Geschwindigkeit von bestimmten Komponenten $\mathfrak{u}\,\mathfrak{v}\,\mathfrak{w}$ (vgl. 25); diese Wahrscheinlichkeit bestimmt sich durch die Formel:

$$W' = \left(\frac{k\mathfrak{m}}{\pi}\right)^{3/2} e^{-k\mathfrak{m}[\mathfrak{u}^2+\mathfrak{v}^2+\mathfrak{w}^2]}\, d\mathfrak{u}\, d\mathfrak{v}\, d\mathfrak{w}, \qquad \text{(il)}$$

sie nimmt also von dem Wertesystem $\mathfrak{u} = 0$, $\mathfrak{v} = 0$, $\mathfrak{w} = 0$ zu größeren Werten exponentiell ab; man kann durch Vergleichung das Gesetz so aussprechen: Die möglichen Werte der Geschwindigkeitskomponenten sind unter die Molekeln nach derselben Regel verteilt, nach welcher man bei der Methode der kleinsten Quadrate die Beobachtungsfehler auf die einzelnen Beobachtungen verteilen muß.

101. Molekulare Weglänge; Periode und Zahl der Stöße (CLAUSIUS 1858). Molekulare Weglänge heißt die Strecke, welche eine Molekel zwischen zwei Stößen resp. Ablenkungen zurücklegt, die hierzu erforderliche Zeit heißt Stoßperiode, ihr reziproker Wert Stoßzahl. Von allen diesen Größen, die für die verschiedenen Molekeln eines und desselben Gases in einem bestimmten Augenblicke und für dieselbe Molekel zu verschiedenen Zeiten verschieden sind, kann man mit Benutzung des Maxwell'schen Gesetzes Mittelwerte bilden und findet, wenn λ der mittlere Molekularabstand, $\mathfrak{r}$ der Radius der Wirkungssphäre, $\mathfrak{L}$ die mittlere Weglänge, $\mathfrak{T}$ die Periode und $\mathfrak{Z}$ die Zahl der Stöße in der Sekunde ist:

$$\mathfrak{L} = \frac{1}{\sqrt{2}}\,\frac{\lambda^3}{\pi\mathfrak{r}^2} = \frac{1}{\sqrt{2}}\,\frac{1}{\pi\mathfrak{r}^2\mathfrak{N}} = \frac{1}{\sqrt{2}}\,\frac{\mathfrak{m}}{\pi\varrho\mathfrak{r}^2}, \qquad \text{(im)}$$

$$\mathfrak{T} = \frac{\mathfrak{L}}{\mathfrak{G}_m} = \frac{1}{\sqrt{2}}\,\frac{\lambda^3}{\pi\mathfrak{r}^2\mathfrak{G}_m} = \frac{1}{\sqrt{2}}\,\frac{1}{\pi\mathfrak{r}^2\mathfrak{N}\mathfrak{G}_m} = \frac{1}{\sqrt{2}}\,\frac{\mathfrak{m}}{\pi\varrho\mathfrak{r}^2\mathfrak{G}_m}, \qquad \text{(in)}$$

$$\mathfrak{Z} = \frac{\mathfrak{G}_m}{\mathfrak{L}} = \frac{\pi\sqrt{2}\,\mathfrak{r}^2\mathfrak{G}_m}{\lambda^3} = \pi\sqrt{2}\,\mathfrak{r}^2\mathfrak{N}\mathfrak{G}_m = \frac{\pi\sqrt{2}\,\varrho\,\mathfrak{r}^2\mathfrak{G}_m}{\mathfrak{m}}. \qquad \text{(io)}$$

(1) Die Wahrscheinlichkeit, daß eine Molekel den Weg $\varkappa\mathfrak{L}$ zurücklege, ist durch die einfache Formel:

$$W'' = e^{-\varkappa} \qquad \text{(ip)}$$

bestimmt; von 100 Molekeln durchlaufen also ohne anzustoßen den Weg

0,01 $\mathfrak{L}$	0,02 $\mathfrak{L}$	0,1 $\mathfrak{L}$	0,2 $\mathfrak{L}$	0,25 $\mathfrak{L}$	0,33 $\mathfrak{L}$	0,5 $\mathfrak{L}$	1 $\mathfrak{L}$	2 $\mathfrak{L}$	3 $\mathfrak{L}$	4 $\mathfrak{L}$	4,6 $\mathfrak{L}$
99	98	90	82	78	72	61	37	14	5	2	1

(ef)

Molekeln; sehr große Weglängen kommen also äußerst selten vor.

(2) Der Ausdruck für die Weglänge kann in der Proportion

$$\mathfrak{L} : \lambda = \lambda^2 : \sqrt{2}\,\pi\,\mathfrak{r}^2 \qquad \text{(iq)}$$

geschrieben werden, die besagt, daß sich Weglänge zu Molekularabstand verhält wie die Seitenfläche des Molekularwürfels (Raum, in dem sich eine Molekel befindet) zum $\sqrt{2}$ fachen Querschnitt der Wirkungssphäre; daraus folgt, daß $\mathfrak{L}$ groß ist im Vergleich zu λ, d. h. daß eine Molekel an vielen Molekeln vorbeigeht, ehe sie an eine stößt, resp. von einer abgelenkt wird. Die molekulare Weglänge ist mit der Dichte umgekehrt proportional, also auch mit dem Druck; mit der Temperatur ändert sie sich nur insoweit die wirklichen Gase von den idealen abweichen, und zwar nimmt sie mit steigender Temperatur zu.

(3) Die innere Reibung der Gase stellt sich nach molekularer Auffassung (Maxwell 1860) als ein Austausch der Molekulargeschwindigkeiten dar, der Reibungskoeffizient selbst (**94**) ist durch die Formel:

$$\eta = \tfrac{1}{3}\,\mathfrak{N}\mathfrak{m}\,\mathfrak{G}_m\,\mathfrak{L} = \tfrac{1}{3}\,\varrho\,\mathfrak{G}_m\,\mathfrak{L} = \frac{\mathfrak{m}\,\mathfrak{G}_m}{4\,\pi\,\mathfrak{r}^2} \qquad \text{(ir)}$$

bestimmt; aus ihr ergiebt sich ohne weiteres die Unabhängigkeit vom Druck und das Wachsen mit der Temperatur; daß letzteres nicht proportional mit $\mathfrak{G}$, also mit $\sqrt{T}$ erfolgt, sondern etwas rascher, ist vielleicht der Änderung der Wirkungssphäre mit der Temperatur zuzuschreiben. Der zweite Koeffizient η' ist hier einfach $^1/_3$ des ersten. Ferner erlaubt die Formel die absolute Weglänge aus dem Reibungskoeffizienten, der Dichte und der Molekulargeschwindigkeit zu berechnen, woraus dann weiter Periode und Zahl der Stöße folgen. Für Luft ergiebt sich auf diese Weise bei 0° C. und 76 cm Druck:

$$\mathfrak{L} = 0{,}0000095\ \text{cm}, \quad \mathfrak{T} = 2{,}13 \times 10^{-10}\ \text{sec}, \quad \mathfrak{Z} = 47 \times 10^{8}\ \text{pro sec.} \qquad \text{(eq)}$$

Einige andere Zahlen sind folgende:

Gas	$\mathfrak{L}$	$\mathfrak{Z}$	Gas	$\mathfrak{L}$	$\mathfrak{Z}$
Äthylen	0,0000058	81×10^8	Kohlensäure . .	0,0000068	55×10^8
Ammoniak . . .	0,0000074	81×10^8	Sauerstoff . . .	0,0000106	41×10^8
Chlor	0,0000047	62×10^8	Stickoxyd . . .	0,0000096	47×10^8
Chlorwasserstoff	0,0000073	57×10^8	Stickstoff	0,0000099	48×10^8
Grubengas . . .	0,0000085	73×10^8	Wasserdampf .	0,0000065	90×10^8
Kohlenoxyd . . .	0,0000099	48×10^8	Wasserstoff . .	0,0000186	95×10^8

(eh)

Eine besonders einfache Beziehung ergiebt sich für den Gleitungskoeffizienten (**95**), es ist nämlich

$$\gamma = \mathfrak{L}, \tag{is}$$

also der Gleitungskoeffizient mit der Weglänge identisch.

102. Absolute Verhältnisse der Molekeln (Loschmidt 1865, Loth. Meyer 1867 u. v. A.).

a) Gesamtquerschnitt der Molekeln in der Volumeneinheit; man kann darunter entweder die Summe der Querschnitte aller Wirkungssphären, Q, oder die Summe der Querschnitte der Molekeln selbst, Q', verstehen, indem man für letzteren ein Viertel des ersteren (nämlich für den Molekularradius die Hälfte des Radius der Wirkungssphäre) annimmt, und erhält

$$Q = \pi r^2 \mathfrak{N} = \frac{3}{4\mathfrak{L}}, \qquad Q' = \frac{\pi r^2}{4}\mathfrak{N} = \frac{3}{16\mathfrak{L}}; \tag{it}$$

Q' ist z. B. in qcm pro ccm für Wasserstoff 9500, für Chlor sogar 37300, Zahlen, deren überraschende Größe nur bei außerordentlicher Kleinheit der Molekeln verständlich wird.

b) Molekulardurchmesser. Nimmt man an, daß bei der Verflüssigung das Gasvolumen sich auf das wirkliche Volumen der Molekeln reduziert, so kann man hieraus das Volumen, und somit den Durchmesser der Molekeln berechnen; in Wahrheit werden dies obere Grenzwerte sein. Man erhält z. B. für den Molekulardurchmesser des Wassers 44×10^{-9} cm, für Kohlensäure 114×10^{-9} cm. Andererseits kann man die Konstante b in der Gleichung von van der Waals zur Berechnung des Molekularvolumens benutzen (vgl. **100**(3)) und erhält dann z. B. für den Molekulardurchmesser der Luft 56×10^{-9} cm, der Kohlensäure 8×10^{-9} cm, also zahlenmäßig stark abweichende, der Größenordnung nach übereinstimmende Werte. Auch nach anderen Erwägungen erhält man ähnliche Werte.

c) Die Zahl der Molekeln pro ccm wird

$$\mathfrak{N} = \frac{3}{4\pi r^2 \mathfrak{L}}, \tag{iu}$$

also bei gewöhnlichem Druck und Temperatur für alle Gase etwa 21 Trillionen. Hieraus folgt ferner für den Molekularabstand λ = 0,000 003 5 mm.

d) Das Gewicht einer Molekel ist gleich dem spezifischen Gewicht des Gases dividiert durch die Molekelzahl in der Volumeneinheit; für Luft z. B. ist das Gewicht einer Molekel etwa 6×10^{-23} g, für Wasserstoff $0,5 \times 10^{-23}$ g; die Hälfte der letzteren Zahl ist also die Einheit, in der die üblichen Atomgewichte ausgedrückt sind. Dividiert man endlich das Gewicht durch das Volumen, so erhält man das spezifische Gewicht der Molekel; für Luft erhält man etwa 4.

e) Gestalt oder Struktur der Molekeln. Untersucht man die räumlichen Verhältnisse zusammengesetzter Molekeln, so findet man bei einigen annähernd die lineare Ausdehnung gleich der Summe der linearen Ausdehnungen der Atome, welche die Molekel bilden, bei anderen ist eher der Querschnitt der Molekeln gleich der Summe der Atomquerschnitte, bei noch anderen das Volumen der Molekel gleich der Summe der Volumina der Atome. Stellt man noch den Fall voran, daß alle drei Beziehungen annähernd in gleichem Maaße stimmen, so gelangt man zu der Vorstellung punktförmiger, kettenförmiger, flächenhafter und körperlicher Molekeln, also zu den sog. Typen von Gerhardt und Kekulé; als ihre Repräsentanten können gelten: HCl (punktförmig), H_2O (linear oder kettenförmig), NH_3 (flächenhaft) und CH_4 (körperlich).

103. Molekulartheorie der Lösungen. Unter den Flüssigkeiten lassen die Lösungen (**87**), insbesondere die verdünnten, mit Erfolg die molekulare Behandlung zu. Da sich verdünnte Lösungen (vgl. ***26***) in vielen Hinsichten wie Gase verhalten, lassen sich auch die molekularen Anschauungen über Gase (s. oben) sinngemäß auf Lösungen übertragen, wobei das Lösungsmittel mit dem leeren Raum, die Molekeln des gelösten Stoffes mit den Gasmolekeln zu vergleichen sind. In verdünnten Lösungen ist hiernach der Abstand der gelösten Molekeln groß gegen ihre Dimensionen u. s. w. Gesättigte Lösungen sind den gesättigten Dämpfen (**84**) zu vergleichen und verhalten sich wie diese wesentlich abweichend.

(1) Normallösung heißt eine Lösung, die 1 Gramm-Äquivalent Salz (**99** (3)) auf 1 Liter Lösungsmittel enthält; man spricht dann weiter von zehnfacher, $^1/_{10}$ Normallösung u. s. w.

29 a. **Molekulargesetz der verdünnten Lösungen (zweites van't Hoff'sches Gesetz):** Bei gleichem osmotischem Druck und gleicher Temperatur enthalten alle verdünnten Lösungen die gleiche Anzahl gelöster Molekeln in der Volumeneinheit, und zwar die gleiche Anzahl wie die der Gasmolekeln in einem Gase von gleicher Temperatur und gleichem Gasdruck.

(1) Damit dieses Gesetz erfüllt sei, muß man in vielen Fällen annehmen, daß die gelösten Molekeln dissoziiert sind (vgl. *27c* (1)); hiermit stimmt es, daß in diesen Fällen die Zahl der Molekeln gerade $^1/_2$, $^1/_3$ u. s. w. so groß ist, wie sie sein sollte, wenn die Molekeln ungespalten wären. Wie bei den Gasen mit der Temperatur, so nimmt bei den Lösungen die Dissoziation mit der Konzentration allmählich zu.

(2) Die bei der Dissoziation der Lösungen entstehenden neuen Molekeln (Halbmolekeln) heißen wegen der Rolle, die sie bei der Leitung des elektrischen Stromes spielen, Ionen, und zwar positive oder Kationen und negative oder Anionen (s. w. u.).

(3) Lösungen mit gleicher Zahl gelöster Molekeln heißen isomolekulare oder isotonische Lösungen (vgl. **87** (2)).

***29b*. Gesetz der molekularen Gefrierpunktserniedrigung und Siedepunktserhöhung der Lösungen (Raoultsches Gesetz 1888).** In Lösungen (einschließlich der Flüssigkeitsgemische, Amalgame und Legierungen) liegt der Gefrierpunkt niedriger (*26* (4)), der Siedepunkt höher (*26* (5)) als bei dem reinen Lösungsmittel, die Dampfspannung ist also über der Lösung niedriger, als über dem reinen Lösungsmittel. Die Molekulartheorie erlaubt diese Thatsachen quantitativ einfach auszusprechen: Für ein bestimmtes Lösungsmittel ist die molekulare, d. h. von einer Gramm-Molekel des gelösten Stoffes auf 100 g des Lösungsmittels hervorgebrachte Gefrierpunktserniedrigung und ebenso die molekulare Dampfdruckerniedrigung für alle Konzentrationen eines gelösten Stoffes und sogar für alle verschiedenen gelösten Stoffe gleich groß; für verschiedene Lösungsmittel ist die molekulare Gefrierpunktserniedrigung und die relative Dampfdruckerniedrigung gleich groß, falls das Verhältnis der Zahl der gelösten Molekeln zur Gesamtzahl aller Molekeln (des gelösten Stoffes und des Lösungsmittels) das gleiche ist.

(1) Auch dieses Gesetz gilt ohne weiteres nicht allgemein, sondern nur in zahlreichen Fällen; in vielen anderen muß man, damit es erfüllt sei, entweder Polymerisation oder Dissoziation (*27c* (1)) zu Hilfe nehmen; für die Gefrierpunktserniedrigung hilft auch dies nicht in allen Fällen.

Einige Werte der molekularen Gefrierpunktserniedrigung:

Lösungen in Wasser

Äther	16,6°	Arsensäure	42,6°= 2 × 21,3	Mittelwert: 18,5° (resp. 2×18,5°)	(ei)
Glycerin	17,1	Chlorkalium	33,6 = 2 × 16,8		
Methylalkohol	17,3	Chlornatrium	35,1 = 2 × 17,6		
Rohrzucker	18,5	Kali	35,3 = 2 × 17,7		
Phenol	15,5	Phosphorsäure	42,9 = 2 × 21,5		
Weinsäure	19,5	Salpetersäure	35,8 = 2 × 17,9		

Mittelwerte in verschiedenen Lösungsmitteln (die Zahlen müßten den Molekulargewichten umgekehrt proportional sein, wenn der letzte Teil des Raoultschen Gesetzes allgemein richtig wäre)

Äthylendibromid	118°	Phenol	74°	(ef)
Ameisensäure	27,7	Stickstoffdioxyd	41	
Benzol	49	Thymol	83	
Essigsäure	39	Wasser	18,5	

104. Molekulartheorie der festen Körper. Zur Darstellung der geometrischen und physikalischen Symmetrieverhältnisse der Krystalle hat sich die Molekulartheorie als sehr erfolgreich erwiesen (Bravais 1849, Sohncke 1867, Schoenflies 1891 u. A.). Hiernach besteht ein Krystall aus Elementen, die jedoch nicht notwendig mit den Molekeln identisch sind, sondern sehr wohl noch aus einer sehr großen Zahl solcher bestehen können, und die man Krystallmolekeln nennt. Eine Reihe von Krystallmolekeln in einer geraden Linie bildet eine Punktreihe. Der Abstand benachbarter Punkte in der Reihe ist überall gleich und ebenso groß wie in allen parallelen Punktreihen, dagegen ist er für die Punktreihen in einer anderen Richtung ein anderer. Eine Ebene von Punkten heißt Netzebene, sie wird durch die Punkte in lauter kongruente Parallelogramme geteilt; eine Netzebene von anderer Richtung wird aber in andere Parallelogramme geteilt; je dichter eine Netzebene mit Punkten besetzt ist, desto größer ist ihr Abstand von der nächsten parallelen Netzebene. Alle Punkte zusammen bilden ein Raumgitter, das durch die Punkte in lauter kongruente Parallelepipeda geteilt ist. Es giebt nur 14 Arten von Raumgittern. Nimmt man zwei Arten von Krystallmolekeln an, die entgegengesetzt orientiert, also einander spiegelbildlich gleich sind, bildet aus jeder Art ein Raumgitter und steckt diese so ineinander, daß um jede Molekel alle übrigen der Lage und der Art nach genau ebenso gruppiert sind, wie um jede andere Molekel derselben Art, so erhält man ein regelmäßiges Punktsystem. Ein Krystall besteht entweder aus einem Raumgitter erster Art oder aus einem Raumgitter zweiter Art, oder aus einem aus beiden kombinierten Punktsystem; die ersten beiden

Fälle treten bei Krystallen ein, die sich in zwei enantiomorphen (spiegelbildlich gleichen, vgl. **72** (2)) Formen vorfinden, der dritte Fall für alle übrigen, also weitaus am häufigsten. Aus der möglichen Zahl von Raumgittern und regelmäßigen Punktsystemen ergiebt sich die richtige Zahl der Krystallklassen und Krystallsysteme.

(1) Die unendliche Mannigfaltigkeit der Verhältnisse der Körper wird hiermit auf die nur zweifache Mannigfaltigkeit der Molekeln zurückgeführt, alles übrige ist dann eine Folge der räumlichen Anordnung oder Struktur (nicht zu verwechseln mit der chemischen Struktur (**102 e**), d. h. der Anordnung der Atome innerhalb der Molekeln).

(2) Auch bei isotropen Körpern kommt man mit punktförmigen Molekeln nicht aus, um das elastische Verhalten darzustellen (Poisson-sche Molekulartheorie der Elastizität), muß vielmehr den Molekeln Orientierung oder Polarität zuschreiben (Voigt'sche Theorie). Man kann indessen die erstere Annahme benutzen, um durch die Abweichung von ihren Konsequenzen den Grad der Polarität zu veranschaulichen; vgl. oben ***22 a***, wo am Schlusse die der Poisson'schen Annahme entsprechenden Formeln (ew) angegeben sind. Hiermit im Zusammenhange steht die Vorstellung, daß die isotropen Körper nicht in den kleinsten und selbst nicht in kleinen Teilen isotrop sind, sondern nur durch die verschiedene Orientierung der Teile durchschnittlich isotrop erscheinen: quasi-isotrope Körper (**66** (4)).

(3) Ganz analog ist die Molekulartheorie des Magnetismus (W. Weber); die Molekularmagnete entsprechen den Krystallmolekeln, ein magnetisierter einem Krystall, ein unmagnetischer einem quasi-isotropen Körper.

105. Wirbelmolekeln und Wirbelatome. Unter den Flüssigkeitsbewegungen giebt es eine, die Wirbelbewegung (s. u. **107**), die sich durch merkwürdige Eigenschaften auszeichnet. Ein geschlossener Komplex von Teilen der Flüssigkeit, die zusammen eine Wirbelbewegung ausführen, insbesondere ein sog. Wirbelring kann nämlich, falls es sich um eine ideale Flüssigkeit handelt, weder vergehen, noch neu entstehen, noch einzelne Teile einbüßen, noch neue Flüssigkeitsteile aufnehmen, er ist also ein zeitlich und räumlich selbständiges Ganze; andererseits kann er von der verschiedensten Beschaffenheit nach Größe und Gestalt sein, und auch ein einmal gegebener Wirbelring kann seine Dimensionen und seine Gestalt fortwährend verändern. Ein Wirbelring hat also die beiden Eigenschaften ewiger unveränderlicher Quantität und denkbar mannigfaltigster Qualität, d. h. gerade die beiden Eigenschaften, die von einem Atom zu fordern sind. Demgemäß kann man sich nach Lord Kelvin (W. Thomson, 1867) die Materie hervorgehend denken aus einem idealen Substrat, das an sich noch nicht Materie ist, es aber dadurch wird, daß es aus lauter äußerst kleinen Wirbelringen besteht; die Wirbelringe sind die Atome, Komplexe von ihnen, die in der verschiedensten Weise verkettet oder verschlungen sein können, sind die Molekeln. Der große Vorzug dieser Vorstellung liegt darin, daß die Materie bei ihr, wie bei der gewöhnlichen Stetigkeitshypothese, stetig ist, dagegen, wie bei der gewöhnlichen Molekularhypothese, aus wirklichen, nicht bloß gedachten Teilen besteht.

(1) Die Bewegungen, welche die Molekeln in sich ausführen, sind „Dauerbewegungen"; im Gegensatze dazu sind Bewegungen der Materie, z. B. auch in der Materie durch Reibung sich bildende Wirbelbewegungen, „vorübergehende Bewegungen". Dauerbewegungen sind immer molekularen Charakters, weil nur das ursprüngliche Substrat ideal ist; da sie sich der Beobachtung entziehen, gehören sie zu den verborgenen Bewegungen. Derartige Dauerbewegungen lassen sich auch auf den hypothetischen Äther übertragen und spielen daher bei der Darstellung der elektrischen, magnetischen und optischen Erscheinungen eine wichtige Rolle.

Sechstes Kapitel.

Potential.

106. Geschwindigkeitspotential (der Begriff von Lagrange 1815, der Name von Helmholtz 1858) ist diejenige Funktion der Koordinaten, deren Differentialquotienten nach den Koordinatenrichtungen die Geschwindigkeitskomponenten ergeben; der nach irgend einer Richtung giebt alsdann die Komponente der Geschwindigkeit nach dieser Richtung, der nach der Bewegungsrichtung giebt die ganze Geschwindigkeit. Formeln (n Richtung der Bewegung):

$$\frac{\partial \varphi}{\partial x} = u, \quad \frac{\partial \varphi}{\partial y} = v, \quad \frac{\partial \varphi}{\partial z} = w, \quad \frac{\partial \varphi}{\partial n} = G; \tag{iv}$$

$$\varphi = \int (u\,dx + v\,dy + w\,dz); \tag{iw}$$

$$[\varphi] = l^2 t^{-1}. \tag{CG}$$

Verrückungspotential. Zuweilen, besonders bei festen Körpern, ersetzt man in obiger Definition die Geschwindigkeit durch die Verrückung und gelangt so zu dem Verrückungs- oder Verschiebungspotential φ_1:

$$\frac{\partial \varphi_1}{\partial x} = u_1, \qquad \frac{\partial \varphi_1}{\partial y} = v_1, \qquad \frac{\partial \varphi_1}{\partial z} = w_1, \qquad \frac{\partial \varphi_1}{\partial n} = G_1, \tag{ix}$$

$$\varphi_1 = \int (u_1 dx + v_1 dy + w_1 dz), \tag{iy}$$

$$[\varphi_1] = l^2; \tag{CH}$$

die Formeln sind dieselben, die Dimension um den Zeitfaktor verschieden.

(1) Die Kontinuitätsgleichung (*17* (4)) wird hier für Flüssigkeiten:

$$\frac{\partial^2 \varphi}{\partial x^2} + \frac{\partial^2 \varphi}{\partial y^2} + \frac{\partial^2 \varphi}{\partial z^2} = 0, \qquad \text{kurz } \Delta\varphi = 0, \tag{iz}$$

für Gase:

$$\Delta\varphi = -\frac{1}{\varrho}\frac{d\varrho}{dt}. \tag{ka}$$

***30.* Satz von den beiden möglichen Bewegungs- resp. Deformationsarten** (v. Helmholtz 1858). Je nachdem ein Geschwindigkeitspotential existiert oder nicht, sind die Drehungskomponenten (**29**) null oder von null verschieden; im ersten Falle ist

$$\frac{\partial w}{\partial y} = \frac{\partial v}{\partial z}, \qquad \frac{\partial u}{\partial z} = \frac{\partial w}{\partial x}, \qquad \frac{\partial v}{\partial x} = \frac{\partial u}{\partial y}, \tag{kb}$$

im anderen sind diese Größen ungleich. Die erste Art von Bewegung nennt man Potentialbewegung, die andere Rotationsbewegung; ebenso unterscheidet man zwischen Potentialdeformation und Rotationsdeformation.

(1) Potentialbewegung ist prinzipiell einfacher als Wirbelbewegung; bei jener sind nur drei Größen ($\varrho\, p\, \varphi$), bei dieser fünf ($\varrho\, p\, u\, v\, w$) zu bestimmen.

107. Strömung und Wirbelbewegung. Bei Flüssigkeiten und Gasen nennt man die Potentialbewegung Strömung, die Rotationsbewegung Wirbelbewegung. Die Strömung kann mit der Zeit veränderlich oder stationär sein (**24g**); sie kann ferner ungeschlossen oder geschlossen, d. h. cyklisch sein, im letzteren Falle nennt man sie Cirkulation, und das Geschwindigkeitspotential ist alsdann vieldeutig, was nur in mehrfach zusammenhängenden Räumen (**18**) möglich ist. In einem einfach zusammenhängenden, von Flüssigkeit erfüllten Raume kann daher Potentialbewegung nicht eintreten.

Die Wirbelbewegung andererseits hat in einer idealen Flüssigkeit das Charakteristikum, daß sie weder entstehen noch aufhören kann, und daß ein Komplex wirbelnder Teilchen keine Teilchen abgeben und keine neuen aufnehmen kann; die in einer wirklichen Flüssigkeit hiervon eintretenden Abweichungen sind also eine Folge der inneren Reibung (s. w. u.); Wirbelbewegung an sich ist immer geschlossen. In einer

Flüssigkeit kann gleichzeitig an gewissen Stellen Strömung, an anderen Wirbelbewegung stattfinden, es können auch an demselben Orte beide Bewegungen koexistieren, d. h. ein Wirbel kann mit oder in der Flüssigkeit fortschreiten.

(1) Rein geometrisch hat die Cirkulation mit der Wirbelbewegung große Ähnlichkeit, es können z. B. beide Drehungen in konzentrischen Kreisbahnen um ein Centrum sein; der charakteristische Unterschied liegt darin, daß die Geschwindigkeit mit dem Abstand vom Centrum dort abnimmt, hier zunimmt, oder die Winkelgeschwindigkeit dort quadratisch abnimmt, hier konstant ist. Häufig ist ein Wirbel von einer Cirkulationshülle umgeben, aber durch das genannte Verhalten sind sie trotzdem scharf geschieden (soweit nicht die Reibung einen Übergang schafft).

(2) Außer bei wirklichen Flüssigkeiten finden die Begriffe der Strömung, Cirkulation und Wirbelbewegung auch bei anderen, hypothetischen oder immateriellen Substraten Anwendung, ganz besonders auf die Elektrizität und den Magnetismus, ferner z. T. auf die Wärme; für diese Gebiete gelten demgemäß die folgenden Ausführungen in entsprechender Weise.

108. Strömungsfeld heißt ein Raum, der von Strömungen erfüllt ist; in speziellen Fällen kann das Feld auch flächenhaft (Flächenströmung) oder linienhaft (lineare Strömung) sein. Die Stellen, an denen von auswärts Flüssigkeit in das Feld eintritt, heißen Quellen (Quellpunkte, Quelllinien, Quellflächen), die Stellen, wo Flüssigkeit das Feld verläßt, Senken (bei elektrischen Strömungen heißen die entsprechenden Stellen Elektroden, und zwar Anode und Kathode); die in der Zeiteinheit ein- oder austretende Flüssigkeitsmenge heißt die Stärke oder Ergiebigkeit resp. Konsum der Quelle resp. Senke. Die Flächen:

$$\varphi = \text{const} \tag{kc}$$

heißen Flächen gleichen Geschwindigkeitspotentials oder, wenn dies keine Verwechselung mit anderem hervorrufen kann, Niveauflächen (für Flächenströmung Linien gleichen Geschwindigkeitspotentials oder Niveaulinien); man wählt aus ihrer unendlichen Zahl solche aus, die sich um gleiche Differenzen der Konstanten unterscheiden, z. B. die Flächen $\varphi = 0$, $\varphi = 1$ u. s. w. Die Linien, die in jedem ihrer Punkte die Richtung der Strömung bezeichnen, heißen Stromlinien, sie haben die Gleichungen

$$dx : dy : dz = \frac{\partial \varphi}{\partial x} : \frac{\partial \varphi}{\partial y} : \frac{\partial \varphi}{\partial z} \tag{kd}$$

und schneiden die Niveauflächen überall senkrecht. Ein von einem unendlich dünnen Bündel von Stromlinien erfüllter Teil der Flüssigkeit heißt Stromfaden oder Stromröhre. Die Differenz der Geschwindigkeitspotentiale zweier Punkte heißt die Strömung zwischen ihnen, die Strömung von einem Punkte längs einer Linie zu ihm selbst zurück heißt Cirkulation (s. oben); letztere ist in einem einfach zusammenhängenden Raume offenbar null, in einem mehrfach zusammenhängenden, z. B. wenn in dem Strömungsfelde sich ein fester Körper oder ein Wirbel oder ein Hohlraum befindet, von null verschieden, aber für alle ineinander überführbaren Wege (**18**) gleich groß.

(1) Die Stärke einer Quelle J ist, wenn ds ein Element einer kleinen, die Quelle umgebenden Oberfläche ist, die als Niveaufläche betrachtet werden kann:

$$J = \int \frac{\partial \varphi}{\partial n} \varrho \, ds, \tag{ke}$$

speziell für inkompressible Flüssigkeiten:

$$J = \varrho \int \frac{\partial \varphi}{\partial n} ds; \tag{kf}$$

für jede geschlossene Fläche, innerhalb deren keine Quelle oder Senke liegt, wird J, also das Integral null und die Gleichung identisch mit der Kontinuitätsgleichung.

(2) Die Stromlinien sind im allgemeinen von den Bahnlinien der Teilchen verschieden, fallen aber für stationäre Bewegung (**24 g**) mit ihnen zusammen.

(3) Zwischen zwei Niveauflächen ist die Geschwindigkeit an verschiedenen Stellen ihrem Abstande umgekehrt proportional; für stationäre Bewegung ist sie auch an verschiedenen Stellen eines Stromfadens dem Querschnitt desselben umgekehrt proportional:

$$q\,G = \text{const}; \tag{kg}$$

man gewinnt also aus der Anschauung des Feldes ein vollständiges Bild der Geschwindigkeitsverteilung.

(4) Die feste Begrenzung (und ebenso die Wirbelgrenze) des Strömungsfeldes muß überall senkrecht zu den Niveauflächen liegen, also aus Stromlinien bestehen; an der freien Grenze muß der Druck konstant sein.

109. Wirbelfeld ist ein Raum, der von Wirbeln erfüllt ist. Eine Linie, die überall die Richtung der Drehungsaxe hat, heißt Wirbellinie; sie besteht bei einer idealen Flüssigkeit stets aus denselben Teilchen, und die Drehungsgeschwindigkeit ist dem Abstand zweier Teilchen auf ihr und der Dichte proportional. Eine von einem unendlich dünnen Bündel von Wirbellinien erfüllte Flüssigkeitsmenge heißt Wirbelfaden; er besteht stets aus denselben Teilchen, und es ist das Produkt aus Querschnitt q und Drehungsgeschwindigkeit Θ an allen Stellen des Wirbelfadens und zu allen Zeiten von derselben Größe.

Dieses hiernach für den Wirbelfaden charakteristische Produkt heißt seine Intensität i, sie ändert sich nicht mit der Zeit. Formel:

$$i = q\,\Theta = q\sqrt{\xi^2 + \eta^2 + \zeta^2} \qquad \text{(kh)}$$

$$[i] = l^2 t^{-1} \qquad \text{(CJ)}$$

(1) Die Komponenten der Wirbelgeschwindigkeit (vgl. **29**, dort $\pi\chi\varrho$ genannt) erfüllen die Gleichung

$$\frac{\partial \xi}{\partial x} + \frac{\partial \eta}{\partial y} + \frac{\partial \zeta}{\partial z} = 0. \qquad \text{(ki)}$$

(2) Bei der Wirbelbewegung kann mann $u\,v\,w$ nicht als Differentialquotienten einer Größe darstellen, wohl aber in der Form:

$$u = \frac{\partial W}{\partial y} - \frac{\partial V}{\partial z}, \qquad v = \frac{\partial U}{\partial z} - \frac{\partial W}{\partial x}, \qquad w = \frac{\partial V}{\partial x} - \frac{\partial U}{\partial y}, \qquad \text{(kk)}$$

wo $U\,V\,W$ die Werte

$$U = \frac{1}{2\pi}\int\frac{\xi\,d\tau}{r}, \qquad V = \frac{1}{2\pi}\int\frac{\eta\,d\tau}{r}, \qquad W = \frac{1}{2\pi}\int\frac{\zeta\,d\tau}{r} \qquad \text{(kl)}$$

haben, $d\tau$ ein Element des Wirbelfelds und r seine Entfernung vom Punkte $x\,y\,z$, für den $u\,v\,w$ gelten, ist; $U\,V\,W$ heißen Wirbelfunktionen.

(3) Die wichtigsten Spezialfälle sind gradlinige Wirbelfäden, die in der Oberfläche des Feldes enden; Wirbelringe (parallel, verkettet u. s. w.); Wirbelflächen, Wirbelröhren (s. w. u.).

110. Potential. Beschleunigungspotential heißt diejenige Funktion der Koordinaten, deren negative Differentialquotienten nach den Koordinatenaxen die Komponenten der Beschleunigung ergeben. Kräftepotential oder Kräftefunktion heißt diejenige Funktion der Koordinaten, deren negative Differentialquotienten nach den Koordinatenaxen die Komponenten der Kraft, nach irgend einer Richtung die Kraftkomponente in dieser Richtung, nach der Richtung der Kraft diese selbst ergeben. Gewöhnlich betrachtet man die Kraftwirkung, welche die Masseneinheit erfährt (für eine andere Masse ist dann mit dieser zu multiplizieren), Beschleunigungspotential und Kräftepotential sind dann identisch, man nennt sie Potential auf die Masseneinheit, Einheitspotential oder kurz: Potential. Formeln (V Einheitspotential, V_m Potential auf die Masse m):

$$\left.\begin{array}{l} -\frac{\partial V}{\partial x} = X, \qquad -\frac{\partial V}{\partial y} = Y, \qquad -\frac{\partial V}{\partial z} = Z, \\ \sqrt{\left(\frac{\partial V}{\partial x}\right)^2 + \left(\frac{\partial V}{\partial y}\right)^2 + \left(\frac{\partial V}{\partial z}\right)^2} = -\frac{\partial V}{\partial n} = K, \\ V = -\int(X\,dx + Y\,dy + Z\,dz), \qquad V_m = mV, \end{array}\right\} \qquad \text{(km)}$$

$$[V] = l^2 t^{-2}, \qquad [V_m] = l^2 t^{-2} m. \qquad \text{(CK) (CL)}$$

Das Einheitspotential ist hiernach formell mit dem Quadrat einer Geschwindigkeit übereinstimmend.

(1) Zuweilen wird die der obigen entgegengesetzte Größe, also die, deren positiver Differentialquotient die Kraft ergiebt, als Potential bezeichnet, was auch formell näher liegt; indessen entspricht die gewählte Definition der Vorstellung des Potentials als eines Kraftniveaus, von dessen größeren zu kleineren Werten die Kraft fließt (s. **111**).

(2) Das Potential ist durch seine Definition nicht absolut, sondern nur bis auf eine willkürliche additive Konstante bestimmt; dieselbe ist physikalisch gleichgültig, man kann sie daher z. B. so wählen, daß der konstante Wert des Potentials in der Unendlichkeit geradezu null wird.

(3) Zuweilen wird ein erweiterter Potentialbegriff eingeführt, der außer von den Koordinaten auch von den Geschwindigkeitskomponenten abhängt. Hängen ferner die Kraftkomponenten von der Zeit ab, so ist auch das Potential eine Funktion der Zeit.

(4) Damit die Kräfte ein Potential haben, müssen sie die Beziehungen erfüllen:

$$\frac{\partial Y}{\partial z} = \frac{\partial Z}{\partial y}, \qquad \frac{\partial Z}{\partial x} = \frac{\partial X}{\partial z}, \qquad \frac{\partial X}{\partial y} = \frac{\partial Y}{\partial x}. \qquad \text{(kn)}$$

(5) Da man die meisten physikalischen Kräfte als Wirkungen von Masse zu Masse betrachten kann, kann man das Potential auch als **Massenpotential** bezeichnen und, wenn die Kraft nur von der Entfernung zwischen den Massen abhängt, setzen (r Entfernung des wirkenden Massenteilchens dm_1 (Koordinaten $x_1\, y_1\, z_1$) vom beeinflußten Punkte $x\, y\, z$, $f'(r)$ Entfernungsgesetz):

$$\left.\begin{aligned} X &= \int f'(r) \frac{x - x_1}{r}\, dm_1, \qquad Y = \int f'(r) \frac{y - y_1}{r}\, dm_1, \\ Z &= \int f'(r) \frac{z - z_1}{r}\, dm_1, \\ V &= \int f'(r)\, dm_1, \qquad V_{m_2} = m_2 \int f(r)\, dm_1. \end{aligned}\right\} \quad \text{(ko)}$$

Näheres hierüber s. w. u.

(4) **Potential der Wechselwirkung** zwischen zwei Massen ist die Größe

$$W = \iint f(r)\, dm_1\, dm_2 = \int V_{m_2} dm_1 \qquad [W] = l^2 t^{-2} m. \qquad \text{(kp) (CM)}$$

111. Kraftfeld heißt ein Raum, in welchem Kräfte wirksam sind. Man kann, indem man das Bild der Strömung und der Wirbel von materiellen Substraten auf Kräfte überträgt, eine sehr anschauliche Vorstellung von den Verhältnissen im Kraftfelde gewinnen; man spricht in diesem Sinne von **Kraftströmung** und **Kraftwirbeln**. Wenn die

Kraft am Orte ihres Sitzes vom Charakter einer Schwingung ist, kann man in derselben bildlichen Weise von Kraftstrahlung sprechen, und diese Vorstellung führt auch in Fällen, in denen über den Schwingungscharakter der Kraft nichts bekannt ist, vielfach zu richtigen Ergebnissen.

Die wichtigsten Elemente des Kraftfeldes sind folgende:

a) Kraftquellen und Kraftsenken oder positive und negative Kraftpole sind die Stellen, an denen die Kraft in das Feld einströmt oder aus ihm ausströmt. Im Sinne der Kraftwirkung von Masse zu Masse (die auch eine imponderable, elektrische oder magnetische Masse sein kann) sind die Kraftpole zugleich Massenpole (elektrische Pole, Magnetpole), ihr Charakteristikum ist die Masse, die im Hinblick auf die von ihr ausgehende Kraftwirkung als Polstärke (Ergiebigkeit der Kraftquelle, Konsum der Kraftsenke) bezeichnet wird. Mit der Polstärke m ist die Kraft im ganzen Felde des Poles proportional, man kann sie also auf die Kraft reduzieren, die von einem Pole von der Stärke 1 ausgeht; einen solchen nennt man Einheitspol.

b) Feldstärke oder Feldintensität F heißt die Kraft, die an irgend einer Stelle des Feldes auf die Masseneinheit wirkt; die Kraft auf eine andere Masse erhält man durch Multiplikation mit dieser Masse.

c) Eine Fläche, in deren sämtlichen Punkten das Potential denselben Wert hat

$$V = \text{const}, \tag{kq}$$

heißt Fläche gleichen Potentials, Äquipotentialfläche, Kraftniveaufläche oder (wenn Verwechslungen ausgeschlossen sind, vgl. **108**) schlechthin Niveaufläche. Wählt man aus den Niveauflächen solche aus, deren Potentialwerte sich um gleich viel unterscheiden, so ist die Feldstärke ihrem Abstande von einander überall umgekehrt oder ihrer „Dichte" direkt proportional.

d) Eine Linie, die überall die Richtung der Kraft angiebt, und zwar nach abnehmenden Potentialwerten hin, heißt Kraftlinie:

$$dx : dy : dz = \frac{\partial V}{\partial x} : \frac{\partial V}{\partial y} : \frac{\partial V}{\partial z}. \tag{kr}$$

Die Kraftlinien gehen von den positiven Polen durch das Feld zu den negativen und kreuzen die Niveauflächen überall senkrecht. Auch mit der „Dichte" der Kraftlinien, d. h. mit der durch die Flächeneinheit der Niveaufläche hindurchtretenden Zahl von Kraftlinien ist die Feldstärke an dem betreffenden Orte proportional; man kann sie ihr geradezu gleich machen, indem man aus den Kraftlinien eine geeignete Anzahl herausgreift (s. w. u.). Die Feldstärke in Dynen ist dann also gleich der Kraftlinienzahl pro qcm.

e) Ein Teil des Feldes, der von einem Bündel von Kraftlinien erfüllt ist, heißt Kraftfaden oder Kraftröhre. An den verschiedenen Stellen eines Kraftfadens ist die Feldstärke mit dem Querschnitt des Fadens umgekehrt proportional; man kann sie geradezu gleich dem reziproken Werte des Querschnittes machen, indem man den Querschnitt des Fadens an irgend einer Stelle geeignet wählt; wählt man ihn für die anderen Fäden entsprechend, so ist im ganzen Felde die Feldstärke der reziproke Wert des Kraftfadenquerschnittes. Ein so gewählter Kraftfaden heißt Einheitsfaden, Einheitssolenoid oder auch kurz Solenoid.

f) Kraftströmung oder Kraftfluß heißt das Produkt aus Querschnitt des Kraftfadens und Feldstärke, in Formel:

$$S = qF, \qquad F = \frac{S}{q}; \tag{ks}$$

die Kraftströmung in einem Faden ist an allen Stellen desselben gleich groß (Satz von der Erhaltung der Kraftströmung); in einem Einheitsfaden ist sie also gleich 1. Die Kraftströmung durch den ganzen Querschnitt eines Feldes heißt die ganze Kraftströmung, oft auch kurz Kraftströmung (ungeeignet ist dagegen der hierfür zuweilen gebrauchte Ausdruck Feldstärke, der dann in der hier gebrauchten Bedeutung durch „Felddichte“ ersetzt wird).

(1) Die Dimensionsformel der Begriffe Polstärke, Feldstärke und Kraftströmung hängt von der Wahl des Maaßsystemes ab; im absoluten Maaßsystem Länge-Zeit-Masse wird:

$$[m] = m, \qquad [F] = l\,t^{-2}, \qquad [S] = l^3 t^{-2}; \tag{CN}$$

im Gravitationsmaaß (61b), je nachdem man m oder t eliminiert:

$$[m]_g = l^3 t^{-2} = m, \qquad [F]_g = l\,t^{-2} = l^{-2} m, \qquad [S]_g = l^3 t^{-2} = m, \tag{CO}$$

die Kraftströmung ist also hier begrifflich eine Masse; ein gemischtes System endlich, bei dem zwischen Polstärke und Masse unterschieden wird, ist für das elektrische und magnetische Feld im Gebrauch (s. w. u.).

(2) Der einfachste und elementare Fall ist der einer einzigen punktförmigen Kraftquelle oder eines punktförmigen Poles; andere Fälle sind die mehrerer Pole, ferner die der gradlinigen oder krummlinigen, ebenen oder krummflächigen, endlich der räumlichen Kraftquelle; bei den Imponderabilien, bei denen die Massen positiv oder negativ sein können, kommen dann noch Quellpaare in Betracht, nämlich Doppelpunkte, Doppellinien und Doppelflächen. Mit Hilfe des Prinzips der Superposition lassen sich diese Fälle aus dem elementaren ableiten.

(3) In besonderen Fällen giebt es auch ganze Niveauräume, d. h. Räume, in deren sämtlichen Punkten das Potential denselben

Wert hat; in solchen Räumen ist die Kraft überall null; von der Begrenzung eines derartigen Raumes sagt man, daß sie eine Schirmwirkung oder Schutzwirkung ausübt (s. w. u.).

(4) Die Verhältnisse des Feldes hängen im übrigen von dem Entfernungsgesetz der Kraft ab (s. u.).

31. **Entfernungsgesetz der Kraft.** (Newton 1687, Coulomb 1785). Die Kraft oder Feldstärke nimmt mit der Entfernung von der Kraftquelle in demselben Verhältnis ab, in welchem die Größe der Niveauflächen zunimmt (vgl. das Entfernungsgesetz der Strahlung (*8*)). Sie ist also aus geometrischen Symmetriegründen bei punktförmiger Kraftquelle umgekehrt proportional dem Quadrat der Entfernung: Newton'sches Gesetz; in Formel, wenn m die Polstärke und γ die Wechselwirkungskonstante (**61 b**) ist:

$$F_p = \gamma \frac{m}{r^2}; \qquad K = \gamma \frac{m\, m_1}{r^2}. \tag{kt}$$

Das Newton'sche Gesetz ist als elementares Entfernungsgesetz zu bezeichnen, aus dem alle übrigen abgeleitet werden können. Für elektrische oder magnetische Pole wird es Coulomb'sches Gesetz oder elektrisches oder magnetisches Grundgesetz genannt.

Bei geradliniger Kraftquelle ist die Kraft umgekehrt proportional der Entfernung, bei ebener Kraftquelle von der Entfernung unabhängig. Für ein Quellpaar hängt sie natürlich von der Richtung ab; hiervon abgesehen ist sie für ein punktförmiges Polpaar umgekehrt proportional dem Kubus, für ein geradliniges dem Quadrat, für ein ebenes der Entfernung selbst. Endlich ist die Kraft, die ein Punktpaar auf ein anderes Punktpaar ausübt, umgekehrt proportional der vierten Potenz der Entfernung. (In allen diesen Fällen ist die Entfernung groß gedacht gegen den Abstand der Pole des Punktpaares).

(1) In dem Elementarfalle des punktförmigen Poles sind die Niveauflächen mit ihm konzentrische Kugeln, für einen geradlinigen Pol sind es mit ihm koaxiale Cylinderflächen, für einen ebenen Pol sind es zu ihm parallele Ebenen. Andere Formen von Niveauflächen s. u.

(2) Wenn die Niveauflächen parallele Ebenen sind, so sind die Kraftlinien parallele, äquidistante gerade Linien, die Kraft also an allen Stellen des Feldes die gleiche. Ein solches Feld heißt ein gleichförmiges oder homogenes Feld. Es tritt auf entweder bei einer im Endlichen gelegenen ebenen Kraftquelle oder bei einer im Unendlichen (praktisch: in großer Entfernung von den zu untersuchenden Stellen des Feldes) gelegenen geradlinigen oder punktförmigen Kraftquelle. Beispiele homogener Felder sind das Feld der Erdschwere in

einem unmittelbar über der Erdoberfläche gelegenen Raum von mäßigen Dimensionen, das erdmagnetische Feld unter denselben Bedingungen, das elektrische oder magnetische Feld zwischen zwei parallelen entgegengesetzten Polebenen, deren Dimensionen groß gegen ihren Abstand sind u. s. w.

(3) Die ganze Kraftströmung eines punktförmigen Einheitspoles, d. h. die Zahl der von ihm ausgehenden Kraftlinien, ist 4π (nur dann wird nämlich, wie es sein muß, die Feldstärke auf der Niveaukugel mit dem Radius 1 gleich 1), für einen punktförmigen Pol von der Stärke m ist also die Kraftströmung:

$$S_p = 4\pi m, \tag{ku}$$

und für einen Kegel vom Körperwinkel ω:

$$S_p^{(\omega)} = \omega m. \tag{kv}$$

(4) In Bezug auf das Vorzeichen der Pole resp. den Sinn der Kraftwirkung läßt sich eine einheitliche Bezeichnung deshalb nicht durchführen, weil materielle Pole nach der üblichen Vorstellung sich anziehen, gleichnamige Imponderabilien sich aber abstoßen; man müßte also z. B. einen Magnetpol als Kraftquelle, die Erde dagegen als Kraftsenke betrachten, was in den weiteren Konsequenzen wiederum nicht durchführbar wäre. Man thut also besser, bei der Gravitation gegen die Regel (**56** c) Anziehung als positiv zu rechnen.

(5) Wenn die Ausbreitung der Kraft vom Charakter einer Strahlung ist, so gelten die angegebenen Beziehungen nur unter der Annahme, daß die Kraft keine Absorption (**46**) erfährt. Bei Vorhandensein von Absorption ist die Abnahme mit der Entfernung eine stärkere (vgl. **46** (2)). Auch die übrigen Vorgänge bei der Strahlung (Polarisation, Reflexion, Brechung, Dispersion, vgl. **44** bis **49**) lassen sich auf die Kraftstrahlen sinngemäß übertragen.

112. Punktpotential. Formeln (der wirkende Punkt hat die Masse m und die Koordinaten $a\ b\ c$, der Punkt, in dem er das Potential V ausübt, hat die Masse 1 und die Koordinaten $x\ y\ z$, der Wechselwirkungsfaktor γ ist weggelassen, c' eine Konstante):

$$\left.\begin{aligned} &V = \frac{m}{r}, \\ &K = \frac{m}{r^2}, \quad X = \frac{m(x-a)}{r^3}, \quad Y = m\left(\frac{y-b}{r^3}\right), \quad Z = m\left(\frac{z-c}{r^3}\right). \end{aligned}\right\} \tag{kw}$$

Niveauflächen: $\frac{m}{r} = c'$ oder $r = \frac{m}{c'}$. (kx)

Kraftlinien: $\Theta = \arccos\left(1 - \frac{2c'}{m}\right)$ (ky)

(Θ Winkel gegen eine beliebig gewählte Axe); sie laufen sämtlich in die Unendlichkeit, wo die der gegebenen Quelle entsprechende Senke (oder umgekehrt) liegt. Bei der Annäherung des Punktes xyz an den Pol abc wird

$$V = \frac{1}{0} = \infty, \qquad K = \frac{1}{0^2} = \infty^2, \tag{kz}$$

also das Potential unendlich von der ersten, die Kraft unendlich von der zweiten Ordnung.

Zwei Pole:

$$V = \frac{m_1}{r_1} \pm \frac{m_2}{r_2}, \tag{la}$$

Niveauflächen:
$$\frac{m_1}{r_1} \pm \frac{m_2}{r_2} = c', \tag{lb}$$

Kraftlinien:
$$m_1 (1 - \cos \Theta_1) + m_2 (1 - \cos \Theta_2) = 2c' \tag{lc}$$

(Θ_1 und Θ_2 Winkel mit der Verbindungslinie der Pole). Spezielle Fälle:

a) Zwei gleichnamige gleichstarke Pole:

$$V = m\left(\frac{1}{r_1} + \frac{1}{r_2}\right), \tag{ld}$$

Niveauflächen:
$$\frac{1}{r_1} + \frac{1}{r_2} = \frac{c'}{m}, \tag{le}$$

ihre Axialschnitte, die Niveaulinien, sind Lemniskaten;

Kraftlinien:
$$\cos \Theta_1 + \cos \Theta_2 = 2\left(1 - \frac{c'}{m}\right), \tag{lf}$$

sie laufen sämtlich in die Unendlichkeit, wo die den beiden gegebenen Quellen entsprechende Senke (oder umgekehrt) liegt.

b) Zwei entgegengesetzte gleichstarke Pole:

$$V = m\left(\frac{1}{r_1} - \frac{1}{r_2}\right), \tag{lg}$$

Niveauflächen:
$$\frac{1}{r_1} - \frac{1}{r_2} = \frac{c'}{m}, \tag{lh}$$

Kraftlinien:
$$\cos \Theta_1 - \cos \Theta_2 = 2c'. \tag{li}$$

113. Linienpotential. Allgemeine Formel:

$$V = \int \frac{\varrho_l \, dl}{r}. \tag{lk}$$

a) Unbegrenzte homogene gerade Linie (r Abstand des Punktes von der Linie, ϱ_l Liniendichte (vgl. **63** (10)), Linie $\parallel x$, also $r = \sqrt{y^2 + z^2}$:

$$\left.\begin{aligned} V &= -2\varrho_l \log r, \qquad K = +\frac{2\varrho_l}{r}, \\ X = 0, \qquad Y &= +2\varrho_l \frac{y}{r^2}, \qquad Z = +2\varrho_l \frac{z}{r^2}. \end{aligned}\right\} \quad \text{(ll)}$$

Niveauflächen: $\log r = -\frac{c'}{2\varrho_l}$ (gerade Kreiscylinder).

Das Potential einer unendlich langen homogenen geraden Linie ist also in endlichem Abstande von endlicher Größe.

b) Homogene gerade Linie von der Länge $2l$ (von $x = -l$ bis $x = +l$):
für Punkte, deren x:

$$\left.\begin{aligned}
&> +l: && V = \varrho_l \log \frac{x + l + \sqrt{(x+l)^2 + r^2}}{x - l + \sqrt{(x-l)^2 + r^2}}, \\
&\text{zwischen } +l \text{ und } -l: && V = -2\varrho_l \log r \\
& && \quad + \varrho_l \log [(l - x + \sqrt{(l - x^2) + r^2}).(l + x + \sqrt{(l+x)^2 + r^2})] \\
&< -l: && V = \varrho_l \log \frac{l - x + \sqrt{(l-x)^2 + r^2}}{-l - x + \sqrt{(l+x)^2 + r^2}}, \\
&\text{speziell für einen Punkt der Äquatorebene:} && \\
& && V = \varrho_l \log \frac{\sqrt{l^2 + r^2} + l}{\sqrt{l^2 + r^2} - l}.
\end{aligned}\right\} \quad \text{(lm)}$$

Rückt der Punkt an die Linie unendlich nahe heran, so wird, und zwar (bis auf zu vernachlässigende Größen) auch für gekrümmte Linien und variable Liniendichte (wenn nur beide sich an der Stelle, der der Punkt sich nähert, nicht sprungweise ändern):

$$\left.\begin{aligned} V &= -2\varrho_l \log r = 2\varrho_l \log \frac{1}{r} = \log \infty, \\ K &= \frac{2\varrho_l}{r} = \frac{1}{0} = \infty, \end{aligned}\right\} \quad \text{(ln)}$$

d. h. das Linienpotential wird für einen unendlich nahen Punkt logarithmisch unendlich (schwächer als von der 1. Ordnung unendlich), die Kraft unendlich von der 1. Ordnung. Das Linienpotential heißt auch **logarithmisches Potential**.

Spezieller Fall der krummen Linie: **Homogene Kreislinie** auf einen Punkt ihrer Ebene (a Radius, r Mittelpunktsabstand des betrachteten Punktes):

$$V = 4\varrho_l \frac{a}{a + r} \int\limits_0^{\pi/2} \frac{d\Theta}{\sqrt{1 - \frac{4ar}{(a+r)^2} \sin^2 \Theta}}, \quad \text{(lo)}$$

also ein vollständiges elliptisches Integral; die Niveaulinien sind konzentrische Kreise. Im Kreismittelpunkte selbst wird

$$V_0 = 2\pi \varrho_l, \tag{lp}$$

also vom Kreisradius ganz unabhängig. Allgemein sind die Potentiale von Kreisen mit verschiedenen Radien gleich groß für Punkte, deren Abstände von den Mittelpunkten in demselben Maaße verschieden sind.

114. Flächenpotential. Allgemeine Formel (ϱ_f Flächendichte, df ein Flächenelement):

$$V = \int \frac{\varrho_f \, df}{r}. \tag{lq}$$

a) Homogene Kreisscheibe oder kreisförmige Ebene, Potential auf einen Punkt der Axe (a Kreisradius, z Abstand des Punktes von der Ebene, p Abstand desselben von der Peripherie):

$$\left.\begin{array}{ll} \text{für } z > 0: & V = 2\pi\varrho_f(\sqrt{a^2+z^2} - z) = 2\pi\varrho_f(p - z) \\ \text{für } z < 0: & V = 2\pi\varrho_f(\sqrt{a^2+z^2} + z) = 2\pi\varrho_f(p + z), \end{array}\right\} \tag{lr}$$

für die unendliche Ebene wird also im Endlichen

$$V = 2\pi\varrho_f a, \tag{ls}$$

d. h. das Potential einer homogenen unendlichen Ebene ist in endlichem Abstand unendlich groß von der ersten Ordnung. Ferner (für die Kreisscheibe):

$$\left.\begin{array}{ll} \text{für } z > 0: & K = Z = 2\pi\varrho_f\left(\frac{z}{\sqrt{a^2+z^2}} - 1\right), \\ \text{für } z < 0: & K = Z = 2\pi\varrho_f\left(\frac{z}{\sqrt{a^2+z^2}} + 1\right). \end{array}\right\} \tag{lt}$$

Rückt der Punkt an die Scheibe heran und geht durch sie hindurch, so bleibt das Potential stetig, dagegen ist die Kraft vor und nach dem Durchgange

$$K_0 = \mp 2\pi\varrho_f, \tag{lu}$$

sie erfährt also, wenn man ihr vorher und nachher denselben Sinn beilegt, einen Sprung um $4\pi\varrho_f$ (anders ausgedrückt: sie bleibt, immer als Anziehung gerechnet, stetig, die Richtung, in der die Anziehung erfolgt, kehrt sich aber um). Dasselbe Verhalten gilt für Flächen von beliebiger Krümmung und ungleichförmiger Dichte, wenn nur beide Größen an der Durchgangsstelle des Punktes sich nicht sprungweise ändern. Formeln (n_i und n_a Normalen der Fläche nach den beiden Seiten, insbesondere, wenn die Fläche eine geschlossene Fläche ist, n_i die Normale nach innen, n_a nach außen, überhaupt i und a die beiden Seiten, Innen- und Außenseite, der Fläche):

$$\left.\begin{array}{ll}\frac{\partial V_i}{\partial n_i} - \frac{\partial V_a}{\partial n_i} = -4\pi\varrho_f, & \frac{\partial V_i}{\partial n_a} - \frac{\partial V_a}{\partial n_a} = +4\pi\varrho_f, \\ \frac{\partial V_i}{\partial n_i} - \frac{\partial V_a}{\partial n_a} = 0, & \frac{\partial V_i}{\partial n_i} + \frac{\partial V_a}{\partial n_a} = -4\pi\varrho_f,\end{array}\right\} \quad (1v)$$

b) Homogene Kugelfläche (Radius a, Abstand des Punktes vom Mittelpunkte r):

$$\left.\begin{array}{ll}V_i = 4\pi\varrho_f a, & V_a = 4\pi\varrho_f \frac{a^2}{r} = \frac{m}{r}, \\ K_i = 0, & K_a = 4\pi\varrho_f \frac{a^2}{r^2} = \frac{m}{r^2}.\end{array}\right\} \quad (1w)$$

Im Innern einer homogenen Kugelfläche ist also das Potential überall gleich groß und folglich die Kraft überall null, ein Massenpunkt befindet sich dort an jeder Stelle im Gleichgewicht; im äußeren Raume ist das Potential und folglich auch die Kraft genau so groß, wie wenn die ganze wirkende Masse im Kugelmittelpunkte konzentriert wäre.

c) Homogene Cylinderfläche (Radius a, Entfernung von der Axe r):

$$\left.\begin{array}{ll}V_i = -4\pi\varrho_f a \log a, & V_a = -4\pi\varrho_f a \log r = -2\varrho_l \log r \\ K_i = 0, & K_a = -4\pi\varrho_f \frac{a}{r} = \frac{2\varrho_l}{r};\end{array}\right\} \quad (1x)$$

im Innern ist also das Potential konstant, die Kraft null, im Äußern sind beide so groß, als ob die ganze Masse auf der Cylinderaxe homogen verteilt wäre (beides wie bei der Kugel).

d) Ellipsoidische Oberfläche: Auch hier ist das Potential im Innern konstant, die Kraft 0, aber nicht, wenn die Massenverteilung gleichförmig ist, sondern wenn sie überall proportional ist mit dem Abstande einer ähnlichen konzentrischen Ellipsoidfläche von der gegebenen.

e) Heterogene Kugelfläche (a Radius, r Abstand vom Mittelpunkt, Θ_1 Poldistanz, φ_1 geographische Länge eines Punktes der Kugelfläche, Θ, φ dasselbe für den betrachteten äußeren oder inneren Punkt, ω Abkürzung auf Grund der Formel $\cos\omega = \cos\Theta \cos\Theta_1 + \sin\Theta \sin\Theta_1 \cos(\varphi - \varphi_1)$):

$$V = a^2 \int_0^{2\pi} d\varphi_1 \int_0^{\pi} \frac{\varrho_f \sin\Theta_1 \, d\Theta_1}{\sqrt{a^2 - 2ar\cos\omega + r^2}}; \quad (1y)$$

durch Entwickelung des Nenners nach Kugelfunktionen P_n:

$$P_n = \frac{1\cdot 3\cdots(2n-1)}{1\cdot 2\cdots n}\Big(\cos\omega^n - \frac{n(n-1)}{2(2n-1)}\cos^{n-2}\omega + \frac{n(n-1)(n-2)(n-3)}{2\cdot 4\cdot(2n-1)(2n-3)}\cos^{n-4}\omega - \cdots\Big),$$

z. B.: $P_0 = 1, \quad P_1 = \cos\omega, \quad P_2 = \frac{3}{2}(\cos^2\omega - \frac{1}{3}),$
$P_3 = \frac{5}{2}(\cos^3\omega - \frac{3}{5}\cos\omega)$, u. s. w.,

erhält man:

$$\left.\begin{aligned} &\text{für innere Punkte:} \quad V_i = a\sum_{n=0}^{n=\infty}\left(\frac{r}{a}\right)^n \int_0^{2\pi}\int_0^{\pi} \varrho_f P_n \sin\Theta_1\, d\Theta_1\, d\varphi_1, \\ &\text{für äußere Punkte:} \quad V_a = a\sum_{n=0}^{n=\infty}\left(\frac{a}{r}\right)^{n+1} \int_0^{2\pi}\int_0^{\pi} \varrho_f P_n \sin\Theta_1\, d\Theta_1\, d\varphi_1. \end{aligned}\right\} \text{(lz)}$$

(1) Eine besondere, wichtige Klasse von Potentialen sind die von Flächen, auf denen die Massen derart verteilt sind, daß diese Flächen selbst Niveauflächen sind (oder von Linien, die selbst Niveaulinien sind); bei einer Kugelfläche (Kreislinie) trifft dies zu, wenn sie homogen ist, bei anderen Flächen bei heterogener Verteilung; näheres s. w. u. (Elektrostatik).

115. Körperpotential ($x_1\, y_1\, z_1$ Koordinaten eines Körperpunktes, $dx_1\, dy_1\, dz_1$ dessen Raumelement, $x\, y\, z$ Koordinaten des beeinflußten Punktes, r seine Entfernung von $x_1\, y_1\, z_1$; ferner, wenn der beeinflußte Punkt in der Körpermasse selbst liegt, $r\,\vartheta\,\varphi$ Polarkoordinaten eines Körperpunktes in Bezug auf den betrachteten):

$$\left.\begin{aligned} V &= \int\frac{dm}{r} = \iiint\frac{\varrho\, dx_1\, dy_1\, dz_1}{r} = \iiint \varrho\, r\sin\vartheta\, dr\, d\vartheta\, d\varphi, \\ X &= \iiint \varrho\,\frac{x - x_1}{r^3}\, dx_1\, dy_1\, dz_1 = \iiint \varrho \sin^2\vartheta\cos\varphi\, dr\, d\vartheta\, d\varphi, \\ Y &= \iiint \varrho\,\frac{y - y_1}{r^3}\, dx_1\, dy_1\, dz_1 = \iiint \varrho \sin^2\vartheta\sin\varphi\, dr\, d\vartheta\, d\varphi, \\ Z &= \iiint \varrho\,\frac{z - z_1}{r^3}\, dx_1\, dy_1\, dz_1 = \iiint \varrho \sin\vartheta\cos\vartheta\, dr\, d\vartheta\, d\varphi. \end{aligned}\right\} \text{(ma)}$$

Es ist hiernach das Potential eines Körpers nicht nur im endlichen äußeren Raume, sondern auch in jedem Punkte seiner eigenen Masse endlich und stetig, und dasselbe gilt von den Kraftkomponenten, also auch von der Kraft selbst.

Über das abweichende Verhalten der zweiten Differentialquotienten von V s. w. u.

a) Kugel, deren Dichte nur mit dem Radiusvektor variiert (a Radius, r Abstand vom Centrum):

$$\left.\begin{aligned} &\text{außerhalb:} \quad V_a = \frac{m}{r}, \\ &\text{innerhalb:} \quad V_i = \frac{4\pi}{r}\int_0^r \varrho\, u^2\, du + 4\pi\int_r^a \varrho\, u\, du, \end{aligned}\right\} \text{(mb)}$$

$$\left.\begin{array}{ll}\text{innerhalb (homogen):} & V_i = 2\pi\varrho(a^2 - \tfrac{1}{3}r^2),\\ \text{,, \quad ,, \quad :} & K_i = \frac{4\pi}{3}\varrho r = \frac{m_r}{r^2},\\ & X_i = \frac{4\pi}{3}\varrho x, \quad Y_i = \frac{4\pi}{3}\varrho y, \quad Z_i = \frac{4\pi}{3}\varrho z.\end{array}\right\}\text{(mb)}$$

Nach außen wirkt also die Kugel, wie wenn ihre ganze Masse im Mittelpunkte konzentriert wäre, im Innern ist die Kraft mit dem Abstande des Punktes vom Mittelpunkte proportional, vom Kugelradius aber unabhängig, also so groß, als ob die Kugel nur bis zu der Schicht, in welcher der betrachtete Punkt liegt, reichte und die betreffende Masse m_r im Mittelpunkte vereinigt wäre. Bei einer Kugel, deren Dichte nach innen zunimmt, nimmt die Kraft, z. B. die Schwerkraft, schon von der Oberfläche aus nach innen ab oder aber bis zu einer gewissen Tiefe zu und dann erst ab, je nachdem die oberflächliche Dichte größer oder kleiner als zwei Drittel der mittleren Dichte der ganzen Kugel ist (Weihrauch 1886); bei der Erde (2,7 resp. 5,6) findet das letztere statt. Die Tiefe, in der die Kraft ein Maximum ist, hängt von der Art der Dichtezunahme ab.

(1) Das Potential der (als Kugel betrachteten) Erde auf 1 g nahe über ihrer Oberfläche ist (vgl. **63** (5) und **13** (2)):

$$V_a = 59750 \times 10^{23}/637 \times 10^6 = 938 \times 10^{16};$$

bildet man hieraus die Kraft

$$K_a = 59750 \times 10^{23}/(637 \times 10^6)^2 = 147 \times 10^8$$

und multipliziert dies mit der Gravitationskonstante (**61 b**, $\alpha\varepsilon$), so erhält man, wie es sein muß, g (981).

b) Hohlkugel mit homogenen Schichten (innerer Radius a_0, äußerer a):

$$\left.\begin{array}{ll}\text{außerhalb:} & V_a = \frac{m}{r},\\ \text{in der Masse:} & V_i = \frac{4\pi}{r}\int_{a_0}^{r}\varrho u^2\,du + 4\pi\int_{r}^{a}\varrho u\,du,\\ \text{wenn homogen:} & V_i = \frac{2\pi\varrho}{r}(a^2 r - \tfrac{2}{3}a_0^3 - \tfrac{1}{3}r^3),\\ \text{,, \quad ,, \quad :} & K_i = \frac{4\pi}{3}\,\frac{r^3 - a_0^3}{r^2} = \frac{m_{a_0, r}}{r^2},\\ \text{im Hohlraum:} & V_h = 4\pi\int_{a_0}^{a}\varrho u\,du,\\ \text{wenn homogen:} & V_h = 2\pi\varrho(a^2 - a_0^2), \quad K_h = 0;\end{array}\right\}\text{(mc)}$$

es verhält sich also hier V_a und V_i wie bei der Vollkugel, im Hohlraum aber ist (wie im Innern der Kugelfläche, **114 b**) das Potential konstant, die Kraft null.

Die Niveauflächen sind bei a) und b) konzentrische Kugelflächen, der Hohlraum bei b) ist ein Niveauraum (Schirmwirkung, **111** (3)).

c) Kugel, ganz heterogen. Das Potential läßt sich aus dem der heterogenen Kugelfläche (**114e**) ableiten, also ebenfalls auf Kugelfunktionen zurückführen.

d) Kreiscylinder (a Radius):

$$V_i = \varrho \pi a^2 (1 - 2 \log a) - \varrho \pi r^2, \qquad V_a = -2 \pi \varrho a^2 \log r. \tag{md}$$

e) Elliptischer Cylinder (a und b Halbaxen, z Längsrichtung):

$$V_i = \varrho \pi a b \left(2 \log \frac{2}{a+b} + 1\right) - 2 \pi \varrho \frac{b x^2 + a y^2}{a+b}. \tag{me}$$

f) Homogenes Ellipsoid ($a\,b\,c$ Halbaxen, λ die ellipsoidische (größte) Wurzel der Gleichung

$$\frac{x^2}{a^2+\lambda} + \frac{y^2}{b^2+\lambda} + \frac{z^2}{c^2+\lambda} = 1\Big):$$

$$V_a = \pi \varrho a b c \int_\lambda^\infty \left(1 - \frac{x^2}{a^2+u} - \frac{y^2}{b^2+u} - \frac{z^2}{c^2+u}\right) \frac{du}{\sqrt{(a^2+u)(b^2+u)(c^2+u)}} \tag{mf}$$

oder, wenn die Größen m (Masse des Ellipsoids) und

$$W = \sqrt{(a^2+u)(b^2+u)(c^2+u)} \quad \text{eingeführt werden:}$$

$$V_a = \tfrac{3}{4} m \left(\int_\lambda^\infty \frac{du}{W} - x^2 \int_\lambda^\infty \frac{du}{(a^2+u)W} - y^2 \int_\lambda^\infty \frac{du}{(b^2+u)W} - z^2 \int_\lambda^\infty \frac{du}{(c^2+u)W}\right); \tag{mg}$$

die Niveauflächen im äußeren Raume sind komplizierten Charakters, da auch in λ die Koordinaten $x\,y\,z$ enthalten sind;

$$\left.\begin{aligned} V_i &= \pi \varrho a b c \int_0^\infty \left(1 - \frac{x^2}{a^2+u} - \frac{y^2}{b^2+u} - \frac{z^2}{c^2+u}\right) \frac{du}{\sqrt{(a^2+u)(b^2+u)(c^2+u)}} \\ &= \tfrac{3}{4} m \left(\int_0^\infty \frac{du}{W} - x^2 \int_0^\infty \frac{du}{(a^2+u)W} - y^2 \int_0^\infty \frac{du}{(b^2+u)W} - z^2 \int_0^\infty \frac{du}{(c^2+u)W}\right) \end{aligned}\right\} \tag{mh}$$

oder wenn man zur Abkürzung die Konstanten

$$\int_0^\infty \frac{du}{W} = D, \quad \int_0^\infty \frac{du}{(a^2+u)W} = A, \quad \int_0^\infty \frac{du}{(b^2+u)W} = B, \quad \int_0^\infty \frac{du}{(c^2+u)W} = C$$

setzt:

$$V_i = \tfrac{3}{4} m (D - A x^2 - B y^2 - C z^2); \tag{mi}$$

das Potential im Innern ist also eine Funktion zweiten Grades der Koordinaten des Punktes, auf den es sich bezieht, die inneren Niveauflächen sind mit dem gegebenen koaxiale Ellipsoide. Ferner werden die Kraftkomponenten:

$$\left.\begin{aligned} X_a &= \tfrac{3}{2} m x \int_\lambda^\infty \frac{du}{(a^2+u)W}, & Y_a &= \tfrac{3}{2} m y \int_\lambda^\infty \frac{du}{(b^2+u)W}, & Z_a &= \tfrac{3}{2} m z \int_\lambda^\infty \frac{du}{(c^2+u)W}, \\ X_i &= \tfrac{3}{2} m A x, & Y_i &= \tfrac{3}{2} m B y, & Z_i &= \tfrac{3}{2} m C z. \end{aligned}\right\} \tag{mk}$$

Die Kraftkomponenten für einen inneren Punkt sind also den betreffenden Komponenten seines Abstandes vom Mittelpunkte proportional. Eine homogene ellipsoidische, von ähnlichen konzentrischen Ellipsoiden begrenzte Schale übt in ihrem inneren Hohlraume keine Kraft aus (vgl. **114 d**).

g) Homogenes abgeplattetes Rotationsellipsoid (x Polarrichtung, r Äquatorialrichtung, a polare, $b = c$ äquatoriale Halbaxe, $\varepsilon = \frac{b^2 - a^2}{a^2}$ die Abplattung).

$$X_i = 3m \frac{\varepsilon - \operatorname{arc\,tg} \varepsilon}{a^3 \varepsilon^3} x, \qquad R_i = \frac{3}{2} m \frac{1}{a^3 \varepsilon^3}\left(\operatorname{arc\,tg} \varepsilon - \frac{\varepsilon}{1+\varepsilon^2}\right) r, \qquad \text{(ml)}$$

für kleine Abplattung (Sphäroid):

$$X_i = \frac{m}{a^3}\left(1 - \frac{3}{5}\varepsilon^2\right) x, \qquad R_i = \frac{m}{a^3}\left(1 - \frac{6}{5}\varepsilon^2\right) r, \qquad \text{(mm)}$$

also kleiner als für die Kugel von gleicher Masse (**115 b**).

h) Homogenes verlängertes Rotationsellipsoid (ε Verlängerung):

$$\left.\begin{aligned} X_i &= \frac{3m}{a^3 \varepsilon^3}\left[\log\left(\varepsilon + \sqrt{1+\varepsilon^2}\right) - \frac{\varepsilon}{\sqrt{1+\varepsilon^2}}\right] x, \\ R_i &= \frac{3m}{2a^3 \varepsilon^3}\left[\varepsilon\sqrt{1+\varepsilon^2} - \log\left(\varepsilon + \sqrt{1+\varepsilon^2}\right)\right] r, \end{aligned}\right\} \text{(mn)}$$

für starke Verlängerung (cylinderähnlich):

$$X_i = \frac{3m}{a^3}(\log 2\varepsilon - 1) x, \qquad R_i = \frac{3m}{2a^3}(\varepsilon^2 - \log 2\varepsilon) r. \qquad \text{(mo)}$$

i) Das Potential des homogenen Polyeders, speziell des Parallelepipedons und des Tetraeders, läßt sich durch logarithmische resp. cyklometrische Funktionen, freilich in sehr verwickelter Form, darstellen.

(1) Ein Körper, dessen Wirkung durch die seiner in einem Punkte konzentrierten Masse ersetzt werden kann, heißt centrobarisch; er ist zugleich als Objekt der Wirkung eines anderen Körpers, z. B. für die Schwerkraft der Erde, centrobarisch. Jener Punkt heißt Attraktionscentrum; es fällt für Schwerewirkungen mit dem Schwerpunkte zusammen.

116. Potential des Doppelpunktes, der Doppellinie, der Doppelfläche (63 (11)). Es läßt sich resp. aus dem des Punktes (**112**), der Linie (**113**), der Fläche (**114**) durch Differentialbildung ableiten.

a) Für das Punktpaar ergiebt es sich auch aus **112 b**, wenn man den Abstand unendlich klein macht; es wird dann (ds Abstand, $m_p = m\,ds$ Moment (vgl. **63** (11)), ds in die x-Richtung gelegt, ω Winkel zwischen x und der Richtung r nach dem betrachteten Punkte):

$$\left.\begin{aligned} V &= -m_p \frac{\partial \frac{1}{r}}{\partial x} = \frac{m_p}{r^2}\cos\omega = m_p \frac{x}{r^3}, \\ \text{Niveauflächen:}\quad r^2 &= \frac{m_p}{c}\cos\omega \text{ oder } r^3 = \frac{m_p}{c}x. \end{aligned}\right\} \qquad \text{(mp)}$$

Das Potential eines gleichförmigen Fadens (**63** (11)) hängt nur von den beiden Endpunkten ab.

b) Für die Doppellinie von überall gleicher Momentdichte sind die Niveaulinien im Hauptschnitt Kreisbögen durch die Endpunkte der Doppellinie.

c) Für die Doppelfläche erhält man (df ein Oberflächenelement, m_f seine Momentdichte, Θ der Winkel zwischen seiner Normalen nach der als positiv gewählten Seite und der Richtung r nach dem betrachteten Punkte):

$$V = \int m_f \frac{\partial \frac{1}{r}}{\partial n} df = \int m_f \frac{df \cos\Theta}{r^2}, \qquad \text{(mq)}$$

speziell für eine homogene Doppelfläche (einfache Schale), wenn S der Körperwinkel oder die scheinbare Größe (**15c** (4)) der Fläche, gesehen von dem angezogenen Punkte aus, ist:

$$V = m_f \int \frac{df \cos\Theta}{r^2} = m_f S. \qquad \text{(mr)}$$

Das Potential einer homogenen Doppelfläche auf einen Punkt ist also proportional mit der Größe, unter der die Fläche von dem Punkte aus erscheint, wobei etwa sich überdeckende Flächenstücke sich gegenseitig aufheben; es ist demgemäß nur von der Gestalt ihres Randes, nicht aber von ihrer sonstigen Gestalt abhängig. Das Potential einer Schale mit ebenem Rande ist für alle Punkte dieser Ebene null, gleichviel ob die Schale selbst eben ist oder nicht. Das Potential einer geschlossenen Schale ist im ganzen äußeren Raume null, im ganzen inneren Hohlraum $4\pi m_f$, die Kraft ist folglich sowohl außen als innen gleich null.

Für eine homogene kreisförmige Doppelfläche (a Radius, n Abstand des Punktes von ihrem Mittelpunkte) erhält man:

$$V = 2\pi m_f n \left(\frac{1}{+\sqrt{n^2}} - \frac{1}{+\sqrt{a^2+n^2}} \right); \qquad \text{(ms)}$$

rückt der Punkt der Doppelfläche unendlich nahe, so wird vor dem Durchgange ($n > 0$) $V_+ = 2\pi m_f$, nach dem Durchgange ($n < 0$) $V_- = -2\pi m_f$, also

$$V_+ - V_- = 4\pi m_f. \qquad \text{(mt)}$$

Das Doppelflächenpotential ist also beim Durchgange des Punktes, auf den es sich bezieht, durch die Fläche selbst unstetig, die Kraft also unbestimmt unendlich. Dies gilt für jede beliebige Gestalt der Fläche (es hätte z. B. auch aus dem obigen Potentialwert außerhalb und innerhalb einer geschlossenen Schale abgeleitet werden können). Übrigens schließen sich die Werte der Kraft nach dem Durchgange durch die Fläche an die vorher stattgehabten stetig an, das Unendlichwerden bezieht sich nur auf den unendlich dünnen Raum zwischen den beiden Belegungen der Doppelfläche.

Man kann den Fall auch etwas anders betrachten, indem man von zwei einfachen, entgegengesetzt belegten Flächen ausgeht, zwischen denen gerade mitteninnen der Punkt liegt; es gilt dann die Formel für K_0 in **114a**, und da für die eine Fläche das eine, für die andere das andere Zeichen gilt, erhält man für die Kraft der Doppelfläche auf den Punkt in ihrem Innern:

$$K = 4\pi \varrho_f. \tag{mu}$$

***32.* Grundgesetz des Potentials; Laplace'sche und Poisson'sche Gleichung** (1782 resp. 1812). Die Summe der zweiten Differentialquotienten des Potentials ist außerhalb der wirkenden Massen überall null; an Stellen dagegen, wo sich Masse befindet, gleich dem -4π-fachen der daselbst vorhandenen Dichte. In Formel

außerhalb: $$\frac{\partial^2 V}{\partial x^2} + \frac{\partial^2 V}{\partial y^2} + \frac{\partial^2 V}{\partial z^2} = 0 \quad \text{oder } \Delta V = 0, \tag{mv}$$

innerhalb: $$\frac{\partial^2 V}{\partial x^2} + \frac{\partial^2 V}{\partial y^2} + \frac{\partial^2 V}{\partial z^2} = -4\pi\varrho \quad \text{oder } \Delta V = -4\pi\varrho. \tag{mw}$$

Die erste Gleichung heißt die Laplace'sche Gleichung, die zweite die Poisson'sche Gleichung; letztere begreift offenbar die erstere als Spezialfall in sich.

Durch die Kraftkomponenten kann man die Gleichungen so ausdrücken:

$$\frac{\partial X}{\partial x} + \frac{\partial Y}{\partial y} + \frac{\partial Z}{\partial z} = 0, \tag{mv'}$$

$$\frac{\partial X}{\partial x} + \frac{\partial Y}{\partial y} + \frac{\partial Z}{\partial z} = 4\pi\varrho. \tag{mw'}$$

(1) Einzeln genommen sind die zweiten Differentialquotienten für einen äußeren Punkt:

$$\left.\begin{aligned}
\frac{\partial^2 V}{\partial x^2} &= \iiint \varrho\, dx_1\, dy_1\, dz_1 \left(\frac{1}{r^3} - 3\frac{(x-x_1)^2}{r^5}\right) \\
\frac{\partial^2 V}{\partial y^2} &= \iiint \varrho\, dx_1\, dy_1\, dz_1 \left(\frac{1}{r^3} - 3\frac{(y-y_1)^2}{r^5}\right) \\
\frac{\partial^2 V}{\partial z^2} &= \iiint \varrho\, dx_1\, dy_1\, dz_1 \left(\frac{1}{r^3} - 3\frac{(z-z_1)^2}{r^5}\right),
\end{aligned}\right\} \tag{mx}$$

die Addition ergiebt null. Für einen inneren Punkt werden die Integralteile, die sich auf seine Umgebung beziehen, unendlich; man muß dann die Differentialquotienten anderweitig berechnen. Hierzu dient z. B. der Spezialfall der Kugel, für die sich aus **115a** ergiebt:

$$\frac{\partial^2 V}{\partial x^2} = -\frac{4\pi}{3}\varrho, \quad \frac{\partial^2 V}{\partial y^2} = -\frac{4\pi}{3}\varrho, \quad \frac{\partial^2 V}{\partial z^2} = -\frac{4\pi}{3}\varrho. \qquad \text{(my)}$$

Nun kann man aber jeden Körper zerlegt denken in eine den betrachteten Punkt in seinem Innern umgebende Kugel und einen weiteren Teil, außerhalb dessen (nämlich in dessen Hohlraum) der Punkt liegt; der zweite Teil liefert aber nach der Laplace'schen Gleichung keinen Beitrag, folglich gilt die Poisson'sche für jede Körperform; sie gilt (wie sich auch strenger zeigen läßt) auch für heterogene Körper, da die Kugel beliebig klein gewählt werden kann; nur darf sich an dem Punkte die Dichte nicht sprunghaft ändern.

(2) Beim Übergange des Punktes aus dem freien Raum in den masseerfüllten springt ΔV um $-4\pi\varrho$; für eine Kugel (s. oben) verteilt sich dieser Sprung gleichmäßig, für andere Körper ungleichmäßig auf die drei Glieder.

(3) Die Laplace'sche Gleichung ist formell völlig identisch mit der Kontinuitätsgleichung inkompressibler Flüssigkeiten (**106** (**1**)); daß beide auch sachlich gleiche Bedeutung haben, sieht man ein, wenn man sie über einen ganzen Raum (Element $d\tau$) integriert und diese Raumintegrale durch die ihnen äquivalenten Oberflächenintegrale ersetzt (n Normale des Oberflächenelementes df):

$$\left.\begin{aligned} &\int \Delta\varphi\, d\tau = 0, \qquad &&\int \Delta V\, d\tau = 0 \\ \text{oder} \quad &\int \frac{\partial \varphi}{\partial n} df = 0, \qquad &&\int \frac{\partial V}{\partial n} df = 0. \end{aligned}\right\} \qquad \text{(mz)}$$

Diese letzteren Gleichungen sind völlig äquivalent mit der Kontinuitätsgleichung resp. der Laplace'schen Gleichung; sie sagen aus: Die gesamte Strömung resp. Kraftströmung in einem von Quellen und Senken freien Raum ist null (ein Spezialfall, nämlich für eine Kraftröhre, ist der Satz von der Erhaltung der Kraftströmung, **111f**). Man kann hiernach die Laplace'sche Gleichung auch als die **Kontinuitätsgleichung der Kraft** bezeichnen.

(4) In Polarkoordinaten (r Radiusvektor, Θ Poldistanz, φ geogr. Länge) lautet die Laplace'sche Gleichung:

$$\frac{\partial\left(r^2 \frac{\partial V}{\partial r}\right)}{\partial r} + \frac{1}{\sin\Theta}\,\frac{\partial\left(\sin\Theta \frac{\partial V}{\partial \Theta}\right)}{\partial\Theta} + \frac{1}{\sin^2\Theta}\,\frac{\partial^2 V}{\partial\varphi^2} = 0 \qquad \text{(na)}$$

(die Poisson'sche $= -4\pi\varrho r^2$); für allgemeine orthogonale Koordinaten (**16**) $u\,v\,w$, wenn

$$\left(\frac{\partial u}{\partial x}\right)^2 + \left(\frac{\partial u}{\partial y}\right)^2 + \left(\frac{\partial u}{\partial z}\right)^2 = \mathfrak{U}^2 \text{ etc. etc.}$$

gesetzt wird:

$$\frac{\partial}{\partial u}\left(\frac{\mathfrak{U}}{\mathfrak{B}\mathfrak{W}}\frac{\partial V}{\partial u}\right) + \frac{\partial}{\partial v}\left(\frac{\mathfrak{B}}{\mathfrak{W}\mathfrak{U}}\frac{\partial V}{\partial v}\right) + \frac{\partial}{\partial w}\left(\frac{\mathfrak{W}}{\mathfrak{U}\mathfrak{B}}\frac{\partial V}{\partial w}\right) = 0, \qquad \text{(nb)}$$

speziell für elliptische Koordinaten sind hierin für $u\,v\,w$ die Wurzeln $\lambda_1\,\lambda_2\,\lambda_3$ der Gleichung

$$\frac{x^2}{a^2+\lambda} + \frac{y^2}{b^2+\lambda} + \frac{z^2}{\lambda} = 1$$

(vgl. **16 d**, Gl. g) zu nehmen.

(5) Ist die Erscheinung zweidimensional oder von zweidimensionalem Charakter (**11** (2)), d. h. hängen K und V nur von x und y ab (während z entweder, wenn das Feld eine Ebene ist, konstant oder, wenn das Feld räumlich ist, ohne Einfluß ist, so daß es genügt, die Erscheinung in der xy-Ebene zu untersuchen), so wird die Laplace'sche Gleichung für φ resp. V:

$$\frac{\partial^2\varphi}{\partial x^2} + \frac{\partial^2\varphi}{\partial y^2} = 0 \quad \text{resp.} \quad \frac{\partial^2 V}{\partial x^2} + \frac{\partial^2 V}{\partial y^2} = 0. \qquad \text{(nc)}$$

Diese Gleichung hat die merkwürdige Eigenschaft, daß sie durch den reellen wie durch den imaginären Teil jeder beliebigen Funktion von $(x+iy)$ befriedigt wird; d. h. wenn f irgend eine Funktion von $x+iy$ ist und durch Ausführung:

$$f(w) = f(x+iy) = \varphi + i\psi = W \qquad \text{(nd)}$$

ergiebt, so ist sowohl $\varphi(x,y)$, als auch $\psi(x,y)$ eine Lösung der Laplace'schen Gleichung, also ein mögliches Geschwindigkeits- oder Kraftpotential. Noch mehr, die Linien

$$\varphi = \text{const} \quad \text{und} \quad \psi = \text{const} \qquad \text{(ne)}$$

stehen aufeinander senkrecht; wählt man φ als Potential, so sind also jene die Niveaulinien, diese die Stromlinien resp. Kraftlinien, und insbesondere $\varphi = \pm\infty$ die Pole; die Lösung liefert also zugleich die ganze Konfiguration des Feldes. Denkt man sich ferner nicht nur xy, sondern auch $\varphi\psi$ als Koordinaten eines Punktes, und zwar eines dem Punkte xy zugehörigen Punktes, so ist die W-Ebene ($\varphi\psi$-Ebene) ein in den kleinsten Teilen ähnliches (winkeltreues) Abbild der w-Ebene (xy-Ebene). Auf diese Weise sind die zweidimensionalen Potentialprobleme auf Abbildungsprobleme zurückgeführt. Übrigens kann man noch eine dritte Ebene hinzufügen, auf der $\partial W/\partial w = G = u + iv$ resp. $= K = X + iY$, also die Geschwindigkeit resp. die Kraft in derselben Weise dargestellt ist.

Das Verfahren ist auch auf Fälle ausdehnbar, in denen das Feld zwar zweidimensional, aber gekrümmt ist (statt xy müssen dann die Gauß'schen Flächenkoordinaten eingeführt werden). Hat man irgend eine Lösung, so erhält man durch deren Abbildung neue, man kann damit auch krummflächige Felder auf ebene zurückführen; für den Spezialfall der Kugelfläche gelangt man damit auf das Problem der Kartographie.

Die einfachsten Beispiele sind folgende:

$$\text{a)}\quad \varphi + i\psi = -\lg(x+iy). \qquad \text{(nf)}$$

Resultat, wenn $x = r\cos\Theta$, $y = r\sin\Theta$ gesetzt wird:

$$\varphi = -\log r, \qquad \psi = \Theta. \qquad \text{(nf)}$$

Feld ist die unendliche Ebene. Der Nullpunkt ist Quelle, die Senke ist der unendliche Kreis, die Niveaulinien Kreise, deren Potentialwerte abnehmen wie die Logarithmen der Radien wachsen, die Stromlinien (oder Kraftlinien) gerade Strahlen vom Nullpunkt aus. Die Ebene kann auch durch den Nullpunkt und zwei beliebige Strahlen begrenzt sein.

$$\left.\begin{aligned} &\text{b)}\quad \varphi + i\psi = \lg\frac{(x-a_2)+i(y-b_2)}{(x-a_1)+i(y-b_1)}; \\ &\text{Lösung:}\quad \varphi = \lg\frac{r_2}{r_1}, \qquad \psi = \Theta_2 - \Theta_1. \end{aligned}\right\}\text{(ng)}$$

($x - a_2 = r_2\cos\Theta_2$ u. s. w.) Feld ist wieder die unendliche Ebene, $a_1 b_1$ ist Quelle, $a_2 b_2$ Senke; Niveaulinien sind die um Quelle und Senke harmonischen Kreise, Stromlinien die durch Quelle und Senke hindurchgehenden Kreisbögen; das Feld kann auch durch zwei der letzteren begrenzt sein (Kreisfläche, Segment, Linse, Sichel).

c) Liegen Quelle und Senke im Innern eines kreisförmigen Feldes, so muß man die zu ihnen außerhalb gelegenen sog. Bildpunkte ermitteln und hat dann $\varphi = \lg\frac{r_2 r_2'}{r_1 r_1'}$.

Fälle derartiger Felder kommen z. B. bei den Flüssigkeitsstrahlen, der Wärmeleitung und bei den elektrischen Strömen vor.

(6) Ist das Feld gar von eindimensionalem Charakter, so hängt φ resp. V nur von x ab, die Niveauflächen sind Ebenen senkrecht zur x-Axe, die Strom- resp. Kraftlinien zur x-Axe parallele gerade Linien. Ist das Feld selbst eindimensional, so stellt es einen cylindrischen Strom- resp. Kraftfaden dar. Der bekannteste derartige Fall ist der lineare elektrische Strom, die Laplace'sche Gleichung liefert für ihn das Ohm'sche Gesetz (s. w. u.).

(7) Wichtig ist die Unterscheidung zwischen zwei Klassen von Potentialen, nämlich den e i n d e u t i g e n und den v i e l d e u t i g e n, weil hierdurch ein wesentlich verschiedener Charakter der betreffenden Erscheinungen bedingt wird. Vieldeutige Potentiale können nur in vielfach zusammenhängenden Räumen (**18**) vorkommen; durch Verwandlung der letzteren in einfach zusammenhängende werden auch erstere

eindeutig; da hierzu Doppeltrennflächen erforderlich sind, gelangt man hierdurch zu Doppelschicht-Potentialen. Die wichtigsten Beispiele hierfür sind die Bewegungen gewisser fester Körper in Flüssigkeiten und die elektromagnetischen Erscheinungen.

33. **Green'scher Satz** (1828), **Sätze von Gaufs** (1839) **und Kirchhoff's Präzisierung des Huygens'schen Prinzips** (1875).

a) Green'scher Satz. Sind U und V zwei Funktionen, von denen U selbst, von V dagegen die Differentialquotienten nach xyz in einem gewissen Raum ($d\tau$ Element desselben, df Oberflächenelement, n Normale nach innen) stetig sind, so gilt die Gleichung:

$$\int\left(\frac{\partial U}{\partial x}\frac{\partial V}{\partial x}+\frac{\partial U}{\partial y}\frac{\partial V}{\partial y}+\frac{\partial U}{\partial z}\frac{\partial V}{\partial z}\right)d\tau=-\int U\Delta V d\tau=\int U\frac{\partial V}{\partial n}df; \quad \text{(nh)}$$

diese Gleichung heißt der allgemeine Green'sche Satz. Sind auch V und $\partial U/\partial x$, $\partial U/\partial y$, $\partial U/\partial z$ in dem Raume stetig, so erhält man den speziellen Green'schen Satz

$$\int(V\Delta U-U\Delta V)d\tau=\int\left(U\frac{\partial V}{\partial n}-V\frac{\partial U}{\partial n}\right)df. \quad \text{(ni)}$$

Genügen U und V der Laplace'schen Gleichung (**32**), so erhält man:

$$\int\left(U\frac{\partial V}{\partial n}-V\frac{\partial U}{\partial n}\right)df=0. \quad \text{(nk)}$$

Ist endlich U eine Konstante und V das Potential der Geschwindigkeit resp. der Kraft, so erhält man die Kontinuitätsgleichung der Flüssigkeit resp. der Kraft (s. oben **32** (3)).

(1) Sind für alle Punkte der Oberfläche eines Raumes, in dem $\Delta V=0$ ist, V und $\partial V/\partial n$ gegeben, so ergiebt sich V für einen Punkt im Innern des Raumes, der von df den Abstand r hat, durch die Formel:

$$V=\frac{1}{4\pi}\int V\frac{\partial\frac{1}{r}}{\partial n}df-\frac{1}{4\pi}\int\frac{\partial V}{\partial n}\frac{df}{r}; \quad \text{(nl)}$$

zugleich ist hiermit das Potential äußerer Körper in einem von Massen freien Raume zurückgeführt auf ein Doppelflächenpotential (**116**, Momentdichte $V/4\pi$) und ein Flächenpotential $\left(\mathbf{114}, \text{Flächendichte } -\frac{1}{4\pi}\frac{\partial V}{\partial n}\right)$, beide herrührend von der Oberfläche jenes Raumes, zurückgeführt.

Übrigens ist im Prinzip V auch dann im Innern bestimmt, wenn nur V an der Oberfläche gegeben ist; resp. bis auf eine Konstante bestimmt, wenn nur $\partial V/\partial n$ an der Oberfläche gegeben ist; ausführen läßt sich dies aber nur in besonderen Fällen.

(2) Das Potential eines aus lauter Polpaaren bestehenden Körpers (Magneten, vgl. **63** (11)) läßt sich in einer Art darstellen, die zu der

eben gegebenen Darstellung des Körperpotentials gewissermaßen reziprok ist, nämlich durch ein Oberflächenpotential und ein Raumpotential; näheres s. w. u.

b) Erster Gauß'scher Satz: Die Summe der Normalkomponenten der Kraft in allen Elementen einer geschlossenen Fläche ist 0 oder $-4\pi m$, je nachdem die die Kraft hervorrufende Masse m außerhalb oder innerhalb der Fläche liegt; liegt sie in der Fläche selbst, so ist die Summe $-2\pi m$ (außer wenn die Masse in einer Kante resp. Spitze der Fläche liegt, in welchem Falle die Summe $-m\omega$ ist, wenn ω den doppelten Kantenwinkel resp. die Kegelöffnung der Spitze bezeichnet). Der Satz ist formell analog mit dem in **116c** angegebenen, sachlich handelt es sich aber dort um das Potential einer Doppelfläche, hier um die Kraft in einer einfachen Fläche.

c) Gauß'scher Mittelwert-Satz; Bedeutung der Laplace-Poisson'schen Gleichung (Gauss, Mach u. A.). Das Potential im Mittelpunkte einer von Massen freien Kugelfläche ist der Mittelwert seiner Oberflächenwerte:

$$V_0 = \frac{\int V df}{4\pi a^2}. \qquad \text{(nm)}$$

Hieraus folgt, daß im freien Raume V weder ein Maximum noch ein Minimum haben kann. Dem entspricht es, daß man ΔV als die Abweichung des V-Wertes in dem betrachteten Punkte von seinem Mittelwerte in der ganzen Umgebung betrachten und die Laplace-Poissonsche Gleichung so formulieren kann: Das Potential in einem Punkte des freien Raumes ist gleich dem Mittel seiner Werte im ganzen Umkreise, in einem Punkte des masseerfüllten Raumes hingegen weicht es von diesem Mittel ab, und zwar desto stärker, je dichter daselbst die Masse ist; am stärksten wird die Abweichung für punktförmige Pole, in ihnen wird das Potential positiv oder negativ unendlich. Man kann hiernach ΔV auch als die Konzentration des Potentials oder der Kraft bezeichnen.

(1) Auf diese Betrachtung kann man sogar eine Definition der Dichte (also der Masse) gründen (vgl. **63**), bei der sie aus dem Potential (resp. der Kraft) als Grundbegriff hergeleitet erscheint; nämlich als der -4π. Teil der Konzentration des Potentials oder der Kraft; in Formel (vgl. ***32***, Gl. mw und mw'):

$$\varrho = -\frac{1}{4\pi}\Delta V = \frac{1}{4\pi}\left(\frac{\partial X}{\partial x} + \frac{\partial Y}{\partial y} + \frac{\partial Z}{\partial z}\right).$$

d) Dritter Gauß'scher Satz: Ist in einem Raume ohne Massen V konstant, so hat es denselben konstanten Wert auch in jedem anderen Raume, in den man ohne Durchschneidung von Massen gelangen kann.

e) Huygens'sches Prinzip (7): U und V sollen der Gleichung $\partial^2\varphi/\partial t^2 = a^2 \Delta\varphi$ genügen, die Integration erstrecke sich über eine Fläche f, die die Quelle ausschließt, den Punkt, in dem V das Potential sein soll, einschließt (oder umgekehrt), dann ist:

$$V = \frac{1}{4\pi}\int df\left[\frac{\partial}{\partial n}\left(\frac{\varphi\left(t-\frac{r}{a}\right)}{r}\right) - \frac{1}{r}\frac{\partial}{\partial n}\varphi\left(t-\frac{r}{a}\right)\right], \qquad \text{(nm')}$$

während für eine Fläche, die Quelle und Beobachtungspunkt zugleich einschließt, das Integral null wird. Hiernach ist die Wirkung, statt von der Quelle, von der Fläche f ausgehend anzusehen, z. B., wenn jene ein Lichtpunkt ist, von der leuchtenden Fläche f. Diese Form des Huygens'schen Prinzips ist vorzüglich geeignet, um zu untersuchen, was sich ereignet, wenn fremde Körper in das Feld eingeführt werden; die Grenzen der Integration werden dann geändert, und es ergeben sich die Erscheinungen der Strahlbildung und, in besonderen Fällen, der Beugung (s. w. u.).

117. Potential der Druckkräfte oder elastisches Potential (F. Neumann, Kirchhoff) ist diejenige Funktion, deren negative Differentialquotienten nach den sechs Größen

$$\frac{\partial u_1}{\partial x} \quad \frac{\partial v_1}{\partial y} \quad \frac{\partial w_1}{\partial z} \quad \left(\frac{\partial v_1}{\partial z}+\frac{\partial w_1}{\partial y}\right) \quad \left(\frac{\partial w_1}{\partial x}+\frac{\partial u_1}{\partial z}\right) \quad \left(\frac{\partial u_1}{\partial y}+\frac{\partial v_1}{\partial x}\right)$$

oder kurz $\quad x_x \quad y_y \quad z_z \quad y_z \quad z_x \quad x_y$

die sechs Druckkomponenten

$$X_x \quad Y_y \quad Z_z \quad Y_z \quad Z_x \quad X_y$$

ergeben. Es ist eine quadratische Funktion dieser Größen und hat folglich 21 Konstanten. Damit reduziert sich die Zahl der Elastizitätskonstanten, d. h. der Koeffizienten der durch die x_x u. s. w. ausgedrückten X_x u. s. w., die an sich 36 betragen würde, ebenfalls auf 21 (vgl. 78). Formel:

$$\left.\begin{aligned}-V' = \tfrac{1}{2}c_{11}x_x^2 &+ c_{12}x_xy_y + c_{13}x_xz_z + c_{14}x_xy_z + c_{15}x_xz_x + c_{16}x_xx_y\\ &+ \tfrac{1}{2}c_{22}y_y^2 + c_{23}y_yz_z + c_{24}y_yy_z + c_{25}y_yz_x + c_{26}y_yx_y\\ &+ \tfrac{1}{2}c_{33}z_z^2 + c_{34}z_zy_z + c_{35}z_zz_x + c_{36}z_zx_y\\ &+ \tfrac{1}{2}c_{44}y_z^2 + c_{45}y_zz_x + c_{46}y_zx_y\\ &+ \tfrac{1}{2}c_{55}z_x^2 + c_{56}z_xx_y\\ &+ \tfrac{1}{2}c_{66}x_y^2\end{aligned}\right\} \text{(nn)}$$

Dimension, je nachdem auf die Masse m oder 1 bezüglich:

$$[V'_m] = l^{-1}t^{-2}m, \qquad [V'] = l^{-1}t^{-2}. \qquad \text{(CP)}$$

Für die verschiedenen Krystallsysteme (außer dem triklinen) vereinfacht sich dieser Ausdruck; für das reguläre wird:

$$\left.\begin{aligned} -V' = \tfrac{1}{2} c_{11}(x_x^2 + y_y^2 + z_z^2) + c_{12}(y_y z_z + z_z x_x + x_x y_y) \\ + \tfrac{1}{2} c_{44}(y_z^2 + z_x^2 + x_y^2), \end{aligned}\right\} \quad \text{(no)}$$

(woraus sich durch Differentiation die Gl. **78**, ep ergeben); für isotrope Körper, wenn man die Kirchhoff'schen Konstanten K und L (**78**) benutzt:

$$V' = -K[x_x^2 + y_y^2 + z_z^2 + L(x_x + y_y + z_z)^2 + \tfrac{1}{2}(y_z^2 + z_x^2 + x_y^2)], \quad \text{(np)}$$

oder, durch die Druckkomponenten selbst ausgedrückt

$$V' = \frac{1}{2K}\left[\frac{1+2L}{2(1+3L)}(X_x + Y_y + Z_z)^2 + X_x Y_y + Y_y Z_z + Z_z X_x - X_y^2 - Y_z^2 - Z_x^2\right]. \quad \text{(nq)}$$

(1) Das elastische Potential ist ein Kräftepotential und nicht zu verwechseln mit dem elastischen Verschiebungspotential oder Deformationspotential (**106**).

Siebentes Kapitel.

Energie.

Erster Abschnitt: Allgemeines.

118. Arbeit einer Kraft (Coriolis 1829) ist das Produkt aus ihrer Größe und ihrer Leistung. Wenn die Leistung in der Bewegung eines Körpers besteht, so ist sie durch die zurückgelegte Strecke zu messen, die Arbeit ist also in diesem Falle das Produkt der Kraft in die durch ihr Wirken zurückgelegte Strecke. In anderen Gebieten kann man entweder bildlich von dem Streckenbegriff Gebrauch machen oder die beiden Faktoren selbständig ableiten. Formel (A Arbeit, L Leistung, l Strecke):

Beliebige Arbeit: $dA = KdL, \qquad A = \int KdL = KL,$ (nr)

letzteres, wenn die Kraft während der Zurücklegung der Strecke L konstant bleibt.

Bewegungsarbeit: $dA = Kdl, \qquad A = \int Kdl = Kl,$ (ns)

letzteres wieder für konstante Kraft. Die Arbeit ist hiernach in zwei verschiedenen Fällen gleich groß, wenn die Strecken (allgemein Leistungen) sich umgekehrt verhalten wie die Kräfte (s. w. u.).

Dimensionsformel:

$$[A] = l^2 t^{-2} m, \quad \text{(CQ)}$$

also übereinstimmend mit der des Massenpotentials V_m (**110**).

(1) Wenn die Bewegung unter ausschließlicher Einwirkung der gegebenen Kraft erfolgt, so ist die als Maaß der Leistung dienende

Strecke die wirklich zurückgelegte Strecke; wirken noch andere Kräfte, ein Zwang u. s. w., so kommt für die Berechnung der Arbeit der gegebenen Kraft nur die von ihr herrührende Streckenkomponente in Betracht, insbesondere, wenn die anderen Kräfte u. s. w. keine in die Richtung der gegebenen Kraft fallende Komponente haben, nur die in die Richtung der gegebenen Kraft fallende Streckenkomponente. Es kann auch die gegebene Kraft mit einer oder mehreren anderen im Gleichgewicht, also der Körper in Ruhe sein, und doch leistet die gegebene Kraft „Arbeit im weiteren Sinne“, die letztere wird alsdann gemessen durch das Produkt der Kraft in die Strecke, an deren Zurücklegung der Körper durch die Kraft verhindert wird (Beispiel: Halten eines Gewichtes mit ausgestrecktem Arm). Um auch in diesem Falle eine reale Strecke zu erhalten, kann man sich vorstellen, daß das Gewicht fortwährend, wenn auch minimale Ortsänderung erfährt, die im nächsten Momente durch die Gegenkraft rückgängig gemacht wird.

(2) Die während einer endlichen Zeit geleistete Arbeit läßt sich graphisch darstellen, indem man die Strecken (allgemein die Leistung) als Abscissen, die Kraftwerte als Ordinaten nimmt und die von der so erhaltenen Kraftkurve, der Abscissenaxe, der Anfangs- und der Endordinate eingeschlossene Fläche betrachtet: diese stellt die Arbeit dar; man nennt eine solche Zeichnung ein Arbeitsdiagramm. Natürlich kann man auch die Kraft zur Abscisse, die Strecke (Leistung) zur Ordinate nehmen.

(3) In früherer Zeit wurde die Arbeit auf eine andere Art, der noch heute die naive Vorstellung näher steht, definiert: als das Produkt der Kraft in die Zeitdauer ihres Wirkens. Man nennt diese Größe gegenwärtig meist den Antrieb der Kraft und hat dafür die Formeln:

$$d\mathfrak{A} = K dt, \qquad \mathfrak{A} = \int K dt = K T \tag{nt}$$

(letzteres für konstante Kraft); Dimension:

$$[\mathfrak{A}] = l t^{-1} m. \tag{CR}$$

Das Verhältnis von $[A]$ zu $[\mathfrak{A}]$ ist also eine Geschwindigkeit. Die Bedeutung dieses Verhältnisses ergiebt sich am anschaulichsten durch den Hinweis auf die beiden Arten der Bewertung menschlicher Arbeitsleistung: Stücklohn und Zeitlohn; jener ist in den Fällen, wo die Leistung quantitativ feststellbar ist, zweifellos bezeichnender, dieser aber auch in Fällen anwendbar, wo eine ziffermäßige Leistung nicht vorliegt.

(4) Statt in die Faktoren $l t^{-2} m$ und l kann man A auch in die Faktoren m und $l^2 t^{-2}$ zerlegen, wodurch man erhält:

$$[A] = m [G^2], \tag{CS}$$

d. h. die Arbeit ist das Produkt einer Masse in das Quadrat einer Geschwindigkeit (s. w. u.).

(5) Über die nicht mechanischen Arbeitsarten (Wärmearbeit, elektrische, magnetische Arbeit u. s. w.) s. w. u.

(6) Da ein System zugleich aktive und passive Bedeutung hat (s. ob.), spricht man von der Arbeit, die es leistet (d. h. die die in ihm wirksamen Kräfte leisten), und von der Arbeit, die es verbraucht (d. h. die die äußeren Kräfte auf seine Massen leisten); demgemäß unterscheidet man positive und negative Arbeit; das Vorzeichen ist in jedem Falle festzulegen (s. w. u.).

119. Erg. Arbeitseinheit ist die Arbeit, welche erzeugt wird, wenn die Kraft sowohl als die Leistung, also bei Bewegungsarbeit die Strecke, gleich der Einheit ist. Im absoluten Maaßsystem ist also die mechanische Arbeitseinheit die Arbeit, welche 1 Dyne leistet, wenn sie den Körper, auf den sie wirkt, um 1 cm fortbewegt; sie heißt Erg; aus ihr ergeben sich als weitere Arbeitsmaaße:

$$\left.\begin{aligned}
&1 \text{ Mikroerg} = 0{,}000\,001 \text{ Erg}\\
&1 \text{ Millierg} = 0{,}001 \text{ ''}\\
&1 \text{ Kiloerg} = 1\,000 \text{ ''}\\
&1 \text{ Megaerg} = 1\,000\,000\ (10^6) \text{ ''}\\
&1 \text{ Joule} = 10\,000\,000\ (10^7) \text{ ''} = 10 \text{ Megaerg.}
\end{aligned}\right\} \quad (\text{el})$$

1 Joule ist also die Arbeit, die 1 Dyne auf der Strecke von 100 km oder 1 Megadyne auf der von 10 cm leistet.

(1) In der Praxis wird noch vielfach, auf manchen Gebieten sogar überwiegend, das Gewichtsmaaß und überdies als Einheiten nicht cm und g, sondern m und kg* zu Grunde gelegt. Diese Einheit heißt Meterkilogramm oder Kilogrammmeter; sie wird geleistet, wenn 1 Kilo um 1 m senkrecht gehoben wird. In England und Amerika wird statt dessen auch noch das Fußpfund benutzt. Es bestehen dafür an Orten normaler Schwerkraft folgende Beziehungen:

$$\left.\begin{aligned}
&1 \text{ mkg}^* = 100\,000 \text{ cmg}^* \fallingdotseq 98{,}1 \text{ Megaerg} = 9{,}81 \text{ Joule}\\
&1 \text{ Fußpfund} = 0{,}13826 \text{ mkg}^* = 13{,}56 \text{ ''} = 1{,}356 \text{ ''}\\
&1 \text{ Erg} = 102 \times 10^{-10} \text{ mkg}^* = 737 \times 10^{-10} \text{ Fußpfund}\\
&1 \text{ Joule} = 0{,}102 \text{ mkg}^* = 0{,}737 \text{ Fußpfund}
\end{aligned}\right\} \quad (\text{em})$$

Über das Joule, das ursprünglich für elektrische Arbeiten eingeführt wurde, s. w. u.

120. Effekt (oder Arbeitsstärke, Arbeitsintensität, Zeitarbeit) heißt die in der Zeiteinheit geleistete Arbeit.

Formel für den Effekt:

$$\text{Eff} = \frac{A}{T} = \frac{KL}{T}, \qquad (\text{nu})$$

Dimensionsformel: $[\text{Eff}] = l^2 t^{-3} m.$ (CT)

Einheit des Effektes im absoluten Maaßsystem ist 1 Erg pro sec oder kurz 1 **Sekundenerg**; weitere Effektmaaße sind folgende:

1 Sekundenmegaerg		$= 10^6$ Sekundenerg	(eп)
1 Watt	= 10 Sek.-Megaerg	$= 10^7$ "	
1 Hektowatt	= 100 Watt	$= 10^9$ "	
1 Kilowatt	= 1000 "	$= 10^{10}$ "	

Als praktische Einheit des Effektes wird noch überwiegend die sog. (mit der wirklichen Leistung eines Pferdes nicht übereinstimmende) **Pferdekraft** oder Pferdestärke (englisch horsepower) benutzt, wobei übrigens die englische (HP) mit der auf dem Kontinent üblichen sog. metrischen (PS) nicht genau übereinstimmt; es gelten dafür folgende Beziehungen:

1 PS = 75 mkg* pro sec	= 7360 Sek.-Megaerg	= 736 Watt	(eo)
1 HP = 550 Fußpfund pro sec	= 7460 " "	= 746 "	

Über das ebenfalls aus der Elektrizitätslehre stammende Watt s. w. u.

(1) Vom Effekt kann man nun wieder rückwärts zur Arbeit übergehen gemäß der Formel:

$$A = \text{Eff} \times T, \quad \text{(nv)}$$

man erhält auf diese Weise aus dem Watt folgende Arbeitsmaaße:

1 Wattsekunde	= 1 Joule	= 10 Megaerg	(eþ)
1 Wattstunde	= 3 600 "	= 36 000 "	
1 Hektowattstunde	= 360 000 "	= 3 600 000 "	
1 Kilowattstunde	= 3 600 000 "	= 36 000 000 "	

(2) Häufig kommt der Effekt pro Volumen- oder Flächeneinheit in Betracht:

$$[\text{Eff}'] = l^{-1} t^{-3} m \quad \text{(CT')}$$

$$[\text{Eff}''] = t^{-3} m. \quad \text{(CT'')}$$

121. Energie (Young 1807, Rankine 1853) ist die **Arbeitsfähigkeit** oder der **Arbeitsvorrat** eines Körpers oder eines Systems von Körpern; sie nimmt ab, wenn das System nach außen Arbeit leistet, sie nimmt zu, wenn das System äußere Arbeit verbraucht, und zwar gerade um den Betrag der betreffenden Arbeit. Formel (E_1 ursprüngliche, E_2 schließliche Energie, A Arbeit, positiv, wenn verbraucht, negativ, wenn geleistet):

$$E_2 - E_1 = A \quad \text{(nw)}$$

Dimensionsformel: $[E] = l^2 t^{-2} m,$ (CU)

also übereinstimmend mit den Dimensionen der Arbeit und des Massenpotentials (**118, 110**).

Die Energie der Masseneinheit oder spezifische Energie ist hiernach

$$E_1 = \frac{E}{m}, \tag{nx}$$

und ihre Dimension: $[E] = l^2 t^{-2}$ (CV)

(also wie das Potential das Quadrat einer Geschwindigkeit). Ferner ist die Energie der Volumeneinheit

$$E_1' = \frac{E}{v} = \varrho E_1, \qquad [E_1'] = l^{-1} t^{-2} m. \qquad \text{(ng) (CW)}$$

(1) Eine eingehende Festlegung des Energiebegriffes wird erst auf Grund des Energieprinzips möglich (s. u.).

(2) Energien werden hiernach wie Arbeiten in Erg u. s. w. ausgedrückt.

(3) In früherer Zeit wurde für den Begriff der Energie der Ausdruck Kraft oder Kraftvorrat benutzt, eine Bezeichnung, die, da Kraft zugleich noch etwas anderes bedeutete, zu Unklarheiten und Mißverständnissen führen mußte. Der später von Kirchhoff benutzte Ausdruck Wirkungsfunktion mußte dem noch treffenderen Ausdrucke Energie, der von Young und Rankine herrührt, weichen.

(4) In zahlreichen Fällen kann man die Energie in zwei sog. Energiefaktoren zerlegen, deren einen man ihren Intensitätsfaktor, deren anderen man ihren Quantitätsfaktor (oder Extensitätsfaktor) nennen kann (vgl. ***14*** (1)); z. B. Kraft und Strecke, oder $l^2 t^{-2}$ und m; s. w. u.

34. **Energieprinzip**, insbesondere **Prinzip von der Erhaltung der Energie oder von der Konstanz der Energie** (Rob. Mayer 1842, H. v. Helmholtz 1847). Für jedes System giebt es eine seine Arbeitsfähigkeit bestimmende Größe, Energie genannt, welche nur von seinem augenblicklichen Zustande abhängt, also unabhängig ist von dem Wege, auf welchem dieser Zustand erreicht worden ist (Energieprinzip). Kehrt insbesondere das System nach einer Reihe von Veränderungen in den Anfangszustand zurück, so ist auch seine Energie wieder ebenso groß wie ursprünglich (Prinzip der Erhaltung der Energie). Ist das System energetisch vollständig (***17*** (1)), d. h. steht es mit keinem anderen System durch Arbeitsaustausch in Wechselwirkung, so ist seine Energie überhaupt konstant; ist es unvollständig, d. h. steht es mit anderen Systemen in Arbeitsaustausch, so kann seine Energie zu- oder abnehmen, aber nur so, daß die Summe der Energien aller beteiligten Systeme konstant bleibt. Schließlich in Anwendung auf die Gesamtheit aller Systeme: Die Energie der Welt bleibt bei allen Veränderungen, die sie erfährt, immer dieselbe; oder: Energie kann weder erzeugt noch zerstört werden.

(1) Das Prinzip von der Erhaltung der Energie ist ein Erfahrungssatz, dessen Geltungsbereich sich durch alle neu gewonnenen Erfahrungen immer mehr erweitert hat; es ist infolgedessen gegenwärtig geradezu vom Charakter eines Postulates geworden, und es dient nunmehr zugleich als Leitfaden und Prüfstein zur Auffindung und Kontrolle neuer Erscheinungen und Beziehungen. Es ist für die Physik von derselben Bedeutung, wie das Prinzip von der Erhaltung des Stoffes für die Chemie, nur mit dem äußerlichen, für die Physik ungünstigen Unterschiede, daß es für die Anwendung des Energieprinzips kein Universalinstrument giebt, wie es die Wage für den Stoff ist (vgl. 1 und ***17***).

(2) Energetik (OSTWALD, HELM u. A.). Von manchen Seiten ist noch weiter gegangen und erklärt worden, die Energie, als das einzig Seiende, müsse die Grundlage und der irreductible Grundbegriff für die gesamte Naturbetrachtung sein, diese also als Energetik gefaßt werden. Diese Auffassung stellt sich und steht in Gegensatz zu der, welche die Physik auf der Mechanik aufzubauen bestrebt ist und die Energie als einen aus mechanischen Größen gebildeten oder dieser mechanischen Energie wenigstens nachgebildeten Begriff einführt. Bisher sind die Resultate dieser abstrakten Energetik (nicht die der klassischen Energielehre) noch geringfügig, jedenfalls ist sie wegen des Fehlens anschaulicher Hilfsmittel mit Vorsicht zu benutzen.

(3) Die Energie ist nunmehr vollständiger zu definieren als diejenige eindeutige Zustandsfunktion, welche die Arbeitsfähigkeit eines Systems bestimmt. Der Nullpunkt der Energie ist der, in welchem gar keine Arbeitsfähigkeit vorhanden ist. Da dieser Fall indessen in der Wirklichkeit keine Rolle spielt, es sich vielmehr immer nur um Änderungen der Energie eines Systems handelt, so kann man einen beliebigen Zustand ein für allemal als Normalzustand bezeichnen, die ihm entsprechende Energie E_0 gleich null setzen und den Energieüberschuß $E - E_0$ in irgend einem anderen Zustande als die diesem Zustande entsprechende Energie E bezeichnen. Man muß dann das Prinzip in der Form aussprechen: Für jedes System giebt es eine Größe, deren Wertedifferenz in zwei Zuständen des Systems nur von diesen beiden Zuständen abhängt und die Arbeitsleistung oder den Arbeitsverbrauch auf dem Wege von dem einen zu dem anderen Zustande angiebt.

(4) Die Energie ist wie die Masse (***17***(3)) eine additive Größe, d. h. Energien verschiedener Systeme oder Systemteile addieren sich einfach, ebenso verschiedene (s. w. u.) in demselben Systemteile gleichzeitig vorhandene Energien.

(5) Ein System kann materiell abgeschlossen oder vollständig (***17***(1)) und braucht doch nicht energetisch vollständig, abgeschlossen

oder isoliert zu sein, d. h. es kann mit der Außenwelt zwar nicht in Stoffaustausch, wohl aber in Energieaustausch stehen (der umgekehrte, an sich ebenfalls mögliche Fall kommt thatsächlich kaum in Betracht); findet weder Stoff- noch Energieaustausch statt, so kann man das System als absolut vollständig, absolut abgeschlossen oder absolut isoliert) bezeichnen.

(6) Man kann das Prinzip von der Energie und insbesondere den Spezialfall der Erhaltung der Energie noch in zahlreichen anderen Formen aussprechen, die sich aber mit der obigen nicht in jeder Hinsicht decken; sie sind vielmehr in irgend einer Weise von beschränkterer Bedeutung, indem sie z. B. entweder zwar hinreichende, aber nicht notwendige Bedingungen für die Gültigkeit des Prinzips darstellen, oder sich mit ihm zwar in gewissen Erscheinungsgebieten völlig decken, nicht aber in anderen, oder endlich, indem sie auf bestimmten Vorstellungen von dem Wesen der Energie beruhen, sei es nun, daß diese Vorstellungen der Wirklichkeit entsprechen oder nur bildlich verstanden werden sollen. Diese Ausspruchsformen des Prinzips stellen gleichzeitig ebenso viele sog. Beweise für dasselbe dar, Beweise, die naturgemäß keine andere Bedeutung haben können, als den Erfahrungssatz auf andere Erfahrungssätze und ev. auf solche zurückzuführen, die in höherem Grade den Anschein der Selbstverständlichkeit erwecken. Die wichtigsten unter diesen Formulierungen folgen hier.

(7) Perpetuum mobile erster Art. Eine Maschine, d. h. ein System irgend welcher Art, kann nicht aus sich selbst heraus fortwährend Arbeit leisten. Eine Maschine, die dies vermöchte, heißt ein Perpetuum mobile, und zwar, einer späteren Unterscheidung wegen, ein Perpetuum mobile erster Art. Man hat also den Satz: Ein Perpetuum mobile erster Art ist unmöglich. Dieser Satz enthält nur die Hälfte des Prinzips, nämlich nur die Unmöglichkeit der Entstehung, nicht aber die der Unzerstörbarkeit der Energie.

(8) Wächst bei einem Prozesse die Energie eines Systems um einen bestimmten Betrag, so nimmt sie bei rückwärtiger Anwendung desselben Prozesses um ebensoviel ab (und umgekehrt), und dasselbe gilt auch in dem allgemeineren Falle, in welchem der ursprüngliche Zustand nicht auf demselben, sondern auf einem anderen Wege wieder erreicht wird. Dabei ist vorausgesetzt, daß der Anfangszustand überhaupt wieder erreicht werden kann (s. u.).

(9) Die während eines Zeitteilchens geleistete Arbeit muß ein vollständiges Differential sein, gemäß der Gleichung

$$E_2 - E_1 = \int dA = \int (X dx + Y dy + Z dz); \qquad \text{(nz)}$$

hierzu ist hinreichend, daß die Kraftkomponenten ein Potential und dieses gewisse Eigenschaften besitze; in den beiden wichtigsten Fällen, daß die Kräfte nur von den Koordinaten oder außerdem nur noch von den Geschwindigkeiten abhängen, ist jene Eigenschaft die, daß das Potential nur von den Koordinaten selbst abhängt, die Zeit also nicht explicite enthält. Die Existenz eines Potentials ist, wie gesagt, hinreichend, aber nicht notwendig; es ist vielmehr noch der zweite Fall möglich, daß die Resultante der Kräfte (Zwang) senkrecht zur Bewegungsrichtung steht. Die ganze Betrachtung ist natürlich zunächst nur anwendbar auf Fälle, in denen die Leistung durch eine (wirkliche oder bildliche) Strecke gemessen wird, auf andere Arten von Arbeit müßte sie sinnentsprechend übertragen werden. Mit Berücksichtigung des Gesagten kann man also auch behaupten: In jedem beliebigen Falle haben die Kräfte, wenn man sie nur vollständig ermittelt, und wenn man von den Kräften vom Charakter eines Zwangs normal zur Bewegungsrichtung absieht, ein Potential, und dieses ist im allgemeinen von der Zeit unabhängig, und nur in besonderen Fällen von ihr abhängig. Es wird hierdurch geradezu zur Aufgabe in Fällen, wo die bekannten Kräfte kein Potential haben, nach verborgenen Erscheinungen und den für sie einzuführenden Kräften zu suchen.

(10) Alle Wirkungen in der Natur lassen sich auf Kräfte zurückführen, die dem Wechselwirkungsprinzip genügen und vom Charakter von Centralkräften sind (v. Helmholtz).

(11) Kräfte, die das Energieprinzip erfüllen, heißen konservative Kräfte, im Gegensatze zu ihnen spricht man von absorbierenden Kräften. Das Energieprinzip sagt also aus, daß die Gesamtheit aller Kräfte, die bei einer Erscheinung wirksam sind, immer konservativ ist. Entsprechende Bedeutung hat der Ausdruck konservatives System.

(12) Wie die Energie als Kraft, so wurde das Prinzip von der Erhaltung der Energie früher als Prinzip von der Erhaltung der Kraft bezeichnet.

(13) Wechselwirkungsprinzip der Energie. Das Energieprinzip läßt sich schließlich auch auf die Form bringen: Energieänderungen finden stets nur in der Weise statt, daß jedem Energieverlust gleichzeitig ein ebenso großer Energiegewinn entspricht; in dieser Form stellt es sich als eine neue, auf dem Energiebegriff aufgebaute Form des früher (*14*) in der Kraftform aufgestellten Wechselwirkungsprinzips dar, das in dieser Form mit Leichtigkeit für Wechselwirkung (Energieaustausch) jeder Art (s. w. u.) angewandt werden kann.

122. Zustand, Prozefs; ungeschlossener und geschlossener, umkehrbarer und nicht umkehrbarer Prozefs. Ein System befindet sich in einem bestimmten Augenblicke in einem bestimmten Zustande; die Größen, welche man angeben muß, um ihn vollständig zu charakterisieren, heißen Zustandsgrößen. Die Veränderung des Zustandes erfolgt durch einen Prozeß, und zwar geht bei einem solchen das System aus einem Anfangszustand durch eine Reihe von Zwischenzuständen in einen Endzustand über; ist der Endzustand vom Anfangszustand verschieden, so ist der Prozeß ein offener oder ungeschlossener; ist der Endzustand mit dem Anfangszustande identisch, so ist der Prozeß ein geschlossener oder Kreisprozeß. Ein Prozeß heißt umkehrbar oder reversibel, wenn der Endzustand wieder in den Anfangszustand zurückgeführt werden kann, nicht umkehrbar oder irreversibel, wenn dies nicht möglich ist; dabei sind im ersteren Falle zwei Möglichkeiten zu unterscheiden, nämlich der Fall, in dem der Prozeß schrittweise auf demselben Wege, auf dem er sich vollzog, rückgängig gemacht werden kann, und der andere Fall, wo die Umkehrung zwar nicht auf demselben, wohl aber auf einem anderen Wege möglich ist, der Prozeß sich also ebenfalls rückgängig machen läßt; jene Prozesse nennt man direkt oder schrittweise umkehrbar, diese überhaupt umkehrbar. Bei einem Prozeß ändern sich im allgemeinen alle Zustandsgrößen (in besonderen Fällen können natürlich einige von ihnen ungeändert bleiben), und damit ändert sich zugleich jede Funktion dieser Größe, d. h. jede sog. Zustandsfunktion, um nur nach Ablauf eines Kreisprozesses mit den Zustandsgrößen selbst wieder den Anfangswert anzunehmen. Die einzigen Zustandsfunktionen, die auch bei offenen Prozessen ihren Wert allgemein nicht ändern, sind die Masse bei einem materiell und die Energie bei einem energetisch abgeschlossenen System. Alle Prozesse sind hiernach, bei Berücksichtigung sämtlicher beteiligter Systeme, isohylisch und isoenergetisch. Spezielle Prozesse, bei denen auch noch eine andere Größe konstant bleibt, kann man unter dem Namen Isoprozesse zusammenfassen, und hieraus ergeben sich dann durch Einfügung der konstant bleibenden Größe die Namen der besonderen Prozesse dieser Art, z. B.:

isothermisch (Temperatur konstant),
isopyknisch oder isochorisch (Dichte oder Volumen konstant),
isopiestisch (Druck konstant),
isomotorisch (Geschwindigkeit konstant),
isocalorisch (Wärmemenge konstant).

Die Prozesse der letztgenannten Art heißen gewöhnlich adiabatische Prozesse, die sie ausführenden Systeme sind „calorisch abgeschlossen“; außer in dem Falle, wo die Aufnahme und Abgabe von Wärme materiell verhindert wird, treten adiabatische Prozesse auch dann auf, wenn die Vorgänge sich so rasch abspielen, daß keine Zeit zum Wärmeaustausch vorhanden ist.

122 a. Zustandsgröſsen, Zustandsgleichung. Die den variabeln Zustand eines Systems während eines Prozesses bestimmenden Größen heißen Zustandsgrößen (s. oben), die zwischen ihnen bestehenden Beziehungen Zustandsgleichungen:

$$f(p, v, \Theta, \ldots) = 0. \tag{oa}$$

Eine bestimmte Anzahl der Zustandsgrößen ist unabhängig voneinander, die übrigen hängen von jener ab und heißen Zustandsfunktionen (s. oben).

(1) Die Zustandsgleichungen sind im allgemeinen sehr verwickelt, und in der Wahl der unabhängigen Zustandsgrößen herrscht dabei oft eine große, aber erlaubte Willkür. Unter Umständen wird die Zahl der Größen aber klein, die Gleichung dann entsprechend einfach. Für einzelne Fälle (ideale, wirkliche Gase, Dämpfe) ist die Zustandsgleichung (für den Ruhezustand) schon angegeben worden (*24 b*, *24 b* (1), **85** (4)). Für beliebige Körper, die ruhen und keine besonderen (elektrischen u. s. w.) Erscheinungen aufweisen, kann man jede der dann (von Quantität und Qualität des Stoffes abgesehen) vorhandenen 3 Zustandsgrößen als Funktion der beiden anderen auffassen, die Gleichung also in einer der 4 Formen schreiben:

$$f(p, v, \Theta) = 0, \quad p = f_1(v, \Theta), \quad v = f_2(p, \Theta), \quad \Theta = f_3(v, p). \tag{ob}$$

Die drei möglichen Spezialprozesse sind hier:

a) der isothermische, $\Theta = f_3(v, p) = \text{const}, \quad p = f_1(v), \quad v = f_2(p),$ (oc)

b) der isopiestische, $p = f_1(v, \Theta) = \text{const}, \quad v = f_2(\Theta), \quad \Theta = f_3(v),$ (od)

c) der isochorische, $v = f_2(p, \Theta) = \text{const}, \quad p = f_1(\Theta), \quad \Theta = f_3(p);$ (oe)

jeder von ihnen ist durch einen bestimmten Koefficienten charakterisiert:

$$\left.\begin{aligned} &\text{a)} \quad \frac{-dp}{dv/v_0} = E_v \text{ (kubischer Elastizitätsmodul, } k_1 \text{ vgl. } \mathbf{76}\text{, Gl. ef)} \\ &\qquad\qquad \text{oder umgekehrt} \\ &\quad \frac{dv/v_0}{-dp} = \varepsilon_v \text{ (kub. Elast.-Koefficient, } C\text{, vgl. } \mathbf{78}\text{(3), Gl. er),} \end{aligned}\right\} \tag{of}$$

$$\text{b)} \quad \frac{dv/v_0}{d\Theta} = \alpha_v \text{ (therm. Ausdehnungskoefficient, vgl. } \mathbf{80}\text{, Gl. ez),} \tag{og}$$

$$\text{c)} \quad \frac{dp/p_0}{d\Theta} = \alpha_p \text{ (thermischer Druckkoefficient, vgl. } \mathbf{80}\text{, Gl. fh);} \tag{oh}$$

zwischen ihnen besteht die Beziehung:

$$\left(\frac{\partial v}{\partial \Theta}\right)_{p=\text{const}} = -\frac{\left(\frac{\partial p}{\partial \Theta}\right)_{v=\text{const}}}{\left(\frac{\partial p}{\partial v}\right)_{\Theta=\text{const}}}, \tag{oi}$$

oder ausgerechnet:

$$\alpha_v = \frac{p_0 \alpha_p}{E_v} = p_0 \alpha_p \varepsilon_v \qquad \text{(ok)}$$

(z. B. für ideale Gase, für die $E_v = p_0$ ist: $\alpha_v = \alpha_p$, vgl. **24 b** (1)).

(2) Ein Kreisprozeß läßt sich stets ansehen als die Aneinanderreihung eines umkehrbaren offenen Prozesses und seiner Umkehrung auf demselben oder anderem Wege. Die Aneinanderreihung lauter gleicher Kreisprozesse ergiebt einen periodischen Prozeß.

(3) Nach Ablauf eines Kreisprozesses ist zwar das System, das ihn durchlaufen hat, wieder im Anfangszustande, in der Umgebung aber, mit der das System im Austausche stand, können und werden die Zustände nunmehr andere als anfangs sein, die Umgebung hat also im allgemeinen keinen Kreisprozeß durchgemacht. Es können z. B. gewisse Stellen der Umgebung Energie hergegeben, andere Energie gewonnen haben; jene Stellen sind für das Hauptsystem Energiequellen (Reservoirs), diese Energiesenken. Läßt sich ein Prozeß derartig rückgängig machen (direkt oder indirekt), daß auch in der Umgebung keine Änderungen zurückbleiben, so ist der Prozeß im strengsten Sinne reversibel (Planck), der ganze Prozeß im strengsten Sinne Kreisprozeß.

(4) Die Nichtumkehrbarkeit eines Prozesses ist in den meisten Fällen (oder in allen?) keine prinzipielle, sondern nur eine praktische, d. h. es lassen sich keine für die Durchführung der Umkehrung geeigneten Mittel angeben, wohl aber kann die Umkehrung in Gedanken ausgeführt werden. Zahlreiche Prozesse sind zwar nicht völlig, aber mehr oder weniger annähernd rückgängig zu machen; hierüber und über die Frage, ob und unter welchen Umständen ein Prozeß in der einen und anderen Richtung nicht nur möglich ist, sondern wirklich vor sich geht, vgl. w. u.

123. Modalitäten der Energie: Aktuelle und potentielle Energie (Rankine). Die Energie kann entweder aktuell, d. h. in Arbeitsleistung thatsächlich begriffen, oder potentiell, d. h. zwar vorhanden sein, ohne jedoch schon wirklich Arbeit zu leisten. Für beide giebt es noch eine Reihe anderer Namen, die aber weniger allgemeinen Charakters sind und an bestimmte anschauliche Vorstellungen anknüpfen. So nennt man die aktuelle Energie, indem man sie als den Ausfluß von Bewegung betrachtet, kinetische Energie, die potentielle im Gegensatze dazu statische Energie; dabei kann es sich um sichtbare oder verborgene Bewegung wirklicher Materie oder endlich um verborgene Bewegung eines hypothetischen Agens handeln. Während die kinetische Energie durch die Geschwindigkeit, ist die statische durch die Lage des Systems oder des in ihm enthaltenen Agens im Verhältnis zur Außenwelt oder durch die relative Lage der Systemteile gegeneinander charakterisiert, man kann sie daher auch Energie der Lage oder konfigurative Energie, Zwangsenergie oder Spannungsenergie nennen. Die beiden hier unterschiedenen Energieformen werden zweckmäßig als die beiden Modalitäten der Energie bezeichnet.

(1) Aktuelle Energie ist im wesentlichen übereinstimmend mit dem, was man vor Einführung des Energiebegriffes lebendige Kraft nannte, potentielle Energie mit dem, was man tote Kraft oder, in anbetracht des durch die Konfiguration bedingten Zwangszustandes, Spannkraft nannte.

(2) Die kinetische Energie läßt sich vermöge des Arbeitsbegriffes allgemein durch die Geschwindigkeit ausdrücken, nämlich für einen Massenpunkt m (für andere Fälle durch Superposition):

$$dA = K dl = m \frac{dG}{dt} G dt = d(\tfrac{1}{2} m G^2), \tag{ol}$$

also:

$$E_a = \tfrac{1}{2} m G^2; \tag{om}$$

in Worten: Die kinetische Energie eines Punktes ist gleich dem halben Produkt seiner Masse in das Quadrat seiner Geschwindigkeit.

Wirkt statt der Kraft K nur ein Impuls J (**50**(2) u. ***11***(4)), so ergiebt sich auch nur das Differential des obigen Energiewertes, und für die aktuelle Impulsenergie, die dann freilich einen Begriff anderer Art darstellt, erhält man:

$$E_a' = m G, \tag{on}$$

also gleich der Bewegungsgröße (***14***(3)). Hierdurch erledigt sich der langjährige Streit darüber, ob für die Leistungsfähigkeit einer Bewegung die Bewegungsgröße oder die lebendige Kraft maßgebend sei. In der Wirklichkeit ergiebt sich oft ein zwischen den beiden typischen Fällen liegender Ausdruck, d. h. man muß die Energie darstellen durch die Formel:

$$E_a'' = c m G^{\varepsilon}, \tag{oo}$$

wo c eine zwischen $^1/_2$ und 1 und ε eine zwischen 1 und 2 liegende Konstante ist (s. w. u.).

(3) Die kinetische Energie der Masseneinheit spielt häufig (Schall, Wärme u. s. w., aber auch bei der gewöhnlichen Bewegung) eine so wichtige Rolle, daß man eines Namens für sie bedarf; dazu eignet sich wegen der Eigenschaft als Intensitätsfaktor (**121** (4)) der Name kinetische Intensität oder Bewegungsintensität.

(4) Wechselwirkungsprinzip (vgl. ***34***(13)) für die kinetische Energie: Bei der kinetischen Wechselwirkung zweier Systeme gewinnt das eine soviel kinetische Energie, wie das andere verliert. Oder: Bei der kinetischen Wechselwirkung zweier Systeme verhalten sich ihr Gewinn und Verlust an kinetischer Intensität (**123** (3)) umgekehrt wie ihre

Massen. — Dieser Satz erscheint nach der Definition der kinetischen Intensität als selbstverständlich, gewinnt aber bei energetisch-selbständiger Auffassung des Intensitätsbegriffes eine hohe Bedeutung (s. w. u. Wärme-Wechselwirkung).

(5) Die potentielle Energie läßt sich in analoger Weise durch die Kräfte und damit durch deren Potential ausdrücken, wobei freilich die Bemerkungen von *34* (9) zu beachten sind:

$$-dA = -Kdl = -(Xdx + Ydy + Zdz), \qquad \text{(op)}$$

also:

$$E_p = V; \qquad \text{(oq)}$$

in Worten: Die potentielle Energie ist identisch mit dem Potential der Kräfte. Immerhin bleibt auch, von der gedachten Einschränkung abgesehen, die Verschiedenheit und Unabhängigkeit der Ableitungen beider Begriffe bestehen.

Man kann nunmehr auch definieren: Potential ist die Arbeit beim Entfernen der Masse (resp. für das Einheitspotential: der Masseneinheit) in unendliche Entfernung von allen Kraftquellen; Potentialdifferenz in zwei Lagen ist die Arbeit bei der Überführung aus der einen Lage in die andere.

(6) Die potentielle Energie bedarf, um in aktuelle übergeführt zu werden, der Beseitigung des Hindernisses, das dieser Überführung bisher entgegen stand; sie bedarf, wie man sagt, der Auslösung. Thatsächlich wird durch diese Auslösung selbst Arbeit verbraucht, aber eine Arbeit, die prinzipiell beliebig klein gemacht werden kann.

(7) Die Energie eines Körpers ohne sichtbare Bewegung heißt seine innere Energie. Betrachtet man einen Körper als aus Molekeln bestehend, so setzt sich seine innere Energie aus der potentiellen und der kinetischen Energie der Molekeln zusammen; jene ist durch die Lage, diese durch die Geschwindigkeit der Molekeln bedingt. Jede von beiden setzt sich aber selbst wieder aus der eigentlichen Molekularenergie und der innerhalb der Molekeln vorhandenen Atomenergie zusammen (s. w. u.). Die kinetische Molekularenergie ist nach **100** (1) und **123** (2) bei Gasen nichts anderes als die absolute Temperatur; bei der Temperaturvergleichung von Körpern verschiedenen Aggregatzustandes muß man dagegen auf die Atomenergie zurückgehen (s. w. u.).

124. Qualitäten der Energie oder **Energieformen** kann man die verschiedenen Arten nennen, in denen die Energie sich unseren Sinnesorganen oder, wo solche fehlen, den für sie geeigneten Instrumenten offenbart. Hiernach giebt es:

a) Mechanische Energie, d. h. Energie der sichtbaren Massenbewegungen und Massenkonfigurationen.

b) Schallenergie (auf das Ohr wirkend).

c) Wärmeenergie (auf Thermometer resp. Kalorimeter wirkend).

d) Elektrische } Energie (mit zahlreichen Wirkungen).
e) Magnetische }

f) Lichtenergie (auf das Auge wirkend).

g) Chemische Energie.

h) Physiologische Energie.

(1) Diese spezifisch verschiedenen Energien brauchen darum nicht ebenso viele selbständige Energieformen zu sein, es ist im Gegenteil die Aufgabe der Forschung, die einen auf die anderen zurückzuführen (Schallenergie auf mechanische, Lichtenergie auf elektromagnetische, physiologische Energie auf mechanische, chemische oder elektrische u. s. w.).

(2) Die verschiedenen Energiequalitäten bestehen für sich neben den Modalitäten, d. h. jede Energieform kann in beiden Modalitäten auftreten; bei der mechanischen Energie ist dies thatsächlich der Fall, bei den anderen Energien ist dies weniger eine Frage der Thatsachen, als eine Frage des Standes unserer Kenntnisse oder, wo diese nicht ausreichen, unserer hypothetischen Vorstellungen.

125. Energiebewegung und Energieverwandlung. Drei Arten von Veränderungen kann die Energie erfahren (beim Stoffe sind es nur zwei): Veränderungen des Ortes, der Modalität und der Qualität; erstere sind Energiebewegungen oder Energiewanderungen, die beiden letzteren Energieverwandlungen.

(1) Die Einführung der Energiewanderung setzt die Vorstellung ihrer örtlichen Existenz und ihre Ausbreitung von Ort zu Ort, also den Begriff der „Lokalisierung der Energie“ voraus; die Energie tritt damit in noch vollständigeren Parallelismus mit der Masse. Freilich muß durch eine besondere Untersuchung festgestellt werden, unter welchen Bedingungen eine solche Lokalisierung möglich ist, wobei z. B. der Fall von Kräften, die auf diskrete Massen wirken, Schwierigkeiten macht. Um eine anschauliche Vorstellung von der Energiebewegung zu gewinnen, kann man sich der Kraftlinien (**111 d**) bedienen, indem man nach Maaßgabe der betreffenden Verhältnisse die Richtung und das Gesetz ihrer mit der Zeit erfolgenden Wanderung durch das Feld bestimmt.

(2) Die Gesamtheit der Erscheinungen kann man hiernach in drei Stufen ordnen; auf der ersten Stufe stehen die Erscheinungen, bei denen die Energie nur den Ort ändert, auf der zweiten die, wo sie auch die Modalität ändert, auf der dritten die, wo sie sogar die Qualität ändert. Die beiden ersten Klassen von Erscheinungen kann man als qualitativ reine Erscheinungen (rein mechanische, rein thermische u. s. w.) zusammenfassen, die letzte Klasse dagegen enthält die quali-

tativ gemischten Erscheinungen (thermodynamische, thermoelektrische, magnetooptische u. s. w.).

35. **Prinzip der Äquivalenz der Energien.** Jede Energieform muß, wenn sie gleichzeitig mit anderen in das Energieprinzip eingeführt werden soll, mit einem spezifischen, aber für alle Fälle gültigen Faktor multipliziert werden; dieser Faktor heißt das Äquivalentverhältnis oder die Äquivalentzahl der betreffenden Energieform. Für eine Energieform kann man diese Zahl gleich 1 setzen, man ist übereingekommen, hierfür die mechanische Energie zu wählen; die Äquivalentzahlen der übrigen Energien heißen dann die mechanischen Äquivalente oder Arbeitsäquivalente der betreffenden Energieeinheiten; die Produkte der in den betreffenden besonderen Maaßen ausgedrückten Energiewerte in ihre Arbeitsäquivalente heißen ihre Arbeitswerte oder ihre auf mechanisches Maaß zurückgeführten Werte.

(1) Das Prinzip ist eine besondere Form des Energieprinzips (*34*), es besagt, daß auch bei einer Qualitätsverwandlung Energie weder gewonnen noch verloren wird, daß vielmehr die Summe aller im Arbeitsmaaß ausgedrückten Energien bei Berücksichtigung aller bei der Verwandlung beteiligten Systeme ungeändert bleibt.

(2) Im Arbeitsmaaß drücken sich, auf absolute Einheiten bezogen, alle Energien in mechanischen Ergs aus, auf praktische Einheiten bezogen dagegen in mkg* (**119**).

(3) Das Äquivalenzprinzip stellt die verschiedenen Qualitäten der Energie in Vergleich. Für die beiden Modalitäten läßt sich das Äquivalentverhältnis allgemein nicht angeben, weil es ganz von den Umständen abhängt.

Zweiter Abschnitt: Mechanische Energie.

36. **Satz von der lebendigen Kraft, insbesondere Satz von der Erhaltung der lebendigen Kraft** (kinetischen Energie). Der Zuwachs, den die lebendige Kraft (**123** (1)) eines Systems, das keinen mit der Zeit veränderlichen Bedingungen unterworfen ist, in irgend einer Zeit erfährt, ist gleich der Arbeit der wirkenden Kräfte während dieser Zeit, in Formel:

$$(E_a)_1 - (E_a)_0 = \int_{t_0}^{t_1} (X dx + Y dy + Z dz). \qquad \text{(or)}$$

Dies ist der Satz von der lebendigen Kraft. Haben die Kräfte ein mit der Zeit sich nicht änderndes Potential V, so ist die Summe aus lebendiger Kraft und Potential konstant:

$$E_a + V = \text{const oder } \tfrac{1}{2} \sum m G^2 = \text{const} - V; \qquad \text{(os)}$$

kehrt also das System in einen früheren Zustand zurück, wodurch V den früheren Wert annimmt, so nimmt auch E_a wieder den früheren Wert an. Dies ist der Satz von der Erhaltung der lebendigen Kraft. Wirken keine Kräfte oder stehen die wirkenden Kräfte immer im Gleichgewicht, so ist die lebendige Kraft konstant.

(1) Die Sätze sind Spezialisierungen des Prinzips der Energie und der Erhaltung der Energie (*34*), und zwar für rein mechanische Prozesse; sie sind aber weit früher als diese bekannt gewesen (Descartes, Leibniz, Bernouilli u. A.) und haben sich daher auch in der alten Bezeichnungsweise (lebendige Kraft) erhalten. Sie sind ferner in Parallele zu stellen mit dem Satz von der Bewegung, speziell Erhaltung, des Schwerpunktes (*19*) und dem Satz von den Flächen, speziell von der Erhaltung der Flächen (*20*).

(2) Für einen einzelnen Massenpunkt wird bei der Rückkehr in den Anfangszustand mit seiner lebendigen Kraft auch die Geschwindigkeit wieder die ursprüngliche, er hat also eine Periode seiner rein periodischen Bewegung hinter sich. Bei Systemen ist dagegen zwischen der Rückkehr in dieselbe Konfiguration, wobei die Geschwindigkeiten ganz anders verteilt sein können, und der Rückkehr in den auch hinsichtlich der Geschwindigkeiten mit dem Anfangszustand übereinstimmenden Zustand zu unterscheiden; die lebendige Kraft nimmt in beiden Fällen wieder den Anfangswert an, aber die Bewegung ist im allgemeinen kompliziert periodisch.

(3) Die Sätze gelten auch für die relative Bewegung der Teile des Systems gegen seinen Schwerpunkt, nur ist die Konstante (const) um den Betrag der absoluten lebendigen Kraft des Schwerpunktes kleiner.

(4) Die Wirkung zahlreicher mechanischer Maschinen besteht, außer der Energieübertragung an andere Orte, in der Änderung der beiden Arbeitsfaktoren, Kraft und Strecke, d. h. sie machen es möglich, mit Hilfe von kleiner Kraft und großer Strecke eine große Last durch eine kleine Strecke fortzubewegen, und umgekehrt. Das Energieprinzip sagt dann aus, daß die eine dieser beiden Größen bei dem Prozesse sich mit demselben Faktor multipliziert, durch den sich die andere dividiert. In anderen Fällen handelt es sich um die Verwandlung der kinetischen Energie einer fortschreitenden Bewegung in die einer Drehbewegung, z. B. bei Wasserrädern und Windmühlen; die hierbei benutzte Wasserkraft resp. Windkraft, richtiger kinetische Energie des Wassers und der Luft, sind die beiden wichtigsten in der Natur vorkommenden Quellen mechanischer Arbeitsleistung. In einer dritten Klasse von Fällen handelt es sich um die Verwandlung potentieller Energie in aktuelle, z. B. bei der Benutzung der Spannung komprimierter Gase zur Erzeugung von Bewegung.

(5) Für die mechanische Energie als solche gilt, wegen der Umwandlung in andere Energieformen, das Energieprinzip im allgemeinen natürlich nicht. Es gilt aber selbst bei Prozessen, bei denen eine qualitative Umwandlung, sozusagen, nicht beabsichtigt ist (sei es vom Menschen oder von der Natur), immer nur mehr oder weniger angenähert, da auch dann eine partielle Umwandlung in andere Energieformen, besonders in Wärme, unvermeidlich ist; näheres s. w. u. Auch die Energie, welche die mechanische Form bewahrt, nimmt immer zu einem, wenn auch meist kleinen Teile, ungewünschte Formen an, es werden z. B. durch einen Mechanismus, der Orts- und Richtungsänderungen der Energie zu bewirken bestimmt ist, Systemteile komprimiert, Teilchen losgerissen, u. s. w.

(6) Energie beim Stoß. Wenn zwei Körper von elastischer Vollkommenheit (**89**) aufeinander stoßen, so bleibt die Summe ihrer kinetischen Energien ungeändert. Formel (m_1 m_2 Massen, c_1 c_2 anfängliche, v_1 v_2 endliche Geschwindigkeiten):

$$\tfrac{1}{2} m_1 v_1^2 + \tfrac{1}{2} m_2 v_2^2 = \tfrac{1}{2} m_1 c_1^2 + \tfrac{1}{2} m_2 c_2^2. \qquad \text{(ot)}$$

Beim Stoße vollkommen unelastischer Körper (Kugeln) bewegen sich diese nach dem Stoße wie ein einziger Körper weiter, und es ist der Verlust an mechanischer kinetischer Energie (Umwandlung in innere und thermische Energie):

$$E_k - E'_k = \frac{1}{2} \frac{m_1 m_2}{m_1 + m_2} (c_1 - c_2)^2, \qquad \text{(ou)}$$

oder der relative Verlust (Verlust als Bruchteil der ursprünglichen Energie), wenn μ das Massenverhältnis, γ das Geschwindigkeitsverhältnis der Körper ist:

$$\Delta = \frac{(1 - \gamma)^2}{(1 + \mu)\left(\frac{1}{\mu} + \gamma^2\right)}. \qquad \text{(ov)}$$

Für $\gamma = -\frac{1}{\mu}$ wird Δ ein Maximum, und zwar $\Delta = 1$, d. h.: wenn die Geschwindigkeiten der Körper entgegengesetzt und ihren Massen umgekehrt proportional sind, geht die ganze mechanische kinetische Energie durch den Stoß verloren, die Körper kommen zur Ruhe. In Wahrheit wird das Ergebnis zwischen beiden Extremen liegen.

(7) Volumenenergie und Oberflächenenergie; Dimensionalität der Energiefaktoren (vgl. **14**(1) und **121**(4)). In manchen Fällen stellt sich die Leistung einer Kraft unmittelbar nicht als eine Strecke dar. So besteht die Arbeit, die eine Druckkraft auf ein System leistet, im allgemeinen in einer Volumenänderung, und die dadurch in dem Körper aufgespeicherte Energie hat daher die Form

$$E_v = \int p\, dv, \qquad \text{(ow)}$$

wobei der Druck der Intensitätsfaktor, das Volumen der Quanitätsfaktor ist. Diese Größe heißt Volumenenergie und wird besonders bei Gasen (s. w. u.) vielfach benutzt; sie hat aber keine tiefere Bedeutung, da sie keine durch den Zustand des Systems bestimmte Größe ist, sondern in demselben Zustande je nach dem Wege, auf dem er erreicht worden ist, ganz verschiedene Werte haben kann.

Ferner wird, z. B. bei den Kapillaritätserscheinungen, die Energie in der Form:

$$E_f = \int \alpha\, df \tag{ox}$$

dargestellt, wo die Oberflächenspannung α der Intensitätsfaktor, die Oberfläche selbst der Quantitätsfaktor ist; damit wird die Oberflächenspannung gleich der Energie pro Flächeneinheit. Übrigens steht nichts im Wege, die Kapillarenergie auch auf die Form einer Volumenenergie zu bringen (vgl. **96**):

$$E_v = \int \alpha \left(\frac{1}{r_1} + \frac{1}{r_2}\right) dv. \tag{oy}$$

Hält man jetzt die gewöhnliche Form der mechanischen Energie, $\int K\, d\, l$, die man Streckenenergie nennen kann, mit der Oberflächenenergie und der Volumenenergie zusammen, so kann man sie als die ein-, zwei- und dreidimensionale Form der mechanischen Energie bezeichnen; die Dimensionsangabe bezieht sich dabei auf den Quantitätsfaktor, während der Intensitätsfaktor jedesmal diejenige Dimension hat, die für das Produkt die in allen Fällen identische Dimension einer Energie ergiebt:

$$[E_l] = (l\, t^{-2} m)(l), \quad [E_f] = (t^{-2} m)(l^2), \quad [E_v] = (l^{-1}\, t^{-2} m)(l^3). \tag{CX}$$

(8) In manchen Fällen lassen sich einfache Beziehungen zwischen dem potentiellen und dem aktuellen Teile der mechanischen Energie angeben (vgl. *35* (3)). Als einfaches Beispiel diene der Satz: Bei der fortschreitenden ebenen Wellenbewegung ist die gesamte Energie zu gleichen Teilen potentiell und aktuell, und zwar ist sie gleich der aktuellen Energie, die vorhanden wäre, wenn überall die größte Geschwindigkeit herrschte, oder auch gleich der potentiellen Energie, die vorhanden sein würde, wenn überall die größte Verdichtung herrschte.

Dritter Abschnitt: Schall.

126. Schall, Knall; Ton und Geräusch. Akustik ist die Lehre vom Schall. Schall heißt alles, was wir mittels des Gehörorgans wahrnehmen; es ist das jede periodische Bewegung, falls die Periode und die Größe der Bewegung innerhalb gewisser Grenzen liegt. Ein kurz dauernder Schall (zwei oder wenigen Schwingungen entsprechend) heißt auch Knall, ein länger andauernder, wenn die Schwingungen regelmäßig sind, Ton, wenn sie unregelmäßig sind, Geräusch. Den objektiven Vorgang, der sich abspielt, wenn wir etwas hören, nennt man Schallreiz, die durch ihn hervorgerufene Empfindung Schallempfindung. Die periodische Bewegung kann durch sehr verschiedene Ursachen hervorgerufen werden, durch Elastizität, durch Stoß, Wind, Reibung (Reibungstöne), auch durch Wärme (Trevellyaninstrument) u. s. w.

(1) Eine scharfe Grenze giebt es weder zwischen Knall und eigentlichem Schall, noch zwischen Ton und Geräusch; insbesondere lassen sich viele Geräusche bei aufmerksamer Analyse in Töne oder Tonreihen auflösen, und andererseits sind auch Töne häufig von Geräuschen begleitet.

(2) Die Schwingungen können transversal oder longitudinal sein, unter Umständen kommen auch drehende oder pulsierende als Schallerreger vor.

(3) Damit eine Schallempfindung zu stande komme, muß allerwenigstens eine Folge von zwei Schwingungen wirklich stattfinden; damit die Schallempfindung bestimmt charakterisiert sei, müssen es sogar weit mehr sein, bei Tönen etwa 16 bis 20.

4) Die Grenzen der Schwingungszahl, innerhalb deren Schall zu stande kommt, sind individuell verschieden; ihre äußersten Werte sind 12 und 45000 (pro sec), ihre gewöhnlichen Werte

$$n(\text{min}) = 16, \qquad n(\text{max}) = 32000; \qquad (\text{eq})$$

bei diesen Werten geht die Schallempfindung allmählich in Druck-, Stoß- oder Schmerzempfindung über.

(5) Die den Schall erzeugenden Schwingungen sind meist stehende, sie werden aber auf das Medium, gewöhnlich Luft, als fortschreitende übertragen und gelangen so in unser Ohr. In der Luft sind die Schwingungen longitudinal, die Polarisation spielt demnach beim Schall keine Rolle (**44**).

127. Tonhöhe. Die drei Charakteristika des Tones sind: Höhe, Stärke, Klang.

Die Tonhöhe ist bedingt durch die Schwingungszahl (**30**); die objektive Tonhöhe (Höhe des Tonreizes) kann man geradezu gleich der Schwingungszahl setzen; die subjektive Tonhöhe muß man alsdann mit dem Logarithmus der Schwingungszahl in Beziehung setzen, da man bei gleichem Verhältnis der Schwingungszahlen gleiche Differenzen der Tonhöhen empfindet. Man kann dabei noch beliebig festsetzen, welche objektive Tonhöhe man subjektiv zum Nullpunkt und welches objektive Tonverhältnis man subjektiv zur Einheit der Differenz wählen will; es ist am zweckmäßigsten $n = 16$ (tiefster Ton) als Nullpunkt (Tonhöhe $H = 0$) zu wählen und dem Verhältnis $n_2 : n_1 = 2$ die Differenz $H_2 - H_1 = 1$ entsprechen zu lassen; es wird dann für:

$n =$	16	32	64	128	256	512	(er)
$H =$	0	1	2	3	4	5	
$n =$	1024	2048	4096	8192	16384	32768	
$H =$	6	7	8	9	10	11	

und die Beziehung zwischen H und n allgemein:

$$H = \frac{\lg n - \lg 16}{\lg 2} = \frac{\lg n}{0{,}301} - 4. \tag{oz}$$

Um einen Ton seiner Höhe nach zu charakterisieren, muß man also entweder H oder n angeben; man thut meist das letztere.

(1) Der ganze Tonbereich wird hierdurch in sog. Oktaven geteilt, und zwar im ganzen in 11.

(2) Das Schwingungszahlverhältnis (oder die Tonhöhendifferenz) zweier Töne heißt ihr Intervall; die wichtigsten Intervalle sind folgende:

Name	$n_2 : n_1$	$H_2 - H_1 = \frac{\lg(n_2 : n_1)}{\lg 2}$	
Unisono oder Prime (Einklang)	1	0	(ef)
Oktave	2 : 1	1	
Quint	3 : 2	0,585	
Quart	4 : 3	0,412	
Große Sext	5 : 3	0,738	
Große Terz	5 : 4	0,322	
Kleine Sext	8 : 5	0,678	
Kleine Terz	6 : 5	0,263	
Kleine Septime	9 : 5	0,848	
Sekunde (großer Ganzton) . .	9 : 8	0,170	
Kleiner Ganzton	10 : 9	0,152	
Große Septime	15 : 8	0,907	
Großer Halbton	16 : 15	0,093	
Kleiner Halbton.	25 : 24	0,070	

(3) Das Zusammenklingen von Tönen heißt Harmonie, die Aufeinanderfolge Melodie. Wohlklingende Harmonien heißen Konsonanzen, übelklingende Dissonanzen; die Grenze zwischen beiden ist nicht scharf und fest, sondern von den Umständen, dem individuellen und Zeitgeschmack abhängig. Im Prinzip ist wegen der durch Interferenz der Schwingungen entstehenden Intensitätsschwankungen, „Schwebungen", eine Harmonie desto weniger konsonant, je größer die Zahlen sind, die in dem Ausdruck des Schwingungszahlverhältnisses vorkommen; oben sind hiernach die Harmonien von der besten Konsonanz anfangend nach immer schlechteren fortschreitend geordnet (Zusammenklänge, bei denen die Schwebungen direkt (bewußt) zu hören sind, sind musikalisch unbrauchbar). Jedoch wird das genannte Prinzip durch Gewohnheits- und andere Einflüsse in manchen Fällen modifiziert.

(4) Das Intervall 81 : 80 oder die Höhendifferenz 0,018 heißt ein Komma (Verhältnis des großen zum kleinen Ganzton); es bezeichnet etwa die Grenze der Unterscheidungsempfindlichkeit ungeübter Ohren, bei geübten geht sie bis zu $^1/_8$ Komma oder noch weiter. Die Oktave umfaßt rund 56 Kommas, der ganze Tonbereich 600 bis 650, also für mittlere Ohren etwa 600, für feine über 1000 unterscheidbare Töne.

(5) Tonleiter oder Skala ist eine bestimmte Auswahl von Tönen innerhalb einer Oktave; die beiden wichtigsten Tonleitern sind folgende:

a) Die reine Tonleiter mit möglichst einfachen Tonverhältnissen; je nach der Zahl von Tönen giebt es verschiedene: die 3-, 5-stufige (antiquiert), die 7-stufige oder diatonische, die 21-stufige oder chromatische, die 31-, 53-stufige u. s. w. Alle diese reinen Skalen haben den Übelstand, daß sie je nach dem Ausgangspunkte, dem sog. Grundton oder der Tonika, verschiedene Tonleitern, d. h. Intervalle zwischen absolut gleichen Tönen liefern.

b) Die temperierte oder gleichschwebende Tonleiter, gebildet durch Einteilung der Oktave in 12 gleich große Intervalle, die temperierte Halbtöne heißen, deren Schwingungszahlverhältnis also $\sqrt[12]{2}$, deren Höhendifferenz $^1/_{12}$ ist; zwei Intervalle geben den temperierten Ganzton, drei die kleine Terz u. s. w. Von den so erhaltenen 12 Tönen stimmen sechs etwa mit den entsprechenden reinen Tönen überein, die anderen sechs sind Kompromißtöne zwischen mehreren nahe bei einander gelegenen reinen Tönen. Die temperierte Skala wird für alle Grundtöne gleichartig und hat deshalb, obgleich sie ihr akustisch weit nachsteht, die reine in der Praxis verdrängt.

Tabelle der reinen und der temperierten Skala, mit den Tonnamen für *c* als Grundton.

Name des Tones	Name des Intervalls	Verhältnis zum Grundton reine Skala		Verh. zum Grundton temp. Sk.	Fehler d. temp. Sk. in Kommas
c	Unisono oder Prime	$^1/_1$	1,000	1,000	0
cis	Erhöhte Prime	$^{25}/_{24}$	1,042	1,059	$+1^1/_2$
des	Verminderte Sekunde	$^{27}/_{25}$	1,080		$-1^1/_2$
d	Sekunde	$^9/_8$	1,125	1,122	$-\ ^1/_6$
dis	Erhöhte Sekunde . .	$^{75}/_{64}$	1,172	1,189	$+1$
es	Kleine Terz	$^6/_5$	1,200		$-\ ^2/_3$
e	Große Terz	$^5/_4$	1,250	1,260	$+\ ^2/_3$
fes	Verminderte Quart .	$^{32}/_{25}$	1,280		$-1^1/_4$
eis	Erhöhte Terz.	$^{125}/_{96}$	1,302	1,335	$+2$
f	Quart	$^4/_3$	1,333		0
fis	Erhöhte Quart	$^{25}/_{18}$	1,389	1,414	$+1^1/_2$
ges	Verminderte Quint .	$^{36}/_{25}$	1,440		$-1^1/_2$
g	Quint	$^3/_2$	1,500	1,498	0
gis	Erhöhte Quint	$^{25}/_{16}$	1,563	1,587	$+1^1/_3$
as	Kleine Sext	$^8/_5$	1,600		$-\ ^3/_5$
a	Große Sext	$^5/_3$	1,667	1,682	$+\ ^4/_5$
ais	Erhöhte Sext	$^{125}/_{72}$	1,736	1,781	$+2$
b	Kleine Septime . . .	$^9/_5$	1,800		$-\ ^4/_5$
h	Große Septime	$^{15}/_8$	1,875	1,888	$+\ ^1/_2$
ces	Verminderte Oktave	$^{48}/_{25}$	1,920		$-1^1/_3$
his	Erhöhte Septime . . .	$^{125}/_{64}$	1,953	2,000	$+2$
c	Oktave	$^2/_1$	2,000		0

(et)

Die meisten temperierten Töne sind also um weniger als ein Komma oder um wenig mehr falsch.

Von anderen Skalen sei nur die **pythagoräische** erwähnt, die alle Töne von einem Grundton aus durch fortwährende Multiplikation der Schwingungszahl mit $^3/_2$, also durch fortgesetzte **Quintenbildung**, und eventuell, behufs Verlegung in denselben Oktavenbereich, Division mit 2, ableitet; Schema:

$$\left.\begin{matrix} c & d & e & f & g & a & h & c \\ 1 & ^9/_8 & ^{81}/_{64} & ^4/_3 & ^3/_2 & ^{27}/_{16} & ^{243}/_{128} & 2; \end{matrix}\right\} \quad \text{(eu)}$$

die von den reinen abweichenden Intervalle *e*, *a*, *h* sind also schon großzahlig, die Zwischenstufen *cis* u. s. w. noch weit mehr; die Fehler der Töne gegen die reinen sind aber im Durchschnitt kleiner als bei der temperierten Skala. Die 12. Quinte ist von der 7. Oktave nur um ein Komma verschieden:

$$(^3/_2)^{12} = 129^3/_4, \qquad 2^7 = 128, \qquad (\text{ev})$$

beide Töne (*his* und *c*) werden in der temperierten Skala als gleich (*c*) gesetzt.

(6) Mathematisch am einfachsten würde es sein, zur Fixierung der den absoluten Schwingungszahlen entsprechenden Tonnamen den tiefsten Ton ($n = 16$, $H = 0$) als ein *c* zu bezeichnen und die verschiedenen *c* durch Indices zu unterscheiden; es ist jedoch international eine etwas abweichende Wahl getroffen, nämlich der Ton

$$(n = 435) = a_1 \qquad (\text{ew})$$

als Normalton (Kammerton) gewählt worden, wodurch die *c* folgende Werte erhalten:

$$\left.\begin{matrix} C_{-2} & C_{-1} & C & c & c_1 & c_2 & c_3 & c_4 & \text{u. s. w.} \\ 16{,}17 & 32{,}33 & 64{,}66 & 129{,}3 & 258{,}7 & 517{,}3 & 1035 & 2069, & \end{matrix}\right\} \quad (\text{ex})$$

Unter Schwingung ist hierbei stets eine ganze Schwingung verstanden; sog. einfache Schwingungen (**30** (1)) sind, wo sie sich noch finden, durch 2 zu dividieren. In der eingestrichenen Oktave der temperierten Skala (c_1 bis c_2) erhält man nunmehr folgende Schwingungszahlen:

$$\left.\begin{matrix} c_1 & cis_1 & d_1 & dis_1 & e_1 & f_1 & fis_1 \\ 258{,}7 & 274{,}0 & 290{,}3 & 307{,}6 & 325{,}9 & 345{,}3 & 365{,}8 \\ g_1 & gis_1 & a_1 & ais_1 & h_1 & c & \\ 387{,}5 & 410{,}6 & 435{,}0 & 460{,}9 & 488{,}3 & 517{,}3. & \end{matrix}\right\} \quad (\text{ey})$$

Zur Reduktion französischer Angaben sei bemerkt, daß $Ut = C_{-2}$, $ut = C_{-1}$, $ut_1 = C$, $ut_2 = c$, $ut_3 = c_1$ u. s. w. ist.

128. Schallstärke. Das zweite Charakteristikum des Schalles ist seine Stärke oder Intensität, speziell für Töne die Tonstärke.

Da hinsichtlich des Begriffes der Schallstärke vielfach große Verwirrung herrscht, wird es gut sein die verschiedenen Bedeutungen, in denen man dies Wort brauchen kann, einzeln festzulegen. Es sind folgende Begriffe zu unterscheiden:

a) Objektive Schallstärke und subjektive Schallstärke; jene ist die Intensität des Schallreizes, diese die Intensität der Schallempfindung. Die objektive Schallstärke ist physikalisch zu messen, und zwar auf Grund des den Schall erzeugenden Bewegungsvorganges, die subjektive Schallstärke kann (wenn überhaupt, s. w. u.) nur physiologisch resp. psychologisch gemessen werden.

b) Die Messung der objektiven Schallstärke kann entweder am Orte der Schallentstehung oder, was in manchen Fällen wichtiger ist, am Orte der Schallempfindung, d. h. im Ohr, erfolgen; die Ergebnisse beider Messungen werden natürlich gänzlich verschieden sein.

c) Als Maaß der objektiven Schallstärke dient, wie bei jedem Bewegungsvorgange die kinetische Energie, also die Größe $\frac{1}{2}mG^2$, mit der Maaßgabe jedoch, daß für einen Schallimpuls (Knall) der Differentialquotient mG dieser Größe eintritt (vgl. **123** (2)), und mit der weiteren Maaßgabe, daß hiervon nur der wirklich in Schallbewegung bestehende Teil zu nehmen, der in andere mechanische oder sonstige Energieformen umgewandelte Teil in Abzug zu bringen ist. G ist hierbei in jedem Augenblick verschieden, man kann aber statt dessen auch G^2 als „kinetischen Mittelwert der Geschwindigkeit" nehmen.

(d) Es ist zu unterscheiden zwischen dem Zeitintegral der geleisteten Schallarbeit, also der ganzen Schallenergie, und der Energie pro Zeiteinheit, also dem Schalleffekt (**120**); es ist einleuchtend, daß nur die letztere Größe den Namen Schallstärke verdient.

e) Ebenso ist zu unterscheiden zwischen der ganzen von der schallenden Masse herrührenden Energie, die man als Schallmasse oder Schallmenge bezeichnen kann, und der Energie der Masseneinheit, d. h. der spezifischen Schallenergie (**121**) andererseits; in den meisten Fällen kommt es nicht einmal auf die letztere, sondern auf die Schallenergie an, die auf eine gegebene Fläche (z. B. das Trommelfell) oder aber auf die Schallenergie, die auf die Flächeneinheit (z. B. des Trommelfells) trifft.

Es ergeben sich nun folgende, die aufgestellten Begriffe festlegenden Dimensionsformeln:

$$[\text{Schallenergie}] = l^2t^{-2}m, \qquad [\text{Knallgröße}] = lt^{-1}m, \tag{CY}$$

$$[\text{Schallstärke}] = l^2t^{-3}m, \qquad [\text{Knallstärke}] = lt^{-2}m, \tag{CZ}$$

$$\left.\begin{aligned}[\text{Schallstärke pro Masseneinheit}] &= l^2t^{-3},\\ [\text{Knallstärke pro Masseneinheit}] &= lt^{-2},\end{aligned}\right\} \tag{DA}$$

$$\left.\begin{aligned}[\text{Schallstärke pro Flächeneinheit}] &= t^{-3}m,\\ [\text{Knallstärke pro Flächeneinheit}] &= l^{-1}t^{-2}m.\end{aligned}\right\} \tag{DB}$$

(1) Die Schallstärke pro Masseneinheit ist erfahrungsgemäß im allgemeinen weder durch die Geschwindigkeit noch durch ihr Quadrat, sondern durch eine zwischen 1 und 2 liegende Potenz der mittleren Geschwindigkeit der schwingenden Bewegung bestimmt, ganz im Einklang mit der allgemeinen Formel in **123** (2); im Durchschnitt ist der Exponent etwa 1,3, er hängt aber davon ab, inwieweit der Schall mehr von Impuls- oder von Dauercharakter ist.

(2) Die für die Schallstärke pro Masseneinheit maßgebende Geschwindigkeit ist ihrerseits wiederum durch zwei Größen bestimmt, nämlich durch die Amplitude der Schwingungen (vgl. **32**) und durch die Schwingungszahl (**30**); mit dem Produkte beider ist sie proportional:

$$J = c(na)^{\varepsilon}, \text{ (}\varepsilon\text{ zwischen 1 und 2).} \tag{pa}$$

Für gleiche Schwingungszahl (Tonhöhe, **127**) ist also die Schallstärke mit der ersten bis zweiten Potenz der Amplitude proportional, sie ist aber außerdem desto größer, je größer die Schwingungszahl ist (d. h. von 2 Tönen, denen dieselbe Schwingungsamplitude entspricht, ist die Tonstärke pro Masseneinheit bei dem höheren größer).

(3) Die Schallstärke pro Flächeneinheit ist proportional dem Quadrate der in Teilen des Normaldruckes p ausgedrückten größten Druckänderung während der Schwingungen (M. Wien); man kann hierfür die Formel aufstellen:

$$E = 115p^2 (\text{mkg*}) = 113 \times 10^8 p^2 (\text{Erg}). \tag{pb}$$

Zur Veranschaulichung der Größenordnung der bei der Schallbewegung in Betracht kommenden Amplituden, Druckdifferenzen (in Bruchteilen des Normaldruckes) und Intensitäten (pro Zeit- und Flächeneinheit), alles in absolutem Maaße, diene folgende Übersicht:

	Amplitude	Druckdifferenz	Intensität
Kleinster oder Schwellenwert	10^{-8}	$1:10^9$	10^{-8}
Mittlerer Wert	10^{-6}	$1:10^7$	10^{-2}
Höchster Wert	10^{-4}	$1:10^5$	10^4

(eℨ)

Das Gebiet der dem Ohre zugänglichen Schallstärken ist hiernach außerordentlich groß, es reicht von $^1/_{100}$ Mikroerg bis 10 000 Erg pro sec und qcm. Die Extreme verhalten sich also wie $1:10^{12}$.

(4) Psychophysisches Grundgesetz für Schallstärken: Damit zwei Schalle eben schon als verschieden stark empfunden werden, müssen ihre objektiven Stärken in einem bestimmten und zwar für alle Schallstärken in demselben Verhältnisse stehen. Oder: Der stärkere Schall muß den schwächeren um einen bestimmten, für alle Schallstärken gleichen Bruchteil von dessen Stärke übertreffen, in Formel (r Reiz, e Empfindung):

$$de = c\frac{dr}{r}. \tag{pc}$$

Oder endlich: Die relative Unterschiedsempfindlicheit für Schallstärken ist über die ganze Skala konstant.

Betrachtet man, was eine neue Annahme ist, die eben merkliche Stärkedifferenz der Empfindungen für alle Empfindungsstärken als gleich groß, so kann man von den eben merklichen zu beliebigen endlichen Intensitäten übergehen und sagen: Gleichen Reizstärkeverhältnissen entsprechen gleiche Empfindungsdifferenzen; oder, da die gemachte Annahme auf die Integrierbarkeit der obigen Gleichung hinausläuft:

$$e = c \log r, \tag{pd}$$

die Empfindungsstärke ist proportional dem Logarithmus der Reizstärke; für $r = 1$ wird dabei $e = 0$, dieser Wert heißt der Schwellenwert, die Reizstärke ist also in der Formel in Vielfachen ihres Schwellenwertes ausgedrückt.

Die Differentialform des Grundgesetzes heißt auch Weber'sches Gesetz, die Integralform Fechner'sches Gesetz (E. H. Weber 1831, Fechner 1859), letzteres geht über ersteres hinaus. Die Erfahrung bestätigt das Gesetz, wenn man nur gleiche Tonhöhen vergleicht, annähernd; nur wenn der Reiz sehr stark wird, wächst die Empfindung schwächer als logarithmisch:

r	1	10	10^3	10^6	10^{12}
e (theoretisch) . . .	0	1	3	6	12
e (wirklich).	0	1	2,9	5,4	9 (?)

(fa)

Der eben merkliche relative Reizunterschied beträgt im Mittel rund 25 Proz., d. h. 2 Schalle, deren Stärken sich wie 4 : 5 verhalten, werden eben noch als verschieden stark empfunden; für reine, besonders höhere Töne geht die Empfindlichkeit bis 12 Proz. hinauf, für Geräusche bis 40 Proz. hinunter.

Eine andere Form des Gesetzes ist die Plateau'sche, $e = c\sqrt{r}$, die sich ebenfalls vielfach bewährt hat.

(5) Schalldämpfung ist die mit der Zeit erfolgende Abnahme der Schallenergie durch partielle Umwandlung in andere Energieformen; sie folgt den allgemeinen Gesetzen der Dämpfung, vgl. **35** u. w. u.

(6) Die Schallstärke ändert sich ferner bei der Wanderung der Schallenergie durch den Raum, und zwar aus doppeltem Grunde. Einmal verbreitet sich die durch die Schallquelle gelieferte Energie über die aufeinander folgenden Wellenflächen, und es tritt daher das allgemeine Entfernungsgesetz der Strahlung (*8*) in Geltung, d. h. die Schallstärke pro Flächeneinheit ist bei punktförmiger Schallquelle dem Quadrate des Abstandes von ihr, bei linearer Schallquelle dem Abstande selbst umgekehrt proportional, während sie bei flächenhafter Schallquelle ungeändert bleibt. Sodann kommt die bei der Fortpflanzung durch das den Raum erfüllende Medium sich vollziehende partielle Umwandlung der Schallenergie in andere Energie in Betracht; diese Erscheinung heißt Schallabsorption (vgl. **46**) und findet ihren quantitativen Ausdruck in dem Absorptionskoeffizienten der Stoffe für Schall oder, indem man die reziproke Eigenschaft ins Auge faßt, durch das Schallleitungsvermögen der Stoffe. Ist die Intensität an einer

Raumstelle i, während sie nach dem Entfernungsgesetze J sein müßte, und ist diese Stelle von der Schallquelle um einen als Normalstrecke dienenden Abstand entfernt, so ist in der Formel:

$$i = \varkappa J \tag{pe}$$

$1/\varkappa$ der Absorptionskoeffizient; als Normalstrecke kann man entweder die Streckeneinheit oder die Wellenlänge (**39**) nehmen, in der n-fachen Entfernung ist dann

$$i = \varkappa^n J; \tag{pf}$$

verschiedene Stoffe haben ein sehr verschiedenes Absorptionsvermögen, in manchen wird der Schall schon in dünner Schicht erstickt, in anderen auf weite Strecken fortgeleitet, ohne daß hierüber exakte Zahlen vorlägen; die Schallleitung der Luft nimmt mit abnehmender Dichte, sowie mit zunehmender Temperatur und Feuchtigkeit ab. Das Schallleitungsvermögen der Körper hängt mit der Schallgeschwindigkeit (s. w. u.) in ihnen zusammen, ist aber ein selbständiges Charakteristikum.

129. Klang. Das dritte Charakteristikum des Schalles, insbesondere des Tones, ist sein Klang oder seine Klangfarbe. Sie beruht auf dem Geschwindigkeitsgesetz (**33**) der Schwingungen, d. h. auf der Art und Weise, wie im Laufe einer Schwingung (und ebenso jeder folgenden) die Geschwindigkeit der schwingenden Teile variiert; statt dessen kann man nach dem Fourier'schen Satze (***6***) auch sagen: die Klangfarbe eines Tones beruht auf der Intensität der Partialtöne, aus denen er besteht. Diese Partialtöne kann man in der That unter geeigneten Umständen einzeln hören. Der tiefste von ihnen heißt Grundton, die übrigen heißen Obertöne.

(1) Der Ausdruck Klangfarbe ist insofern nicht glücklich gewählt, als die der Farbe (reinen Farbe) des Lichtes entsprechende Tonqualität nicht der Klang, sondern die Tonhöhe ist.

(2) Eine mit entsprechendem Resonanzkasten versehene Stimmgabel stellt, wegen der Schwäche der Obertöne, nahezu einen „einfachen Ton“ (***6*** (2)) dar, dagegen sind die Töne der musikalischen Instrumente meist sehr zusammengesetzt. Je nach nach der Art der Zusammensetzung (starke, tiefe oder hohe, gerad- oder ungeradzahlige Obertöne u. s. w.) resp. dem Charakter der Geschwindigkeitskurve (Wellen-, Zickzackkurve u. s. w.) ist der Klang scharf oder sanft, hell oder dumpf, voll oder leer.

(3) Ob die Phase der die Töne erzeugenden Schwingungen (**31**) Einfluß auf ihren Charakter habe, ist noch nicht mit Sicherheit entschieden.

Vierter Abschnitt: Wärme.

130. Wärme ist der Inbegriff derjenigen Erscheinungen, die auf unser Wärmegefühl (Temperatursinn) wirken, die wir aber auch indirekt aus zahlreichen objektiven Wirkungen und mittelst daraufhin konstruierter Apparate (Ausdehnung oder Drucksteigerung der Körper: Thermometer; Erzeugung elektrischer Ströme: Thermosäule; Änderung des elektrischen Widerstandes: Bolometer) konstatieren und hiermit sogar weit genauer messen können.

Die Wärme wurde früher für einen Stoff gehalten, bis sich zeigte, das sie niemals aus anderen Stoffen hervor- oder in solche übergeht, wohl aber aus Energie jeder Art entstehen oder in Energie übergehen kann (Rumford 1798, Davy 1799, Rob. Mayer 1842, Colding, Joule 1843 u. A.). Die Wärme ist also eine Energieform oder -qualität (**124**); Dimension:

$$[W] = l^2 t^{-2} m. \qquad \text{(DC)}$$

Eine bestimmte Menge solcher Energie heißt eine Wärmemenge; ihre Einheit die Wärmeeinheit. Im absoluten Maaßsysteme ist die Wärmeeinheit zunächst rein kalorisch festgelegt, die Kalorie, d. h. diejenige Wärmemenge, welche erforderlich ist um 1 g Wasser um 1° C. zu erwärmen; genauer ist sie als Gramm-Kalorie, noch genauer als Gramm-Celsius-Kalorie zu bezeichnen. Übrigens ist ihre obige Definition nicht vollständig, weil erfahrungsgemäß in den verschiedenen Gegenden der Celsiusskala (**81**) etwas verschiedene Wärmemengen zu dem genannten Zwecke notwendig sind. Man muß also ein bestimmtes Temperaturintervall zu Grunde legen; da hierin bisher keine einheitliche Übereinkunft erzielt ist, muß es genügen, den Wert verschiedener Kalorien, wenn die zwischen 0° und 1° gleich 1 gesetzt wird, anzugeben:

0° bis 1°	4° bis 5°	15° bis 16°	$^1/_{100}$ × (0° bis 100°)	
1,000	0,998	0,992	1,004 ;	(fb)

die letzte Zahl bedeutet den hundertsten Teil der Wärmemenge, die 1 g Wasser von 0° auf 100° erhitzt, oder (experimentell besser festzustellen) bei der Abkühlung von 100° auf 0° abgiebt.

Man bezeichnet häufig mit

cal . . . die Grammkalorie (g, 0° bis 1°),
K . . . die etwa 100-fache (g, 0° bis 100°),
Cal . . . die 1000-fache (kg, 0° bis 1°).

(1) Während die Auffassung der Wärme als Energie eine notwendige Konsequenz der Thatsachen ist, kann man darüber verschiedener

Ansicht sein, ob man diese Energie mit der in der früheren Stofftheorie benutzten „Wärmemenge", wie oben geschehen und gegenwärtig allgemein angenommen ist, identifizieren solle, oder ob man in der neuen Wärmelehre besser nur den einen Faktor der Energie, und zwar naturgemäß den Quantitätsfaktor, als „Wärmemenge" bezeichnen solle (WIEDEBURG, vgl. auch **121** (4)); man würde dadurch in mancher Hinsicht einen größeren Einklang mit anderen Gebieten, wie Mechanik (*36*) (7)) und Elektrizität (s. w. u.) herstellen.

(2) Die Wärmelehre ist teils reine Wärmelehre, teils gemischte, d. h. Lehre von den Beziehungen der Wärme zu anderen Energiearten; diese letztere Lehre heißt Thermodynamik oder mechanische Wärmetheorie.

37. **Erster Hauptsatz der Thermodynamik: Äquivalenz von Wärme und Arbeit.** (ROB. MAYER 1842, JOULE 1843 u. A.) Auf welche Weise auch Wärme in mechanische Energie verwandelt oder aus solcher erzeugt werden möge, es besteht immer ein und dasselbe Äquivalentverhältnis zwischen beiden. Oder: Bei jedem (vollständig in Betracht gezogenen) Prozeß ist die Summe der verbrauchten resp. gewonnenen Arbeit und der mit einem — in allen Fällen gleichen — Faktor multiplizierten gewonnenen resp. verbrauchten Wärme gleich der Änderung der inneren Energie; speziell bei einem Kreisprozeß (**122**) ist diese Summe also null. Formeln (A und W' bedeuten stets die von dem System aufgenommene, bei Abgabe also negative Arbeit resp. Wärme):

offener Prozeß: $$A + j\,W' = E_2 - E_1, \tag{pg}$$

Kreisprozeß (oder offener, aber isoenergetischer Prozeß):

$$A + j\,W' = 0, \quad \text{also } A = -j\,W', \quad W' = -\frac{A}{j}. \tag{ph}$$

Statt $j\,W'$ kann man nun eine neue Größe W einführen, d. h. die Wärmemenge statt in Kalorien in Erg (gerade wie A) ausdrücken, und erhält dann:

offener Prozeß: $$A + W = E_2 - E_1, \tag{pi}$$

Kreisprozeß: $$A + W = 0, \quad A = -W, \quad W = -A. \tag{pk}$$

(1) Der obige Satz ist das Energieprinzip (*34*) in seiner Anwendung auf die Wärme; der Spezialfall stellt das Prinzip der Erhaltung der Energie für sie dar. Beide können in zahlreichen, den dortigen entsprechenden Formen ausgesprochen werden. Die den ersten Hauptsatz ausdrückende Formel heißt die erste Hauptgleichung der mechanischen Wärmetheorie oder Thermodynamik.

(2) Die Umwandlung von Arbeit in Wärme oder Wärme in Arbeit

kann direkt, durch Druck, Stoß, Reibung u. s. w. oder indirekt, durch Vermittelung anderer Energieformen (Elektrizität u. s. w.) erfolgen.

(3) Die Größe $E_2 - E_1$ ist dem Energiebegriff gemäß vom Wege der Überführung unabhängig, also auch die Größe $A + W$; von A und W gilt dies jedoch einzeln nicht; mit anderen Worten, in der auf ein Prozeßelement angewandten ersten Hauptgleichung

$$dA + dW = dE, \qquad dW = dE - dA \tag{pl}$$

ist dE ein wirkliches Differential (**34** (9)), dA und dW hingegen lediglich kleine Größen; ein Unterschied, der zuweilen durch verschiedene Schreibweise (δ, d' u. s. w.) markiert wird.

(4) Die Arbeit ist häufig Ausdehnungsarbeit, d. h. sie besteht in einer unter Überwindung des äußeren Druckes erfolgenden Volumenänderung; alsdann ist (**36** (7):

$$\left.\begin{aligned} -dA &= p dv, \quad dE = dW - p dv, \quad dW = dE + p dv \\ -A &= \int_{v_1}^{v_2} p dv, \quad E_2 - E_1 = W - \int_{v_1}^{v_2} p dv, \quad W = E_2 - E_1 + \int_{v_1}^{v_2} p dv; \end{aligned}\right\} \tag{pm}$$

die zugeführte Wärme wird also teils zur Erhöhung der inneren Energie (Temperatur, vgl. **123** (7)), teils zur Ausdehnungsarbeit benutzt.

Stellt man den Zustand des Systems durch v als Abscisse, p als Ordinate dar, so ist die Arbeit gleich dem Flächenstück zwischen der erhaltenen Kurve, der Abscissenaxe und den beiden Ordinaten für v_1 nnd v_2, speziell beim Kreisprozeß also gleich der von der Kurve umschlossenen Fläche (**118** (2)).

(5) Für den Fall, daß zwei Größen den Zustand des Systems charakterisieren (**122a**), kann man die erste Hauptgleichung auf verschiedene Formen bringen, je nach den Variabeln, die man wählt:

$$(p \text{ und } v)\colon\ dW = \frac{\partial E}{\partial p}\, dp + \left(\frac{\partial E}{\partial v} + p\right) dv = \Xi\, dp + H\, dv, \tag{pn}$$

wenn man zur Abkürzung setzt:

$$\Xi = \frac{\partial E}{\partial p}, \qquad H = \left(\frac{\partial E}{\partial v} + p\right); \tag{po}$$

die hieraus folgende Gleichung

$$\frac{\partial H}{\partial p} - \frac{\partial \Xi}{\partial v} = 1 \tag{pp}$$

kann als die technische Form der ersten Hauptgleichung (Zeuner) bezeichnet werden.

(Temperatur T und irgend eine andere Variable x):

$$\left.\begin{aligned} dW &= X dx + Y dT \\ dA &= P dx + Q dT \end{aligned}\right\} dE = (X + P) dx + (Y + Q) dT, \tag{pq}$$

hierin bedeutet:

$$\left.\begin{aligned} X &= \frac{\partial W}{\partial x}(T = \text{const}), & Y &= \frac{\partial W}{\partial T}(x = \text{const}), \\ P &= \frac{\partial A}{\partial x}(T = \text{const}), & Q &= \frac{\partial A}{\partial T}(x = \text{const}), \end{aligned}\right\} \quad \text{(pr)}$$

und es folgt weiter:

$$\left.\begin{aligned} \frac{\partial E}{\partial x} &= X + P \\ \frac{\partial E}{\partial T} &= Y + Q \end{aligned}\right\} \begin{aligned} &\frac{\partial (X + P)}{\partial T} = \frac{\partial (Y + Q)}{\partial x} \quad \text{oder auch} \\ &\frac{\partial X}{\partial T} - \frac{\partial Y}{\partial x} = \frac{\partial Q}{\partial x} - \frac{\partial P}{\partial T}; \end{aligned} \quad \text{(ps)}$$

endlich für den adiabatischen Prozeß (**122**)

$$X dx + Y dT = 0, \qquad \frac{dT}{dx} = -\frac{X}{Y}. \quad \text{(pt)}$$

Wählt man z. B. für x das Volumen v, so wird

$$\left.\begin{aligned} X_v &= \frac{\partial W}{\partial v}(T = \text{const}), & Y_v &= \frac{\partial W}{\partial T}(v = \text{const}), \\ P_v &= \frac{\partial A}{\partial v}(T = \text{const}) = p, & Q_v &= \frac{\partial A}{\partial T}(v = \text{const}) = 0; \end{aligned}\right\} \quad \text{(pu)}$$

wählt man den Druck p, so wird (vgl. **122a** (1)).

$$\left.\begin{aligned} X_p &= \frac{\partial W}{\partial p}(T = \text{const}), & Y_p &= \frac{\partial W}{\partial T}(p = \text{const}), \\ P_p &= -p\frac{\partial v}{\partial p} = -\varepsilon_v v_0 p, & Q_p &= -p\frac{\partial v}{\partial T} = v_0 \alpha_v p; \end{aligned}\right\} \quad \text{(pv)}$$

über die Bedeutung von X und Y s. w. u., ebenso über Fälle, in denen man für x zweckmäßig noch eine andere Wahl trifft.

131. Ideale Gasmaschine; Carnot'scher Kreisprozeſs (Carnot 1824). Eine „ideale Gasmaschine“, d. h. die einfachste, freilich exakt nur in der Vorstellung realisierbare Vorrichtung zur Verwandlung von Wärme in Arbeit und umgekehrt, besteht in einem an einer Stelle durch einen beweglichen Kolben, sonst fest verschlossenen Behälter, angefüllt mit idealem Gas, das durch Änderung des Druckes auf den Kolben auf andere Volumina, durch Zufuhr oder Abfuhr von Wärme auf andere Wärmeinhalte, unter Umständen also auch auf andere Temperaturen gebracht werden kann, derart aber, daß sich alles nur langsam ändert, jeder Zustand also als ein statischer, durch 2 von den Größen pvT völlig bestimmter angesehen werden kann.

Der Carnot'sche Kreisprozeß ist der typischste, dem man die einfache Gasmaschine unterwerfen kann; er besteht aus 4 Teilen.

1) Es wird bei konstanter Temperatur Wärme zugeführt (am besten durch Eintauchen der Maschine in ein großes, warmes Reservoir

R_1) und folglich eine Ausdehnungsarbeit geleistet: erste isothermische Phase (vgl. **122**).

2) Es wird Wärmeaustausch mit der Umgebung verhindert (durch Einhüllung in schlecht leitende Stoffe) und, auf Kosten der Temperatur, die nun sinkt, weitere Ausdehnungsarbeit geleistet: erste adiabatische Phase (vgl. **122**).

3) Es wird bei konstanter Temperatur T_2 (kaltes Reservoir R_2) komprimiert und dabei Wärme abgegeben: zweite isothermische Phase.

5) Es wird ohne Wärmeaustausch weiter komprimiert, bis v und T wieder auf ihre Anfangswerte gesunken resp. gestiegen sind: zweite adiabatische Phase.

Bei dem Prozesse wird also die Differenz der von dem warmen Reservoir R_1 gelieferten und der an das kalte Reservoir R_2 abgegebenen Wärme, falls sie positiv ist, in Arbeit verwandelt, falls sie negativ ist, aus Arbeit gewonnen (über das Verhältnis dieser beiden Fälle s. w. u.).

(1) Die ideale Gasmaschine hat ihre Bedeutung darin, daß man die wirklichen Maschinen, insbesondere die Dampfmaschine, in ihrer Wirkungsweise mit jener vergleichen und dadurch zu relativ einfachen Gesetzen gelangen kann.

(2) Die Bedeutung des Carnot'schen Kreisprozesses liegt darin, daß man in vielen Fällen einen offenen, zwischen zwei Reservoirs sich abspielenden Prozeß durch einen anderen, der aus einer isothermischen und einer adiabatischen Phase besteht, und folglich jeden Kreisprozeß aus lauter Carnot'schen zusammensetzen kann. Besonders wichtig wird dies für Naturprozesse (im Gegensatz zu Maschinenprozessen), bei denen in jedem Zeitteilchen sich ein Prozeß zwischen zwei, meist nur wenig verschiedenen Temperaturen (die Reservoirs sind hier einzelne Stellen des Systems selbst, an denen Wärmeaufnahme oder -abgabe stattfindet) abspielt und solche Differentialprozesse sich mit der Zeit, unter allmählicher Änderung jener Temperaturen, zu endlichen Prozessen summieren (s. w. u.).

132. Wärmeäquivalent. Der Faktor j in den beiden ersten Gleichungen von ***37*** (pg) und (ph), also die Größe

$$j = -\frac{A}{W'}, \tag{pw}$$

heißt das Arbeitsäquivalent der Wärmeeinheit oder das mechanische Äquivalent der Wärmeeinheit oder das mechanische Wärmeäquivalent; mit ihm sind Wärmemengen behufs Reduktion auf Arbeitsmengen zu multiplizieren. Die reziproke Größe, $1/j$, ist das Wärmeäquivalent der Arbeitseinheit, d. h. des Erg (**119**).

Zahlenwert von j in Erg pro 1° C.

bei 0° C.	4° C.	15° C.	Mittelwert zw. 0° und 100°
$42{,}1 \times 10^6$	$42{,}0 \times 10^6$	$41{,}9 \times 10^6$	$42{,}2 \times 10^6$

(fc)

im runden (aber bis auf $^1/_{1000}$ des Wertes genauen) Mittel:

$$j = 42000000, \qquad \frac{1}{j} = 0{,}0000000238. \qquad \text{(fd)}$$

In Megaergs oder in Joules pro C.-Grad ausgedrückt wird (**119**):

$$j = 42 \text{ Megaerg} = 4{,}2 \text{ Joule.} \qquad \text{(fe)}$$

In der Praxis wird j häufig in mkg* und Kilogramm-Kalorien (Wärmemenge zur eingradigen Erwärmung eines Kilo Wassers, vgl. **130**) ausgedrückt, und es ist dann

$$j' = 428, \qquad \text{(ff)}$$

wobei aber für genauere Zwecke der Ort auf der Erdoberfläche (nach Breite und Meereshöhe) anzugeben ist (vgl. **16** (5) u. **61a**); es kann dies bis zu zwei Einheiten ausmachen.

(1) Die Dimension von j ist natürlich

$$[j] = 1. \qquad \text{(DD)}$$

Indessen hängt der Wert von j immer noch von einer nicht dem absoluten Maaßsystem angehörigen Größe, nämlich dem Celsiusgrad, ab (**81**). Man kann nun diesen durch einen solchen ersetzen, daß hierdurch j auch zahlenmäßig 1, also die Wärmeeinheit äquivalent mit 1 Erg wird, und die so festgelegten Grade als absolute Temperaturgrade, die entsprechende Kalorie als absolute Kalorie bezeichnen; es wird dann:

$$1 \text{ abs. Grad} = \frac{1}{42000000}\,{}^0\text{C.} = 0{,}0000000238\,{}^0\text{C.}; \qquad \text{(fg)}$$

für die Praxis kann man, da diese Grade zu klein sind, das Millionfache als „Megagrade“ einführen:

$$1 \text{ Megagrad} = \frac{1}{42}\,{}^0\text{C.} = 0{,}0238\,{}^0\text{C.} \qquad \text{(fh)}$$

(2) Wärmeeffekt ist die pro sec erzeugte Wärmemenge; ihre Einheit ist (vgl. **120**):

$$\text{cal/sec} = 4{,}2 \text{ Watt.} \qquad \text{(fi)}$$

(3) Die Feststellung, daß Wärme kein Stoff, sondern Energie ist, enthält noch nicht die weitere, daß sie kinetische Energie ist (da sie doch auch potentielle oder je nach den Umständen das eine oder andere sein kann). Der vielfach ausgesprochene Satz, daß Wärme kein Stoff,

sondern Bewegung ist, wirft also zwei voneinander unabhängige Feststellungen zusammen. Freilich legt die Molekulartheorie, insbesondere die kinetische Gastheorie (**100**), die Folgerung nahe, daß die Wärme, wenigstens in vielen Fällen, kinetische Energie, nämlich solche der kleinsten Teilchen, sei.

133. Wärmekapazität, spezifische Wärme, Temperatur. Wird die einem Körper zugeführte Wärme ausschließlich zu thermischer Arbeit, d. h. zur Steigerung der Temperatur verwendet, so besteht zwischen ihr und der Temperaturerhöhung die Beziehung:

$$dW = \mathfrak{C}\, dT, \qquad \mathfrak{C} = \frac{dW}{dT}; \tag{px}$$

hierin ist dT der Intensitätsfaktor, $\mathfrak{C}$ der Quantitäts- oder Kapazitätsfaktor der Wärmeenergie (**121** (4)). Der letztere heißt die Wärmekapazität des Körpers und entspricht völlig dem, was bei der mechanischen Energie die Masse ist (***14***(1)); erfahrungsgemäß enthält er sogar die Masse als Faktor, d. h. es ist

$$\mathfrak{C} = mc, \tag{py}$$

und hierin heißt c die Wärmekapazität der Masseneinheit des betreffenden Stoffes oder kürzer die Wärmekapazität dieses Stoffes oder seine spezifische Wärme. Die Dimensionalität der spezifischen Wärme ist lediglich dadurch bestimmt, daß sie im Produkt mit der Masse und der Temperatur eine Energie liefern muß, es bleibt also für c und T einzeln freie Wahl. Man pflegt die spezifische Wärme als reine Zahl, die Wärmekapazität dementsprechend als reine Masse zu betrachten, die Temperatur wird alsdann begrifflich das Quadrat einer Geschwindigkeit oder ein Einheitspotential oder die Energie der Masseneinheit. Hält man dies mit der Auffassung der Wärme als einer Bewegung der kleinsten Teilchen zusammen, so kann man, zunächst für einen und denselben Stoff, sagen: Die absolute Temperatur (vgl. ***24 b***, Gl. gd u. **81 a**, Gl. gm) ist proportional der kinetischen Molekularenergie pro Masseneinheit; vgl. hierüber das schon oben (**100**(1)) Gesagte, sowie für die Vergleichung verschiedener Stoffe ***41 b***(2).

Dimensionsformeln:

$$[c] = 1, \qquad [\mathfrak{C}] = m, \qquad [T] = l^2 t^{-2}. \tag{DE) (DF) (DG}$$

(1) Sieht man von jeder besonderen Vorstellung über die Temperatur ab, so kann man auch

$$[T] = 1, \qquad [c] = l^2 t^{-2} \tag{DH}$$

setzen, wodurch die spezifische Wärme wirklich eine spezifische Energie

(121) wird. Diese Auffassung (Riemann, Volkmann) ist jedoch bisher nicht zur Anerkennung gelangt.

(2) Die Wärmekapazität läßt sich nach obiger Formel und in völliger Analogie mit der Masse auf folgende beide Weisen definieren (vgl. **54**, *13* und *14*): a) Wärmekapazitäten sind die Faktoren, mit denen man die Temperaturänderungen verschiedener Körper unter gleichen (rein thermischen) Umständen multiplizieren muß, um immer dasselbe Produkt zu erhalten. — b) (Wechselwirkungsprinzip): Wärmekapazitäten zweier Körper sind die Faktoren, mit denen man, wenn sie in rein thermischer Wechselwirkung stehen, ihre Temperaturänderungen multiplizieren muß, um entgegengesetzt gleiche Produkte zu erhalten.

Hiernach kann man die Sätze aufstellen: a) Die Wärmemenge, die erforderlich ist, um einem Körper eine Temperaturerhöhung beizubringen, ist gleich dem Produkte der letzteren in seine Wärmekapazität. — b) Die Temperaturerhöhung, die ein Körper durch eine Wärmemenge erfährt, ist gleich dem Quotienten derselben durch seine Wärmekapazität. — c) Die Wärmekapazität eines Körpers ist gleich dem Quotienten irgend einer Wärmemenge durch die entsprechende Temperaturerhöhung, insbesondere also die zur Temperaturerhöhung um 1° nötige Wärmemenge; ebenso die spezifische Wärme die zur Temperaturerhöhung um 1° pro Gramm nötige Wärmemenge. — d) Wechselwirkungsprinzip der Wärme (vgl. *34* (13)). Bei dem Wärmeaustausch zweier Körper gewinnt der eine dieselbe Wärmemenge, die der andere verliert. — e) Beim Wärmeaustausch zweier Körper stehen die Temperaturänderungen, vom entgegengesetzten Vorzeichen abgesehen, im umgekehrten Verhältnisse der Wärmekapazitäten.

Formeln:

$$\left.\begin{array}{ll} dW = \mathfrak{C}\,dT = mc\,dT, & dT = \dfrac{dW}{\mathfrak{C}} = \dfrac{dW}{mc}, \\ \mathfrak{C} = \dfrac{dW}{dT}, & c = \dfrac{dW}{m\,dT}, \\ dW_1 = -\,dW_2, & dT_1 : -\,dT_2 = \mathfrak{C}_2 : \mathfrak{C}_1 = m_2 c_2 : m_1 c_1 . \end{array}\right\} \text{(pz)}$$

Ändert sich die Temperatur zweier Körper nicht, so haben sie im allgemeinen gleiche Temperatur. Dies ist die Grundlage der Temperaturmessung (Thermometrie).

(3) Aus dem Gesagten folgt, daß man für irgend einen Stoff, wie die Dichte, so auch die spezifische Wärme willkürlich festsetzen kann; wählt man als diesen Stoff das Wasser und setzt dessen spezifische Wärme gleich 1, so wird die Einheit der spezifischen Wärme mit der der Wärmemenge, der Kalorie (**130**) identisch, und es ist die spezifische Wärme irgend eines Stoffes die zu seiner Erwärmung um 1° C. nötige

Anzahl von Kalorien. Die Wärmekapazität eines ganzen Körpers wird hiernach auch als sein Wasserwert bezeichnet. Auch hier muß, wie dort, angegeben werden, ob die Erwärmung von 0° auf 1° oder von 4° auf 5° oder von 15° auf 16° oder von 0° auf 100°, wovon dann $^1/_{100}$ zu nehmen ist, erfolgen soll (s. unten). Um die spezifischen Wärmen, statt in Kalorien, in Arbeiten (Ergs) auszudrücken, muß man sie mit dem Wärmeäquivalent j (**132**) multiplizieren, es sei denn, daß man gleichzeitig auch den absoluten Temperaturgrad (**132** (1) einführt.

(4) Wegen der Abhängigkeit der spezifischen Wärme von der Temperatur ist es nötig zu unterscheiden zwischen der wahren spezifischen Wärme c bei Θ^0 (Celsius) und der mittleren spezifischen Wärme c_{12} zwischen $\Theta_1{}^0$ und $\Theta_2{}^0$; erstere ist der Grenzwert, dem sich letztere (in der Praxis genauer zu bestimmende) nähert, wenn Θ_2 näher und näher, praktisch bis auf 1°, an Θ_1 heranrückt. Hat c als Funktion von Θ die Form

$$c = c_0(1 + \beta\Theta), \tag{qa}$$

so ist

$$c = c_{12}\frac{1 + \beta\Theta}{1 + \beta\frac{\Theta_1 + \Theta_2}{2}}, \tag{qb}$$

und es wird die wahre spezifische Wärme bei der Mitteltemperatur gleich der mittleren zwischen den Grenztemperaturen. Ist dagegen

$$c = c_0(1 + \beta\Theta + \beta'\Theta^2), \tag{qc}$$

so wird

$$c = c_{12}\frac{1 + \beta\Theta + \beta'\Theta^2}{1 + \beta\frac{\Theta_1 + \Theta_2}{2} + \beta'\frac{\Theta_1{}^2 + \Theta_1\Theta_2 + \Theta_2{}^2}{3}}. \tag{qd}$$

(5) Statt in die Faktoren m und c kann man die Wärmekapazität $\mathfrak{C}$, was in einzelnen Fällen von Wert ist, auch in die Faktoren v (Volumen) und c' (erforderliche Wärmemenge um die Volumeneinheit eines Körpers um 1° zu erwärmen) zerlegen; c' heißt alsdann die Wärmekapazität der Volumeneinheit oder die auf das Volumen bezogene spezifische Wärme, und es wird ϱ (Dichte)

$$\mathfrak{C} = vc', \qquad dW = vc'dT, \qquad c' = \varrho c = \frac{dW}{vdT} = \frac{\varrho dW}{mdT}. \tag{qe}$$

$$[c'] = l^{-3}m. \tag{DJ}$$

(6) Wenn von spezifischer Wärme schlechthin die Rede ist, so wird angenommen, daß die aufgewandte Energie ausschließlich zur

Temperatursteigerung Verwendung findet, daß also insbesondere die bei der Erwärmung eintretende Volumenänderung, die eine mechanische Arbeit darstellt, durch geeignete Mittel verhindert wird; man nennt sie daher, wo Deutlichkeit erforderlich ist, spezifische Wärme bei konstantem Volumen (s. w. u.) oder reine spezifische Wärme.

(7) Die spezifische Wärme nimmt bei den meisten Körpern mit wachsender Temperatur zu, nur bei Wasser nimmt sie erst ab (bis 30°) und dann zu, bei Quecksilber nimmt sie dauernd ab, bei Eisen und Nickel scheint sie in einem gewissen sehr hohen Temperaturintervall zeitweilig abzunehmen; bei Luft, Sauerstoff, Stickstoff und einigen anderen Gasen bleibt sie konstant. Am stärksten ist die Zunahme bei Kohlenstoff, Bor und Silicium.

(8) Beim Schmelzen nimmt die spezifische Wärme meist sehr beträchtlich zu.

(9) Legierungen haben im allgemeinen die durchschnittliche spezifische Wärme der Bestandteile, Gläser diejenige, die sich aus der spezifischen Wärme der sie bildenden Verbindungen ergiebt; dagegen läßt sich die spezifische Wärme der Flüssigkeitsgemische und Lösungen im allgemeinen nicht aus der der Bestandteile berechnen, sondern sie ist meist kleiner; es ist sogar häufig der Wasserwert einer Lösung kleiner als der des in ihr enthaltenen Wassers allein. Die spezifische Wärme ist hiernach nicht allgemein von additivem Charakter (*17* (3)).

(10) Bei den Gasen ist die spezifische Wärme teils gar nicht, teils in nur geringem Maaße, von der Dichte, oder was dasselbe ist, vom Drucke abhängig.

(11) Spezifische Wärme einiger Stoffe.

Wasser (fk)

0°	1,0000	60°	0,9992
10°	0,9944	70°	1,0067
20°	0,9910	80°	1,0164
30°	0,9898	90°	1,0283
40°	0,9907	100°	1,0424
50°	0,9939		

Formel:

$$c = 1 - 0{,}0006684\,\Theta + 0{,}00001092\,\Theta^2 \qquad \text{(qf)}$$

Eis: 0,5 (fl)

Quecksilber (fm)

0°	0,03333	80°	0,03276
20°	0,03319	100°	0,03262
40°	0,03304	150°	0,03230
60°	0,03290	200°	0,03190

Formel:

$$c = 0{,}03333\,(1 - 0{,}00021\,\Theta) \qquad \text{(qg)}$$

Feste Körper (fn)

Glas im Mittel	0,15	Nickel, Kobalt	0,11
„ Alum.-Borat . . .	0,23	Stahl	0,12
„ stärkstes Flintsilikat	0,08	Kupfer, Zink, Messing .	0,094
Kalkspat, Steinsalz . . .	0,21	Zinn	0,057
Schwefel	0,18	Gold, Platin, Blei . . .	0,032

Bestandteile von Gläsern (fo)

Al_2O_3	0,207	Na_2O	0,267
B_2O_3	0,227	P_2O_5	0,190
BaO	0,067	PbO	0,151
K_2O	0,186	SiO_2	0,191
MgO	0,244	ZnO	0,125

(fp)

	bei 0°	bei 100°	bei 500°
Silber . .	0,0576	0,0586	0,0665
Eisen . .	0,1101	0,1168	0,1762
Quarz . .	0,174	0,213	0,305

(fq)

	−50°	−10°	+10°	60°	140°	250°	1000°
Diamant .	0,064	0,096	0,113	0,155	0,222	0,303	0,459
Graphit .	0,114	0,144	0,160	0,198	0,256	0,325	0,467
Bor	0,18	0,215	0,225	0,265	0,315	0,37	—
Silicium .	0,125	0,152	0,16	0,185	0,197	0,203	—

Flüssigkeiten (fr)

Alkohol (15°). .	0,58 (Regnault)
„	0,47 (Hirn)
Äther (15°) . . .	0,54 (Regnault)
„	0,58 (Hirn)
Terpentinöl. . .	0,43
Schwefelkohlenstoff.	0,24

Verdünnter Alkohol (fs)

20 %	40 %	60 %	80 %
1,046	0,984	0,848	0,734

Kochsalz-Lösungen (ft)

5 %	10 %	20 %	30 %
0,93	0,89	0,83	0,79

Gase (pro Masseneinheit) (fu)

Äthylen	0,269
Chlor	0,087
Grubengas	0,450
Kohlensäure (0°) . . .	0,148
„ (100°) . .	0,169
„ (200°) . .	0,185
Luft	0,169
Sauerstoff.	0,155
Stickstoff	0,173
Wasserstoff	2,43

Gase (pro Volumeneinheit, auf Luft bezogen) (fv)

Chlor	0,214
Kohlensäure	0,225
Luft	0,169
Sauerstoff	0,171
Stickstoff	0,168
Wasserstoff	0,168

Die spezifische Wärme pro Volumeneinheit ist hiernach bei den idealen Gasen gleich groß, bei den übrigen wenigstens nicht sehr verschieden.

Dämpfe (fw)

	zw. hohen Temperaturen	bei 0°	Temperatur-Koeffizient
Äther	0,454	0,345	0,0023
Alkohol	0,408	—	—
Brom	0,0425	—	—
Jod	0,0258	—	—
Quecksilber	0,0148	—	—
Schwefelkohlenstoff	0,131	0,105	0,0018
Terpentinöl	0,491	—	—
Wasser	0,364	—	—

134. Spezifische Wärme bei konstantem Druck. Differenz und Verhältnis der spezifischen Wärmen. Bisher wurde angenommen, daß die zugeführte Wärme lediglich Temperatur und Druck steigere, das Volumen aber ungeändert lasse. Der entgegengesetzte Grenzfall ist der, daß die Erwärmung bei konstantem Druck stattfindet und infolgedessen mit der Temperatur auch das Volumen wächst; man nennt diese Größe spezifische Wärme bei konstantem Druck:

$$c_p = \left(\frac{dW}{m\,dT}\right)_{p\,=\,\text{const.}}, \qquad \text{(qh)}$$

speziell für $m = 1$:

$$c_p = \left(\frac{dW}{dT}\right)_{p\,=\,\text{const.}}, \qquad [c_p] = 1, \qquad \text{(qi) (DK)}$$

oder, auf die Volumeneinheit bezogen,

$$c_p' = \left(\frac{dW}{v\,dT}\right)_{p\,=\,\text{const.}}, \qquad [c_p'] = l^{-3}m. \qquad \text{(qk) (DL)}$$

In der Theorie drückt man übrigens beide Größen, c und c_p, gewöhnlich nicht in Kalorien, sondern in Erg aus, d. h. man setzt

$$C = jc, \qquad C' = jc', \qquad C_p = jc_p, \qquad C_p' = jc_p'. \qquad \text{(ql)}$$

In den allgemeinen Gleichungen *37* (5) kommt die spezifische Wärme als Y vor, und zwar ist dies C oder C_p, je nachdem man $x = v$ oder $x = p$ wählt, also:

$$Y_v = C, \qquad Y_p = C_p. \qquad \text{(qm)}$$

Die spezifische Wärme bei konstantem Drucke ist aus zwei Gründen von der bei konstantem Volumen verschieden, erstens, weil die innere Energie durch Volumenänderung in anderer Weise beeinflußt wird als durch Druckänderung und zweitens, weil äußere Arbeit, nämlich eben diese drucküberwindende Volumenänderung, geleistet wird. Mit Hilfe des ersten Hauptsatzes (*37*) erhält man nun folgende Formeln (Masse gleich 1 gesetzt, Indices besagen, daß sie konstant gehalten werden):

$$C = \left(\frac{\partial E}{\partial T}\right)_v = \left(\frac{\partial E}{\partial p}\right)_v \left(\frac{\partial p}{\partial T}\right)_v \qquad \text{(qn)}$$

$$C_p = \left(\frac{\partial E}{\partial T}\right)_p + p\left(\frac{\partial v}{\partial T}\right)_p = \left[\left(\frac{\partial E}{\partial v}\right)_p + p\right]\left(\frac{\partial v}{\partial T}\right)_p \qquad \text{(qo)}$$

und hieraus die Differenz der spezifischen Wärmen

$$C_p - C = \left[\left(\frac{\partial E}{\partial v}\right)_T + p\right]\left(\frac{\partial v}{\partial T}\right)_p; \qquad \text{(qp)}$$

letztere setzt sich also ebenfalls aus zwei Gliedern zusammen, bei den festen und flüssigen Körpern wird das erste, bei den Gasen das zweite überwiegen; weitere Bemerkungen knüpfen sich besser an einen anderen Ausdruck für $C_p - C$ (s. w. u.).

Außer der Differenz kann man auch das Verhältnis der spezifischen Wärmen bilden:

$$\varkappa = \frac{c_p}{c} = \frac{C_p}{C}, \qquad [\varkappa] = 1. \qquad \text{(qq) (DM)}$$

(1) Bei festen und flüssigen Körpern ist $c_p - c$ meist wenig von 0, also $\varkappa$ wenig von 1 verschieden (vgl. jedoch w. u.), für Gase folgen hier einige Zahlen:

(fx)

	c_p		c_p		c_p
Chlor	0,1148	Luft	0,2375	Stickstoff	0,2438
Kohlensäure (0°)	0,191	Quecksilberdampf	0,0246	Wasserdampf .	0,478
„ (100°)	0,215	Sauerstoff . . .	0,2175	Wasserstoff . .	3,409

(fy)

	$c_p - c$	$c'_p - c'$		$c_p - c$	$c'_p - c'$
Chlor	0,028	0,069	Sauerstoff . . .	0,063	0,070
Kohlensäure . . .	0,043	0,065	Stickstoff	0,071	0,069
Luft	0,069	0,069	Wasserdampf . .	0,114	0,071
Quecksilberdampf .	0,010	0,068	Wasserstoff . . .	0,98	0,068

(Das Volumen ist hier auf Luft bezogen.)

(fz)

Gas	$\varkappa$	Gas	$\varkappa$
Ätherdampf	1,060	Kohlenoxyd	1,406
Alkoholdampf	1,107	Luft	1,408
Ammoniak	1,30	Quecksilberdampf . . .	1,667
Chlor	1,323	Sauerstoff	1,403
Joddampf	1,307	Stickstoff	1,408
Grubengas	1,318	Wasserdampf	1,306
Kohlensäure	1,290	Wasserstoff	1,402

(2) Durch Elimination von E aus obigen Formeln erhält man die Gleichung

$$(C_p - C)\frac{\partial^2 T}{\partial p\, \partial v} + \frac{\partial C_p}{\partial p}\frac{\partial T}{\partial v} - \frac{\partial C}{\partial v}\frac{\partial T}{\partial p} = 1, \qquad \text{(qr)}$$

eine andere der technischen Form der ersten Hauptgleichung (*37* (5)) entsprechende Form ist

$$\frac{\partial}{\partial p}\left(\frac{C_p}{v_0 \alpha_v}\right) - \frac{\partial}{\partial v}\left(\frac{C}{p_0 \alpha_p}\right) = 1; \qquad \text{(qs)}$$

beide sind wichtig, weil sie nur bestimmbare Größen enthalten und an der Erfahrung geprüft werden können.

***38.* Thomson-Joule'scher Satz (1854).** Bei idealen Gasen ist die innere Energie vom Volumen unabhängig, dagegen mit der absoluten Temperatur (*24 b*, Gl. gd und **81 a**, Gl. gm) proportional, wobei die spezifische Wärme der Proportionalitätsfaktor ist:

$$E = j\,c\,T = C\,T. \qquad \text{(qt)}$$

Ideale Gase haben also keine „Volumenenergie" (vgl. *36* (7)).

(1) Der Erfahrungssatz, aus dem obiger Satz folgt, ist der, daß ein Gas beim Ausströmen ins Vakuum oder beim langsamen stationären Strömen seine Temperatur nicht ändert. Bei wirklichen Gasen findet freilich eine kleine Abkühlung statt, nämlich bei einer Druckabnahme δp:

$$\delta T = \alpha \left(\frac{273}{T}\right)^2 \delta p, \qquad \text{(qu)}$$

wo für Luft $\alpha = 0{,}276$ ist.

(2) Der Thomson-Joule'sche Satz führt nun für die Differenz der spezifischen Wärmen idealer Gase zu der überaus einfachen Formel (R_0 resp. R die Konstante des Gasgesetzes, *24 b*, Gl. ge und gg):

$$c_p - c = \frac{R}{j} = \frac{R_0}{j\varrho}, \qquad C_p - C = R = \frac{R_0}{\varrho}, \qquad \text{(qv)}$$

d. h. die Differenz der spezifischen Wärmen verschiedener Gase ist mit ihren Dichten umgekehrt proportional, oder noch einfacher: die Differenz der auf die Volumeneinheit bezogenen spezifischen Wärmen ist für alle Gase gleich groß, und zwar

$$c_p' - c' = \frac{R_0}{j} = 0{,}068 \qquad \text{(qw) (ga)}$$

(wie dies obige Zahlen nahezu bestätigen); ferner wird ihr Verhältnis

$$\varkappa = 1 + \frac{R}{c_p} = 1 + \frac{0{,}068}{c'} = \frac{c_p'}{c_p' - 0{,}068}, \qquad \text{(qx)}$$

also um so größer, je kleiner c_p', d. h. das Produkt aus Dichte und spezifischer Wärme ist; da bei Luft, Sauerstoff, Stickstoff und Wasserstoff dieses Produkt ziemlich gleich ist, haben diese Gase auch etwa dasselbe $\varkappa$ (s. auch *41*).

Übrigens ist die Gleichung

$$j = \frac{R}{c_p - c} \qquad \text{(qy)}$$

diejenige, durch welche ROBERT MAYER zuerst das Wärmeäquivalent (freilich ungenau) berechnete.

***39.* Adiabatische Gasgesetze.** Bei kalorisch abgeschlossenen Systemen, d. h. bei adiabatischen Prozessen (**122**) ist allgemein

$$dE + p\,dv = 0. \qquad \text{(qz)}$$

Für ideale Gase giebt dies durch Integration je nach Wahl der Zustandsgrößen (**122 a**):

$$(pv):\quad \frac{p}{p_0} = \left(\frac{v_0}{v}\right)^{\varkappa}, \qquad \frac{v}{v_0} = \left(\frac{p_0}{p}\right)^{\frac{1}{\varkappa}}, \qquad p v^{\varkappa} = \text{const}; \quad \text{(ra)}$$

$$(pT):\quad \frac{p}{p_0} = \left(\frac{T}{T_0}\right)^{\frac{\varkappa}{\varkappa-1}}, \qquad \frac{T}{T_0} = \left(\frac{p}{p^0}\right)^{\frac{\varkappa-1}{\varkappa}}, \qquad p T^{\frac{-\varkappa}{\varkappa-1}} = \text{const}; \quad \text{(rb)}$$

$$(vT):\quad \frac{v}{v_0} = \left(\frac{T_0}{T}\right)^{\frac{1}{\varkappa-1}}, \qquad \frac{T}{T_0} = \left(\frac{v_0}{v}\right)^{\varkappa-1}, \qquad v T^{\frac{1}{\varkappa-1}} = \text{const}. \quad \text{(rc)}$$

Das adiabatische Verhalten ist also ganz anders wie das Verhalten bei Prozessen, bei denen die jedesmalige dritte, in der Beziehung nicht vorkommende Größe konstant gehalten wird, also bei isothermischen, isopyknischen und isopiestischen Prozessen (**122**):

a) Bei isothermischem Vorgange ändert sich v umgekehrt proportional mit p (BOYLE, ***24 a***, Gl. fu), bei adiabatischem auch umgekehrt, aber schwächer als proportional (weil zugleich T direkt mit p varriiert).

b) Bei isopyknischem Vorgange ändert sich p direkt proportional mit T (GAY-LUSSAC, ***24 b***, Gl. gg), bei adiabatischem auch direkt, aber viel stärker (weil zugleich v mit T variiert).

c) Bei isopiestischem Vorgange ändert sich v direkt proportional mit T (GAY-LUSSAC), bei adiabatischem umgekehrt, und zwar stärker als proportional (weil zugleich p direkt mit T variiert).

Zwei von diesen Sätzen kann man auch so aussprechen: Bei adiabatischer Ausdehnung sinkt, bei adiabatischer Druckerhöhung steigt die Temperatur.

135. Molekularwärme und Atomwärme, Molekularenergie und Atomenergie. Während man auf Grund der Stetigkeitstheorie die von einem Körper aufgenommene Wärmemenge naturgemäß auf die Masseneinheit (oder auf die Volumeneinheit) bezieht, liegt es auf Grund der Molekulartheorie nahe, die Wärmemenge zu betrachten, die erforderlich ist, um eine Molekel resp. ein Atom um 1^0 zu erwärmen; diese Größen heißen Molekularwärme ($c_{\mathfrak{m}}$) resp- Atomwärme ($c_{\mathfrak{a}}$); die erstere Größe hat für alle Stoffe, die letztere nur für chemische Elemente eine einfache Bedeutung, während bei Verbindungen jede Art von Atomen eine andere Atomwärme haben kann. Man erhält offenbar aus der spezifischen Wärme pro Masseneinheit die Molekularwärme resp. Atomwärme durch Multiplikation mit der Molekularmasse resp. Atommasse (**99**), wofür praktisch Molekulargewicht resp. Atomgewicht gesetzt werden kann:

$$c_{\mathfrak{m}} = \mathfrak{m} c, \qquad c_{\mathfrak{a}} = \mathfrak{a} c. \tag{rd}$$

Im allgemeinen wird man sich hierbei begnügen müssen, die relativen Werte von $\mathfrak{m}$ und $\mathfrak{a}$ (bezogen auf Wasserstoff) zu benutzen und somit auch nur relative Werte von $c_{\mathfrak{m}}$ und $c_{\mathfrak{a}}$ erhalten; kennt man jene absolut, so kann man jedoch auch diese absolut ermitteln.

Dimensionsformeln:

$$\text{(relativ)}\ [c_{\mathfrak{m}}] = [c_{\mathfrak{a}}] = 1, \qquad \text{(absolut)}\ [c_{\mathfrak{m}}] = [c_{\mathfrak{a}}] = m. \tag{DN}$$

Dementsprechend hat man zu unterscheiden zwischen den beiden Bestandteilen der Energie, der Molekularenergie (bei der die Molekel als ein fortschreitendes Ganzes aufgefaßt wird) und der relativen Atomenergie (Energie der Atome innerhalb der Molekel); jede von beiden hat im allgemeinen wieder einen kinetischen und einen potentiellen Teil. Bei dieser Komplikation der Verhältnisse wird man einfache und streng gültige Gesetze auf dem vorliegenden Gebiete nicht erwarten dürfen.

(1) Das über die spezifische Wärme Gesagte (Abhängigkeit von der Temperatur u. s. w., Verschiedenheit von c_p und c) gilt sinnentsprechend auch für $c_{\mathfrak{m}}$ und $c_{\mathfrak{a}}$.

***40.* Dulong-Petit'sches Gesetz** (1819). Alle festen Elemente haben annäherd die gleiche Atomwärme.

(1) Der durchschnittliche Wert der relativen Atomwärme ergiebt sich zu 6,24 (vgl. **133** (11) und **99**), die Einzelwerte schwanken zwischen 5,45 (Bor) und 6,92 (Molybdän); dabei muß für einige Elemente, nämlich Kohlenstoff (Diamant, Graphit), Bor und Silicium, bei denen die spezifische Wärme mit der Temperatur sehr stark wächst, der Wert für die höchste Temperatur benutzt werden. Die Abweichungen vom Mittel rühren offenbar von der besonderen Atomenergie innerhalb der Molekel, sowie von der potentiellen Molekularenergie selbst her.

(2) Bei Verbindungen gelten wenigstens spezielle Beziehungen ähnlicher Art; es ist nämlich die Molekularwärme chemisch ähnlicher Stoffe annähernd gleich (Neumann'sches Gesetz 1831). Molekularwärme einiger Stoffreihen:

Oxyde	RO	11,0	Jodmetalle	RJ	13,4
„	RO_2	14,0	„ „	RJ_2	19,4
„	RO_3	18,8	kohlensaure Salze	RCO_3	21,4
„	R_2O_3	26,9	„ „	R_2CO_3	29,1
Schwefelmetalle	RS	11,9	schwefelsaure „	RSO_4	26,4
„ „	RS_2	18,1	„ „	R_2SO_4	32,9
Chlormetalle	RCl	12,8	salpetersaure „	RNO_3	24,0
„ „	RCl_2	18,7	„ „	RN_2O_6	38,2

(gb)

Innerhalb jeder Reihe kommen Schwankungen bis zu etwa 10 Prozent nach beiden Seiten vor. Berechnet man ferner die mittlere Atomwärme (d. h. das Mittel aus den Atomwärmen der verschiedenen in einer Molekel enthaltenen Atome), so findet man Werte von 4,1 bis 6,8 für die verschiedenen Reihen, im Mittel aber 5,34, also wesentlich weniger als bei Elementen. Weiteren Aufschluß hierüber erhält man, wenn man von den obigen Reihen die mit gleicher Atomzahl $\mathfrak{n}$ in der Molekel zusammenfaßt; man findet dann:

$$\begin{array}{llllllll} \mathfrak{n} = & 2 & 3 & 4 & 5 & 6 & 7 & 9 \\ c_a = & 6,1 & 5,9 & 4,7 & 4,8 & 4,6 & 4,7 & 4,2; \end{array} \quad (\mathfrak{gc})$$

die Atomwärme nimmt also mit zunehmender Atomzahl wesentlich ab, ein Beweis, daß hierbei die Atomenergie die Hauptrolle spielt.

(3) Auch die Annahme, daß sich die Atomwärmen der Elemente, aus denen ein zusammengesetzter Stoff besteht, zu seiner Molekularwärme superponieren lassen (additive Eigenschaft, *17* (3)), kann von vornherein nicht allgemein richtig sein. Für feste Körper gilt sie jedoch in vielen Fällen annähernd, und man hat sie benutzt, um die Atomwärme nicht fester Elemente rückwärts zu berechnen; so ergiebt sich (für gewöhnliche Temperatur) für

$$\begin{array}{lll} O & H & F \\ 4,0 & 2,3 & 5,0. \end{array} \quad (\mathfrak{gd})$$

Für Flüssigkeiten gilt die Superposition auch nicht annähernd, man muß sich hier mit einigen speziellen Beziehungen begnügen; so weist die Molekularwärme homologer Verbindungen annähernd gleiche Differenzen auf; jedoch ist für verschiedene solche Reihen, auch wenn sie sich durch denselben Atomenkomplex unterscheiden, die Differenz verschieden.

(4) Bei Gasen gilt das Dulong-Petit'sche Gesetz auch nicht annähernd, man erhält nämlich für die Atomwärmen (bei konstantem Volumen) von

$$\left.\begin{array}{llll} \text{Sauerstoff, Stickstoff, Wasserstoff} & & & \text{etwa } 2{,}44 \\ \text{dagegen für die von} & & & \\ \text{Quecksilberdampf } 2{,}94, & \text{Chlor} & 3{,}10 & \text{etwa } 3{,}18, \\ \text{Bromdampf } 3{,}42, & \text{Joddampf} & 3{,}26 & \end{array}\right\} \qquad (\text{ge})$$

also in der zweiten Gruppe einen sehr viel größeren Wert als in der ersten; für die zusammengesetzten Gase andererseits erhält man als durchschnittliche Atomwärme Werte, die meist wesentlich kleiner sind, als selbst die der ersten obigen Gruppe, bis herunter zu 1,26. Ebensowenig gilt für die Molekularwärme der verschiedenen Gase, die zwischen 2,94 und 7,92 varriiert, ein einfaches Gesetz. Dagegen liefert die kinetische Gastheorie folgende wichtige Beziehungen.

41. Sätze von der Molekular- und Atomenergie der Gase.

a) (Clausius 1857.) Bei idealen Gasen ist das Verhältnis der spezifischen Wärmen für den Fall einatomiger Molekeln um $^2/_3$ größer als 1, bei mehratomigen Molekeln nur um denjenigen Bruchteil dieses Betrages, der durch das Verhältnis der fortschreitenden Molekularenergie zur ganzen Energie (Summe von fortschreitender Molekular- und relativer Atomenergie) bestimmt ist (vgl. **135**).

Unter Hinweis auf die Formeln in **100**, **123** (2) und ***38*** (2) seien hier die Formeln, aus denen die Endformel folgt, zusammengestellt, und zwar für die Volumeneinheit Gas (K Molekularenergie, A Atomenergie, $E = K + A$ ganze Energie):

$$\left.\begin{array}{ll} p = \frac{1}{3}\varrho \mathfrak{G}^2, & K = \frac{1}{2}\varrho \mathfrak{G}^2 = \frac{3}{2}p, \\ E = j\varrho c T, & j = \frac{R}{c_p - c}, \end{array}\right\} \qquad (\text{re})$$

$$\frac{K}{E} = \frac{3}{2}\frac{c_p - c}{c} = \frac{3}{2}(\varkappa - 1) \qquad (\text{rf})$$

und durch Umkehrung hiervon:

$$\varkappa = 1 + \frac{2}{3}\frac{K}{E} = 1 + \frac{2}{3}\frac{K}{K + A}. \qquad (\text{rg})$$

Zugleich zeigt sich, daß beide Verhältnisse, das der Energien und das der spezifischen Wärmen, weder von der Dichte, noch von der Temperatur abhängen, also charakteristische Konstanten der Gase sind. Dagegen hängt $K : E$ und ebenso $\varkappa$ von der Atomzahl ab, und zwar ist für $\mathfrak{n} = 1$:

$$K = E, \qquad \varkappa = \tfrac{5}{3}, \qquad (\text{rh})$$

während sich für $\mathfrak{n} > 1$ zunächst nur sagen läßt, daß

$$K < E, \qquad \varkappa < \tfrac{5}{3} \qquad (\text{ri})$$

ist. Sowohl die Gleichung für einatomige als die Ungleichung für mehratomige Gase ist durch die Erfahrung vollauf bestätigt.

(1) Die folgende Tabelle giebt für einige Gase die Werte von K/E, A/K (Verhältnis der Atom- zur Molekularenergie) und, wenn $A/\mathfrak{n} = a$ gesetzt wird, von a/K (Verhältnis der relativen Energie eines Atomes zur Molekularenergie); bei zusammengesetzten Gasen stellen die letzteren beiden Größen natürlich nur Durchschnittswerte dar. Wie man sieht, besteht keine einheitliche Beziehung zur Atomzahl, es findet mit wachsendem $\mathfrak{n}$ zwar anfangs eine Abnahme von $\varkappa$ und K/E sowie eine Zunahme von A/K statt, weiterhin kehrt sich dies Verhalten aber stellenweise um; demgemäß ist auch a/K für die mehratomigen Gase nicht gleich, sondern es schwankt zwischen 0,22 und 0,54; im Mittel ist etwa $a = 0{,}36\,K$.

Gase	Formel	$\mathfrak{n}$	$\varkappa$	K/E	A/K	a/K
Quecksilberdampf .	Hg	1	1,667	1,000	0,00	0,00
Sauerstoff	O_2	2	1,403	0,605	0,65	0,33
Stickstoff	N_2	2	1,408	0,612	0,64	0,32
Wasserstoff	H_2	2	1,402	0,602	0,66	0,33
Kohlenoxyd	CO	2	1,406	0,609	0,64	0,32
Stickoxyd	NO	2	1,394	0,590	0,69	0,35
Chlorwasserstoff . .	HCl	2	1,393	0,589	0,70	0,35
Kohlensäure . . .	CO_2	3	1,290	0,435	1,29	0,43
Stickoxydul	N_2O	3	1,285	0,427	1,34	0,45
Schweflige Säure . .	SO_2	3	1,255	0,383	1,61	0,54
Schwefelwasserstoff .	H_2S	3	1,267	0,395	1,53	0,51
Ammoniak	NH_3	4	1,316	0,473	1.11	0,28
Grubengas	CH_4	5	1,317	0,475	1,11	0,22
Äthylen	C_2H_4	6	1,252	0,378	1,64	0,27

(gf)

(2) Drückt man das Verhältnis $K:E$ statt durch c_p und c durch c_p' und c' aus, so erhält man:

$$\frac{K}{E} = \frac{3}{2}\,\frac{c_p' - c'}{c'} = \frac{0{,}068}{c'}, \qquad \text{(rk)}$$

d. h. das Verhältnis der Molekularenergie zur ganzen Energie ist mit der auf die Volumeneinheit bezogenen reinen spezifischen Wärme umgekehrt proportional. Da ferner alle Gase in der Volumeneinheit gleich viel Molekeln haben (**27 c**), giebt c' ein relatives Maaß für die Molekularwärme; diese ist hier, auf Wasserstoff = 1 bezogen, für einige Gase mit wachsender Atomzahl angegeben und ihr $\mathfrak{n}$. Teil (theoretische Atomwärme) hinzugefügt:

	H_2	CO_2	CH_4	CH_4O	C_2H_6O	$C_4H_{10}O$	$C_{10}H_{16}$
$\mathfrak{n}$	2	3	5	6	9	15	26
(c')	1,00	1,35	1,58	2,62	3,90	6,95	13,6
$\left(\frac{c'}{\mathfrak{n}}\right)$	0,50	0,45	0,32	0,44	0,43	0,46	0,52

(gg)

Die Werte von $(c'/\mathfrak{n})$ bewegen sich also zwischen 0,32 und 0,52; dagegen geben:

Hg ($\mathfrak{n}=1$)	Cl_2 ($\mathfrak{n}=2$)	Br_2 ($\mathfrak{n}=2$)	J_2 ($\mathfrak{n}=2$)	CS_2 ($\mathfrak{n}=3$)	PCl_3 ($\mathfrak{n}=4$)
0,61	0,64	0,69	0,67	0,68	0,85

(gh)

also wesentlich höhere Werte.

b) (Boltzmann 1866). Bei mehratomigen idealen Gasen ist die gesamte kinetische Energie eines Atoms gleich der fortschreitenden Energie der ganzen Molekel; das Verhältnis der spezifischen Wärmen ist demnach um $^2/_3\,\mathfrak{n}$ größer als 1, z. B. für zweiatomige Gase: 1,33, für dreiatomige 1,22 u. s. w. In Wahrheit sind die Zahlen größer, woraus zu schließen ist, daß bei den wirklichen Gasen innere Atomarbeit resp. potentielle Energie eine Rolle spielt.

(1) Bei anderen theoretischen Betrachtungen über das Verhältnis der spezifischen Wärmen (Boltzmann, Staigmüller) wird $\varkappa$ als Funktion der Zahl z der Freiheitsgrade (**29** (1)) der Molekel dargestellt: $\varkappa = 1 + 2/z$; bei zweiatomigen Gasen ist unter gewissen Annahmen $z = 5$ (drei Fortschreitungs-, zwei Drehungsfreiheiten), also $\varkappa = 1,4$, in guter Übereinstimmung mit der Beobachtung; auch $z = 7$ für dreiatomige Gase giebt mit $\varkappa = 1,286$ noch einen ziemlich guten Wert.

(2) Der Temperaturbegriff vom molekulartheoretischen Standpunkte läßt sich nunmehr so fassen, daß er auch für die Vergleichung verschiedener Stoffe Stich hält (vgl. **133**); nämlich als die gesamte kinetische Energie eines Atoms. Ist diese bei verschiedenen Stoffen gleich, so haben sie gleiche Temperatur; für Gase (nicht aber für feste und flüssige Stoffe) kann man nach ***41b*** dafür auch die fortschreitende Energie der Molekel setzen. Dimensional wird damit (vgl. **133**, DG):

$$[T] = l^2 t^{-2} m. \tag{DO}$$

Auch dieser Temperaturbegriff ist, wie die bisher eingeführten (**6** (4), ***24b***, **81**, **100** (1), **133**), noch nicht der endgültige; er ist zwar, wegen der Reduktion auf die Grundbegriffe ltm, absoluten, aber nicht allgemeinen Charakters, weil er von einer bestimmten Anschauung über die Wärmeenergie ausgeht (s. w. u.).

136. Schmelzarbeit und Schmelzwärme (latente Flüssigkeitswärme). Führt man einem festen Körper, der sich auf der dem Drucke entsprechenden Schmelztemperatur befindet, Wärme zu, so schmilzt der Körper (**83a**); die dabei geleistete Arbeit ist zu einem sehr kleinen Teile äußere, nämlich Ausdehnungsarbeit (wenn dieser Teil nicht gar negativ ist, wie beim Wasser (vgl. **83a** (4)), zum bei weitem größten Teile aber innere Arbeit, d. h. Vermehrung der inneren Energie (sei es potentielle oder kinetische). Die Wärmemenge, die der Masseneinheit eines festen Körpers bei der Schmelztemperatur lediglich zum Zwecke der Schmelzung zugeführt werden muß, heißt demgemäß seine Schmelzwärme oder auch, da sie keine Temperaturerhöhung zur Folge hat und trotzdem einen Überschuß der flüssigen über die feste Energie bedingt, latente Flüssigkeitswärme.

Dimensionsformel:

$$[L] = l^2 t^{-2}. \qquad \text{(DP)}$$

(1) Setzt man in der Gleichung $dW = X dx + Y dT$ (vgl. **37** (5), Gl. pq) die Temperatur konstant, also $dT = 0$, so erhält man

$$X = \frac{\partial W}{\partial x} (T = \text{const.}),$$

es ist dies die Schmelzwärme, falls man unter x die variable, in der Masseneinheit fester und flüssiger Substanz vorhandene Flüssigkeitsmenge versteht; also:

$$L = X = \frac{\partial W}{\partial x} (T = \text{const.}). \qquad \text{(rl)}$$

(2) Schmelzwärmen L einiger Stoffe in Gramm-Kalorien pro g nebst den zugehörigen molekularen Schmelzwärmen $\mathfrak{m} L = L_m$, d. h. den Schmelzwärmen pro Gramm-Molekel (**99** (3)):

	L	L_m		L	L_m
Blei	5,8	1200	Zink	28,1	1840
Brom	16,2	1295	Zinn	13,4	1580
Eisen	30	1700			
Jod	11,7	1480	Ameisensäure	58,5	2700
Natrium	7,6	175	Benzol	30,2	2350
Phosphor	4,9	150	Chlorcalcium	40,7	8900
Platin	27,2	5300	Essigsäure	45,0	2700
Quecksilber	2,82	563	Glycerin	42,5	3910
Schwefel	9,4	301	Natriumphosphat	66,8	23900
Silber	21,1	2280	Phenol	24,9	2340
Wismut	12,4	2600	Wasser (Eis)	80,02	1440

(gi)

Die Schmelzwärme ist also am kleinsten bei Quecksilber, am größten bei Eis, die molekulare Schmelzwärme am kleinsten bei Phosphor, am grössten (unter den angeführten Stoffen) bei Natriumphosphat.

(3) Die Schmelzwärme ändert sich mit der Temperatur, bei der die Schmelzung stattfindet, und zwar in gleichem Sinne; so ist z. B. für

Wasser Θ	Wasser L	Phosphor Θ	Phosphor L
−6,5	76,00	27,8	4,74
−5,0	76,75	35,4	4,97
−2,8	77,85	38,0	5,08

(gf)

Theoretisch lässt sich hierfür die einfache Beziehung

$$\frac{dL}{d\Theta} = c_{\text{flüss.}} - c_{\text{fest}} \tag{rm}$$

aufstellen (durch gedachte Unterkühlung (vgl. **83a** (3)), d. h. die Zunahme der Schmelzwärme pro Grad ist gleich der Differenz der spezifischen Wärmen im flüssigen und im festen Zustande; bei Eis und Wasser ist in der That jede der beiden Grössen (vgl. **133** (11)) etwa 0,50.

(4) Die Schmelzwärme steht in einer theoretischen Beziehung (s. w. u.) zu der Schmelzpunkterniedrigung (*26* (4) und *29b*)), die der betreffende Stoff durch Auflösung eines anderen Stoffes in ihm erfährt; es ist nämlich die molekulare Erniedrigung

$$\varDelta = 0{,}02\,\frac{T^2}{L}, \qquad L = 0{,}02\,\frac{T^2}{\varDelta}. \tag{rm'}$$

Die so berechneten Werte von $\varDelta$ aus L oder von L aus $\varDelta$ stimmen in den meisten Fällen mit den beobachteten recht gut überein. Für Metalllegierungen ist dies jedoch nur teilweise annähernd, bei anderen Legierungsgruppen aber überhaupt nicht der Fall.

137. Lösungswärme. Auch bei der Auflösung fester Körper in Flüssigkeiten (**83b**) oder der Mischung von verschiedenen Flüssigkeiten oder der Absorption von Gasen (**88**) tritt äußere und innere Arbeit ein, d. h. das Volumen und die innere Konstitution, insbesondere die Temperatur ändern sich. Die Änderung der inneren Energie wird gemessen durch die Lösungswärme resp. Mischungswärme resp. Absorptionswärme. Sie ist nicht, wie die Schmelzwärme, stets verbrauchte Wärme, also nach obiger Bezeichnungsweise positiv, sondern bald verbrauchte (latent werdende), bald abgegebene (frei werdende) Wärme; und zwar pflegt sie, dem Obigen entgegengesetzt, positiv gerechnet zu werden, wenn sie frei wird, negativ, wenn sie latent wird. Ferner ist zu unterscheiden zwischen der Lösungswärme pro g und derjenigen pro Gramm-Molekel des gelösten Stoffes; jene kann man Lösungswärme schlechthin, diese **molekulare Lösungswärme** nennen. Endlich hängt die Lösungswärme nicht nur von der Natur, sondern auch von der Menge des Lösungsmittels ab, und es sind zu unterscheiden die beiden extremen Fälle: Lösungswärme bis zur äußersten Verdünnung (**Lösungswärme in viel Wasser**) und Lösungswärme bis zur Sättigung oder **integrale Lösungswärme**; von einer gewissen Verdünnung an ist jedoch die Lösungswärme konstant und kann als Lösungswärme schlechthin bezeichnet werden; von besonderem Interesse andererseits ist das letzte Glied in der Reihe der Lösungswärmen bei wachsender Stoffmenge, also die Lösungswärme eines Stoffes in einer mit ihm schon fast gesättigten Lösung.

(1) Bei festen Körpern ist die Lösungswärme meist negativ wie die Schmelzwärme, falls der Körper im festen Zustande kein Hydrat bilden kann; falls er dies kann, ist sie für das Hydrat ebenfalls negativ, für den wasserfreien Stoff aber meist positiv.

Molekulare Lösungswärme einiger fester Stoffe in viel Wasser, in 100-fachen Kalorien (bei etwa 18°):

KCl	– 44,4	$CaCl_2$	+174,1	$NaSO_4$	+ 4,6
NaCl	– 11,8	$CaCl_2$ + 6 aq	– 43,4	$NaSO_4$ + 10 aq	–187,6
LiCl	+ 84,4	$CuCl_2$	+111	$MgSO_4$	+202,8
NH_4Cl	– 38,8	$CuCl_2$ + 2 aq	+ 41,7	$MgSO_4$ + 7 aq	– 88,0
KBr	– 50,8	$CuSO_4$	+158	$CaSO_4$	+ 44,4
KJ	– 51,1	$CuSO_4$ + 5 aq	– 27,2	$CaSO_4$ + 2 aq	– 3,0
Borsäure	–107,9	KHO	+130	$FeCl_2$	+179
Weinsäure	– 36,0	KHO + 2 aq	0	$FeCl_2$ + 4 aq	+ 27,5
$HgCl_2$	– 33,0	NaJ	+ 12,2	$ZnSO_4$	+184,3
Rohrzucker	– 8,0	NaJ + 2 aq	– 40,1	$ZnSO_4$ + 7 aq	– 42,6

(gl)

(2) Die Differenz der Lösungswärmen eines festen Stoffes im wasserfreien und wasserhaltigen Zustande ist die **Hydratationswärme**; auf die Aufnahme der einzelnen Wassermolekeln kommen davon bei manchen Stoffen gleiche, bei anderen verschiedene Bruchteile.

(3) Die Differenz der Lösungswärmen für zwei verschiedene Konzentrationen ergiebt die **Verdünnungswärme**; mit wachsender Verdünnung nimmt die Verdünnungswärme bis auf 0 ab, sie kann aber unterwegs ebenfalls durch 0 hindurchgehen und das Zeichen wechseln, bei dieser Konzentration ist dann die Energie der Lösung ein Maximum resp. Minimum.

(4) Bei der Mischung von Flüssigkeiten mit Wasser wird immer Wärme frei; mit wachsender Anzahl der Wassermolekeln n kann man für Salzsäure, Schwefelsäure, Salpetersäure die molekulare Mischungswärme in 100-fachen Kalorien durch die Formeln darstellen:

Salzsäure	Schwefelsäure	Salpetersäure	
$\frac{n}{n+1}\,119{,}8,$	$\frac{n}{n+1{,}798}\,178{,}6,$	$\frac{n}{n+1{,}737}\,89{,}7.$	(gm)

Bei der Mischung mit viel Wasser erhält man also 119,8 resp. 178,6 resp. 89,7.

(5) Die Lösungswärme ändert sich mit der Temperatur, bei der die Lösung stattfindet; in welchem Sinne, kann man theoretisch angeben, wenn man diese Änderung durch die Formel

$$\frac{dW}{d\Theta} = \frac{m_1 c_1 + m_2 c_2}{m_1 + m_2} - C \qquad \text{(rn)}$$

mit den spezifischen Wärmen c_1 des Stoffes, c_2 des Lösungsmittels, C der Lösung, die aus m_1 Teilen des Stoffes und m_2 Teilen des Lösungsmittels besteht, in Beziehung setzt. Bei Salzlösungen ist nun C stets kleiner als das erste Glied, folglich muß die Lösungswärme mit wachsender Temperatur algebraisch wachsen (wenn positiv, wachsen, wenn negativ, der Null sich nähern und dann weiter wachsen); für Stoffe mit bei gewöhnlicher Temperatur negativer Lösungswärme muß es also eine Temperatur geben, bei der die Lösungswärme null ist. Die Beobachtungen scheinen diese Folgerungen zu bestätigen.

(6) Die Absorptionswärme von Gasen in Flüssigkeiten ist in den Fällen, wo das Henry'sche Gesetz erfüllt ist (**88** (1)), so gut wie null, in den anderen Fällen stets positiv (frei werdend). Einige Werte in 100-fachen Kalorien für die Absorption in Wasser:

Br_2	82	HCl	173	HCN	61	(gn)
Cl_2	49	HJ	194	H_2S	46	
CO_2	59	H_3N	84	SO_2	77	
HB	200					

(7) Auf die Lösungswärme kann man die Betrachtung von **136** (1) übertragen, d. h. sie mit X identifizieren, indem man unter x die relative Menge gelöster Substanz versteht.

138. Verdampfungswärme (Regnault 1845). Führt man einer Flüssigkeit von der Temperatur ihres dem herrschenden Drucke entsprechenden Siedepunktes (**83c**) Wärme zu, so verdampft sie, und es wird hierbei sowohl äußere Arbeit geleistet, nämlich das Volumen vergrößert, als auch die innere Energie der Substanz erhöht; erstere ist hier nicht wie bei der Schmelzung gegen letztere zu vernachlässigen. Die zur Verdampfung von 1 g Flüssigkeit, genauer zur Verwandlung von 1 g Flüssigkeit von der Temperatur Θ und der zugehörigen Dampfspannung P (vgl. **84**) in Dampf von derselben Temperatur und demselben Druck erforderliche Wärmemenge heißt Verdampfungswärme oder latente Wärme des Dampfes, die entgegengesetzt gleiche Größe Kondensationswärme. Derjenige Teil der Verdampfungswärme, welcher zur Erhöhung der inneren Energie dient, heißt innere Verdampfungswärme. Zwischen beiden besteht, wenn s und σ die spezifischen Volumina (**63** (8)) von Flüssigkeit und Dampf sind, die Beziehung

$$V = V_i + (s - \sigma)\frac{P}{j}. \qquad \text{(ro)}$$

Wird die Dampfmenge x (in Bruchteilen der ganzen Substanzmenge) von x_1 auf x_2 durch die Verdampfung gesteigert, so ist die hierzu erforderliche Wärme W und die dabei geleistete äußere Arbeit

$$\left.\begin{aligned} W &= (x_2 - x_1)V \\ A &= (x_2 - x_1)(s - \sigma)P \end{aligned}\right\} \qquad \text{(rp)}$$

Außer V_i und V spielt ihrer praktischen Bedeutung halber noch die Gesamtwärme G eine Rolle, nämlich die erforderliche Wärmemenge um 1 g Flüssigkeit von 0° C. auf Θ^0 zu erwärmen und in Dampf von Θ^0 zu verwandeln; es ist (c spezifische Wärme der Flüssigkeit):

$$G = V + \int_0^\Theta c\,d\Theta; \qquad \text{(rq)}$$

entgegengesetzt gleich ist die bei der Kondensation von Dampf und Abkühlung der entstandenen Flüssigkeit auf 0° C. frei werdende Wärmemenge.

Bezieht man die Verdampfungswärme nicht auf 1 g, sondern auf 1 Gramm-Molekel der Flüssigkeit, so erhält man die molekulare Verdampfungswärme.

(1) Auch die Verdampfungswärme kann man mit der Größe X in der ersten Hauptgleichung **37** (5) identifizieren, wenn man als zweite Variable x (neben T) hier den dampfförmigen Anteil an der ganzen Stoffmenge versteht, was erlaubt ist, da der Druck p hier keine selbständige Variable, sondern Funktion von T ist (**84**).

(2) Sowohl die Verdampfungswärme als auch die Gesamtwärme ändert sich mit der Siedetemperatur, jedoch beide in entgegengesetztem

Sinne: die Verdampfungswärme nimmt mit steigender Temperatur ab, die Gesamtwärme zu; beide stehen offenbar durch die Änderung der spezifischen Wärme der Flüssigkeit zwischen 0° C. und dem Siedepunkt in Beziehung zu einander. Für Atmosphärendruck, also normale Siedetemperatur nennt man die in Rede stehenden Größen normale Verdampfungswärme resp. normale Gesamtwärme. Bei der kritischen Temperatur muß die Verdampfungswärme null werden.

(8) Normale Verdampfungswärme einiger Flüssigkeiten in Kalorien (nicht ganz übereinstimmend, teils zw. 15° und 16°, teils $^1/_{100}$ zw. 0° und 100°, vgl. **130**):

Aceton	125,3	Jod	24	(go)
Äther	88,4	Kohlensäure (fest)	142,2	
Alkohol	205,1	Schwefelkohlenstoff	84,5	
Benzol	93,5	Schwefl.Säure (flüssig)	91,6	
Brom	45,6	Stickoxydul	101,0	
Chloroform	58,5	Toluol	83,6	
Cyan	108	Wasser	536	
Essigsäure	121			

Änderung der Verdampfungswärme mit der Temperatur (aus der Thermodynamik würde sich in erster Annäherung proportionale Abnahme mit der Temperatur ergeben):

$$V = \alpha + \beta\Theta + \gamma\Theta^2 + \delta\Theta^3 \qquad \text{(rr)}$$

	α	β	γ	δ	
Aceton	139,9	−0,27287	+0,000 157 1	—	(gp)
Äther	93,5	−0,1082	−0,000 503 3	—	
Chloroform	67,0	−0,0852	−0,000 144 4	—	
Schwefelkohlenstoff	89,5	−0,0653	−0,001 097 6	+0,000 003 424 5	
Wasser	589,5	−0,2972	−0,003 214 7	+0,000 008 147	

Für Wasser kann man auch einfacher setzen (wenn auch nicht so genau, T absolute Temperatur):

$$V = 607 - 0{,}708\,\Theta = 796{,}2 - 0{,}708\,T. \qquad \text{(gq)}$$

Kohlensäure (Annäherung an die kritische Temperatur):

− 78° (fest)	142,2	22,0°	31,8	(gr)
0	56,3	28,1	19,4	
13,7	42,0	30,8	3,7	

(4) Gesamtwärme einiger Flüssigkeiten in ihrer Abhängigkeit von der Temperatur:

$$G = A + B\Theta + C\Theta^2 + D\Theta^3. \qquad \text{(rs)}$$

	A	B	C	D
Aceton	139,9	0,23356	+0,000 553 6	—
Äther	93,5	0,42083	−0,000 208 3	—
Chloroform	67,0	0,14716	−0,000 093 7	—
Schwefelkohlenstoff .	89,5	0,16993	−0,001 016 1	+0,000 003 425
Wasser	589,5	0,7028	−0,003 194 7	+0,000 008 447

(gf)

Für Alkohol sind einige Werte (schwer in Formel zu bringen):

0°	236,5	40°	262,0	100°	267,3
10	244,4	60	265,0	120	272,5
20	252,0	80	265,2	150	285,3

(gt)

Um den normalen Siedepunkt herum ist also W nahezu konstant.

(5) Molekulare Verdampfungswärme einiger Flüssigkeiten (normal):

Aceton	7260	Kohlensäure . . .	6300
Äther	6500	Jod	6100
Alkohol	9400	Schweflige Säure. .	6100
Benzol	7300	Schwefelkohlenstoff .	6400
Brom	7500	Toluol.	7700
Essigsäure	7300	Wasser	9600

(gu)

Die molekularen Verdampfungswärmen sind hiernach für die verschiedenen Stoffe weit weniger verschieden als die Verdampfungswärmen; die Extreme verhalten sich bei letzteren wie 1 : 22, bei ersteren kaum wie 1 : 2.

(6) Die Verdampfungswärme steht in theoretischer Beziehung zu verschiedenen anderen thermischen Größen; näheres darüber s. w. u.

139. Spezifische Wärme des gesättigten Dampfes oder spezifische Wärme des Dampfes bei konstanter Menge ist die Wärmemenge, die man der Masseneinheit Dampf zuführen muß, damit er sich, ohne daß er sich teilweise verflüssigt und ohne daß andererseits aus der benachbarten Flüssigkeit sich neuer Dampf bildet, um 1° C. erwärmt; oder: damit er sich um 1° C. erwärmt und doch gerade gesättigt bleibt. Da sich hierbei zugleich Druck und spezifisches Volumen ändern, kann die spezifische Wärme eines gesättigten Dampfes c_x im Prinzip ebensowohl positiv wie negativ sein, d. h. zur Erwärmung und Gesättigterhaltung eines Dampfes kann es ebensowohl erforderlich sein, ihm Wärme zuzuführen, als zu entziehen. Erfahrungsgemäß tritt sogar fast bei allen Stoffen in weiten Temperaturgrenzen der zweite Fall ein.

(1) Für Wasserdampf gilt sehr nahe die theoretische Formel (T absolute Temperatur, C spezifische Wärme des Wassers bei T):

$$c_x = C\left(1 - \frac{796}{T}\right), \tag{rt}$$

d. h. es ist c_x bis zu $T = 796$, also $\Theta = 523^0$ negativ und wird dann erst positiv. Einige Werte von c_x bei verschiedenen Temperaturen:

Wasserdampf		Schwefelkohlenstoffdampf		Chloroformdampf	
0°	− 1,908	0°	− 0,183	0°	− 0,108
40	− 1,538	40	− 0,160	100	− 0,015
100	− 1,130	100	− 0,140		
160	− 0,832	150	− 0,132		
200	− 0,672				

Acetondampf		Ätherdampf	
0°	− 0,148	0°	+ 0,106
100	− 0,052	40	+ 0,126
		80	+ 0,144
		120	+ 0,160

(gv)

(2) Bei allen obigen Dämpfen wächst c_x algebraisch genommen mit der Temperatur; es wird also eine „Grenztemperatur" geben, bei der c_x null ist und das Zeichen wechselt; bei Wasser liegt die Grenztemperatur sehr hoch (523°), bei Äther sehr tief (− 116°).

140. Chemische Wärme, Verbindungswärme, Wärmetönung. Auch bei der chemischen Verbindung treten Wärmewirkungen und Arbeitsleistungen auf; da letztere meist eine untergeordnete Rolle spielen, pflegt man alles, auch die innere Energie, in Kalorien (statt in Erg) zu messen. Die durch die chemische Reaktion frei oder latent werdende Wärme heißt chemische Wärme, Reaktionswärme oder Wärmetönung, speziell bei Verbindung von Stoffen Verbindungswärme (z. B. Verbrennungs- oder Oxydationswärme, vgl. auch oben die Hydratationswärme, **137** (2)), bei Zersetzungen Zersetzungswärme, bei der Dissoziation Dissoziationswärme, ferner Neutralisationswärme u. s. w.); sie wird frei werdend positiv, latent werdend negativ gerechnet. Sie kann entweder auf 1 g oder, was üblich ist, auf eine Grammmolekel der Substanz bezogen werden (**99** (3)). Formel:

$$E_1 - E_2 = W + \frac{A}{j}. \tag{ru}$$

Kommt die äußere Arbeit, also die Volumenänderung $v_2 - v_1$ nicht in Betracht, so wird einfach

$$W = E_1 - E_2; \tag{rv}$$

kommt sie in Betracht, so hat man bei konstantem Druck p

$$E_1 - E_2 = W + \frac{p}{j}(v_2 - v_1), \tag{rw}$$

also

$$W = (E_1 + \frac{p}{j} v_1) - (E_2 + \frac{p}{j} v_2), \tag{rx}$$

d. h. an die Stelle der Energie tritt eine kompliziertere Größe, die „Wärmefunktion bei konstantem Druck" (GIBBS). In beiden Fällen ist, wie man sieht, die Wärmetönung nur vom Anfangs- und Endzustand abhängig. Bei Gasen, bei denen allein A eine Rolle spielt, ist $v_2 - v_1$ mit der Zahl der durch den Prozeß gebildeten Gasmolekeln $\mathfrak{n}$ und der absoluten Temperatur T direkt, mit p umgekehrt proportional, und es wird (82 600 000 : 42 000 000 = 1,97, vgl. **100**(2) u. **132**):

$$W = E_1 - E_2 - 1{,}97\,\mathfrak{n}\,T; \tag{ry}$$

die Arbeit in Kalorien ist also pro Molekel rund 2 T, welches auch das (als ideal gedachte) Gas sei.

(1) Zur bequemen Bezeichnung der Energie einer Molekel setzt man deren Symbol in (runde oder eckige) Klammern und drückt z. B. das Freiwerden von 18400 Kalorien bei der Verbindung eines Atoms Blei und eines Atoms Schwefel zu einer Molekel Schwefelblei folgendermaßen aus:

$$(\mathrm{Pb}) + (\mathrm{S}) - (\mathrm{Pb\,S}) = 18400;$$

allgemeiner, wenn man noch die Wärmetönung selbst durch die in Klammern gesetzten, durch Kommas getrennte Symbole bezeichnet):

$$(1) + (2) - (12) = (1, 2) \tag{rz}$$

und entsprechend für kompliziertere Reaktionen. Diese Bezeichnungsweise kann man übrigens auch auf physikalische Prozesse, wie Lösung, Mischung, Absorption, Schmelzung, Verdampfung anwenden und in letzterem Falle die drei Aggregatzustände durch fette, stehende, liegende Schrift andeuten, also z. B. den Schmelz- und Verdampfungsvorgang des Wassers energetisch so schreiben:

$$(\mathrm{H_2O}) = (\mathbf{H_2O}) + 1440, \qquad (H_2O) = (\mathrm{H_2O}) + 9600.$$

In Fällen, wo die äußere Arbeit in Betracht kommt, kann man das Klammernsymbol gleich für die ganze Wärmefunktion benutzen.

(2) Die Lehre von der Wärmetönung ist der eine der beiden Teile der **Thermochemie**, nämlich der auf dem Energieprinzip beruhende. Dieses Prinzip besagt in Anwendung auf chemische Prozesse, daß die Wärmetönung für alle Prozesse, die von demselben Anfangs- zu demselben Endzustande führen, gleich groß ist, auch wenn der eine dieser Prozesse z. B. eine einfache Reaktion, ein anderer aus einer ganzen Reihe von Reaktionen zusammengesetzt ist:

$$W(1n) = W(12) + W(23) + \ldots + W(n-1, n). \qquad \text{(sa)}$$

Dies hat nebenbei den praktischen Vorteil, daß man Wärmetönungen auch von solchen Reaktionen berechnen kann, die sich der direkten Beobachtung entziehen.

(3) Die Wärmetönung fällt nach dem Obigen verschieden aus, je nachdem sie nur die rein chemische Wärme enthält oder auch Arbeitswärme, Schmelz- und Verdampfungswärme enthält. So ist z. B. bei der Verbindung von 2 g Wasserstoff und 16 g Sauerstoff zu Wasserdampf $W = 58200$, zu flüssigem Wasser ohne äußere Arbeit $W = 67700$, zu flüssigem Wasser mit Arbeit (bei konstantem Druck) 68500 Kalorien.

(4) Einige **Wärmetönungen** in 100fachen Kalorien (die Klammern und Zustandszeichen sind fortgelassen):

Reaktion		Reaktion	
$Ag_2O + 2HNO_3\,aq - 2AgNO_3\,aq$	= 109	$Hg + J - HgJ$	= 142
$C + O_2 - CO_2$	= 970	$Hg + 2J - HgJ_2$	= 243
$C + O - CO$	= 290	$Hg + Cl - HgCl$	= 313
$CaO + CO_2 - CaCO_3$	= 426	$Hg + Cl_2 - HgCl_2$	= 532
$CuO + H_2SO_4\,aq - CuSO_4\,aq$	= 184	$2Hg + O - Hg_2O$	= 222
$Fe + O + H_2O - Fe(HO)_2$.	= 683	$Hg + O - HgO$	= 207
$2FeCl_2\,aq + Cl_2 - 2FeCl_3\,aq$	= 555	$Hg + S - HgS$	= 149
$H_2 + O - H_2O$	= 684	$K + aq - KHO\,aq - H$ . . .	= 481
$H_2O_2\,aq - O - aq$	= 231	$N_2 + O - N_2O$	= −177
$H + Cl - HCl$	= 220	$2NO + 3O + aq - 2HNO_3\,aq$	= 730
$H + Cl + aq - HCl\,aq$. . . .	= 393	$Na + aq - NaHO\,aq - H$ . .	= 434
$H + Br + aq - HBr\,aq$ . . .	= 290	$NaHO\,aq + CO_2\,aq - NaHCO_3\,aq$	= 110
$H + J - HJ$	= −63	$PbO + H_2SO_4\,aq - PbSO_4 - aq$	= 234
$H + J + aq - HJ\,aq$	= 131	$PbO + 2HNO_3\,aq - Pb(NO_3)_2\,aq$	= 178
$3H + N - H_3N$	= 120	$S + H_2 - H_2S$	= 28
$3H + N + aq - H_3N\,aq$ . . .	= 204	$S + O_2 - SO_2$	= 711
$HNO_2\,aq + O - HNO_3\,aq$. .	= 184	$SO_2\,aq + O - SO_3\,aq$	= 637
$H_3PO_3\,aq + O - H_3PO_4\,aq$.	= 778		
$Hg + Br - HgBr$ . . . . , .	= 245		
$Hg + 2Br - HgBr_2$	= 405		

(gw)

Verbrennungswärmen einiger Stoffe:

Äther	6596	Cyan	2596
Alkoholdampf	3405	Essigsäure	2133
Benzol	7792	Phenoldampf	7638
Benzoldampf	7993	Schwefelkohlenstoffdampf	2651
Chloroform	1389	Toluoldampf	9557

(gx)

(5) Die Dissoziationswärme ist die erforderliche Wärmemenge, um eine Gramm-Molekel eines Gases in ihre Bestandteile zu zerspalten (vgl. **27** (1)). Sie beträgt z. B. in Kalorien für:

Stickstoffdioxyd 12500, Joddampf 28500. (gy)

(6) Chemische Prozesse mit positiver Wärmetönung heißen exothermisch, solche mit negativer Wärmetönung endothermisch; die meisten Verbindungen, insbesondere die Verbrennungen, sind exothermisch; über den Gegensatz beider Prozesse s. w. u.

Fünfter Abschnitt: Elektrizität und Magnetismus.

141. Elektrische und magnetische Energie sind diejenigen Energieformen, die den elektrischen und magnetischen Erscheinungen zu Grunde liegen. Eine allgemeine Definition dieser Erscheinungen selbst läßt sich nicht geben, weil sie außerordentlich mannigfaltig sind und nicht, wie Schall, Wärme, Licht durch ihre spezifische Sinneswirkung charakterisiert werden können. Noch schwieriger ist es anzugeben, was man sich unter „Elektrizität" und „Magnetismus" zu denken habe. Vom Standpunkte der Energielehre kann man sagen, daß sie (vgl. **121** (4)) die Extensitäts- oder Quantitätsfaktoren der elektrischen resp. magnetischen Energie sind; die Intensitätsfaktoren werden dann das elektrische resp. magnetische Potential (Einheitspotential, s. w. u.). Nach Analogie mit der Zerlegung anderer Energieformen kann man diesen Quantitätsfaktor nach Willkür weiter spezialisieren, z. B. ihn als Masse auffassen, und es liegt alsdann nahe, dieser rein begrifflichen Masse die Vorstellung eines wirklichen, wenn auch verborgenen Stoffes zuzuordnen. Da schließlich die elektrischen und die magnetischen Erscheinungen sowohl untereinander, wie mit den Lichterscheinungen innig verknüpft sind, kann man Elektrizität und Magnetismus im Sinne der oben gedachten Stoffe mit dem Lichtäther identifizieren.

(1) Um die elektrischen und magnetischen Erscheinungen zu definieren und dabei nicht in bloße Umschreibung zu verfallen, müßte man per exclusionem verfahren und sie als diejenigen Erscheinungen

bezeichnen, denen keine anderen Energieformen, z. B. Gravitation, Elastizität u. s. w. zu Grunde liegen. Daß aber auch diese Trennung nicht stichhaltig ist, beweist der Umstand, daß man einerseits auch die elektrischen und magnetischen Erscheinungen mit Erfolg auf elastische Kräfte und andererseits die Lichterscheinungen, statt auf elastische, auf elektrische und magnetische Kräfte zurückzuführen versucht hat. Schließlich bleibt, bei dem jetzigen Stande der Erkenntnis, nur der Unterschied übrig, daß man für die übrigen Erscheinungen die wägbare Materie, für die elektrischen und magnetischen einschließlich der optischen Erscheinungen aber einen hypothetischen, imponderablen Stoff, den Äther, als Träger annimmt. Man kann also sagen: Elektrische und magnetische Erscheinungen, einschließlich der optischen, sind diejenigen, deren Träger der Äther oder bei deren Zustandekommen mindestens der Äther beteiligt ist.

(2) Hierdurch zerfällt die ganze Physik in zwei große Teile: Physik der Materie und Physik des Äthers. Aber auch diese Trennung darf nicht als eine endgültige aufgefaßt werden.

(3) Ebenso schwierig dürfte es sein die elektrischen und die magnetischen Erscheinungen durch eine allgemeine Definition voneinander zu trennen, da ihre Charakteristik weniger in ihnen selbst als in einer gewissen reziproken Beziehung zu einander beruht. Geht man von den elektrischen Vorgängen aus und legt ihnen eine elektrische Kraftströmung zu Grunde (**111** u. **111 f**), so stellen sich die magnetischen Vorgänge, denen an sich ebenfalls Kraftströmung, nämlich magnetische Kraftströmung zu Grunde gelegt werden kann, in Beziehung zu den elektrischen Strömungen als Rotationen oder Wirbel dar, die jene Strömungen zu Axen haben. Nach dieser Auffassung ist also Magnetismus elektrische Wirbelbewegung, das magnetische Kraftfeld ein elektrisches Wirbelfeld (**108** u. **109**), und die magnetischen Kraftlinien stehen auf den elektrischen senkrecht. Als drittes Glied gesellen sich schließlich zu den Strömungen und Wirbeln die elektrischen Schwingungen, die unter besonderen Umständen (gerade wie materielle Schwingungen zu Schall) zu Licht werden, nämlich dann, wenn sie das Sehorgan affizieren.

(4) Man hat von den verschiedensten Seiten her nachzuweisen versucht, daß der Äther resp. die Elektrizität nicht imponderabel sei, sondern Gewicht oder besser gesagt Masse habe, die sich bei ihrer Bewegung durch eine entsprechende Trägheit, sowie durch eine bestimmte kinetische Energie äußern würde; je einwurfsfreier und feiner hierbei aber die Anordnungen getroffen wurden, ein desto kleinerer oberer Grenzwert für die genannten Größen hat sich ergeben, während andererseits die Schlüsse auf eine untere Grenze sehr hypothetisch

sind. Nach W. THOMSON u. A. kann man sagen, daß der Äther (der Größenordnung nach) etwa eine Dichte von 10^{-22} habe.

(5) Auf das elektrische und magnetische Feld finden die in **110**, **111**, ***31***, **112** ff. dargelegten Begriffe und Beziehungen Anwendung, insbesondere die Begriffe Polstärke, Feldstärke, Niveauflächen, Kraftlinien, Kraftströmungen. Hieran knüpft sich dann eine weitere bildliche Vorstellung, wonach die positiven und negativen Pole, Quellen und Senken, als Konzentrationen entgegengesetzter Fluida aufgefaßt werden; man nennt sie positive und negative Elektrizität, positiven oder Nordmagnetismus und negativen oder Südmagnetismus. In unelektrischen Körpern sind die beiden Elektrizitäten zu dem sog. neutralen Fluidum verbunden, die Elektrisierung besteht in einer Scheidung oder Zersetzung dieses Fluidums. Für die magnetischen Fluida hat man verschiedene Vorstellungen gebildet, nämlich die der obigen elektrischen entsprechende Scheidungshypothese, (WILCKE 1766, COULOMB 1789, POISSON 1824), die Hypothese der magnetischen Punktpaare oder Molekularmagnete (**63** (11), vgl. auch **116**), die schon im unmagnetischen Zustande vorhanden und durch die Magnetisierung nur gerichtet werden (KIRWAN 1797, OHM 1840, W. WEBER 1852) und die Hypothese der Molekularströme oder elektrischen Molekularwirbel, die ebenfalls immer vorhanden sind und gerichtet werden (AMPÈRE 1820).

(6) Ponderomotorische und elektromotorische resp. magnetomotorische Wirkungen. Im Gebiete der elektrischen und magnetischen Erscheinungen handelt es sich teils um Bewegungen (Anziehung, Abstoßung, Ablenkung, Drehung) der materiellen Körper selbst, teils nur um Erregung oder Änderung ihres elektrischen oder magnetischen Zustandes; jene Wirkungen heißen ponderomotorisch, diese elektromotorisch resp. magnetomotorisch. In jedem Spezialgebiete kommen beide Wirkungen vor, man erhält demnach folgende Übersicht:

Gebiet	ponderomotorisch	elektromotorisch resp. magnetomotorisch
a) Elektrostatik (ruhende Elektrizität)	Elektrostat. Anziehung u. Abstoßung	Erregung und Verteilung der Elektrizität
b) Elektrodynamik	Magnet. Anziehung und Abstoßung	Erregung und Verteilung des Magnetismus
c) Magnetik (Magnetismus)	Elektrodyn. Bewegung	Elektr. Ströme, elektr. induzierte Ströme
d) { Elektromagnetik Magnetoelektrik	Elektromagn. Bewegung Magnetelektr. Bewegung	Elektr. Erregung d. Magnetismus, magnetisch induzierte Ströme.

Die drei ersten Gebiete behandeln reine Erscheinungen (125 (2)), nämlich a) und b) elektrische, c) magnetische; das vierte umfaßt die gemischt elektrisch-magnetischen Erscheinungen. Daß nach dem heutigen Stande der Erkenntnis zwischen Magnetismus und elektrischer Wirbelbewegung Äquivalenz besteht (**141** (3) und w. u.), ändert hieran im Prinzip nichts; praktisch kann man den Magnetismus auch an zweite Stelle (wegen der Analogie mit der ruhenden Elektrizität) oder an letzte (wegen der Äquivalenz seines „Magneto-Magnetismus" mit dem Elektromagnetismus") setzen.

142. Elektrizitätsmenge; elektrisches oder elektrostatisches Maafssystem. Die Einheit der Elektrizitätsmenge oder der elektrischen Ladung ist diejenige, welche eine ebensolche in der Einheit der Entfernung (1 cm) mit der Einheit der Kraft (1 Dyne) abstößt, ihr also in der Zeiteinheit (1 sec.) die Beschleunigung 1 erteilt, vorausgesetzt, daß beide an punktförmige Massen gebunden sind (praktisch: an Körper, die gegen ihren Abstand klein sind) und durch den leeren Raum, d. h. durch den reinen Äther, auf einander wirken. Diese Definition kommt darauf hinaus, daß, wie schon in **61c** angegeben, der Wechselwirkungsfaktor γ (vgl. **61b**, Gl. AJ u. αe) dimensional und zahlenmäßig gleich 1 gesetzt wird, die elektrostatische Wechselwirkung also einer Kraft gleich gesetzt wird (vgl. auch ***31***). Dimensionsformel:

$$[e] = l^{3/2} t^{-1} m^{1/2}. \tag{DQ}$$

Diese Einheit der Elektrizitätsmenge heißt die elektrostatische oder elektrische (ersteres ist üblich, letzteres wäre bezeichnender); das auf ihr aufgebaute Maaßsystem der elektrischen Begriffe mit Rücksicht auf die Identität elektrischer Energie mit mechanischer Energie, heißt das elektrostatische oder elektrische Maaßsystem; über seine Nachteile s. w. u. Das Dreimilliardenfache der obigen Einheit heißt Coulomb (s. w. u.).

(1) Abstoßung findet statt, wenn die beiden Elektrizitätsmengen gleichartig, Anziehung, wenn sie ungleichartig sind; gegenüber der Gravitation ergiebt sich hierdurch ein Gegensatz des Vorzeichens (vgl. ***31*** (4)). Man ist übereingekommen, Ladungen von der Art derjenigen, welche auf einem Glasstabe entwickelt wird, wenn er mit Leder gerieben wird, positiv, entgegengesetzte negativ zu nennen; bei der Reibung verschiedener Stoffe erhält man dann folgende Reihe, genannt Spannungsreihe für Reibungselektrizität, die freilich keine allgemeine und exakte Bedeutung hat:

+ Haare, Wolle, Baumwolle, Seide, Glas, Holz, Metalle, Hartgummi, Schwefel, Schellack, Siegellack —.

(2) Bei der Reibung sowie bei ähnlichen Arten der Elektrizitätserregung, insbesondere beim Stoß, Druck, kapillaren Vorgängen, mög-

licherweise auch beim bloßen Kontakt, entsteht die elektrische Energie aus mechanischer Energie; sie kann aber ebensogut aus jeder anderen Energieform entstehen, und man erhält folgende Übersicht:

a) Aus mechanischer Energie: Reibungselektrizität, Stoßelektrizität, Piezoelektrizität, Kapillarelektrizität, Dynamoelektrizität, Kontaktelektrizität(?).

b) Aus thermischer Energie: Pyroelektrizität, Thermoelektrizität.

c) Aus elektrischer Energie: Influenzelektrizität, Induktionselektrizität, d. h. Erregung durch in der Nähe befindliche ruhende oder bewegte Elektrizität.

d) Aus magnetischer Energie: Magnetoelektrizität.

e) Aus optischer Energie: Photoelektrizität.

f) Aus chemischer Energie: Galvanische Elektrizität, Kontaktelektrizität(?).

(3) Noch immer umstritten ist die Ursache der atmosphärischen Elektrizität, die, wenn sie besonders kräftig wird, zu den Gewittern Anlaß giebt; jedoch spielt bei den jetzt am meisten vertretenen Theorien die Reibung jedenfalls eine Hauptrolle. Übrigens ist hier zwischen der „normalen" Luftelektrizität und der Elektrizität der Wolken (Wasserdampf) zu unterscheiden.

Einmal entstanden, verhält sich übrigens die Elektrizität in allen Fällen gleich.

(4) Raumdichte der Elektrizität ist die Ladung pro ccm, Oberflächendichte die Ladung pro qcm, letztere für den Fall des Gleichgewichts von besonderer Wichtigkeit (s. u.). Formeln und Dimensionsformeln:

$$\varrho_v = \frac{e}{v}, \qquad \varrho_f = \frac{e}{f}, \tag{sb}$$

$$[\varrho_v] = l^{-3/2} t^{-1} m^{1/2}, \qquad [\varrho_f] = l^{-1/2} t^{-1} m^{1/2}. \tag{DR}$$

(5) Körper, in denen die Elektrizität an den Ort gebunden ist, heißen Isolatoren, solche, in denen sie sich bewegen kann, Leiter; näheres hierüber s. w. u.

***42.* Elektrisches Grundgesetz; Coulomb'sches und Weber'sches Gesetz** (COULOMB 1785, W. WEBER 1846). Das elektrostatische Grundgesetz oder Coulomb'sche Gesetz lautet

$$K = \frac{e_1 e_2}{r^2} \tag{sc}$$

und ist bis auf den dort beibehaltenen, hier = 1 gesetzten Wechselwirkungsfaktor γ mit dem allgemeinen Entfernungsgesetz der Kraft, also auch mit dem Newton'schen Gesetz (*31*), identisch. Während aber letzteres allgemein gilt, ist dies auf ruhende Elektrizitätsmengen (statische Ladungen) beschränkt, und muß, um den Erscheinungen der bewegten Elektrizität (insbesondere der elektrischen Ströme, s. w. u.) gerecht zu werden, durch ein allgemeineres ersetzt werden. Ein solches ist das in der Formel

$$K = \frac{e_1 e_2}{r^2}\left(1 - \frac{1}{2G^2}\left(\frac{dr}{dt}\right)^2 + \frac{1}{G^2} r \frac{d^2 r}{dt^2}\right) \tag{sd}$$

ausgesprochene Weber'sche Gesetz oder elektrodynamische Grundgesetz, das die Kraft, von den Elektrizitätsmengen abgesehen, als Funktion der Entfernung, der relativen Geschwindigkeit und der relativen Beschleunigung der beiden Elektrizitätsmengen gegeneinander darstellt, und in welchem G, falls die Wirkung durch den reinen Äther hindurch erfolgt, eine Konstante von der Größe der Lichtgeschwindigkeit ist ($G = 3 \times 10^{10}$, s. w. u.).

(1) Das Coulomb'sche Gesetz zerfällt in zwei einfache Gesetze, deren eines die Abhängigkeit der Kraft von den Elektrizitätsmengen (in der Entfernungseinheit), deren anderes ihre Abhängigkeit von der Entfernung betrifft. Das erste Gesetz hat, da die Größen e erst durch dieses Gesetz gemessen werden, nur die Bedeutung, daß sich K durch das Produkt zweier Größen darstellen läßt, deren eine nur von dem einen, deren andere nur von dem anderen der beiden aufeinander wirkenden elektrischen Körper abhängt, und die man eben ihre Elektrizitätsmengen nennt. Dies kommt aber selbst wieder auf den folgenden einfachen Erfahrungssatz (Kirchhoff) hinaus:

Das Verhältnis der Kräfte, welche zwei elektrische Körper auf einen dritten ausüben, ist von dem elektrischen Zustande dieses dritten Körpers unabhängig. Oder umgekehrt: Das Verhältnis der Kräfte, die ein Körper auf zwei andere ausübt, ist von seinem elektrischen Zustande unabhängig. In Formel (1 und 4 wirkend auf 2 und 3):

$$K(1,2) : K(1,3) = K(4,2) : K(4,3), \tag{se}$$

und, wenn die Körper 3 und 4 mit einem sonst gleichgültigen Nullkörper 0 identifiziert werden:

$$K(1,2) = \frac{K(1,0)}{\sqrt{K(0,0)}} \cdot \frac{K(2,0)}{\sqrt{K(0,0)}} = e_1 \cdot e_2. \tag{sf}$$

Das Entfernungsgesetz andererseits gilt in der vorliegenden Form thatsächlich nur desto angenäherter, je kleiner die beiden Körper im Vergleich mit ihrer Entfernung sind, wofür es in der Praxis natürlich eine gewisse Grenze giebt. Dagegen ist der folgende, mit dem Entfernungsgesetz gleichwertige Satz, von exaktem Charakter (Gauss, v. Helmholtz):

Die Wirkung einer auf einer leitenden Kugelfläche verbreiteten Elektrizitätsmenge von in allen Fällen gleicher Größe ist von der Größe (dem Radius) der Kugel unabhängig. Oder: Die Wirkung zweier gleich großer, aber entgegengesetzter Elektrizitätsmengen, die auf zwei konzentrischen isolierten leitenden Kugelflächen verbreitet sind, hebt sich nach außen gerade auf.

(3) Das Weber'sche Gesetz hat lediglich den Charakter einer aus gewissen beschränkten Thatsachenkomplexen abgeleiteten Formel, deren Extrapolation auf andere Gebiete hypothetisch ist und thatsächlich stellenweise zu unhaltbaren Ergebnissen führt; ebenso oder in noch höherem Grade gilt dies von den übrigen elektrischen Grundgesetzen, die von GRASSMANN, CLAUSIUS u. A. aufgestellt worden sind. Alle diese Formeln haben überdies ihr wesentliches Interesse eingebüßt, seit im Bereiche der elektrischen Erscheinungen die Fernwirkungsvorstellung durch die Nahewirkungsvorstellung verdrängt worden ist (vgl. **56a** (1)).

143. Elektrisches Potential, elektrische Spannung, elektromotorische Kraft, elektrostatische Energie und elektrische Arbeit. Das elektrische oder elektrostatische Potential V_m (**110**, Gl. CL) ist natürlich $[V_m] = l^2 t^{-2} m$; es pflegt aber auf $e = 1$ bezogen, d. h. als Einheitspotential (**110**, Gl. CK) eingeführt zu werden; es ist demnach die Größe, deren negativer Differentialquotient nach der Richtung der Kraft die Feldstärke (**111** b) ergiebt (nach den Koordinatenrichtungen ebenso ihre Komponenten):

$$-\frac{\partial V}{\partial x} = X, \quad -\frac{\partial V}{\partial y} = Y, \quad -\frac{\partial V}{\partial z} = Z, \quad -\frac{\partial V}{\partial K} = F; \qquad \text{(sg)}$$

die Dimensionsformeln werden hier aber, da mit [e] zu dividieren, mit Rücksicht auf **142**, Gl. DQ, andere:

$$[V] = l^{1/2} t^{-1} m^{1/2}, \qquad [F] = l^{-1/2} t^{-1} m^{1/2}. \qquad \text{(DS)}$$

Der Wert des elektrischen Potentials in den verschiedenen typischen Fällen der Anordnung der erzeugenden Ladungen (**112** bis **115**) ist (ein Pol, viele Pole, Raummasse, Flächenmasse):

$$V = \frac{e}{r}, \quad V = \sum \frac{e}{r}, \quad V = \int \frac{\varrho_v\, dv}{r}, \quad V = \int \frac{\varrho_f\, df}{r}, \qquad \text{(sh)}$$

und die Komponenten der Feldstärke:

$$\left.\begin{aligned}
X &= F\cos(rx) = F\cos\frac{\partial r}{\partial x}, \quad X = e\frac{x-x_0}{r^3}, \quad X = \sum e\frac{x-x_0}{r^3},\\
X &= \int \varrho_v\, dv \frac{x-x_0}{r^3}, \quad X = \int \varrho_f\, df \frac{x-x_0}{r^3};\\
Y &= F\cos(ry) = F\cos\frac{\partial r}{\partial y}, \quad Y = e\frac{y-y_0}{r^3}, \quad Y = \sum e\frac{y-y_0}{r^3},\\
Y &= \int \varrho_v\, dv \frac{y-y_0}{r^3}, \quad Y = \int \varrho_f\, df \frac{y-y_0}{r^3};\\
Z &= F\cos(rz) = F\cos\frac{\partial r}{\partial z}, \quad Z = e\frac{z-z_0}{r^3}, \quad Z = \sum e\frac{z-z_0}{r^3},\\
Z &= \int \varrho_v\, dv \frac{z-z_0}{r^3}, \quad Z = \int \varrho_f\, df \frac{z-z_0}{r^3}.
\end{aligned}\right\} \qquad \text{(si)}$$

Die Begriffe elektrostatische Niveauflächen, Kraftlinien, Kraftströmung

$$\int F df = 4\pi \sum \mathfrak{e} = 4\pi \int \varrho_v dv \qquad \text{(sk)}$$

ergeben sich ohne weiteres aus deren allgemeiner Definition (**111**).

Die Differenz der beiden Werte des Potentials an verschiedenen Raumstellen heißt *Potentialdifferenz*, elektrostatische Spannung oder *Spannungsdifferenz* (bei letzterer Bezeichnungsweise ist dann Spannung selbst gleichbedeutend mit Potential) oder *elektromotorische Kraft*; die Abnahme pro cm heißt *Potentialgefälle*. Formeln:

$$e = V_1 - V_2, \qquad [e] = l^{3/2} t^{-1} m^{1/2}. \qquad \text{(sl) (DT)}$$

Der Nullpunkt des Potentials bleibt unbestimmt; man ist übereingekommen, das Potential der Erde gleich null zu setzen, also auch das Potential auf jedem mit ihr verbundenen Leiter. Das Potential 1 ist dasjenige, welches im Abstande 1 cm von der Menge 1 oder auf einer mit der Menge 1 geladenen leitenden Kugel vom Radius 1 cm herrscht; der 300. Teil dieser Einheit heißt *Volt* (s. w. u.).

Multipliziert man die Potentialdifferenz resp. das Potential selbst mit der Elektrizitätsmenge, so erhält man die *elektrische Arbeit* resp. die elektrische oder elektrostatische *Energie*:

$$A = \mathfrak{e} e = \mathfrak{e}(V_1 - V_2), \qquad [A] = l^2 t^{-2} m, \qquad \text{(sm) (DU)}$$

$$E = \mathfrak{e} V, \qquad [E] = l^2 t^{-2} m. \qquad \text{(sn) (DV)}$$

Die Arbeit 1 ist also die, welche zu leisten ist, um die Menge 1 von einem Orte an einen anderen zu schaffen, an welchem das Potential um 1 höher ist. Das Potential 1 aber ist gleich der Arbeit, die zu leisten ist, um die Menge 1 aus unendlicher Entfernung an einen Ort zu schaffen, an dem eben dies Potential 1 herrscht, z. B. an einen Ort, der von einer punktförmigen Menge 1 den Abstand 1 hat, und jene Elektrizitätsmenge besitzt dann die potentielle Energie 1.

Anders verhält es sich, wenn eine ursprünglich auf dem Potential 0 befindliche (also z. B. mit der Erde verbundene) Elektrizitätsmenge $\mathfrak{e}$ auf einen ebenfalls auf dem Potential 0 befindlichen Leiter geschafft wird, auf dem sie schließlich selbst das Potential V erzeugt; in diesem Falle steigen $\mathfrak{e}$ und V gleichzeitig von 0 auf ihre Endwerte und es ist:

$$A = E = \int_0^V \mathfrak{e}\, dV = \tfrac{1}{2} \mathfrak{e} V, \qquad \text{(so)}$$

letzteres, indem für die wachsenden $\mathfrak{e}$ ihr Mittelwert $\frac{1}{2}\mathfrak{e}$ gesetzt wird; bei einem bestimmten zeitlichen Verlaufe der Ladung ist das erlaubt, nach dem Energieprinzip muß also der erhaltene Endwert für alle Ladungsarten richtig sein, soweit nicht dabei verschiedene Bruchteile der Energie in andere Formen (Wärme) verwandelt werden. In diesem Sinne kann man also sagen:

Die elektrostatische Energie eines Leiters ist das halbe Produkt seiner Ladung in das auf ihm herrschende Potential.

(1) Elektrische Oberflächenspannung ist die Abstoßung, welche die auf der Flächeneinheit eines Leiters vorhandene Ladung von der übrigen erfährt. Dimension (Kraft : Fläche):

$$[S] = l^{-1} t^{-2} m. \tag{DW}$$

(2) Das Potential der normalen Luftelektrizität (**142** (3)) steigt mit der Höhe, das negative Gefälle variiert zwischen 0,5 und 6,5 Volt pro cm, meist beträgt es rund 1 bis 4 Volt/cm. Je geringer der Dunstdruck, desto größer ist es, und hiernach kann man das „absolute Potentialgefälle“ zu etwa 14 Volt/cm ansetzen. Hieraus wieder ergiebt sich das absolute Potential der Erde zu 9 Milliarden Volt, ihre Ladung zu 600 000 Coulomb, was bei der Größe der Erde einer sehr geringen Dichte entspricht. Diese Schlüsse sind aber sehr unsicher. (Exner, Elster u. Geitel, Börnstein u. A.)

(3) Die bei der Berührung zweier Körper aus verschiedenem Stoff auftretende Potentialdifferenz heißt auch elektrische Differenz oder Kontaktspannung, sie ist eine Funktion der Natur der beiden Körper und pflegt mit (1, 2) bezeichnet zu werden. Für sie gilt der folgende Satz:

43. **Gesetz der Kontaktspannungen.** Die Kontaktspannung zwischen zwei Metallen (nebst einigen anderen sich analog verhaltenden Stoffen) ist die Differenz zweier Größen, deren erste für das eine, deren zweite für das andere Metall charakteristisch ist, gleichviel mit welchem anderen Metall dieselben kombiniert werden. Formel:

$$(1, 2) = (1) - (2). \tag{sp}$$

Die Stoffe, die diese Eigenschaft haben, heißen Leiter erster Klasse, die übrigen Leiter zweiter Klasse.

(1) Eine Folge (oder andere, aber speziellere Ausspruchsweise) des Gesetzes ist diese: Die Summe der elektrischen Differenzen zwischen 1 und 2 und zwischen 2 und 3 ist ebensogroß wie die zwischen 1 und 3, in Formel:

$$(1, 2) + (2, 3) = (1, 3). \tag{sq}$$

(2) Die Leiter erster Klasse lassen sich in eine Spannungsreihe für Kontaktelektrizität ordnen, die Leiter zweiter Klasse nicht. Zu ersteren gehören die Metalle, Kohle, die Schwefelgruppe und einige ihrer Verbindungen, sowie einzelne Metalloxyde.

Spannungsreihe für Kontakt:

+	Antimon	Stahl	Platin
Aluminium	Wismut	Kupfer	Palladium
Zink	Neusilber	Silber	Schwefelkies
Zinn	Messing	Gold	Braunstein
Kadmium	Quecksilber	Kohle	Bleisuperoxyd
Blei	Eisen	Tellur	−

(3) Bildet man aus Leitern erster Klasse eine geschlossene Kette, so ist

$$(1,2)+(2,3)+\cdots=(1,n), \text{ also } (1,2)+(2,3)+\cdots+(n,1)=0, \qquad \text{(sr)}$$

die elektromotorische Kraft der Kette ist also null, es findet Gleichgewicht der Elektrizität statt. Ist dagegen auch nur e i n Leiter zweiter Klasse in der Kette, so ergiebt sich eine elektromotorische Kraft und als deren Folge ein elektrischer Strom (s. w. u.).

(4) Kombinationen von Leitern erster und zweiter Klasse in geeigneter Form nennt man galvanische Kombinationen oder g a l v a n i s c h e E l e m e n t e oder g a l v a n i s c h e K e t t e n (ihre historisch ursprüngliche Form ist die V o l t a ' s c h e S ä u l e). Angaben über die elektromotorische Kraft einiger Elemente und ihre Anordnung s. w. u.

(5) Die Kontaktspannung zwischen Flüssigkeiten ist wegen störender Einflüsse nur durch Anwendung der sog. T r o p f e l e k t r o d e n exakt zu bestimmen (Bichat u. Blondlot 1883, Ostwald, Exner, Paschen u. A.).

***44.* Satz vom elektrischen Gleichgewicht auf Leitern.** Im Zustande des Gleichgewichts der Elektrizität ist das Potential eines von der Umgebung nicht beeinflußten Leiters in allen seinen Punkten (des Inneren und der Oberfläche) gleich groß, im Inneren gilt die Laplace'sche Gleichung (*32*), die Kraft und die elektrische Dichte daselbst ist null und die Elektrizität ist ausschließlich auf der Oberfläche verbreitet. Formeln (Index i bedeutet das Innere, a das Äußere, ein Strich die Oberfläche):

$$V_i = \text{const}, \quad \overline{V} = \text{const}, \quad \Delta V_i = 0, \quad \varrho_i = 0, \quad F_i = 0; \qquad \text{(ss)}$$

$$\frac{\partial \overline{V}}{\partial n_i} = 0, \quad \frac{\partial \overline{V}}{\partial n_a} = -4\pi\overline{\varrho}, \quad \overline{F} = 4\pi\overline{\varrho}, \quad \overline{\varrho} = \frac{\overline{F}}{4\pi} = -\frac{1}{4\pi}\frac{\partial \overline{V}}{\partial n_a}, \qquad \text{(st)}$$

letzteres in Worten: Die Kraft in einem Oberflächenpunkte eines Leiters ist normal nach außen gerichtet und gleich dem 4πfachen der in diesem Punkte vorhandenen elektrischen Dichte.

Die Leiteroberfläche ist eine N i v e a u f l ä c h e (**111c**), das Leiterinnere ein N i v e a u r a u m (**111** (3)).

Die Dichte auf der Oberfläche, als Funktion der Koordinaten derselben so bestimmt, daß $\overline{V} = \text{const}$ wird, heißt die Gleichgewichtsverteilung der Elektrizität auf dem Leiter ohne äußere Einwirkungen.

(1) Für die Kugel (Radius a, Ladung $\mathfrak{e}$) ist

$$\varrho = \frac{\mathfrak{e}}{4\pi a^2}, \tag{su}$$

die Dichte also überall gleich, die Verteilung gleichförmig.

Für das Ellipsoid (n Lot vom Mittelpunkt auf die Tangentialebene in dem Punkte, für den ϱ gilt, $a > b > c$ Halbaxen):

$$\varrho = \frac{n\mathfrak{e}}{4\pi abc}, \qquad \varrho_{\max} = \frac{\mathfrak{e}}{4\pi bc}, \qquad \varrho_{\min} = \frac{\mathfrak{e}}{4\pi ab}, \tag{sv}$$

die Dichte ist mit jenem Lot proportional, also am größten an den Enden der größten, am kleinsten an den Enden der kleinsten Axe.

Elliptische Scheibe:

$$\varrho = \frac{\mathfrak{e}}{4\pi ab} \frac{1}{\sqrt{1 - \left(\frac{x}{a}\right)^2 - \left(\frac{y}{b}\right)^2}}, \tag{sw}$$

speziell Kreisscheibe:

$$\varrho = \frac{\mathfrak{e}}{4\pi a}\sqrt{\frac{1}{a^2 - r^2}}, \qquad \varrho_{r=a} = \infty, \qquad \varrho_{r=0} = \frac{\mathfrak{e}}{4\pi a^2}; \tag{sx}$$

die Dichte wächst von der Mitte nach dem Rande erst langsam, dann rasch.

Draht (l Länge, a Radius):

$$\varrho = \frac{\mathfrak{e}}{4\pi a l}. \tag{sy}$$

(2) Die Dichte der Elektrizität ist desto größer, je größer die Krümmung der Oberfläche ist; an Kanten und Spitzen ist sie also unendlich (praktisch: sehr groß), dort tritt daher am leichtesten Ausströmung ein.

(3) Wirken äußere Elektrizitätsmengen influenzierend ein, so tritt, wenn W deren Potential und $\overline{W}$ dessen Wert an der Oberfläche des Leiters ist, an die Stelle von $\overline{V} = \text{const}$ die Gleichung:

$$\overline{V} + \overline{W} = \text{const}, \qquad \overline{V} = \text{const} - \overline{W}, \tag{sz}$$

d. h. es muß $\overline{\varrho}$ so bestimmt werden, daß $\overline{V}$ nicht konstant, sondern eine Funktion des Raumes wird. Rührt W von Isolatoren her, so ist diese Funktion gegeben, rührt es auch (wie V) von Elektrizität auf Leitern her, so sind V und W beide unbekannt, und ϱ so zu bestimmen, daß obige Gleichung erfüllt wird.

Beispiele. Kugel unter Einwirkung geladener Isolatoren: Das Potential und die Dichte wird durch sog. Kugelfunktionen dargestellt. Ist z. B. nur eine einzige punktförmige Elektrizitätsmenge $\mathfrak{e}_0$ vorhanden, so wird für die mit der Erde verbundene Kugel ($V = 0$), wenn a ihr Radius, d ihr Mittelpunktsabstand von $\mathfrak{e}_0$, r der Abstand ihres Oberflächenpunktes, für den ϱ gilt, von $\mathfrak{e}_0$ ist:

$$\varrho = -\frac{d^2 - a^2}{4\pi a} \cdot \frac{\mathfrak{e}_0}{r^3}, \qquad \mathfrak{e} = -\mathfrak{e}_0 \frac{a}{d}, \tag{ta}$$

die Dichte also umgekehrt proportional mit der dritten Potenz der Entfernung von $\mathfrak{e}_0$. Ist die Kugel isoliert, so kommt zu obigem ϱ noch ein konstantes Glied hinzu.

Zwei leitende Kugeln (Poisson 1811, Plana 1845, Kirchhoff 1861). Formeln im allgemeinen sehr verwickelt. Die Dichte auf jeder Kugel nimmt von den zugekehrten Polen aus stetig ab oder zu, je nachdem entweder die Potentiale entgegengesetztes Zeichen haben resp. das eine von ihnen null ist oder aber beide gleich sind. Sind die V bei gleichem Vorzeichen verschieden groß, so tritt ein mittlerer Fall ein, indem es auf der Kugel mit kleinerem V unter Umständen eine Zone von der Dichte null mit zu beiden Seiten entgegengesetzten Ladungen giebt. Berühren sich die beiden Kugeln, so hat $4\pi \cdot \varrho$ für verschiedene Radienverhältnisse und für ein Gesamtpotential $V_1 + V_2 = 1$ folgende Werte in verschiedenen Poldistanzen vom zugekehrten Pole:

(gʒ)

$a_2 : a_1 = 1$

0°	30°	60°	90°	180°	
0	0,137	0,599	0,803	0,916	Mittel 0,792

$a_2 : a_1 = 2$

	0°	90°	180°	
$4\pi\varrho_1$	0	0,577	0,781	Mittel 0,426
$4\pi\varrho_2$	0	0,464	—	„ 0,367

$a_2 : a_1 = 4$

	0°	90°	180°	
$4\pi\varrho_1$	0	0,349	0,584	Mittel 0,239
$4\pi\varrho_2$	—	—	—	„ 0,181

Endlich ergiebt sich für das Verhältnis der Elektrizitätsmengen auf beiden Kugeln:

(ɧa)

$a_2 : a_1$	1	1,2	1,5	2	5	10	20	100
$\mathfrak{e}_2 : \mathfrak{e}_1$	1	1,38	2,06	3,46	18,3	67,7	258	6090

Das Verhältnis $\mathfrak{e}_2 : \mathfrak{e}_1$ wächst also nicht so rasch, wie das Verhältnis der Oberflächen, die mittlere Dichte ist demgemäß auf der kleinen Kugel im Verhältnis zu der auf der größeren desto größer, je kleiner sie dieser gegenüber ist; für eine sehr kleine Kugel wird die mittlere Dichte $\pi^2/6 = 1{,}65$ mal so groß wie auf der großen.

Zwei parallele, gleiche, dünne Kreisscheiben (Clausius 1852 u. A.). Die Dichte wird eine verwickelte Funktion des Abstandes vom Kreismittelpunkte. Die Elektrizitätsmengen werden (a Radius, d Abstand):

$$\left.\begin{aligned} \mathfrak{e}_1 &= \frac{V_1 - V_2}{2}\left[\frac{a^2}{2d} + \frac{a}{2\pi}\lg 16\pi\frac{a}{d}\right] + \frac{V_1 + V_2}{2}\frac{a}{\pi} \\ \mathfrak{e}_2 &= \frac{V_2 - V_1}{2}\left[\frac{a^2}{2d} + \frac{a}{2\pi}\lg 16\pi\frac{a}{d}\right] + \frac{V_1 + V_2}{2}\frac{a}{\pi}, \end{aligned}\right\} \tag{tb}$$

woraus sich die besonderen Werte für $V_2 = 0$, $V_2 = -V_1$ und $V_2 = V_1$ (im letzteren Falle $\mathfrak{e}_1 = \mathfrak{e}_2 = a/\pi$) ergeben. Für dicke Platten (Helmholtz 1868, Kirchhoff 1877) werden die Formeln komplizierter. Weiteres hierüber s. w. u.

144. Elektrische Kapazität oder elektrostatische Kapazität eines isolierten Leiters ist das Verhältnis seiner Ladung zu der Potentialdifferenz zwischen ihm und den Leitern in seiner Umgebung, also, wenn letztere auf dem Potential null (mit der Erde verbunden) sind, das Verhältnis seiner Ladung zu dem auf ihm herrschenden Potential; oder endlich die Elektrizitätsmenge, mit der man einen Leiter laden muß, um auf ihm den Potentialüberschuß 1 über die Leiter der Umgebung, resp. wenn letztere auf dem Potential 0 sind, das Potential 1 herzustellen. Formeln (vgl. **143**):

$$C = \frac{\mathfrak{e}}{e} = \frac{\mathfrak{e}}{V - V_0}, \qquad \text{speziell } C = \frac{\mathfrak{e}}{V}, \tag{tc}$$

also $$e = \frac{\mathfrak{e}}{C}, \qquad V = \frac{\mathfrak{e}}{C}, \qquad \mathfrak{e} = Ce, \qquad \mathfrak{e} = CV. \tag{td}$$

$$[C] = l. \tag{DX}$$

Die Kapazität ist also dimensional eine Länge.

Allgemeiner sind bei Anwesenheit zahlreicher Leiter mit verschiedenen Potentialen die Ladungen lineare Funktionen der Potentiale:

$$\mathfrak{e}_1 = \sum_1^n C_{1n} V_n, \qquad \mathfrak{e}_2 = \sum_1^n C_{2n} V_n \text{ u. s. w.}; \tag{te}$$

hierin sind die C allgemein die Ladungskoeffizienten, speziell die mit zwei gleichen Indices C_{11}, C_{22} u. s. w. die Kapazitäten der betreffenden Leiter.

(1) Die Kapazität ist von dem Material des Leiters unabhängig, dagegen in hohem Maaße abhängig von seiner Gestalt und seiner Umgebung. Einfachste Fälle:

Die Kapazität einer Kugel ist gleich ihrem Radius; eine Kugel vom Radius 1 cm hat also die Kapazität 1, die Erde hat die Kapazität $6{,}37 \times 10^8$, die Sonne $6{,}92 \times 10^{10}$. (hb)

Die Kapazität eines Ellipsoids wird durch elliptische, in den Spezialfällen des Rotationsellipsoids durch logarithmische resp. cyklometrische Funktionen dargestellt, vgl. die Formeln für V in **114** ff., aus denen sich C ergiebt.

Die Kapazität einer Kreisscheibe vom Radius a ist

$$C = \frac{2}{\pi} a, \qquad \text{(tf)}$$

also $2/\pi$ von der der Kugel mit gleichem Radius; die Kapazität eines Cylinders (Länge l, Radius a):

$$C = \frac{l}{2 \lg \frac{l}{a}}. \qquad \text{(tg)}$$

(2) Von besonderem Interesse für die Vergleichung verschiedener Körperformen ist die Kapazität eines Leiters pro Flächeneinheit, C_1:

$$C_1 = \frac{C}{f}, \qquad [C_1] = l^{-1}. \qquad \text{(th) (DY)}$$

Sie ist für die Kugel $1/4\pi a$, für die Kreisscheibe (doppelseitig zu nehmen) $1/\pi^2 a$, also für letztere etwas größer.

(3) Der Kapazitätsbegriff involviert auf Grund seiner Eigenschaften den Satz: Das Potential eines isolirten Leiters resp. seine Spannung gegen die Umgebung ist mit seiner Ladung proportional (s. d. obigen Formeln); der Proportionalitätsfaktor ist $1/C$. — Man hat also die successive Reihe von Begriffen: 1) Potential einer Ladung auf eine andere: $e_2 V$, 2) Potential einer Ladung auf die Ladung $1 : V$, 3) Potential der Ladung 1 auf die Ladung $1 : V/e_1 = 1/C$. Man kann hiernach auch definieren: Kapazität ist der reciproke Wert des Potentials der Elektrizitätsmenge 1 auf die Elektrizitätsmenge 1.

(4) Der Begriff der elektrischen Kapazität ist, was mit der historischen Entwickelung der Elektrizitätslehre zusammenhängt, von den Begriffen der mechanischen Kapazität (Masse, vgl. ***14*** (1)) und der Wärmekapazität wesentlich verschieden, indem er nicht wie diese das Verhältnis von Energie zum Potential (resp. zur Temperatur, vgl. **133**), also den Quantitätsfaktor der Energie (oder, wie bei der gewöhnlichen Massendefinition, den Quantitätsfaktor der Kraft) darstellt, sondern das Ver-

hältnis $\mathfrak{e} : V$, also das des Quantitätsfaktors zum Intensitätsfaktor; gegenwärtig wird sich das kaum noch ändern lassen. Infolgedessen nimmt hier die elektrostatische Energie, statt der Form $C . V$, die Formen an (vgl. **143** und **144**) je nachdem man sie durch $\mathfrak{e}$ und V, $\mathfrak{e}$ und C, V und C ausdrückt (vgl. Gl. sn):

$$E = \mathfrak{e} V, \qquad E = \frac{\mathfrak{e}^2}{C}, \qquad E = CV^2, \tag{ti}$$

und entsprechend ist die elektrostatische Energie eines mit der Menge $\mathfrak{e}$ zum Potential V geladenen Leiters von der Kapazität C (vgl. Gl. so):

$$E = \frac{1}{2} \mathfrak{e} V, \qquad E = \frac{1}{2} \frac{\mathfrak{e}^2}{C}, \qquad E = \frac{1}{2} C V^2. \tag{tk}$$

(5) Elektrische Verstärkung oder Kondensation ist die Erhöhung der Kapazität eines Leiters dadurch, daß man ihm einen anderen, entgegengesetzt geladenen oder zur Erde abgeleiteten gegenüberstellt. Eine solche Anordnung heißt Kondensator, seine Kapazität ist diejenige Elektrizitätsmenge der einen Art (allgemein das Mittel der beiderseitigen Mengen), die zwischen den beiden Hälften die Potentialdifferenz 1 erzeugt, also auf der einen Hälfte das Potential 1, wenn es auf der anderen null ist. Das Verhältnis seiner Kapazität zu der des einfachen Leiters heißt Verstärkungszahl oder kondensierende Kraft. Formeln:

$$n = \frac{C_{12}}{C_1}, \qquad C_{12} = n C_1. \tag{tl}$$

$$[n] = 1. \tag{DZ}$$

Weiteres s. unten.

145. Dielektrizitätskonstante oder elektrische Permeabilität oder spezifische elektrostatische Induktionskapazität ist das Verhältnis, in welchem durch die Wirkung des isolierenden Mediums, in welchem sich die Körper befinden, ihre Potentiale und Kräfte geschwächt, ihre Kapazitäten verstärkt werden gegenüber den Werten, die sie im Vakuum, d. h. im reinen Äther, haben würden. Das isolierende Medium heißt Dielektrikum; der in ihm sich abspielende Vorgang dielektrische Polarisation. Für die meisten Zwecke genügt es, das Medium mit gewöhnlicher Luft in Vergleich zu setzen. Formeln (der Index 0 bezieht sich auf das Vakuum):

$$\varepsilon = \frac{V_0}{V}, \qquad \varepsilon = \frac{K_0}{K}, \qquad \varepsilon = \frac{F_0}{F}, \qquad \varepsilon = \frac{C}{C_0}, \tag{tm}$$

$$V = \frac{V_0}{\varepsilon} = \frac{\mathfrak{e}}{\varepsilon r}, \qquad K = \frac{K_0}{\varepsilon} = \frac{1}{\varepsilon} \frac{\mathfrak{e}_1 \mathfrak{e}_2}{r^2}, \qquad F = \frac{F_0}{\varepsilon} = \frac{1}{\varepsilon} \frac{\mathfrak{e}}{r^2}, \tag{tn}$$

$$F = -\frac{\partial V}{\partial n} = \frac{1}{\varepsilon} 4\pi\varrho, \qquad C = \varepsilon C_0. \tag{to}$$

Die Dielektrizitätskonstante ist stets größer als 1. Dimensionsformel:

$$[\varepsilon] = 1. \qquad \text{(EA)}$$

(1) Gewöhnlich knüpft man die Definition der Dielektrizitätskonstante speziell an ihren Einfluß auf den Kondensator (**144** (5)) an und bezeichnet sie als das Verhältnis seiner Kapazität bei Trennung der Hälften durch das betreffende Dielektrikum zu dem bei Trennung durch den leeren Raum (oder Luft). Zu der schon beim Luftkondensator vorhandenen Verstärkung n (s. oben) kommt also bei jedem anderen noch der Faktor ε, die Kapazität ist also die $n\varepsilon$-fache des einfachen Leiters im leeren Raum.

(2) Die Dielektrizitätskonstante hat eine einfache Bedeutung nur für vollkommene Isolatoren; da alle wirklichen Stoffe, wenn auch noch so schwach, leiten, muß der Einfluß der Leitung von dem der dielektrischen Polarisation getrennt werden.

(3) Dielektrizitätskonstanten einiger Stoffe:

Feste Körper.

Alaun	6,4	Guttapercha . .	2,46	Paraffin	2,1
Beryll	7,6	Holz,		Porzellan	6,7
Ebonit	2,53	„ frisch, Eiche ∥	4,2	Quarz	4,55
Flußspat	6,9	„ „ „ ⊥	6,8	Schellack	3,2
Glas . . . . 3,0 bis	9,5	„ „ Buche ∥	4,8	Schwefel, kryst.	4,1
„ Boratcrown	5,5	„ „ „ ⊥	7,7	„ amorph . . .	3,6
„ Boratflint . .	7,6	„ trocken „ ∥	2,5	Selen	10,2
„ Barytflint . .	8,3	„ „ „ ⊥	3,6	Steinsalz	5,8
„ Crown mit		Kalkspat	8,0	Topas	6,6
hoher Dis-		Kautschuk . . .	2,2	Turmalin	6,6
persion . . .	9,1	„ vulkanisiert	2,7	Walrat	2,2
Glimmer	6,6				

($\mathfrak{hc}$)

Die Zahlen sind meist ungefähre Mittelwerte aus verschiedenen ziemlich abweichenden Einzelwerten, für Krystalle außerdem aus den Werten für verschiedene Richtungen.

Flüssigkeiten (bei ca. 15°).

Äther	4,4	Leinöl	3,55	Rüböl	2,95
Alkohol	26,3	Luft, flüssig . .	1,50	Schwefelkohl.-St.	2,45
Amylalkohol . .	16,0	Methylalkohol .	32,7	Terpentinöl . .	2,25
Benzol	2,25	Olivenöl	3,07	Toluol	2,33
Chlorkohlenstoff	2,2	Petroleum . . .	2,09	Wasser	79,8
Chloroform . . .	4,8	Propylalkohol .	22,8	Xylol	2,35

($\mathfrak{hd}$)

Gase und Dämpfe (he)

Ätherdampf. . .	1,006 8	Luft	1,000 588
Alkoholdampf . .	1,008 5	Schwefelkohlenstoff	1,002 90
Benzoldampf . . .	1,002 7	Schweflige Säure .	1,009 54
Chloräthyldampf .	1,015 52	Stickoxydul . . .	1,001 12
Kohlenoxyd . . .	1,000 692	Sumpfgas . . .	1,000 948
Kohlensäure . . .	1,000 965	Wasserstoff . . .	1,000 264

Diese Zahlen vergleichen die Kapizität resp. die Potentiale für die betreffenden Medien mit dem Vakuum; die Luft weicht also zwar vom Vakuum ($\varepsilon = 1$) merklich ab, gegenüber den Werten von ε für feste und flüssige Stoffe ist aber der Unterschied verschwindend, und es ist gleichgültig, ob man letztere auf Luft oder Vakuum bezieht.

(4) Die Dielektrizitätskonstante ändert sich mit der Temperatur, jedoch stehen die bisherigen Ergebnisse in dieser Hinsicht noch in grellem Widerspruch miteinander, indem sie meist Abnahme, zuweilen aber Zunahme mit wachsender Temperatur ergeben. Einige der zuverlässigsten Reihen sind folgende:

Äther (Abegg) (hf)

T	ε
− 75,2	6,86
− 49,4	5,95
− 21,7	5,19
− 10,3	4,83
+ 10.8	4,45

Alkohol (Abegg) (hg)

T	ε
− 86,6	44,3
− 61,6	38,8
− 36,4	34,3
− 18,8	31,2
− 4,7	28,8
+ 13,3	26,5

Wasser (hi)

0,1°	87,2
0,8	87,7
2,2	87,1
4,0	86,2
20	78,7
30	76,0

Eis (hk)

T	ε	T	ε	T	ε
− 206	2,43	− 106	13,9	− 15,0	66
− 164	2,59	− 93,7	23,4	− 7,5	71
− 149	3,43	− 81,7	37,3	0	78
− 128	5,95	− 54,8	55,8		
− 114	9,6	− 24,5	59,1		

Temperaturkoeffizienten (hl)

Äther	−0,0046
Alkohol . . .	−0,0053
Amylalkohol .	−0,0076
Benzol . . .	−0,0010
Chloroform . .	−0,0038
Schwefelkohlenst.	−0,0009
Toluol. . . .	−0,0012
Wasser . . .	−0,0051

(5) Kapazität und Verstärkungszahl einiger Kondensatoren: Zwei nahe gegenüberstehende gleich dünne Platten (Größe f, Abstand d), annähernd auch für Flaschen, Stanniolpapierkondensatoren u. s. w. gültig (Clausius)

$$C = \varepsilon \frac{f}{4\pi d}, \tag{tp}$$

z. B. für $\varepsilon = 2\pi = 6{,}3$ und folgende Wertepaare:

	$f = 100$	300	1000	10 000	100 000
$d = 0{,}2$	250	750	2500	25 000	250 000
0,1	500	1500	5000	50 000	500 000
0,05	1000	3000	10000	100 000	1000 000
0,02	2500	7500	25000	250 000	2500 000

(hm)

Man ersieht hieraus die kräftige Wirkung der Kondensation.

Speziell für Kreisplatten (Radius a):

$$C = \varepsilon \frac{a^2}{4d}, \qquad n = \frac{\pi a}{8d}; \tag{tq}$$

eine Verstärkung tritt also erst mit $d < \frac{\pi}{8} a$ ein.

Ist der Abstand beliebig und wird außerdem die Dicke δ der Kreisplatten berücksichtigt, so wird (Kirchhoff)

$$C = \varepsilon \frac{a^2}{4d}\left[1 + \frac{d}{\pi a}\left(\lg \frac{16\pi(d+\delta)a}{d^2} + \frac{\delta}{d}\lg\frac{d+\delta}{d} + 1\right)\right]. \tag{tr}$$

Zwei konzentrische Kugeln (Radien a und $a + d$):

$$C = \varepsilon \frac{a(a+d)}{d}, \qquad n = \frac{a+d}{d}, \tag{ts}$$

speziell, wenn d gegen a klein ist:

$$C = \varepsilon \frac{a^2}{d}, \qquad n = \frac{a}{d}, \tag{tt}$$

also C bei gleichem Radius 4 mal so groß wie beim Scheibenkondensator, bei gleicher Fläche dagegen, gemäß der allgemeinen Formel, gleich groß. Beispielsweise wird

$$\left.\begin{array}{ll} \text{für } \varepsilon = 1 \text{ (Luft)} & \begin{cases} a = 10, \ d = 0{,}2 : C = 500, \ n = 50 \\ a = 30, \ d = 0{,}02 : C = 45\,000, \ n = 1500 \end{cases} \\ \text{für } \varepsilon = 8 & \begin{cases} a = 10, \ d = 0{,}2 : C = 4\,000, \ n\varepsilon = 400 \\ a = 30, \ d = 0{,}02 : C = 360\,000, \ n\varepsilon = 12000. \end{cases} \end{array}\right\} \text{(hn)}$$

Zwei sehr dünne koaxiale Cylinder (l Länge, a_1 und $a_2 > a_1$ Radien):

$$C = \varepsilon \frac{l}{2\lg\frac{a_2}{a_1}}, \qquad n = \frac{\lg\frac{l}{a_1}}{\lg\frac{a_2}{a_1}}; \tag{tu}$$

für ein 1 km langes Kabel ist durchschnittlich etwa $C = 180\,000$, für ein transatlantisches $C = 6 \times 10^8$, also etwa so groß wie für die Erde (s. o. **144** (1)).

Zwei im Abstande d parallele dünne Cylinder, Länge l, gleiche Radien a:

$$C = \varepsilon \frac{l}{2 \lg \frac{d}{a}}, \qquad n = \frac{\lg \frac{l}{a}}{2 \lg \frac{d}{a}}. \tag{tv}$$

(5a) Elektrostatische Schutz- oder Schirmwirkung ist die Erscheinung, daß die Zwischenschaltung sich ladender Körper (Schutzgehäuse, Schutzring) zwischen die wirkenden und die benutzenden Körper letztere vor ersteren schützt, indem die Kraftlinien mehr oder weniger von den Zwischenkörpern aufgefangen werden; vgl. **111 f** (3).

(6) Die Dielektrizitätskonstante hat, abgesehen von dem schon oben **144** (4) hervorgehobenen Unterschied, für die elektrische Erregung die analoge Bedeutung wie die spezifische Masse (Dichte, vgl. **63**) und die spezifische Wärme (vgl. **133**) für mechanische und thermische Erregung (vgl. w. u. die entsprechende Konstante für magnetische Erregung).

(7) Nimmt man an, daß ein Dielektrikum aus leitenden Molekeln in einem isolierenden Medium bestehe und daß diese Molekeln den Bruchteil x des Gesamtvolumens einnehmen, so gelangt man zu der Clausius-Mossotti'schen Formel (ϱ Dichte, c eine von der Temperatur unabhängige Konstante, nämlich die Dichte der Molekeln selbst, also zugleich die „Maximaldichte" des Stoffes):

$$x = \frac{\varrho}{c}, \quad \varepsilon = \frac{1 + 2x}{1 - x}, \quad \varrho \frac{\varepsilon + 2}{\varepsilon - 1} = c, \quad \varepsilon = \frac{c + 2\varrho}{c - \varrho}; \tag{tw}$$

sie ist verschiedentlich geprüft, aber nur in einzelnen Fällen bestätigt gefunden worden; meist ändert sich c ausgesprochen mit der Temperatur, auch hat ε nicht, wie es hiernach sein müßte, für Wasser ein Maximum bei 4° C. Dagegen führt die Berechnung von x aus ε zu Zahlen von derselben Grössenordnung, wie die van der Waals'schen Zahlen für b (vgl. **24a** (3) Tab. bw).

(8) Eine andere Vorstellung ist die, daß der in dem Dielektrikum verbreitete Äther elektrisch erregt werde, d. h. eine „elektrische Verschiebung" erfahre, der er gemäß seinem „elektrischen Elastizitätsmodul" p einen Widerstand entgegensetzt; so erhält man die Maxwell'sche Formel:

$$\varepsilon = \frac{4\pi}{p}. \tag{tx}$$

Verfolgt man diese Vorstellungen weiter, so gelangt man zu dem merkwürdigen Satze, daß die Dielektrizitätskonstante eines Stoffes gleich dem Quadrat seines optischen Brechungsindex, in Formel:

$$\varepsilon = n^2 \tag{ty}$$

ist, wobei allerdings n für möglichst lange, also jedenfalls nicht mehr optische Wellen zu nehmen ist; diese Formel hat sich bewährt einmal, wenn lange elektrische Wellen benutzt wurden, sodann auch für optisches n, falls die Abhängigkeit desselben von der Wellenlänge geringfügig oder so regelmäßig ist, daß man eine in dem kleinen optischen Gebiete der Wellenlängen gewonnene Formel durch Extrapolation auf große Wellen anwenden darf; mit anderen Worten: Die Beziehung gilt für Körper mit für alle Wellen sehr schwacher oder normaler Dispersion (**49**). Näheres s. w. w.

146. Intensität der Elektrisierung, elektrostatische Kraft, elektrostatische Induktion. Auf Grund der Vorstellung der elektrischen Scheidung oder Polarisation (**141** (5) u. **145**) finden auf die Dielektrika die in **63** (11) angegebenen Begriffe Moment und Momentdichte Anwendung; das elektrische Moment eines Elementes ist hiernach das Produkt aus Stärke und Abstand seiner beiden Pole, die elektrische Momentdichte oder das spezifische elektrische Moment oder die Intensität der Elektrisierung ist das elektrische Moment pro Volumeneinheit. Formeln (e Polstärke, λ Polabstand, η Moment, J Intensität der Elektrisierung):

$$\eta = e\lambda \qquad J = \frac{\Sigma\eta}{v} \tag{tz) (ua}$$

$$[\eta] = l^{5/2}t^{-1}m^{1/2} \qquad [J] = l^{-1/2}t^{-1}m^{1/2}. \tag{EB) (EC}$$

Zwischen dem Werte von J für eine Doppelschicht und der dadurch bedingten Kraft F' besteht dieselbe Beziehung wie bei einem Leiter zwischen ϱ und F, es ist nämlich (**116c**):

$$F' = 4\pi J. \tag{ub}$$

Die Kraft im Innern eines Dielektrikums läßt sich nach der Potentialtheorie (*32*) in brauchbarer Weise nur definieren, wenn man darunter die Wirkung aller Elemente mit Ausnahme derjenigen versteht, die den betrachteten Punkt zunächst umgeben. Wie groß die Höhlung, die so entsteht, gewählt wird, ist, wenn sie nur sehr klein ist, gleichgültig, nicht aber ihre Form; vielmehr wird in dem Grenzfalle einer zur Momentaxe senkrechten scheibenförmigen Höhlung die Kraft am größten, für den anderen Grenfall einer mit der Momentaxe parallelen röhrenförmigen Höhlung am kleinsten. Im letzteren Falle nennt man die Kraft schlechtweg elektrostatische Kraft F, im ersteren Falle nennt man sie elektrostatische Induktion B; zwischen beiden besteht, wenn J die Momentdichte der durch das Scheibchen repräsentierten Doppelschicht ist, die Beziehung:

$$B = F + 4\pi J = F + F'. \tag{uc}$$

$$[B] = l^{-1/2} t^{-1} m^{1/2}. \tag{ED}$$

Die Intensität der Elektrisierung ist mit der Kraft proportional, aber der Proportionalitätsfaktor dieser Beziehung hängt nicht nur vom Stoffe, sondern auch von der Gestalt des Dielektrikums ab; man pflegt als Normalform die eines in der Kraftrichtung lang gestreckten Cylinders einzuführen und für ihn zu setzen:

$$J = \varkappa F, \qquad B = (1 + 4\pi\varkappa) F. \tag{ud}$$

Die Konstante $\varkappa$ heißt Elektrisierungskonstante oder elektrische Susceptibilität, die Konstante $1 + 4\pi\varkappa$ ist, wie man leicht einsieht, mit der Dielektrizitätskonstante oder elektrischen Permeabilität ε (**145**) identisch. Formeln:

$$J = \frac{\varepsilon - 1}{4\pi} F, \qquad B = \varepsilon F, \tag{ue}$$

$$\varkappa = \frac{J}{F}, \quad \varepsilon = \frac{B}{F}, \quad \varepsilon = 1 + 4\pi\varkappa, \quad \varkappa = \frac{\varepsilon - 1}{4\pi} \tag{uf}$$

$$[\varkappa] = 1. \tag{EE}$$

Für den reinen Äther, näherungsweise auch für Gase, ist $\varkappa = 0$, am größten ist es für Wasser, nämlich 6,3; vgl. **145** (3).

Bei anderer Gestalt des Dielektrikums ist der Faktor ein anderer, insbesondere ist für die Kugel

$$J = \frac{\varkappa}{1 + \frac{4\pi}{3}\varkappa} F, \qquad B = \frac{1 + 4\pi\varkappa}{1 + \frac{4\pi}{3}\varkappa} F \tag{ug}$$

und für eine dünne Querscheibe:

$$J = \frac{\varkappa}{1 + 4\pi\varkappa} F = \frac{\varepsilon - 1}{4\pi\varepsilon} F, \qquad B = F. \tag{uh}$$

J und B sind also bei gleichem F desto kleiner, je größer die Querausdehnung des Körpers im Verhältnis zur Längsausdehnung ist; je größer die Querdimension ist, desto weniger macht ferner der Wert von $\varkappa$ aus, für die Querscheibe z. B. wird in erster Annäherung für große Werte von $\varkappa$: $J = F/4\pi$, B für alle Werte von $\varkappa$ gleich F. Als Zahlenbeispiel hierfür diene $F = 1$, es wird dann für

einen Längscylinder aus Wasser	$J = 6{,}3$	$B = 80$	(𝔥o)
„ „ „ Paraffin ($\varepsilon = 2$) . . .	0,08	2	
eine Kugel aus Wasser	0,23	2,9	
„ „ „ Paraffin	0,06	1,5	
eine Querscheibe aus Wasser	0,08	1,0	
„ „ „ Paraffin	0,04	1,0	

bei dem Wassercylinder ist also J fast 80 mal, bei der Wasserkugel kaum 4 mal, bei der Wasserscheibe nur 2 mal so groß wie bei Paraffin in der entsprechenden Form.

(1) Befindet sich ein Leiter in einem Dielektrikum, so wird seine elektrische Dichte ϱ durch die Elektrisierungsintensität J des letzteren auf ϱ' herabgedrückt, und es ist:

$$\varrho' = \varrho - J = \varrho - 4\pi\varkappa\varrho' = \frac{\varrho}{1 + 4\pi\varkappa} = \frac{\varrho}{\varepsilon}; \qquad \text{(ui)}$$

man nennt ϱ die wahre Dichte, ϱ' die freie Dichte der Elektrizität auf dem Leiter, und spricht demgemäß überhaupt von dem Gegensatze von wahrer Elektrizität und freier Elektrizität. Zur Geltung kommt immer nur ϱ', z. B. hat man die Poisson'sche Gleichung (*32*, mv) zu schreiben:

$$\Delta V = -4\pi\varrho' = -4\pi\frac{\varrho}{\varepsilon}. \qquad \text{(uk)}$$

(2) Bei heterotropen Stoffen treten an die Stelle von $\varkappa$ die 9 Koeffizienten, die auftreten, wenn man die Komponenten von J durch die Komponenten von F linear und homogen ausdrückt, was hier notwendig ist, da die Richtungen von F und J im allgemeinen nicht übereinstimmen; diese Größen $\varkappa_{11}$ u. s. w. heißen Elektrisierungskoeffizienten oder elektrische Susceptibilitätskoeffizienten; entsprechende Bedeutung für B haben die elektrischen Permeabilitätskoeffizienten $\mathfrak{k}_{11}$ u. s. w. Für viele Zwecke genügt es, die drei Hauptsusceptibilitäten resp. Hauptpermeabilitäten für die krystallographischen Hauptaxen anzugeben.

(3) Die Dielektrizitätskonstante wird auch dielektrische Leitungsfähigkeit genannt, womit, da die Dielektrika die Elektrizität nicht leiten, nur gesagt sein soll, daß der betreffende Stoff unter gleichen Umständen die ε-fache Zahl von Kraftlinien wie der leere Raum aufnimmt; dieselbe Bedeutung hat übrigens auch der Ausdruck Permeabilität, der zur Vermeidung von Mißverständnissen vorzuziehen ist.

147. Elektrischer Strom. Wenn man beobachtet, daß an verschiedenen Stellen eines Leiters das Potential verschiedene Werte hat, so drückt man diese Thatsache auch in der Weise aus, daß man sagt: Es bewegt sich in dem Leiter eine gewisse Elektrizitätsmenge oder es fließt in ihm ein elektrischer Strom. Die Elektrizitätsmenge, die in der Zeiteinheit durch einen Querschnitt fließt, heißt Stromstärke, die Stärke 1 hat also ein Strom, bei dem in 1 sec die Elektrizitätsmenge 1 durch den Querschnitt fließt. Ist das Potentialgefälle, d. h. die elektromotorische Kraft (**143**) zwischen zwei Stellen zeitlich konstant, so spricht man von einem stationären oder konstanten Strome.

$$i = \frac{\mathfrak{e}}{t}, \qquad \mathfrak{e} = it, \qquad [i] = l^{3/2} t^{-2} m^{1/2}. \qquad \text{(ul) (EF)}$$

Die Komponenten von i nach den Koordinatenaxen heißen Stromkomponenten.

(1) Die Energie eines elektrischen Stromes ergiebt sich nach (**143**) ohne weiteres, und hieraus die Arbeit in der Zeit t sowie der Effekt:

$$E = A = (V_1 - V_2)\,i\,t = e\,i\,t, \qquad \text{Eff} = e\,i; \qquad \text{(um) (un)}$$

in Worten: Der Effekt eines elektrischen Stromes ist das Produkt der ihn erzeugenden elektromotorischen Kraft in seine Stromstärke. In diesem Produkte ist offenbar e der Intensitäts-, i der Quantitätsfaktor; der Ausdruck „Stromstärke" ist hiernach schlecht gewählt („Strommenge" wäre richtiger). Näheres hierüber s. w. u.

(2) Stromdichte ist die Elektrizitätsmenge, die in der Zeiteinheit durch die Einheit des Querschnittes des Leiters fließt:

$$\delta = \frac{i}{q} = \frac{\mathrm{e}}{q\,t}, \qquad i = \delta q, \qquad \mathrm{e} = \delta q\,t, \qquad \text{(uo)}$$

$$[\delta] = l^{-1/2}\,t^{-2}\,m^{1/2}. \qquad \text{(EG)}$$

Auch von δ kann man die Komponenten bilden, die „Komponenten der Stromdichte".

(3) Je nach den Entstehungsursachen, den zeitlichen und den räumlichen Verhältnissen sind verschiedene Arten elektrischer Ströme zu unterscheiden:

a) Nach der erzeugenden Potentialdifferenz: Reibungsströme, galvanische Ströme, Thermoströme, Induktionsströme u. s. w. (vgl. hierzu **142** (2)); nicht eigentlich hierher gehören die Konvektionsströme (vgl. **97**), bei denen die Elektrizität nicht fortgeleitet, sondern mit den materiellen Teilchen fortgeführt wird und zu denen auch die Ströme in zersetzbaren Flüssigkeiten (Elektrolyten) gerechnet werden, s. w. u.

b) Nach dem zeitlichen Verlaufe: Momentanströme, die ganz rasch ablaufen und je nach den Umständen auch als Entladung, Übergangsstrom, Stromstoß u. s. w. bezeichnet werden; sie werden, wie man sagen kann, durch einen elektromotorischen Impuls (**50** (2)) erzeugt. Ihnen gegenüber stehen die andauernden Ströme, die wiederum entweder konstant, d. h. von stets gleicher Stärke sein können: Konstante oder stationäre Ströme (s. ob.), oder variabel, und zwar entweder nur der Stärke nach variabel, z. B. allmählich abnehmend oder allmählich wachsend oder periodisch variierend, im äußersten Falle zwischen 0 und i: Intermittierende Ströme, oder aber auch das Zeichen, d. h. die Stromrichtung periodisch wechselnd: Wechselströme (Gegensatz: Gleichströme) oder elektrische Schwingungen in Leitern; endlich eine Kombination mehrerer (meist dreier) Wechselströme verschiedener Phase: Mehrphasenströme (aus anderen Gründen auch Drehströme genannt).

c) Nach den Dimensionen des Leiters: lineare Ströme (Leiter von kleinem, überall gleichem Querschnitt, also Drähte u. s. w.), Flächenströme (in dünnen Platten u. s. w.) und körperliche oder Raumströme.

(4) Bei einem Wechselstrom heißt Periode die Zeit zwischen zwei Momenten gleicher Richtung, gleicher Stärke und gleichem Änderungssinn derselben (ganze Schwingung, vgl. **30** (1); das Reziproke (Zahl der Perioden in der Sekunde) heißt Wechselzahl oder Schwingungszahl oder Frequenz. Hinsichtlich der Stromstärke ist zu unterscheiden zwischen der maximalen Stromstärke J, der mittleren Stromstärke i'_m und der wirksamen (der mittleren Energie entsprechenden, s. w. u.) oder effektiven Stromstärke i_m; hinsichtlich der elektromotorischen Kraft kann man entsprechende Bezeichnungen einführen. Formeln (τ Periode):

$$i'_m = \frac{1}{\tau}\int_0^\tau i\,dt, \qquad i_m = \sqrt{\frac{1}{\tau}\int_0^\tau i^2\,dt}, \qquad \text{(up)}$$

$$e'_m = \frac{1}{\tau}\int_0^\tau e\,dt, \qquad e_m = \sqrt{\frac{1}{\tau}\int_0^\tau e^2\,dt}. \qquad \text{(uq)}$$

Wie sich i'_m und i_m zu J verhalten, hängt von der Art ab, wie sich i mit der Zeit während einer Periode ändert (Schwingungsgesetz, vgl. **33** u. *6*). Einige Fälle sind folgende:

$$\left.\begin{array}{lll} \text{Sinusform:} & i'_m = 0{,}637\,J, & i_m = 0{,}707\,J, \\ \text{Zickzackform:} & 0{,}500\,J, & 0{,}577\,J, \\ \text{Halbkreisform:} & 0{,}785\,J, & 0{,}842\,J. \end{array}\right\} \quad \text{(ur)}$$

5) Die Gleichungen $i = \mathfrak{e}/t$, $\mathfrak{e} = it$ gelten für konstanten Strom allgemein, für variabeln nur für genügend kleine t, d. h. es ist

$$i = \frac{d\mathfrak{e}}{dt}, \qquad \mathfrak{e} = \int i\,dt; \qquad \text{(us)}$$

letztere Größe, über die ganze Dauer des Stromes gebildet, heißt integrale Stromstärke oder Integralstrom.

148. Elektrischer Widerstand oder Resistanz eines Körpers ist das Verhältnis der zwischen seinen Enden (Ein- und Austrittsstelle des Stromes) bestehenden elektromotorischen Kraft zur Stromstärke (vgl. **147** (2)):

$$w = \frac{V_1 - V_2}{i} = \frac{e}{i} = \frac{e}{\mathfrak{e}}\,t = \frac{e}{\delta q}, \qquad [w] = l^{-1}\,t. \qquad \text{(ut) (EH)}$$

Der Widerstand ist, wie man hiernach auch sagen kann, die Potentialdifferenz, die zwischen den Enden bestehen muß, damit die Stromstärke gleich 1 werde; oder umgekehrt: Der Widerstand ist die Zeit, welche die Elektrizitätsmenge 1 braucht, um den Leiter zu durchlaufen, wenn die Differenz seiner Endpotentiale 1 beträgt.

Ob w von e und i abhängt, entscheidet das folgende Gesetz.

45. Ohm'sches Gesetz oder Grundgesetz des elektrischen Stromes (Ohm 1827). Die Stromstärke ist der elektromotorischen Kraft proportional (der Proportionalitätsfaktor ist der reziproke Widerstand); oder: Der Widerstand eines Leiters ist von der elektromotorischen Kraft unabhängig, oder: Der Widerstand ist von der Stromstärke unabhängig und eine reine Konstante des Leiters; oder (übliche Form, die aber eine anderweitige Definition des Widerstandes schon voraussetzt und darum weniger besagt): Die Stromstärke ist gleich der elektromotorischen Kraft, dividiert durch den Widerstand. Formeln:

$$i = \frac{e}{w}, \qquad e = iw, \qquad \frac{i}{e} = \frac{1}{w}, \tag{uu}$$

(1) Der reziproke Widerstand ist hiernach für strömende Elektrizität genau das, was die elektrostatische Kapazität (**144**) für ruhende Elektrizität, nämlich die Elektrizitätsmenge, die in der Zeiteinheit durch den Querschnitt getrieben werden muß, damit die Potentialdifferenz eins sei; man kann $1/w$ geradezu Stromkapazität nennen. Man vergleiche hiermit auch die Begriffe Temperaturdifferenz, Wärmemenge und Wärmekapazität, die in demselben Verhältnis zu einander stehen (**133**).

(2) Widerstand und Ohm'sches Gesetz sind hier lediglich vom Kapazitätsstandpunkte und als Grundgesetz des Stromes behandelt; alles nähere folgt bei der Elektrizitätsleitung.

(3) Außer den „Leiterströmen“, d. h. dem dauernden Strömen der Elektrizität in Leitern betrachtet man zuweilen auch „Verschiebungsströme“, d. h. die kurz dauernde, in Dielektrizis entstehende Bewegung der Elektrizität bei ihrer supponierten Verschiebung innerhalb des Raumteilchens, an das sie gebunden ist (**145** (8)). Die Stromstärke pflegt man hier nicht auf die Zeiteinheit, sondern auf die ganze Zeit der Verschiebung zu beziehen, infolgedessen gilt das Ohm'sche Gesetz für Verschiebungsströme nicht ohne entsprechende Modifikation.

149. Magnetismusmenge; magnetisches Maafssystem. Die Einheit der Magnetismusmenge oder kurz des Magnetismus ist diejenige, welche eine ebensolche in der Einheit der Entfernung (1 cm) mit der Einheit der Kraft (1 Dyne) abstößt; Dimensionsformel:

$$[\mathfrak{m}] = l^{3/2} t^{-1} m^{1/2}. \tag{EJ}$$

Diese Einheit heißt die **magnetische Einheit** des Magnetismus, das auf ihr aufgebaute Maaßsystem das **magnetische** (oder elektromagnetische, s. w. u.) **Maaßsystem**.

Diese Definitionen sind völlig analog den elektrischen Definitionen in **142**; die dortigen Feststellungen und Definitionen lassen sich demgemäß hierher übertragen:

Abstoßung zwischen gleichartigen, Anziehung zwischen ungleichartigen Mengen (s. jedoch w. u.).

Magnetisches Feld mit den magnetischen Niveauflächen und den magnetischen Kraftlinien.

Magnetische Kraft, Feldstärke, Kraftströmung.

Magnetische Polstärke, Axe des Polpaares, magnetisches Moment (Produkt der Polstärke in den Abstand der entgegengesetzt gleichen Pole, vgl. **146**), Formel:

$$M = \mathfrak{m} . l. \qquad \text{(uv)}$$

Dimensionsformel:

$$[M] = l^{5/2} t^{-1} m^{1/2} . \qquad \text{(EK)}$$

Es sind aber auch Unterschiede vorhanden, und zwar hauptsächlich folgende:

a) Für den Magnetismus sind alle Stoffe **Nichtleiter**, also den Dielektrizis (**145**) entsprechend; d. h. der Magnetismus ist an das Körperelement, in dem er sich einmal befindet, für immer gebunden. Da nun für unmagnetische Körper die algebraische Summe der Magnetismen null ist, so ist immer

$$\sum \mathfrak{m} = 0 . \qquad \text{(uw)}$$

Es giebt ferner keinen bewegten, sondern nur ruhenden Magnetismus, und keine magnetische Leitung, sondern nur **magnetische Polarisation** (vgl. **145**).

b) Infolgedessen kommt eine isolierte Magnetismusmenge der einen Art nicht vor, sondern nur in Verbindung mit einer ebenso großen der anderen Art. Die Verteilung der beiden Mengen hängt natürlich von der Gestalt des Körpers ab; für die Wirkung nach außen, namentlich in größere Entfernung, kann man jedoch auch bei wirklichen, d. h. endlichen Magneten, annehmen, daß die Wirkung von gewissen **Polen** ausgehe. Bei einem cylindrischen Stabe giebt es zwei solche Pole, die ihn desto vollständiger repräsentieren, und desto näher an die Enden rücken, je gestreckter der Stab ist. Man ist übereingekommen, denjenigen Pol, der bei freier Aufhängung im magnetischen Felde der Erde ungefähr nach Norden weist, als **Nordpol**, den anderen als **Südpol**, und entsprechend die Magnetismen beider Arten als Nord- oder positiven und Süd- oder negativen Magnetismus zu bezeichnen.

Den Begriff des magnetischen Moments (ebenso der Axe) überträgt man von dem Polpaar auf einen ganzen Magneten und versteht darunter das Produkt der Polstärke in den Abstand der Pole.

(1) Die Pole eines langen dünnen Magneten liegen, wie bemerkt, nahe seinen Enden; die eines etwas gedrungeneren Stabes um rund $^1/_{12}$ der Länge von den Enden entfernt, d. h. der Polabstand ist $^5/_6$ der Länge. Für genauere Zwecke muß man die Pole durch die „äquivalenten Pole" ersetzen, die für jeden Punkt im äußeren Raume, auf den die Wirkung des Magneten ermittelt werden soll, verschieden sind (Riecke).

c) Aus dem elementaren Polpaar lassen sich zwei einfachste typische Magnetformen ableiten; nämlich der einfache Faden (vgl. **63**(11)), d. h. die lineare Aneinanderreihung gleich starker Polpaare (es ist dies der oben gedachte Grenzfall mit den Polen an den Enden des Fadens) und die einfache Schale oder das einfache Blatt (vgl. **63**(11)), d. h. die flächenhafte Nebeneinanderordnung gleicher Polpaare (die beiden Seiten der Schale sind ihre beiden Pole). Aus diesen einfachsten Typen kann man zunächst den allgemeinen Faden oder solenoidalen Magneten und die allgemeine Schale oder den lamellaren Magneten und dann schließlich alle übrigen Formen ableiten.

Im Zusammenhange hiermit kann man bei cylindrischen Stäben und anderen radial symmetrischen Körpern vier typische Arten der Magnetisierung unterscheiden:

1. Longitudinale oder axiale Magnetisierung.
2. Transversale Magnetisierung (Axen quer).
3. Radiale Magnetisierung (Axen radial).
4. Peripherische Magnetisierung; hierbei hat der Stab überhaupt keine freien Pole, alle Polpaarketten sind in sich geschlossen.

Bei einem Ringe (Toroid) wird die longitudinale Magnetisierung zur peripherischen; ein solcher Ring hat keine freien Pole.

d) Die Natur der Magnete als Gebilde mit entgegengesetzten Polen bringt es mit sich, daß sie aufeinander zwar auch verschiebende (anziehende oder abstoßende) Kräfte ausüben, daß aber bei ihnen von wesentlichem Betrage und Interesse nicht diese Kräfte, sondern die Drehungsmomente (**57**) sind; bei Magneten, die sich nur um ihre festen magnetischen Mittelpunkte bewegen können, kommt sogar das Drehungsmoment allein in Betracht.

e) Während zahlreiche Stoffe elektrisch stark erregbar sind, sind die meisten Stoffe nur sehr schwach und nur einige wenige, namentlich Eisen, Nickel und Kobalt, stark, diese aber außerordentlich stark magnetisierbar. Während ferner alle elektrisierbaren Stoffe, mit dem reinen Äther verglichen, gleichen Sinn des Verhaltens zeigen, d. h.

stärker als dieser erregbar sind, giebt es Körper, welche sich magnetisch entgegengesetzt wie die übrigen erweisen (Verstärkung der Kräfte, Abschwächung der Kapazitäten, vgl. **145**), die also schwächer erregbar sind als der Äther und deshalb in diesen oder in sich ähnlich verhaltenden Medien, z. B. Luft, auch qualitativ paradoxe Erscheinungen aufweisen (Anziehung gleichartiger, Abstoßung entgegengesetzter Pole, Einstellung quer zu den Kraftlinien). Man unterscheidet demgemäß drei Klassen von Stoffen:

ferromagnetische (stark erregbar),
paramagnetische (schwach erregbar),
diamagnetische (scheinbar negativ erregbar) (Brugmans 1778, Faraday 1846).

f) Die ferromagnetischen Körper haben die Eigenschaft nach dem Aufhören der erregenden Kraft ihren Magnetismus nur zu einem Teile sofort, zu einem anderen erst allmählich und zu einem dritten (in absehbarer Zeit) überhaupt nicht zu verlieren; d. h. sie zeigen Nachwirkungen oder Hysteresis (***10*** (3)). Man schreibt dies einer der elastischen Unvollkommenheit (**89**) entsprechenden „magnetischen Unvollkommenheit“ oder einer besonderen, den Körpern innewohnenden Koerzitivkraft zu und unterscheidet demgemäß zwischen temporärem, remanentem und permanentem Magnetismus, Begriffe, deren letzte beide freilich nicht scharf voneinander zu trennen sind.

(1) Wie die elektrische, so kann auch die magnetische Energie auf verschiedene Weise erzeugt werden: aus mechanischer Energie (Druck, Torsion u.s.w.), aus magnetischer Energie (Einbringen in ein magnetisches Feld, magnetische Influenz oder Induktion), aus magnetischer in Verbindung mit mechanischer Energie (Streichen), aus elektrischer Energie (Einbringen in ein Stromfeld) u. s. w. Man unterscheidet demgemäß z. B. Torsionsmagnetismus, induzierten Magnetismus, elektrisch induzierten oder Elektromagnetismus u. s. w.; einmal entstanden, verhält sich aber der Magnetismus unabhängig von seiner Entstehungsweise.

(2) Erdmagnetismus ist der natürliche Magnetismus des Erdkörpers; in seinem Felde spielen sich die Erscheinungen auf der Erdoberfläche ab; in nicht zu großen Gebieten ist es ein gleichförmiges Feld. Die magnetischen Pole liegen:

$$\left.\begin{array}{llll} \text{der Nordpol bei} & 70^0\,30'\text{ n. Br.,} & 97^0\,40'\text{ w. L.} \\ \text{„ Südpol „} & 73^0\,39'\text{ s. Br.,} & 146^0\,15'\text{ ö. L.} \end{array}\right\} \quad (\text{hp})$$

Die Richtung nach dem magnetischen Nordpol heißt der magnetische Meridian des Ortes, ihr Winkel mit der Nordrichtung Deklination, ihre Neigung gegen den Horizont Inklination; endlich die Feldstärke „Totalintensität des Erdmagnetismus“, ihre beiden Komponenten

Horizontalintensität und Vertikalintensität, alle drei in absoluten Einheiten anzugeben. Die Linien, welche Orte gleicher Intensität, Deklination, Inklination verbinden, heißen Isodynamen, Isogonen, Isoklinen; zu ihnen kommen noch die erdmagnetischen Niveau- und Kraftlinien. Alle drei Elemente erfahren tägliche, säkulare und unregelmäßige Schwankungen, letztere heißen magnetische Störungen.

Horizontalintensität (nimmt jährlich etwa um 0,00015 ab).

n. Br.	L. = −10°	0°	10°	20°	30°
35°	0,240	0,251	0,263	0,274	0,282
40	220	230	239	248	257
45	198	209	216	224	231
50	181	188	195	201	207
55	162	169	176	180	186
60	144	150	154	160	164

(𝔥𝔮)

Deklination (nach W.) (nimmt jährlich um 6′ ab).

n. Br.	L. = −5°	0°	10°	20°	30°
35°	16,0	14,1	11,1	7,6	4,4
40	17,0	14,9	11,4	7,4	3,8
45	18,0	15,8	11,6	7,2	2,9
50	19,1	16,5	11,9	7,0	2,3
55	20,7	18,0	12,4	6,7	1,1
60	22,3	19,1	12,7	6,2	0,1

(𝔥𝔯)

Inklination (nimmt jährlich um 1′ ab).

n. Br.	L. = −10°	0°	10°	20°	30°
35	56,6	53,7	50,7	48,7	47,2
40	60,8	58,4	56,5	55,1	53,8
45	64,5	62,7	61,5	60,4	59,0
50	67,9	66,4	65,5	64,5	63,7
55	70,9	69,5	68,7	68,1	67,4
60	73,3	72,1	71,2	70,8	70,7

(𝔥𝔰)

***46.* Grundgesetz der magnetischen Wirkung (Coulomb'sches Gesetz 1785).** Es entspricht völlig dem Gravitations- und dem elektrostatischen Grundgesetz (*31* u. *42*) und lautet:

$$K = \frac{\mathfrak{m}_1 \mathfrak{m}_2}{r^2}, \qquad (\mathfrak{ux})$$

(1) Hinsichtlich der Abhängigkeit der Kraft von der Magnetismus-

menge m gilt genau das bei dem elektrostatischen Grundgesetze in *42* (1) Gesagte. Was andererseits die Abhängigkeit der Kraft von der Entfernung betrifft, so ist das Gesetz hier in erhöhtem Maaße als Abstraktion anzusehen, da es isolierte Magnetpole nicht giebt. Wie dort giebt es aber auch hier einen Erfahrungssatz, der das Entfernungsgesetz involviert; er bezieht sich nicht auf die Kraft, sondern auf das Drehungsmoment und lautet (Gauss 1832):

Stellt man einen Magnetstab A einem horizontal drehbaren, dem Erdmagnetismus unterworfenen Magnetstabe B in der Horizontalebene und in einiger Entfernung gegenüber, und zwar einmal so, daß die Verlängerung von A die Mitte von B, das andere Mal so, daß die Verlängerung von B die Mitte von A senkrecht trifft, so ist das Drehungsmoment, das A auf B ausübt, im ersten Falle doppelt so groß wie im zweiten.

Man nennt diese beiden Lagen die erste und zweite Hauptlage und kann also auch kurz sagen: In der ersten Hauptlage ist das Drehungsmoment doppelt so groß wie in der zweiten.

(2) Aus dem Grundgesetz für magnetische Pole ergeben sich für Polpaare, angenähert auch für wirkliche Magnete, folgende Sätze (Gauss): Die Kraft und das Drehungsmoment eines Magneten auf einen anderen, in einiger Entfernung in derselben Ebene gelegenen, ist mit dem Produkte der beiden magnetischen Momente proportional; das Drehungsmoment ist umgekehrt proportional der dritten, die Kraft der vierten Potenz des Abstandes (vgl. *31*), außerdem hängen beide von den Winkeln Φ und φ ab, welche die Axe des wirkenden und des beeinflußten Magneten mit ihrer Entfernungslinie bilden. Formeln:

$$D = \frac{M_1 M_2}{r^3}(2 \cos \Phi \sin \varphi - \sin \Phi \cos \varphi), \tag{uy}$$

oder

$$D = \frac{M_1 M_2}{r^3}(3 \cos \Phi \sin \varphi - \sin(\Phi + \varphi)). \tag{uz}$$

Kraftkomponenten $X(\parallel r)$, $Y(\perp r)$, $U(\parallel$ der Axe von $M_2)$:

$$X = 3\frac{M_1 M_2}{r^4}(\sin \Phi \sin \varphi - 2 \cos \Phi \cos \varphi), \tag{va}$$

$$Y = 3\frac{M_1 M_2}{r^4}\sin(\Phi + \varphi), \tag{vb}$$

$$U = 3\frac{M_1 M_2}{r^4}(2 \cos \varphi \cos(\Phi + \varphi) - \sin^2 \varphi \cos \Phi); \tag{vc}$$

die letztere Komponente heißt die Direktionskraft des Magneten (vgl. **57** (2)).

Für die vier einfachsten Fälle werden die Faktoren von $M_1 M_2$:

$$\left.\begin{array}{lll} \text{1) längs-längs-Lage} & (\Phi=0,\quad \varphi=0) & D=0,\quad X=-\frac{6}{r^4}, Y=0,\ U=\frac{6}{r^4} \\ \text{2) quer-quer- „} & \left(\Phi=\frac{\pi}{2},\ \varphi=\frac{\pi}{2}\right) & D=0,\quad X=+\frac{3}{r^4}, Y=0,\ U=0 \\ \text{3) längs-quer- „} & \left(\Phi=0,\ \varphi=\frac{\pi}{2}\right) & D=\frac{2}{r^3},\quad X=0,\quad Y=\frac{3}{r^4}, U=-\frac{3}{r^4} \\ \text{4) quer-längs- „} & \left(\Phi=\frac{\pi}{2},\ \varphi=0\right) & D=-\frac{1}{r^3}, X=0,\quad Y=\frac{3}{r^4}, U=0 \end{array}\right\}\text{(vd)}$$

Diese Formeln bestätigen die obigen Aussprüche; 3) und 4) sind die beiden Hauptlagen.

(3) Ist die Länge des wirkenden Magneten L gegen r nicht zu vernachlässigen, so wird D_l (für $\Phi = 0$) und D_q $\left(\text{für } \Phi = \frac{\pi}{2}\right)$:

$$\left.\begin{aligned} D_l &= 2\,\frac{M_1 M_2}{r^3}\sin\varphi\left(1 + 2\left(\frac{L}{r}\right)^2 + 3\left(\frac{L}{r}\right)^4 + \cdots\right), \\ D_q &= -\frac{M_1 M_2}{r^3}\cos\varphi\left(1 - \frac{3}{2}\left(\frac{L}{r}\right)^2 + \frac{15}{8}\left(\frac{L}{r}\right)^4 + \cdots\right); \end{aligned}\right\}\quad\text{(ve)}$$

ist auch die Länge l des drehbaren Magneten zu berücksichtigen, so wird:

$$\left.\begin{aligned} D_l &= 2\,\frac{M_1 M_2}{r^3}\sin\varphi\left[1 + \frac{2L^2 - 3l^2(1-5\cos^2\varphi)}{r^2} + \cdots\right], \\ D_q &= -\frac{M_1 M_2}{r^3}\cos\varphi\left[1 - \frac{3}{2}\,\frac{L^2 - l^2(4 - 15\sin^2\varphi)}{r^2} + \cdots\right]; \end{aligned}\right\}\quad\text{(vf)}$$

in den meisten Fällen reicht das erste, in fast allen reichen die beiden ersten Korrektionsglieder aus.

(4) Mitwirkung des Erdmagnetismus. Eine horizontal drehbare Nadel ist unter der gleichzeitigen Einwirkung des Erdmagnetismus (Horizontalintensität H) und eines Magneten (M) im Gleichgewicht, wenn (α Ablenkungswinkel) in erster Annäherung (s. ob.)

$$H\sin\alpha = \frac{M}{r^3}(2\cos\Phi\sin\varphi - \sin\Phi\cos\varphi); \qquad \text{(vg)}$$

drückt man alles durch σ (Winkel zwischen wirkendem Magnet und magnetischem Meridian, vgl. **149** (2)) und τ (Winkel zwischen der Verbindungslinie der Mitten beider Magnete und dem Meridian) aus, so erhält man angenähert:

$$\operatorname{tg}\alpha = \frac{M}{r^3 H}\left[2\cos(\sigma-\tau)\sin\tau - \sin(\sigma-\tau)\cos\tau\right]; \qquad \text{(vh)}$$

$$\text{erste Hauptlage: } \operatorname{tg}\alpha = \frac{2M}{r^3 H}, \qquad \text{zweite: } \operatorname{tg}\alpha = -\frac{M}{r^3 H}. \qquad \text{(vi)}$$

Hieraus ergiebt sich umgekehrt das Verhältnis $M:H$ (erste Hauptlage, in der zweiten fällt $^1/_2$ fort):

$$\frac{M}{H} = \tfrac{1}{2} r^3 \operatorname{tg} \alpha = \tfrac{1}{2} \frac{r_1^5 \operatorname{tg} \alpha_1 - r_2^5 \operatorname{tg} \alpha_2}{r_1^2 - r_2^2}, \tag{vk}$$

letzteres, durch zwei Ablenkungen aus verschiedenen Entfernungen erhalten, genauer, weil hier die Abweichung des Magneten vom einfachen Polpaare herausfällt. Andererseits ergiebt sich, wenn man die Schwingungsdauer T des bisher zur Ablenkung benutzten Magneten bestimmt (K Trägheitsmoment, vgl. **68** und w. u.):

$$MH = K \frac{\pi^2}{T^2}; \tag{vl}$$

man kann also sowohl M als H ermitteln (Gauss).

150. Momentdichte oder Intensität der Magnetisierung ist die auf die Volumeneinheit entfallende Momentsumme der elementaren magnetischen Polpaare. Ist sie in allen Teilen eines Magneten gleich groß und gleichgerichtet, so nennt man ihn einen gleichförmigen Magneten, im anderen Falle einen ungleichförmigen. Die Momentsumme für einen ganzen Magneten mit überall gleicher Magnetisierungsrichtung nennt man häufig auch kurzweg Magnetismus, muß aber beachten, daß dieser von dem in den Polen konzentriert gedachten völlig verschieden ist; bei jenem werden die Pole jedes Elementes zu einem Polpaar vereinigt, bei diesem werden die entgegengesetzten, einander benachbarten Pole der verschiedenen Elemente soweit möglich gegeneinander ausgeglichen. Den Magnetismus im Sinne der ersten Auffassung kann man ganzen Magnetismus, den im Sinne der zweiten Auffassung freien Magnetismus nennen. Beispielsweise ist bei einem einfachen Faden (langen dünnen Stabe) der ganze Magnetismus gleichförmig über die ganze Länge verteilt, der freie Magnetismus in den beiden Endpunkten konzentriert.

Bei gleichförmiger Magnetisierung J hat man, wenn M und v Moment und Volumen des Magneten sind:

$$J = \frac{M}{v}, \qquad M = Jv; \tag{vm}$$

bei ungleichförmiger, aber überall gleichgerichteter Magnetisierung:

$$J = \frac{dM}{dv}, \qquad M = \int J dv; \tag{vn}$$

ist endlich auch die Richtung der Magnetisierung in verschiedenen Teilen des Körpers verschieden, so muß man die Komponenten ABC von J nach den Koordinatenaxen xyz einführen, die „Komponenten der Magnetisierung“, und hat dann, wenn $\lambda\mu\nu$ die Winkel von J mit den xyz sind:

$$\left.\begin{array}{lll} A = J\cos\lambda, & B = J\cos\mu, & C = J\cos\nu, \\ & J = \sqrt{A^2 + B^2 + C^2}. & \end{array}\right\} \quad \text{(vo)}$$

Auch das Moment des Körpers hat dann an sich keinen Sinn mehr, wohl aber kann man die Komponenten des Momentes bilden und aus ihnen das neue Moment zusammensetzen:

$$\left.\begin{array}{lll} M_x = \int A\,dv, & M_y = \int B\,dv, & M_z = \int C\,dv, \\ & M = \sqrt{M_x^2 + M_y^2 + M_z^2}, & \end{array}\right\} \quad \text{(vp)}$$

Dimensionsformeln:

$$[J] = l^{-1/2} t^{-1} m^{1/2}, \qquad [A] = [B] = [C] = l^{-1/2} t^{-1} m^{1/2}. \qquad \text{(EL)}$$

(1) Für einen gleichförmigen Stab (Länge l, Querschnitt q, Polstärke $\mathfrak{m}$), sowie für einen sich analog verhaltenden Körper (Polabstand l) kann man auch setzen

$$M = \mathfrak{m}\,l, \qquad J = \frac{M}{ql} = \frac{\mathfrak{m}}{q}; \qquad \text{(vq)}$$

in diesem Falle ist also die Intensität der Magnetisierung identisch mit der auf die Querschnitteinheit entfallenden Polstärke.

(2) Zuweilen wird auch der Magnetismus pro Masseneinheit, der sog. spezifische Magnetismus, in Betracht gezogen (ϱ Dichte):

$$J' = \frac{J}{\varrho} = \frac{M}{m}, \qquad [J'] = l^{5/2} t^{-1} m^{-1/2}; \qquad \text{(vr) (EM)}$$

er hat aber nur untergeordnete Bedeutung.

151. Magnetisches Potential. Das Potential (Einheitspotential) eines Elementes, dessen Koordinaten xyz sind, auf einen Punkt, der in einer Richtung, die mit der Axe des Elementes den Winkel ε bildet, um r entfernt ist, oder dessen Koordinaten $\xi\eta\zeta$ sind, ist:

$$dV = \frac{\mathfrak{m}\,dl}{r^2}\cos\varepsilon = \frac{J\,dv}{r^2}\cos\varepsilon, \qquad \text{(vs)}$$

oder

$$dV = \frac{dv}{r^3}[A(\xi - x) + B(\eta - y) + C(\zeta - z)], \qquad \text{(vt)}$$

oder

$$dV = dv\left(A\frac{\partial\frac{1}{r}}{\partial x} + B\frac{\partial\frac{1}{r}}{\partial y} + C\frac{\partial\frac{1}{r}}{\partial z}\right). \qquad \text{(vu)}$$

Hieraus ergiebt sich für einen ganzen Magneten:

$$V = \iiint dx\,dy\,dz\left(A\frac{\partial\frac{1}{r}}{\partial x} + B\frac{\partial\frac{1}{r}}{\partial y} + C\frac{\partial\frac{1}{r}}{\partial z}\right), \qquad \text{(vv)}$$

oder wenn df ein Oberflächenelement ist und lmn die Richtungscosinus seiner nach außen gerichteten Normale sind:

$$V = \iint \frac{df}{r}(Al + Bm + Cn) - \iiint \frac{dv}{r}\left(\frac{\partial A}{\partial x} + \frac{\partial B}{\partial y} + \frac{\partial C}{\partial z}\right) \quad \text{(vw)}$$

oder, wenn man

$$Al + Bm + Cn = \sigma, \qquad -\left(\frac{\partial A}{\partial x} + \frac{\partial B}{\partial y} + \frac{\partial C}{\partial z}\right) = \varrho \quad \text{(vx)}$$

setzt, kurz:

$$V = \iint \frac{\sigma\, df}{r} + \iiint \frac{\varrho\, dv}{r}. \quad \text{(vy)}$$

Für einen gleichförmigen Magneten sind ABC überall gleich, also $\varrho = 0$ und somit

$$V_e = \iint \frac{\sigma\, df}{r}. \quad \text{(vz)}$$

Für einen einfachen Faden wird, wie zu erwarten (r_1 und r_2 Abstand des beeinflußten Punktes von den beiden Polen $\mathfrak{m}_1$ und $\mathfrak{m}_2$, q Querschnitt):

$$V = \frac{\mathfrak{m}_2}{r_2} - \frac{\mathfrak{m}_1}{r_1} = qJ\left(\frac{1}{r_2} - \frac{1}{r_1}\right). \quad \text{(wa)}$$

Für eine einfache Schale andererseits wird, wenn Θ der Winkel, den die Normale von df (nach der ein für allemal zu wählenden positiven Seite) mit r bildet, und S die scheinbare Größe (**15 c (4)**) der vom beeinflußten Punkte aus gesehenen Schale ist:

$$V = \int \frac{\mathfrak{m}\, df}{r^2} \cos\Theta = JS. \quad \text{(wb)}$$

47. Sätze vom magnetischen Potential (Gauss). Die obigen Formeln enthalten folgende Sätze:

a) Das Potential eines Magneten auf einen äußeren Punkt setzt sich aus dem Potential einer magnetischen Oberflächenverteilung und dem einer magnetischen Raumverteilung im Innern des Magneten zusammen, jene hängt von den Komponenten der Magnetisierung, diese von ihrer Änderung von Ort zu Ort ab.

b) Das Potential eines gleichförmigen Magneten nach außen reduziert sich auf das der magnetischen Oberflächenverteilung.

c) Das Potential eines einfachen Fadens ist nur von den Endpunkten, nicht aber von der Gestalt des Fadens, das Potential einer einfachen Schale nur von der Gestalt ihres Randes, nicht aber von der ihrer Fläche abhängig, vgl. **116a** und **c**.

d) Das Potential einer einfachen Schale auf einen äußeren Punkt ist gleich dem Produkte ihrer magnetischen Intensität und ihrer scheinbaren Größe von diesem Punkte aus, vgl. **116c**.

e) Das Potential eines **gleichförmigen Magneten** ist gleich dem negativen Produkt seiner magnetischen Intensität und des nach der Magnetisierungsrichtung genommenen Differentialquotienten des Newton'schen Potentials (**115**) des mit Masse von der Dichte 1 erfüllt gedachten Magneten.

(1) Die Größen ϱ und σ (Formel vx) kann man als die **Raumdichte** resp. **Oberflächendichte** des freien Magnetismus ansehen, ihre obigen Ausdrücke in ABC geben alsdann ihre Beziehung zum ganzen Magnetismus an.

(2) Die innere Raumverteilung in einem ungleichförmigen Magneten kann man, was die Wirkung nach außen betrifft, ebenfalls durch eine Oberflächenverteilung, die sog. Gauss'sche, ersetzen, die sich über die durch σ angegebene superponirt. Daraus folgt u. a. der für den Erdmagnetismus wichtige Schluß, daß sich aus den äußeren Wirkungen die wahre innere magnetische Raumverteilung nicht ableiten läßt.

(3) Spezielles über die einfache Schale s. ob. **116c**.

(4) Beispiele gleichförmiger Magnetisierung: **Kugel** (Volumen v, magnetische Axe x):

$$V = Jv\frac{x}{r^3}; \tag{wc}$$

Hohlkugel: außen ebenso, im Hohlraume $V = 0$.

Unbegrenzter quer magnetisierter **Kreiscylinder** (Radius a)

$$V = J \cdot 2\pi a^2 \frac{x}{r^2}. \tag{wd}$$

Kreisschale (Radius a, Normalabstand des Punktes von der Kreisebene x, seitlicher Abstand desselben von der Mittelnormale y, $\sqrt{a^2 + x^2} = u$):

$$V = 2\pi J\left\{1 - \frac{x}{u}\left[1 - \frac{3}{2^2}\frac{a^2}{u^2}\left(\frac{y}{u}\right)^2 - \frac{3\cdot 5}{2^2\,4^2}\,\frac{7x^2a^2 - 3a^2u^2}{u^4}\left(\frac{y}{u}\right)^4 + \dots\right]\right\}, \tag{we}$$

speziell für Punkte der Mittelnormale ($y = 0$)

$$V = 2\pi J\left(1 - \frac{x}{\sqrt{a^2 + x^2}}\right). \tag{wf}$$

(5) Aus dem Potential V ergiebt sich das **magnetische Wechselwirkungspotential** zwischen zwei Magneten (vgl. **110**(4)):

$$\left.\begin{aligned} W &= \iint V_1\,\sigma_2\,df_2 + \iiint V_1\,\varrho_2\,dv_2 \\ &= \iint V_2\,\sigma_1\,df_1 + \iiint V_2\,\varrho_1\,dv_1; \end{aligned}\right\} \tag{wg}$$

ist der eine Magnet durch sein Feld (Stärke F, Komponenten $X\,Y\,Z$) repräsentiert, so hat man für das Potential (ε Winkel zwischen der Feldrichtung und der Axe des Magneten):

$$W = -\iiint (AX + BY + CZ)\,dv = -MF\cos\varepsilon. \qquad \text{(wh)}$$

Für zwei Schalen (dl_1 und dl_2 zwei Randelemente, ε der Winkel zwischen ihnen, r ihre Entfernung) ist:

$$W = -4J_1 J_2 \iint \frac{\partial \sqrt{r}}{\partial l_1}\frac{\partial \sqrt{r}}{\partial l_2}\,dl_1\,dl_2 = J_1 J_2 \iint \frac{\cos\varepsilon}{r}\,dl_1\,dl_2. \qquad \text{(wi)}$$

(6) Für jede der beiden typischen Gattungen von Magneten (**149c**) gilt eine charakteristische Gleichung in den Größen $A\,B\,C$, nämlich für die fadenförmigen (solenoidalen):

$$\frac{\partial A}{\partial x} + \frac{\partial B}{\partial y} + \frac{\partial C}{\partial z} = 0, \qquad \text{(wk)}$$

für die schalenförmigen (lamellaren)

$$\frac{\partial A}{\partial y} = \frac{\partial B}{\partial x}, \qquad \frac{\partial B}{\partial z} = \frac{\partial C}{\partial y}, \qquad \frac{\partial C}{\partial x} = \frac{\partial A}{\partial z}, \qquad \text{(wl)}$$

für letztere besitzen also die Größen $A\,B\,C$ ein Potential, das sog. Magnetisierungspotential Φ; mit seiner Hilfe nimmt das Potential des lamellaren Magneten die Form an

$$v = \iint \frac{\Phi}{r^2}\cos\Theta\,df. \qquad \text{(wm)}$$

(7) Die magnetische Arbeit, insbesondere die Magnetisierungsarbeit leitet sich aus dem Potential ganz analog wie die elektrische Arbeit ab (**143**); vgl. auch w. u.

152. Magnetische Kraft und magnetische Induktion, magnetische Susceptibilität und Permeabilität (vgl. **146**). Die Erregung oder Änderung des Magnetismus durch äußere Einflüsse heißt allgemein magnetische Induktion. Im Inneren eines Körpers, der irgend welchen magnetisierenden Einflüssen ausgesetzt ist, sich also in einem magnetischen Felde befindet, hat die magnetische Kraft nach der Potentialtheorie (*32*) eine bestimmte Bedeutung nur dann, wenn man sie unter Ausschluß der nächsten Umgebung des Punktes, in dem sie angegeben werden soll, definiert; und auch dann hängt sie noch von der Form dieser Höhlung ab. Wird ein dünner Cylinder in der Magnetisierungsrichtung ausgeschlossen, so heißt die Kraft schlechthin magnetische Kraft F; wird dagegen eine dünne Scheibe quer zur Magnetisirungsrichtung ausgeschlossen, so heißt die Kraft „magnetische Induktion“. Die magnetische Induktion B setzt sich aus der magnetischen Kraft F und der Wirkung F' der durch das Scheibchen dargestellten magnetischen Doppelfläche (**116c**) zusammen:

$$B = F + F', \qquad F' = 4\pi J, \qquad B = F + 4\pi J; \qquad \text{(wn)}$$

haben, was bei Krystallen der Fall ist, F, J und B nicht die gleiche (oder entgegengesetzte) Richtung, so muß man lineare Gleichungen für ihre einzelnen Komponenten XYZ, ABC, $B_x B_y B_z$ bilden.

Die Kraft F selbst besteht zunächst in der ohne Rücksicht auf den magnetisierten Körper in dem betrachteten Punkte herrschenden Feldstärke F_0; sie ist aber im allgemeinen nicht gleich F_0, weil der Magnet eine schädigende Rückwirkung auf das Feld ausübt, und zwar durch den freien Magnetismus seiner Pole. Bei einem langen dünnen Stabe, dessen Pole weit entfernt liegen, und noch besser bei einem Ringe, der gar keine Pole hat, einem sog. Toroid (vgl. **149c**), fällt diese Rückwirkung fort, und es ist einfach

$$F = F_0, \qquad B = F_0 + F' = F_0 + 4\pi J; \tag{wo}$$

bei anderen Formen ist dagegen

$$F = F_0 - \gamma J, \qquad B = F_0 + (4\pi - \gamma) J, \qquad J = \frac{B - F_0}{4\pi - \gamma}. \tag{wp}$$

Man nennt γ den Gestaltskoeffizienten oder den Koeffizienten der entmagnetisierenden Kraft, welche letztere eben γJ ist.

Dies vorausgeschickt, setzt man nun die Intensität der Magnetisierung, die ein Körper in einem bestimmten Punkte annimmt, zu der dort wirklich herrschenden magnetischen Kraft in die Beziehung

$$J = \varkappa F, \tag{wq}$$

woraus sich als Beziehung zwischen J und der ursprünglichen Feldstärke F_0 ergiebt:

$$J = \frac{\varkappa}{1 + \gamma\varkappa} F_0; \tag{wr}$$

entsprechend wird dann die magnetische Induktion

$$B = (1 + 4\pi\varkappa) F, \qquad B = \frac{1 + 4\pi\varkappa}{1 + \gamma\varkappa} F_0. \tag{ws}$$

Die Größe $\varkappa$ heißt magnetische Susceptibilität und ist das Verhältnis der Intensität der Magnetisierung eines Punktes zu der wahren in ihm herrschenden Kraft; die Größe $1 + 4\pi\varkappa$ wird gewöhnlich mit μ bezeichnet (nicht zu verwechseln mit der oft ebenso, oben aber mit m bezeichneten magnetischen Polstärke), heißt magnetische Permeabilität oder spezifische magnetische Induktionskapazität und ist das Verhältnis der magnetischen Induktion in einem Punkte zu der wahren in ihm herrschenden Kraft. Formeln:

$$\left.\begin{aligned}
&\varkappa = \frac{J}{F}, \qquad \mu = 1 + 4\pi\varkappa = \frac{B}{F}, \qquad \varkappa = \frac{\mu - 1}{4\pi},\\
&J = \frac{\mu - 1}{4\pi} F, \qquad B = \mu F.\\
&J = \frac{\mu - 1}{4\pi + \gamma(\mu - 1)} F_0, \qquad B = \frac{4\pi\mu}{4\pi + \gamma(\mu - 1)} F_0.
\end{aligned}\right\} \tag{wt}$$

Dimensionsformeln:

$$[F_0] = [F] = [F'] = [B] = [J] = l^{-1/2} t^{-1} m^{1/2} \tag{EN}$$

$$[\varkappa] = [\mu] = [\gamma] = 1. \tag{EO}$$

(1) Bei ferro- und paramagnetischen Stoffen ist $\varkappa$ positiv, $\mu > 1$, und zwar bei jenen $\varkappa$ und μ groß, bei diesen $\varkappa$ nur wenig über 0, μ nur wenig über 1; bei diamagnetischen Stoffen ist mit dem reinen Äther verglichen $\varkappa$ negativ, $\mu < 1$, aber $\varkappa$ wenig unter 0, μ wenig unter 1 gelegen; s. ob. **149e**.

(2) Bei schwach (para- und dia-) magnetischen Stoffen sind $\varkappa$ und μ Konstanten, man hat also bei ihnen den Satz: Die Intensität der Magnetisierung und die magnetische Induktion sind mit der magnetisierenden Kraft proportional. Bei ferromagnetischen Substanzen sind hingegen $\varkappa$ und μ in hohem Maaße von F abhängig und folglich sind J und B keineswegs mit F proportional; es nehmen vielmehr mit wachsendem F oder F_0 die Größen $\varkappa$ und μ erst stark zu, erreichen ein Maximum und nehmen schließlich rapid ab, infolgedessen wächst J zuerst allmählich schneller und schneller (s. w. u. den Grund), dann proportional mit F, dann langsamer und nimmt schließlich einen konstanten Wert an, den man als magnetische Sättigung bezeichnet; ähnlich verhält sich B, nur wächst es natürlich mit F unbegrenzt weiter. Die Größe $\varkappa$ heißt für schwach magnetische Stoffe auch Magnetisierungskonstante, für stark magnetische Magnetisierungsfunktion. Im Gegensatze hierzu heißt die Größe

$$p = \frac{\varkappa}{1 + \gamma\varkappa} \tag{wu}$$

die Magnetisierungsfunktion eines bestimmten Körpers, z. B. $\left(\text{für } \gamma = \frac{4\pi}{3}\right)$ der Kugel; sie ist von F weit weniger abhängig als $\varkappa$.

(3) Für eine gegebene Feldstärke F_0 hängen J und B ganz wesentlich von der Gestalt des Magnetisierungskörpers ab, für jede Gestalt hat γ einen anderen Wert. Für das Rotations-Ellipsoid wird:

verlängert ($a = b = c\sqrt{1 - e^2}$, also e die Exzentrizität)

$$\gamma = 4\pi \frac{1 - e^2}{e^2} \left(\frac{1}{2e} \lg \frac{1 + e}{1 - e} - 1 \right), \tag{wv}$$

abgeplattet ($a = b = c / \sqrt{1 - e^2}$, e wieder die Exzentrizität)

$$\gamma = 4\pi \left(\frac{1}{e^2} - \frac{\sqrt{1 - e^2}}{e^3} \arcsin e \right), \tag{ww}$$

und hieraus ergeben sich die folgenden drei Spezialfälle:

Unendlicher Cylinder:

$$\gamma = 0, \qquad J = \varkappa F_0, \qquad B = \mu F_0, \qquad J = \frac{B - F_0}{4\pi} \tag{wx}$$

Kugel:

$$\gamma = \frac{4\pi}{3}, \quad J = \frac{\varkappa}{1 + \frac{4\pi}{3}\varkappa} F_0, \quad B = \frac{3\mu}{\mu + 2} F_0, \quad J = \frac{3}{8\pi}(B - F_0) \tag{wy}$$

Dünne Scheibe:

$$\gamma = 4\pi, \qquad J = \frac{\varkappa}{1 + 4\pi\varkappa} F_0, \qquad B = F_0. \tag{wz}$$

Für kleine $\varkappa$ resp. μ wenig größer als 1, d. h. für alle para- und diamagnetischen Stoffe, hat die Form keinen merklichen Einfluß, es ist für alle Formen

$$J = \varkappa F_0, \qquad B = F_0, \tag{xa}$$

also, nebenbei gesagt, B groß im Vergleich mit J. Umgekehrt macht es bei sehr großen $\varkappa$ resp. μ, also bei ferromagnetischen Stoffen, für Kugel- oder Scheibenform nichts aus, ob $\varkappa$ resp. μ noch sehr viel größer sind; es ist vielmehr für alle großen $\varkappa$ resp. μ:

Kugel $$J = \frac{3}{4\pi} F_0, \qquad B = 3F_0, \tag{xb}$$

Scheibe $$J = \frac{1}{4\pi} F_0, \qquad B = F_0, \tag{xc}$$

in beiden Fällen also, wie übrigens auch beim Cylinder, nebenbei bemerkt, B nur 4π mal so groß wie J.

Bei ferromagnetischen und paramagnetischen Stoffen wird durch ein positives Feld ein positives J erzeugt, und zwar ein desto größeres, je gestreckter die Körperform ist; bei diamagnetischen Stoffen wird durch ein positives Feld ein negatives J erzeugt, und zwar, von diesem Vorzeichen abgesehen, ein desto größeres, je gedrungener der Körper ist; für stark diamagnetische Stoffe würde sogar B negativ und J bei sehr gedrungener Gestalt wieder positiv werden; solche Stoffe sind aber nicht bekannt.

(4) Die Rückwirkung der Körperform hat zur Folge, daß ein ferromagnetischer Körper auch im ursprünglich gleichförmigen Felde nicht gleichförmig magnetisiert wird, sondern in seinen verschiedenen Teilen verschieden stark; dadurch erhält aber auch die Susceptibilität und die Permeabilität bei gleichem F_0 an den verschiedenen Stellen des Körpers verschiedene Werte, das Problem wird also sehr verwickelt. Die einzigen Formen, die im gleichförmigen Felde gleichförmig

magnetisiert werden, sind der unendliche Cylinder, der Ring, die Scheibe und das Ellipsoid; letzteres jedoch nur, wenn eine seiner Axen in die Feldrichtung fällt.

(5) Magnetisierungskurven. Der Anschaulichkeit halber stellt man gewöhnlich den Verlauf der Magnetisierung graphisch dar; dabei kann man für die Abscissen und Ordinaten sehr verschiedene unter den Größen $F_0\, F\, J\, B\, \varkappa\, \mu$ wählen; am wichtigsten sind folgende Kurven:

I. Abscisse	Ordinate	II. Abscisse	Ordinate	III. Abscisse	Ordinate
F_0	1. F	F	6. J	J	10. $\varkappa$
	2. J		7. B		
	3. B		8. $\varkappa$		
	4. $\varkappa$		9. μ	IV. Abscisse	Ordinate
	5. μ			B	11. μ

Alle Größen werden durchweg in absolutem Maaße angegeben; es sei bemerkt, daß für die Horizontalkomponente des Erdmagnetismus in Deutschland etwa (vgl. **149 f** (2))

$$F_0 = H = 0{,}2 \tag{ℌt}$$

ist und daß man künstliche Felder (durch Elektromagnete) bisher bis hinauf zu

$$F_0 = 25000 \tag{ℌu}$$

hergestellt hat.

(6) Einige Werte von J, B, $\varkappa$, μ:

Eisen.

Langer, dünner, weicher Eisendraht						Ring aus ausgeglühtem Schmiedeeisen				
F_0	F	J	B	$\varkappa$	μ	F	J	B	$\varkappa$	μ
0,32	0,32	3	40	9	120	0,13	2	26	15	200
1,38	1,37	33	420	24	310	0,40	7	84	17	210
2,80	2,67	295	3710	110	1390	1,31	25	320	19	245
4,92	4,50	926	11640	206	2590	2,78	203	2560	73	920
6,69	6,20	1086	13640	175	2200	5,86	791	9940	135	1700
10,23	9,79	1192	14980	122	1530	7,20	899	11300	125	1570
15,61	15,06	1238	15570	82	1030	9,14	989	12440	108	1360
22,27	21,70	1262	15870	58	730					

(ℌv) (ℌw)

$\varkappa_{max} = 206$ $\mu_{max} = 2590$ bei $F = 4{,}50$ | $\varkappa_{max} = 135$ $\mu_{max} = 1700$ bei $F = 5{,}86$ (ℌx) (ℌy)

Weicher Draht bei sehr kleinen Kräften		
F	J	$\varkappa$
0,0158	0,263	16,5
0,0308	0,547	17,9
0,0708	1,633	23,0
0,132	3,815	28,9
0,230	9,156	39,8
0,384	22,487	58,6

Schwedisches Eisen bei großen Kräften				
F	J	B	$\varkappa$	μ
1490	1680	22650	1,13	15,20
3600	1680	24650	0,46	6,85
6070	1680	27130	0,28	4,47
8600	1720	30270	0,20	3,52
18300	1690	38960	0,09	2,13
19880	1700	41140	0,08	2,07
24500	1660	45350	0,07	1,85

(hz) (ia)

Maximalwerte für Schmiedeeisen:

$$F = 25000, \quad J = 1720, \quad J' = \frac{J}{\varrho} = 225, \quad B = 45350, \quad \varkappa = 206, \quad \mu = 2590. \qquad \text{(ib)}$$

Für Stahl gelten ähnliche Zahlen, bei Kobalt etwas kleinere (J bis 1300, J' bis 140, B bis 30000, $\varkappa$ bis 14, μ bis 170), ebenso bei Gußeisen, bei Nickel zum Teil noch kleinere (J bis 600, J' bis 65, B bis 21000, $\varkappa$ bis 24, μ bis 290), die kleinsten bei Manganstahl, der bei 12 Proz. Mangan kaum noch magnetisierbar ist.

Schwach magnetische Stoffe.

Wismut	$\varkappa = -0{,}000\,014$	$\mu = 0{,}99982$
Antimon	$-0{,}000\,005$	$0{,}99994$

(ic)

Stoff	$\varkappa \times 10^6$	Stoff	$\varkappa \times 10^6$
Äther	− 0,64	Manganchlorür .	+6,8
Alkohol	− 0,69	Mangansulfat . .	+6,7
Eisenchlorid . . .	+60	Quecksilber . .	−2,6
Gläser (gew.) −0,38 bis	− 1,01	Sauerstoff . . .	+0,11
Luft	+ 0,028	Wasser (15°) . .	−0,81

(id)

(7) Krystallmagnetismus (Plücker 1847, Faraday 1849, Theorie von Thomson 1850). Krystalle sind in magnetischer Hinsicht prinzipiell durch die neun Koeffizienten in den obigen linearen Ausdrücken, praktisch aber durch ihre drei Hauptsusceptibilitäten $\varkappa_1\, \varkappa_2\, \varkappa_3$, speziell die einaxigen durch die axiale und die äquatoriale Susceptibilität charakterisiert; Krystalle, bei denen die axiale Susceptibilität die (absolut) größere ist, heißen magnetisch positiv, solche, bei denen sie die kleinere ist, magnetisch negativ; nimmt man hinzu,

daß die Krystalle außerdem paramagnetisch oder diamagnetisch sein können, so erhält man vier Arten von krystallmagnetischem Verhalten. Eine Krystallkugel unterscheidet sich von einer isotropen dadurch, daß sie im gleichförmigen Felde im allgemeinen ungleichförmig magnetisiert wird, daß ihre magnetische Induktionsaxe nicht mit der Feldrichtung übereinstimmt und daß sie, frei beweglich, sich in eine bestimmte Richtung einstellt.

Charakter einiger Krystalle (*p* para-, *d* diamagnetisch, + positiv, — negativ):

Einaxig			Zweiaxig	
Antimon	*d*	—	Aragonit . . .	*d*
Arsen.	*d*	—	Baryt.	*d*
Beryll	*p*	—	Nickelsulfat . .	*p*
Eis	*d*	—	Salpeter	*d*
Eisenspat . . .	*p*	+	Topas	*d*
Kalkspat . . .	*d*	+		
Turmalin . . .	*p*	—		
Wismut	*d*	—		

Bei Kalkspat ist etwa $\varkappa_{ax.} - \varkappa_{äq.} = -0{,}1 \times 10^{-6}$, und einzeln etwa $\varkappa_{ax.} = -1{,}2 \times 10^{-6}$, $\varkappa_{äq.} = -1{,}1 \times 10^{-6}$. } (ie)

(8) Der Magnetismus ist von den verschiedensten Einflüssen abhängig, insbesondere vom Druck und von der Temperatur. Mit letzterer nimmt im typischen Falle der Magnetismus erst langsam zu bis zu einer kritischen Temperatur, um dann ganz plötzlich fast auf null herabzusinken; die kritische Temperatur für Eisen liegt zwischen 680 und 780°, für Nickel etwa bei 310°.

(9) Einige Werte von γ (Gestaltskoeffizient) für Rotations-Ellipsoide von verschiedenem Verhältnis der Rotations- zur Äquatorialaxe ($c:a$) resp. verschiedener Excentrizität e (vgl. **152** (3)):

$c:a$	e	γ	$c:a$	e	γ
500	fast 1	0,0003	1	0	4,19 $\left(\frac{4\pi}{3}\right)$
200	„ 1	0,0016			
50	0,999	0,018	0,9	0,436	4,77
10	0,995	0,25	0,75	0,661	5,16
4	0,968	0,95	0,5	0,866	6,60
2	0,866	2,18	0	1	12,59 (4π)

(if)

(10) Magnetische Schirmwirkung (vgl. **111f**(3), **44** u. **145** (5a)) ist die Eigenschaft umgebender weicher Eisenmassen, das Innere (z. B.

eine Kompaßnadel) vor der Wirkung äußerer Magnete zu schützen, indem jene selbst die von diesen ausgehenden Kraftlinien mehr oder weniger auffangen. Insbesondere wird eine eiserne Hohlkugel durch äußere Kräfte derart magnetisiert, daß sie im inneren Hohlraume entgegengesetzt wie jene und, wenn ihre Wand stark ist, ebenso stark wirkt; die Gesamtwirkung im Hohlraume ist also null oder sehr klein (Poisson, Thomson, Stefan).

(11) Magnetische Nachwirkung, Hysteresis, Remanenz, Koercitivkraft (vgl. **149 f**). Der Magnetismus ferromagnetischer Stoffe ist unter der Wirkung einer bestimmten Kraft verschieden je nach der Vorgeschichte des Körpers, und er ändert sich, auch wenn die Kraft konstant bleibt, allmählich; beide offenbar im Zusammenhange stehenden Erscheinungen bezeichnet man, dem allgemeinen Ausdruck (***10***(3)) entsprechend, als magnetische Nachwirkung. Wenn man insbesondere einen Körper erst steigenden, dann wieder fallenden Kräften aussetzt, so ist J bei demselben F auf dem Rückwege größer als auf dem Hinwege, oder es tritt dasselbe J erst später als zu erwarten auf; diese Erscheinung heißt magnetische Hysteresis. Der Wert von J, der auf dem Rückwege bei $F = 0$ eintritt, heißt remanenter Magnetismus, als Ursache wird eine in dem Körper vorhandene Koercitivkraft gedacht, und als deren Maaß dient der negative Wert von F, bis zu welchem man auf dem Rückwege gehen muß, um J auf null herabzubringen. Die Remanenz hängt übrigens wegen der entmagnetisierenden Kraft der Pole (**152**) auch von der Form, die Koercitivkraft dagegen nur vom Material der Körpers ab; jene ist für lange Drähte und Ringe am größten, für gedrungene Formen am kleinsten, beide sind für harten Stahl am größten, für weiches schwedisches Eisen am kleinsten.

Mit der Koercitivkraft hängt das anfängliche Wachsen von $\varkappa$ und μ zusammen; je stärker jene, desto größer diese.

Unter Umständen tritt „anomale Magnetisierung" ein (v. Waltenhofen), d. h. negative Remanenz, besonders bei rascher Aufhebung der Kraft.

(12) Magnetischer Kreis. Eine anschauliche Beziehung erhält man, wenn man die Größen

$$m = \int F dl, \qquad i = \int B dq \qquad \text{(xd)}$$

einführt (dl Längen-, dq Querschnittselement des Magneten); von ihnen kann jene, in Analogie mit der elektromotorischen Kraft, als magnetomotorische Kraft, diese nach der Theorie des Kraftfeldes als magnetische Kraftströmung (**149** u. **111**) bezeichnet werden; ist B in allen Punkten eines Querschnittes gleich groß, so ist einfacher

$$i = Bq = \mu F q. \qquad \text{(xe)}$$

Ohne Anwesenheit des induzierbaren Körpers würde die Kraftströmung durch q hindurch Fq sein, jetzt ist sie $\mu F q$, die Zahl der durch q hindurchgehenden Kraftlinien ist also die μfache geworden. Man nennt deshalb μ auch Leitungsfähigkeit für magnetische Kraftlinien oder kurz, aber bildlich, spezifische magnetische Leitfähigkeit; in einem Eisenstabe drängen sich die Kraftlinien zusammen, einem Wismutstabe weichen sie aus. Das reziproke von μ,

$$\varrho = \frac{1}{\mu}, \qquad \text{(xf)}$$

kann man spezifischen magnetischen Widerstand (Reluktivität) und für einen geschlossenen magnetischen Kreis (Ringmagnet, Hufeisenmagnet mit Anker u. s. w.) die Größe

$$w = \int \frac{dl}{\mu q} = \int \frac{\varrho\, dl}{q} \qquad \text{(xg)}$$

den Widerstand (Reluktanz) des Kreises nennen.

Dimensionsformeln:

$$[m] = l^{1/2} t^{-1} m^{1/2}; \qquad [i] = l^{3/2} t^{-1} m^{1/2}, \qquad \text{(EP)}$$

$$[w] = l^{-1}, \qquad [\varrho] = 1. \qquad \text{(EQ)}$$

Drückt man nunmehr i durch m und w aus, so erhält man:

$$i = \frac{m}{w}, \qquad \text{(xh)}$$

also ein Gesetz für den magnetischen Kreis, das eine gewisse Analogie mit dem Ohm'schen Gesetz (***45***) für den elektrischen Stromkreis hat; jedoch besteht ein dimensionaler Unterschied, indem zwar $[m]$ mit $[e]$ übereinstimmt, $[i]$ aber das $t$fache, $[w]$ das t^{-1}fache des elektrischen ist; und ferner ist hier w keine Konstante des Kreises, sondern von der Größe der Kraft (und der Vorgeschichte des Kreises) abhängig. Bei unvollkommenen, d. h. streckenweise durch Luft unterbrochenen Kreisen (geschlitzter Ring, Hufeisenmagnet) tritt eine sog. Streuung der Kraftlinien auf, d. h. diese zerstreuen sich, statt auf dem nächsten Wege das Metall wiederzugewinnen, z. T. in die Luft; die hierdurch erzeugte Schwächung, genauer das Verhältnis der Kraftlinien vor und nach der Streuung heißt Streuungskoeffizient; er ist desto größer, je größer die Luftstrecke und je weniger parallel die sie begrenzenden Polflächen sind.

(13) Molekulartheorie; Molekularmagnetismus. Die Weber'sche Theorie der drehbaren Molekularmagnete (**141** (5)) führt zu folgenden Beziehungen zwischen F und J ($\mathfrak{m}$ Moment eines Molekularmagneten, $\mathfrak{n}$ ihre Anzahl in der Volumeneinheit, D ihre Direktionskraft (***46*** (2)):

$F=$	0	$<D$	D	$>D$	∞
$J=$	0	$\frac{2}{3}\mathfrak{m}\mathfrak{n}\frac{F}{D}$	$\frac{2}{3}\mathfrak{m}\mathfrak{n}$	$\mathfrak{m}\mathfrak{n}\left(1-\frac{1}{3}\frac{D^2}{F^2}\right)$	$\mathfrak{m}\mathfrak{n}$;

(xi)

hierdurch wird wohl die Sättigung (152 (2)), nicht aber die Koerzitivkraft und Remanenz (152 (11)), mit anderen Worten das anfänglich stärkere Wachsen von J dargestellt. — Beidem wird die Maxwell'sche Modifikation der Weber'schen Theorie gerecht; jedoch sind die Formeln sehr verwickelt, und überdies insofern noch unvollkommen, als sie von einer gewissen Kraft an plötzlich ein stärkeres Wachsen von J ergeben, so daß die Magnetisierungskurve einen Knick erhält.

Nicht auf die Molekularmagnete als solche, sondern auf die Körpermolekeln resp. Körperatome bezieht sich der Begriff des Molekularmagnetismus resp. Atommagnetismus, d. h. des magnetischen Momentes pro Molekel resp. pro Atom; er ergiebt sich aus dem spezifischen Magnetismus J' (150 (2), Gl. vr) durch Multiplikation mit dem Molekular- resp. Atomgewicht. Die Beziehungen, zu denen diese Begriffe führen, sind jedoch nur von speziellem Charakter und beschränkter Bedeutung.

153. Natürliches elektrisches und magnetisches Maafssystem. Das im Obigen für die elektrischen wie für die magnetischen Größen benutzte Maaßsystem ist das übliche, aber keineswegs das natürliche, da es infolge der begrifflichen Gleichsetzung von Kraft und Wechselwirkung zu künstlichen Dimensionsformeln für die elektrische resp. magnetische Masse und damit auch für die übrigen Größen führt. Nun ist zwar der Ausdruck „Masse" oder „Polstärke" bei der neueren Anschauung vom Wesen der elektrischen und magnetischen Erscheinungen mehr bildlichen als realen Charakters, diese bildliche Vorstellung hat aber auch jetzt noch Bedeutung genug, um den Wunsch nach einem ihr besser entsprechenden Maaßsystem zu rechtfertigen. Ein solches erhält man einfach, indem man die Begriffe Kraft und Wechselwirkung nicht gleichsetzt, sondern die Wechselwirkungskonstante γ beibehält und wie bei der Gravitation so wählt, daß die $\mathfrak{e}$ und die $\mathfrak{m}$ Massen werden, nämlich $[\gamma] = l^3 t^{-2} m^{-1}$, vgl. **61 b**, Gl. AJ. In allen Formeln, die eine Beziehung zwischen Kraft- und Massengrößen enthalten, muß man dann ebenfalls γ als Faktor hinzufügen, insbesondere wird jetzt (Gl. sc, ub, uf, ux, wt, xg):

$$K = \gamma\frac{\mathfrak{e}_1\mathfrak{e}_2}{r^2} = \gamma\frac{\mathfrak{m}_1\mathfrak{m}_2}{r^2},$$
$$F' = \gamma . 4\pi J, \qquad B = F + \gamma . 4\pi J, \qquad \text{(xk)}$$

$$\left.\begin{array}{c} \varkappa = \gamma \dfrac{J}{F}, \qquad \varepsilon = \mu = \gamma \dfrac{B}{F}, \\ w\,(\text{magnetisch}) = \gamma \displaystyle\int \frac{dl}{\mu q}. \end{array}\right\} \quad \text{(xk)}$$

(In den elektrischen Widerstand geht γ nicht ein, da derselbe direkt durch e und i definiert wird, vgl. **148**, Gl. ut.)

Hiernach erhält man nun folgende Dimensionsformeln (vgl. **137** ff.):

Elektrische Größen	Magnetische Größen
$[e] = m$	$[m] = m$
$[\varrho_v] = l^{-3} m, \quad [\varrho_f] = l^{-2} m$	$[M] = lm$
$[K] = l t^{-2} m, \quad [F] = l t^{-2}$	$[K] = l t^{-2} m, \quad [F] = l t^{-2}$
$[V] = [e] = l^2 t^{-2}$	$[D] = l^2 t^{-2} m$
$[V_m] = [E] = [A] = l^2 t^{-2} m$	$[V] = [m] = l^2 t^{-2}$
$[C] = l^{-2} t^2$	$[V_m] = [E] = [A] = l^2 t^{-2} m$
$[J] = [B] = l^{-2} m$	$[J] = [B] = l^{-2} m$
$[\varkappa] = [\varepsilon] = 1$	$[\varkappa] = [\mu] = [\gamma] = 1$
$[i] = t^{-1} m, \quad [\delta] = l^{-2} t^{-1} m$	$[i] = m$
$[w] = l^2 t^{-1} m^{-1}$	$[w] = l^2 t^{-2} m^{-1}$
$[w_0] = l^3 t^{-1} m^{-1}, \quad [\lambda] = l^{-3} t m$	
$[w'_0] = t^{-1}, \quad [\lambda'] = t$	

(ER) (ES)

48. Elektromagnetisches Grundgesetz (vgl. **141** (6)). Die Kraft, die ein elektrisches Stromelement auf einen Magnetpol ausübt, steht auf der durch beide bestimmten Ebene senkrecht, hat die Richtung des ausgestreckten linken Armes eines im Stromelemente mit dem Gesicht nach dem Pole Schwimmenden und ist proportional der Länge des Stromelementes, der Stromstärke, der Polstärke, dem Sinus des Winkels zwischen der Stromrichtung und der Richtung nach dem Pole sowie umgekehrt proportional dem Quadrate der Entfernung; in Formel, wenn c ein Faktor ist, den man als elektromagnetische Konstante bezeichnen kann:

$$K = c \frac{i m dl}{r^2} \sin(r, l). \qquad \text{(xl)}$$

Die Wirkung ist (im Gegensatz zu den anziehenden resp. abstoßenden Wirkungen zwischen statischen Elektrizitäten oder Magneten) eine ablenkende oder drehende (vgl. **56c**). Unter Umständen kann aber auch hier eine Anziehung oder Abstoßung zu Stande kommen (s. u.). Die Ablenkung der Nadel durch den Strom wurde von Oersted 1820 entdeckt, das Grundgesetz von Laplace 1821 aufgestellt.

(1) Sind $da\ db\ dc$ die Komponenten von dl, so sind die Komponenten XYZ von K:

$$\left.\begin{aligned}X &= c\frac{im\,dl}{r^2}\left(\frac{db}{dl}\frac{\partial r}{\partial c} - \frac{dc}{dl}\frac{\partial r}{\partial b}\right),\\ Y &= c\frac{im\,dl}{r^2}\left(\frac{dc}{dl}\frac{\partial r}{\partial a} - \frac{da}{dl}\frac{\partial r}{\partial c}\right),\\ Z &= c\frac{im\,dl}{r^2}\left(\frac{da}{dl}\frac{\partial r}{\partial b} - \frac{db}{dl}\frac{\partial r}{\partial a}\right).\end{aligned}\right\}\quad\text{(xm)}$$

(2) Aus dem obigen Gesetz, das man als elektromagnetisches Elementargesetz bezeichnen kann, ergeben sich deduktiv die Gesetze für die Wirkung ganzer Ströme auf Magnetpole; umgekehrt ist das Elementargesetz eine Abstraktion aus den allein durch Erfahrung zu ermittelnden Integralgesetzen (und zwar lediglich die einfachste, nicht die allein mögliche). Für einen unendlich langen geradlinigen Strom erhält man das Biot-Savart'sche Gesetz (1820):

$$K = c\frac{im}{r}, \qquad \text{(xn)}$$

d. h. die Kraft ist mit der Stromstärke und Polstärke direkt, mit der Entfernung umgekehrt proportional. Für einen geschlossenen linearen Strom, dessen Kurve eine Fläche einschließt, deren Element ds, deren scheinbare Größe vom Pole aus gesehen S ist, ergiebt sich (n die Normale von ds, $da\,db\,dc$ Komponenten des Stromelementes, xyz Koordinaten des Poles):

$$V_\mu = cim\int ds\frac{\partial\frac{1}{r}}{\partial n} = cim\int\frac{ds}{r^2}\cos(nr) = cim\,S, \qquad \text{(xo)}$$

$$\left.\begin{aligned}X &= cim\int\left(db\frac{\partial\frac{1}{r}}{\partial c} - dc\frac{\partial\frac{1}{r}}{\partial b}\right) = cim\int\left(dc\frac{\partial\frac{1}{r}}{\partial y} - db\frac{\partial\frac{1}{r}}{\partial z}\right),\\ Y &= cim\int\left(dc\frac{\partial\frac{1}{r}}{\partial a} - da\frac{\partial\frac{1}{r}}{\partial c}\right) = cim\int\left(da\frac{\partial\frac{1}{r}}{\partial z} - dc\frac{\partial\frac{1}{r}}{\partial x}\right),\\ Z &= cim\int\left(da\frac{\partial\frac{1}{r}}{\partial b} - db\frac{\partial\frac{1}{r}}{\partial a}\right) = cim\int\left(db\frac{\partial\frac{1}{r}}{\partial x} - da\frac{\partial\frac{1}{r}}{\partial y}\right).\end{aligned}\right\}\quad\text{(xp)}$$

Für einen Kreisstrom vom Radius a ist z. B. die Kraft auf einen in der Axe um x vom Kreismittelpunkt entfernten Pol

$$X = 2\pi cim\frac{a^2}{(x^2+a^2)^{3/2}}, \qquad \text{(xq)}$$

es findet also in diesem Falle eine wirkliche Anziehung an die Kreisebene (von der einen) resp. eine Abstoßung (nach der anderen Seite) statt; speziell im Kreismittelpunkt ist

$$X = \frac{2\pi c i m}{a}, \tag{xr}$$

d. h. die Kraft umgekehrt proportional dem Radius.

Endlich für einen körperlichen Strom mit den Komponenten uvw der Stromdichte (**147** (2)) und dem Raumelement $d\tau$, wenn zur Abkürzung

$$U = \int d\tau \frac{u}{r}, \qquad V = \int d\tau \frac{v}{r}, \qquad W = \int d\tau \frac{w}{r}, \tag{xs}$$

gesetzt wird:

$$\left.\begin{aligned} X &= c\mathfrak{m} \int d\tau \left(\frac{\partial \frac{1}{r}}{\partial y} w - \frac{\partial \frac{1}{r}}{\partial z} v \right) = c\mathfrak{m} \left(\frac{\partial W}{\partial y} - \frac{\partial V}{\partial z} \right), \\ Y &= c\mathfrak{m} \int d\tau \left(\frac{\partial \frac{1}{r}}{\partial z} u - \frac{\partial \frac{1}{r}}{\partial x} w \right) = c\mathfrak{m} \left(\frac{\partial U}{\partial z} - \frac{\partial W}{\partial x} \right), \\ Z &= c\mathfrak{m} \int d\tau \left(\frac{\partial \frac{1}{r}}{\partial x} v - \frac{\partial \frac{1}{r}}{\partial y} u \right) = c\mathfrak{m} \left(\frac{\partial V}{\partial x} - \frac{\partial U}{\partial y} \right). \end{aligned}\right\} \tag{xt}$$

(3) Das Potential eines geschlossenen linearen Stromes auf einen ganzen Magneten ist, wenn ABC die Komponenten seiner Magnetisierung J (**150**) sind und zur Abkürzung gesetzt wird:

$$\left.\begin{aligned} L &= \int d\tau \frac{A}{r}, \qquad M = \int d\tau \frac{B}{r}, \qquad N = \int d\tau \frac{C}{r}, \\ V &= ci \int \left[dx \left(\frac{\partial M}{\partial z} - \frac{\partial N}{\partial y} \right) + dy \left(\frac{\partial N}{\partial x} - \frac{\partial L}{\partial z} \right) + dz \left(\frac{\partial L}{\partial y} - \frac{\partial M}{\partial x} \right) \right]. \end{aligned}\right\} \tag{xu}$$

(4) Magnetische Induktion durch elektrische Ströme. Auch wenn es sich nicht um ponderomotorische, sondern um magnetomotorische (magnetisierende) Wirkungen elektrischer Ströme (**141** (6)) handelt, d. h. um die magnetische Induktion (**152**) in Eisenkörpern durch Stromspulen, finden die entwickelten Formeln Anwendung, und zwar hier in Kombination mit den Formeln der magnetischen Induktion (**152**); jene geben die Beziehung zwischen der Stromstärke i und der durch sie erzeugten Feldstärke F_0, diese die Beziehung zwischen F_0 und dem induzierten Magnetismus. Für eine lange cylindrische Stromspule mit n Windungen pro Längeneinheit und einen in ihr steckenden langen Stab ist:

$$F_0 = 4\pi n i, \qquad J = 4\pi \varkappa n i, \qquad B = 4\pi \mu n i; \tag{xv}$$

ähnlich für einen ringförmigen Elektromagneten; für eine mit Stromwindungen bedeckte Kugel ist

$$F_0 = \frac{8\pi}{3} ni, \qquad J = \frac{8\pi\varkappa}{3+4\pi\varkappa} ni, \qquad B = \frac{8\pi\mu}{\mu+2} ni, \tag{xw}$$

also für einigermaaßen große $\varkappa$ und μ nahezu

$$J = 2ni, \qquad B = 8\pi ni. \tag{xx}$$

(5) Magnetelektrische Wirkung (AMPÈRE 1821). Die der elektromagnetischen entgegengesetzte Wirkung eines Magnetpols auf ein Stromelement ist nach dem Prinzip der Wechselwirkung ebenfalls durch das Elementargesetz dargestellt. Geht man von dem Felde μ/r^2 des Poles zu einem beliebigen Felde F über, so erhält man:

$$K = cFidl \sin(F, l), \tag{xy}$$

in Worten: Die Kraft, die ein Stromelement in einem magnetischen Felde erfährt, steht auf der Feldrichtung und dem Stromelemente senkrecht, hat die Richtung des senkrecht zur Handfläche vorgestreckten Daumens der linken Hand, deren Zeigefinger in die Feld-, deren Mittelfinger in die Stromrichtung gebracht wird, und ist proportional der Feldstärke, der Stromstärke und der Projektion des Stromelementes auf die zum Felde senkrechte Richtung.

Ein geschlossener Strom (Kreisstrom) wird hiernach im gleichförmigen Felde gedreht, bis seine Ebene senkrecht zur Feldrichtung steht; in einem beliebigen Felde wird er im allgemeinen sowohl verschoben als gedreht, und seine schließliche Gleichgewichtslage ist diejenige, bei welcher die Zahl der durch ihn hindurchgehenden Kraftlinien ein Maximum ist (Gauß-Maxwell'scher Satz).

(6) Hall'sches Phänomen oder Hall-Effekt (HALL 1879) heißt die Verschiebung resp. Drehung der Stromlinien und Niveaulinien in einer vom Strome durchflossenen Platte, die in einem Magnetfelde senkrecht gegen dessen Richtung liegt. Geht der Strom von der Mitte einer Querkante zur Mitte der gegenüberliegenden, so sind außerhalb eines Magnetfeldes die Niveaulinien parallel zu jenen Kanten, es gehören z. B. die Mitten der Längskanten derselben Niveaulinie an; im Magnetfelde erhalten sie eine Potentialdifferenz. Positive Drehung der Niveaulinien, d. h. im Sinne der das Feld erregenden Ströme haben Eisen, Kobalt, Antimon, Tellur und Zink, negative Gold, Silber, Kupfer, Wismut und Nickel. Die Größe der Potentialdifferenz ist der Strom- und Feldstärke direkt, der Plattendicke umgekehrt proportional:

$$e = r\frac{iF}{d}, \tag{xz}$$

der Faktor r heißt Hall'sche Konstante oder Rotationskoeffizient; einige Werte in absoluten Einheiten sind folgende:

Tellur	+ 530	Kobalt	+ 0,004	(ig)
Wismut	− 9	Silber	− 0,0008	
Antimon	+ 0,15	Gold	− 0,0007	
Nickel	− 0,02	Kupfer	− 0,0005	
Eisen	+ 0,01	Platin	− 0,00024	

in Blei und Zinn ist der Hall-Effekt fast null, in Tellur am stärksten.

49. **Elektrodynamisches Grundgesetz** oder **Ampère'sches Gesetz** (Entdeckung der Wirkung von Strömen aufeinander und Aufstellung des Grundgesetzes durch Ampère 1821). Die Kraft zwischen zwei elektrischen Stromelementen ist eine Anziehung oder Abstoßung und der Größe nach mit ihren Längen und Stromstärken direkt, mit dem Quadrat ihrer Entfernung umgekehrt proportional, außerdem aber von den Winkeln abhängig, welche die Elemente miteinander und mit ihrer Abstandsrichtung bilden. Formel:

$$K = c^2 i i' \frac{dl\,dl'}{r^2} (3 \cos(rl) \cos(rl') - 2 \cos(ll')) \qquad \text{(ya)}$$

oder auch:

$$K = c^2 i i' \frac{dl\,dl'}{r^2} \left(2r \frac{\partial^2 r}{\partial l \partial l'} - \frac{\partial r}{\partial l} \frac{\partial r}{\partial l'}\right); \qquad \text{(yb)}$$

die Konstante c ist dieselbe wie im elektromagnetischen Grundgesetz (*48*), hier tritt jedoch ihr Quadrat auf.

(1) Die wichtigsten Spezialfälle sind folgende (die Lage der Stromelemente ist durch Pfeile gekennzeichnet):

$$K = - c^2 . 2 i i' \frac{dl\,dl'}{r^2} \text{ (Anziehung)}, \qquad \text{(yc)}$$

$$K = + c^2 . 2 i i' \frac{dl\,dl'}{r^2} \text{ (Abstoßung)}, \qquad \text{(yd)}$$

$$K = + c^2 i i' \frac{dl\,dl'}{r^2} \text{ (Abstoßung)}, \qquad \text{(ye)}$$

$$K = - c^2 i i' \frac{dl\,dl'}{r^2} \text{ (Anziehung)}, \qquad \text{(yf)}$$

$$K = - c^2 . \tfrac{3}{2} i i' \frac{dl\,dl'}{r^2} \text{ (Anziehung)}, \qquad \text{(yg)}$$

$$K = c^2 . \tfrac{3}{2} i i' \frac{dl\,dl'}{r^2} \text{ (Abstoßung)}, \qquad \text{(yh)}$$

$$K = + c^2 \left(1 + \cos^2 \frac{w}{2}\right) i i' \frac{dl\,dl'}{r^2}, \qquad \text{(yi)}$$

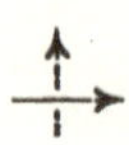

(Die beiden Elemente können in verschiedenen Ebenen liegen):

$$K = 0. \qquad \text{(yk)}$$

Parallele Stromelemente ziehen sich also an, entgegengesetzt parallele stoßen sich ab; aufeinander folgende stoßen sich ab, einander entgegenkommende ziehen sich an; senkrecht und median aneinander vorbeigehende üben keine Wirkung aufeinander aus. Quantitativ verhalten sich die Wirkungen zwischen in einer Linie liegenden und parallelen Elementen wie 1 : 2, bei gleichem Abstande ihrer Mittelpunkte.

(2) Aus dem Elementargesetz lassen sich wieder die Integralgesetze für ganze Ströme ableiten, umgekehrt ist jenes nur eine Abstraktion aus diesen, und zwar nur eine aus vielen möglichen; in der That sind auch andere Elementarformeln aufgestellt worden.

Die Wirkung eines geschlossenen Stromes auf ein Stromelement läßt sich mit Hilfe der Abkürzungen (x, y, z die Koordinaten des Stromelementes, x', y', z' die eines Elementes des geschlossenen Stromes)

$$\left.\begin{aligned} \mathfrak{A} &= \int \frac{(y'-y)\,dz' - (z'-z)\,dy'}{r^3}, \\ \mathfrak{B} &= \int \frac{(z'-z)\,dx' - (x'-x)\,dz'}{r^3}, \\ \mathfrak{C} &= \int \frac{(x'-x)\,dy' - (y'-y)\,dx'}{r^3}, \end{aligned}\right\} \qquad \text{(yl)}$$

in der Form schreiben:

$$\left.\begin{aligned} X = c\,i\,i'(\mathfrak{B}\,dz - \mathfrak{C}\,dy), \qquad Y = c\,i\,i'(\mathfrak{C}\,dx - \mathfrak{A}\,dz) \\ Z = c\,i\,i'(\mathfrak{A}\,dy - \mathfrak{B}\,dx); \end{aligned}\right\} \qquad \text{(ym)}$$

die Größen $\mathfrak{A}\ \mathfrak{B}\ \mathfrak{C}$ heißen die Determinanten des geschlossenen Stromes, ihre Resultante die Direktrix. Auf der Ebene, die das Stromelement und die Direktrix bilden, steht die elektrodynamische Kraft senkrecht.

Mit Hilfe des Potentials V eines geschlossenen Stromes von der Stärke 1 auf den Pol 1 kann man $\mathfrak{A}\ \mathfrak{B}\ \mathfrak{C}$ und damit auch $X\,Y\,Z$ in der Form schreiben:

$$\left.\begin{aligned} \mathfrak{A} = -\frac{\partial V}{\partial x}, \qquad \mathfrak{B} = -\frac{\partial V}{\partial y}, \qquad \mathfrak{C} = -\frac{\partial V}{\partial z}, \\ X = c^2 i\,i'\left(\frac{\partial V}{\partial z}dy - \frac{\partial V}{\partial y}dz\right), \qquad Y = c^2 i\,i'\left(\frac{\partial V}{\partial x}dz - \frac{\partial V}{\partial z}dx\right), \\ Z = c^2 i\,i'\left(\frac{\partial V}{\partial y}dx - \frac{\partial V}{\partial x}dy\right). \end{aligned}\right\} \text{(yn)}$$

Das Potential zweier geschlossener linearer Ströme aufeinander wird durch jeden der folgenden Ausdrücke dargestellt:

$$V = -c^2 i\,i' \iint \frac{dl\,dl'}{r} \cos(l\,l'), \qquad \text{(yo)}$$

$$V = c^2 i i' \iint \frac{dl\,dl'}{r} \cos(rl) \cos(rl'), \tag{yp}$$

$$V = c^2 i i' \iint \frac{dl\,dl'}{r} \frac{\partial r}{\partial l} \frac{\partial r}{\partial l'}. \tag{yq}$$

Sind endlich die Ströme körperlich, $u\,v\,w$, $u'\,v'\,w'$ die Komponenten ihrer Stromdichten (**147** (2)), $q\,q'$ die Querschnitte, $d\tau\,d\tau'$ die Raumelemente, also:

$$i i' \cos(l l') = q q' (u u' + v v' + w w'), \tag{yr}$$

und setzt man zur Abkürzung:

$$\int \frac{d\tau'}{r} u' = \mathfrak{U}, \quad \int \frac{d\tau'}{r} v' = \mathfrak{V}, \quad \int \frac{d\tau'}{r} w' = \mathfrak{W}, \tag{ys}$$

so wird:

$$V = -c^2 \int d\tau (u\,\mathfrak{U} + v\,\mathfrak{V} + w\,\mathfrak{W}). \tag{yt}$$

Fallen die beiden (linearen oder räumlichen) Ströme mit einander zusammen, so gelangt man zu dem Begriffe des elektrodynamischen Selbstpotentials.

154. Induzierte elektrische Ströme oder **Induktionsströme** (Faraday 1831) sind solche, welche in Schließungen, die lediglich aus Leitern erster Klasse (*43*) bestehen, auftreten oder in Schließungen aus Leitern beider Klassen zu den schon bestehenden hinzutreten, wenn in ihrer Nähe elektrische Ströme oder Magnete Intensitätsänderungen erfahren, oder wenn deren Lage relativ zu der Schließung sich ändert (durch Bewegung dieser oder jener). Die Erscheinung selbst heißt Induktion; sind Magnete die Ursache, so spricht man von Magnetoinduktion (nicht zu verwechseln mit magnetischer Induktion, s. **152**); sind elektrische Ströme die Ursache, von Elektroinduktion oder Volta-Induktion; beide Ursachen treten oft zugleich auf (z. B. bei Elektromagneten). In dem besonderen Falle, daß die Änderung der Intensität eines in der Schließung selbst schon vorhandenen Stromes in ihr einen Strom induziert, spricht man von Selbstinduktion; andere spezielle Fälle sind der bei der Schließung resp. Öffnung (richtiger: Herstellung resp. Abstellung) des primären Stromes auftretende Schließungs- resp. Öffnungsstrom; wenn im eigenen Kreise verlaufend, nennt man jenen auch Extrastrom. Wie bei gewöhnlichen Strömen führt man auch hier eine elektromotorische Kraft (**143**) ein und nennt sie elektromotorische Kraft der Induktion oder induzierte elektromotorische Kraft.

Von besonderem Interesse ist die neuerdings festgestellte Thatsache (Hertz), daß auch elektrische Veränderungen in Isolatoren Induktionswirkungen auf die Umgebung ausüben; damit sie einen nachweisbaren Betrag erreichen, müssen freilich jene Veränderungen äußerst rasch, d. h. in Form sehr schneller Schwingungen (**147** (3) b) erfolgen.

50. **Grundgesetz der induzierten Ströme** (F. Neumann'sches Gesetz 1845). Die in einem geschlossenen Leiter durch die Bewegung oder Intensitätsänderung eines in der Nähe befindlichen Stromes resp. Magneten induzierte elektromotorische Kraft ist gleich der Abnahme, welche das elektrodynamische resp. elektromagnetische Potential zwischen dem vom Strome 1 durchflossen gedachten Leiter und dem Strom resp. Magneten durch jene Vorgänge erfahren würde. Formel:

$$e' = -\frac{\partial V}{\partial t}. \qquad \text{(yu)}$$

Statt der Abnahme des Potentials kann man auch die Arbeit setzen (**123** (5)). Es sei bemerkt, daß ein Proportionalitätsfaktor hier nicht nötig ist, da er als c schon in V enthalten ist. („Induktionskonstante".)

Aus diesem Grundgesetz fließen folgende spezielle Gesetze:

a) Lenz'sche Richtungsregel (1834): Der durch Bewegung induzierte Strom hat eine solche Richtung, daß er durch seine elektromagnetische (***48***) resp. elektrodynamische (***49***) Rückwirkung jener Bewegung entgegenwirkt.

b) Der durch Intensitätssteigerung eines Stromes erzeugte Induktionsstrom, speziell der Schließungsstrom, hat entgegengesetzte, der durch Abschwächung entstehende, speziell der Öffnungsstrom, gleiche Richtung.

c) Intensitätssteigerung wirkt wie Annäherung, Schwächung wie Entfernung; insbesondere Entstehen wie Annäherung aus der Unendlichkeit, Verschwinden wie Entfernung in die Unendlichkeit.

d) Die gesamte induzierte elektromotorische Kraft ist proportional mit der Differenz der Anzahl der vorher und nachher durch den Leiterkreis hindurchgehenden Kraftlinien (sei es elektrischen oder magnetischen Ursprungs).

e) Nennt man die im elektrodynamischen V vorkommende Größe

$$p_{12} = \iint \frac{dl\,dl'}{r} \cos(l\,l') \qquad \text{(yv)}$$

(***49***, Gl. yo) den gegenseitigen Induktionskoeffizienten der beiden Leitungen (rein geometrische Größe), so ist die bei Änderung der Stromstärke im ersten Leiter von i_1 auf i_2 im zweiten induzierte gesamte elektromotorische Kraft und die entsprechende Stromstärke (Integralkraft resp. Integralstrom, **147** (5)):

$$\int e'\,dt = p_{12}(i_1 - i_2), \qquad \int i'\,dt = \frac{p_{12}}{w}(i_1 - i_2), \qquad \text{(yw)}$$

speziell beim Schließungs- oder Öffnungsstrom

$$\int e'_0\,dt = \mp p_{12}\,i, \qquad \int i'\,dt = \mp \frac{p_{12}}{w}\,i. \qquad \text{(yx)}$$

Handelt es sich um die Selbstinduktion eines einzigen Leiters, sind also dl und dl' verschiedene Elemente desselben, so heißt das Integral, in diesem Falle mit p_{11} bezeichnet, Selbstinduktionskoeffizient.

f) Die in einem Leiterelement dl durch Bewegung mit der Geschwindigkeit v senkrecht zu dl und zum Felde F induzierte elektromotorische Kraft ist:

$$e' = -F v\, dl, \tag{yy}$$

die Integralkraft für den Weg s:

$$\int e'\, dt = -F s\, dl. \tag{yz}$$

(1) In ihrer einfachen Form gelten obige Sätze nur für Leiter, die in sich selbst unverändert bleiben; für Leiter, die sich dehnen oder verkürzen, deformieren, neue Teile aufnehmen oder ausstoßen („Gleitstellen", Schleifkontakte), werden die Beziehungen komplizierter, lassen sich aber auch noch in einen Satz zusammenfassen (F. Neumann's allgemeines Prinzip).

(2) Im gleichförmigen Felde wirkt nur Drehung induzierend, im ungleichförmigen auch Verschiebung (vgl. *48* (5)).

(3) Einige Werte von p_{12} und p_{11}:
Gerade Drähte (Länge l, Abstand a):

$$p_{12} = l \cdot \lg \frac{\sqrt{l^2 + a^2} + l}{\sqrt{l^2 + a^2} - l} + 2a - 2\sqrt{l^2 + a^2}, \tag{za}$$

bei kleinem a:

$$p_{12} = 2l \cdot \left(\lg \frac{2l}{a} - 1\right). \tag{zb}$$

Ein gerader Draht (Radius r):

$$p_{11} = 2l\left(\lg \frac{2l}{r} - \frac{3}{4}\right); \tag{zc}$$

bei Eisendraht kommt noch $2\pi\varkappa l$ hinzu ($\varkappa$ Susceptibilität).

Zwei konzentrische Kreise (a, $a + \delta$) in einer Ebene (δ klein):

$$p_{12} = 4\pi a \left(\lg \frac{8a}{\delta} - 2\right). \tag{zd}$$

Zwei in verschiedenen Ebenen (Abstand ε) koaxial gelegene Kreise (δ und ε klein):

$$p_{12} = 4\pi a \left(\lg \frac{8a}{\sqrt{\delta^2 + \varepsilon^2}} - 2\right). \tag{ze}$$

Ein Kreis (Radius a, Radius des Kupferquerschnitts r):

$$p_{11} = 4\pi a \left(\lg \frac{a}{r} + \frac{1}{8}\right). \tag{zf}$$

Eine ringförmige Spule (a Radius des Ringes, r Radius des Windungskreises, n Zahl der Windungen):

$$p_{11} = 2\pi n^2 (a - \sqrt{a^2 - r^2}). \tag{zg}$$

(4) Mit Rücksicht auf die durch Intensitätsänderungen erzeugte gegenseitige und Selbstinduktion wird das Ohm'sche Gesetz (**45**) für zwei Schließungen durch die Gleichungen (E_1 und E_2 elektromotorische Kräfte):

$$\left.\begin{aligned} w_1 i_1 + p_{11}\frac{di_1}{dt} + p_{12}\frac{di_2}{dt} &= E_1 \\ w_2 i_2 + p_{12}\frac{di_1}{dt} + p_{22}\frac{di_2}{dt} &= E_2 \end{aligned}\right\} \tag{zh}$$

dargestellt; aus ihnen lassen sich Verlauf und Gesetze der Ströme für die wichtigsten Spezialfälle leicht ableiten:

Eine Leitung mit der elektromotorischen Kraft E wird zur Zeit $t = 0$ geschlossen:

$$i = \frac{E}{w}\left(1 - e^{-\frac{w}{p}t}\right), \tag{zi}$$

i erreicht seinen Maximalwert also erst nach einiger, freilich meist sehr kurzer (nur bei Mitwirkung von Eisenkernen in den zu Spulen gewundenen Leitungsteilen etwas längerer) Zeit. — Bei zwei Kreisen, deren einer ein E enthält, stellen sich bei dessen Schließung in beiden Kreisen Schließungsströme, bei der Öffnung im anderen ein Öffnungsstrom ein; i_1 nähert sich erst schnell, dann langsamer seinem Maximum, i_2 steigt erst und fällt dann auf null, i'_2 setzt gleich voll ein und fällt allmählich auf null.

Einfacher Kreis mit periodisch wechselnder Kraft E (i_0 Anfangswert von i)

$$i = e^{-\frac{w}{p}t}\left(i_0 + \frac{1}{p}\int E \cdot e^{\frac{w}{p}t}\, dt\right), \tag{zk}$$

oder, nach kurzer Zeit (erstes Glied null):

$$i = \frac{E}{w} - \frac{p}{w^2}\frac{dE}{dt} + \frac{p^2}{w^3}\frac{d^2E}{dt^2} - \ldots; \tag{zl}$$

speziell für $E = E_0 \cos nt$ ($2\pi n$ Wechselzahl, s. **147** (4)), wenn zur Abkürzung

$$A = \frac{E_0}{\sqrt{w^2 + n^2 p^2}}, \qquad \varphi = \operatorname{arctg}\frac{np}{w} \tag{zm}$$

gesetzt wird:

$$i = \frac{E_0 (w \cos nt + np \sin nt)}{w^2 + n^2 p^2} = A \cos(nt - \varphi); \tag{zn}$$

es findet also erstens eine scheinbare Vergrößerung des Widerstandes von w auf $\sqrt{w^2 + n^2 p^2}$ statt, und zweitens ist die Phase der Stromschwankung gegen die der Kraft verzögert. Den vergrößerten Widerstand nennt man auch **Impedanz**, den Quotienten p / w auch **Zeitkonstante** des Leiters.

Ist noch ein **Kondensator** (Kapazität c) im Kreise, so wird i wie oben, aber A und φ haben jetzt die Werte

$$A = \frac{E_0}{\sqrt{w^2 + \left(\frac{1}{nc} - np\right)^2}}, \quad \varphi = \operatorname{arctg} \frac{w}{\frac{1}{nc} - np} - \frac{\pi}{2}; \tag{zo}$$

für $n = \sqrt{1/pc}$ wird i am größten und zugleich die Verzögerung gegen E null; man spricht in diesem Falle von **elektrischer Resonanz**.

(5) **Kontinuierliche und oscillierende Entladung.** Ein Kondensator mit der Kapazität c und mit den Ladungen $+ \mathfrak{e}$ und $- \mathfrak{e}$ entlade sich durch einen Draht ohne merkliche Kapazität, aber vom Widerstande w und der Selbstinduktion p, dann gilt die Gleichung und Lösung:

$$\frac{\mathfrak{e}}{c} + w \frac{d\mathfrak{e}}{dt} + p \frac{d^2\mathfrak{e}}{dt^2} = 0, \tag{zp}$$

$$\mathfrak{e} = A_1 e^{\alpha_1 t} + A_2 e^{\alpha_2 t}, \tag{zq}$$

wo

$$\alpha = - \frac{w}{2p} \pm \sqrt{\frac{w^2}{4p^2} - \frac{1}{pc}} \tag{zr}$$

ist. Die Entladung ist also kontinuierlich oder oscillierend, je nachdem

$$w > 2\sqrt{\frac{p}{c}} \quad \text{oder} \quad w < 2\sqrt{\frac{p}{c}}$$

ist; im letzteren Falle wird:

$$\mathfrak{e} = e^{-\beta t} (B_1 \cos \gamma t + B_2 \sin \gamma t), \tag{zs}$$

wo

$$\beta = \frac{w}{2p}, \quad \gamma = \sqrt{\frac{1}{pc} - \frac{w^2}{4p^2}} \tag{zt}$$

ist. Die Oscillationen nehmen also an Amplitude ab, die Schwingungsdauer ist

$$T = \frac{2\pi}{\gamma}, \tag{zu}$$

und für sehr rasche Schwingungen, für die w^2 klein ist gegen $4p / c$:

$$T = 2\pi \sqrt{pc}, \quad \frac{1}{T} = n = \frac{1}{2\pi\sqrt{pc}}, \tag{zv}$$

in Worten: Die Schwingungszahl von solchen Entladungen ist mit der

Wurzel aus der Kapazität des Kondensators und der Selbstinduktion der Schließung umgekehrt proportional (W. THOMSON).

(6a) Unipolare Induktion (FARADAY 1831, W. WEBER 1839). Rotiert eine Metallscheibe in der Nähe zweier entgegengesetzter Magnetpole, so wird in ihr ein Strom induziert, welcher zwischen ihrem Centrum und der zwischen den Polen durchpassierenden Randstelle fließt, und zwar je nach der Rotationsrichtung (in Bezug zur Feldrichtung) in dem einen oder anderen Sinne.

(6b) Rotationsmagnetismus (ARAGO 1825). Rotiert eine Metallscheibe unter einer freihängenden Magnetnadel, so wird diese in Mitrotation versetzt; die Erscheinung ist eine Folge der in der Scheibe induzierten Ströme.

(7) Magnetische Dämpfung (ARAGO 1824). Umgekehrt wie in (6b) werden die anderweitig erzeugten Schwingungen einer Magnetnadel (oder eines magnetischen Pendels) durch die Nähe von Metallmassen infolge der in ihnen induzierten Ströme beruhigt, als ob sich die Nadel in einem widerstehenden Medium bewegte. Die Gesetze sind dieselben wie bei der mechanischen Dämpfung, insbesondere kann bei starker Dämpfung die Bewegung der Nadel aperiodisch werden (**35** u. **35** (1)).

(8) Die in körperlichen Leitern auftretenden, meist schädlichen Induktionsströme, werden auch Foucault'sche oder Wirbelströme genannt.

(9) Für V ist im Grundgesetze (Gl. yu) der den Verhältnissen entsprechende Wert (elektromagnetisch, elektrodynamisch, linear, körperlich) einzusetzen, und zwar für die Einheit der induzierten Stromstärke. Für körperliche induzierende Stromleiter ist hiernach (vgl. ***49***, Gl. yt):

$$V = -c^2 \int (\mathfrak{U} dx + \mathfrak{B} dy + \mathfrak{W} dz), \tag{zw}$$

für körperliche induzierende Magnete (vgl. ***48***, Gl. xu):

$$V = c \int \left[dx \left(\frac{\partial M}{\partial z} - \frac{\partial N}{\partial y} \right) + dy \left(\frac{\partial N}{\partial x} - \frac{\partial L}{\partial z} \right) + dz \left(\frac{\partial L}{\partial y} - \frac{\partial M}{\partial x} \right) \right]. \tag{zx}$$

51. **Prinzip der Äquivalenz von elektrischen Strömen und Magneten.** Vergleicht man die verschiedenen, in den letzten Nummern enthaltenen Wirkungen (elektromagnetische, elektrodynamische, Induktion), so kommt man zu folgendem Ergebnis:

Ein unendlich kleiner Kreisstrom ist mit einem zu seiner Ebene senkrechten, symmetrisch zu beiden Seiten seines Mittelpunktes gelegenen magnetischen Polpaare (**149**), ein endlicher Kreisstrom mit einer durch seine Kurve beliebig hindurchgelegten einfachen magnetischen Schale (**149 c**), ein Stromsolenoid, d. h. eine Reihe aufeinander geschichteter unendlich kleiner Kreisströme, mit einem einfachen magnetischen Faden von gleicher Axenrichtung und Länge, ein geschlossenes Solenoid mit einem geschlossenen Faden, schließlich ein System aufeinander geschichteter endlicher Kreisströme mit einem Magnetstabe von gleicher Axenrichtung und Länge äquivalent, soweit die Wirkung nach außen in Betracht kommt.

Umgekehrt ist ein elektrisches Stromelement, ein geradliniger Strom u. s. w. mit entsprechend um ihn sich herumschlingenden Ringmagneten äquivalent.

Dem Nordpole des magnetischen Gebildes entspricht dabei diejenige Seite resp. Endfläche des Stromgebildes, um welche, von außen gesehen, der Strom entgegengesetzt der Uhrzeigerbewegung fließt, dem Südpol die andere Seite, und der Intensität der Magnetisierung bei dem magnetischen Gebilde entspricht die Stromstärke bei dem elektrischen.

Diese Äquivalenz führt zu dem wichtigen Ausspruche: Ein elektrischer Strom übt eine magnetische Kraft aus, ein Stromfeld ist also zugleich ein magnetisches Feld, aber in derart reziproker Weise, daß die elektrischen und die magnetischen Kraftlinien überall aufeinander senkrecht stehen, daß ein elektrischer Strom einem magnetischen Wirbel um seine Kurve als Axe, ein Magnet einem System geschlossener Ströme um seine Axe entspricht, und daß den elektrisch-elektrischen und magnetisch-magnetischen Centralkräften elektrisch-magnetische Drehkräfte gegenüberstehen (vgl. hierzu **108, 109, 111**).

(1) Die Wirkung im Innern des Magneten ist nicht dieselbe, wie die im Innern des Systems von Kreisströmen, und auch im äußeren Raume bestehen gewisse formale Unterschiede, insbesondere ist das magnetische Potential eindeutig, das Strom-Potential aber vieldeutig.

(2) An die Stelle eines Systems aufeinander geschichteter Kreisströme kann man praktisch eine von einem fortlaufenden Strome durchflossene eng gewundene Spirale setzen (Stromspule).

(3) Durch die Äquivalenz zwischen Strömen und Magneten werden die beiden wichtigsten Molekulartheorien des Magnetismus, die der Molekularmagnete (Weber) und die der Molekularströme (Ampère, vgl. **141**(5)) im wesentlichen identisch.

(4) Auch der Erdmagnetismus (**149 f**(2)) läßt sich hiernach, statt auf Eisenmassen, auf Ströme zurückführen, sei es auf „Erdströme“ im Innern der Erde (wie man sie schon längst beobachtet hat), sei es auf elektrische Strömungen in der Atmosphäre, wie sie sich durch die „Polarlichter“ (Nordlicht) oft intensiv bemerklich machen.

155. Die drei absoluten Maafssysteme: Elektrisch-magnetisches, elektrisches oder elektrostatisches, magnetisches oder elektromagnetisches. Die Konstante c im elektromagnetischen Grundgesetz (*48*, Gl. xl) hat einen ganz bestimmten Dimensions- und Zahlenwert, der sich ergiebt, wenn K in Dynen, i in elektrischen (elektrostatischen, **142**) und $\mathfrak{m}$ in magnetischen Einheiten (**149**) ausgedrückt wird; es gehen dabei elektrische und magnetische Größen, jede auf ihre Art gemessen, nebeneinander her. Man kann dieses Maaßsystem das elektrisch-magnetische Maaßsystem nennen; besondere Angaben sind über dasselbe nicht zu machen, da es weiter nichts als die naturgemäße Kombination des elektrischen mit dem magnetischen Maaßsysteme ist, für Fälle, wo die beiden Erscheinungsgebiete in Beziehung treten. In der That gehören gerade einige der hervorragendsten Autoren (Kirchhoff, v. Helmholtz, Hertz) zu seinen Vertretern.

Meist jedoch pflegt man anders zu verfahren und die Konstante c dimensional und zahlenmäßig gleich 1 zu setzen; man kann dann aber nur für eine der beiden Größen i und $\mathfrak{m}$ die bisherige Definition beibehalten, während man die andere so bestimmen muß, daß die Formel des Grundgesetzes dimensional und zahlenmäßig richtig bleibt. Man kann nun entweder für i die elektrostatische Definition beibehalten und danach $\mathfrak{m}$ bestimmen; das so festgelegte Maaßsystem, bei welchem alle Größen, auch die magnetischen, elektrisch (elektrostatisch) gemessen werden, heißt elektrostatisches Maaßsystem, besser wäre elektrisches Maaßsystem. Oder man behält für $\mathfrak{m}$ die magnetische Definition bei und bestimmt danach i; das so festgelegte Maaßsystem, bei welchem alle Größen, auch die elektrischen, magnetisch gemessen werden, heißt elektromagnetisches Maaßsystem, besser wäre magnetisches Maaßsystem.

Es folgen nun die Dimensionen der wichtigsten Größen in beiden Maaßsystemen, dem elektrostatischen und dem elektromagnetischen, D_e und D_m; greift man aus der ersten Kolumne die Formeln für die elektrischen, aus der zweiten die für die magnetischen Größen heraus, so kommt man auf das elektrisch-magnetische System, also auf die früheren Dimensionsformeln. Als einzige neue Größe tritt hier der (gegenseitige oder Selbst-) Induktionskoeffizient (*50* e) auf. In der letzten Kolumne ist das Verhältnis der Dimensionen einer und derselben Größe im zweiten und ersten System, $D_m : D_e$, angegeben; es ist stets und muß, nach der elektromagnetischen Grundformel, stets sein eine Potenz der Dimension der Konstanten c, und diese ist, wie sich zeigt, eine reziproke Geschwindigkeit; man pflegt letztere mit v zu bezeichnen (s. w. u.):

$$c = \frac{1}{v}, \qquad [c] = l^{-1}t. \qquad \text{(zy)(ET)}$$

Nach *50* ist mit dieser reziproken Geschwindigkeit auch die Induktionskonstante identisch.

Größe	Bezeichnung	Elektrostatisch D_e	Elektromagnetisch D_m	$D_m : D_e$
Elektrische Polstärke . . . (Elektr.-Menge)	e	$l^{3/2} m^{1/2} t^{-1}$	$l^{1/2} m^{1/2}$	v^{-1}
Magnetische Polstärke . . (Magnet.-Menge)	m	$l^{1/2} m^{1/2}$	$l^{3/2} m^{1/2} t^{-1}$	v
Elektr. Potential (Pol 1) . Elektromotor. Kraft	V(e) e	$l^{1/2} t^{-1} m^{1/2}$	$l^{3/2} t^{-2} m^{1/2}$	v
Magnet. Potential . . . . . Magnetomotor. Kraft . . .	V(m) m	$l^{3/2} t^{-2} m^{1/2}$	$l^{1/2} t^{-1} m^{1/2}$	v^{-1}
Elektr. Kraft auf den Pol 1 (Feldstärke)	F(e)	$l^{-1/2} t^{-1} m^{1/2}$	$l^{1/2} t^{-2} m^{1/2}$	v
Magnet. Kraft auf den Pol 1 (Feldstärke)	F(m)	$l^{1/2} t^{-2} m^{1/2}$	$l^{-1/2} t^{-1} m^{1/2}$	v^{-1}
Elektr. Kraft auf den Pol e Magnet. Kraft auf den Pol m	K(e) K(m)	$l t^{-2} m$		1
Elektr. Potential auf d. Pol e Elektr. Energie . . . . „ Arbeit . . . . Magn. Potential auf d. Pol m „ Energie . . . . „ Arbeit	V_e E(e) A V_m E(m) A(m)	$l^2 t^{-2} m$		1
Elektr. Kapazität	C	l	$l^{-1} t^2$	v^{-2}
„ Stromstärke	i	$l^{3/2} t^{-2} m^{1/2}$	$l^{1/2} t^{-1} m^{1/2}$	v^{-1}
„ Widerstand	w	$l^{-1} t$	$l t^{-1}$	v^2
„ spezif. Widerstand	w_0	t	$l^2 t^{-1}$	v^2
Induktionskoeffizient . . .	p	$l^{-1} t^2$	l	v^2

(EU)

Die übrigen Größen sind mit den angeführten dimensional identisch oder leicht aus ihnen abzuleiten. Identisch in beiden Systemen sind naturgemäß die wirkliche Kraft, weil sie stets Dynen, sowie Massenpotential, Energie, Arbeit, weil sie stets Ergs darstellen, die anderen Größen sind, wo sie paarweise auftreten, übers Kreuz gleich, d. h. das D_e der elektrischen ist gleich dem D_m der magnetischen, aber auch umgekehrt.

(1) Durch die Bezeichnung der drei Maaßsysteme als elektrisch-magnetisches, elektrisches und magnetisches wird ihr Verhältnis zu einander am klarsten; von der anderen Bezeichnungsweise, die indes einmal üblich ist, kann man dies nicht sagen, da elektrostatisch und elektromagnetisch keine Gegensätze sind.

(2) In den drei Systemen werden die drei Kraftformeln nunmehr:

$$\left.\begin{array}{l}
\text{elektrisch-magnetisch:}\\
K(\mathfrak{e}_1\,\mathfrak{e}_2)=\frac{\mathfrak{e}_1\,\mathfrak{e}_2}{r^2},\quad K(\mathfrak{m}_1\,\mathfrak{m}_2)=\frac{\mathfrak{m}_1\,\mathfrak{m}_2}{r^2},\quad K(i\mathfrak{m})=\frac{1}{v}\,\frac{i\mathfrak{m}\,dl}{r^2}\sin(rl),\\
\text{elektrostatisch (elektrisch):}\\
K(\mathfrak{e}_1\,\mathfrak{e}_2)=\frac{\mathfrak{e}_1\,\mathfrak{e}_2}{r^2},\quad K(\mathfrak{m}_1\,\mathfrak{m}_2)=v^2\frac{\mathfrak{m}_1\,\mathfrak{m}_2}{r^2},\quad K(i\mathfrak{m})=\frac{i\mathfrak{m}\,dl}{r^2}\sin(rl),\\
\text{elektromagnetisch (magnetisch):}\\
K(\mathfrak{e}_1\,\mathfrak{e}_2)=v^2\frac{\mathfrak{e}_1\,\mathfrak{e}_2}{r^2},\quad K(\mathfrak{m}_1\,\mathfrak{m}_2)=\frac{\mathfrak{m}_1\,\mathfrak{m}_2}{r^2},\quad K(i\mathfrak{m})=\frac{i\mathfrak{m}\,dl}{r^2}\sin(rl).
\end{array}\right\}\quad \text{(zz)}$$

Es sind also in jedem System zwei Kräfte faktorfrei, die dritte (und jedesmal eine andere) mit einem Faktor behaftet. Maaßsysteme, bei denen dies nicht der Fall ist (Clausius), die übrigens auch unsymmetrisch werden, haben kaum Berechtigung.

(3) An das „natürliche“ elektrische und das natürliche magnetische Maaßsystem, bei welchem (153) die Konstante im Coulomb'schen Gesetz beibehalten wird, kann man dieselben Entwickelungen knüpfen wie hier an die üblichen elektrischen und magnetischen Systeme; man kann entweder beide natürlichen Einheiten beibehalten, so daß man in allen drei Grundgesetzen die Konstante ($\gamma\mathfrak{e}$, $\gamma\mathfrak{m}$, c) beibehält, so daß $\mathfrak{e}$ und $\mathfrak{m}$ Massen und trotzdem alle drei Kräfte, nämlich $K(\mathfrak{e}_1\,\mathfrak{e}_2)$, $K(\mathfrak{m}_1\,\mathfrak{m}_2)$, $K(i\mathfrak{m})$, Dynen werden: dies ist das konsequent durchgeführte natürliche System; oder man behält nur $[\mathfrak{e}] = m$ bei und bestimmt, indem man $[c] = 1$ setzt, hieraus $[\mathfrak{m}]$, oder umgekehrt.

(4) Schließlich kann man, wie die elektromagnetische, so auch die elektrodynamische Wirkung (*49*) zur Aufstellung eines Maaßsystemes benutzen, indem man diejenige Stromstärke 1 setzt, welche in zwei parallel nebeneinander liegenden Elementen von der Längeneinheit in der Einheit der Entfernung die Einheit der Wechselwirkung erzeugt. Im elektromagnetischen Maaße der Stromstärke ist diese Wirkung gleich 2, man muß also die neue Einheit (für jedes der beiden i) $\sqrt{2}$mal so klein wählen. Dieses System, das dimensional mit dem elektromagnetischen übereinstimmt, heißt das elektrodynamische Maaßsystem; die in ihm ausgedrückten Begriffe haben den elektromagnetischen gegenüber einen der Faktoren $\sqrt{2}$, $1/\sqrt{2}$, 2, $^1/_2$; das elektrodynamische Grundgesetz lautet alsdann (vgl. *49*, Gl. ya):

$$K = ii'\frac{dl\,dl'}{r^2}\left(\frac{3}{2}\cos(rl)\cos(rl') - \cos(ll')\right). \qquad \text{(aaa)}$$

(5) Der Zahlenwert der Geschwindigkeit v ist nach dem Mittel aller Messungen sehr nahezu (in cm pro sec)

$$v = 3 \times 10^{10}, \qquad \text{(iii)}$$

übereinstimmend mit der Geschwindigkeit des Lichtes (in Luft oder im reinen Äther, s. w. u.). Man kann nun endlich noch ein letztes Maaßsystem oder richtiger für jedes der drei obigen Hauptsysteme eine neue (nur zahlenmäßig, nicht dimensional abweichende) Modifikation aufstellen, indem man, unter Beibehaltung der Sekunde als Zeiteinheit, die Längeneinheit so wählt, daß $v = 1$ wird, nämlich gleich 3×10^{10} cm, also gleich 30 Erdquadranten. Alsdann fällt der Faktor in allen drei Kraftformeln fort (kritisches Maaßsystem, Clausius).

(6) Beachtenswert ist, daß im elektrostatischen — und ebenso im magnetischen — System die Energie der Volumeneinheit dimensional gerade das Quadrat der Feldstärke (elektrische resp. magnetische Kraft auf den Pol 1) wird.

156. Praktisches elektromagnetisches Maafssystem. In der Praxis — und rückwirkend auch vorzugsweise in der Wissenschaft — ist das elektromagnetische Maaßsystem herrschend geworden, aber nicht mit cm, sec, gr, sondern mit

$$10^9 \text{ cm, sec, } 10^{-11} \text{ gr}$$

(Hebdomometer, Sekunde, Undecimogramm) als Grundeinheiten, wodurch einige der wichtigsten elektrischen und magnetischen Größen (nicht alle) bei den thatsächlichen Verhältnissen bequeme Zahlenwerte annehmen. Die Einheiten der wichtigsten Größen sind durch internationale Übereinkunft festgelegt und benannt worden wie folgt:

Einheit	Name	Symbol	Verhältnis zur absoluten Einheit	Verhältnis zur elektrostatischen Einheit
Elektrizitätsmenge . .	Coulomb	*Cb*	10^{-1}	3×10^9
Stromstärke	Ampère	*A*	10^{-1}	3×10^9
Widerstand	Ohm	Ω	10^9	$3^{-2} \times 10^{-11}$
Elektromotor. Kraft .	Volt	*V*	10^8	$3^{-1} \times 10^{-2} \left(\frac{1}{300}\right)$
Elektrische Kapazität	Farad	Φ	10^{-9}	$3^2 \times 10^{11}$
Arbeit (s. ob. 119) .	Joule	*VCb*	10^7	10^7
Effekt (s. ob. 120) .	Watt	*VA*	10^7	10^7
Induktionskoeffizient .	Quadrant	*Q*	10^9	—

(ii)

Wie bei den Grundeinheiten werden auch hier Ableitungen gebildet, welche das Millionfache (Megacoulomb, Megampère, Megohm, Megavolt), das Tausendfache (besonders Kilowatt), den tausendsten Teil (Milliampère u. s. w.) und den millionten Teil (besonders Mikrofarad) darstellen. Die absolute Stromeinheit heißt noch zuweilen Weber, es ist also

$$1 \text{ Amp.} = 0{,}1 \text{ Weber.} \qquad \text{(ii')}$$

Fernere Begriffe, die an die obigen anknüpfen, sind u. A.:

Ohmcentimeter (praktische Einheit des spezifischen Widerstandes).

Ampèrewindungen und Ampèrewindungen pro Längeneinheit der Spule (magnetisierende Kraft einer Stromspule, s. ob. *48* (5)).

Ampèrestunde (= 3600 Coulomb), Wattstunde (= 3600 Joule), Kilowattstunde u. s. w. 1 Joule ist nach obigem 10 Megaerg, das Nähere hierüber s. ob. **119** und **120**.

Für die Magnetismusmenge ist bisher keine der vorgeschlagenen Festsetzungen und Bezeichnungen („Gauß") durchgedrungen.

(1) Zur bequemen Rekonstruktion der Stromeinheit dient die Angabe (vgl. w. u.), daß 1 A in der Sekunde 0,00001038 Äquivalente einer Substanz ausscheidet (daß also zur Ausscheidung eines Äquivalentes 27,027 Ampèrestunden erforderlich sind). In Grammen giebt das für einige Stoffe folgende Zahlen:

Stoff	Sekunde	Minute	Stunde
Wasserstoff	0,00001038	0,000623	0,03738
Wasser	0,0000933	0,005598	0,33588
Silber	0,0011183	0,0671	4,02588
Kupfer	0,0003281	0,01969	1,18116
Knallgas (ccm bei 0° C. und 76 cm Dr.)	0,1740	10,44	626,4

(il)

Der Wert für Silber (abgekürzt 1,118 mg) gilt als offizielle Definition; man hat also:

$$1\ \mathrm{A} = 1{,}118\ \mathrm{mg\ Ag\ pro\ sec.} \qquad \text{(im)}$$

Durch diese Zahlen wird natürlich zugleich auch 1 Cb (= Ampèresekunde) definiert.

(2) Zur bequemen Herstellung der Widerstandseinheit dient die Angabe der Länge, welche ein Quecksilberfaden von 1 qmm Querschnitt bei 0° C. haben muß, um 1 Ω Widerstand zu haben. Diese Länge ist in offizieller Abrundung 106,3; man hat also

$$1\ \Omega = 106{,}3\ \mathrm{Hg}\ (q = 1\ \mathrm{mm}^2,\ \Theta = 0^\circ\ \mathrm{C.}). \qquad \text{(in)}$$

Anders ausgedrückt: Der Widerstand von

$$1\ \mathrm{ccm\ Hg\ bei}\ 0^\circ\ \mathrm{C.\ ist}\ 9408 \times 10^{-8}\ \Omega. \qquad \text{(io)}$$

Die früher gebräuchliche Siemens'sche Einheit war durch die Länge 100 cm des obigen Hg-Fadens definiert; endlich ist noch die jetzt freilich ebenfalls antiquierte British-Association-Einheit zu nennen; Verhältnisse:

$$1\ \mathrm{S.\ E.} = 0{,}9408\ \Omega, \qquad 1\ \Omega = 1{,}063\ \mathrm{S.\ E.} \qquad \text{(ip)}$$

$$1\ \mathrm{B.A.} = 0{,}9866\ \Omega, \qquad 1\ \Omega = 1{,}01356\ \mathrm{B.\ A.} \qquad \text{(iq)}$$

Weiteres über Widerstand und Leitvermögen s. u.

(3) Die **Einheit der elektromotorischen Kraft** wird offiziell indirekt definiert, d. h. als 1 A × 1 Ω (Kraft, die in einer Schließung von 1 Ω Widerstand einen Strom von 1 A erzeugt). Zur **direkten Fixierung** kann man sich der **Normalelemente** bedienen, für die einige Angaben in Volt hier folgen:

CLARKE (Phys.-Techn. Reichsanstalt)
$e = 1{,}434$ bei 15° (Temp.-Koeff. − 0,0012).
Cadmiumelement (Physik.-Techn. Reichsanstalt)
$e = 1{,}019$ bei 20° (Temp.-Koeff. − 0,00003, also fast null).
FLEMING: $e = 1{,}097$ bei 18°.
KITTLER: $e = 1{,}179$ „ 15° (Temp.-Koeff. + 0,0002).
RAOULT: $e = 0{,}94$.
HELMHOLTZ: $e = 1{,}074$ bei 20° (Temp.-Koeff. + 0,0001). (ir)

Ferner einige der gebräuchlichsten **Arbeitselemente** (ungefähres e, Widerstand w bei den üblichen Dimensionen des Elementes, Maximaleffekt e^2/w ohne äußeren Widerstand, der wirkliche also meist sehr viel kleiner, gewöhnlich $^1/_4$ bis $^1/_5$ davon):

Element	$e\,(V)$	$w\,(\Omega)$	$e^2/w\,(VA)$
Barbier (Keiser & Schmidt, 1888) . .	1,55	0,9	2,6
Bunsen (rauchende Salpetersäure) . .	1,94	0,24	15,5
„ (Salpeters. von 1,38 sp. Gew.) .	1,87	0,24	14,5
„ (Chromsäure-Element)	2,03	0,67	6,2
Carré (1890, Zinkcylinder 48 cm) . .	1,07	0,05	22,8
„ (1890, „ 27 „) . .	1,07	0,1	11,4
„ (1890, „ 18 „) . .	1,07	0,2	5,7
Daniell (Schwefelsäure 1 : 4)	1,07	verschieden	
„ („ 1 : 12)	0,97	„	
Grove („ 1 : 4)	1,93	„	
Keiser & Schmidt (Trockenelement) . .	1,20	—	—
Leclanché (groß)	1,49	0,24	9,4
„ (klein)	1,49	0,69	3,2
Meidinger	0,95	verschieden	
Mortaud	2,25	1,0	5,0
Niaudet (Chlornatrium 1 : 25)	1,63	—	—
Reichstelegraphen-Element	1,01	7,5	0,13
Ruhmkorff (20 cm hoch)	1,90	0,06	60,0
Upward (Gaselement)	2,05	0,2	21,0
Warren de la Rue (Chlorsilber) . . .	1,05	—	—

(if)

Bei **Sekundärelementen** oder **Akkumulatoren** (*55* (5)) beträgt die Spannung während der Ladung anfangs etwa 2,1 Volt, steigt dann auf 2,35 und schließlich bis 2,65. Beim Entladen (Gebrauche) ist anfangs $V = 2$, bald darauf $V = 1{,}95$; sobald nur noch $V = 1{,}85$ ist, ist die weitere Benutzung aufzugeben. Der Widerstand ist verschieden, aber meist sehr klein, außer bei den kleinen Akkumulatoren, die zu Hochspannungsbatterien verbunden werden. Die während der ganzen Entladung abgegebene Elektrizitätsmenge heißt die Kapazität des Akkumulators (sie hat mit der elektrostatischen Kapazität eines Leiters nichts zu thun) und wird meist in Ampèrestunden gemessen. Sie geht je nach Art und Größe der Akkumulatoren von 10 bis auf 10000 hinauf.

Endlich sei noch die elektrostatische Spannung angegeben, welcher eine bestimmte Entladungsluftstrecke (Schlagweite) zwischen kleinen Metallkugeln entspricht, für verschiedene Kugelradien; daneben im Mittel das Gefälle pro cm:

Schlagweite (cm)	Spannung in Volt $r = 0{,}5$	1,0	3,0	Gefälle
0,01	900	900	900	90000
0,05	2700	2600	2500	52000
0,1	4800	4500	4300	45000
0,3	11700	11400	10900	38000
0,5	17100	17400	16500	34000
0,7	21300	22800	22500	32000
1,0	25800	29400	32700	29000
1,2	27900	33000	35000	28000

(it)

Diese Zahlen gelten für Gleichstrom; bei Wechselstrom ist die Schlagweite im Durchschnitt etwa doppelt so groß. Dagegen ist sie in den meisten anderen Stoffen als Luft, besonders in flüssigen, kleiner Das Gefälle des Potentials ist, wie man sieht, desto kleiner, je größer die Spannung selbst, also je größer die Schlagweite ist; für große Spannungen wird es aber ziemlich konstant, also die Spannung V selbst mit der Schlagweite S proportional, so daß man eine aus der anderen roh berechnen kann:

$$V\,(\text{Gleichstrom}) = 30000\,S. \tag{iu}$$

(4) Ströme mit hoher elektromotorischer Kraft (Spannung) heißen Hochspannungsströme. Sie sind bis zu 100 cm Schlagweite, also 3 Millionen Volt, ausnahmsweise auch noch darüber hinaus, erzeugt worden. Hochspannungswechselströme von besonders hoher Wechselzahl (**147** (4)) heißen Tesla-Ströme; sie bieten infolge Kombination der hohen Spannung und der hohen Wechselzahl besondere Erscheinungen dar.

157. Beziehungen zwischen elektrischer oder magnetischer Erregung, Elastizität und Wärme: Elektrostriktion und Magnetostriktion, Piezoelektrizität und Pyroelektrizität.

a) Elektrostriktion (Fontana 1831, Volpicelli 1856 u. A.) ist der Inbegriff der Beziehungen zwischen elektrischen und elastischen Kräften, insbesondere der Druck- und Zugspannungen, Gestalt- und Volumenänderungen, welche Dielektrika (**145**) infolge ihrer Polarisation erfahren; die Volumenänderung speziell heißt elektrische Ausdehnung.

(1) In einem im Zwangszustande befindlichen Dielektrikum findet in der Richtung der Kraftlinien ein Zug, senkrecht hierzu ein Druck statt, der mit der Dielektrizitätskonstante des Mediums und dem Quadrate der Potentialdifferenz proportional ist; statt dessen kann man auch das Quadrat der Elektrisierungsstärke (**146**) einführen:

$$p_{\|} = +\frac{1}{8\pi} D(V_1 - V_2)^2 = 2\pi J^2, \quad p_{\perp} = -\frac{1}{8\pi} D(V_1 - V_2)^2 = -2\pi J^2. \quad \text{(aab)}$$

(2) Die Formeln für die elektrische Ausdehnung sind meist sehr verwickelt, weil der Elastizitätsmodul, die Dielektrizitätskonstante (die übrigens durch die Deformation selbst geändert wird) und andere Größen darin vorkommen. Für eine dünne Kugelschale wird (E Elastizitätsmodul, vgl. **77**):

$$\frac{dv}{v} = \frac{3}{8\pi} \frac{D(V_1 - V_2)^2}{E(r_2 - r_1)^2}; \quad \text{(aac)}$$

die Zahlenwerte von dv/v belaufen sich, soweit sie überhaupt mit Sicherheit bestimmt worden sind, auf höchstens einige Milliontel.

b) Piezoelektrizität (Curie 1880) resp. Pyroelektrizität (Aepinus 1757, Theorie von Thomson, Riecke, Voigt) ist die bei hemimorphen Krystallen (d. h. Krystallen, die an den beiden Enden der Hauptaxe verschieden ausgebildet sind, vgl. **73**(2)), insbesondere beim Turmalin durch Druck in geeigneter Richtung resp. durch Erwärmung, erregte Elektrizität, wobei entgegengesetzte Enden entgegengesetzt elektrisch werden; das bei Erwärmung positiv erregte Ende heißt analoges, das andere antiloges Ende; bei Abkühlung ist es umgekehrt; Zug wirkt wie Erwärmung, Druck wie Abkühlung. Die durch die Druckeinheit resp. durch 1° Temperaturerhöhung erzeugte Intensität der Elektrisierung heißt piezoelektrischer resp. pyroelektrischer Koeffizient, allgemeiner muß man zwischen den Komponenten der Elektrisierung und denen des Druckes lineare Gleichungen aufstellen, und die Koeffizienten darin sind die piezoelektrischen Koeffizienten. Man kann die Elektrisierungskomponenten auch durch die Dilatationskomponenten ausdrücken, (wenn man die Elastizitätskonstanten kennt), und erhält dann die piezoelektrischen Konstanten.

(1) Die Urheber der Theorie, VOIGT und RIECKE, nennen die Koeffizienten „Moduln“; es sind aber Größen von der Art der Elastizitätskoeffizienten und deshalb der Einheitlichkeit wegen hier ebenso bezeichnet.

(2) Für Turmalin sind die piezoelektrischen Koeffizienten nach den drei Hauptrichtungen

$$\pi_1 = 5{,}71 \times 10^{-8}, \qquad \pi_2 = 0{,}88 \times 10^{-8}, \qquad \pi_3 = 0{,}67 \times 10^{-8}, \qquad \text{(iv)}$$

die pyroelektrische Konstante ist

$$\Pi = 1{,}23; \qquad \text{(iv')}$$

die Dimensionen dieser Größen sind:

$$[\pi] = l^{1/2}\, t\, m^{-1/2}, \qquad [\Pi] = l^{-5/2}\, t\, m^{1/2}. \qquad \text{(EV) (EW)}$$

(3) Die Pyroelektrizität erweist sich qualitativ und größtenteils auch quantitativ als ein Fall von Piezoelektrizität, bei dem statt der elastischen thermische Drucke wirken; es scheint aber, daß es außer dieser unechten auch wahre Pyroelektrizität giebt (VOIGT).

(4) Die reziproken Erscheinungen sind die Volumenänderung und die Abkühlung eines hemimorphen Krystalls durch Elektrisierung.

c) Magnetostriktion (MATTEUCCI 1847, JOULE 1847, WERTHEIM 1852, G. WIEDEMANN 1858, QUINCKE 1885; Theorie von KIRCHHOFF 1885) ist der Inbegriff der Beziehungen zwischen magnetischen und elastischen Kräften. Auch diese Beziehungen haben in allen Fällen den Charakter der Reziprocität, d. h. der Magnetismus wirkt auf Gestalt und Volumen, und Druck, Zug und Torsion wirken auf den Magnetismus. Es muß genügen, einige typische Fälle anzuführen:

Längszug schwächt, Längsdruck steigert den Magnetismus bei schwacher Magnetisierung, bei starker ist es umgekehrt, der Grenzwert heißt Villari'scher kritischer Punkt.

Umgekehrt wird ein Eisenstab durch schwache Magnetisierung verlängert, durch stärkere verkürzt; bei Kobalt ist es umgekehrt, bei Nickel scheint stets Verkürzung einzutreten.

Torsion erhöht den Magnetismus anfänglich, wiederholt angewandt vermindert sie ihn aber beim Eisen; die Erscheinungen sind im übrigen sehr verwickelt (G. WIEDEMANN).

Umgekehrt wird die Torsion durch Magnetisierung verringert.

Beide Erscheinungen liefern noch einen besonders merkwürdigen Spezialfall: unter bestimmten Umständen kann Torsion einen unmagnetischen Stab magnetisieren, Magnetismus einen untordierten Stab tordieren.

Ein im Magnetfelde befindlicher Körper erfährt in der Kraftrichtung einen Zug, senkrecht dazu einen Druck. Formeln (vgl. **152**):

$$p_{\parallel} = \frac{1}{2}\left(\frac{1}{4\pi} + \varkappa\right)(V_1 - V_2)^2,\quad p_{\perp} = -\frac{1}{2}\left(\frac{1}{4\pi} + \varkappa\right)(V_1 - V_2)^2, \tag{aad}$$

oder

$$p_{\parallel} = \frac{\mu}{8\pi}(V_1 - V_2)^2,\qquad p_{\perp} = -\frac{\mu}{8\pi}(V_1 - V_2)^2; \tag{aae}$$

also ganz wie bei der entsprechenden elektrischen Wirkung (**157 a**).

Eine Kugel erfährt im Magnetfelde eine Längsdehnung und Querkontraktion im Betrage (R magnetisierende Kraft, E Elastizitätsmodul):

$$\left(\frac{dr}{r}\right)_{\parallel} = +\frac{153}{176\pi}\frac{R^2}{E},\qquad \left(\frac{dr}{r}\right)_{\perp} = -\frac{27}{176\pi}\frac{R^2}{E}; \tag{aaf}$$

die Querkontraktion ist also nur $^1/_5$ bis $^1/_6$ der Längsdilatation.

Leider werden diese Formeln dadurch ungenau oder sogar hinfällig, daß die Susceptibilität $\varkappa$ durch die Deformation selbst wesentlich verändert wird; infolgedessen ergiebt z. B. die Erfahrung die Querkontraktion etwa halb so groß wie die Längsdilatation (Cantone). Die letztere selbst zählt etwa nach Millionteln.

158. Elektrothermik, Erzeugung von Wärme durch den elektrischen Strom: Joule'sche Wärme, Peltier'sche Wärme, Thomson'sche Wärme, Ettingshausen'sche Wärme.

a) Elektrische oder Joule'sche Wärme heißt die durch elektrische Entladung, speziell durch den elektrischen Strom in den durchflossenen Leitern erzeugte Wärme (für galvanische Ströme speziell galvanische Wärme).

b) Peltier'sche Wärme heißt diejenige Wärme, die an der einen der beiden Lötstellen (allgemeiner Kontaktstellen) zweier eine Schließung bildenden Leiter durch den Strom erzeugt wird, während gleichzeitig an der anderen Lötstelle Wärme absorbiert wird; die durch den Strom von der Stärke 1 erzeugte Wärme heißt spezifische Peltier'sche Wärme oder Peltier'sche Konstante; die Erscheinung selbst heißt Peltier-Effekt oder Peltier'sches Phänomen (Peltier 1834).

c) Thomson'sche Wärme heißt diejenige Wärme, welche in einem Leiter, dessen Temperatur von einem Ende zum anderen sich ändert, durch einen Strom von bestimmter Richtung erzeugt wird, während der umgekehrte Strom Wärme absorbiert; die durch den Strom von der Stärke 1 erzeugte Thomson'sche Wärme heißt spezifische Wärme der Elektrizität oder Thomson'sche Konstante; die ganze Erscheinung Thomson-Effekt (Thomson 1854).

d) Ettingshausen'sche oder galvanomagnetische Wärme

heißt diejenige Wärme, welche bei einer Metallplatte, die sich im magnetischen Felde senkrecht zu den Kraftlinien befindet, an dem einen Rande auftritt, am entgegengesetzten absorbiert wird, falls vom dritten zum vierten Rande ein Strom fließt (v. ETTINGSHAUSEN 1887).

(1) Die Joule'sche Wärme tritt bei Entladungen und bei konstanten Strömen, in guten und schlechten Leitern auf; auch die Thomsonwärme ist nicht auf feste Körper beschränkt, sondern tritt z. B. auch im Quecksilber auf; die galvanomagnetische Wärme ist besonders gut bei Wismut zu konstatieren. Bei einigen der in Rede stehenden Erscheinungen kann man von einem durch den elektrischen Strom erzeugten Wärmestrom sprechen; er hat entweder mit jenem gleiche resp. entgegengesetzte Richtung oder steht (bei *d*) auf ihm senkrecht.

(2) Die Joule'sche Wärme ist immer und überall positiv; bei der Peltier'schen Wärme nennt man denjenigen Leiter, zu dem der Strom an der abgekühlten Lötstelle fließt, positiv, den anderen negativ in Hinsicht auf den Peltier-Effekt; den Thomson-Effekt resp. das Metall, in dem er auftritt, nennt man positiv, wenn der nach Stellen abnehmender Temperatur fließende Strom Wärme erzeugt, negativ im entgegengesetzten Falle; bei der galvanomagnetischen Wärme im Wismut und analogen Metallen gelangt man von der Eintrittsstelle des elektrischen Stromes zur Erwärmungsstelle durch eine Drehung, die, von der Nordseite des Feldes gesehen, der Uhrzeigerdrehung entgegengesetzt ist; bei anderen Metallen ist es umgekehrt.

***52a.* Gesetze der Stromwärme** (JOULE 1841). Wenn ein elektrischer Strom keine sonstige Arbeit leistet, so ist die im Stromkreise in der Zeiteinheit erzeugte Wärme, multipliziert mit dem Arbeitsäquivalent j (**132**), gleich dem Produkte aus elektromotorischer Kraft und Stromstärke oder gleich dem Produkte aus Widerstand und Quadrat der Stromstärke oder gleich dem Quotienten des Quadrates der elektromotorischen Kraft durch den Widerstand. Formeln (vgl. **143** u. **147** (1)), Gl. um, un):

$$\text{Zeiteinheit:}\quad W_1 = \frac{1}{j}\,e\,i = \frac{1}{j}\,i^2 w = \frac{1}{j}\frac{e^2}{w} \qquad \text{(aag)}$$

$$\left.\begin{aligned} \text{Zeit } t \quad &: W = \frac{1}{j}\,e\,i\,t = \frac{1}{j}\,i^2 w\,t = \frac{1}{j}\frac{e^2}{w}\,t \\ \text{oder (vgl. 147, Gl. ul):}\quad &W = \frac{1}{j}\,e\,\mathfrak{e} = \frac{1}{j}\frac{\mathfrak{e}^2 w}{t}. \end{aligned}\right\} \qquad \text{(aah)}$$

(1) Im elektrostatischen oder im elektromagnetischen Maaßsysteme ist hier $j = 42\,000\,000$, also $1/j = 0{,}0000000238$, im praktischen Maaßsystem ($e\,i$ = Voltampère) $j = 4{,}2$, also $1/j = 0{,}238$ zu setzen; es erzeugt also (vgl. **130**):

1 elektrostat. e in 1 elektrostat. i pro sec	0,0000000238 cal.		
1 elektromagn. e in 1 elektromagn. i „ „	0,0000000238 „		
1 Volt in 1 Ampère pro sec	0,238 cal.	(itv)	
1 „ „ 1 „ „ Min.	14,28 „		
1 „ „ 1 „ „ Stunde	856,8 „		

(2) Bei gegebener elektromotorischer Kraft ist die Erwärmung desto größer, je kleiner der Widerstand; bei gegebener Stromstärke dagegen desto größer, je größer der Widerstand ist. Auf hintereinandergeschaltete Teile der Schließung verteilt sich die Wärme hiernach proportional ihren Widerständen, auf parallel geschaltete dagegen umgekehrt proportional ihren Widerständen.

(3) Über den Zusammenhang der Stromwärme mit der chemischen Wärme in dem den Strom erzeugenden chemischen Prozesse s. w. u.

(4) Bei der Entladung eines Leiters (**143**, Gl. so und **144**, Gl. tk) ist die gesamte entwickelte Wärme (Riess 1837):

$$W = \frac{1}{2j} eV = \frac{1}{2j} \frac{e^2}{C} = \frac{1}{2j} CV^2, \qquad \text{(aai)}$$

d. h. bei gegebener Ladung mit dem Potential direkt, mit der Kapazität umgekehrt proportional, allgemein gleich $1/2j$ mal dem durch die Kapazität dividierten Quadrat der Ladung.

(5) Verwickelter als die Wärmeerzeugung ist die durch sie hervorgerufene Temperatursteigerung, weil sie auch von der spezifischen Wärme c (**133**) und der Masse m resp. Dichte ϱ (vgl. **63**) des Leiters abhängt, außerdem aber durch die Strahlung nach außen abgeschwächt wird; ohne letztere wird sie (l Länge, q Querschnitt, w_0 spezifischer Widerstand des Leiters, s. w. u.):

$$\Theta = \frac{W}{mc} = \frac{e^2}{j \varrho c w_0 l^2} t = \frac{i^2 w_0}{j \varrho c q^2} t; \qquad \text{(aak)}$$

sie ist also bei gegebenem e von der Dicke, bei gegebenem i von der Länge des Leiters unabhängig; Beispiele (ohne Strahlung) für $t = 1$ sec:

$e = 2$ Volt, $w =$ Kupferdraht von $q = 1$ qmm; (ix)

$l = 10$ m	3 m	1 m
$W = 6{,}2$, $\Theta = {}^3/_4{}^0$	$W = 21$, $\Theta = 8^1/_2{}^0$	$W = 62$, $\Theta = 75^0$

$e = 10$ Volt, ohne merklichen inneren Widerstand, äußere Schließung aus zwei ‖ Zweigen bestehend, Material Eisen, $l_1 = 1$ m, $q_1 = 1$ qmm, $l_2 = 3{,}2$ m, $q_2 = 0{,}32$ qmm, also $w_1 = 0{,}1\ \Omega$, $i_1 = 100$ Amp., $w_2 = 1\ \Omega$, $i_2 = 10$ Amp.:

$$W_1 = 240 \text{ cal.}, \quad W_2 = 24 \text{ cal.}, \quad \Theta_1 = 280^0, \quad \Theta_2 = 28^0. \qquad \text{(iy)}$$

Mit Rücksicht auf die Strahlung kommt noch ein Faktor hinzu, der von der Zeit abhängt. Die stationäre Temperatursteigerung, welche sich schließlich dabei einstellt, ist (d Durchmesser, ε Strahlungsvermögen, s. w. u.):

$$\Theta' = \frac{e^2 d}{4 j \varepsilon w_0 l^2} = \frac{4 w_0 i^2}{\pi^2 j \varepsilon d^3}; \qquad \text{(aal)}$$

bei einem blanken Kupferdraht (d in mm) ist etwa:

$$\Theta = (0{,}3 \text{ bis } 0{,}6)\frac{i^2}{d^3} \quad (\text{z. B. für } i = 10,\ d = 1: 30^0 \text{ bis } 60^0), \qquad \text{(iz)}$$

für schmutzige, gefirnißte u. s. w. Drähte im Mittel etwa $^2/_3$ hiervon.

(6) Leistet der Strom Arbeit (elektromagnetische, elektrolytische, Induktionsarbeit), so verringert sich die Joule'sche Wärme um deren Betrag.

***52 b.* Gesetz der Peltier- und Thomson-Wärme** (v. Quintus Icilius 1853, Clausius 1853, Thomson 1854). Die Peltier-Wärme und die Thomson-Wärme sind proportional der Stromstärke, letztere außerdem der Temperaturdifferenz der Leiterenden. Formeln (für die Zeiteinheit):

$$W_p = b\,i, \qquad W_t = \beta\, i(\Theta_1 - \Theta_0). \qquad \text{(aam)}$$

W_p und W_t haben gegenüber W das Gemeinsame, daß sie mit i ihr Zeichen wechseln.

(1) Einige Zahlen für W_p, beim Übergange zu Kupfer, in Kalorien, für einen Strom, der 1,314 g Kupfer ausscheidet (**156** (1)):

Becquerel's Antimon	−14,5	Neusilber	+ 2,75	(fa)
Käufliches „	− 5,4	Reines Wismut	+21,3	
Eisen	− 2,8	Becquerel's „	+28,8	
Zink	− 0,43			

Mit der Temperatur ändert sich der Peltier-Effekt sehr beträchtlich; für eine bestimmte Temperatur („neutrale Temperatur“) kann er null werden.

(2) Einige Zahlen für β ($i = 1$ Amp.), in 10^{-6} Kalorien:

Reines Wismut	−10,2	Kupfer	+ 0,6	(fb)
„ Antimon	− 7,8	Silber	+ 1,8	
Quecksilber	− 6,9	Zink	+ 3,6	
Platin	− 6,0	Cadmium	+10,2	
Aluminium	− 0,04	Käufliches Antimon	+21,6	
Zinn	− 0,04	„ Wismut	+24,5	
Blei	0,0			

Bei Wismut und Antimon hängt hiernach die Wirkung völlig von dem Grade der Reinheit ab.

159. Thermoströme oder thermoelektrische Ströme (SEEBECK 1821) sind solche, welche in Schließungen, die nur aus Leitern erster Klasse bestehen, infolge von Temperaturverschiedenheiten der Kontakt-(Löt-)stellen entstehen. Die elektromotorische Kraft, als deren Wirkung man sie ansieht, heißt thermoelektromotorische oder auch thermoelektrische Kraft, die in dem Strome fließend gedachte Elektrizität Thermoelektrizität. Thermoelektrische Spannungsreihe heißt die Anordnung der Metalle in der Weise, daß an der wärmeren von zwei Lötstellen der Strom vom „negativen" (in der Reihe späteren) zum „positiven" fließt; sie hat indes keine allgemeine Bedeutung.

***53.* Gesetz der Thermoelektrizität.** Die thermoelektromotorische Kraft zwischen zwei Metallen ist für kleine Temperaturdifferenz mit dieser proportional, für größere meist eine quadratische Funktion derselben; außerdem ist sie von den Temperaturen selbst abhängig:

$$e = f(\Theta_1, \Theta_2) . \delta\Theta, \quad e = f(\Theta_1, \Theta_2)[a(\Theta_2 - \Theta_1) + b(\Theta_2 - \Theta_1)^2]. \quad \text{(aan)}$$

Um f zu spezialisieren, kann man zwei Wege einschlagen:

a) $$e = (\Theta_2 - \Theta_1)[p \pm q(\Theta_1 + \Theta_2)] = p(\Theta_2 - \Theta_1)\left(1 \mp \frac{\Theta_1 + \Theta_2}{2\,\Theta_m}\right), \quad \text{(aao)}$$

wo $\Theta_m = \mp p/2q$ derjenige Wert von $^1/_2(\Theta_1 + \Theta_2)$ (mittlere Temperatur der Lötstellen) ist, für den e wieder null wird; bei gegebenem Θ_1 nennt man dieses Θ_2 die neutrale oder Umkehrtemperatur, die gerade in der Mitte gelegene Temperatur, für die e ein Maximum wird, Maximaltemperatur; zugleich wird die Änderung von e mit Θ_1:

$$\frac{de}{d\Theta_1} = p \pm 2q\,\Theta_1 = 2q(\Theta_m \pm \Theta_1); \quad \text{(aap)}$$

setzt man hierin $q = k_2 - k_1$, wo jedes der beiden k sich auf eines der beiden Metalle bezieht, und setzt man für irgend ein Metall, z. B. Blei, $k_1 = 0$, so giebt k_2 für die übrigen Metalle ein Maaß für die Abhängigkeit des e von Θ.

b) Man wählt von vornherein ein Normalmetall, Blei, als das eine der Metalle, ferner eine Normaltemperatur, 0°, für die eine Lötstelle, setzt für diesen Spezialfall

$$(e) = \alpha\,\Theta + \frac{\beta}{2}\Theta^2, \quad (\Theta_{\max}) = -\frac{\alpha}{\beta}, \quad (e_{\max}) = -\frac{\alpha^2}{2\beta}, \quad \text{(aaq)}$$

und bestimmt nun allgemein für beliebige Metalle und Temperaturen:

$$e = (\alpha_1 - \alpha_2)(\Theta_2 - \Theta_1) + \frac{\beta_1 - \beta_2}{2}(\Theta_2^2 - \Theta_1^2). \quad \text{(aar)}$$

(1) Kombinationen von Metallen, bei denen die thermoelektrische Kraft auch für größere Temperaturdifferenzen diesen proportional bleibt,

nennt man Elemente von „gleichförmigem Gang"; bei ihnen ist die Kurve eine ansteigende Gerade, bei den ungleichförmigen meist eine Parabel.

(2) Einige Zahlen für α und β in Mikrovolt (10^{-6} V) für Blei und das verzeichnete Metall; für $\alpha > 0$ geht der Strom an der warmen Lötstelle vom Blei zum anderen Metall, sonst umgekehrt; wo β fehlt, ist e bei gewöhnlicher Temperatur gleichförmig:

Metall	α	β	Metall	α	β
Selen	+807	—	Quecksilber .	− 0,42	—
Tellur	502	—	Zinn	− 0,43	+0,0055
Antimon ⊥ .	26,4	—	Platin, weich	− 0,61	−0,0110
„ ∥ .	22,6	—	Aluminium . .	− 0,77	+0,0039
Eisen	17,34	−0,0487	Kobalt	−22,0	—
Gold	2,83	+0,0102	Nickel, 175°.	−22,04	−0,0512
Platin, hart .	2,60	−0,0075	„ 280°.	−84,49	+0,241
Zink	2,34	+0,0240	„ 340°.	− 3,07	−0,0512
Silber	2,14	+0,0150	Wismut ⊥ . .	−45,0	—
Kupfer	1,36	+0,0095	„ ∥ . .	−65,0	—

(𝔣c)

(3) Die thermoelektromotorische Kraft zwischen einem Metall 1 und einem Metall 3 ist gleich der Summe der Kräfte zwischen 1 und 2 und zwischen 2 und 3. Am größten ist hiernach die thermoelektromotorische Kraft (von Selen und Tellur abgesehen) bei

Wismut-Antimon = 90 Mikrovolt pro 1°. (𝔣d)

(4) Einige neutrale Punkte (sehr unsicher) sind folgende:

Fe—Cu: 290°, Fe/Ag = 240°, Zn—Au = 150°,
Zn—Ag = 65°, Pt—Au = − 3°. (𝔣e)

(5) Thermomagnetische Ströme (v. Ettingshausen und Nernst 1886) sind die elektrischen Ströme, die in einer im Magnetfelde quer zu den Kraftlinien liegenden Platte, in deren einer Dimension man einen Wärmestrom fließen läßt, in der anderen Dimension auftreten; vom Nordpol des Feldes gesehen, kommt man von der Eintrittsstelle des Wärmestromes zu der des elektrischen durch eine Uhrzeigerdrehung; die elektromotorische Kraft des erzeugten Stromes ist mit der Feldstärke und der Intensität des Wärmestromes direkt, mit der Plattendicke umgekehrt proportional, der Proportionalitätsfaktor ist für

Wismut 7,8, Antimon 0,21, Nickel 0,07, Kobalt und Eisen 0,01, (𝔣f)

für die übrigen Metalle noch viel kleiner; also nur bei Wismut erheblich.

(6) Reziprozitätsgesetz der elektrothermischen und der thermoelektrischen Erscheinungen: Der thermoelektrische Strom

hat eine solche Richtung, daß durch seine Peltier-Wirkung die Temperaturdifferenz der Lötstellen verringert wird; also die entgegengesetzte Richtung wie derjenige galvanische Strom, der die vorhandene Temperaturdifferenz durch seine Peltier-Wirkung erzeugen würde (ebenso umgekehrt). Analog ist die Reziprozität bei den galvanomagnetischen und thermomagnetischen Erscheinungen (s. w. u.).

Die quantitative Beziehung zwischen Peltier-Wärme (für Zeit- und Stromeinheit) und thermoelektrischer Kraft ist im einfachsten Falle (T absolute Temperatur):

$$W = \frac{T}{j}\frac{de}{dT}, \quad \text{z. B. für } 0^0 \text{ C. } W = \frac{273}{j}(\alpha_1 - \alpha_2); \tag{aas}$$

bei gleichförmigem Gang ist also W proportional mit T.

Im allgemeinen macht sich aber auch die Thomson-Wärme geltend, damit wird die Formel komplizierter und der Gang ungleichförmig.

(7) Die thermoelektromotorische Kraft steht zu der kontaktelektromotorischen Kraft (**143** (3) u. ***43***) zwischen denselben Metallen in der Beziehung

$$e\,(\text{Cont.}) = T\,\frac{de\,(\text{th.})}{dT}; \tag{aat}$$

bei gleichförmigem Gang wird also e (Cont.) proportional mit T; z. B. bei Wismut—Kupfer.

160. Magnetisierungswärme. Unterwirft man einen magnetisierbaren Körper erst von null aufsteigenden, dann wieder bis null absteigenden magnetisierenden Kräften, so nimmt er Magnetismus an, verliert ihn aber zum Teil wieder; die aufgewandte Arbeit bleibt nur z. T. als magnetische Energie bestehen, wird dagegen z. T. in Wärme verwandelt. Bei Wiederholungen dieses Kreisprozesses (magnetisieren und entmagnetisieren), ebenso bei wiederholtem Hin- und Hermagnetisieren, geht sogar alles in Wärme über, falls keine äußere Arbeit geleistet wird. Diese Wärme heißt Magnetisierungswärme. Allgemein berechnet sich ihr Arbeitsäquivalent als die Differenz der beim Hin- und Hergange geleisteten resp. wiedergewonnenen Arbeit, also als Differenz zweier Glieder, deren jedes sich aus Kraft (Feldstärke) und Leistung (Intensität der Magnetisierung, **152**) als Faktoren zusammensetzt; die Feldstärke ist beidemal F, die Intensität J aber wegen der Hysteresis (**152** (11)) beidemal verschieden. Die Wärme selbst wird hiermit:

$$W = \frac{1}{j}\int (J_2 - J_1)\,dF. \tag{aau}$$

Geometrisch ist dies (von $1/j$ abgesehen) die von der auf- und absteigenden Magnetisierungskurve eingeschlossene Fläche (Warburg 1881).

(1) Statt über F kann man auch über J integrieren und F als

dessen Funktion betrachten; endlich kann man auch statt J die magnetische Induktion B (152) benutzen: die Formeln werden dann

$$W = \frac{1}{j}\int F dJ = \frac{1}{4\pi j}\int F dB. \tag{aav}$$

(2) Die erzeugte Wärme, die im Sinne der Magnetisierung einen Kraftverlust bedeutet (s. hierüber w. u.), ist desto größer, je größer Remanenz und Koercitivkraft sind, außerdem desto größer, je größer die magnetische Beanspruchung ist. Bei starker (nicht zu starker) Beanspruchung beträgt im Betriebe thatsächlich W pro cbcm weichen Eisens für jeden Kreisprozeß $^1/_{6000}$ bis $^1/_{3000}$ Calorie, also Wj etwa

7000 bis 12000 Erg; (𝔣𝔤)

bei härteren Sorten steigt letztere Zahl bis 20000, bei weichem Stahl bis 60000, bei hartem Stahl bis 120000. — Bei geringerer Beanspruchung ist die Erwärmung auch relativ, d. h. im Verhältnis zu J geringer, wie z. B. folgende Zahlen zeigen (weiches Eisen):

F	J	$\int F dJ$	$\int F dJ : J$
1,50	167	410 Erg	2,4
3,01	571	2940	5,2
7,04	951	6590	6,9
26,5	1090	8690	8,0
75,2	1230	10040	8,5

(𝔣𝔥)

(3) Der Wärmeerzeugung entspricht eine Temperaturerhöhung, die, von der Ausstrahlung abgesehen, durch die Dichte und die spezifische Wärme des Materials bedingt ist; für Eisen ist jene 7,7, diese 0,11, also die Temperatursteigerung

$$d\Theta = 2,8 \times 10^{-8} \int F dJ, \tag{aaw}$$

z. B. für weiches Eisen bei starker Beanspruchung etwa $^1/_{4000}$ Grad, also nach 4000 Kreisprozessen etwa 1°.

(4) Zu der Erwärmung durch Hysteresis kommt noch die durch die Wirbelströme, die in der Eisenmasse entstehen, hinzu (*50* (8)).

161. Elektrochemie, Elektrolyse, Polarisation. Elektrochemie ist die Lehre von den Beziehungen zwischen elektrischen und chemischen Erscheinungen, insbesondere von der Umsetzung elektrischer Energie in chemische oder umgekehrt. Hierher gehört, außer der Lehre von den galvanischen Elementen und ihrer elektromotorischen Kraft, hauptsächlich die Elektrolyse und die galvanische Polarisation. Elektrolyse (Nicholson u. Carlisle 1800, Faraday 1834, Hittorf 1853, F. Kohlrausch u. A.) ist die Zersetzung eines Leiters zweiter Klasse (*43*) durch den Strom. Unter Umständen entwickelt sich dabei zwischen den ursprünglich gleichartigen, nunmehr (physikalisch oder chemisch) different gewordenen Elektroden eine elektromotorische Kraft in dem Leiter, diese Erscheinung heißt Polarisation (Ritter 1803), die gedachte elektromotorische Kraft heißt elektromotorische Kraft der Polarisation, der durch sie erzeugte Strom (im Gegensatz zu dem primären oder polarisierenden) Polarisationsstrom.

Leiter, welche durch den Strom zersetzt werden, heißen Elektrolyte, es sind das vorzugsweise Lösungen (von Säuren, Basen, Salzen) in Wasser. Früher nahm man an, daß die Zersetzung in einer Spaltung der Molekeln bestände; die jetzige Theorie (Arrhenius 1884) geht dagegen davon aus, daß auch ohne Strom schon zahlreiche Molekeln in der Lösung dissoziiert sind (*27*(1) u. *29a*(2)), und daß diese durch den Strom nur in entgegengesetzten Richtungen fortbewegt werden (Elektrolytische Dissoziation oder Ionisation). Die Produkte der Zersetzung heißen Ionen; das eine, Anion, wird an der Eintrittsstelle des Stromes, der Anode oder positiven Elektrode, das andere, Kation an der Austrittsstelle des Stromes, der Kathode oder negativen Elektrode angesammelt. Die Ionen wandern also in entgegengesetzter Richtung, und man stellt sich vor, daß sie bei dieser Wanderung die elektrischen Ladungen, die sie bei der Zersetzung erhalten haben, mit sich führen, das Anion die negative, das Kation die positive, daß also die elektrolytische Leitung vom Charakter einer elektrischen Konvektion (**97** u. w. u.) sei. Das Verhältnis der gespaltenen Teilchen zur Gesamtzahl aller heißt Dissoziationsgrad α (Lodge 1885) oder Aktivitätskoeffizient (Arrhenius 1887); in naher Beziehung zu ihm und aus ihm leicht zu berechnen ist der van't Hoff'sche Koeffizient i, d. h. das Verhältnis des wahren zum theoretischen osmotischen Druck (*29a*(1)); bei der gewöhnlichen Zweispaltung der Teilchen ist $i = 1 + \alpha$.

(1) Der metallische Bestandteil des Elektrolyten wird im allgemeinen zum Kation, der andere zum Anion; es kommt aber auch das Gegenteil vor.

(2) In Wahrheit treten die Ionen an den Elektroden selten frei auf, sie gehen vielmehr mit deren Material, dem Elektrolyten, der Luft, neue Verbindungen ein, die man sekundäre Prozesse nennt. Zu den sekundären Prozessen gehört auch die Zersetzung des Wassers, das im reinen Zustand gar nicht leitet und erst durch die Elektrolyse der in ihm enthaltenen Stoffe mit zersetzt wird.

***54.* Elektrolytisches Grundgesetz** (Faraday 1834). Die in der Zeiteinheit abgeschiedenen Massen sind der Stromstärke (für beliebige Zeit der hindurchgegangenen Elektrizitätsmenge) proportional, für denselben Stoff gleich groß, aus welcher Verbindung, in der er einwertig (**99** (2)) ist, er auch abgeschieden werden möge, andernfalls zweimal so groß u. s. w., endlich für verschiedene Stoffe chemisch äquivalent (*18*). Jede chemische Valenz eines Ion hat die gleiche (+ oder —) Ladung, ein einwertiges also die einfache, ein zweiwertiges die doppelte u. s. w.

(1) Übliche Schreibweise elektrolytischer Prozesse:

$$\left.\begin{aligned} HCl &= \overset{+}{H} + \overset{-}{Cl} \\ H_2SO_4 &= \overset{+}{H} + \overset{+}{H} + \overset{=}{SO_4} \\ NH_3 &= \overset{+}{H} + \overset{+}{H} + \overset{+}{H} + \overset{\equiv}{N} \\ Ba(OH)_2 &= \overset{++}{Ba} + \overset{-}{OH} + \overset{-}{OH}\,. \end{aligned}\right\} \qquad \text{(aax)}$$

(2) Die wichtigsten Zahlenwerte von elektrolytischen Aquivalenten, d. h. in der Zeiteinheit von der Stromeinheit zersetzten Elektrolyten-Massen oder abgeschiedenen Ionen-Massen, sind schon oben (**156** (1)) gegeben worden; man erhält sie aus den chemischen Äquivalenten durch Multiplikation mit 0,0001036 oder 0,00001036, je nachdem man den Strom absolut oder in Ampère mißt, oder endlich mit 0.01036, wenn man mg statt g zu Grunde legt.

(3) Die Fortbewegung der Ionen in entgegengesetzten Richtungen und mit im allgemeinen verschiedener Geschwindigkeit heißt **Wanderung der Ionen.** Das Verhältnis der Geschwindigkeit eines Ions zur Summe der Geschwindigkeiten beider heißt **Überführungszahl** (Hittorf 1853); sie ist von der Stromstärke unabhängig, ändert sich dagegen meist etwas mit der Konzentration der Lösung, aus der das Ion stammt; je verdünnter die Lösung ist, um so einheitlicher gestalten sich die Zahlen. Dividiert man die für die Zeiteinheit und die Einheit des Gramm-Ions (vgl. Gramm-Molekel resp. Grammäquivalent, **99**(3)) genommene Geschwindigkeit durch das elektrochemische Äquivalent des Wasserstoffes, so erhält man die sog. „**absolute Beweglichkeit**“ des Ions. Sind die Beweglichkeiten von Anion und Kation B_a und B_k, die entsprechenden Überführungszahlen n und $1-n$, so hat man:

$$n = \frac{B_a}{B_a + B_k}\,, \qquad 1 - n = \frac{B_k}{B_a + B_k}\,. \qquad \text{(aay)}$$

Dimensionsformeln:

$$[n] = 1\,, \qquad [B] = l^{-2}t\,. \qquad \text{(EX) (EY)}$$

Die folgende Tabelle enthält die Werte von B_a, B_k und n für einige Stoffe in verdünnten Lösungen; c ist die Konzentration in g-Äquivalenten pro ccm, B_a und B_k sind auf Ohm und cm sowie auf

Äquivalentmengen bezogen. Die für $c = 0$ angegebenen Zahlen sind durch Extrapolation gefunden (KOHLRAUSCH).

a) Ein Ion oder beide einwertig

	B_k (Kation)							B_a (Anion)			
c	K	Na	Li	NH_4	Ag	$\frac{1}{2}$Ba	H	Cl	J	NO_3	OH
0,0001	55,8	35,0	26,1	54,8	43,3	33,8	296	56,5	57,3	51,4	157
0	65,3	44,4	35,5	64,2	55,7	57,3	318	65,9	66,7	60,8	174

(fi)

b) Beide Ionen zweiwertig

	$\frac{1}{2}$Mg	$\frac{1}{2}$Zn	$\frac{1}{2}$Cu	$\frac{1}{2}$Ba	$\frac{1}{2}$Ca	$\frac{1}{2}SO_4$	$\frac{1}{2}C_2O_2$
0,0001	20	17	16	—	—	30	—
0	48	47	49	57	53	70	63

(ff)

c) Überführungszahlen

	KCl, KBr, KJ	NaCl	HCl	$AgNO_3$	$\frac{1}{2}CuSO_4$
0,001	0,514	0,637	0,176	0,501	0,696
0,0001	0,508	0,617	0,172	0,528	0,632
0,00001	0,506	—	—	0,528	0,610

(fl)

Weiteres vgl. w. u. bei Leitvermögen der Elektrolyte.

(4) Die absolute Valenzladung beträgt etwa

$$8 \times 10^{-21} \text{ abs. Einh.} = 8 \times 10^{-20}\ Cb. \qquad \text{(fm)}$$

(5) Konzentrationsketten (NERNST 1888, PLANCK 1890) sind galvanische Elemente mit zwei Elektroden aus demselben Metall, die in zwei verschieden konzentrierte, durch einen Heber verbundene Lösungen desselben Salzes tauchen; ihre elektromotorische Kraft läßt sich durch B_a und B_k, die Konzentrationen (nach elektrochemischen Äquivalenten) c_1 und c_2, den osmotischen Druck p (87), die absolute Temperatur T und die Ladung des Ions $\mathfrak{e}$ ausdrücken (e in Volt):

$$e = \frac{pT}{\mathfrak{e}} \frac{B_a - B_k}{B_a + B_k} \lg \frac{c_1}{c_2}; \qquad \text{(aaz)}$$

für Kupfer und Kupfervitriol ist z. B. $p/\mathfrak{e} = 86{,}4 \times 10^{-6}$. Die von diesen Ketten gelieferten Ströme heißen Konzentrationsströme.

55. **Polarisationsgesetz.** Die elektromotorische Kraft der Polarisation hat stets das entgegengesetzte Zeichen wie die primäre elektromotorische Kraft — der Polarisationsstrom also die umgekehrte Richtung wie der primäre — und ist bei geringer primärer Kraft dieser gleich — der Strom also null —, wächst dann langsamer als diese und erreicht schließlich ein Maximum. Formeln (e primäre, p sekundäre elektromotorische Kraft, i primärer, i_p sekundärer, i' durch den sekundären geschwächter Strom, ϱ Stromdichte an den Elektroden, d. h. Verhältnis der Stromstärke zur Elektrodenfläche, P Maximum von p, a und c Konstanten):

$$i = \frac{e}{w}, \qquad i_p = \frac{p}{w}, \qquad i' = i - i_p = \frac{e-p}{w} \tag{aba}$$

$$p = P - ae^{-c\varrho}. \tag{abb}$$

Das eigentlich für die Größe der Polarisation Maaßgebende ist also die Stromdichte.

(1) Es ist zu unterscheiden zwischen der chemischen Polarisation, bei der sich die Zersetzungsprodukte mit den Elektroden chemisch verbinden, und der physikalischen, bei der die durch die Elektrolyse gebildeten Gase, besonders Wasserstoff und Sauerstoff, von den Elektroden adsorbirt oder okkludiert (**88**) werden (Gaspolarisation).

(2) Unter Umständen kann man die Gesamtpolarisation in ihre den beiden Elektroden entsprechenden Teile zerlegen, z. B. bei wässerigen Lösungen in die Wasserstoffpolarisation und die Sauerstoffpolarisation. Die beiden Teile sind in manchen Fällen gleich, in anderen sehr verschieden groß.

(3) Zuweilen hat außer der Gegenkraft der Polarisation auch ein besonderer „Übergangswiderstand“ einen schwächenden Einfluß auf den resultierenden Strom, d. h. es ist

$$i' = \frac{e-p}{w + w_p}. \tag{abc}$$

(4) Einige Werte von P (Maximum der Polarisation), und zwar äußerste Grenzwerte unter verschiedenen sekundären Einflüssen und ungefähre Mittelwerte, in Volt, meist für Schwefelsäure als Elektrolyt:

Aluminium	>17	Platin (1,9 bis 4,9)	2,7	(fn)
Eisen	0,2	„ (Salpetersäure)	1,2	
Gold (1,6 bis 2,2)	2,1	Quecksilber	2,3	
Kupfer (0,5 „ 1,1)	0,8	Zink	0,7	
Kohle (1,9 „ 2,3)	2,1	„ , amalgamirt	0,5	
Palladium (1,9 bis 2,4)	2,1			

Beim Eisen zeigen die Elektroden merkwürdige Umwandlungen, die es schließlich in einen besonderen Zustand, „Passivität“ versetzen.

(5) Die **Akkumulatoren** sind auf Kosten elektrischer Energie hergestellte galvanische Elemente, die diese Energie teilweise (s. w. u.) in Gestalt des Polarisationsstromes zu geeigneter Zeit wieder abgeben können; sie heißen daher auch Polarisations- oder Sekundärelemente; ihre elektromotorische Kraft ist schon oben (**156** (3)) angegeben.

(6) An der Grenzfläche von Quecksilber und Schwefelsäure (und ebenso bei anderen Elektrolyten) wird die **Kapillarkonstante** (**96**) durch die Polarisation verändert, und zwar infolge der Abscheidung von Wasserstoff. Befindet sich die Grenzschicht in einer feinen Röhre, so verschiebt sie sich demzufolge, und die Verschiebung ist bei kleiner Potentialdifferenz mit dieser proportional.

Umgekehrt kann man auf diese Weise auch **kapillarelektrische Ströme erzeugen** (Lippmann 1873).

(7) Auch dem **elektrischen Lichtbogen** wird zuweilen eine Gegenkraft, für Kohlenstäbe im Betrage von

$$30-50\ \mathrm{V},\ \text{gewöhnlich}\ 39\ \mathrm{V} \qquad (\mathfrak{f}o)$$

zugeschrieben, die aber richtiger als Übergangswiderstand anzusehen ist.

Sechster Abschnitt: Licht.

162. Licht. Unter Umständen nimmt die Energie eine Form an, die wir mittels des **Gesichtsorganes** als etwas Spezifisches wahrnehmen und Licht nennen. Es beruht, wie man annimmt (**Undulationstheorie**, Hooke 1665, Huygens 1678), auf Schwingungen, die durch einen überall verbreiteten, **Äther** genannten Stoff in Form von Wellen resp. Strahlen fortgepflanzt und so auch dem Auge zugeführt werden; über andere mögliche Vorstellungen sowie über die Kräfte, die man als Ursache der Ätherschwingungen bezeichnet — entweder elastische oder elektrisch-magnetische Kräfte — s. w. u. Die Lehre vom Licht heißt **Optik**.

Licht kann auf zahlreiche Arten erzeugt werden, nämlich aus fast jeder anderen Energieform. Da eine von ihnen, die Wärme, dabei die in der Wirklichkeit wichtigste Rolle spielt, bezeichnet man das Leuchten durch Temperatursteigerung als „**normales Leuchten**" und stellt ihm die „**Lumineszenz**" als Leuchten ohne oder ohne wesentliche Temperaturerhöhung entgegen; da letztere wieder mehrere Ursachen haben kann, erhält man folgendes Schema:

I. Normales Leuchten (durch starke Erwärmung).

II. Lumineszenz.

a) **Photolumineszenz** (durch Bestrahlung), als eigentliche Leuchterscheinung auch Fluoreszenz, als Nachleuchten Phosphoreszenz genannt.

b) Thermolumineszenz (durch schwache Erwärmung).

c) Chemilumineszenz (bei gewissen chemischen Prozessen, auch das Leuchten lebender Thiere gehört hierher).

d) Tribolumineszenz (durch Reibung).

e) Krystallolumineszenz (bei der Krystallisation).

f) Lyolumineszenz (bei der Lösung).

g) Elektrolumineszenz (bei elektrischen Entladungen, besonders in verdünnten Gasen, Kathodenstrahlen, Glimmlicht u. s. w.).

(1) Vom molekulartheoretischen Standpunkte nimmt man zuweilen an, daß Leuchten eintritt, wenn die Molekularbewegung, die der Wärme zu Grunde liegt, so heftig wird, daß sie zu besonderen Atombewegungen Anlaß giebt.

(2) Das Licht wirkt, außer auf das Auge, auch noch in anderer Weise: Wärme erregend; chemisch auf gewisse lichtempfindliche Substanzen (photochemisch, photographisch); Licht erregend auf gewisse Substanzen (Fluoreszenz, Phosphoreszenz, Photolumineszenz). Diese Wirkungen treten häufig auch in Fällen ein, in denen eine Wirkung auf das Auge nicht stattfindet (s. u.); man ist aber nicht berechtigt, die betreffenden Strahlen noch als Licht im eigentlichen Wortsinne zu bezeichnen (dunkle Wärmestrahlen u. s. w.).

163. Natürliches und polarisiertes Licht. Eine erste Mannigfaltigkeit, die das Licht aufweist, ist sein Polarisationszustand (Malus 1808), d. h. sonst ganz gleiches Licht verhält sich doch unter denselben Umständen verschieden. Man muß hieraus schließen (vgl. **44**), daß die Ätherschwingungen transversal sind, und erhält nun folgende Fälle (vgl. **34**):

a) Geradlinig polarisiertes Licht (Schwingungen geradlinig und für alle Strahlstellen in derselben Ebene).

b) Zirkularpolarisiertes Licht (Schwingungen kreisförmig; je nach der Rotationsrichtung „rechtszirkular“ oder „linkszirkular“ vgl. **34** (2)).

c) Elliptisch polarisiertes Licht (Schwingungen elliptisch; hat mit dem geradlinig polarisierten Licht die ausgezeichnete Richtung, große Axe, mit dem zirkularpolarisierten den Dualismus „rechts“ und „links“ gemein).

d) Natürliches Licht (Schwingungen zeitlich und örtlich im Strahl rasch wechselnd, so daß keine Richtung und kein Sinn ausgezeichnet ist).

In der Natur vorkommendes, von leuchtenden Körpern ausgesandtes Licht ist in der Regel natürliches, es kann aber durch verschiedene Mittel in polarisiertes, speziell geradlinig polarisiertes verwandelt werden:

a) Durch schiefe Reflexion an isotropen Körpern, am vollständigsten bei einem bestimmten Einfallswinkel, dem Polarisationswinkel, während die Einfallsebene Polarisationsebene heißt; der Polarisationswinkel ist für

Wasser 53°, Glas 54° bis 60°. (fp)

b) Durch schiefe Brechung in isotrope Körper hinein, bei wiederholter Brechung (Plattensatz) immer vollständiger; die Ebene, die hier die entsprechenden Eigenschaften hat, wie bei der Reflexion die Einfallsebene und die deshalb hier Polarisationsebene heißt, ist die auf der Einfallsebene senkrechte Ebene durch den gebrochenen Strahl. c) Durch senkrechten Durchgang durch eine parallel zur Axe geschnittene Platte von Turmalin (und analoger einaxiger Krystalle); Polarisationsebene ist die auf der Krystallaxe senkrechte Ebene. d) Durch Doppelbrechung in Kalkspat (Nicol'sches Prisma) und analogen Krystallen; die beiden Strahlen sind senkrecht zu einander polarisiert, und zwar ist die Polarisationsebene des ordentlichen Strahles die Ebene des Hauptschnittes, die des außerordentlichen die darauf senkrechte Ebene.

Die Polarisationsebene ist hiermit für jeden Fall rein geometrisch definirt, und zwar für den ersten Fall (Reflexion an Glas) willkürlich, für die anderen Fälle so, daß in Bezug auf sie das polarisierte Licht in allen Fällen gleiches Verhalten zeigt. Die Schwingungsebene selbst, d. h. die durch den Strahl und die Schwingungsrichtung gelegte Ebene, muß aus Symmetriegründen entweder mit der Polarisationsebene zusammenfallen oder auf ihr senkrecht stehen; über die Entscheidung zwischen diesen beiden Möglichkeiten s. w. u.

Wendet man einen Prozeß, der natürliches Licht polarisiert, auf polarisiertes Licht an, so wird dasselbe geschwächt; im Grenzfalle zusammenfallender Polarisationsebenen bleibt es unverändert, im entgegengesetzten Grenzfalle der gekreuzten Ebenen wird es ganz ausgelöscht, in den Zwischenfällen wird es desto mehr geschwächt, je größer der Winkel zwischen den Ebenen ist. Eine Vorrichtung, die gewöhnliches in polarisiertes Licht verwandelt, heißt Polarisator, eine solche, die letzteres zu untersuchen erlaubt, Analysator; nach obigem können die gleichen Vorrichtungen (Spiegel, Plattensätze, Nicol'sche Prismen, Turmalinplatten) zu beiden Zwecken dienen; man spricht dann von parallelen oder gekreuzten Spiegeln, Plattensätzen, Nicols, Turmalinen.

(1) Drehung der Polarisationsebene oder Rotationspolarisation (Arago 1811). Enantiomorphe Krystalle (**72** (2)), sowie zahlreiche Flüssigkeiten und Lösungen, deren Molekeln resp. Atome man entsprechend als enantiomorph gebaut betrachtet, drehen die Polarisationsebene des Lichtes, das in der Richtung der Hauptaxe hin-

durchgeht, und zwar je nach der Form rechts herum oder links herum; **Rechtsdrehung** (+) ist dabei eine solche, die für den Beschauer des ankommenden Strahles den Sinn der Uhrzeigerbewegung hat, **Linksdrehung** (−) die entgegengesetzte. Man nennt derartige Stoffe **optisch aktiv**. Der Drehungswinkel für die Streckeneinheit heißt bei festen Körpern **spezifisches Drehungsvermögen**, bei Flüssigkeiten pflegt man noch durch die Dichte, bei Lösungen durch die Dichte der gelösten aktiven Substanz zu dividieren; multipliziert man außerdem noch mit $^1/_{100}$ des Molekulargewichtes der gelösten Substanz, so erhält man das **molekulare Drehungsvermögen**; leider wird die Strecke l sehr verschieden gemessen (bei Krystallen in mm, bei Lösungen in dm). Formeln:

$$\varDelta = \frac{\omega}{l}, \text{ resp. } \varDelta = \frac{\omega}{l\varrho}, \text{ resp. } \varDelta = \frac{\omega}{l\varrho'}, \tag{abd}$$

$$\varDelta_{\mathfrak{m}} = \frac{\mathfrak{m}}{100}\,\frac{\omega}{l\varrho'}. \tag{abe}$$

Die spezifische Drehung hängt in hohem Grade von der Farbe des Lichtes ab (außerdem von der Temperatur) und hat für einige Stoffe und Farben (näheres s. w. u.) folgende Werte:

Quarz bei 20° C.

(rotes Licht)	16°	(fq)
(gelbes „)	22	
(grünes „)	35	
(violettes „)	45	

Temperaturkoeffizient etwa + 0,00017.

Andere Krystalle.

Zinnober (rotes Licht)	325°	Natriumperjodat (D-Linie)	23,3°	(fr)
Benzil (D-Linie)	24,8	Bleihyposulphat („)	5,5	

Flüssigkeiten und Lösungen (gelbes Licht).
(Bedeutung der Zahlen s. ob.)

Rohrzucker	+66°	Conchinin	+230°	(fs)
Traubenzucker	+52	Santonin	−200	
Weinsäure	±15	Parasantonid	−890	
Terpentinöl	+14			

(2) An sich inaktive Stoffe werden **im magnetischen Felde optisch aktiv** (**magnetische Drehung der Polarisationsebene des Lichtes**, FARADAY 1845, in Gasen: KUNDT u. RÖNTGEN 1879, in Eisen: KUNDT 1886). **Positiv** heißen hier Substanzen mit einer Drehung im Sinne der das Feld erzeugenden Ströme (*48*(4)), **negativ** die anderen; die Drehung ist mit der Intensität der Magnetisierung (**152**) proportional, die Drehung für die Streckeneinheit und Magnetisierungs-

einheit ist die spezifische magnetische Drehung oder Kundt'sche Konstante (früher benutzte man die Verdet'sche Konstante, die die Drehung für die Einheit der Feldstärke angiebt, aber keine Konstante ist). Einige absolute Werte in Bogenmaaß sind folgende:

Kobalt	+4,0	Schwefelsäure	−4,0	Äther	− 5,8	(ft)
Nickel	+3,2	Wasser	−5,4	Schwefelkohlenstoff	−17,1	
Eisen	+2,6	Alkohol	−5,8			
Sauerstoff	+0,014					

In Luft ist die Drehung bei gleicher Feldstärke etwa $^1/_{800}$ von der im Schwefelkohlenstoff. Im Eisen beträgt im Zustande magnetischer Sättigung die Drehung pro cm rund 200000°, d. h. schon auf einer Strecke von 0,02 mm wird die Schwingungsrichtung der Ätherteilchen ein ganzes Mal herumgedreht.

Eine magnetische Drehung der Polarisationsebene findet auch bei der Reflexion an Magnetflächen statt: Kerr'sches Phänomen (Kerr 1876, Kerr'sche Konstante). Die Drehung beträgt auch bei der stärksten Magnetisierung nur Bruchteile eines Grades.

164. Qualität des Lichtes: Farbe, Farbenton, Sättigung. Die qualitative Charakteristik des Lichtes ist die Farbe im weiteren Sinne des Wortes; für einfaches, einfarbiges oder monochromatisches Licht, d. h. Licht, welches auf Ätherschwingungen von bestimmter Schwingungsdauer (**30**) beruht, hängt die Farbe von eben dieser Schwingungsdauer ab, d. h. einem bestimmten Bereiche von Schwingungszahlen entspricht eine bestimmte Farbe im engeren Sinne, den verschiedenen Schwingungszahlen innerhalb des Bereiches entsprechen wiederum verschiedene Abtönungen dieser Farbe, Farbentöne oder Nüancen. Die Differenz der Schwingungszahlen für zwei Farben, die man noch eben als verschieden erkennt, führt zu den Begriffen der Unterschiedsschwelle und der Unterschiedsempfindlichkeit für Farben.

Den einfachen Farben stehen die gemischten Farben gegenüber, die auf Ätherstrahlbündeln von verschiedenen Schwingungszahlen beruhen. Diejenige Mischfarbe, der gegenüber jede andere als spezifisch farbig erscheint, und welche dem Licht der Sonne oder anderer leuchtender Körper von sehr hoher Temperatur entspricht, heißt weiß; es besteht thatsächlich meist aus einer Vereinigung sehr vieler, kann aber auch schon mittels zweier Farben erzeugt werden, indem man mit der einen, fast beliebig gewählten, eine geeignete andere, die man ihre Komplementärfarbe nennt, in bestimmtem Verhältnisse mischt. Außer weiß giebt es zahlreiche spezifische Mischfarben, die in der einfachen Farbenreihe nicht vorkommen. Wenn man endlich eine reine Farbe in zunehmendem Verhältnisse mit weiß mischt, so erhält man diese Farbe, die ursprünglich gesättigt war, in abnehmenden Sättigungsgraden.

(1) Da zwischen der Schwingungszahl n und den beiden für die Fortpflanzung der Schwingungen in einem Medium maßgebenden Größen, Wellenlänge λ und Fortpflanzungsgeschwindigkeit v die Beziehung (vgl. **39**, Gl. as)

$$v = \lambda n, \qquad \lambda = \frac{v}{n}, \qquad n = \frac{v}{\lambda} \tag{abf}$$

besteht, kann man eine Farbe auch durch die Wellenlänge der Ätherwellen in einem bestimmten Medium, als das man naturgemäß Luft wählen wird, charakterisieren, und man thut dies gewöhnlich; es ist aber nicht zu vergessen, daß das einzige wahre Charakteristikum einer Lichtart, unabhängig vom Medium, die Schwingungszahl ist.

(2) Die einfachen Farben zeigen sich am vollständigsten im Sonnenspektrum, sie heißen daher auch Spektralfarben. Man unterschied ihrer früher 7, fügt aber, um der Verschiedenheit der Farbeneindrücke gerecht zu werden, noch 3 hinzu (eine gewisse Willkür ist dabei unvermeidlich) und erhält damit die folgenden 10 einfachen Farben: rot, orange, goldgelb, gelb, grüngelb, grün, blaugrün, cyanblau, indigblau, violett. Da endlich im Sonnenspektrum gewisse spezielle Farbentöne fehlen, an deren Stelle die dunklen Fraunhofer'schen Linien (s. w. u.) stehen, kann man bestimmte Farbentöne auch durch diese Linien charakterisieren.

(3) Die Grenzen des Sehbereichs sind unter gewöhnlichen Umständen folgende ($1\,\mu = 0{,}001$ mm, vgl. **13** (3)):

Untere Grenze	Obere Grenze	
$n = 4 \times 10^{14}$ $\lambda = 0{,}75\,\mu$	$n = 8 \times 10^{14}$ $\lambda = 0{,}375\,\mu$;	(fu)

dieser Bereich entspricht also in Übertragung akustischer Ausdrücke gerade einer Oktave (**127**). Indessen kann man unter besonderen Umständen (Abblendung allen anderen Lichtes, guter Zustand der Augen u. s. w.) nach unten noch etwas weiter (etwa bis $n = 3{,}5 \times 10^{14}$), nach oben noch erheblich weiter kommen (etwa bis $n = 10{,}0 \times 10^{14}$), und auch diese Grenzen sind höchst wahrscheinlich nur dem Umstande zuzuschreiben, daß die Augenmedien für Strahlen außerhalb dieser Grenzen nicht mehr durchlässig sind. Man nennt jene Strahlen ultrarot, diese ultraviolett.

(4) Schwingungszahlen (in 10^{12} = Billionen als Einheit), Wellenlängen in Luft (in $\mu\mu = 10^{-6}$ mm), Fraunhofer'sche Linien und Bezeichnungen der einfachen Farben; hinzugefügt sind die Namen

der Töne, denen die Farben entsprechen, wenn man das äußerste Rot mit *c* identifiziert:

Linie	n	λ	Farben	Ton
A	395	760	äußerstes Rot	*c*
a	417	719	tiefes Rot	*cis*
B	437	687	hochrot	*cis* bis *d*
C	457	656	rotorange	*dis* (−)
—	480	625	orange	*dis* (+)
D	509	589	goldgelb	*eis*
—	525	572	gelb	*f* (+)
—	540	556	grüngelb	*f* bis *fis*
E	570	527	grün	*ges*
b	580	517	blaugrün	*ges* bis *g*
F	617	486	cyanblau	*gis*
—	660	455	indigblau	*a*
G	697	431	blauviolett	*b* (−)
h	731	410	violett	*b* bis *h*
H	758	395	äußerstes violett	*h* (+)
L	786	382	ultraviolett	c_1
—	1000	300	äußerstes ultraviolett	e_1

(fv)

(5) Unter den Mischfarben nimmt, nächst dem Weiß, den wichtigsten Platz das Purpur ein, nämlich die Mischung der beiden an den Enden des Spektrums stehenden Farben; am gesättigsten fällt es aus, wenn man die wirklichen Extreme tiefrot und violett mischt; nimmt man orange und blau, so entsteht das weißlichere Rosa (ungesättigtes Purpur). Die wichtige Rolle des Purpurs liegt darin, daß es zwischen rot und violett eine Brücke bildet und damit die Reihe der einfachen Farben zu einem Kreise schließt.

(6) Zusammenstellung einiger Komplementärfarben im Mittel aus den Versuchsergebnissen verschiedener Forscher (Wellenlänge und ungefähre Farbe):

675 hochrot . . . . . 496 blaugrün
650 rotorange . . . . . 492 cyanblau
625 orange . . . . . 490 „
600 goldgelb . . . . . 486 „
575 gelb . . . . 469 indigblau
550 gelbgrün . . . . . 415 violett.

(fw)

Wie man sieht, entsprechen großen Änderungen der einen Komponente oft nur geringe der anderen; ferner ergiebt sich, daß es einen mittleren Spektralstreifen (550 bis 500) giebt, zu dem die Komplementärfarben fehlen.

(7) Übersicht der durch Mischung zweier einfacher Komponenten entstehenden Farben:

	violett	indigo	cyan	blaugrün	grün	grüngelb	gelb
rot	purpur	dunkelrosa	blaßrosa	weiß	blaßgelb	goldgelb	orange
orange	dunkelrosa	blaßrosa	weiß	blaßgelb	gelb	gelb	
gelb	blaßrosa	weiß	blaßgrün	blaßgrün	grüngelb		
grüngelb	weiß	blaßgrün	blaßgrün	grün			
grün	blaßblau	wasserblau	blaugrün				
blaugrün	wasserblau	wasserblau					
cyan	indigo						

(8) Grau und schwarz sind keine eigentlichen Farben, sondern von weiß nur durch abnehmende Helligkeit bis zu völliger Dunkelheit unterschieden. Auch braun, rotbraun, olive u. s. w. sind nur lichtschwache Modifikationen gelber, roter und grüner Farbentöne in verschiedenen Sättigungsstufen.

(9) Die Unterschiedsempfindlichkeit für Farbenwahrnehmung ist in hohem Maaße von individuellen Eigentümlichkeiten, von der Lichtstärke, der Größe der zu vergleichenden Farbenflächen, von der Farbe selbst und anderen Umständen abhängig. Die beiderseitigen Endstrecken des Spektrums erscheinen (jede für sich) auf ziemlich weiter Strecke gleichfarbig, in der Mitte des Spektrums ist dagegen die Farbenänderung sehr schnell. Bei abnehmender Beleuchtung werden die Farbenunterschiede ebenfalls, und zwar zuletzt in raschem Tempo, geringer.

(10) Die subjektive Farbenempfindung läßt sich auf die dreier Grundfarben zurückführen, als welche man gegenwärtig rot, grün und violett annimmt; alle anderen Farben sind dann im subjektiv-physiologischen Sinne Mischfarben. Augen, welche alle drei Grundfarben spezifisch empfinden, heißen normal oder trichromatisch, andere Augen farbenblind, und zwar solche, die nur zwei Grundfarben unterscheiden, dichromatisch (rotblind, grünblind, violettblind), endlich solche mit nur einer einzigen Farbenempfindung (also Augen, die nur Helligkeitsunterschiede wahrnehmen) monochromatisch.

(11) Die Ergebnisse der Mischung farbiger Pulver stimmen im allgemeinen mit denen der Mischung gleichfarbiger Lichtstrahlen nicht überein; so geben z. B. gelb und blau bei Malerfarben grün, bei Lichtstrahlen aber nicht.

165. Intensität des Lichtes. Hinsichtlich der Intensität des Lichtes oder der Lichtstärke existiert eine ähnliche Mannigfaltigkeit der Begriffe wie hinsichtlich der Schallstärke (**128**); auch hier ist es daher wichtig, die Begriffe scharf zu trennen und streng zu definieren. Zunächst ist zwischen objektiver Lichtstärke oder Stärke des Lichtreizes und subjektiver Lichtstärke oder Stärke der Lichtempfindung zu unterscheiden; jene beruht unmittelbar auf der Energie der betreffenden Ätherbewegung, diese ist eine nur subjektiv bestimmbare Funktion jener. In Bezug auf die objektive Lichtstärke sind wiederum folgende Begriffe zu unterscheiden:

a) Lichtstärke J, d. h. die kinetische Energie der Ätherbewegung pro Zeiteinheit, also der Effekt der Ätherbewegung (**120**); er ist bei einfachem geradlinig polarisierten Lichte mit dem Quadrate des Produktes aus Amplitude und Schwingungszahl proportional, außerdem aber mit der an den Schwingungen beteiligten Äthermasse resp. Ätheroberfläche, die man selbst wieder zu der Masse oder Oberfläche des leuchtenden Körpers in Beziehung setzen kann.

b) Lichtströmung oder Lichtstrom Φ, analog dem Begriffe der Kraftströmung (**111**); der ganze von einer punktförmigen Lichtquelle ausgehende Lichtstrom (nach allen Seiten) ist das 4π-fache, der Lichtstrom in einem Kegel vom Winkel ω ist das ω-fache von J:

$$\Phi = 4\pi J, \qquad \Phi_\omega = \omega J, \tag{abg}$$

J selbst ist also der Lichtstrom in einem Kegel vom Winkel 1. Für ω kann man, da es die scheinbare Größe (**15**(4)) einer beleuchteten Fläche von der Lichtquelle aus gesehen ist, auch die wahre Flächengröße f, ihren Abstand r von der Lichtquelle und die Neigung α ihrer Normale gegen r einführen:

$$\Phi_\omega = \frac{f}{r^2} J \cos\alpha. \tag{abh}$$

c) Lichtleistung oder Lichtmenge Q, d. h. das Produkt aus Lichtstrom und Zeitdauer seines Bestehens:

$$Q = \Phi t = 4\pi J t, \qquad Q_\omega = \Phi_\omega t = J\omega t = \frac{f}{r^2} J t \cos\alpha; \tag{abi}$$

für ein auf r senkrechtes Flächenelement ist $\cos\alpha = 1$.

d) Beleuchtung oder Beleuchtungsstärke E, d. h. der auf die Flächeneinheit senkrecht fallende Lichtstrom:

$$E = \frac{\Phi}{f} = \frac{J}{r^2}. \tag{abk}$$

e) Beleuchtungsmenge, d. h. Beleuchtungsstärke mal Zeit:

$$M = Et = \frac{\Phi}{f} t = \frac{J}{r^2} t. \tag{abl}$$

f) Flächenhelligkeit H, d. h. das Verhältnis der Lichtstärke zur Flächengröße (auch Erhellung oder Glanz genannt):

$$H = \frac{J}{f}. \qquad \text{(abm)}$$

Betrachtet man J als eine selbständige Dimension, so erhält man folgende Dimensionsformeln:

$$\left.\begin{array}{lll} [J] = J, & [\Phi] = J, & [Q] = Jt, \\ [E] = Jl^{-2}, & [M] = Jl^{-2}t, & [H] = Jl^{-2}; \end{array}\right\} \text{(EZ)}$$

setzt man hierin J gleich einer Energie pro Zeiteinheit, also gleich einem Effekt (**120**), so erhält man

$$\begin{array}{llll} [J] = l^2t^{-3}m, & [\Phi] = l^2t^{-3}m, & [Q] = l^2t^{-2}m, & \text{(FA) (FB) (FC)} \\ [E] = t^{-3}m, & [M] = t^{-2}m, & [H] = t^{-3}m. & \text{(FD) (FE) (FF)} \end{array}$$

(1) Beleuchtungsgesetz (Cosinusgesetz, Lambert'sches Gesetz 1760). In den obigen Festsetzungen und in dem allgemeinen Strahlungsgesetz ist dieses Gesetz, das die Beleuchtung eines Flächenelementes durch ein anderes darstellt, bereits enthalten; es besagt, daß diese Beleuchtung mit der Lichtstärke der anderen Fläche und den Cosinus der Neigungen beider Flächen gegen ihre Abstandslinie direkt, mit dem Quadrat des Abstandes umgekehrt proportional ist; mit anderen Worten: daß die Beleuchtung einer Fläche durch einen Punkt oder eines Punktes durch eine Fläche von der scheinbaren Größe (Raumwinkel, Kegelöffnung) abhängt. In einem Punkte eines Zimmers hängt also die Stärke der direkten Beleuchtung u. a. von der scheinbaren Größe der Fenster ab. Eine Folge des Gesetzes ist z. B., daß eine leuchtende Kugel als gleichmäßig leuchtende Scheibe erscheint.

(2) Luminal oder Leuchtpotential ist, nach Analogie mit anderen Potentialen (vgl. **110**), diejenige Größe, deren negativer Differentialquotient nach irgend einer Richtung die Beleuchtungsstärke giebt, für punktförmige Lichtquelle also

$$L = \frac{J}{r}. \qquad \text{(abn)}$$

(3) Nichtpunktförmige Lichtquellen senden nach verschiedenen Richtungen verschieden starke Lichtströme, für eine ebene Leuchtfläche sind dieselben (Lambert'sches Gesetz) desto schwächer, je schiefer die Richtung gegen die Normale ist; für die üblichen Lichtquellen (Kerzen, Glüh-, Bogenlampen u. s. w.) muß man die Abhängigkeit von der Richtung empirisch bestimmen und kann sie alsdann durch ein Diagramm zur Anschauung bringen.

(4) Den von einer Fläche durchgelassenen Teil der auffallenden Lichtmenge nennt man zuweilen ihre Transparenz, den diffus zurückgeworfenen Teil (wenn er alle Farben gleichmäßig enthält), ihre Albedo.

166. Lichteinheiten. Die allgemeine Reduktion von Lichtstärken auf Erg pro Sekunde ist bis jetzt nicht möglich gewesen (s. u. (2)). Auch die Festsetzung einer praktischen internationalen Lichteinheit ist noch nicht als definitiv zu betrachten; im wesentlichen kommen nur zwei Einheiten in Betracht:

a) Amylacetatlampe oder Hefnerlampe, auch Hefnerkerze oder kurz Kerze genannt (v. Hefner-Alteneck 1884); sie hat bestimmt abgemessene Dimensionen, verbrennt Amylacetat, wird auf eine Flammenhöhe von 4 cm reguliert und in horizontaler Richtung benutzt (Dochtrohr innen 0,8, außen 0,83 cm dick, 2,5 cm lang). Die Lampe wird von der Physikalisch-technischen Reichsanstalt beglaubigt.

b) Platineinheit oder Violle'sche Lichteinheit (Violle 1879), d. h. die von einem qcm erstarrenden Platins in normaler Richtung ausgestrahlte Lichtmenge (bei der Modifikation von Siemens ist die Fläche nur 0,1 qcm, und es wird der Moment des Schmelzens benutzt). Der 20. Theil der Violle'schen Einheit wird als bougie décimale bezeichnet (auch wohl als „Pyr"). Die Hefnerkerze ist ungefähr $^1/_{19}$ der Violle'schen Einheit, also etwa 1,05 Pyr.

In Deutschland und zum Teil auch außerhalb hat man sich vorläufig auf die Hefnerlampe geeinigt und für die aus ihr sich ergebenden abgeleiteten Einheiten folgende Bezeichnungen eingeführt:

Größe	Zeichen	Einheit	Zeichen	Bemerkungen
Lichtstärke	J	Hefnerkerze	HK	In Hefnerkerzen auszudrücken
Lichtstrom	Φ	Lumen	Lm	
Lichtleistung (Menge)	Q	Lumensekunde	Lms	Hefnersekunden
„ „	q	Lumenstunde	Lmh	Hefnerstunden; 1 Lmh = 3600 Lms
Beleuchtungsstärke	e	Lux	Lx	Beleuchtung der Flächeneinheit (qcm resp. qm) durch das Lm, oder, was dasselbe ist, Beleuchtung einer Fläche durch die HK in 1 cm resp. 1 m Abstand
„	E	Meterkerze (1Mk = 10^{-4}Lx)	Mk	
Beleuchtungsmenge	M	Luxsekunde	Lxs	
„	m	Luxstunde	Lxh	—
Flächenhelligkeit	h	qcm-Hefner	qcmHK	1qmHK = 10^{-4}qcmHK
„	H	qm-Hefner	qm HK	

(1) Von älteren Normallampen seien erwähnt: die französische Carcellampe (stündlicher Verbrauch an Calzaöl 42 gr); die englische Walratkerze (stündlicher Verbrauch 7,77 gr); die deutsche Paraffinkerze (in bestimmten Dimensionen käuflich, Flammenhöhe 5 cm). Bei geringen Abweichungen von den vorgeschriebenen Verbrauchs-

mengen kann man die Lichtstärke diesen Mengen proportional setzen. Die deutsche Paraffinkerze hat den Wert

$$1\,\mathrm{NK} = 1{,}162\,\mathrm{HK}, \qquad (\mathfrak{fr})$$

die Walratkerze ist etwas schwächer, die Münchener Stearinkerze etwas stärker.

(2) Nach Tumlirz strahlt eine Amylacetatlampe auf ein in 1 m horizontaler Entfernung befindliches qcm eine Lichtenergie von etwa 15 Erg pro sec.

***56.* Psychophysisches Gesetz für Lichtstärken.** Wie bei Tonstärken (**128** (4)) ist auch hier zwischen dem Elementargesetz (E. H. Weber 1831) und dem eine weitere Annahme hinzufügenden Integralgesetz (Fechner 1859) zu unterscheiden:

a) Elementargesetz: Der Stärkeunterschied zweier Lichtreize, dem eben noch ein Unterschied der Empfindungsstärken entspricht, ist mit der Reizstärke selbst proportional; oder: die absolute Unterschiedsempfindlichkeit für Lichtstärken ist mit der Lichtstärke umgekehrt proportional; oder endlich: die relative Unterschiedsempfindlichkeit ist über die ganze Skala der Reizstärken konstant. Formel: (R Reizstärke, E Empfindungsstärke):

$$dE = c\frac{dR}{R}. \qquad \text{(abo)}$$

Betrachtet man hierin dE als eine in allen Fällen gleiche Größe, so erhält man:

b) Das Integralgesetz:

$$E = c \log R, \qquad \text{(abp)}$$

die Empfindungsstärke ist proportional dem Logarithmus der Reizstärke. Der Wert von R, für den hiernach E erst beginnt positive Werte anzunehmen, heißt der Schwellenwert der Lichtstärke.

(1) Für kleine und für sehr große Reizstärken gilt das Gesetz nicht, es ist dann die Unterschiedsempfindlichkeit kleiner, als sie nach dem Gesetze sein sollte. Von der Farbe ist sie bei mittlerer und großer Intensität ziemlich unabhängig, bei kleiner aber abhängig, und zwar ist sie für blau und violett größer als für rot und gelb.

Einige Zahlen (König), R in einer Einheit = 1,5 engl. NK = 1,7 HK aus 1 m Entfernung (Beleuchtung), λ in $\mu\mu$ (**13** (3)).

(Tabelle folgt umstehend.)

Die Unterschiedsempfindlichkeit für Lichtstärken ist also bei mittlerer Beleuchtung etwa $1^1/_2$ bis 2 Prozent.

(2) Die Sterne werden seit langer Zeit nach ihrer Helligkeit in Größenklassen geteilt, deren sechste der Grenze der Sichtbarkeit

mit bloßem Auge entspricht; nach neueren Messungen ist die „Größe“ mit der Helligkeit H durch die Durchschnittsformel

$$G = a - b \lg H = 1 - 2{,}5 \lg H \qquad \text{(abp')}$$

verknüpft, wo für H die Helligkeit der Sterne erster Größe als Einheit dient, so daß sie für alle anderen ein echter Bruch ist. Jede Größenklasse ist hiernach etwa doppelt so hell, wie die folgende.

R	$dR:R$			
	$\lambda = 670$	$\lambda = 575$	$\lambda = 430$	weiß
200 000	(0,0445)	(0,0445)	—	0,0267
100 000	(0,0247)	0,0336	—	0,0195
50 000	0,0215	0,0266	—	0,0173
20 000	0,0163	0,0209	—	0,0175
10 000	0,0158	0,0182	—	0,0176
5 000	0,0180	0,0169	—	0,0179
2 000	0,0169	0,0182	—	0,0181
1 000	0,0172	0,0188	0,0181	0,0178
500	0,0206	0,0205	0,0218	0,0192
200	0,0224	0,0232	0,0249	0,0222
100	0,0300	0,0277	0,0253	0,0298
50	0,0391	0,0331	0,0279	0,0324
20	0,0465	0,0400	0,0356	0,0396
10	0,0701	0,0618	0,0413	0,0477
5	0,101	0,0974	0,0519	0,0593
2	0,207	0,158	0,0637	0,0939
1	0,347	0,204	0,0799	0,123
0,5	0,603	0,265	0,107	0,188
0,2	—	0,365	0,126	0,283
0,1	—	0,656	0,159	0,377
0,02	—	—	0,288	0,695
0,002	—	—	0,587	—

(fy)

(3) Den reziproken Wert von $dR:R$ kann man seiner Bedeutung für die Unterscheidung von Gegenständen entsprechend als die „Klarheit“ bezeichnen:

$$K = \frac{R}{dR}; \qquad \text{(abq)}$$

sie ist nach obigem bei mittlerer Helligkeit am größten.

(4) Die Reizschwelle für die Lichtempfindung ist in hohem Maße desto kleiner, je kleiner die Wellenlänge ist, und zwar beträgt sie unter mittleren Umständen in HK aus 1 m Entfernung für

	rot	gelb	grün	blau	violett	weiß
etwa	0,10	0,005	0,0008	0,0002	0,0002	0,0012

(fz)

(5) Es ist zu unterscheiden zwischen der Empfindlichkeit für Helligkeitsgleichheit (Gleichheitsempfindlichkeit) und der Empfindlich-

keit für gleiche Helligkeitsunterschiede (Kontrastempfindlichkeit); letztere ist ungefähr doppelt so groß als erstere.

(6) Für verschiedene Farben läßt sich ein gemeinsamer Helligkeitsbegriff in einfacher Weise nicht aufstellen, weil verschiedenfarbige Flächen, die bei einer gewissen Helligkeit gleich hell erscheinen, bei einer anderen verschieden hell erscheinen.

Achtes Kapitel.

Entropie.

Erster Abschnitt: Allgemeines.

167. Verwandlungsfähigkeit und Wirkungsfähigkeit der Energie. Der Zahlenwert einer Energie besagt lediglich, daß, wenn sie ihren Ort, ihre Modalität oder ihre Qualität ändert (**125**), eine ihrer Abnahme gleiche Arbeitsleistung resp. ein ihrer Zunahme entsprechender Arbeitsverbrauch stattfindet; er besagt nichts darüber, ob dieser Vorgang wirklich eintritt, und, falls er eintritt, ob er von selbst, d. h. ohne Hilfe von außen oder ob er vielleicht nur mit Hilfe von außen und selbst dann vielleicht nur in beschränkter Weise eintreten kann. Die gesamte Weltordnung und unzählige Einzelerfahrungen lehren nun, daß thatsächlich nicht jede mögliche Energieumwandlung wirklich eintritt, daß vielmehr erstens nur unter bestimmten Umständen überhaupt Umwandlung eintritt und daß zweitens, wenn dies der Fall ist, es in ganz bestimmtem Sinne — im einfachsten Falle in dem einen der beiden möglichen entgegengesetzten Sinne und nicht in dem anderen — erfolgt. Es ist dies nichts anderes als der Ausdruck für die kausale Gesetzmäßigkeit und Eindeutigkeit der Erscheinungen.

Zustände, in welchen eine Energieumwandlung nicht eintritt, heißen Gleichgewichtszustände (vgl. **52** „Gleichgewicht der Kräfte“); Prozesse, die zu einem Gleichgewichtszustande führen, heißen finitiv, solche, die es nicht thun, konservativ; letztere müssen im endlichen Raume offenbar periodischen Charakters sein und setzen sich folglich aus Teilen zusammen, die sich von selbst gegenseitig rückgängig machen; die ersteren thun dies nicht. In nahem Zusammenhange hiermit steht eine zweite Einteilung der Prozesse in natürliche oder freiwillige, d. h. solche, die „von selbst“ eintreten und ablaufen, und künstliche oder erzwungene, d. h. solche, die nur durch äußeren Eingriff sich vollziehen. Im ganzen sind hiernach vier verschiedene Klassen resp. Typen von Vorgängen logisch möglich: natürlich-konservative und künstlich-konservative, natürlich-finitive und künstlich-finitive.

Aus dem Gesagten ergiebt sich die Notwendigkeit, der Energie außer dem Zahlenwerte noch einen anderen Wert beizulegen, der ein Maaß für ihre thatsächliche Verwandlungsfähigkeit oder Wirkungsfähigkeit abgiebt und den man ihren Wirkungswert oder Nutzwert nennen kann. Dieser Wirkungswert steht zu dem Zahlenwert in einer prinzipiell einfachen, wenn auch in jedem bestimmten Falle oft nur mit Vorsicht angebbaren Beziehung, er ist nämlich der Intensitätsfaktor (**121** (4)) der Energie oder, wie man bildlich auch sagen kann, der Niveauwert der Energie; das Niveau kann ein wirkliches Niveau, eine Geschwindigkeit, eine Temperatur, ein Einheitspotential sein — Begriffe, die alle von demselben Charakter sind und sich nur in der einen durch ihre Konsequenzen interessanten Hinsicht unterscheiden, daß einige von ihnen rein relativer Natur sind, während bei anderen das absolute Moment mitzuspielen scheint, daß also bei jenen (Niveau, elektrisches, magnetisches Potential) der Nullpunkt willkürlich gewählt werden kann, bei diesen aber (Geschwindigkeit, Wärme) durch die Natur der Sache gegeben zu sein scheint. Der andere Faktor der Energie ist der Quantitäts- oder Extensitätsfaktor; man kann ihn, indem man einen bisher in spezielleren Sinne (s. w. u.) gebrauchten Ausdruck verallgemeinert, Entropie nennen. Die beiden Energiefaktoren werden sich im allgemeinen ändern, aber immer reziprok zu einander, so daß ihr Produkt, die Energie, konstant bleibt.

(1) Unter erzwungenen Prozessen sind nicht bloß vom Menschen erzwungene, sondern auch von der Natur selbst erzwungene zu verstehen, z. B. Explosionen, Eruptionen u. s. w.

57. **Umwandlungsprinzip, Prinzip der Abnahme der Wirkungsfähigkeit der Energie oder der Entwertung der Energie oder der Zerstreuung der Energie oder der Vermehrung der Entropie** (die Erkenntnis des Prinzips in seiner Allgemeinheit hat sich so allmählich entwickelt, daß Autoren und Jahreszahlen nicht angebbar sind; vgl. bei den einzelnen Entropieformen). Bei allen Vorgängen nimmt die Wirkungsfähigkeit oder Intensität der Energie ab, die Quantität oder Entropie zu; und zwar entweder, bei Wahrung der Energieform, dadurch, daß der Intensitätsfaktor dieser Form abnimmt, ihr Quantitätsfaktor (die Entropie) zunimmt, oder dadurch, daß die Energie in eine weniger wirkungsfähige Energieform übergeht oder endlich, falls sie teilweise in eine wirkungsfähigere Form übergeht, dadurch, daß der Rest der Energie entweder in eine weniger wirkungsfähige Form übergeht oder, falls er seine Form beibehält, an Intensität abnimmt, an Extensität zunimmt. Für Vorgänge, die in einem System von selbst auftreten, gilt das Prinzip unmittelbar, für Vorgänge, die mit fremder Hilfe eintreten, gilt es für die Gesamtheit aller an dem Vorgang beteiligten Systeme. Anders ausgedrückt: Bei natürlichen Prozessen sinkt das Energieniveau (wenn nicht gar die Energieform) im System, bei künstlichen kann es (resp. sie) steigen, aber nur auf Kosten eines größeren Niveausturzes in der Umgebung. Schließlich in Anwendung auf das Weltganze: Die Wirkungsfähigkeit der Energie nimmt fortwährend ab, und zwar sowohl durch Ausgleichung der Niveaudifferenzen innerhalb jeder Energieform, als auch durch Ausgleich der Energieformen selbst. Oder: Die Energie der Welt bleibt konstant, die Entropie strebt einem Maximum zu (Clausius, Gibbs, Thomson, Planck u. A.).

(1) Faßt man die Prinzipien von der Erhaltung des Stoffes (**17**) und von der Erhaltung der Energie (**34**) in ein einziges, das Erhaltungsprinzip, zusammen, so kann man es als ersten Hauptsatz, das Umwandlungsprinzip oder Entwertungsprinzip als zweiten Hauptsatz der Physik (und der exakten Naturlehre überhaupt) bezeichnen. Jener giebt an, was bei einem Naturvorgange, wenn er überhaupt eintritt, konstant bleibt, dieser sagt aus, ob und in welchem Sinne ein Prozeß eintritt, was sich in seinem Verlaufe ändert und welchem Gesetze diese Änderungen gehorchen. Da sich hieraus jedenfalls auch ergiebt, was in dem Verlaufe des Prozesses konstant bleibt, so enthält der zweite Hauptsatz (wie dies auch oben hervortritt), den ersten in sich, er besagt aber noch weit mehr und stellt daher das oberste Grundprinzip allen Geschehens dar.

(2) Es erscheint, und auf den ersten Blick mit Recht, unzulässig, für die Energie, wie es hier geschieht, zwei Maaße einzuführen, den Zahlenwert und den Wirkungswert; man erhält den Eindruck, daß durch das Entwertungsprinzip das Erhaltungsprinzip wieder aufgehoben werde. Die obige Darstellung zeigt, daß dies nicht der Fall ist, indem sie den Wirkungswert als den einen der beiden Faktoren hinstellt, deren Produkt die Energie selbst ist; freilich könnte man mit einigem Rechte hieraus die Konsequenz ziehen, daß dieser Faktor für sich mit dem Namen Energie zu belegen und das Erhaltungsprinzip ganz aufzugeben sei. Indessen würde man dann, um zu einem abschließenden Weltbilde zu gelangen, für das Produkt doch wieder einen Namen einführen müssen (gerade wie man zunächst die Beschleunigung als Kraft bezeichnet, dann aber für ihr Produkt mit der Masse dasselbe Wort in umfassenderem Sinne festsetzt).

Als leichtfaßliches Bild aus dem menschlichen Leben kann, zur Vorstellung der Verträglichkeit gleichzeitiger Erhaltung und Veränderung einer und derselben Größe, das kaufmännische Geschäft dienen, bei welchem für die Waare eine äquivalente Geldmenge bezahlt wird und trotzdem der Gesamtwert steigt, weil die Ware für den Käufer, das Geld für den Verkäufer wertvoller ist; hier steigt also, wie bei jedem künstlichen Prozeß, der Gesamtwert, aber natürlich auf Kosten dritter Werte, die aufzusuchen hier nicht der Ort ist.

(3) Der Grenzfall, in welchem die Wirkungsfähigkeit konstant bleibt, gehört thatsächlich schon zu den unmöglichen Vorgängen, und damit im Zusammenhange auch der Fall von selbst umkehrbarer Vorgänge; s. w. u.

(4) Freie und gebundene Energie. Derjenige Teil der Energie, der für die Wirkungsfähigkeit in Betracht kommt, kann als freie, der Rest als gebundene Energie bezeichnet werden; jedoch lassen sich diese Begriffe nur von Fall zu Fall, je nach der Natur des Prozesses, streng definieren.

(5) Innerhalb jeder einzelnen Energieform ist der Intensitätsfaktor und somit der Wirkungswert ohne Schwierigkeit festzustellen, wenn auch in manchen Gebieten eine gewisse Willkür in seiner Wahl vorhanden sein mag; man kann daher auch die bei isoqualitativen Vorgängen eintretenden Veränderungen der Intensität verfolgen und die verschiedenen Werte numerisch vergleichen. Dagegen läßt sich eine vollständige und allgemein gültige „Rangordnung" der verschiedenen Energieformen nach ihrer respektiven Wirkungsfähigkeit nicht aufstellen; nur soviel läßt sich sagen, daß die Wärme den tiefsten Platz einnimmt, daß die chemische Energie ihr zunächst steht, und daß andererseits die mechanische Energie an der höchsten Stelle steht, wenn ihr auch unter Umständen die elektrische ebenbürtig zu sein scheint. Hiermit hängt es zusammen, daß sich mechanische und ihnen ähnliche Prozesse oft nur wenig, thermische dagegen meist sehr weit und selbst im günstigsten Falle noch erheblich vom konservativen und reversiblen Charakter entfernen, und dies wiederum hängt in erster Reihe jedenfalls damit zusammen, daß mechanische und elektrische Energie, soweit sie kinetisch ist, auf geordneter Bewegung, Wärme dagegen auf ungeordneter Molekularbewegung beruht, für deren Ordnung und Lenkung in bestimmte Bahnen uns die Hilfsmittel fehlen, und die in weit höherem Grade der Zerstreuung und Entwertung ausgesetzt ist.

(6) Perpetuum mobile zweiter Art. Wie es dem ersten Hauptsatze (Energieprinzip) gemäß unmöglich ist, Energie aus nichts zu erzeugen (Perpetuum mobile erster Art, vgl. ***34***(7)), so ist es nach dem zweiten Hauptsatze sogar unmöglich, mittels einer periodisch wirkenden Maschine Energie unter Wahrung ihrer Quantität vollständig auf ein höheres Niveau zu heben oder gar vollständig in eine höhere

Energieform zu verwandeln. Eine Maschine, welche dies könnte, kann man ein Perpetuum mobile zweiter Art nennen; ein solches ist also nicht möglich. Dafür kann man auch sagen: Erzwungene Prozesse sind immer von freiwilligen begleitet.

(7) Zwischen der Energie von bestimmter Qualität und ihren beiden Faktoren, Entropie S und Niveau oder Potential V bestehen die Beziehungen

$$SV = E, \qquad S = \frac{E}{V}, \qquad V = \frac{E}{S}; \tag{abr}$$

für verschiedene Energieformen

$$\sum SV = \sum E, \tag{abs}$$

eine Gleichung, die von Fall zu Fall weiter auszubilden ist. Hiermit im Zusammenhange steht eine von Mach aufgestellte Beziehung zwischen verwandelter Energie und Niveausturz der unverwandelten:

$$-\frac{E_1}{V} + E_2\left(\frac{1}{V'} - \frac{1}{V}\right) = 0, \tag{abt}$$

in Worten: Wird von einer Energieart E vom Niveau V der Anteil E_1 in eine höhere Art umgewandelt, so erfährt der Rest E_2 einen Sturz auf das Niveau V'.

(8) Die wichtigsten Arten der Energiezerstreuung sind die mechanische Reibung, die Wärmeleitung, die Ausstrahlung, der elektrische Widerstand, die magnetische Streuung und Hysteresis u. s. w.; näheres bei den einzelnen Energieformen.

(9) Der Ausgleich der Niveau- und Formendifferenzen, der das Gesamtergebnis allen Naturgeschehens ist (und auch durch das Eingreifen des Menschen nur im einzelnen, nicht im ganzen aufgehalten werden kann), erfolgt mit einer den vorhandenen Differenzen selbst proportionalen Geschwindigkeit, also, da diese Differenzen abnehmen, allmählich immer langsamer; der Endzustand, in welchem die Wirkungsfähigkeit null ist, wird also nur asymptotisch erreicht.

168. Nutzeffekt und Wirkungsgrad einer Maschine oder eines Prozesses. Eine Maschine kann hiernach den Zweck, dem sie dienen soll, immer nur partiell erfüllen, d. h. sie kann nur einen Teil der ihr zugeführten Energie — je nach ihrer Aufgabe — an den gewünschten Ort übertragen oder auf das gewünschte Niveau heben oder in die gewünschte höhere Form umwandeln; dieser Teil des Effektes heißt Nutzeffekt. Der Rest wird zerstreut oder sinkt auf ein tieferes Niveau oder verwandelt sich in eine minderwertige Form, wofür man zusammenfassend sagen kann: er wird vergeudet. Das Verhältnis der Nutzenergie zur ganzen Energie heißt der Wirkungsgrad, das Verhältnis des Restes zur ganzen Energie Vergeudungsgrad oder Zerstreuungsgrad der Maschine resp. des Prozesses:

$$W = \frac{E_1}{E}, \qquad Z = \frac{E_2}{E}, \tag{abu}$$

$$[W] = [Z] = 1; \tag{FG}$$

häufig werden W und Z auch in Prozenten angegeben. Man kann hiernach auch sagen: Der Wirkungsgrad erzwungener Prozesse ist immer kleiner als 1. Er ist ferner desto kleiner, je weiter sich der Prozeß vom konservativen und reversiblen Charakter entfernt.

(1) Es ist, um Verwirrung zu vermeiden, gut, die Begriffe Nutzeffekt (Zähler), ganzer Effekt (Nenner) und Wirkungsgrad (Bruch) streng auseinander zu halten und insbesondere nicht, was oft geschieht, Nutzeffekt, also eine Effektgröße, für Wirkungsgrad, eine reine Zahlengröße, zu gebrauchen.

(2) Bei Maschinen unterscheidet man demgemäß zwischen indizierten (d. h. der Maschine zugeführten) und effektiven (d. h. abgegebenen) Pferdekräften (**120**); bei der Dampfmaschine z. B. werden jene am Dampfcylinder (mit dem „Indikator"), diese am Schwungrad (mit dem Bremszaum oder Dynamometer) gemessen.

169. Kinetisches Potential. Man kann den zweiten Hauptsatz noch in einer anderen Form aussprechen, bei welcher die Energie nicht in Faktoren, sondern in zwei Summanden, und zwar die den beiden Modalitäten entsprechenden, also in die potentielle Energie E_p und die aktuelle (kinetische) E_a (**123**) zerlegt wird, deren erste mit dem Potential der Kräfte identisch ist (**123** (5)). Zur allgemeinsten Formulierung in dieser Form ist eine Größe geeignet, die das kinetische Potential (v. Helmholtz 1886) heißt und die Differenz der beiden Energiemodalitäten oder, wie man auch sagen kann, das um die kinetische Energie verminderte Potential (also im Ruhezustande gleich dem Potential selbst, daher der Name) ist; man hat also die Formel (H kinetisches Potential):

$$E_p + E_a = E, \qquad E_p - E_a = H, \tag{abv}$$

$$H = E - 2E_a = 2E_p - E. \tag{abw}$$

***58.* Prinzip des kinetischen Potentials oder verallgemeinertes Prinzip der kleinsten Wirkung** (Hamilton-Helmholtz, 1834 resp. 1886). Unter allen möglichen Übergängen eines Systems von einem Zustande in einen anderen findet derjenige wirklich statt, für welchen der für gleiche Zeit berechnete Mittelwert des kinetischen Potentials ein Minimum (eventuell ein anderer Grenzwert) ist (Helmholtz). Oder kurz (aber nicht so präzis): Die Natur erreicht ihre Wirkung mit dem kleinsten Kraftaufwande (Jacobi).

(1) Das Prinzip würde, entsprechend formuliert, auch gültig bleiben, wenn das Potential die Zeit explicite enthielte; es ist also von dem Erhaltungsprinzip unabhängig. Näheres über das Prinzip s. w. u.

(2) Wenn eine Zustandsänderung möglich ist, bei der durchschnittlich die potentielle und die kinetische Energie gleich groß ist, so wird sie auch wirklich eintreten; andernfalls wird ihre Differenz wenigstens möglichst gering ausfallen.

(3) Andere mit dem zweiten Hauptsatze in Verbindung stehende Prinzipien oder Sätze, welche in neuerer Zeit aufgestellt, aber nur mit Vorsicht in allgemeiner Form anzuwenden sind, sind das Prinzip des größten Umsatzes, das Prinzip der größten Arbeit und das Prinzip des ausgezeichneten Falles (Berthelot, Ostwald u. A.); sie drücken im wesentlichen das Obige in anderer Form aus.

59. **Gleichgewichtsprinzip.** Aus dem Umwandlungsprinzip — gleichviel aus welcher Form (**57** resp. **58**) — ergiebt sich sofort die Bedingung dafür, daß ein System überhaupt keine Umwandlung erfahre, sich also im Gleichgewicht (**167**) befinde:

a) Wenn die Wirkungsfähigkeit der Energie eines Systems ein Minimum ist, d. h. bei jeder möglichen Zustandsänderung zunächst wachsen würde, so ist das System im Gleichgewicht, d. h. es verändert seinen Zustand nicht freiwillig und kehrt, zwangsweise ein wenig aus ihm entfernt, in ihn zurück.

b) Gleichgewicht ist vorhanden, wenn die potentielle Energie ein Minimum ist.

(1) Beide Ausspruchsweisen sind thatsächlich identisch, unterscheiden sich aber formell dadurch, daß die als Minimum charakterisierte Größe dort als Faktor, hier als Summand der Energie gedacht ist.

(2) Das Minimum der Wirkungsfähigkeit, das im Gleichgewichtszustande vorhanden ist, ist durch die Bedingungen resp. Beschränkungen, denen das System unterliegt, bedingt; ist es ganz frei, so wird das Minimum null, ein Fall, der bei dem Naturganzen der einzige endgiltige Gleichgewichtszustand ist.

(3) Bildlich kann man auch sagen, daß dem Gleichgewichtszustande das tiefste Niveau resp., wo es sich um relative Verhältnisse handelt, die geringste Niveaudifferenz gegen die Umgebung oder zwischen den Teilen des Systems entspricht (Niveau-, Potential-, Temperaturdifferenz u. s. w.); besteht zwischen dem System und der Umgebung keine Beschränkung der Umwandlungsfreiheit, so wird sich erst nach völligem Niveauausgleich Gleichgewicht einstellen; anders ausgedrückt: im Gleichgewicht sind die Intensitäten der Energien der Systemteile gleich groß. Endlich könnte man das Gleichgewicht auch durch das Maximum des anderen Energiefaktors, der Entropie, charakterisieren.

170. Stabiles, labiles, indifferentes Gleichgewicht. Das oben charakterisierte Gleichgewicht ist das einzige Gleichgewicht im engeren

Sinne des Wortes; es wird jedoch zur Unterscheidung von zwei anderen Arten häufig als stabiles Gleichgewicht bezeichnet. Im Gegensatze zu ihm steht das labile Gleichgewicht, bei welchem Wirkungsfähigkeit, Intensität der Energie, potentielle Energie, Niveau resp. Niveaudifferenz Maxima sind, der andere Energiefaktor (Entropie) ein Minimum ist; er ist ein Gleichgewichtszustand ganz anderer Art, indem hier eine Zustandsänderung nicht deshalb ausbleibt, weil sie kein natürlicher Prozeß wäre, sondern nur deshalb, weil jede der möglichen Zustandsänderungen gleich natürlich wäre; entfernt man aber das System zwangsweise noch so wenig aus seinem Zustande, so entfernt es sich von selbst noch mehr von ihm und kehrt nicht mehr freiwillig in ihn zurück. Ein dritter Gleichgewichtszustand endlich ist der zwischen den beiden ersten stehende Grenzfall des indifferenten oder neutralen Gleichgewichtes, in welchem die Energiefaktoren weder Maxima noch Minima sind, sondern bei jeder möglichen Zustandsänderung konstant bleiben.

(1) Die Charakteristik des indifferenten Gleichgewichtes ist, wie man sieht, durchaus identisch mit derjenigen von selbst umkehrbarer Prozesse (*57* (3)); letztere sind demnach thatsächlich unmöglich, eben weil kein Grund zu ihrem Eintritte vorhanden ist. Man pflegt sie indessen häufig theoretisch als Grenzfall zu behandeln, also Prozesse zu betrachten, die aus lauter verschiedenen, aufeinander folgenden Gleichgewichtszuständen bestehen und eben deshalb von selbst umkehrbar sind. Bezieht man die Umkehrbarkeit auf das vollständige System (mit der in Mitleidenschaft gezogenen Umgebung), so kann man den Zusatz „von selbst" fortlassen und kommt zu dem Schlusse, daß es streng umkehrbare Prozesse überhaupt nicht giebt. Man sieht unmittelbar ein, daß dies nur ein anderer Ausdruck für das Kausalgesetz und die Eindeutigkeit in der Folge allen Geschehens ist. Ebenso wenig giebt es in Wahrheit streng konservative Prozesse, alle wirklichen Prozesse sind vielmehr „dissipativ" (energiezerstreuend) und damit finitiv, d. h. sie führen schließlich zum Gleichgewicht.

Zweiter Abschnitt: Mechanik.

171. Kräfte und Bedingungen; innere und verlorene Kräfte; wirkliche und virtuelle Verrückungen, Momente, Arbeit. In der allgemeinen Mechanik betrachtet man die Körper zusammengesetzt aus materiellen Punkten, welche, abgesehen von den äußeren Kräften, die auf sie wirken, in gewissen, ihre Bewegung beschränkenden Beziehungen zu einander stehen; man nennt dieselben Bedingungen oder Verbindungen. Bei einem starren Körper sind die Verbindungen zwischen den materiellen Punkten starr oder doppelseitig, d. h. die Entfernung je zweier Punkte ist ein für allemal gegeben, sie kann weder größer noch kleiner werden; ihnen gegenüber stehen die einseitigen Verbindungen, welche von den beiden Möglichkeiten, einer Vergrößerung und einer Verkleinerung der Entfernung die eine erlauben, die andere verbieten. Die Formulierung derartiger Bedingungen erfolgt in dem einen Falle durch Bedingungsgleichungen, in dem anderen Falle durch Bedingungsungleichungen. Übrigens stellen die genannten Fälle nur typische Grenzfälle dar, bei denen zur Änderung der Entferung zwischen zwei Punkten (in dem einen oder in beiden Sinnen) eine unendlich große Kraft erfordert wird; geht man zu dem allgemeinen Falle über, daß hierzu eine endliche Kraft ausreiche, so muß man, wie für die Wirkungen von außen, so auch für die inneren Verbindungen Kräfte einführen; diese Kräfte heißen innere oder Verbindungskräfte. Statt ihrer kann man auch die der Größe nach gleichen, dem Zeichen nach jedoch entgegengesetzten Kräfte einführen und erlangt dadurch die anschauliche Vorstellung, daß die resultierenden Kräfte, denen die wirkliche Bewegung entspricht — also die Summe der äußeren und inneren Kräfte — sich als die Differenz der äußeren und der eben neu eingeführten Kräfte darstellen, welch letztere man deshalb als verlorene Kräfte bezeichnet.

Von den wirklichen Verrückungen, welche die Punkte eines Systems erfahren, sind zu unterscheiden die sog. virtuellen Verrückungen, d. h. irgend welche gedachte Verrückungen, die mit den Bedingungen verträglich sind. Wenn die Bedingungen von der Zeit unabhängig sind (die Zeit nicht explizite enthalten), ist die wirkliche Verrückung eine der virtuellen; kommt dagegen in den Bedingungen die Zeit vor, so muß man diese, während sie bei der wirklichen Verrückung fortschreitet, bei der virtuellen Verrückung als konstant betrachten; in diesem Falle besteht also zwischen wirklicher und virtueller Verrückung ein wesentlicher Unterschied. Das Produkt einer Kraft (oder einer Kraftkomponente) mit der in ihre Richtung fallenden virtuellen Verrückungskomponente heißt das virtuelle Moment oder die virtuelle Arbeit.

(1) Die obigen Vorstellungen finden zunächst auf die verschiedenen Klassen von Körpern als solcher (starre, feste, flüssige, gasförmige) Anwendung, wobei zu den oben allein erwähnten Entfernungsbedingungen (Normalkräfte) noch eine zweite, seitliche Verschiebungen betreffende Klasse von Bedingungen (Tangentialkräfte) hinzuzufügen ist (vgl. die obige Charakteristik der Aggregatzustände (**79**), der inneren Reibung (**94**) u. s. w.). Sie finden ferner Anwendung auf die sichtbaren oder verborgenen Verbindungen verschiedener Körper mitein-

ander: Bewegungen eines Körpers unter dem Einflusse einer Kraft und eines Zwanges, z. B. auf einer Fläche (Bedingungsgleichung) oder innerhalb einer geschlossenen Fläche (Bedingungsungleichung); Bewegung zweier durch einen biegsamen aber unausdehnbaren Faden verbundener Körper u. s. w.

(1) Die Ausdrücke „mögliche“ und „virtuelle“ Verrückung haben thatsächlich denselben Sinn; man wird den ersteren Ausdruck brauchen im Gegensatz zu allen denkbaren, den letzteren im Gegensatz zur wirklichen Verrückung; dort ist er der speziellere, hier der allgemeinere Begriff (Hertz).

(2) Hertz'sche Auffassung (1894). Ein Zusammenhang eines Systems heißt ein innerer, wenn er nur die gegenseitige Lage seiner Punkte betrifft, er heißt überdies gesetzmäßig, wenn er unabhängig von der Zeit besteht. Ein nur inneren und gesetzmäßigen Zusammenhängen unterworfenes System heißt ein freies System, jeder Teil eines solchen ein unfreies System; diese Begriffe fallen mit denen des vollständigen und unvollständigen Systems thatsächlich zusammen. Der Zusammenhang zweier unfreien Systeme heißt ihre Koppelung, der Einfluß, den sie aufeinander ausüben, die zwischen ihnen wirksame Kraft.

Ein System, zwischen dessen möglichen Lagen alle denkbaren stetigen Übergänge auch möglich sind, heißt holonom.

172. Mechanik ist die Lehre von der Ruhe und Bewegung der materiellen Körper; von der Ruhe (dem Gleichgewicht) handelt die Statik, von der Bewegung die Dynamik. Die allgemeine Mechanik betrachtet die Körper als starr (**74**), untersucht also diejenigen Ruhe- und Bewegungsvorgänge, bei denen die Körper selbst sich nicht verändern; letztere Veränderungen sind Gegenstand der speziellen Mechanik, und zwar der Elastizitätslehre für die festen Körper, der Hydromechanik für die Flüssigkeiten, der Aëromechanik für die Gase.

(1) Obige Definition der Mechanik ist die übliche; sie ist aber ziemlich bedeutungslos, da sie auch alle übrigen physikalischen Erscheinungen umfaßt. Die meisten von diesen wirken freilich auch noch spezifisch auf unsere Empfindung (Wärmegefühl, Gehör, Gesicht); man könnte also sagen: Mechanik ist die Lehre von den lediglich durch Wahrung oder Änderung des Ortes im Raume sich bemerklich machenden Vorgängen; damit würden aber die elektrischen und magnetischen Erscheinungen (soweit sie nicht mit Schall-, Wärme- oder Lichterscheinungen verknüpft sind) nicht ausgeschlossen sein, da wir für sie keinen besonderen Sinn haben und sie daher nur aus räumlichen Vorgängen erschließen können. Es bleibt also (ähnlich wie bei Elektrizität und Magnetismus, vgl. **141**) nur übrig, per exclusionen zu defi-

nieren: Mechanik ist die Lehre von den physikalischen Erscheinungen, insoweit sie nicht auf spezifische Sinne wirken und nicht elektrisch-magnetischen Charakters sind.

(2) In der englischen Litteratur wird die Mechanik meist als Dynamik bezeichnet und diese dann in Statik und Kinetik geteilt. Letztere ist übrigens nicht zu verwechseln mit der rein geometrischen Bewegungslehre, der Kinematik (**23** (2)).

(3) Die allgemeine Mechanik wird, wenn theoretisch behandelt, zuweilen analytische Mechanik genannt, obgleich auch synthetische Methoden Anwendung finden.

a) Gleichgewicht (Statik).

60. **Gleichgewichtsprinzip: Prinzip der virtuellen Geschwindigkeiten oder Prinzip der virtuellen Arbeit** (Ubaldo 1577, Galilei 1655, Joh. Bernoulli 1717, Maupertuis 1740, Lagrange 1788). Durch Spezialisierung des Gleichgewichtsprinzips (***59***) für mechanische Vorgänge erhält man den Satz vom mechanischen Gleichgewicht in entsprechend zahlreichen Formen. Von diesen ist die übliche und einfachste folgende:

Die hinreichende und notwendige Bedingung für das Gleichgewicht ist bei einem starren Systeme die, daß die Summe der virtuellen Momente, also die virtuelle Arbeit, d. h. die Summe der Produkte aus Kräften und virtuellen Verrückungen null ist; bei einem System mit einseitigen Verbindungen die, daß jene Summe nicht positiv ist. Formel:

$$\sum(X\delta x + Y\delta y + Z\delta z) \leqq 0 \qquad \text{(abx)}$$

oder

$$\sum K\delta l \leqq 0 \qquad \text{(aby)}$$

(= für starre, < für einseitige Verbindungen); haben die Kräfte ein Potential, so erhält man wie oben

$$\delta V \leqq 0. \qquad \text{(abz)}$$

(1) Stabiles, labiles oder indifferentes (neutrales) Gleichgewicht (vgl. **170**) eines starren, der Schwere unterworfenen Körpers findet statt, je nachdem das Potential der Schwere ein Minimum, ein Maximum oder eine Konstante (im Vergleich mit der Umgebung) ist; hieraus ergiebt sich folgendes:

a) Beim stabilen Gleichgewicht kehrt das System, aus seiner Lage ein wenig entfernt, von selbst in diese zurück. Beispiele: homogene Kugel im tiefsten Punkt einer konkaven Fläche, oder von oben nach unten dichtere Kugel auf der Ebene, oder homogenes Ellipsoid mit der kleinsten Axe auf der Ebene fußend, oder Kugel an einem

Faden hängend. Der Schwerpunkt (67) hat die tiefste der möglichen Lagen.

b) Beim labilen Gleichgewicht entfernt sich das System, aus seiner Lage gebracht, noch weiter von ihr. Beispiele: homogene Kugel im höchsten Punkte einer konvexen Fläche, oder von unten nach oben dichtere Kugel auf der Ebene, oder homogenes Ellipsoid mit der größten Axe auf der Ebene fußend, oder Kugel auf einer Spitze stehend. Der Schwerpunkt hat die höchste der möglichen Lagen.

c) Beim neutralen Gleichgewicht verbleibt das System, aus seiner Lage gebracht, in der neuen Lage. Beispiel: homogene Kugel auf der Ebene, oder um ihren Mittelpunkt drehbare homogene Kugel.

(2) Für drehbare Körper liegt der Schwerpunkt beim stabilen Gleichgewicht senkrecht unter, beim labilen senkrecht über, beim neutralen im Drehpunkt. Für Körper, die mit einer Basis auf einer Unterlage stehen, wird als Bedingung der Stabilität gewöhnlich angegeben, daß das vom Schwerpunkt gefällte Loth die Basis treffe; diese Bedingung ist hinreichend, aber nicht notwendig (z. B., wenn die Basis einspringende Winkel hat).

(3) Stabil-labiles oder gemischtes Gleichgewicht ist ein solches, welches in einer Richtung stabil, in einer anderen labil ist (V kleiner als in den in einer Richtung, aber größer als in den in einer anderen Richtung benachbarten Lagen). Beispiele: homogene Kugel in einem Sattelpunkt; homogenes Ellipsoid mit der mittleren Axe auf der Ebene fußend.

(4) Ein ganz freier Körper ist nur in einem Medium von gleicher Dichte im Gleichgewicht, im leichteren fällt er, im schwereren steigt er. Beim Schwimmen an der Grenze zweier Medien ist er im Gleichgewicht, wenn er dichter als das eine, aber dünner als das andere ist und in bestimmtem Verhältnis in beide eintaucht; ist die Dichte des oberen Mediums zu vernachlässigen, so taucht er in das untere so weit ein, daß er ein seinem ganzen Gewicht gleiches Flüssigkeitsgewicht verdrängt, oder daß sich das eintauchende Volumen zu seinem ganzen Volumen verhält, wie seine Dichte zu der des Mediums.

(5) Archimedisches Prinzip: Jeder Körper verliert, in Flüssigkeit getaucht, so viel an Gewicht, als die verdrängte Flüssigkeit wiegt. Die Gewichtsdifferenz (falls sie negativ ist) zwischen Körper und Flüssigkeit, also die ihn nach oben treibende Kraft, heißt Auftrieb.

(6) Damit das Gleichgewicht beim Schwimmen stabil sei, müssen die Schwerpunkte des Körpers und der verdrängten Flüssigkeit in einer Vertikallinie liegen, und zwar so, daß der Schwerpunkt unter dem sog. Metacentrum liegt. Dieser Punkt wird gewöhnlich als Schnittpunkt der Symmetrieaxe des Körpers mit der Auftriebslinie definiert;

es muß aber unter Umständen ein anderer Punkt, das „kleine Metacentrum“, statt seiner gedacht werden.

(7) Standfähigkeit oder Standfestigkeit wird verschieden definiert; am besten als die Arbeit, die bei einem im stabilen Gleichgewicht befindlichen Körper geleistet werden muß, um ihn um einen gewissen Winkel zu drehen. Sie ist proportional mit seiner Masse und seiner Basis und desto größer, je tiefer der Schwerpunkt liegt.

(8) Das Gleichgewicht der festen elastischen Körper ist ebenfalls durch das Prinzip der virtuellen Arbeit bestimmt, nur muß man hier zu der Arbeit der äußeren Kräfte und Druckkräfte noch die Arbeit der inneren elastischen Kräfte (75) hinzufügen, erhält also

$$A_k + A_p + A_e = 0; \tag{aca}$$

oder man muß, um die Gleichung $\delta V = 0$ zu benutzen, in V das Potential der elastischen Kräfte einbeziehen.

61. Gleichgewicht des materiellen Punktes. Ein freier Massenpunkt ist im Gleichgewicht, wenn die Summen der nach drei beliebigen rechtwinkligen Axen genommenen Kraftkomponenten null sind; ein nur auf einer Fläche beweglicher Punkt, wenn die Komponentensummen tangential zur Fläche null sind, die Resultante also senkrecht auf der Fläche steht; ein nur auf einer Kurve beweglicher Punkt, wenn die Komponentensumme in der Kurvenrichtung null ist, die Resultante also in die auf der Kurve senkrechte Ebene fällt. Formeln:

für den freien Punkt

$$X = 0, \qquad Y = 0, \qquad Z = 0, \tag{acb}$$

für den Punkt auf der Fläche

$$\left.\begin{array}{ll} & f(x, y, z) = 0 \text{ (Flächengleichung)} \\ \text{und} & \frac{\partial f}{\partial x} : X = \frac{\partial f}{\partial y} : Y = \frac{\partial f}{\partial z} : Z, \end{array}\right\} \tag{acc}$$

für den Punkt auf der Kurve

$$\left.\begin{array}{ll} f_1(x, y, z) = 0, & f_2(x, y, z) = 0 \text{ (Kurvengleichungen)} \\ \text{und} & X\,dx + Y\,dy + Z\,dz = 0. \end{array}\right\} \tag{acd}$$

(1) Den Zwang, in der Fläche oder Kurve zu bleiben, kann man als eine neue Kraft einführen und damit den Fall auf den des freien Punktes zurückführen.

(2) Wenn die Fläche oder Kurve rauh ist, die Bewegung auf ihr also nur mit Widerstand erfolgen kann, braucht die in sie fallende Kraft nicht null, sondern nur kleiner als dieser Widerstand zu sein.

62. Gleichgewicht eines starren Körpers. Ein freier starrer Körper ist im Gleichgewicht, wenn die Komponentensummen der Kräfte und die Komponentensummen der Drehungsmomente einzeln null sind. Formeln:

$$\left.\begin{array}{lll}\sum X = 0, & \sum Y = 0, & \sum Z = 0,\\ \sum (yZ - zY) = 0, & \sum (zX - xZ) = 0, & \sum xY - yX) = 0.\end{array}\right\} \text{(ace)}$$

Kann sich der Körper nur verschieben, so brauchen nur die ersten, kann er sich nur drehen, nur die zweiten Summen null zu sein.

(1) Stellt man die Kräfte der Größe und Richtung nach durch Linien dar, so kann man sagen: Ein Körper ist im Gleichgewicht, wenn die Kräfte sich in einem Punkte schneiden und durch Parallelverschiebung zu einem geschlossenen Polygon zusammengefügt werden können (z. B. drei Kräfte zu einem Dreieck). Bleibt das Polygon offen, so stellt die offene Seite die übrig bleibende Kraft dar (vgl. ***12*** (2)).

(2) Astasie. Ein System heißt astatisch, wenn es aus einer Gleichgewichtslage durch Drehung, ohne daß die Kräfte mitgedreht werden, in eine neue Gleichgewichtslage kommt (indifferentes Dreh-Gleichgewicht).

(3) Gleichgewichtsaxe (Poinsot) heißt eine Gerade, für welche als Drehungsaxe Astasie besteht. Für ein System ist entweder nur eine einzige Gerade, oder es sind alle Geraden, die einer gewissen Ebene parallel sind, oder endlich alle Graden Gleichgewichtsaxen.

(4) Virial einer Kraft in Bezug auf eine Axe (Clausius) heißt das Produkt der Entfernung des Angriffspunktes von der Axe in die in deren Richtung fallende Komponente (analog das Virial in Bezug auf einen Punkt). Die Summe der Viriale aller Kräfte heißt das Virial des Systems. Das Gleichgewicht eines Systems um eine Axe ist stabil, labil oder neutral, je nachdem das Virial negativ, positiv oder null ist. (Dimensional stimmt das Virial natürlich mit dem Drehungsmoment überein.) Das Virial spielt namentlich bei gewissen periodischen Bewegungen eine wichtige Rolle, bei denen es der doppelten kinetischen Energie negativ gleich ist (Virialsatz); neuerdings (Budde, Richarz u. A.) wird daher der Bequemlichkeit halber die negative Hälfte obiger Größe als Virial definiert, so daß es in dem genannten Falle einfach gleich der kinetischen Energie wird.

173. Einfache Maschinen nennt man Vorrichtungen, welche mittels eines einfachen Zwischenkörpers die bequeme und vorteilhafte Ausnutzung gegebener Kräfte ermöglichen. Als Maschinen gehören sie nicht hierher; sie sind aber zum Teil durch Abstraktion zu Typen für die Wirkungsarten der Kräfte geworden; und in diesem Sinne werden sie hier definiert.

a) Hebel heißt ein um einen Punkt oder eine Axe drehbarer Körper, an dem in zwei (oder mehr) Punkten Kräfte angreifen. Der mathematische Hebel wird als gewichtslos und linear betrachtet, beim physikalischen seine Massenverteilung berücksichtigt. Die vom Drehpunkt auf die geometrisch dargestellten Kräfte gefällten Lote heißen die Hebelarme, ihre Produkte in die Kräfte, also die Drehungsmomente, heißen hier unter Umständen auch statische Momente. Der gewöhnliche Hebel, an dem nur zwei Kräfte angreifen, heißt einarmig oder zweiarmig, je nachdem die beiden Angriffspunkte auf derselben oder auf entgegengesetzten Seiten des Drehpunktes liegen; im letzteren Falle unterscheidet man zwischen gleicharmigem und ungleicharmigem Hebel. Der Hebel kann geradlinig oder ein Winkelhebel sein. Die eine der beiden Kräfte wird gewöhnlich durch die wirklich angewandte Kraft, die andere durch den Widerstand der Last repräsentiert.

b) Direkte Modifikationen des Hebels sind: Die feste Rolle (Centrum fest, Kraft und Last durch ein Seil verbunden, an der Peripherie wirkend); die bewegliche Rolle (Centrum und die an ihm befestigte Last beweglich, ein Seilende fest, das andere mit der Kraft verbunden); der Rollenzug oder Potenzflaschenzug (System beweglicher Rollen, derart, daß das freie Seilende einer jeden mit dem Centrum der folgenden verbunden ist); der Flaschenzug (zwei senkrecht untereinander befindliche Flaschen, d. h. Rollensysteme, das eine mit gemeinsamer fester, das andere mit beweglicher Zentrallinie, während ein Seil um die oberste feste, dann um die unterste bewegliche, dann um die zweite feste Rolle u. s. w. läuft; die Last an der beweglichen Centrallinie, die Kraft am freien Seilende); das Wellrad oder Rad an der Welle (zwei verschieden große Rollen mit gemeinsamem Centrum, die große heißt Rad, die kleine Welle, an jenem hängt die Kraft, an diesem die Last); Zahnräder-Werke, Seilverbindungen u. s. w.

c) Schiefe Ebene (charakteristische Stücke: Länge, Basis, Höhe; an je einem dieser Stücke wirken Kraft und Last).

d) Modifikationen der schiefen Ebene: der Keil (doppelte schiefe Ebene, die auf die Basis wirkende Kraft verteilt sich auf die beiden Schenkelflächen); die Schraube (gewundene schiefe Ebene, charakteristische Größen: Windung oder Schraubengang, Durchmesser von Kern und Schraube, Ganghöhe oder Windenhöhe) und die eventuell dazu gehörige Schraubenmutter.

63. **Hebelsatz.** Beim Hebel besteht Gleichgewicht, wenn sich die beiden Kräfte (Kraft und Last) umgekehrt wie ihre Hebelarme verhalten, also wenn die statischen Momente einander gleich sind. Formel:

$$\left.\begin{array}{l} K_1 k_1 = K_2 k_2 \\ \text{oder} \quad K_1 : K_2 = k_2 : k_1. \end{array}\right\} \text{(acf)}$$

(1) Der Satz ist eine einfache Spezialisierung des Satzes vom

Gleichgewicht der Körper (*62*). Die statischen Momente sind nämlich gleich groß, aber entgegengesetzt, also ihre Summe, d. h. die Summe der Drehungsmomente, null.

(2) Man kann den Satz auch eng an das Prinzip der virtuellen Verrückungen (*60*) anschließen und sagen: beim Hebel ist Gleichgewicht vorhanden, wenn das Produkt aus der Kraft und dem Wege, den der Angriffspunkt bei eintretender Drehung zurücklegen würde, für beide Kräfte (Kraft und Last) gleich groß ist.

(3) Hierin liegt zugleich folgender Satz: In demselben Verhältnis, in welchem beim Hebel (oder einer anderen Maschine) Kraft gespart wird, wird an zurückgelegter Strecke verloren (goldene Regel der Mechanik).

(4) Die am Hebel wirkenden Kräfte ergeben außerdem als Resultante einen Druck auf den Drehpunkt, und zwar (φ_1 und φ_2 Neigung der Kraftrichtungen)

$$P = \sqrt{K_1^2 + K_2^2 - 2 K_1 K_2 \cos(\varphi_1 + \varphi_2)}, \qquad \text{(acg)}$$

also bei Parallelkräften

$$P = K_1 + K_2. \qquad \text{(ach)}$$

(5) Formeln für die anderen einfachen Maschinen:

Feste Rolle: $K = L$ (Last) (aci)

(mit Rücksicht auf die Reibung aber $K > L$).

Bewegliche Rolle bei parallelen Seilenden

$$K = \frac{L}{2}, \qquad \text{(ack)}$$

bei schrägen Seilenden (α Winkel des vom Seil umfaßten Rollenbogens)

$$K = \frac{L}{2 \sin \frac{\alpha}{2}}. \qquad \text{(acl)}$$

Rollenzug: $K = \frac{L}{2^n}$. (acm)

Flaschenzug: $K = \frac{L}{2n}$ resp. $\frac{L}{2n+1}$ (acn)

(n Zahl der beweglichen Rollen).

Wellrad: $K : L = r_l : r_k$. (aco)

Zahnräder: $K = \frac{z_1 z_2 \ldots.}{Z_1 Z_2 \ldots.} L$ (acp)

(z und Z Anzahl der Zähne auf den sekundären und primären Rädern); außerdem ist zu berücksichtigen, daß Kraft und Last nicht auf der Zahnperipherie, sondern nur auf zugehörigen Wellen angreifen können.

Schiefe Ebene (α Steigungswinkel, K_l Kraft längs der schiefen Ebene, w Reibungswinkel (vgl. **95** (4)):

$$K_l = L \sin\alpha, \quad \text{genauer} \quad K_l = L \frac{\sin\alpha + w}{\cos w}; \tag{acq}$$

dagegen (K_b parallel der Basis wirkende Kraft)

$$K_b = L \operatorname{tg}\alpha, \quad \text{genauer} \quad K_b = L \operatorname{tg}(\alpha + w). \tag{acr}$$

Keil (b Basis, φ_1 und φ_2 Basiswinkel)

$$K = L \cos\varphi_1 + L_2 \cos\varphi_2, \tag{acs}$$

speziell symmetrischer Keil (s Seite)

$$K = L \cos\varphi = \frac{b}{s} L. \tag{act}$$

Schraube (bei der gewöhnlichsten Anordnung, h Ganghöhe, u Kernumfung)

$$K = \frac{h}{u} L. \tag{acu}$$

64. **Gleichgewicht eines der Schwere unterworfenen Fadens: Kettenlinie.** Ein biegsamer aber unausdehnbarer Faden nimmt zwischen zwei Aufhängepunkten, deren Abstand kleiner als seine Länge ist, diejenige Gestalt an, bei der sein Schwerpunkt möglichst tief liegt. Gleichung derselben, wenn die x-Axe im Abstand m unter dem Scheitel (tiefsten Punkte) horizontal läuft, die y-Axe durch den Scheitel hindurchgeht:

$$y = \frac{m}{2}\left(e^{\frac{x}{m}} + e^{-\frac{x}{m}}\right), \tag{acv}$$

und hierin läßt sich m in verschiedener Weise durch die Konstanten der Kette ausdrücken, z. B. bei gleich hoch liegenden Aufhängepunkten (symmetrische Kette, s Kettenlänge, t Hängetiefe, φ Hängewinkel):

$$m = \frac{1}{2t}\left(\frac{s^2}{4} - t^2\right) = \frac{s}{2} \operatorname{ctg}\varphi = \frac{t \cos\varphi}{2 \sin^2 \frac{\varphi}{2}}. \tag{acw}$$

(1) Das analoge Problem der Gestalt herabhängender Flächen führt zu verwickelten Formeln.

65. **Gleichgewicht elastischer Körper.** Damit ein elastischer Körper im Gleichgewicht sei, muß die Summe der äußeren Kräfte und der inneren elastischen Druckkräfte null (**58**, **75**) sein. Formel ($d\tau$ Volumenelement, ds zugehöriges Oberflächenelement, n dessen Normale, X_n u. s. w. Druckkomponenten, vgl. *15*):

$$\int \varrho X d\tau + \int X_n ds = 0, \quad \int \varrho Y d\tau + \int Y_n ds = 0, \quad \int \varrho Z d\tau + \int Z_n ds = 0 \tag{acx}$$

oder durch X_x u. s. w. ausgedrückt:

$$\left.\begin{aligned} \frac{\partial X_x}{\partial x} + \frac{\partial X_y}{\partial y} + \frac{\partial X_z}{\partial z} &= \varrho X \\ \frac{\partial Y_x}{\partial x} + \frac{\partial Y_y}{\partial y} + \frac{\partial Y_z}{\partial z} &= \varrho Y \\ \frac{\partial Z_x}{\partial x} + \frac{\partial Z_y}{\partial y} + \frac{\partial Z_z}{\partial z} &= \varrho Z \end{aligned}\right\} \qquad \text{(acy)}$$

oder endlich, wenn die Verrückungskomponenten $u_1\, v_1\, w_1$ (29) und die Elastizitätskonstanten $K\,L$ (78, Gl. eq) eingeführt werden, für isotrope Körper:

$$\left.\begin{aligned} K\left(\frac{\partial^2 u_1}{\partial x^2} + \frac{\partial^2 u_1}{\partial y^2} + \frac{\partial^2 u_1}{\partial z^2}\right) + K(1+2L)\frac{\partial \delta}{\partial x} + \varrho X = 0 \\ K\left(\frac{\partial^2 v_1}{\partial x^2} + \frac{\partial^2 v_1}{\partial y^2} + \frac{\partial^2 v_1}{\partial z^2}\right) + K(1+2L)\frac{\partial \delta}{\partial y} + \varrho Y = 0 \\ K\left(\frac{\partial^2 w_1}{\partial x^2} + \frac{\partial^2 w_1}{\partial y^2} + \frac{\partial^2 w_1}{\partial z^2}\right) + K(1+2L)\frac{\partial \delta}{\partial z} + \varrho Z = 0 \end{aligned}\right\} \qquad \text{(acz)}$$

Außerdem müssen an der Oberfläche die Gleichungen gelten (P Druck auf dieselbe):

$$\left.\begin{aligned} X_x \cos(nx) + X_y \cos(ny) + X_z \cos(nz) + P_x = 0 \\ Y_x \cos(nx) + Y_y \cos(ny) + Y_z \cos(nz) + P_y = 0 \\ Z_x \cos(nx) + Z_y \cos(ny) + Z_z \cos(nz) + P_z = 0. \end{aligned}\right\} \qquad \text{(ada)}$$

(1) Das **Prinzip der virtuellen Arbeit** gilt hier ebenfalls, nur muß man die Arbeit der elastischen Kräfte resp. das Potential der elastischen Kräfte (117) einbeziehen, wenn man die Gleichungen $\Sigma A = 0$ resp. $\delta V = 0$ (vgl. *60*) bildet.

(2) **Längszug- oder Druck** (l Länge, q überall gleicher Querschnitt, v Längenänderung, P Gesamtzug oder -Druck, ε Dehnungskoeffizient, E Dehnungsmodul, $\alpha = v/l$ Längsdilatation):

$$v = \frac{\varepsilon P l}{q} = \frac{P l}{E q} \qquad \alpha = \frac{P}{E q}; \qquad \text{(adb)}$$

(vgl. hierzu 77, Gl. ei und *22*). Hooke'sches Gesetz; wegen der Abweichung von demselben ist, wenn β eine kleine Konstante ist, mit $(1 + \beta P)$ zu multiplizieren (O. Thomson, andere Formel von Bach). Ferner wegen des Eigengewichtes P_0 des Stabes genauer

$$v = \frac{l}{E q}(P \pm \tfrac{1}{2} P_0), \qquad \text{(adc)}$$

je nachdem der Zug resp. Druck nach unten (+) oder oben (—) wirkt; die Spannung ist hiernach in verschiedenen Querschnitten verschieden groß; soll sie überall gleich sein, so muß der Querschnitt bei arithmetischem Fortschreiten vom unteren Ende geometrisch zu- oder abnehmen.

Der Längsdilatation steht die μ-fache Querkontraktion in jeder der beiden Querrichtungen gegenüber (über μ vgl. 77 u. *22*).

(3) Kubische Kompression. a) Hohlcylinder (R und r Radien, P und p Radialzug nach innen und außen, Π Längszug, x Längsaxe, $s = \sqrt{y^2 + z^2}$ Radiusvektor, c_{11} und c_{12} die beiden Elastizitätskonstanten, vgl. 78):

$$u_1 = \gamma x, \qquad v_1 = \left(\alpha + \frac{\beta}{s^2}\right) y, \qquad w_1 = \left(\alpha + \frac{\beta}{s^2}\right) z, \tag{add}$$

wo $\alpha \beta \gamma$ folgende Bedeutung haben:

$$\left.\begin{aligned} \alpha &= \frac{1}{-2c_{11}} \frac{2c_{11} + c_{12}}{2c_{11} + 3c_{12}} \left(\frac{PR^2 - pr^2}{R^2 - r^2} - \frac{c_{12}}{2c_{11} + c_{12}} \Pi\right) \\ \beta &= \frac{1}{-2c_{11}} (P - p) \frac{R^2 r^2}{R^2 - r^2} \\ \gamma &= \frac{1}{-2c_{11}} \frac{c_{11} + c_{12}}{2c_{11} + 3c_{12}} \left(\Pi - \frac{c_{12}}{c_{11} + c_{12}} \frac{PR^2 - pr^2}{R^2 - r^2}\right); \end{aligned}\right\} \tag{ade}$$

ferner die räumliche Dilatation

$$\delta = 2\alpha + \gamma = \frac{-1}{2c_{11} + 3c_{12}} \left(\Pi + 2\frac{PR^2 - pr^2}{R^2 - r^2}\right). \tag{adf}$$

Spezialisierung für $r = 0$ (Vollcylinder), für $P = 0$ oder $p = 0$ oder beides oder $\Pi = 0$ oder $P = p = \Pi$ sind leicht vorzunehmen.

b) Hohlkugel ($s = \sqrt{x^2 + y^2 + z^2}$ Radiusvektor):

$$u_1 = \left(A + \frac{B}{s^3}\right) x, \quad v_1 = \left(A + \frac{B}{s^3}\right) y, \quad w_1 = \left(A + \frac{B}{s^3}\right) z, \tag{adg}$$

wo A und B die Bedeutung haben

$$A = \frac{-1}{2c_{11} + 3c_{12}} \frac{PR^3 - pr^3}{R^3 - r^3}, \qquad B = \frac{P - p}{-4c_{11}} \frac{R^3 r^3}{R^3 - r^3}, \tag{adh}$$

und die räumliche Dilatation

$$\delta = \frac{-3}{2c_{11} + 3c_{12}} \frac{PR^3 - pr^3}{R^3 - r^3}. \tag{adi}$$

(4) Biegung. a) Einseitig eingeklemmter Stab. Durchbiegung s der Stelle x (F Trägheitsmoment des Querschnittes um die Mittelhorizontale, das sog. „Biegungsmoment"):

$$s = \frac{P}{2EF}\left(lx^2 - \frac{x^3}{3}\right), \tag{adk}$$

also Senkung des freien Endes („Biegungspfeil"):

$$S = \frac{P}{3EF} l^3; \qquad E = \frac{P}{3FS} l^3; \tag{adl}$$

für verschiedene Querschnittsformen erhält man demnach:

Rechteck (Breite b, Höhe h): $S = \frac{4P}{E b h^3} l^3$, (adm)

Quadrat (Seite a): $S = \frac{4P}{E a^4} l^3$. (adn)

Kreis (Radius r): $S = \frac{4P}{3\pi E r^4} l^3$. (ado)

Ring (Radien R und r): $S = \frac{4P}{3\pi E(R^4 - r^4)} l^3$. (adp)

b) Beiderseitig lose aufgelegter Stab (x von der Mitte nach beiden Seiten gerechnet):

$$\left.\begin{aligned} s &= \frac{P}{48EF}(l^3 - 6x^2 l + 4x^3) \\ S &= \frac{P}{48EF} l^3, \quad E = \frac{P}{48FS} l^3 \end{aligned}\right\} \quad \text{(adq)}$$

und speziell für

Rechteck	Quadrat	Kreis
$S = \frac{P}{4Ebh^3} l^3$	$S = \frac{P}{4Ea^4} l^3$	$S = \frac{P}{12\pi E r^4} l^3$

(adr)

Die Senkung ist also hier 16 mal so klein wie bei a); noch 4 mal so klein ist sie bei beiderseitig fester Einklemmung. Ferner ist die Durchbiegung mit dem Kubus der Länge direkt, mit der Breite und dem Kubus der Höhe umgekehrt proportional; bei gleicher Querschnittsgröße wird ein quadratischer Stab im Verhältnis $3:\pi$ schwächer gebogen wie ein kreisrunder, ein rechteckiger wird ebenso stark wie letzterer gebogen, wenn sich Höhe zu Breite wie $3:\pi$ verhält.

Auch hier ist das Eigengewicht zu berücksichtigen, und zwar bei einseitiger Einklemmung mit $^3/_8$ seines Betrages, der Biegungspfeil durch das Eigengewicht (P_0) allein ist also

$$S_0 = \frac{P_0}{8EF} l^3. \quad \text{(ads)}$$

Die Längsbiegung eines Stabes hängt nur von der ersten Elastizitätskonstante E ab; sie ist aber mit einer entgegengesetzten Querbiegung verknüpft, und das Verhältnis beider ist durch die andere Konstante μ bestimmt.

c) Biegung einer kreisförmigen, am Rande eingeklemmten, in der Mitte belasteten Platte (r Radius, d Dicke, x Entfernung von der Mitte):

$$s = \frac{3(1-\mu^2)P}{4\pi E d^3}\left(r^2 - x^2 - 2x^2 \log\frac{r}{x}\right), \tag{adt}$$

und speziell die Senkung des Mittelpunktes

$$S = \frac{3(1-\mu^2)Pr^2}{4\pi E d^3}; \tag{adu}$$

die Durchbiegung einer Platte hängt also von E und μ ab, sie ist ferner dem Quadrate das Radius direkt, dem Kubus der Dicke umgekehrt proportional.

(5) Werden zwei gleiche Kugeln mit dem Druck p gegeneinander gedrückt (HERTZ), so berühren sie sich in einem Kreise vom Radius (R Kugelradius)

$$r = \sqrt[3]{\frac{3}{4}\frac{pR(1-\mu^2)}{E}} = \sqrt[3]{\frac{3pR}{4E'}} \tag{adv}$$

ebenso für Kugel und Ebene (vgl. Härte **91**):

$$r = \sqrt[3]{\frac{3}{2}\frac{pR(1-\mu^2)}{E}} = \sqrt[3]{\frac{3pR}{2E'}}. \tag{adw}$$

Die Größe

$$E' = \frac{E}{1-\mu^2} \tag{adx}$$

ist der Eindringungsmodul (**77** (2)); sie kommt übrigens auch bei der Plattenbiegung (s. ob.) vor.

(6) Torsion oder Drillung. Winkeltorsion eines einseitig eingeklemmten Stabes von kreisförmigem Querschnitt (P Drehungsmoment der tordierenden Kraft, x Entfernung vom festen Ende, k_2 Gestaltsmodul, vgl. **76**):

$$\varphi = \frac{2P}{\pi k_2 r^4}x, \tag{ady}$$

speziell für das freie Ende

$$\varphi = \frac{2P}{\pi k_2 r^4}l = \frac{2EPl}{\pi(1+\mu)r^4} \tag{adz}$$

und umgekehrt

$$k_2 = \frac{2P}{\pi\varphi r^4}l, \quad \mu = \frac{E}{2k_2 - 1}. \tag{aea}$$

Die Größe, die mit dem Torsionswinkel multipliziert das Drehungsmoment ergiebt, heißt Torsionsmoment (τ), es ist also

$$\tau = \frac{\pi k_2 r^4}{2l} = \frac{P}{\varphi}, \quad \varphi = \frac{P}{\tau}. \tag{aeb}$$

Die Torsion hängt nur vom Gestaltsmodul k_2 ab, der deshalb auch Torsionsmodul heißt und mit T bezeichnet wird (**76** (3)), ist also mit keiner Volumenänderung verknüpft; bei kreisrundem Querschnitt findet äußerlich auch keine Gestaltsänderung statt, wohl aber bei allen anderen Querschnittsformen. Für letztere sind die genauen Formeln verwickelt, angenähert ist

$$\varphi = \frac{PF}{c\,k_2\,q^4}\,l, \tag{aec}$$

wo F das Trägheitsmoment des Querschnittes um die Drillungsaxe und c rund $^1/_{40}$ ist (Kreis 0,0253, Quadrat 0,0234, gleichseitiges Dreieck 0,0222).

(7) Zug und Biegung sind „Potentialdeformationen", Torsion ist „Wirbeldeformation" (vgl. ***30***).

(8) Die allgemeine Deformation eines prismatischen Körpers läßt sich in eine Dehnung (mit Querkontraktion), eine Torsion und zwei Biegungen zerlegen.

(9) Bei Krystallen spielt die Richtung, in der die elastische Beanspruchung erfolgt, eine wesentliche Rolle, die Erscheinungen werden daher verwickelter. Einige relativ einfache Formeln sind folgende (VOIGT):

a) Längsdruck auf ein Stäbchen des regulären Systems (c_{11} c_{12} c_{44} Elastizitätskonstanten, vgl. **78**, $\alpha\beta\gamma$ Winkel der Axe mit den Krystallaxen)

$$\frac{1}{E} = \frac{c_{12}}{(c_{11}-c_{12})(c_{11}+2c_{12})} - \frac{1}{2c_{44}} - \left(\frac{1}{c_{11}-c_{12}} - \frac{1}{2c_{44}}\right)(\cos^4\alpha + \cos^4\beta + \cos^4\gamma), \tag{aed}$$

die ausgezeichneten Spezialwerte (Maxima oder Minima) senkrecht zur Würfel-, Oktaeder- und Granatoeder-Fläche sind

$$\left.\begin{aligned} \frac{1}{E_w} &= \frac{c_{11}+c_{12}}{(c_{11}-c_{12})(c_{11}+2c_{12})}, \qquad \frac{1}{E_o} = \frac{1}{3(c_{11}+2c_{12})} + \frac{1}{3c_{44}}, \\ \frac{1}{E_g} &= \frac{c_{11}}{2(c_{11}-c_{12})(c_{11}+2c_{12})} + \frac{1}{4c_{44}}. \end{aligned}\right\} \tag{aee}$$

b) Allseitiger Druck. Die kubische Kompressibilität C $\left(\text{resp. } \frac{1}{k_1}, \text{ vgl. } \mathbf{78}(3)\right)$ wird für das reguläre System

$$C = \frac{3}{c_{11}+2c_{12}}, \tag{aef}$$

für das quadratische, hexagonale und rhomboedrische System

$$C = \frac{c_{11}+2c_{33}+c_{12}-4c_{23}}{c_{33}(c_{11}+c_{12})-2c_{23}^2}; \tag{aeg}$$

beim regulären System bleiben dabei alle Winkel ungeändert, bei den anderen genannten ist die Änderung eines ursprünglich rechten Winkels zwischen zwei Krystallflächen, deren Normalen durch die Winkel $\omega_1\ \omega_2$ gegen die Axe charakterisiert sind:

$$\delta = -\frac{p}{D}\frac{(c_{11}+c_{12})-(c_{33}+c_{23})}{c_{33}(c_{11}+c_{12})-2c_{23}^2}\,2\cos\omega_1\cos\omega_2 \qquad \text{(aeh)}$$

(p Druck, D Determinante aus den c_{11} u. s. w.).

c) Torsion eines Stäbchens mit kreisförmigem Querschnitt, reguläres System:

$$\frac{1}{T} = \frac{1}{k_2} = \frac{2}{c_{44}} + 4\left(\frac{2}{c_{11}-c_{12}} - \frac{1}{c_{44}}\right)(\cos^2\beta\cos^2\gamma + \cos^2\gamma\cos^2\alpha + \cos^2\alpha\cos^2\beta) \qquad \text{(aei)}$$

***66.* Gleichgewicht der Flüssigkeiten: Hydrostatik.** Gleichgewicht von Flüssigkeiten kann nur bestehen, wenn die Kräfte ein Potential (**110**) haben (Clairaut 1743) und dieses (von einer Konstanten abgesehen) gleich dem negativen Verhältnis von Druck und Dichte ist. Gleichungen:

$$X = \frac{1}{\varrho}\frac{\partial p}{\partial x}, \qquad Y = \frac{1}{\varrho}\frac{\partial p}{\partial y}, \qquad Z = \frac{1}{\varrho}\frac{\partial p}{\partial z}, \qquad \text{(aek)}$$

$$\left.\begin{aligned} V &= -\frac{p}{\varrho} + \text{const} = \frac{p_0 - p}{\varrho} \\ \text{oder}\qquad p &= -\varrho V + p_0 . \end{aligned}\right\} \text{(ael)}$$

Hierbei ist $\varrho = \text{const}$, d. h. die Flüssigkeit als inkompressibel angenommen; außerdem ist das Gesetz des gleichen und normalen Druckes (***23***) vorausgesetzt, d. h. die Flüssigkeit als ideal angesehen, was auch bei wirklichen Flüssigkeiten erlaubt ist, da sich in der Ruhe die Reibung nicht geltend macht.

(1) In einer ruhenden Flüssigkeit hängt der Druck nur vom Potential ab; die Niveauflächen sind daher auch Flächen gleichen Druckes, eine dieser Flächen ist die freie Oberfläche.

(2) Wirkt nur die Schwerkraft, so muß die Oberfläche mit der Erdoberfläche konzentrisch, also bei kleiner Ausdehnung eine horizontale Ebene sein; es ist dann

$$g = \frac{1}{\varrho}\frac{dp}{dz}, \qquad p = g\varrho z + p_0, \qquad \text{(aem)}$$

wo p_0 der auf der Oberfläche lastende, p der in der Tiefe z herrschende Druck ist. Hieraus folgt der als hydrostatisches Paradoxon bezeichnete Satz: Der Gesamtdruck auf eine horizontale Fläche in der Flüssigkeit ist, unabhängig von der wirklichen Gestalt des Gefäßes, gleich dem Gewichte der Flüssigkeit, die den über der Fläche konstruierten senkrechten Cylinder erfüllen würde; Formel (h Höhe, f Fläche, s spez. Gewicht):

$$P = fp = g\varrho f h = s f h; \qquad \text{(aen)}$$

gleiche Flüssigkeitsmassen können also sehr verschiedenen „Bodendruck" ausüben.

(3) Beim Seitendruck (Druck auf ein Flächenstück der Seitenwand) muß man die Flüssigkeitssäule vom Schwerpunkte der Fläche ab rechnen; dieser Punkt ist aber nicht auch der Angriffspunkt des Druckes; letzterer, der sog. Mittelpunkt des Seitendruckes, liegt vielmehr tiefer als der Schwerpunkt; der Seitendruck enthält daher außer einer Kraft auch ein Drehungsmoment.

67. Gleichgewichtsformen der Flüssigkeiten.

a) Eine nur der Schwere unterworfene ruhende Flüssigkeit hat eine mit der Erdoberfläche konzentrische, bei kleiner Ausdehnung also eine ebene horizontale Oberfläche.

(1) In „kommunizierenden" Gefäßen oder Röhren steht daher eine Flüssigkeit gleich hoch; die verschiedenen Oberflächen sind sämtlich Teile einer horizontalen Ebene (s. oben).

(2) Befinden sich in kommunizierenden Gefäßen verschiedene Flüssigkeiten, so ist die Summe der durch die betreffenden spezifischen Gewichte dividierten übereinander lagernden Flüssigkeitssäulen gleich groß. Ist in jedem Gefäß (Rohr, Schenkel) nur eine Flüssigkeit vorhanden, so verhalten sich also die Höhen umgekehrt wie die spezifischen Gewichte.

b) Eine der Schwere unterworfene und um die Vertikalaxe gleichförmig rotierende Flüssigkeit nimmt eine Oberfläche von der Form eines Rotationsparaboloids an. Gleichung desselben (z vertikale, r radiale Koordinate, ω Winkelgeschwindigkeit):

$$r^2 = \frac{2g}{\omega} z. \qquad \text{(aeo)}$$

c) Eine der Gravitation ihrer eigenen Teile gegeneinander unterworfene ruhende Flüssigkeit nimmt Kugelgestalt an.

d) Eine ebensolche, rotierende Flüssigkeitsmasse kann fünf verschiedene Formen annehmen:

I. Schwach abgeplattetes Rotationsellipsoid (Sphäroid, Clairaut 1743, Laplace u. A.);

II. Stark abgeplattetes Rotationsellipsoid (Scheibe);

III. Dreiaxiges Ellipsoid mit zwei kleinen Axen, deren eine Rotationsaxe ist, und einer großen Axe (Jacobi'sches Ellipsoid 1834);

IV. Cylinder mit kreisförmigem Querschnitt;

V. Cylinder mit elliptischem Querschnitt, um die Cylinderaxe rotierend (Matthiessen'scher Cylinder 1857). Je größer die Winkelgeschwindigkeit ω, desto abgeplatteter ist I, desto schwächer abgeplattet II, bei $\omega = \sqrt{0{,}2246 \times 2\pi\gamma\delta}$ (γ Gravitationskonstante, vgl. **61 b**,

δ Dichte) fallen beide zusammen, darüber hinaus sind sie nicht mehr möglich; III ist sogar nur bis $\omega = \sqrt{0{,}1871 \times 2\pi\gamma\delta}$, V bis $\omega = \sqrt{\pi\gamma\delta}$, IV bis $\omega = \sqrt{2\pi\gamma\delta}$ möglich; darüber hinaus giebt es überhaupt keine Gleichgewichtsform mehr.

(1) Bei den Weltkörpern ist der Fall I verwirklicht, die Abplattung, d. h. die in Bruchteilen des Äquatorialdurchmessers ausgedrückte Differenz zwischen diesem und dem Polardurchmesser ist bei der Erde (vgl. **13** (2))

$$\varepsilon = \frac{1}{299} = 0{,}003\,344. \tag{Ia}$$

Streng genommen weicht die Erde vom Sphäroid ab, ihre Gestalt wird Geoid genannt. Ein Ring ist keine mögliche Gleichgewichtsfigur; es ist daher zu vermuten und scheint sich neuerdings zu bestätigen, daß die Saturnringe Schwärme zahlreicher kleiner Körper sind (Maxwell). Die Gleichgewichtsfiguren mehrerer gegeneinander gravitierender Massen sind kompliziert (Poincaré'sche Figuren).

68. **Kapillares Gleichgewicht** (vgl. **96**). Die Oberflächenspannung erteilt einer Flüssigkeitsmasse diejenige Gleichgewichtsform, bei der die potentielle Energie das den gegebenen Bedingungen entsprechende Minimum ist.

Die Grundgleichung des kapillaren Gleichgewichtes lautet in der Laplace'schen Theorie (Laplace 1806)

$$g\varrho z \mp \alpha\left(\frac{1}{r_1} + \frac{1}{r_2}\right) = 0, \tag{aep}$$

für konkave Oberflächen gilt das —, für konvexe das + Zeichen; in der Gauß'schen Theorie (Gauss 1829)

$$\int z\,dv + (\beta^2 - 2\beta_1^2)\,T + \beta^2 U = \min \tag{aeq}$$

(z vertikal nach unten, xy-Niveauebene, mit der eventuell ein Teil der Oberfläche zusammenfällt, α Laplace'sche, β und β_1 Gauß'sche Konstanten (**96** (1)), r_1 und r_2 Hauptkrümmungsradien, v Volumen, T feste, U freie Grenzfläche).

(1) Ist die Wirkung der Schwere zu vernachlässigen, so erhält man den Satz: Die Oberfläche nimmt eine Gestalt an, für deren sämtliche Teile die Summe der reziproken Krümmungsradien gleich groß ist. Der einfachste Fall ist natürlich der der Kugel. Die übrigen Formen, insbesondere die, welche sich um feste Drahtgestelle herum bilden, heißen Plateau'sche Figuren (1843). Zwischen zwei parallelen Drahtringen bildet sich ein Cylinder mit Endkalotten von doppeltem Radius; bei Auseinanderzerrung der Ringe bilden sich durch Einschnürung neue Formen: Unduloid, Nodoid, Catenoid. Ähnliche For-

men bilden Blasen (Seifenblasen), die durch Aneinandergrenzen zu weiteren Formen Anlaß geben (Blasengerüst).

(2) Das Gewicht eines aus einer Röhre fallenden Tropfens ist (r Röhrenradius)

$$G = 2\pi r \alpha, \qquad \text{(aer)}$$

die Höhendifferenz zwischen Kuppe und breitestem Gürtel eines auf ebener Fläche ruhenden flachen Tropfens ist

$$H_1 = \sqrt{\frac{2\alpha}{\varrho g}}; \qquad \text{(aes)}$$

dagegen ist die ganze Höhe des Tropfens noch vom Randwinkel φ abhängig:

$$H_2 = \sqrt{\frac{2\alpha}{\varrho g}(1 + \cos\varphi)}. \qquad \text{(aet)}$$

(3) Der Druck der Luft in einer sehr dünnen Blase ist (r Radius)

$$p = \frac{4\alpha}{r}. \qquad \text{(aeu)}$$

(4) Kapillare Elevation (Steighöhe) resp. Depression heißt der Niveauunterschied einer Flüssigkeit in einem engen Kanal oder Rohr gegenüber einem damit kommunizierenden weiten Gefäße. Bei konkaver Oberfläche findet stets Elevation, bei konvexer Depression statt. Welcher von beiden Fällen eintritt, hängt von der Natur der Flüssigkeit und des festen Gefäßstoffes ab. Bei Konkavität und Elevation pflegt man zu sagen, daß die Flüssigkeit den festen Körper benetze (vgl. **96** (4)). Beispiel: Wasser gegen Glas, nicht aber gegen Fett; Quecksilber gegen Kupfer, nicht aber gegen Glas.

Die Steighöhe oder Depression zwischen Platten von geringem Abstande ist diesem, in Röhren mit kreisförmigem Querschnitt dem Radius nahezu umgekehrt proportional; Formeln für Röhren (angenähert)

$$h = \frac{2\alpha}{\varrho g r}\cos\varphi - \frac{r}{3}. \qquad \text{(aev)}$$

(5) Durch Auflösung der in (2), (3), (4) befindlichen Formeln nach α erhält man zur Berechnung von α:

$$\left.\begin{aligned} \alpha &= \frac{G}{2\pi r}, & \alpha &= \frac{\varrho g}{2} H_1^2, \\ \alpha &= \frac{pr}{4}, & \alpha &= \left(h + \frac{r}{3}\right)\frac{\varrho g r}{2\cos\varphi}. \end{aligned}\right\} \qquad \text{(aew)}$$

(6) Ausbreitung einer Flüssigkeit auf einer anderen (MARANGONI 1865) tritt ein, wenn ein Tropfen jener auf dieser nicht im Gleich-

gewicht sein kann, d. h. wenn $\alpha_2 > \alpha_1 + \alpha_{12}$ ist (einzelne und gemeinsame Kapillarkonstante, vgl. **96** (3)). Beispiele: Öl auf Wasser, Wasser auf ganz reinem Quecksilber; die Ausbreitung erfolgt oft mit einer Geschwindigkeit von mehreren m pro sec (Beruhigung der Meereswogen).

69. **Gleichgewicht der Gase: Aërostatik.** Ein Gas kann nur im Gleichgewicht sein, wenn die Kräfte ein Potential haben und dieses als Funktion von Druck und Dichte durch die Formel

$$V = -\int \frac{dp}{\varrho} \tag{aex}$$

bestimmt ist. Für ideale Gase gelten außerdem die Grundgesetze von Boyle (*24a*), Gay-Lussac (*24b*) u. s. w.; aus ersterem folgt

$$p = a^2 \varrho, \qquad dp = a^2 d\varrho \tag{aey}$$

und somit

$$V = \text{const} - a^2 \log p = \text{const} - a^2 \log r, \tag{aez}$$

wo a eine Konstante, nämlich die Wurzel aus dem Verhältnis p_0/ϱ_0 irgend eines Druckes zur entsprechenden Dichte ist; sie ist übrigens gleich der Schallgeschwindigkeit in dem betr. Gase (s. u.).

(1) Die Niveauflächen $V = \text{const}$ sind hier zugleich Flächen gleichen Druckes, $p = \text{const}$, und Flächen gleicher Dichte, $\varrho = \text{const}$; die Flächen gleichen Druckes heißen Isopiesten (vgl. **122**), gewöhnlich aber, wenn es sich um den Schweredruck handelt, Isobaren, die auf ihnen senkrechten Linien Gradienten.

(2) Luftdruck (Torricelli 1644, Pascal 1647). Für ein der Schwere unterworfenes Gas ist

$$\varrho = \varrho_0 e^{-\frac{\varrho_0 g z}{p_0}}, \qquad p = p_0 e^{-\frac{\varrho_0 g z}{p_0}}, \tag{afa}$$

oder (b Barometerstand in der Höhe z, b_0 unten, Längen in Metern, praktische Logarithmen)

$$\log b = \log b_0 - \frac{z}{18400} \tag{afb}$$

und umgekehrt (barometrische Höhenmessung)

$$z = 18400 \log \frac{b_0}{b}. \tag{afc}$$

Bei arithmetischem Aufsteigen nimmt also der Luftdruck und die Luftdichte geometrisch ab, und zwar der Luftdruck nahe der Erdoberfläche bei 15° C. für je 11 m, bei 0° C. für je 10 m um 1 mm, in größerer Höhe ist die Abnahme wegen der Abnahme der Schwerkraft geringer; einige Zahlen sind folgende:

z (m)	b (mm)	z (m)	b (mm)	z (m)	b (mm)	z (m)	b (mm)
0	760	800	690	2200	584	4400	449
100	751	900	682	2400	570	4800	428
200	742	1000	674	2600	556	7500	307
300	733	1200	658	2800	542	15000	124
400	724	1400	642	3000	529	30000	20
500	716	1600	627	3200	516	55000	1
600	707	1800	612	3600	492		
700	699	2000	598	4000	470		

(Ib)

Die Luftschicht bis zu 5540 m enthält schon die Hälfte, die bis zu den höchsten Bergen $^2/_3$, die bis 18400 m $^9/_{10}$ der ganzen Luftmasse; jenseits wird die Luft außerordentlich dünn, ein wirkliches Ende der Atmosphäre läßt sich aber nicht angeben (die zahlreichen Versuche, die Höhe der Atmosphäre zahlenmäßig anzugeben, haben höchstens die Bedeutung, daß sich die Atmosphäre bis zu dieser Höhe für gewisse Erscheinungen bemerklich macht).

(3) Über das Grundgesetz der Gasgemische (Dalton'sches Gesetz) und die Anwendung auf die Zusammensetzung der Atmosphäre s. ob. **25** u. **86**.

(4) Über den Wert des Atmosphärendruckes in absolutem Maaße s. ob. **62**.

(5) **Torricelli'sche Leere** oder **Vakuum** (Torricelli 1643) heißt der Raum über der durch äußeren Druck in ein geschlossenes Rohr bis zu einer gewissen Höhe aufgetriebenen Flüssigkeit, z. B. über dem Quecksilber im Barometerrohr; thatsächlich ist er nicht ganz leer, sondern enthält Dämpfe der betreffenden Flüssigkeit. Bis zur Entdeckung der Torricelli'schen Leere hielt man ein Vakuum für unmöglich (horror vacui).

(6) **Verdünnung** heißt das Verhältnis der normalen Dichte zu der künstlich verringerten Dichte eines Gases; das Maximum der erreichbaren Verdünnung hat sich neuerdings bis auf rund 10^9 gesteigert.

(7) **Auftrieb** oder **Steigkraft eines Luftballons** (v Volumen, ϱ Luftdichte, ϱ' Gasdichte, m feste Massen):

$$S = v(\varrho - \varrho') - m, \qquad \text{(afd)}$$

sie nimmt nach der Höhe ab und wird schließlich null; sie ist zugleich eine obere Grenze für die sog. **Tragkraft** des Ballons.

b) Bewegung (Dynamik).

***70.* Bewegungsprinzip oder zweiter Hauptsatz der Mechanik (Prinzip der kleinsten Wirkung, Maupertuis'sches, Hamilton'sches, d'Alembert'sches, Gaufs'sches, Helmholtz'sches, Hertz'sches Prinzip).** Wie in der Physik überhaupt (*57* (1)), so stehen auch in der Mechanik zwei Hauptsätze einander zur Seite, die man auch hier als Erhaltungsprinzip und als Umwandlungsprinzip bezeichnen kann; jenes ist der Satz von der lebendigen Kraft (*36*), wozu man noch die Schwerpunkts- und Flächensätze (*19* und *20*) hinzunehmen kann; dieses ist im Laufe der Zeit in zahlreichen Formeln ausgesprochen worden, die die wirklichen Bewegungen durch ein Maximum oder Minimum charakterisieren.

a) Prinzip der kleinsten Wirkung (Maupertuis 1744, Euler, Lagrange, Jacobi). Legt ein System von Massenpunkten m, Strecken, deren Element dl ist, mit der Geschwindigkeit v zurück, so ist die Größe

$$\sum m \int v\, dl \tag{afe}$$

ein Minimum oder Maximum (oder sonst ein Grenzwert) im Vergleich mit allen gedachten Bahnen in der Nachbarschaft, mit anderen Worten, die Variation obigen Ausdruckes ist null:

$$\delta \sum m \int v\, dl = 0. \tag{aff}$$

(1) Der Satz gilt nur unter Voraussetzung des Satzes von der lebendigen Kraft.

b) Hamilton'sches Prinzip (Prinzip der stationären Wirkung, Hamilton 1834). Ist E_p die potentielle, E_a die aktuelle Energie, so ist für den wirklichen Prozeß im Vergleich mit den benachbarten, nur gedachten:

$$\delta \int_{t_0}^{t_1} (E_a - E_p)\, dt = 0, \tag{afg}$$

also das Integral selbst ein Minimum oder Maximum (oder Grenzwert).

(1) Nach **169** kann man für $E_a - E_p$ auch das negative kinetische Potential H einführen und erhält dann das Prinzip in der Form *58*, angewandt auf mechanische Vorgänge. Das Prinzip setzt den Satz von der lebendigen Kraft nicht voraus, d. h. E_p kann von der Zeit abhängen. Dagegen gilt die obige Gleichung nur unter der Voraussetzung, daß außer den Kräften lediglich Bedingungsgleichungen (**171**) existieren; existieren auch Ungleichungen, so hat man allgemeiner

$$\delta \int_{t_0}^{t_1} (E_a - E_p)\, dt \lesseqgtr 0. \tag{afh}$$

c) D'Alembert'sches Prinzip (Prinzip der verlorenen Kräfte, D'ALEMBERT 1743), (δx u. s. w. virtuelle Verrückungen, vgl. **171**):

$$\sum\left[\left(X-m\frac{d^2x}{dt^2}\right)\delta x+\left(Y-m\frac{d^2y}{dt^2}\right)\delta y+\left(Z-m\frac{d^2z}{dt^2}\right)\delta z\right]\leqq 0, \qquad \text{(afi)}$$

wo wiederum für starre Verbindungen das Gleichheitszeichen, andernfalls das Ungleichheitszeichen gilt, in Worten (da die Ausdrücke in runden Klammern die verlorenen Kräfte (**171**) sind): Die virtuelle Arbeit der verlorenen Kräfte kann nie positiv sein, ist aber für starre Verbindungen gleich null.

(1) Das Hamilton'sche und das d'Alembert'sche Prinzip sind einander völlig äquivalent, das erstere hat aber den Vorzug, sich nicht auf ein bestimmtes Koordinatensystem zu beziehen, sich vielmehr direkt der Bestandteile der Energie zu bedienen.

(2) Das Hamilton'sche Prinzip gilt, im Gegensatz zum Maupertuis'schen, unabhängig vom Energieprinzip, enthält es aber, falls die Zeit nicht explicite im Potential vorkommt, in sich; es wird dadurch zum Universalprinzip.

d) Prinzip des kleinsten Zwanges (Gauss'sches Prinzip 1829). Bei der unfreien Bewegung ist die Summe der Produkte aus den Massen der Punkte mit ihren Abweichungen von den Orten, die sie bei freier Bewegung in derselben (unendlich kurzen) Zeit erreicht haben würden, ein Minimum, d. h. so klein wie mit Rücksicht auf die Bedingungen möglich; oder: die unfreie Bewegung hält sich der freien so nahe wie möglich.

(1) Der Zwang läßt sich durch die Beschleunigungen und Kräfte ausdrücken:

$$\sum m\left[\left(\frac{d^2x}{dt^2}-\frac{X}{m}\right)^2+\left(\frac{d^2y}{dt^2}-\frac{Y}{m}\right)^2+\left(\frac{d^2z}{dt^2}-\frac{Z}{m}\right)^2\right]; \qquad \text{(afk)}$$

diese Größe ist also ein Minimum.

(2) Für den Fall, daß nur Bedingungsgleichungen bestehen, ist das Gauss'sche mit dem d'Alembert'schen Prinzip übereinstimmend, für den anderen Fall aber nicht (wenigstens nicht für Bewegung).

e) Helmholtz'sche Gleichung (1886). Ist das System monocyklisch (**24g**(3)), l die cyklische Variable und $\lambda=\frac{dl}{dt}$, so ist die von außen zugeführte Arbeit (vgl. **169**)

$$dA=2E_a\,d\left(\lg\frac{\partial H}{\partial\lambda}\right), \qquad \text{(afl)}$$

oder, wenn sich integrieren läßt:

$$\frac{1}{2}\int\frac{dA}{E}=\lg\frac{\partial H}{\partial\lambda}; \qquad \text{(afm)}$$

der zweite Hauptsatz ist damit durch das kinetische Potential ausgesprochen. In anderen Fällen wird der Ausdruck komplizierter.

f) Hertz'sches Grundgesetz (1894). Jedes freie System (**171**(2)) beharrt in seinem Zustande der Ruhe oder der gleichförmigen Bewegung in einer geradesten Bahn (d. h. in einer Bahn, deren Krümmung unter allen möglichen Bahnen am kleinsten ist). Oder: Ein freies System bewegt sich stets mit dem Minimum von Beschleunigung, welche mit seiner Lage, seiner Geschwindigkeit und seinem Zusammenhange sich verträgt.

(1) Das Erhaltungsprinzip ist eine notwendige Folge des Grundgesetzes; letzteres ist also die einzige und vollständige Grundlage der gesamten Mechanik.

(2) Für holonome freie Systeme (**171** (2)) ist die geradeste Bahn zugleich die kürzeste; für solche Systeme kann man das Grundgesetz in verschiedene Formen bringen, die beziehungsweise den älteren Formen des zweiten Hauptsatzes entsprechen, nämlich in die Formen des Satzes von der kürzesten Bahn (Jacobi), von der kürzesten Zeit (Maupertuis), vom kleinsten Zeitintegral der Energie (Hamilton).

(3) Für Systeme ohne inneren Zusammenhang, z. B. für einen materiellen Punkt, ist die geradeste Bahn die gerade (Beharrungsprinzip, erstes Newton'sches Bewegungsgesetz, vgl. ***10***). Ist innerer Zwang vorhanden, so führt das Grundgesetz außerdem noch zum Prinzip des kleinsten Zwanges, s. ob. d). Beharrungs- und Zwangprinzip zusammengenommen sind also mit dem Grundgesetz äquivalent.

71. **Lagrange'sche Bewegungsgleichungen** (1788). Für einen Massenpunkt oder ein System freier Massenpunkte:

$$m\frac{d^2x}{dt^2} = X, \qquad m\frac{d^2y}{dt^2} = Y, \qquad m\frac{d^2z}{dt^2} = Z \tag{afn}$$

und entsprechend für alle Massenpunkte; dagegen für ein Bedingungen unterworfenes System:

$$\left.\begin{aligned} f_1(xyz) = 0 \ldots\ldots\ldots f_k(xyz) = 0, \\ m\frac{d^2x}{dt^2} = X + \lambda_1\frac{\partial f_1}{\partial x} + \ldots + \lambda_k\frac{\partial f_k}{\partial x} \end{aligned}\right\} \tag{afo}$$

und entsprechend für alle Punkte. Die Koeffizienten λ heißen Lagrange'sche Multiplikatoren und lassen sich aus den Gleichungen ermitteln; die mit ihnen behafteten Glieder sind die „verlorenen Kräfte" (**171**).

(1) Die Lagrange'schen Gleichungen sind im Grunde nichts als der Ausdruck des Kraftprinzips (***11***) in Verbindung mit dem Massenprinzip (***13***). Die mit den Massen multiplizierten Beschleunigungen werden den Kräften, event. unter Hinzufügung der wegen der Be-

dingungen verlorenen Kräfte, gleichgesetzt. Man kann die Lagrange'schen Gleichungen geradezu zur Definition der Masse benutzen (KIRCHHOFF 1876). Ferner sind die Lagrange'schen Gleichungen völlig äquivalent mit dem d'Alembert'schen Prinzip (*70*c) und lassen sich aus ihm ableiten resp. umgekehrt.

(2) Integriert man die Lagrange'schen Gleichungen, so gelangt man zu den Sätzen vom Schwerpunkt (*19*), von den Flächen (*20*) und von der lebendigen Kraft (*36*).

***72*. Gesetze des freien Falles** (GALILEI 1588). Die Bewegung des freien Falles ist gleichförmig beschleunigt, die Beschleunigung ist für alle Körper gleich groß („alle Körper fallen gleich schnell") und beträgt rund

$$g = 981 \text{ cm/sec.} \qquad (\mathfrak{fc})$$

Hieraus ergeben sich folgende Fallgesetze:

a) Die erreichte Fallgeschwindigkeit ist der verflossenen Fallzeit proportional. Oder: Die am Ende der einzelnen Sekunden erlangten Geschwindigkeiten verhalten sich wie die ganzen Zahlen.

b) Die Fallhöhen in den einzelnen Sekunden verhalten sich wie die ungeraden Zahlen.

c) Die ganze Fallhöhe ist dem Quadrat der Zeit proportional. Oder: Die ganzen nach 1, 2, ... Sekunden durchfallenen Höhen verhalten sich wie die Quadrate der natürlichen Zahlen.

d) Die Fallhöhe ist halb so groß wie die Strecke, die mit der Endgeschwindigkeit in derselben Zeit gleichförmig zurückgelegt werden würde. Formeln (v Geschwindigkeit, h Fallstrecke, t Zeit):

$$\left.\begin{array}{lll} v = g\,t, & h = \frac{1}{2} g\,t^2, & t = \frac{v}{g} \\ v = \sqrt{2gh}, & h = \frac{v^2}{2g}, & t = \sqrt{\frac{2h}{g}}. \end{array}\right\} \text{(afp)}$$

(1) Als Ursache des Falles wird die **Anziehungskraft der Erde** oder **Schwerkraft** eingeführt, als deren Sitz (für die Wirkung nach außen) der Erdmittelpunkt (vgl. **115a**). Wegen des Entfernungsgesetzes der Kraft (*31*) ist g in verschiedenen Höhen über der idealen Erdoberfläche (Meeresspiegel) und, wegen der Erdabplattung, auch in verschiedenen geographischen Breiten etwas verschieden, vgl. die Formel und die Zahlen bei **61a** (1). Ferner nimmt g beim Hinabsteigen unter die Erdoberfläche zu (**115a**); endlich ist es von lokalen Einflüssen abhängig, z. B. auf dem Meere kleiner, auf massiven Kontinentalmassen größer als es sein sollte. Die Beschleunigung des Mondes durch die Erdschwere (von seiner peripherischen Impulsbewegung abgesehen) ist $g' = 0{,}271$, genau im quadratischen Verhältnis von Erdradius und

Mondabstand kleiner als die irdische Schwere, ein Beweis für die Gleichartigkeit beider Vorgänge.

Da sich auch während des Falles die Kraftentfernung ändert, ist die Bewegung im Prinzip eine beschleunigt beschleunigte; thatsächlich könnte sich das höchstens beim Fall durch mehrere km schwach bemerklich machen.

(2) Die Beschleunigung g findet statt, solange der Körper beim Fall gerade seine eigene Masse herabzieht; mittelst Rolle und Schnur (Atwood'sche Fallmaschine u. s. w.) kann man jedoch aktive und passive Masse (**14**(1)) verschieden groß (m und M) machen und hat dann

$$g' = \frac{m}{M} g \,. \tag{afq}$$

(3) Die Richtung des freien Falles fällt in erster Annäherung in die Lotrichtung, weicht aber in zweiter Annäherung wegen der größeren Schwungkraft der Erddrehung in größerer Höhe von der Lotrichtung im östlichen Sinne ab; diese Abweichung (Benzenberg 1804, Reich 1831) ist (h Fallhöhe, φ geogr. Breite)

$$A = \frac{\pi}{64800} h \sqrt{\frac{2h}{g}} \cos \varphi \,, \tag{afr}$$

in mittleren Breiten beträgt sie bei 100 m Fallhöhe nur 1,4 cm, bei 1000 m Fallhöhe dagegen schon 44,5 cm.

(4) Beim Fall auf der schiefen Ebene (α Steigungswinkel) ist die Beschleunigung nur

$$g_\alpha = g \sin \alpha \,. \tag{afs}$$

Hieraus ergeben sich noch folgende Sätze:

a) Die Fallgeschwindigkeit in einem Punkte der schiefen Ebene ist so groß, als ob der Körper dieselbe Höhendifferenz vertikal frei durchfallen hätte (Ausfluß des Erhaltungsprinzips).

b) Die Fallzeit auf der schiefen Ebene ist im umgekehrten Verhältnis des Sinus des Steigungswinkels größer als beim freien Fall für dieselbe Höhendifferenz:

$$T_\alpha = \frac{T}{\sin \alpha} \,. \tag{aft}$$

c) Die beim Fall eines Körpers auf verschieden geneigten, von einem Punkte ausgehenden schiefen Ebenen gleichzeitig erreichten Punkte liegen auf einem durch den Ausgangspunkt gelegten Kreise.

(5) Der Fall auf einer krummen Fläche, d. h. in einer krummen Linie ist ungleichförmig beschleunigt, und zwar beschleunigt beschleunigt oder verzögert beschleunigt, je nachdem die Bahnlinie nach oben konvex oder konkav ist. Trotzdem ist auch hier, dem Erhaltungsprinzip (Satz von der lebendigen Kraft) gemäß die erlangte

Geschwindigkeit dieselbe, wie beim freien Fall durch dieselbe Höhe. Unter allen Kurven hat übrigens die Cykloide die Eigenschaft, daß die Fallzeit auf ihr am kleinsten ist (Brachistochrone, JOH. BERNOUILLI 1677).

(6) Alles vorstehende gilt ohne Rücksicht auf den Widerstand des Mediums. Beim Fall im widerstehenden Mittel wird die Beschleunigung um einen erfahrungsgemäß mit dem Quadrate der Geschwindigkeit proportionalen Betrag beeinträchtigt, die Beschleunigung nimmt somit von dem Anfangswerte g allmählich, ev. auf null, ab, so daß die Bewegung schließlich gleichförmig wird. Formeln (k Widerstandsfaktor):

$$\left.\begin{array}{ll} g' = g - k v^2, & h = \frac{1}{k}\log\frac{e^{-\sqrt{gkt}} + e^{-\sqrt{gkt}}}{2}, \\ v = \sqrt{\frac{g}{k}}\,\frac{e^{\sqrt{gkt}} - e^{-\sqrt{gkt}}}{e^{\sqrt{gkt}} + e^{-\sqrt{gkt}}} & v_{\max} = \sqrt{\frac{g}{k}}. \end{array}\right\} \quad \text{(afu)}$$

73. Gesetze des Wurfes (GALILEI u. A.). Die Bahn eines geworfenen Körpers ist, wenn nur die Schwerkraft und der Wurfimpuls berücksichtigt werden, eine Parabel. Die Wurfweite, d. h. die Entfernung vom Ausgangspunkte, in welcher dessen Niveau wieder erreicht wird, und die Wurfhöhe sind mit dem Quadrate der Wurfgeschwindigkeit proportional, außerdem aber vom Wurfwinkel oder Elevationswinkel (Winkel des Impulses mit der Horizontalen) abhängig, und zwar ist die Wurfweite ein Maximum, wenn dieser Winkel 45° beträgt, für kleinere oder größere Wurfwinkel (Kernschuß resp. Bombenschuß) ist sie kleiner, für 90° und 0° (ebenso für negative Winkel, Wurf nach unten) wird sie null. Alle einer gegebenen Wurfgeschwindigkeit, aber verschiedenen Wurfwinkeln entsprechenden Parabeln werden durch eine andere Parabel eingehüllt; innerhalb der letzteren kann jeder Punkt auf zwei Arten, auf ihr auf eine Art, jenseits gar nicht getroffen werden. Formeln (v_0 Wurfimpuls, v Geschwindigkeit, h Wurfhöhe, w Wurfweite, α Wurfwinkel, T Wurfdauer, x horizontale, z vertikale Koordinate nach unten):

a) Wurf senkrecht nach unten:

$$v = v_0 + g t, \qquad z = v_0 t + \tfrac{1}{2} g t^2. \qquad \text{(afv)}$$

b) Wurf senkrecht nach oben:

$$v = v_0 - g t, \qquad z = v_0 t - \tfrac{1}{2} g t^2, \qquad \text{(afw)}$$

hierbei wird $v = 0$ für $t = T/2 = v_0/g$, d. h. für $z = h = \frac{v_0^2}{2g}$, es ist also

$$T = \frac{2v_0}{g}, \qquad h = \frac{v_0^2}{2g}, \tag{afx}$$

und die Geschwindigkeit am Ende wieder so groß wie anfangs.

c) Schiefer Wurf:

$$\left.\begin{array}{l} z = \frac{g}{2}t^2 - v_0(\sin\alpha)t = \frac{gx^2}{2v_0^2\cos^2\alpha} - x\,\mathrm{tg}\,\alpha, \\ T = \frac{2v_0\sin\alpha}{g}, \qquad w = \frac{v_0^2\sin 2\alpha}{g}, \qquad h = \frac{v_0^2\sin^2\alpha}{2g}, \end{array}\right\} \tag{afy}$$

$$w_{\max}(\alpha = 45^0) = \frac{v_0^2}{g}. \tag{afz}$$

Um den Punkt x, z zu treffen, muß man α nach der Formel wählen:

$$\mathrm{tg}\,\alpha = \frac{1}{g}\left(\frac{v_0^2}{x} \pm \frac{1}{gx}\sqrt{v_0^4 - 2gv_0^2z - g^2x^2}\right). \tag{aga}$$

(1) In Folge der Erddrehung weicht der Körper von der Parabel ab, und zwar auf der Nordhalbkugel beim Wurf nach Norden ostwärts, nach Süden westwärts, der Betrag der Abweichung ist im Breitengrade φ

$$\alpha = \frac{2\pi v_0\sin\varphi}{86400}t^2, \tag{agb}$$

z. B. unter 45° bei 300 m Anfangsgeschwindigkeit nach 10 sec 1,6 m, nach 20 sec schon 6,4 m u. s. w. Eine weitere Abweichung ist die Folge einer dem Körper etwa erteilten Rotation.

(2) Bei Berücksichtigung des Luftwiderstandes wird die Wurfhöhe und die Wurfweite kleiner und die beiden Teile des Prozesses, der aufsteigende und absteigende, werden räumlich und zeitlich unsymmetrisch; an die Stelle der Parabel tritt die sog. ballistische Kurve.

174. Pendel ist im Prinzip ein Körper, der sich unter dem Zwange auf einer bestimmten Kurve, gewöhnlich Kreislinie, oder auf einer bestimmten Fläche, gewöhnlich Kugelfläche, zu bleiben, periodisch bewegt, wobei meist die Schwerkraft Veranlassung der Bewegung ist. Der Zwang kann entweder durch die materielle Existenz jener Fläche oder (gewöhnlicher Fall) durch eine materielle starre Verbindung mit einem festen Punkte (Aufhängepunkt) ausgeübt werden. Bei dem einfachen oder mathematischen Pendel wird die Verbindungslinie als gewichtslos, der Körper (Pendelkörper) zwar als massig aber als ausdehnungslos angesehen; beim physischen Pendel sind beide ausgedehnte Massen. Beim ebenen Pendel beschreibt der Körper eine ebene, beim Raumpendel (speziell sphärischen Pendel) eine räumliche Bahn. Beim schwingenden Pendel hat die Bahn eine bestimmte Amplitude und Umkehrpunkte, beim rotirenden nicht (vgl. **24d** und **30** ff.).

74. Pendelgesetze (GALILEI 1583, DESCARTES 1646, HUYGENS 1657). Bei den ebenen Schwingungen des einfachen Kreispendels ist die Schwingungsdauer (Hin- und Hergang, vgl. **30** (1)) von der Masse des Pendelkörpers unabhängig, mit der Quadratwurzel aus der Pendellänge direkt, mit der Quadratwurzel aus g (resp. bei geneigter Schwingungsebene $g \cos \alpha$) umgekehrt proportional; bei kleiner Amplitude ist sie von dieser unabhängig („Isochronismus kleiner Schwingungen"), bei größeren nimmt sie zu; bei kleinen Amplituden ist die Schwingung selbst eine einfache Sinusschwingung (**6**), für größere nicht mehr. Formeln (l Pendellänge, u Elongation, A Amplitude, ω Winkel-Elongation, α Winkelamplitude [einseitig, vgl. **32**], T ganze Schwingungsdauer).

Kleine Schwingungen:

$$u = A \sin\left(\sqrt{\frac{g}{l}}\, t + \varepsilon\right), \qquad T = 2\pi\sqrt{\frac{l}{g}} \tag{agc}$$

größere Schwingungen:

$$\sin\frac{\omega}{2} = \sin\frac{\alpha}{2} \sin \operatorname{ampl}\left(\sin\frac{\alpha}{2},\ t\sqrt{\frac{g}{l}}\right), \tag{agd}$$

$$T = 2\pi\sqrt{\frac{l}{g}}\left(1 + \frac{\alpha^2}{16}\right), \tag{age}$$

oder noch genauer:

$$T = 2\pi\sqrt{\frac{l}{g}}\left[1 + \left(\frac{1}{2}\right)^2 \sin^2\frac{\alpha}{2} + \left(\frac{1.3}{2.4}\right)^2 \sin^4\frac{\alpha}{2} + \ldots\right]. \tag{agf}$$

(1) Umgekehrt dienen zur Berechnung der auf unendlich kleine Schwingungen reduzierten Schwingungsdauer T_0 aus der beobachteten T die Formeln:

$$\left.\begin{aligned} \text{angenähert:}\quad T_0 &= T\left(1 - \frac{\alpha^2}{16}\right), \\ \text{genauer:}\quad T_0 &= T\left(1 - \frac{1}{4}\sin^2\frac{\alpha}{2} - \frac{5}{64}\sin^4\frac{\alpha}{2} - \ldots\right); \end{aligned}\right\} \tag{agg}$$

einige Werte der Korrektion sind folgende:

$2\alpha =$	2^0	4^0	6^0	10^0	15^0	20^0	30^0
	0,00002	0,00008	0,00017	0,00048	0,00107	0,00190	0,00428

; (𝔩𝔡)

bei beabsichtigter Genauigkeit von $^1/_{100}$ kann man diese Korrektion bis zu 30^0 Amplitude, bei $^1/_{1000}$ bis 10^0, bei $^1/_{10000}$ bis 3^0 vernachlässigen.

(2) Sekundenpendel heißt dasjenige einfache Pendel, dessen halbe (einfache) Schwingungsdauer gerade 1 sec beträgt; es ist zu unter-

scheiden zwischen dem Normalsekundenpendel, das unter 45° geogr. Breite und im Meeresspiegel, und dem lokalen Sekundenpendel, das am Orte der Benutzung gerade $T = 1$ hat; ihre Längen sind

$$\left.\begin{aligned} L &= 99{,}349\,, \\ L_\varphi &= (99{,}102 + 0{,}510 \sin^2\varphi)\left(1 - \frac{5}{4}\frac{h}{r}\right), \end{aligned}\right\} \quad \text{(fe)}$$

für jeden Breitengrad nimmt L_φ um 0,009 cm zu oder ab, für je 1000 m Erhebung um 0,02 cm ab. Zwischen L und g (oder L_φ und g_φ) besteht die Beziehung (kleine Bogen):

$$g = \frac{\pi^2 l}{(\frac{1}{2}T)^2} = \pi^2 L\,, \qquad L = \frac{g}{\pi^2}\,; \quad \text{(agh)}$$

nach der zweiten Formel kann man für die in **61a**(1) aufgeführten Orte L sofort berechnen.

(3) Erteilt man dem ebenen Pendel noch einen Schwung, so gerät es in Schwingungen oder Rotation, je nachdem der Pendelkörper im Niveau des Aufhängepunktes eine kleinere oder größere Geschwindigkeit hat, als diejenige, die er beim freien Fall durch eine der Pendellänge gleiche Strecke erlangt haben würde; im Grenzfall nähert er sich beim ersten Umgange asymptotisch dem höchsten Punkte.

(4) Cykloidenpendel (Huygens 1673) ist ein solches, bei dem sich der Pendelkörper auf einer Cykloide hin- und herbewegt (z. B. in einer solchen Rinne oder an einem biegsamen Faden, der sich an eine andere Cykloide anschmiegt). Die Schwingungsdauer des Cykloidenpendels ist für beliebig große Amplituden von der Amplitude unabhängig, es ist also auch die Fallzeit nach dem tiefsten Punkte von der Fallstrecke unabhängig; die Cykloide heißt daher auch „Tautochrone" (vgl. **72**(5)).

(5) Beim sphärischen Pendel beschreibt der Pendelkörper auf der Kugel eine Kurve ähnlich einer Ellipse, deren große Axe sich in der Bewegungsrichtung gleichförmig dreht, und zwar desto schneller, je tiefer der tiefste Punkt (bei gleicher Lage des höchsten) liegt; dieser tiefste Punkt liegt stets auf der unteren Halbkugel, der höchste kann ev. auch auf der oberen liegen.

(6) Ein Spezialfall des sphärischen Pendels ist das Horizontal- oder Centrifugalpendel, bei dem die Bahn ein horizontaler Kreis und die Geschwindigkeit konstant ist; bei einer Neigung α der Pendelstange gegen die Vertikale ist

$$T = 2\pi\sqrt{\frac{l\cos\alpha}{g}}\,, \quad \text{(agi)}$$

d. h. so groß wie bei einem ebenen Pendel, dessen Länge gleich dem senkrechten Abstande des Körpers des Horizontalpendels vom Aufhängepunkte ist. Das Horizontalpendel ist interessant als Beispiel einer Fallbewegung ohne Fall und ohne Beschleunigung der Gesamtgeschwindigkeit.

(7) Ein Pendel von der Masse m, dem Abstand s zwischen Schwerpunkt und Drehpunkt, dem Trägheitsmoment (**68**) M und dem Trägheitsradius r entspricht einem einfachen Pendel von der Länge

$$l = \frac{M}{ms} = \frac{r^2}{s}. \tag{agk}$$

Diese Länge eben heißt die korrespondierende Länge des einfachen Pendels oder die reduzierte Länge des physischen Pendels, ihr Endpunkt im Innern des physischen Pendels heißt dessen Schwingungspunkt; letzterer hat die Eigenschaft, daß um ihn als Drehpunkt das Pendel dieselbe Schwingungsdauer hat, wobei der ehemalige Drehpunkt jetzt Schwingungspunkt ist (Reversionspendel, BOHNENBERGER 1811).

Die Schwingungsdauer des physischen Pendels kann man nun allgemein schreiben

$$T = 2\pi\sqrt{\frac{M}{mgs}} = 2\pi\sqrt{\frac{M}{\varDelta}}, \tag{agl}$$

($\varDelta$ Direktionskraft, s. **57** (2)): Die Schwingungsdauer eines Pendels ist direkt proportional der Wurzel aus seinem Trägheitsmoment, umgekehrt proportional der Wurzel aus seiner Direktionskraft. Durch Einsetzen des Wertes von M (**68**) erhält man l resp. T für ein gegebenes Pendel von einfachen Formen; für einen dünnen Draht oder Faden von der Länge f und eine Kugel vom Radius r wird z. B.

$$l = f + r + \frac{2}{5}\cdot\frac{r^2}{f+r}; \tag{agm}$$

muß man Radius ϱ und Masse μ des Fadens (m die der Kugel) berücksichtigen, so wird

$$l = \frac{(f+r)^2 + \frac{2}{5}r^2 + \frac{\mu}{m}\left(\frac{f^2}{3} + \frac{\varrho^2}{4}\right)}{f + r + \frac{\mu}{m}\,\frac{f}{2}}. \tag{agn}$$

Umgekehrt findet man für unregelmäßige Körper aus dem beobachteten T:

$$M = \frac{mgs}{(2\pi)^2}T^2. \tag{ago}$$

(8) Differentialpendel ist ein Pendel, das zu beiden Seiten des Drehpunktes Massen trägt, einerseits P, andererseits $P + p$; es ist dann (l' die als gleich angenommene reduzierte Länge der beiden einzeln genommenen Seiten):

$$l = \frac{2P+p}{p} l', \qquad T = 2\pi \sqrt{\frac{2P+p}{pg} l'}; \qquad \text{(agp)}$$

bei kleinem p und großem P erhält man also ein Pendel von sehr großer reduzierter Länge und Schwingungsdauer (Analogie mit der Atwood'schen Fallmaschine, **72** (2)).

(9) Einfluß der umgebenden Luft. Man kann ihn annähernd berücksichtigen, indem man (μ Masse, σ Schwerpunktsabstand der verdrängten Luft) die reduzierte Länge

$$l = \frac{M + \varepsilon\mu\sigma^2}{ms - \mu\sigma} \qquad \text{(agq)}$$

setzt und den Faktor ε empirisch bestimmt.

(10) Foucault'sches Pendel (1851). Ein frei aufgehängtes, nach allen Richtungen bewegliches Pendel zeigt, in ebene Schwingungen versetzt, eine allmähliche Drehung der Schwingungsebene, die in der geographischen Breite φ stündlich

$$\alpha = 15 \sin \varphi \qquad \text{(agr)}$$

Grad, also z. B. in Berlin fast genau 12^0 beträgt und der Erddrehung entgegengesetzt ist. Man kommt also zu dem Schlusse: Die Schwingungsebene des Pendels hat eine im Raume unveränderliche Richtung (Erhaltung der Schwingungsebene). Indessen zeigt eine genauere Untersuchung, daß dies nicht streng richtig und daß die Bewegung des Pendels überhaupt sehr verwickelt ist.

(11) Verwandt mit dem Pendel ist die bifilare Aufhängung, d. h. ein an zwei Fäden aufgehängter Körper; er ist nur dann im Gleichgewicht, wenn die Ebenen der Fäden vertikal und die Verbindungslinien ihrer oberen und unteren Enden parallel sind; ist das erstere nicht der Fall, so pendelt er, ist das zweite nicht der Fall, so führt er Bifilarschwingungen, d. h. drehende, durch die Schwere veranlaßte Schwingungen aus; für letztere ist (m Masse, M Trägheitsmoment des Körpers um die Drehaxe, f Länge, o oberer, u unterer Abstand der Fäden):

$$\left.\begin{aligned} l &= \frac{M}{m}\frac{f}{ou}, \qquad T = 2\pi\sqrt{\frac{Mf}{gmou}}, \\ M &= \frac{gmou}{(2\pi)^2 f} T'^2. \end{aligned}\right\} \text{(ags)}$$

75. Kepler'sche Gesetze der Planetenbewegung (1609 resp. 1618).

1) Die Planeten bewegen sich in Ellipsen, in deren einem Brennpunkte die Sonne steht.

2) Der von der Sonne nach einem Planeten gezogene Radiusvektor beschreibt in gleichen Zeiten gleiche Flächen (oder: Die Ge-

schwindigkeit eines Planeten in den verschiedenen Punkten seiner Bahn ist der Entfernung von der Sonne umgekehrt proportional).

3) Die Quadrate der Umlaufszeiten zweier Planeten verhalten sich wie die Kuben ihrer mittleren Entfernungen von der Sonne.

Formeln (γ Gravitationskonstante vgl. **61 b**, m Planetenmasse, auf die der Sonne als Einheit bezogen, r Radiusvektor, φ wahre Anomalie (Winkel zwischen r und dem kleineren Stück der großen Ellipsenaxe $2a$), u excentrische Anomalie (Centriwinkel zwischen denselben beiden Linien), p Parameter, ε numerische Excentrizität, t Zeit, T Umlaufszeit):

$$r = \frac{p}{1 + \varepsilon \cos \varphi} = a(1 - \varepsilon \cos u), \tag{agt}$$

$$\operatorname{tg} \frac{\varphi}{2} = \sqrt{\frac{1 + \varepsilon}{1 - \varepsilon}} \operatorname{tg} \frac{u}{2}, \tag{agu}$$

$$\sqrt{\frac{\gamma(1 + m)}{a^{3/2}}}\, t = u - \varepsilon \sin u \text{ (Kepler'sche Gleichung)}, \tag{agv}$$

$$T = \frac{2\pi a^{3/2}}{\sqrt{\gamma(1 + m)}}, \tag{agw}$$

$$T_1^2 : T_2^2 = \frac{a_1^3}{1 + m_1} : \frac{a_2^3}{1 + m_2}; \tag{agx}$$

das dritte Kepler'sche Gesetz gilt also nicht genau, indes, da m_1 und m_2 sehr kleine Brüche sind, sehr angenähert.

(1) Die Kepler'schen Gesetze sind der Beobachtung entnommen. Ihre rechnerische Kombination führt zum Newton'schen Kraftgesetz (*31*); umgekehrt erhält man aus letzterem unter Berücksichtigung der planetarischen Verhältnisse die Kepler'schen Gesetze. Das Newton'sche Gesetz ist aber umfassender, da es auch die Bewegungen der übrigen Himmelskörper und der irdischen, der Schwere unterworfenen Körper einschließt (s. ob. *72* (1)).

(2) Einige Konstanten der Planeten u. s. w.:

Planet	Masse (Sonne = 1)	Dichte	Mittlere Entfernung	Umlaufszeit Tage	Rotationszeit
Merkur . . .	1 / 9 700 000	3,8	0,387	88	88 Tage
Venus	1 / 406 690	5,1	0,723	224,7	—
Erde	1 / 322 800	5,5	1,000	365,25	24 Stdn.
Mars	1 / 3 104 700	3,9	1,524	687	24,6 „
Jupiter . . .	1 / 1 047	1,4	5,203	4332	9,9 „
Saturn . . .	1 / 3 487	0,6	9,539	10759	10,2 „
Uranus . . .	1 / 22 765	1,1	19,183	30688	—
Neptun . . .	1 / 19 310	1,7	30,057	60186	—

(lf)

Sonnendurchmesser	1 383 000 km	(Ig)
Sonnendichte	0,26	
Entfernung der Erde von der Sonne	149,5 Mill. „	
Umlaufszeit des Mondes (siderisch) .	27,32 Tage	
Mittlerer Erdabstand	384 400 km	
Masse (Erde = 1)	1 / 79,7	

(3) Das zweite Kepler'sche Gesetz ist nichts anderes als der auf die Planetenbewegungen angewandte Flächensatz (***20***).

(4) Die Monde bewegen sich relativ zu ihren Hauptkörpern ebenfalls in Ellipsen, nehmen aber außerdem an deren Bewegung um die Sonne teil und beschreiben daher cykloidenartige Bahnen; wegen der Nähe der Monde bei ihren Hauptkörpern sind jedoch die Abweichungen der Mondbahnen von den Bahnen der Hauptkörper sehr gering, die Bahn des Erdmondes z. B. ist überall, auch noch zu Zeiten des Neumondes, nach innen konkav.

(5) Die Bahnen der Himmelskörper erfahren durch die anziehende Wirkung der anderen Himmelskörper „Störungen", die aber ebenfalls aus dem Newton'schen Gesetz berechnet werden können; insbesondere wirken der Jupiter störend auf einige Planeten, die Sonne störend auf den Mond, die Planeten störend auf ihnen nahe kommende Planeten. Die allgemeine Theorie der Bewegung von n Körpern unter gegenseitiger Gravitation heißt das n-Körperproblem, indessen bietet schon der einfachste Fall, das Dreikörperproblem, große Schwierigkeiten dar.

(6) Bei allen Veränderungen in einem Systeme bewegter Massen, insbesondere im Sonnensystem, existiert eine unveränderliche Ebene, für welche die Summe der in gleichen Zeiten beschriebenen Flächen am größten wird; sie heißt Laplace'sche Ebene, weicht übrigens von der Ebene der Ekliptik gegenwärtig nur sehr wenig ab.

***76.* Rotationsgesetz.** Die Bewegung eines Körpers um seinen Schwerpunkt oder einen anderen festen Punkt ist im allgemeinen sehr verwickelt; sie hängt von der Größe seiner drei Hauptträgheitsmomente (**68** (4)) und von der Natur der wirkenden Impulse und Kräfte ab. Für einen durch Kräfte nicht beeinflußten Körper läßt sich die Bewegung in großen Zügen folgendermaßen beschreiben (Poinsot 1834):

a) Ein Körper mit drei gleichen Hauptträgheitsaxen (homogene oder aus homogenen Schalen bestehende Kugel, reguläre Polyeder) rotiert um eine konstante Axe mit konstanter Winkelgeschwindigkeit.

b) Ein Körper mit zwei gleichen Hauptträgheitsaxen (Cylinder, geometrische Rotationskörper, Prisma mit quadratischem

Querschnitt u. s. w.) rotiert mit konstanter Geschwindigkeit um die ausgezeichnete Hauptträgheitsaxe, während letztere gleichzeitig mit konstanter Geschwindigkeit einen geraden Kreiskegel beschreibt, und zwar desto schneller, je langsamer die eigentliche Rotation ist; unter Umständen kann die Kegeldrehung fortfallen, die Bewegung also eine einfache Rotation sein und bleiben.

c) Ein Körper mit drei verschiedenen Hauptträgheitsaxen führt ebenfalls eine Rotation um eine derselben und gleichzeitig eine Kegeldrehung derselben aus; aber erstens sind die Geschwindigkeiten beider Rotationen variabel, so zwar, daß, wenn die eine ein Maximum, die andere ein Minimum ist, und zweitens ist die Bewegung nur stabil, wenn die Rotationsaxe die kleinste oder größte Hauptträgheitsaxe ist, dagegen labil, wenn sie die mittlere ist.

Wirkt die Schwerkraft, so bleibt der Charakter der Bewegung trotzdem im allgemeinen der oben skizzierte, insbesondere im Falle der einfachen Rotation; dagegen wird die Kegeldrehung bei einem Körper vom geometrischen Rotationscharakter (Fall b) mit der eigentlichen Rotation gleichsinnig oder ungleichsinnig, je nachdem die Schwerkraft die Rotationsaxe umzukippen oder aufzurichten strebt (je nachdem also der Schwerpunkt über oder unter dem festen Punkte liegt, vgl. **60** (2)).

Die Thatsache, daß ein der Schwere unterworfener rotierender Körper nicht umkippt, obgleich er es ruhend thun würde, wird als Erhaltung der Rotationsebene bezeichnet; eine wirkliche Erhaltung findet im allgemeinen nach dem Gesagten nicht statt, die Abweichung, also die Kegelbewegung, heißt Präzession; die mit der Präzession unter Umständen verbundene periodische Schwankung des Kegelwinkels (Aufrichtung und Umkippung der Rotationsaxe um kleine Beträge) heißt Nutation.

(1) Bei der Erde wird ein Rotationsumlauf in 1 Tag, ein Präzessionsumlauf der Axe in 25800 Jahren (rund 9 000 000 Tagen) vollendet, die Periode der Nutation beträgt $18^1/_2$ Jahre, ihr Betrag nur 9″ beiderseits. (Iþ)

(2) Um zur allgemeinsten Bewegung eines starren Körpers zu gelangen, muß man zu den angegebenen Rotationen noch eine Verschiebung und eventuell Drehung des Schwerpunktes (Schraubenbewegung, vgl. **29** (2)) hinzufügen.

175. Dynamik elastisch fester Körper. Von den Bewegungen elastischer Körper kommen hauptsächlich drei in Betracht: die Schwingungen, der Stoß und die elastische Nachwirkung.

a) Die Schwingungen fester Körper können longitudinal (Längsschwingungen), transversal (Querschwingungen) oder drehend (Torsionsschwingungen) sein (vgl. **37** ff.); in den meisten Fällen erfolgen sie so schnell, daß sie zu Tönen Anlaß geben (**126**(4)), und werden daher in der Akustik behandelt (s. u.).

b) Nach der Natur der zusammenstoßenden Körper unterscheidet man als Grenzfälle den vollkommen unelastischen und den vollkommen elastischen Stoß (Stoß zwischen Körpern ohne jede resp. mit unbegrenzter elastischer Vollkommenheit, **89**), zwischen diesen Grenzfällen sind alle wirklichen eingeschlossen; eine besondere Modifikation ist der elastisch-unelastische Stoß zwischen einem Körper der einen und einem der anderen Art. Je nach der Lage der getroffenen Oberflächenstelle unterscheidet man ferner zentralen und exzentrischen Stoß, je nachdem die im Berührungspunkte auf der Tangentialebene errichtete Normale den Schwerpunkt des Körpers trifft oder nicht; diese Normale heißt Stoßrichtung. Endlich unterscheidet man zwischen geradem und schiefem Stoß, je nachdem die ursprüngliche Bewegungsrichtung mit der Stoßrichtung zusammenfällt oder nicht. Der Punkt, in welchem die Körper zuerst zur Berührung kommen, heißt Stoßpunkt, die durch die Stoßwirkung sich bildende Berührungsfläche Stoßfläche, die Zeit, während derer die Körper in Berührung bleiben, Stoßzeit; schließlich kommen als maßgebende Größen noch die Geschwindigkeiten der Körper vor und nach dem Stoße in Betracht.

(1) Zwei Kugeln stoßen sich immer zentral, können sich aber gerade oder schief stoßen.

(2) Ferner ist noch zu unterscheiden zwischen dem Stoß auf freie, nur drehbare und feste Körper (Wände); bei den freien Körpern bewirkt der exzentrische Stoß auch eine Drehung.

c) Unter elastischer Nachwirkung (vgl. Nachwirkung im allgemeinen, ***10***(3)) versteht man zunächst allgemein die Erscheinung, daß elastische Körper, nachdem man sie einer Kraft unterworfen oder entzogen hat, den neuen Zustand zwar großenteils sofort, vollständig aber erst im Laufe der Zeit annehmen; im besonderen aber denjenigen Teil der ganzen Deformation, der nicht sofort, sondern erst allmählich eintritt (zuweilen wird auch die Ursache dieser Deformation als Nachwirkung bezeichnet).

(1) Allgemeine Gesetze der elastischen Nachwirkung aufzustellen ist bisher noch nicht gelungen; z. B. gilt die Proportionalität der Nachwirkung mit der Hauptdeformation, resp. der deformierenden Kraft, nicht allgemein; es hat daher auch der betreffende Proportionalitätsfaktor, der „Koeffizient der elastischen Nachwirkung“ (Kohlrausch), nur in bestimmten Fällen Bedeutung.

77.* Elastische Bewegungsgleichungen.** Sie ergeben sich aus den Gleichgewichtsgleichungen (65***, Gl. acy u. acz) ohne weiteres und lauten:

$$\left.\begin{aligned}\varrho\frac{d^2u_1}{dt^2}&=\varrho X-\left(\frac{\partial X_x}{\partial x}+\frac{\partial X_y}{\partial y}+\frac{\partial X_z}{\partial z}\right)\\\varrho\frac{d^2v_1}{dt^2}&=\varrho Y-\left(\frac{\partial Y_x}{\partial x}+\frac{\partial Y_y}{\partial y}+\frac{\partial Y_z}{\partial z}\right)\\\varrho\frac{d^2w_1}{dt^2}&=\varrho Z-\left(\frac{\partial Z_x}{\partial x}+\frac{\partial Z_y}{\partial y}+\frac{\partial Z_z}{\partial z}\right)\end{aligned}\right\}\quad\text{(agy)}$$

oder durch Einsetzen der Dilatationen (**78**):

$$\left.\begin{aligned}\varrho\frac{d^2u_1}{dt^2}&=\varrho X+K\Delta u_1+K(1+2L)\frac{\partial\delta}{\partial x}\\\varrho\frac{d^2v_1}{dt^2}&=\varrho Y+K\Delta v_1+K(1+2L)\frac{\partial\delta}{\partial y}\\\varrho\frac{d^2w_1}{dt^2}&=\varrho Z+K\Delta w_1+K(1+2L)\frac{\partial\delta}{\partial z},\end{aligned}\right\}\quad\text{(agz)}$$

wo δ die räumliche Dilatation (**64**) und Δ die Summe der drei zweiten Differentialquotienten der dahinter stehenden Größe nach x, y, z bedeutet.

Man kann diese Gleichungen, wenn keine äußeren Massenkräfte wirken ($X = Y = Z = 0$), auf zwei einfachere zurückführen, wenn man setzt:

$$\left.\begin{aligned}u_1&=\frac{\partial R}{\partial x}+\left(\frac{\partial S_z}{\partial y}-\frac{\partial S_y}{\partial z}\right),\qquad v_1=\frac{\partial R}{\partial y}+\left(\frac{\partial S_x}{\partial z}-\frac{\partial S_z}{\partial x}\right),\\w_1&=\frac{\partial R}{\partial z}+\left(\frac{\partial S_y}{\partial x}-\frac{\partial S_x}{\partial y}\right);\end{aligned}\right\}\quad\text{(aha)}$$

die Funktionen R und $S_x\,S_y\,S_z$ müssen dann den beiden Gleichungen

$$\varrho\frac{\partial^2 R}{\partial t^2}=2K(1+L)\Delta R,\qquad \varrho\frac{\partial^2 S}{\partial t^2}=K\Delta S\qquad\text{(ahb)}$$

genügen. Diese Gleichungen zeigen, daß es zwei elementare Arten elastischer Bewegungen giebt (vgl. ***30***), nämlich die durch die erste Gleichung und die Formeln

$$u_1=\frac{\partial R}{\partial x},\qquad v_1=\frac{\partial R}{\partial y},\qquad w_1=\frac{\partial R}{\partial z}\qquad\text{(ahc)}$$

bestimmten und die durch die zweite Gleichung und die Formeln

$$u_1=\frac{\partial S_z}{\partial y}-\frac{\partial S_y}{\partial z},\qquad v_1=\frac{\partial S_x}{\partial z}-\frac{\partial S_z}{\partial x},\qquad w_1=\frac{\partial S_y}{\partial x}-\frac{\partial S_x}{\partial y}\qquad\text{(ahd)}$$

bestimmten; jene sind elastische Potentialbewegungen, R ist ihr Verrückungspotential (**106**), und es findet keine Rotation, wohl aber eine räumliche Dilatation

$$\delta=\frac{\partial u_1}{\partial x}+\frac{\partial v_1}{\partial y}+\frac{\partial w_1}{\partial z}=\Delta R\qquad\text{(ahe)}$$

statt; diese sind elastische Wirbelbewegungen; es ist

$$\frac{\partial u_1}{\partial x} + \frac{\partial v_1}{\partial y} + \frac{\partial w_1}{\partial z} = 0, \tag{ahf}$$

aber es finden Rotationen statt:

$$\left.\begin{array}{ll} \xi_1 = \frac{1}{2}\left(\frac{\partial w_1}{\partial y} - \frac{\partial v_1}{\partial z}\right), & \eta_1 = \frac{1}{2}\left(\frac{\partial u_1}{\partial z} - \frac{\partial w_1}{\partial x}\right), \\ \zeta_1 = \frac{1}{2}\left(\frac{\partial v_1}{\partial x} - \frac{\partial u_1}{\partial y}\right). & \end{array}\right\} \tag{ahg}$$

Der wichtigste Fall, auf den die Gleichungen Anwendung finden, ist der der elastischen Schwingungen und Wellen, die erste Form ergiebt alsdann Longitudinalwellen, die zweite Transversalwellen; je nachdem ferner R und die S von einer, zwei oder allen drei Koordinaten abhängen, erhält man ebene, cylindrische oder sphärische Wellen; bei den longitudinalen ebenen Wellen in der x-Richtung ist $v_1 = w_1 = 0$, bei den transversalen ebenen Wellen in der x-Richtung ist $u_1 = 0$; ist bei ihnen auch noch v_1 oder w_1 null, so erhält man geradlinige Schwingungen.

(1) Man kann den Unterschied zwischen den beiden Wellentypen auch so charakterisieren: die longitudinalen hängen von der Volumenelastizität und Gestaltselastizität, die transversalen nur von der Gestaltselastizität ($K = k_2$, vgl. **78**) ab. Bei Körpern, die keine eigene Steifigkeit besitzen, die also, um eine bestimmte Gestalt anzunehmen, gespannt werden müssen (Saiten, Membranen) tritt an die Stelle von K die Spannung P; bei Flüssigkeiten und Gasen ($K = 0$) sind Transversalwellen überhaupt unmöglich, es sei denn, daß die Abweichung vom idealen Verhalten groß genug ist (zähe Flüssigkeiten) oder daß sie infolge besonders großer Schnelligkeit der Schwingungen merklich wird (Lichtschwingungen, s. w. u.).

(2) Näheres über beide Wellentypen, insbesondere über ihre Fortpflanzungsgeschwindigkeit, s. beim Schall.

78.* Stoſsgesetze** (Huygens, Wallis, Wren 1668; F. Neumann 1866, St. Venant 1867, Hertz 1882 u. A.). a) Beim geraden zentralen Stoß bleibt die Summe der Bewegungsgrößen beider Körper ungeändert, beim schiefen Stoß gilt dies für die in die Stoßrichtung fallende und die darauf senkrechte Komponente einzeln. Dafür kann man auch sagen: Die Bewegung des Schwerpunktes bleibt ungeändert (Schwerpunktssatz, s. ***19). Bei drehbaren Körpern ist die Masse in geeigneter Weise durch das Trägheitsmoment zu ersetzen, endlich beim exzentrischen Stoß sind zwei Glieder zu bilden, deren eines dem zentralen, deren anderes dem drehenden Stoße entspricht.

Dieses Gesetz gilt allgemein, d. h. für den elastischen wie für den unelastischen Stoß. Für den vollkommen elastischen gilt außerdem die Erhaltung der Energie, beim unelastischen findet ein Energieverlust statt, vgl. oben ***36*** (6).

Formeln für den geraden zentralen Stoß: Kugeln in derselben Linie gleichsinnig oder entgegengesetzt laufend ($c_1\ c_2\ c$ anfängliche, $v_1\ v_2\ v$ schließliche Geschwindigkeiten der Kugeln und ihres Schwerpunktes, $m_1\ m_2$ Massen):

vollkommen unelastisch:

$$v_1 = v_2 = v = c = \frac{m_1 c_1 + m_2 c_2}{m_1 + m_2}, \tag{ahh}$$

vollkommen elastisch:

$$\left.\begin{aligned} v_1 &= c + (c - c_1) = \frac{(m_1 - m_2)\,c_1 + 2 m_2 c_2}{m_1 + m_2} \\ v_2 &= c + (c - c_2) = \frac{(m_2 - m_1)\,c_2 + 2 m_1 c_1}{m_1 + m_2} \end{aligned}\right\} \tag{ahi}$$

speziell für $m_1 = m_2$:

$$v_1 = c_2, \qquad v_2 = c_1; \tag{ahk}$$

unelastische Kugeln laufen nach dem Stoße verbunden weiter (beim schiefen Stoß ist das allgemein nicht der Fall), elastische von gleicher Masse tauschen ihre Geschwindigkeiten aus.

(1) Die Formeln werden durch die Erfahrung nur in roher Annäherung bestätigt, was nicht verwundern darf, da die obige, sogenannte elementare oder mechanische Theorie den eigentlichen Stoßvorgang gar nicht analysiert. Man hat ihr deshalb eine elastische Theorie des Stoßes gegenübergestellt, die von den obigen Elastizitätsgleichungen (agz) ausgeht und für Cylinder von NEUMANN, DE ST. VENANT und VOIGT, für Kugeln von HERTZ ausgeführt worden ist; sie giebt aber auch nur in einzelnen Fällen befriedigende Resultate.

b) Eine gegen eine unelastische Wand stoßende unelastische Kugel läuft mit der in die Wandrichtung fallenden Komponente der ursprünglichen Geschwindigkeit an ihr hin; eine gegen eine elastische Wand stoßende elastische Kugel läuft mit derselben Geschwindigkeit und unter demselben Winkel mit der Wandnormale nach der anderen Seite zurück (Reflexionswinkel gleich dem Einfallswinkel, vgl. *9*).

c) Durch den Stoß werden in den zusammenstoßenden elastischen Körpern, z. B. Cylindern, Längswellen erzeugt, die, wenn die Cylinder gleich lang sind, nach dem Stoße in beiden, sonst aber nur in dem kürzeren verschwinden, während sie in dem längeren andauern.

d) Die Stoßfläche ist bei kleinen Deformationen durch eine Ellipse, speziell bei Kugeln oder Rotationskörpern, deren Zusammenstoß in der Axenrichtung erfolgt, durch einen Kreis begrenzt; die Axen der Ellipse resp. der Radius des Kreises r hängen von den Krümmungsradien der Körperoberflächen, der Dichte und den Elastizitätskonstanten des

Materiales und der relativen Stoßgeschwindigkeit c ab. Für zwei gleiche Kugeln und geraden Stoß ist (R Kugelradius, ϱ Dichte)

$$r = R\sqrt[5]{\frac{5\pi\varrho c^2(1-\mu^2)}{16E}} = R\sqrt[5]{\frac{5\pi\varrho c^2}{16E'}} \tag{ahl}$$

(vgl. die entsprechende statische Formel ***65*** (5), E' ist wie dort der Eindringungsmodul).

e) Die Stoßzeit zweier Kugeln von gleichem Material und Radius ist

$$T = 2{,}9432\,R\sqrt[5]{\frac{25\pi^2\varrho^2(1-\mu^2)^2}{8cE^2}}, \tag{ahm}$$

also mit dem Radius proportional, außerdem desto größer, je größer die Dichte und je kleiner Geschwindigkeit und Eindringungsmodul sind. Als Beispiele mögen folgende dienen:

Messingkugeln von 1,3 cm Radius und 30 cm relativer Geschwindigkeit . . . $T = 0{,}00015$ sec
Stahlkugeln von der Größe der Erde und 1 cm relativer Geschwindigkeit . . . $T = 27$ Stdn. (ſi)

***79.* Bewegung der inkompressiblen Flüssigkeiten: Hydrodynamik.** Die hydrodynamischen Gleichungen können in verschiedenen Formen aufgestellt werden:

a) Grundform ($u\,v\,w$ Geschwindigkeitskomponenten, vgl. ***66***, Gl. aek):

$$\left.\begin{aligned} &\varrho\frac{du}{dt} = \varrho X - \frac{\partial p}{\partial x} \qquad \varrho\frac{dv}{dt} = \varrho Y - \frac{\partial p}{\partial y} \qquad \varrho\frac{dw}{dt} = \varrho Z - \frac{\partial p}{\partial z} \\ &\frac{\partial u}{\partial x} + \frac{\partial v}{\partial y} + \frac{\partial w}{\partial z} = 0, \end{aligned}\right\} \tag{ahn}$$

letztere ist die Kontinuitätsgleichung, vgl. ***17*** (4).

b) Euler'sche Form (1755; $u\,v\,w$ als Funktionen des Ortes im Raume $x\,y\,z$ und der Zeit t, V das als vorhanden betrachtete Potential, $P = p/\varrho$):

$$\left.\begin{aligned} \frac{\partial u}{\partial t} + u\frac{\partial u}{\partial x} + v\frac{\partial u}{\partial y} + w\frac{\partial u}{\partial z} &= -\frac{\partial(V+P)}{\partial x} \\ \frac{\partial v}{\partial t} + u\frac{\partial v}{\partial x} + v\frac{\partial v}{\partial y} + w\frac{\partial v}{\partial z} &= -\frac{\partial(V+P)}{\partial y} \\ \frac{\partial w}{\partial t} + u\frac{\partial w}{\partial x} + v\frac{\partial w}{\partial y} + w\frac{\partial w}{\partial z} &= -\frac{\partial(V+P)}{\partial z} \\ \frac{\partial u}{\partial x} + \frac{\partial v}{\partial y} + \frac{\partial w}{\partial z} &= 0. \end{aligned}\right\} \tag{aho}$$

c) Lagrange'sche Form (ebenfalls von Euler (1759) herrührend, Lagrange 1788; die Koordinaten $x\,y\,z$ eines Teilchens als Funktionen seiner Anfangskoordinaten $a\,b\,c$ und der Zeit t betrachtet, D die Determinante der $x\,y\,z$ nach den $a\,b\,c$):

$$\left.\begin{aligned}
\frac{d^2 x}{dt^2}\frac{\partial x}{\partial a} + \frac{d^2 y}{dt^2}\frac{\partial y}{\partial a} + \frac{d^2 z}{dt^2}\frac{\partial z}{\partial a} &= -\frac{\partial(V+P)}{\partial a}\\
\frac{d^2 x}{dt^2}\frac{\partial x}{\partial b} + \frac{d^2 y}{dt^2}\frac{\partial y}{\partial b} + \frac{d^2 z}{dt^2}\frac{\partial z}{\partial b} &= -\frac{\partial(V+P)}{\partial b}\\
\frac{d^2 x}{dt^2}\frac{\partial x}{\partial c} + \frac{d^2 y}{dt^2}\frac{\partial y}{\partial c} + \frac{d^2 z}{dt^2}\frac{\partial z}{\partial c} &= -\frac{\partial(V+P)}{\partial c}\\
\frac{dD}{dt} = 0 \text{ oder } D &= \text{const.}
\end{aligned}\right\} \qquad \text{(ahp)}$$

Andere wichtige Formen der Gleichungen sind die des Hamilton'schen Prinzips (*70* b), die von Clebsch, H. Weber und Beltrami.

Existiert ein Geschwindigkeitspotential φ (**106**), d. h. für Potentialbewegungen (**106** u. *30*), lassen sich die drei Hauptgleichungen verschmelzen und man erhält:

$$\frac{\partial\varphi}{\partial t} + \frac{1}{2}\left[\left(\frac{\partial\varphi}{\partial x}\right)^2 + \left(\frac{\partial\varphi}{\partial y}\right)^2 + \left(\frac{\partial\varphi}{\partial z}\right)^2\right] = -(V+P) + \text{const} \qquad \text{(ahq)}$$

oder kurz (G Geschwindigkeit):

$$\frac{\partial\varphi}{\partial t} + \frac{1}{2}G^2 = -(V+P) + \text{const} \qquad \text{(ahr)}$$

und die Kontinuitätsgleichung wie in **106** (1), Gl. iz:

$$\Delta\varphi = 0. \qquad \text{(ahs)}$$

(1) Die allgemeinen Verhältnisse der beiden Arten der Flüssigkeitsbewegung, Potential- und Wirbelbewegung, sind schon in **107** bebehandelt worden.

(2) Die drei wichtigsten Spezialfälle, welche bei Potentialbewegungen eintreten können, sind folgende: 1) $V = 0$ (keine Kräfte wirksam). 2) $\partial\varphi/\partial t = 0$ (stationäre Bewegung, vgl. **23 g**). 3) $^1/_2\,G^2 = 0$ (Geschwindigkeit so klein, daß man ihr Quadrat vernachlässigen kann; dies kann nur bei der veränderlichen Bewegung eintreten, da bei der stationären $^1/_2\,G^2$ das Hauptglied ist).

(3) Hydrodynamischer Druck (D. Bernouilli 1738) ist der Druck in einer bewegten Flüssigkeit, bei stationärer Strömung ist er (p_0 Druck für $V = 0$ und $G = 0$):

$$p = p_0 + \varrho(V_0 - V) - \frac{1}{2}\varrho G^2, \qquad \text{(aht)}$$

d. h. gleich dem hydrostatischen Druck (*66*) vermindert um die kinetische Energie der Volumeneinheit; umgekehrt ist

$$G = \sqrt{2(V_0 - V) + \frac{2}{\varrho}(p - p_0)}. \qquad \text{(ahu)}$$

(4) Wenn G so groß wird, daß p negativ wird, also einen Zug darstellt, so zerreißt die Flüssigkeit: diskontinuierliche Flüssigkeitsbewegung, Strahlbildung, Zerstäubung.

80. **Geschwindigkeitsgesetz strömender, insbesondere ausströmender Flüssigkeit.** Die Geschwindigkeit einer stationär strömenden Flüssigkeit in einem Querschnitte, insbesondere in einer Ausflußöffnung ist so groß wie die eines durch die Druckhöhe frei gefallenen Körpers; sie hängt also von der Natur der Flüssigkeit nicht ab. Formel (vgl. *72*, Gl. afp):

$$G = \sqrt{2gh}. \tag{ahv}$$

Dieser Spezialfall heißt Toricelli'sches Theorem (1644). Allgemeiner ist, wenn q und q_0 die Querschnitte sind, in denen die Werte G, p resp. G_0, p_0 stattfinden:

$$G = \sqrt{G_0^2 + 2gh - 2\frac{p-p_0}{\varrho}} = \sqrt{\frac{2gh - 2\frac{p-p_0}{\varrho}}{1-\left(\frac{q}{q_0}\right)^2}}; \tag{ahw}$$

letztere Formel ist nur anwendbar, wenn der Querschnitt sich verengert ($q < q_0$); anderenfalls führt man, um sie brauchbar zu machen, im Nenner eine Hilfsgröße, den sog. Röhrenwiderstand, ein.

(1) Die Analogie mit dem freien Fall erstreckt sich noch weiter, insbesondere bildet bei seitlichem Ausflusse der Strahl eine Parabel resp. eine der ballistischen ähnliche Kurve (vgl. *73*), ebenso verhält sich ein aufwärts gehender Strahl (Springbrunnen) analog wie ein aufwärts geworfener Körper.

(2) Die in der Zeiteinheit durch eine Wandöffnung ausfließende Flüssigkeitsmenge ergiebt sich nicht durch Multiplikation der Ausflußgeschwindigkeit mit der Öffnungsfläche, sondern mit dem engsten Querschnitte („kontrahierter Querschnitt") des austretenden Strahles. Das Verhältnis dieser und jener Größe heißt contractio venae oder Kontraktionskoeffizient oder Ausflußkoeffizient; er ist durchschnittlich etwa

$$k = 0{,}63, \tag{ff}$$

dagegen größer bei Anwendung konischer Ansatzröhren von verschiedenen Konvergenzwinkeln ω:

$$\left.\begin{array}{llllll} \omega = & 90^0 & 67^1/_2{}^0 & 45^0 & 22^1/_2{}^0 & 0^0 \\ k = & 0{,}63 & 0{,}68 & 0{,}75 & 0{,}90 & 0{,}97; \end{array}\right\} \tag{ff'}$$

bei cylindrischem Ansatzrohr fällt also die Kontraktion beinahe weg.

(3) Ganz allgemein ist das durch einen von festen Wänden und zwei Flächen gleichen Geschwindigkeitspotentials begrenzten Raum

strömende Flüssigkeitsvolumen gleich der Differenz der beiden Werte des Geschwindigkeitspotentials dividiert durch eine nur von den Verhältnissen des durchströmten Raumes abhängige Konstante, die man seinen Strömungswiderstand nennen kann. Dieses Gesetz ist dem Ohm'schen für die elektrische Strömung (*45*) völlig analog.

(4) Die Gestalt von Flüssigkeitsstrahlen läßt sich theoretisch nur unter vereinfachenden Annahmen mit Strenge bestimmen, nämlich nur für zweidimensionale Vorgänge (vgl. *32* (5)), z. B. Ausfluß aus Spalten, Überfall über Wehre u. s. w., sowie ohne Rücksicht auf Schwerkraft und Reibung.

81. **Bewegung fester Körper in Flüssigkeiten.** Feste Körper erfahren in Flüssigkeiten drei Einflüsse: den hydrostatischen Auftrieb (*60* (5)), den hydrodynamischen Widerstand und den Reibungswiderstand. Der hydrodynamische Widerstand ist für eine gleichförmig und geradlinig fortschreitende Kugel null, dagegen bewegt sich eine beschleunigte Kugel so, als ob ihre Masse um die Hälfte der verdrängten Flüssigkeit größer wäre; für andere Symmetriekörper ist ein anderer Bruchteil, für Cylinder die ganze zu nehmen.

(1) Praktische Formel für den Widerstand (f Projektion der Vorderfläche auf eine zur Bewegung senkrechte Ebene, c ein Faktor):

$$W = c\varrho f G^2, \tag{ahx}$$

für Wasser wird $W = 51 f G^2$, für Luft $W = 0{,}072 f G^2$ Megadynen. Für einen Keil im Verhältnis zur ebenen Vorderfläche ist der Widerstand (α Keilwinkel)

$\alpha = 20^\circ$	40°	90°	180°	200°	220°	270°	340°
$W : W_{180} = 0{,}04$	0,14	0,51	1	1,02	0,99	0,78	0,20

(II)

(2) Hydrodynamische Anziehung und Abstoßung. Der hydrodynamische Widerstand modifiziert häufig die Bewegungen mehrerer in Flüssigkeit befindlicher Körper derart, daß sie sich anzuziehen oder abzustoßen scheinen. Für zwei Kugeln gelten dabei folgende Sätze: Zwei in einer Flüssigkeit parallel fortschreitende Kugeln ziehen sich an, eine allein einer Wand parallel laufende wird von dieser angezogen, mehrere in derselben Linie sich bewegende stoßen sich ab; eine pulsierende (**38** (2)) Kugel zieht eine ruhende an, zwei pulsierende ziehen sich an oder stoßen sich ab, je nachdem sie in gleicher oder entgegengesetzter Phase pulsieren.

(3) Viele dieser Erscheinungen zeigen Analogie mit elektrischen und magnetischen Anziehungen und Abstoßungen (Bjerknes 1871). Dasselbe gilt von festen Ringen: Zwei Ringe in Flüssigkeit wirken auf

einander so, als ob sie sich im leeren Raume befänden, aber von elektrischen Strömen durchflossen wären (KIRCHHOFF 1869.)

(4) Analoge Erscheinungen treten auch bei Schwingungen, bes. Tonschwingungen von Körpern in Gasen auf: Akustische Anziehung und Abstoßung (RAYLEIGH).

82. **Gesetze der Wirbelbewegung** (zum Teil schon **107** und **109** erwähnt, vgl. daselbst auch die Definitionen).

a) Werte der Wirbelkomponenten $\xi\eta\zeta$ (vgl. hierzu die dort mit $\pi\chi\varrho$ bezeichneten Drehungskomponenten in **29**) in der Euler'schen und Lagrange'schen Form (*79*, $\xi_0\eta_0\zeta_0$ ihre Anfangswerte):

$$\left.\begin{aligned}\xi &= \frac{1}{2}\left(\frac{\partial w}{\partial y} - \frac{\partial v}{\partial z}\right) = \xi_0\frac{\partial x}{\partial a} + \eta_0\frac{\partial x}{\partial b} + \zeta_0\frac{\partial x}{\partial c}\\ \eta &= \frac{1}{2}\left(\frac{\partial u}{\partial z} - \frac{\partial w}{\partial x}\right) = \xi_0\frac{\partial y}{\partial a} + \eta_0\frac{\partial y}{\partial b} + \zeta_0\frac{\partial y}{\partial c}\\ \zeta &= \frac{1}{2}\left(\frac{\partial v}{\partial x} - \frac{\partial u}{\partial y}\right) = \xi_0\frac{\partial z}{\partial a} + \eta_0\frac{\partial z}{\partial b} + \zeta_0\frac{\partial z}{\partial c}\end{aligned}\right\} \quad \text{(ahy)}$$

und die Wirbelgeschwindigkeit selbst

$$\Theta = \sqrt{\xi^2 + \eta^2 + \zeta^2}. \quad \text{(ahz)}$$

Die Wirbelkomponenten sind also homogene lineare Funktionen ihrer Anfangswerte; hieraus folgt dann weiter:

b) Ein Teilchen einer idealen Flüssigkeit, das zu irgend einer Zeit nicht rotiert, rotiert niemals; ein Teilchen, das irgend wann rotiert, rotiert immer (in reibender Flüssigkeit kann dagegen Wirbelbewegung entstehen und vergehen).

c) Eine Linie, die irgend wann Wirbellinie ist, ist es stets; ein Wirbelfaden besteht immer aus denselben Teilchen, und zwar sowohl sein Inneres als auch seine Oberfläche für sich genommen.

d) Das Produkt aus Querschnitt und Wirbelgeschwindigkeit ist an allen Stellen eines Wirbelfadens und an jeder Stelle zeitlich konstant; oder: die Intensität eines Wirbels ist überall und stets dieselbe:

$$J = q\Theta = \text{const.} \quad \text{(aia)}$$

Ein Wirbelfaden kann daher nicht im Inneren der Flüssigkeit enden; er endet vielmehr entweder in der Oberfläche oder schließt sich zu einem Ringe; ferner kann ein Wirbelfaden weder sich selbst noch andere schneiden, zwei einmal mit einander verkettete Wirbelringe bleiben daher stets verkettet.

e) Die Cirkulation (**107** u. **108**) in irgend einer geschlossenen Kurve ist das Doppelte der Intensität sämtlicher eingeschlossener Wirbel, sie ist also in allen denselben Wirbelfaden (oder dieselben Fäden) umschließenden Kurven gleich groß.

f) Jedes wirbelnde Element $d\tau$ bringt in der Entfernung r (ε Winkel zwischen r und der Wirbelaxe von $d\tau$) eine Geschwindigkeit hervor, die auf der durch r und die Axe gelegten Ebene senkrecht steht und den Wert hat

$$G = \frac{d\tau}{2\pi} \frac{\Theta \sin \varepsilon}{r^2}; \tag{aib}$$

Übereinstimmung mit der Wirkung eines elektrischen Stromelementes auf einen Magnetpol (vgl. **48**, Gl. xl).

g) Ein einzelner Wirbelfaden in einer ausgedehnten Flüssigkeit bleibt, als Ganzes betrachtet, in Ruhe; dagegen treten bei Anwesenheit mehrerer Wirbelfäden Wanderungen auf, und zwar folgendermaßen:

Zwei geradlinige parallele Wirbelfäden rotieren um ihre (nach den Intensitäten konstruierte) Schwerlinie, die zwischen ihnen liegt, wenn beide Fäden in demselben Sinne wirbeln, sonst außerhalb; wirbeln beide Fäden entgegengesetzt und gleich stark, so schreiten sie senkrecht zu ihrer gemeinsamen Ebene fort mit einer ihrer Intensität direkt, ihrem Abstande umgekehrt proportionalen Geschwindigkeit. Die Flüssigkeit zwischen ihnen strömt in derselben Richtung (in der Mitte 4 mal so schnell), die äußere entgegengesetzt. Nach analogen Gesetzen läuft ein einzelner Wirbelfaden an einer Wand entlang.

Ein einzelner Wirbelring schreitet senkrecht zu seiner Ebene in der durch die Wirbelrichtung der inneren Teilchen bestimmten Richtung fort, und zwar desto schneller, je größer sein Querschnittsradius gegenüber seinem Ringradius ist. Zwei parallele Wirbelringe von gleichem Wirbelsinne schreiten in gleicher Richtung fort, der vordere erweitert sich dabei, der hintere verengert sich, letzterer gewinnt dabei an Geschwindigkeit und schlüpft schließlich durch den vorderen hindurch, worauf sich dies Spiel umgekehrt wiederholt. Bei entgegengesetzt gleicher Wirbelung bewegen sich die Ringe auf einander zu, erweitern sich dabei und zerstreuen sich in die unendliche Mittelebene; ebenso ein einziger gegen eine Wand laufender Wirbelring.

83.* Gesetze der Wellenbewegung der Flüssigkeiten** (erste Theorie von Gerstner 1804, Versuche von E. H. u. W. Weber 1825). Die möglichen Wellenbewegungen der Flüssigkeiten sind außerordentlich mannigfaltig und ihre Gesetze in den meisten Fällen sehr kompliziert. Für den einfachsten Fall (kleine Geschwindigkeiten, keine Wirbel, überall gleiche Wassertiefe) ergiebt sich für die Fortpflanzungsgeschwindigkeit v (λ Wellenlänge, h Tiefe, T Oberflächenspannung, vgl. **96** u. ***68):

$$v^2 = \left(\frac{g\lambda}{2\pi} + \frac{2\pi T}{\varrho\lambda}\right)\frac{e^{2\pi h/\lambda} - e^{-2\pi h/\lambda}}{e^{2\pi h/\lambda} + e^{-2\pi h/\lambda}}; \qquad \text{(aic)}$$

das erste Glied stellt die Schwerewellen, das zweite, das um so wichtiger wird, je kleiner λ ist, die Oberflächenspannungswellen (Kräuselwellen, Thomson 1871, Kolaczek 1878) dar. Für die ersteren wird

λ groß gegen h $\quad v = \sqrt{g\,h}$ (Kelland, Russel, Green), (aid)

λ klein gegen h $\quad v = \sqrt{\frac{g\,\lambda}{2\pi}}$ (Gerstner, Rankine), (aie)

also dort mit der Wurzel aus der Tiefe, hier mit der Wurzel aus der Wellenlänge proportional; für die letzteren für kleines λ:

$$v = \sqrt{\frac{2\pi T}{\varrho\lambda}}, \text{ umgekehrt } T = \frac{\varrho\lambda v^2}{2\pi}. \qquad \text{(aif)}$$

Die Form der Wellen ist je nach den Umständen die der Sinuslinie, der Cykloide oder der Trochoide; in der Oberfläche kann die Cykloide resp. Trochoide Spitzen haben (Schaum), nach unten wird sie immer sanfter gewellt. Die Bahnen der Teilchen selbst sind entweder Ellipsen, die nach unten immer kleiner und flacher werden, oder immer kleiner werdende Kreise. Ist endlich Wirbelung vorhanden, so ist auch diese an der Oberfläche am stärksten und nimmt nach dem Grunde zu mehr und mehr ab.

(1) Kommen seitliche Kräfte, z. B. Wind, hinzu, oder variiert die Tiefe, so werden die Wellen unsymmetrisch und können sich schließlich überschlagen (Windbrandung, Küstenbrandung).

(2) Zu unterscheiden ist ferner die Einzelwelle, der begrenzte und der unbegrenzte Wellenzug; bei dem begrenzten Wellenzuge ist die Fortpflanzungsgeschwindigkeit von der der einzelnen ihn bildenden Wellen verschieden, es verschwinden vorn Wellen, während sich hinten neue bilden.

(3) Die größten Wellenbewegungen in der Natur sind die Seiches der Binnenseen (periodische Niveauänderungen), die von Erdbeben ausgehenden, durch den Ozean fortgepflanzten Wellen und besonders die Gezeiten, Ebbe und Flut (Newton, Laplace, Airy, Thomson, G. H. Darwin). In erster Annäherung lassen sich die Gezeiten als statisches Problem behandeln (Gestalt der Wasseroberfläche unter der anziehenden Wirkung von Erde, Mond und Sonne); quantitativ werden aber die Ergebnisse durch die Landverteilung, zeitlich durch die Erd-

drehung (und die Mondbewegung), infolge deren die Flut als Welle (Flutwelle) herumwandert, vollständig verändert. Nach der einfachsten Theorie soll die Mondflut 55 cm, die Sonnenflut 24 cm (Verhältnis 2,3 : 1) betragen, die Summe (Springflut) also 79 cm, die Differenz (Nippflut) 31 cm (Verhältnis 2,55 : 1); thatsächlich schwankt sie zwischen minimalen Beträgen in Binnenmeeren und 15 Metern in offenen Meerarmen, bei Mitwirkung des Windes (Sturmflut) erreicht sie eine für den betreffenden Ort besondere Höhe. Die zeitliche Verschiebung des Flutmaximums für einen Ort heißt seine Hafenzeit.

***84.* Bewegung der Gase: Aërodynamik.** Die Euler'schen und Lagrange'schen Gleichungen (*79*, aho u. ahp) bleiben ungeändert, ebenso die bei Existenz eines Geschwindigkeitspotentials durch Kombination auftretende Hauptgleichung (*79*, ahq); dagegen wird die Kontinuitätsgleichung hier

$$\frac{d\varrho}{dt} + \varrho\left(\frac{\partial u}{\partial x} + \frac{\partial v}{\partial y} + \frac{\partial w}{\partial z}\right) = 0, \qquad \text{(aig)}$$

oder, da p und ϱ proportional sind ($p = a^2\varrho$, vgl. *69*, Gl. aey):

$$\frac{dp}{dt} + p\left(\frac{\partial u}{\partial x} + \frac{\partial v}{\partial y} + \frac{\partial w}{\partial z}\right) = 0, \qquad \text{(aih)}$$

und in der Lagrange'schen Form

$$\frac{d(\varrho D)}{dt} = 0 \qquad \text{oder} \qquad \varrho D = \text{const}. \qquad \text{(aii)}$$

(1) Die meisten Gasbewegungen werden zweckmäßig in anderen Gebieten behandelt, die Bewegungen mit Reibung bei dieser, die Schwingungen in der Akustik, die Bewegungen mit Temperaturänderungen in der Thermodynamik (s. u.).

(2) Bewegung eines Luftteilchens auf der rotierenden Erde (Sprung): Die „Trägheitsbahn" eines Luftteilchens auf der rotierenden Erde ist unter der Breite φ die rechts herum beschriebene Kurve (r Radiusvektor, v Trägheitsgeschwindigkeit des Teilchens, ω Erddrehungsgeschwindigkeit):

$$r = \frac{v}{2\,\omega \sin\varphi}, \qquad \text{(aik)}$$

diese Kurve ist näherungsweise ein Kreis, genauer aber, da sich φ und damit ϱ ändert, eine Spirale. Hierin ist das Buys-Ballot'sche Drehungsgesetz der Winde enthalten: auf der nördlichen Halbkugel werden die Winde nach rechts (auf der südlichen nach links) vom Gradienten (*69* (1)) abgelenkt, und zwar desto stärker, je höher die geographische Breite und je größer die Geschwindigkeit ist.

(3) Die Luftwirbel folgen zunächst denselben Gesetzen wie die Flüssigkeitswirbel (*82*); infolge der Veränderlichkeit der Dichte, des

starken Temperatureinflusses und der Erddrehung gestalten sich aber die Verhältnisse schließlich sehr verwickelt. Ein einfacher Wirbel mit einem Druckmaximum oder -minimum im Zentrum heißt je nach der Wirbelrichtung Cyklon oder Anticyklon, diese Cyklonen schreiten in bestimmten Bahnen fort.

(4) Ausströmen der Gase. a) Angenäherte Formel für die Ausströmungsgeschwindigkeit G (p_1 innerer, p_2 äußerer Druck):

$$G = \sqrt{\frac{2(p_1 - p_2)}{\varrho_1}}, \tag{ail}$$

speziell ins Vakuum $$G = \sqrt{\frac{2p}{\varrho}}. \tag{aim}$$

Hierin ist das Graham'sche Gesetz (Graham und Bunsen 1834) enthalten: Die Ausflußgeschwindigkeiten verschiedener Gase verhalten sich umgekehrt wie die Wurzeln aus ihren Dichten. Einige Zahlen für das Ausströmen ins Vakuum (in m):

Luft	396	Leuchtgas	500	(ǐm)
Wasserstoff	1500	Wasserdampf;	502	
Kohlensäure	320			

die Zahlen stehen in bestimmtem Verhältnis zur Molekulargeschwindigkeit **28** (1) und zur Schallgeschwindigkeit (s. w. u.).

b) Genauere Formel für langsames stationäres Ausfließen ($p_1\ q_1\ \varrho_1$ Druck, Querschnitt, Dichte im Innern, $p'\ q'\ \varrho'$ im kontrahierten Querschnitt (**80** (2)) des Gasstrahles, ϱ_0 für 0° und 76 cm Druck, a der Faktor in der Gl. $p = a^2 \varrho$ (Schallgeschwindigkeit, vgl. **69**), Θ Temperatur, α Ausdehnungskoeffizient, M Ausflußmenge):

$$\left.\begin{aligned} G &= a\sqrt{2\log\frac{p_1}{p'}\Big/\left[1 - \left(\frac{q'\varrho'}{q_1\varrho_1}\right)^2\right]}, \\ M &= \varrho' q' G = \varrho_0 q' G \frac{p'}{76}\,\frac{1}{1+\alpha\Theta}. \end{aligned}\right\} \tag{ain}$$

c) Für rasches Ausströmen, so daß die Temperatur sich nicht ausgleichen kann ($\varkappa$ Verhältnis der spezifischen Wärmen, vgl. **134**):

$$G = \sqrt{\frac{2\varkappa p_1^{1/\varkappa}\left[p_1^{(\varkappa-1)/\varkappa} - p'^{(\varkappa-1)/\varkappa}\right]}{(\varkappa - 1)\varrho_1\left[1 - \left(\frac{q'}{q_1}\right)^2\left(\frac{p'}{p_1}\right)^{2/\varkappa}\right]}} \tag{aio}$$

und speziell ins Vakuum

$$G = \sqrt{\frac{2\varkappa p_1}{(\varkappa - 1)\varrho_1}}. \tag{aip}$$

d) In diesen Formeln bleibt die Frage nach dem Werte von p' (Druck im kontrahierten Querschnitt) offen; daß er nicht, wie man früher meinte, allgemein mit p_2 identisch ist, ergiebt sich verschiedentlich; gelöst wurde die Frage erst durch den Satz von HUGONIOT (1886): Wenn beim stationären Ausströmen $p_2 > \beta p_1$ ist ($\beta = 0{,}607$ für sehr langsames, $\beta = 0{,}522$ für sehr rasches Ausströmen, sonst zwischen beiden Werten gelegen), so ist $p' = p_2$; wenn dagegen $p_2 < \beta p_1$ ist, so ist $p' = \beta p_1$; beim variablen Ausfluß gilt der eine Wert, solange die erste, der andere vom Momente an, wo die andere Bedingung erfüllt ist. Mit anderen Worten: Die Ausflußgeschwindigkeit wächst mit dem Überdruck, aber nur wenn, resp. solange das Verhältnis beider Drucke nicht verschiedener als etwa 2 : 1 ist; andernfalls resp. von da ab bleibt sie konstant.

85.* Reibungsgesetze.** Bewegungsgleichungen einer reibenden Flüssigkeit, vgl. ***79 (η Reibungskoeffizient, vgl. **94**):

$$\left.\begin{aligned} \varrho \frac{du}{dt} &= \varrho X - \frac{\partial p}{\partial x} + \eta \Delta u, \\ \varrho \frac{dv}{dt} &= \varrho Y - \frac{\partial p}{\partial y} + \eta \Delta v, \\ \varrho \frac{dw}{dt} &= \varrho Z - \frac{\partial p}{\partial z} + \eta \Delta w; \end{aligned}\right\} \qquad \text{(aiq)}$$

die Kontinuitätsgleichung bleibt ungeändert. Dazu kommen Grenzbedingungen, die auch von der äußeren Reibung (**95**) abhängen. Einige der wichtigeren Bewegungserscheinungen mit Reibung und bezüglichen Gesetze sind folgende:

a) Gauß-Weber'sches Dämpfungsgesetz: Wenn ein aufgehängter Körper unter Einfluß der Reibung Schwingungen ausführt, so nimmt die Amplitude derart ab, daß das Verhältnis zweier aufeinander folgender Amplituden, also auch das logarithmische Dekrement (**35**) konstant ist.

(1) Das Gesetz gilt nur bis zu einer gewissen Größe der Amplitude, bei größeren nimmt das Dekrement allmählich ab. Nachwirkungsdeformationen bewirken, daß das anfänglich größere Dekrement erst mit der Zeit seinen wahren Wert annimmt (Akkomodation). Das Dekrement selbst hängt vom Stoff des Körpers, Fadens und Mediums, Länge und Dicke des Fadens, Größe und Gestalt des Körpers, Temperatur und von der Schwingungsart (drehende, pendelnde u. s. w.) ab.

b) Poiseuille'sches Gesetz (1842) für die Strömung von Flüssigkeiten durch enge Röhren: Die Ausflußgeschwindigkeit, d. h. das in der Zeiteinheit ausfließende Volumen einer zähen Flüssigkeit aus einer Kapillarröhre, an deren Wand sie haftet, ist mit dem Druck und der

4. Potenz des Radius direkt, mit der Länge und dem Reibungskoeffizienten umgekehrt proportional:

$$V = \frac{\pi}{8} \frac{p r^4}{\eta l}. \qquad \text{(air)}$$

Findet Gleitung an der Wand statt, so ist (γ Gleitungskoeffizient) an Stelle von r^4 zu setzen: $r^4 + 4\gamma r^3$.

(1) Bei weiteren, aber entsprechend langen Röhren läßt sich die Formel von O. E. Meyer (1874) anwenden (T Ausflußzeit der Volumeneinheit, $A\,B\,C$ Konstanten):

$$T = \frac{A}{\sqrt{p}} + B\frac{l}{p} + C\frac{l^2}{p^2}, \qquad \text{(ais)}$$

wo das erste Glied den idealen, das zweite den Reibungsteil, das dritte einen neuen empirischen Teil darstellt.

c) Für die Geschwindigkeit in Flüssen und offenen Kanälen sind zahlreiche Formeln in Gebrauch, die üblichsten sind folgende (F Querprofil, b Spiegelbreite, u benetzter Umfang, J relatives Gefälle):

$$G = c\sqrt{\frac{F}{u} J}\ (\text{Eytelwein}), \quad G = c\sqrt{\frac{F}{u+b}}\sqrt{J}\ (\text{Humphreys}), \quad \text{(ait)(aiu)}$$

$$G = c\sqrt{\frac{F}{u}\sqrt[3]{J}}\ (\text{Hagen}), \quad G = \sqrt{\frac{FJ}{\alpha u + \beta \frac{u^2}{F}}}\ (\text{Bazin}). \quad \text{(aiv) (aiw)}$$

(1) Unter G ist hier überall die mittlere Geschwindigkeit verstanden; die der einzelnen Stromfäden ist verschieden und nimmt von der Mitte nach den Seiten, sowie von der Oberfläche nach unten zu ab, jedoch liegt das Maximum der Geschwindigkeit etwas unter der Oberfläche. Die in einem Querschnitt verlaufenden Linien gleicher Geschwindigkeit heißen Isotachen, der Querschnitt selbst baucht sich beim Strömen nach vorne aus.

(2) In Röhren und Flüssen von veränderlichem Querschnitt werden die Erscheinungen viel komplizierter, da hier seitliche Geschwindigkeitskomponenten und unter Umständen Wirbel auftreten (Stefan 1859); bei großer Strömungsgeschwindigkeit kann ferner die Erscheinung den Charakter einer Wellenbewegung annehmen (Reynolds).

d) Eine Wirkung der Reibung der strömenden Luft (Winde) an der Meeresoberfläche sind die Meeresströmungen (Zöppritz 1878).

e) Das Strömen der Gase durch enge Röhren (Transpiration) folgt im wesentlichen dem Poiseuille'schen Gesetz (**85b**), nur kommen hier der innere p_1, der äußere p_2 und derjenige Druck p in Betracht, bei welchem das Ausflußvolumen V gemessen wird, es ist also:

$$V = \frac{\pi}{8} \frac{r^4}{\eta l} \frac{p_1^2 - p_2^2}{.p}. \qquad \text{(aix)}$$

(1) Das Strömen eines Gases durch ein weites Rohr wird häufig durch den sog. Druckverlust δ charakterisiert, es wird alsdann (d Röhrenweite):

$$\delta = \varepsilon \varrho \frac{l}{d} \frac{G^2}{2}, \qquad G = \sqrt{2 \frac{p}{\varrho} \frac{d}{d + \delta l}}, \qquad \text{(aiy)}$$

der Koeffizient ε ist für Glasröhren etwa 0,022, für Metallröhren 0,024 u. s. w.

176. Diffusion heißt das ohne Einwirkung äußerer Kräfte erfolgende Eindringen zweier Körper ineinander, bis jeder von beiden für sich genommen gleichförmig verteilt ist. Die Körper können fest, flüssig oder gasförmig sein, jedoch beschränkt man den Ausdruck meist auf den Fall, daß beide Körper flüssig oder beide gasförmig sind, während man für andere Vorgänge besondere Bezeichnungen benutzt (vgl. Lösung, Legierung, Absorption u. s. w.). Berühren sich die beiden Körper direkt, so spricht man von freier Diffusion, andernfalls von Diffusion durch Scheidewände oder Osmose. Der die Stärke der Diffusion bestimmende Zahlenfaktor heißt Diffusionskoeffizient (genaueres s. u.).

(1) Die Osmose und ihre Gesetze sind bereits früher (**87** u. ***26***) behandelt worden.

***86*. Diffusionsgesetze.** a) Flüssigkeiten (Graham 1850, Theorie von Fick 1855, Molekulartheorie von Nernst 1887). Grundgleichung (c Konzentration, k Diffusionskoeffizient):

$$\frac{\partial c}{\partial t} = k \frac{\partial^2 c}{\partial x^2}, \qquad [k] = l^2 t^{-1}; \qquad \text{(aiz) (FH)}$$

hieraus folgt für den stationären Zustand: die Konzentration ist mit der Entfernung von der Anfangsschicht proportional; für den nicht stationären Zustand erhält man c durch komplizierte Formeln (Stefan). Für den stationären Zustand folgt ferner das Fick'sche Gesetz: bei der freien Diffusion einer Salzlösung in Wasser ist die pro Zeiteinheit durch den Querschnitt hindurchgehende Salzmenge proportional mit dem Querschnitt und dem Konzentrationsgefälle (Konzentrationsdifferenz pro Längeneinheit); Formel:

$$m = k \frac{c' - c}{l} q. \qquad \text{(aka)}$$

Hieraus ergiebt sich folgende Bedeutung von k: Diffusionskoeffizient ist die bei der Einheit des Konzentrationsgefälles in der Zeiteinheit durch die Querschnittseinheit wandernde Stoffmenge; als Zeiteinheit dient wegen der Langsamkeit des Prozesses gewöhnlich die Stunde, zur Reduktion auf absolutes Maaß muß man also mit 3600 dividieren.

(1) Einige Werte von k für wässerige Lösungen gegen Wasser (in absolutem Maaße):

Kochsalz	(10° C.)	105×10^{-7}
Salzsäure	(11° „)	266 „
Zinkvitriol	(18° „)	27 „
Rohrzucker		35 „
Eiweiß		5 „
Caramell		3 „

(ln)

Kochsalz b. versch. Temperaturen			
0°	10°	17½°	49°
k = 75	105	128	290

(lo)

Zinkvitriol zwischen 0° und 45°

$$k = 13{,}7\,(1 + 0{,}0557\,\Theta). \qquad \text{(lp)}$$

(2) Für die meisten Flüssigkeiten, besonders für solche, die sich in beliebigem Verhältnisse mischen, gelten obige Gesetze nur annähernd.

(3) Stoffe mit rascher Diffusion heißen Krystalloide, Stoffe mit langsamer Diffusion (unkrystallisierbar, im Lösungsmittel anschwellend, z. B. Eiweiß), Colloide (Graham). Die Trennung der einen von den anderen durch Diffusion heißt Dialyse.

b) Gase (Berthollet 1807, Graham 1829, Loschmidt 1870; Theorie von Clausius 1858, Maxwell 1864, Stefan 1871). Das Grundgesetz ist analog dem obigen, nur muß statt der Konzentration der Druck jedes für sich genommenen Gases gesetzt werden; angenäherte Gleichung:

$$\frac{\partial p}{\partial t} = k\,\frac{\partial^2 p}{\partial x^2}, \qquad \text{(akb)}$$

genauer, da k von x abhängt:

$$\frac{\partial p}{\partial t} = \frac{\partial}{\partial x}\left(k\,\frac{\partial p}{\partial x}\right).$$

Der Diffusionskoeffizient der Gase ist umgekehrt proportional dem Gesamtdruck und direkt proportional der nahezu zweiten Potenz der absoluten Temperatur:

$$k = k_0\,\frac{76}{P}\left(\frac{T}{T_0}\right)^2 = k_0\,\frac{76}{P}\,(1 + 0{,}00367\,\Theta)^2. \qquad \text{(akc)}$$

(1) Nach der Molekulartheorie ist die Diffusion auf die Weglänge der Molekeln (**101**) und damit auf die Reibung (**94**) zurückzuführen; die Übereinstimmung mit der Beobachtung ist befriedigend. Dagegen ergiebt sich k proportional mit $\mathfrak{G}^3$ ($\mathfrak{G}$ Mol.-Geschw.), also mit $T^{3/2}$ oder mit $(1 + 0{,}00367\,\Theta)^{3/2}$, während der Exponent in Wahrheit

etwa 2 ist, eine Differenz, die auf die Änderung der Wirkungssphäre der Molekeln (**101**) mit der Temperatur geschoben wird.

c) Nicht eigentlich hierher gehörig ist die Diffusion der Gase durch poröse Körper, da zu ihrem Eintritt eine äußere Druckdifferenz erforderlich ist. Die Geschwindigkeit dieser Diffusion ist mit der Druckdifferenz direkt und mit der Quadratwurzel aus der Gasdichte umgekehrt proportional (Graham). Die Zahlenwerte sind jedoch sehr unsicher und hängen stark von der Temperatur ab.

(1) Die Methode, auf diesem Wege die verschieden dichten Bestandteile von Gasgemischen voneinander zu trennen, heißt Atmolyse (Graham).

(2) Elektrische Endosmose (Reuss 1807, G. Wiedemann 1852) heißt die Überführung von Flüssigkeiten durch poröse Körper hindurch vermöge eines elektrischen Stromes. Die übergeführte Menge ist mit der Stromstärke proportional, von der Oberfläche und Dicke des Körpers aber unabhängig. Die meisten Flüssigkeiten wandern in der positiven, einige in der negativen Stromrichtung. Nahe verwandt hiermit ist die Erscheinung, daß suspendierte Teilchen durch den Strom eine Eigenbewegung erhalten.

Dritter Abschnitt: Schall.

177. Tonschwingungen. Hinsichtlich der Tonschwingungen (vgl. **126** und **175**) hat man zu unterscheiden:

a) Stehende und fortschreitende Schwingungen, jene als Tonerreger, diese als Tonübertrager (**126**).

b) Longitudinale, transversale und Torsionstöne, letztere von untergeordneter Bedeutung.

c) Töne fester oder gasförmiger Körper (die flüssigen Körper kommen als Erreger so gut wie gar nicht, als Übertrager in seltenen Fällen vor).

d) Töne, deren Erreger eine, zwei oder drei ausgebildete Dimensionen haben; als linear sind die Saiten, Stäbe, Stimmgabeln und gewöhnlichen Pfeifen, als flächenhaft die Membranen, Platten und Glocken, als körperlich u. a. die kubischen Pfeifen anzusehen. Die ein- und zweidimensionalen Erreger können wiederum gerade (eben) oder gekrümmt sein, zu jenen gehören Saiten, Stäbe und ebene Platten, zu diesen u. a. Stimmgabeln, Trommelfell und Glocken.

e) Töne von Körpern ohne oder mit eigener Steifigkeit (d. h. im wesentlichen Widerstand gegen Biegung); jene wie die Saiten und Membranen geben nur im gespannten, diese, wie die Stäbe, Gabeln, Platten und Glocken, schon im natürlichen Zustande Töne.

f) Töne von Erregern mit festen oder freien Enden; Körper ohne Steifigkeit müssen feste Enden, andere feste Körper können feste oder freie Enden haben, bei den Pfeifen dient das eine Ende gewöhnlich zur Erregung, das andere kann fest oder frei sein: gedeckte und offene Pfeiffen.

g) Töne verschiedener Erregungsart: Stöße (Sirene), Zupfen oder Reißen, Schlagen oder Hämmern, Streichen, Anblasen, elektromagnetische Erregung, Mitschwingen oder Resonanz.

***87.* Longitudinaltöne von Saiten oder Stäben mit festen Enden.** Grundgleichung (u Längsverschiebung eines Teilchens, E Dehnungsmodul, ϱ Dichte, $a = \sqrt{E/\varrho}$):

$$\frac{\partial^2 u}{\partial t^2} = \frac{E}{\varrho}\frac{\partial^2 u}{\partial x^2} = a^2 \frac{\partial^2 u}{\partial x^2}; \tag{akd}$$

Lösung (i die Reihe der ganzen Zahlen, A und B Amplituden):

$$u = \sum_{i=1}^{i=\infty} \sin\frac{i\pi x}{l}\left(A_i \sin\frac{i\pi a t}{l} + B_i \cos\frac{i\pi a t}{l}\right) \tag{ake}$$

oder auch (f irgend eine Funktion):

$$u = f(x + at) + f(x - at). \tag{akf}$$

Beide Ausdrücke sind nach dem Fourier'schen Satze (*6*) äquivalent und stellen einen aus Grundton ($i = 1$) und harmonischen Obertönen zusammengesetzten Ton dar (vgl. **129**). Die Schwingungszahl dieser Töne ist mit der Wurzel des Verhältnisses von Dehnungsmodul und Dichte direkt, mit der Saiten- oder Stablänge umgekehrt proportional (T Schwingungsdauer, n Schwingungszahl):

$$T_i = \frac{2l}{i}\sqrt{\frac{\varrho}{E}}, \qquad n_i = \frac{i}{2l}\sqrt{\frac{E}{\varrho}}, \tag{akg}$$

(E absolut; wenn praktisch gemessen, kommt noch ein Faktor hinzu, vgl. *22* a).

(1) Für Längstöne verhalten sich Saiten und Stäbe ganz gleich, da Dicke und Steifigkeit nicht in Betracht kommen.

(2) Längstöne sind im allgemeinen sehr hoch (z. B. der Grundton eines Stahlstabes von 100 cm $n_1 = 2650$; für $l = 10$ cm kommt man schon an die obere Hörgrenze; um das Normal-a_1 zu erhalten (**127** (6)), muß man schon $l = 610$ cm nehmen; ganz ähnlich bei Glasstäben.

(3) Beim Grundton sind nur die Enden Knoten, dagegen werden beim i-ten Partialton durch $i - 1$ innere Knoten i Teile gebildet.

(4) Die Klangfarbe, d. h. die Stärke der einzelnen Partialtöne (die A und B in Gl. ake) hängt vom Material und der Art der Erregung ab.

(5) Ist bei einem Stabe ein Ende frei, so wird

$$n_i = \frac{2i-1}{4l}\sqrt{\frac{E}{\varrho}}, \qquad \text{(akh)}$$

der Grundton ist also eine Oktave tiefer, und es sind nur die ungeraden Partialtöne vorhanden (1, 3, 5 ..., hiermit verglichen die des beiderseits festen Stabes 2, 4, 6 ...).

***88.* Transversaltöne der Saiten** (TAYLOR 1715, D'ALEMBERT 1745). Grundgleichung (v Querverschiebung, S Spannung pro Querschnittseinheit, $a = \sqrt{S/\varrho}$):

$$\frac{\partial^2 v}{\partial t^2} = \frac{S}{\varrho}\frac{\partial^2 v}{\partial x^2} = a^2 \frac{\partial^2 v}{\partial x^2}; \qquad \text{(aki)}$$

v genau wie oben u (Gl. ake, akf); ferner

$$T_i = \frac{2l}{i}\sqrt{\frac{\varrho}{S}} \qquad n_i = \frac{i}{2l}\sqrt{\frac{S}{\varrho}} = \frac{i}{2l}\sqrt{\frac{P}{\varrho'}}, \qquad \text{(akk)}$$

(P spannendes Gewicht, ϱ' Gewicht der Längeneinheit der Saite, vgl. **65** (2)). In Worten: die Schwingungszahl ist mit der Quadratwurzel aus dem Verhältnis von Spannung und Dichte direkt, mit der Länge umgekehrt proportional.

(1) Um den Grundton n_1 zu erhalten, muß man mit dem Gewicht $P = 4l^2\varrho' n_1^2$ spannen, z. B. für die a_1-Saite der Geige ($l = 33$, $\varrho' = 0{,}0067$, $n_1 = 435$) mit 5,55 Megadynen oder 5,65 kg*.

(2) Die Partialtöne bilden die volle harmonische Reihe (wenn man nicht künstlich durch Anschlag von Knoten oder Festhalten von Bäuchen einzelne ausschließt); Transversaltöne sind nur bei Saiten (bei keinem anderen Körper) harmonisch, und auch hier bringt in Wahrheit die Steifigkeit Abweichungen hervor, bei Darmsaiten sehr kleine, bei Stahlsaiten größere, z. B. für $l = 90$, d (Dicke) $= 0{,}041$:

n_1	n_2	n_3	n_4	n_5
76	154	232	316	400
Harmoniefehler	1%	2%	4%	5%

(Ɩq)

(3) Flageolettöne entstehen durch lose Berührung eines Saitenpunktes, ihre Höhe bestimmt sich durch die größte in beiden Teilstrecken ganzzahlig enthaltene Länge, sie sind also ebenso hoch oder höher als die festen Töne.

(4) Mit wachsender Temperatur nimmt die Tonhöhe meist ab (bei besponnenen Saiten zu).

(5) Wirkt eine Transversalkraft (gestrichene oder elektromagnetisch erregte Saite), so ist diese zu $\partial^2 v/\partial t^2$ hinzuzufügen.

(6) Der Klang der Saitentöne (d. h. die Werte der A und B) hängt vom Material, der Dicke, der Erregungsart und -stelle und der Natur des erregenden Körpers ab. Satz von STOKES (1849): Die Amplitude der Partialtöne nimmt mit ihrer Ordnungszahl desto stärker ab, je geringer die durch die Erregung erzeugte Diskontinuität ist; beim Schlagen mit einem ganz spitzen harten Hammer ist $A_i = 1/i$, beim Zupfen mit einem ganz spitzen Stift $A_i = 1/i^2$ u. s. w.; geschlagene Saiten klingen also schärfer als gezupfte, mit hartem spitzem Körper erregte schärfer als mit rundem weichem; übrigens gilt das Stokes'sche Gesetz nur für die höheren Obertöne. Besonders weich klingen die Flageolettöne.

89. **Transversaltöne von Stäben** (D. BERNOULLI, EULER u. A.). Gleichung ($\varkappa$ Trägheitsradius des Querschnittes, $a = \varkappa\sqrt{E/\varrho}$):

$$\frac{\partial^2 v}{\partial t^2} = -\frac{E}{\varrho}\varkappa^2\frac{\partial^4 v}{\partial x^4} = -a^2\frac{\partial^4 v}{\partial x^4}, \tag{akl}$$

$$T_i = \frac{2\pi l^2}{p_i^2\varkappa}\sqrt{\frac{\varrho}{E}} \qquad n_i = \frac{p_i^2\varkappa}{2\pi l^2}\sqrt{\frac{E}{\varrho}}, \tag{akm}$$

wo p_i die i. Wurzel der Gleichung

$$\cos p = \pm\frac{2}{e^p + e^{-p}} \tag{akn}$$

ist (+ für 2 freie oder feste Enden, — für 1 freies und 1 festes). Es findet sich:

für zwei freie oder feste Enden:

$$p_1 = 4{,}73, \quad p_2 = 7{,}85\ldots, \quad p_i = \frac{2i+1}{2}\pi, \tag{ℓr}$$

für ein freies, ein festes Ende

$$p_1 = 1{,}88, \quad p_2 = 4{,}69, \quad p_3 = 7{,}85\ldots, \quad p_i = \frac{2i-1}{2}\pi. \tag{ℓf}$$

Die Schwingungszahl der Quertöne eines Stabes ist hiernach mit dem Quadrat der Länge umgekehrt proportional, der Grundton ist bei dem frei-festen etwa $2^1/_2$ Oktaven tiefer als bei dem fest-festen oder frei-freien (vgl. ***87*** (5)); die Obertöne sind unharmonisch, ihre Schwingungszahlen verhalten sich vom dritten an etwa wie die Quadrate der ungeraden Zahlen.

(1) Bei zwei freien oder festen Enden ist der erste Oberton vom Grundton eine Undezime, der 2. vom 1. eine Oktave u. s. w. entfernt, bei einem freien und einem festen Ende sind diese Intervalle $2^1/_2$ Oktaven, Undezime u. s. w.

(2) Ist ein Ende lose aufgelegt, so ist $p_1 = 3{,}93$, allgemein $p_i = \frac{4i+1}{4}\pi$, sind es beide, $p_1 = 3{,}15$ und $p_i = i\pi$.

(3) Für **kreisförmigen Querschnitt** (d Dicke) ist $\varkappa = \frac{d}{4} = 0{,}25\,d$, für rechteckigen ($d$ Dicke, Breite gleichgültig) $\varkappa = d/(2\sqrt{3}) = 0{,}29 d$, der rechteckige Stab giebt also einen etwas höheren Ton als der runde.

(4) Beispiel: Stahl- oder Glasstab, Kreisquerschnitt, freie oder feste Enden, $l = 100$, $d = 1$: $n_1 = 47$, $n_2 = 132$, $n_3 = 259$ u. s. w. Zur Erzielung des Normal-a_1 muß ein Stahlstab folgende zusammengehörige Werte haben:

$$\left.\begin{array}{llll} l = 10{,}4 & 25{,}5 & 33 & 73\text{ cm} \\ d = \ \ 0{,}1 & 0{,}5 & 1 & 5\text{ cm} \end{array}\right\} \qquad (\text{lt})$$

(je dicker, desto gedrungener). Seine Obertöne sind dann d_3 bis dis_3 ($n = 1198$), d_4 (2350) u. s. w.

(5) **Vergleichung der Längs- und Quertöne desselben Stabes** (N und n, Kreisquerschnitt, feste Enden), angenähert:

$$\frac{N_i}{n_i} = \frac{16}{\pi} \frac{i}{(2i+1)^2} \frac{l}{d}, \quad \text{speziell } \frac{N_1}{n_1} = 0{,}56 \frac{l}{d}, \qquad (\text{ako})$$

für $l = 100\,d$ ist z. B. der Längston fast 6 Oktaven höher als der Querton, für $l = 14d$ 3 Oktaven, für $l = 7d$ 2 Oktaven.

(6) Auch die **Knotenpunkte** teilen hier den Stab in ungleiche Teile, und zwar ($l = 1000$):

frei-frei	fest-frei	
Grundton 224—552—224	Grundton 1000	
1. Oberton 132—368—368—132	1. Oberton 776—224	(lu)
2. Oberton 94—264—284—264—94	2. Oberton 500—368—132	
3. Oberton 73—206—221— u. s. w.	3. Oberton 358—284—264—94	

90. **Torsionstöne von Saiten oder Stäben** (ω Torsionswinkel, k_2 Torsionsmodul, vgl. ***65*** (6)).

$$\frac{\partial^2 w}{\partial t^2} = \frac{k_2}{\varrho} \frac{\partial^2 w}{\partial x^2} = a^2 \frac{\partial^2 w}{\partial x^2}. \qquad (\text{akp})$$

$$\text{Fest-fest oder frei-frei:} \quad T_i = \frac{2l}{i}\sqrt{\frac{\varrho}{k_2}}, \qquad n_i = \frac{i}{2l}\sqrt{\frac{k_2}{\varrho}} \qquad (\text{akq})$$

$$\text{frei-fest:} \quad T_i = \frac{4l}{2i-1}\sqrt{\frac{\varrho}{k_2}}, \quad n_i = \frac{2i-1}{4l}\sqrt{\frac{k_2}{\varrho}}. \qquad (\text{akr})$$

Abgesehen davon, daß k_2 an Stelle von E tritt, sind hiernach die Torsionstöne mit den Longitudinaltönen (***87***) übereinstimmend, sie sind also im Verhältnis $\sqrt{k_2} : \sqrt{E}$, also (**78** (4)) $1 : \sqrt{2(1+\mu)}$ tiefer, z. B. für

$\mu = 0,15$	0,2	0,3	0,4	0,5
Quint	erh. Quint	kl. Sext	gr. Sext	erh. Sext

(Iv)

Ist der Querschnitt nicht, wie oben angenommen, kreisförmig, sondern quadratisch, so ist k_2 durch 0,843 k_2 zu ersetzen, der Ton also etwas tiefer; ähnlich für andere Querschnitte.

Für einen an einem leichten Faden oder Draht hängenden schweren Körper (M Trägheitsmoment des Körpers, r Radius, l Länge des Drahtes):

$$T = \frac{1}{r^2}\sqrt{\frac{8\pi l M}{k_2}}, \quad \text{umgekehrt } k_2 = \frac{8\pi l M}{r^4 T^2}; \tag{aks}$$

soll k_2 in praktischem Maaße erhalten werden, so ist mit 98100000 oder, wenn man r und l in mm und M in kg × qmm mißt, mit 9810 zu dividieren.

(1) Der letztere, für die Elastizitätslehre wichtige Fall ist nicht akustischen Charakters, die Schwingungen erfolgen langsam.

***91.* Querschwingungen von Stimmgabeln.** Eine Stimmgabel giebt im Vergleich mit dem geraden frei-freien Stabe einen desto tieferen Ton, je mehr die Zinken sich dem Parallelismus nähern, im Grenzfalle bis zu einer Sext tiefer. Die Schwingungszahlen der beiden ersten Partialtöne verhalten sich etwa wie 1 : 6, d. h. der 1. Oberton ist $2^1/_2$ Oktaven höher als der Grundton, z. B. für die a_1-Gabel etwa e_4; der Ton der Stimmgabel ist daher, zumal da die Obertöne schwach sind, ein fast einfacher Klang (**129** (2)).

(1) Die Dämpfung der Stimmgabel-Schwingungen weicht vom Gesetz des konstanten Dämpfungsverhältnisses (*85* a) etwas ab, es ist nämlich die Amplitude

$$A = A_0 e^{-\alpha t^\varepsilon} \tag{akt}$$

und hierin ε nicht gleich 1, sondern etwa 0,9; das logarithmische Dekrement selbst ist unter gewöhnlichen Umständen sehr klein (Größenordnung 0,0001 bis 0,01), kann aber unter besonderen Umständen groß werden (z. B. bei einer in Wasser oder gar in Quecksilber erregten Gabel).

(2) Mit wachsender Temperatur nimmt die Schwingungszahl einer Stimmgabel etwa um $^1/_{10000}$ pro Grad ab.

(3) Untertöne heißen die zum Grundton nach der Tiefe zu harmonischen Töne, die man bei losem Aufsetzen einer tönenden Stimmgabel (oder eines anderen Erregers) erhält.

***92.* Querschwingungen von Membranen und Platten** (Poisson 1829, Kirchhoff 1850; ferner Clebsch, Bourget, Strehlke u. A.).

a) Quadratische, gleichförmig gespannte Membran (xy Koordinaten, w Querverschiebung, S Spannung)

$$\frac{\partial^2 w}{\partial t^2} = \frac{S}{\varrho}\left(\frac{\partial^2 w}{\partial x^2} + \frac{\partial^2 w}{\partial y^2}\right) = a^2\left(\frac{\partial^2 w}{\partial x^2} + \frac{\partial^2 w}{\partial y^2}\right). \tag{aku}$$

$$w = \sum (A_{ij} \sin k_{ij} t + B_{ij} \cos k_{ij} t) \sin \frac{i\pi x}{l} \sin \frac{j\pi y}{l}, \tag{akv}$$

wo $k = \frac{\pi a}{l}\sqrt{i^2+j^2}$ ist und i und j der Reihe nach alle ganzen Zahlen sind; endlich die Schwingungszahl

$$n_{ij} = \frac{1}{2l}\sqrt{\frac{S}{\varrho}}\sqrt{i^2+j^2}. \tag{akw}$$

Das Gesetz der Tonhöhen stimmt hiernach mit dem der Saiten überein, dagegen sind die Obertöne hier nur zum Teil harmonisch, nämlich (von einem Faktor abgesehen)

$$\sqrt{2},\ 2\sqrt{2} \ldots, \sqrt{5},\ 2\sqrt{5} \ldots, \sqrt{10} \ldots, \sqrt{13} \ldots \text{ u. s. w.,} \tag{lw}$$

oder umgerechnet und geordnet (Grundton = 1)

$$1{,}00 \quad 1{,}58 \quad 2{,}00 \quad 2{,}24 \quad 2{,}55 \quad 2{,}92 \quad 3{,}00 \quad 3{,}16 \quad 3{,}53 \ldots \tag{lw'}$$

b) Kreisförmige Membran ($r\ \varphi$ Koordinaten, d Durchmesser)

$$\frac{\partial^2 w}{\partial t^2} = a^2\left(\frac{\partial^2 w}{\partial r^2} + \frac{1}{r}\frac{\partial w}{\partial r} + \frac{1}{r^2}\frac{\partial^2 w}{\partial \varphi^2}\right). \tag{akx}$$

Grundton:

$$n_1 = 0{,}764\,\frac{a}{d}. \tag{aky}$$

Obertöne im Verhältnis zum Grundton:

$$1{,}00 \quad 1{,}59 \quad 2{,}14 \quad 2{,}30 \quad 2{,}65 \quad 2{,}92 \ldots \tag{lx}$$

c) Vergleichung der Grundtöne verschiedener Membranen von gleichem Flächeninhalt:

Kreis	Quadrat	Quadrant	Rechteck 3 : 2	
1,00	1,04	1,07	1,09	(ly)
Gleichseit. Dreieck	Halbkreis	Rechteck 2 : 1	Rechteck 3 : 1	
1,12	1,13	1,17	1,35,	

der Kreis giebt also unter allen den tiefsten Ton.

d) Platten (δ Dicke)

$$\frac{\partial^2 w}{\partial t^2} = \frac{E\delta^2}{12\varrho(1-\mu^2)}\left(\frac{\partial^4 w}{\partial x^4} + 2\frac{\partial^4 w}{\partial x^2 \partial y^2} + \frac{\partial^4 w}{\partial y^4}\right). \tag{akz}$$

Lösung meist sehr kompliziert, Grundton einer Kreisplatte (d Durchmesser):

$$n = \text{const}\,\frac{\delta}{d^2}\sqrt{\frac{E}{\varrho(1-\mu^2)}}. \tag{ala}$$

Die Obertöne liegen hier noch näher bei einander als bei Membranen, der Klang ist daher noch unreiner.

e) Noch komplizierter ist das Verhalten der Glocken, Ringe u. s. w., da die Schwingungen hier im allgemeinen nicht rein transversal sein können; indessen sind namentlich die Glocken den Platten gegenüber durch geringere Zahl und Stärke der unharmonischen Töne ausgezeichnet, so daß sie bessere Klänge geben; ungefähre Tonfolge:

$$1{,}0 \quad 2{,}25 \quad 4{,}0 \quad 6{,}25 \quad 9{,}0 \tag{𝔨𝔷}$$

f) Chladni'sche Klangfiguren (1787) heißen die durch leichte Pulver sichtbar gemachten Systeme der bei Membranen und Platten auftretenden Knotenlinien. Sie teilen die Fläche in Stücke, innerhalb deren sämtliche Teilchen gleichzeitig nach unten, gleichzeitig nach oben schwingen, während zwei Stücke zu beiden Seiten einer Knotenlinie gleichzeitig nach entgegengesetzten Seiten schwingen. Die Knotenlinien sind bei der quadratischen Membran teils gerade, den Kanten parallele Linien, teils Diagonalen, teils krumme Linien; bei der kreisförmigen Membran sind es Durchmesser und zum Rande konzentrische Kreise, ebenso bei kreisförmigen Platten; bei quadratischen Platten sind es sehr komplizierte und mannigfaltige Gebilde.

(1) Außer den Chladni'schen können auch noch andere Klangfiguren erzeugt werden, so in den Schwingungsbäuchen die Savart'schen oder Faraday'schen Wolken, ferner die Rippenfiguren, Strehlke'schen Tropfen, Kundt'schen Reflexfiguren u. s. w.

93. **Töne von Pfeifen** (Theorie v. Helmholtz 1859). a) Cylindrische Pfeifen (φ Geschwindigkeitspotential, vgl. ***79*** und **106**, p Druck, $\varkappa$ Verhältnis der spezifischen Wärmen, vgl. **134**, für Luft ist $\varkappa = 1{,}41$):

$$\frac{\partial^2 \varphi}{\partial t^2} = \sqrt{\varkappa \frac{p}{\varrho}}\, \frac{\partial^2 \varphi}{\partial x^2} = a^2 \frac{\partial^2 \varphi}{\partial x^2}, \tag{alb}$$

$$\varphi = f_1(x + a t) + f_2(x - a t), \tag{alc}$$

(f_1 und f_2 beliebige Funktionen), also die Längsverschiebung eines Teilchens

$$u = \frac{\partial \varphi}{\partial x} = f_1'(x + a t) + f_2'(x - a t). \tag{ald}$$

Am gedeckten Ende ist ein Knoten, also $u = 0$, am offenen Ende ist in erster Annäherung ein Bauch, in Wahrheit liegt der Bauch um $^3/_8$ bis $^2/_5$ des Pfeifendurchmessers außerhalb des Endes, man nennt die bis dahin gerechnete Länge die reduzierte Länge (l') der Pfeife und legt sie den Rechnungen zu Grunde (bei Pfeifen, die sich allmählich zu dem offenen Ende erweitern, ist keine Korrektion nötig). Schwingungszahl offen: $$n_i = \frac{i a}{2 l'} = \frac{i}{2 l'} \sqrt{\varkappa \frac{p}{\varrho}}, \tag{ale}$$

gedeckt: $$n_i = \frac{(2i-1)a}{4l} = \frac{2i-1}{4l} \sqrt{\varkappa \frac{p}{\varrho}}. \tag{alf}$$

Das Gesetz ist also ganz identisch mit dem längsschwingender Stäbe (*87*), nur tritt $\varkappa p$ (der Faktor $\varkappa$ wegen der Erwärmung und Abkühlung der Luft bei der Verdichtung und Verdünnung, vgl. *39*) für E ein. Gedeckte Pfeifen haben einen um 1 Oktave tieferen Grundton als gleich lange offene, ferner geben sie nur die ungraden Obertöne, offene dagegen alle; bei gleicher Pfeifenlänge hat man also folgende Töne:

$$\begin{array}{ll} \text{offen:} & 2\quad 4\quad 6\quad 8\ \ldots. \\ \text{gedeckt:} & 1\quad 3\quad 5\quad 7\ \ldots. \end{array} \tag{ma}$$

(1) Für Luft von 0° C. und 76 cm Druck hat man

$$\text{offen: } n_1 = \frac{16650}{l'}, \qquad \text{gedeckt: } n_1 = \frac{8325}{l}, \tag{mb}$$

z. B. erhält man das Normal-a_1 (theoretisch) durch eine offene Pfeife von 38 oder eine gedeckte von 19 cm, in Wahrheit sind die Zahlen wegen der Reibung u. s. w. etwas schwankend; übrigens ist die Abmessung der Pfeifen nach Fußen immer noch üblich (vgl. **127** (6)):

$$\begin{array}{llllll} 32 & 16 & 8 & 4 & 2\ \ldots. & \text{füßige (offene) Pfeife} \\ C_{-2} & C_{-1} & C & c & c_1\ \ldots. & \text{als Grundton.} \end{array} \tag{mc}$$

(2) Der Klang der Pfeifen hängt von vielen Umständen ab (Dicke, Wandmaterial, Querschnittsform u. s. w.).

(3) Bei konischen Pfeifen fallen, auch wenn sie offen sind, die geraden Partialtöne, besonders der zweite, fast fort („Quintaten").

(4) Kundtsche Staubfiguren (1866) sind die in tönenden Luftsäulen sich in den Knoten bildenden Ansammlungen leichten Pulvers.

b) Kubische Pfeifen (Helmholtz, Sondhaus). Grundton (V Volumen des Hohlraumes, F Fläche der Öffnung):

$$n = \frac{a}{\pi \sqrt[4]{\pi} \sqrt{2}} \frac{\sqrt[4]{F}}{\sqrt{V}}, \text{ also für Luft } n = 5400 \frac{\sqrt[4]{F}}{\sqrt{V}}; \tag{alg}$$

um z. B. das Normal-a_1 zu erhalten, muß man für $V = 150$ $F = 1$, für $V = 600$ $F = 16$ u. s. w. wählen.

c) Zungenpfeifen. Sie beruhen auf dem Zusammenwirken der festen Zungen und des luftförmigen Pfeifeninneren; die Gesetze ihrer Tonhöhe und ihres Klanges sind sehr kompliziert. Metallzungen geben schärferen Klang als membranöse, ferner geben „aufschlagende" den schärfsten, „einschlagende" mittleren, „durchschlagende" den weichsten Klang.

d) Eine besondere Art von Zungenpfeifen stellt das menschliche Stimmorgan dar. Der Tonhöhenbereich ist bei der männlichen Stimme im Maximum von D bis d_2, bei der weiblichen von d bis d_3. Der Klang ist außerordentlich mannigfaltig, er umfaßt die Vokale und Konsonanten. Erstere beruhen hier nicht bloß auf der Zahl und Stärke der Obertöne (*u* 0 bis 1, *o* 1 bis 2, *a* 3 bis 4, *e* und *i* viele Obertöne), sondern auch auf einem von der Singhöhe des Grundtones unabhängigen „charakteristischen Ton“, dessen Höhe für die verschiedenen Vokale jedoch einigermaaßen unsicher ist.

178. Schallgeschwindigkeit; Schallstrahlung. Die in den obigen Gleichungen, soweit sie 2. Ordnung sind, vorkommende Größe a ist die Fortpflanzungsgeschwindigkeit von Schwingungen der betr. Art in Körpern von der betr. Art. Ihr Wert in den verschiedenen Fällen ist aus nachfolgender Zusammenstellung ersichtlich; wo die Gleichung höherer Ordnung ist, giebt es eine einfache Fortpflanzungsgeschwindigkeit überhaupt nicht (wegen k_2 vgl. **76**, wegen E und μ vgl. **77**, wegen C vgl. **78** (3), ϱ_0 Dichte bei 0°, p Druck, S Spannung, α Ausdehnungskoeffizient, vgl. ***24b***, wegen $\varkappa$ vgl. **134** und ***39***):

1) festes, breites Medium: a (long.) $= \sqrt{\frac{1-\mu}{1-\mu-2\mu^2}\,\frac{E}{\varrho}}$, (alh)

2) „ „ „ : a (transv.) $= \sqrt{\frac{E}{2(1+\mu)\varrho}} = \sqrt{\frac{k_2}{\varrho}}$, (ali)

3) „ , stabförm. „ : a (long.) $= \sqrt{\frac{E}{\varrho}}$, (alk)

4) „ „ „ : a (transv.) nicht vorhanden.

5) „ „ „ : a (tors.) $= \sqrt{\frac{E}{2(1+\mu)\varrho}} = \sqrt{\frac{k_2}{\varrho}}$, (all)

6) „ , saitenartiges „ : a (transv.) $= \sqrt{\frac{S}{\varrho}}$, (alm)

7) flüssiges Medium: a (long.) $= \sqrt{\frac{1}{C\varrho}}$, (aln)

8) „ „ : a (transv.) $= 0$,

9) gasförmiges Medium: a (long.) $= \sqrt{\frac{p}{\varrho_0}\varkappa(1+\alpha\Theta)}$, (alo)

10) „ „ : a (transv.) $= 0$.

Dimension: $[a] = lt^{-1}$. (FJ)

Jede dieser Größen ist eine Art von Schallgeschwindigkeit, die wichtigste ist 9), weil sie die Schallgeschwindigkeit in Luft darstellt (von Newton ohne den Faktor $\varkappa$, von Laplace 1800 richtig berechnet; seit 1738 häufig beobachtet). Diese ist hiernach, da p und ϱ_0 sich proportional ändern, vom Drucke unabhängig, wächst dagegen mit der Temperatur, und zwar pro Grad um 0,183%; außerdem wird sie durch Wind und Feuchtigkeit beeinflußt. In verschiedenen Gasen ist sie mit der Wurzel aus der Dichte umgekehrt proportional. Von Stärke, Höhe und Klang des Schalles hängt sie entweder gar nicht oder sehr unbedeutend ab.

In Flüssigkeiten und Gasen pflanzen sich Transversalschwingungen überhaupt nicht fort, in Stäben nicht derart, daß in gleichen Zeiten gleiche Strecken zurückgelegt werden.

Längsschwingungen pflanzen sich in Stäben etwas langsamer als in stofflich gleichen ausgedehnten Massen fort (für $\mu = 0{,}25$ im Verhältnis 9 : 10); ebenso in Luftröhren langsamer als in freier Luft (Durchmesser $d = 1{,}3$ cm : 1%, $d = 0{,}65$ cm : 2%, $d = 0{,}35$ cm : 6% langsamer).

Bewegt sich der Schallträger (z. B. ein Geschoß) selbst fort, so nimmt er, solange seine Geschwindigkeit größer als die des Schalles ist, diesen mit, bleibt aber von da an hinter dem Schall zurück.

(1) Einige Schallgeschwindigkeiten (Longitudinalwellen, Gase und Flüssigkeiten frei, feste Körper stabförmig; Zahlen in m, während a oben natürlich überall cm bedeutet):

Luft, trocken:	$332 + 0{,}60\,\Theta$,	(mb)
„ von mittlerer Feuchtigkeit:	$332 + 0{,}65\,\Theta$,	
„ von 15° und mittlerer Feuchtigkeit:	342	

Luft vom Druck b (Barometer) und Dampfdruck β:

$$332\sqrt{\frac{760}{b - 0{,}38\,\beta}(1 + 0{,}00367\,\Theta)}. \qquad \text{(me)}$$

Sauerstoff	316	Holz (‖ Faser)		Kupfer	3700	(mf)
Wasserstoff	1265		3500—5500	Blei	1300	
Kohlensäure	260	Glas	3000—5500			
Wasser (7°)	1437	Stahl	5300			

(2) Reflexion und Brechung des Schalles folgen den bez. allgemeinen Gesetzen (47); d. h. Einfalls- und Reflexionswinkel sind gleich, und der Brechungsexponent, d. h. das Verhältnis der Sinus des Einfalls- und Brechungswinkels ist konstant, nämlich gleich dem Verhältnis der Schallgeschwindigkeiten im ersten und zweiten Medium. Einige Werte anderer Stoffe gegen Luft:

Wasserstoff	0,26	Wasser	0,19	(mg)
Leuchtgas	0,74	Gesättigte Kochsalzlösung	0,23	
Kohlensäure	1,30			

(3) Der reflektierte Schall heißt Nachhall oder, wenn er von jenem zeitlich vollständig getrennt ist, Echo, und zwar ein-, zwei-, mehrsilbiges Echo, je nachdem der erzeugende Schall ein-, zwei-, mehrsilbig sein darf, ohne daß das Echo mit ihm verschwimmt; bei mehrfacher Reflexion erhält man ein mehrfaches Echo, das, wenn es vielfach ist und seine Glieder sich rasch folgen, zu einem rollenden oder tönenden Echo wird. Der Donner ist entweder eine Folge direkter Schalle oder ein rollendes Echo; ferner gehören hierher die Flüstergalerien u. s. w. Die Entfernung zwischen Schall und reflektierender Wand muß ungefähr $l = 20n$ (in Metern) sein, damit ein n-silbiges Echo zu stande komme.

(4) Akustik der Gebäude heißt die Art und Weise, wie sich in ihnen der Schall direkten und reflektierten Ursprunges ausbreitet; die Akustik ist gut, wenn die in einem Punkte des Raumes zusammentreffenden Schallwirkungen auch zeitlich zusammenfallen und an allen Stellen des Raumes nahezu gleich stark sind. Die Lösung des Problems ist bisher nur in einfachen Fällen annähernd gelungen.

(5) Doppler'scher Satz (1842). Bewegt sich ein Schallträger in einem Medium von der Schallgeschwindigkeit a mit der Geschwindigkeit b auf den Hörer zu oder von ihm fort, so erscheint der Ton n_0 erhöht oder vertieft, und zwar ist

$$\text{bei Annäherung } n = \frac{a}{a-b} n_0, \text{ bei Entfernung } n = \frac{a}{a+b} n_0; \quad \text{(alp)}$$

die Tonerhöhung beträgt in Luft bei $b = 21$ (m) einen Halbton, bei $b = 37$ einen Ganzton; die Tonerniedrigung ebensoviel bei $b = 22$ resp. 41; bewegen sich Tonträger und Hörer entgegengesetzt, so summieren sich beide Bewegungen, es sinkt der Ton bei $b = 20$ um einen ganzen Ton, bei $c = 40$ um eine große Terz.

(6) Das Schallleitvermögen (**128** (6)) ist, wie es scheint, mit der Schallgeschwindigkeit proportional, außerdem aber desto größer, je größer die Dichte und die Molekularmasse sind; sichere Zahlen von allgemeiner Bedeutung liegen noch nicht vor.

94. **Resonanz** (vgl. 36). Die Resonanzstärke ist mit der Stärke des erregenden Tones proportional, außerdem aber desto größer, je geringer die Differenz der Quadrate der Periode des erregenden Tones und des natürlichen Tones des Resonators ist und schließlich von der Reibung abhängig. Die Periode der Resonanz ist mit der erregenden identisch, die Phase dagegen desto stärker verschoben, je größer die Reibung und obige Differenz ist; beim Synchronismus ist die Phasendifferenz (theoretisch) eine viertel Periode, sonst größer oder kleiner. Formeln (n primäre, p sekundäre Periode, η Reibungskoeffizient (**94**), ε Phasendifferenz):

$$\frac{\partial^2 u}{\partial t^2} + p^2 u + \eta \frac{\partial u}{\partial t} = A \cos n t, \tag{alq}$$

$$u = \frac{A}{\sqrt{(p^2 - n^2)^2 + n^2 \eta^2}} \cos(n t - \varepsilon), \text{ wo } \operatorname{tg} \varepsilon = \frac{n \eta}{p^2 - n^2} \text{ ist}, \tag{alr}$$

$$\text{für } p = n: \quad u = \frac{A}{p \eta} \sin p t = \frac{A}{n \eta} \sin n t, \tag{als}$$

$$\text{für } \eta = 0 \; (p \gtrless n): \; u = \frac{A}{p^2 - n^2} \cos n t, \tag{alt}$$

im letzten Falle würde ohne Reibung $u = \infty$ werden.

(1) Obiges gilt in dieser Form nur für einfache Töne und Resonatoren, die nur einfache Töne geben; bei anderen wirkt der Umstand mit, daß auch die Obertöne des Erregers und die des Resonators in Betracht kommen; hierdurch entstehen mehrere Resonanzmaxima, zugleich wird die Resonanzbreite größer; ausgedehnte Körper oder Hohlräume haben schließlich eine in weitem Umfange ziemlich gleich gute Resonanz. Man kann die drei Fälle als „einfache“, „multiple“ und „unbestimmte“ Resonanz bezeichnen.

(2) Die Resonanzbreite hängt nahe zusammen mit der Dämpfung der Schwingungen; beide ändern sich proportional (HELMHOLTZ); je stärker die Dämpfung ist, desto weniger charakterisiert ist also das Resonanzoptimum.

(3) Zu den Resonatoren gehören auch die „empfindlichen Flammen“, die ihrerseits wieder mit den „singenden Flammen“ verwandt sind.

95. Interferenz des Schalles. Schwebungen, Harmonie, Kombinationstöne. a) Die Interferenz des Schalles folgt ganz dem über Interferenz im allgemeinen (**41**) Gesagten; die Zahl der Schwebungen oder Stöße ist im einfachsten Falle

$$n_s = n_1 - n_2, \tag{alu}$$

allgemeiner, wenn a und b ganze Zahlen sind

$$n_s = a n_1 - b n_2; \tag{alv}$$

die Intensität der Schwebungen ist desto größer, je näher gleich die Intensitäten der beiden Töne sind.

b) Die Schwebungen haben zur Folge, daß verschiedene Harmonien, d. h. Zusammenklänge von Tönen, verschieden gleichmäßig klingen und damit einen verschiedenen ästhetischen Eindruck machen. In dieser Hinsicht sind drei Fälle zu unterscheiden:

1. Die Schwebungen fehlen ganz oder machen sich doch nicht geltend: Konsonanzen.

2. Die Schwebungen machen sich geltend, folgen sich aber so schnell, daß der Intensitätswechsel nicht zum Bewußtsein kommt: Dissonanzen.

3. Die Schwebungen kommen als Intensitätswechsel zum Bewußtsein: musikalisch unbrauchbare Zusammenklänge.

c) Beim Zusammenklange zweier (oder mehrerer) Töne werden unter Umständen auch neue Töne, die sog. Kombinationstöne (vgl. **41** (1)) gehört; ihre Entstehung kann eine sehr verschiedenartige sein. Die Schwebungstöne oder Stoßtöne (König'sche Kombinationstöne) scheinen direkt aus den Schwebungen zu entstehen, wenn deren mehr als 20 in der sec erfolgen. Die „Intensitätstöne" (Helmholtz'schen Kombinationstöne) treten auf, wenn die primären Töne so stark sind, daß das Superpositionsprinzip (*5*) nicht mehr gilt, sondern neue Glieder hinzukommen; sie sind entweder Differenztöne oder Summationstöne ($n_1 - n_2$ resp. $n_1 + n_2$). Die Helmholtz'schen Töne treten besonders bei ziemlich gleich, die König'schen bei verschieden starken primären Tönen auf. Außerdem giebt es aber noch andere Arten der Entstehung von Kombinationstönen.

(1) Ein Beispiel von Interferenz ist die der beiden Zinken einer Stimmgabel, welche letztere infolgedessen nach gewissen Richtungen besonders stark, nach anderen fast gar nicht tönt.

(2) In der mittleren Lage ($n = 435$) giebt der Halbton 29, der Ganzton 54, die kleine Terz 87 Schwebungen, in anderen Lagen im Verhältnis kleiner oder größer. Dieselbe Harmonie kann hiernach in verschiedenen Lagen verschieden gut klingen. Übrigens kommen auch die Schwebungen der Obertöne in Betracht, wodurch das Problem verwickelt wird.

(3) Die obige (Helmholtz'sche) Theorie der Konsonanz und Dissonanz erfährt wesentliche Modifikationen durch den Einfluß der Gewöhnung, der Erinnerung u. s. w., ist aber im übrigen den anderen, später aufgestellten Theorien noch immer weit überlegen.

(4) Auch bei der Entstehung der Kombinationstöne wirken die Obertöne mit, allgemeine Formel $an_1 \pm bn_2$; außerdem aber die Differenztöne selbst, und es entstehen Differenztöne 2. Ordnung.

Vierter Abschnitt: Wärme.

179. Wärmebewegung. Über den Begriff der Wärme, insbesondere der Wärmemenge vgl. **130**; über die Beziehung zur Temperatur **133**. Temperaturgefälle heißt die Abnahme der Temperatur auf der Streckeneinheit, insbesondere in derjenigen Richtung, in welcher sie am größten ist; die Abnahmen in den Koordinatenrichtungen heißen die Komponenten des Temperaturgefälles. Wie aus der Temperatur der Begriff der Wärmemenge, so wird aus dem Temperaturgefälle der Begriff der Wärmebewegung abstrahiert; die in der Zeiteinheit durch den Querschnitt „fließende“ Wärmemenge heißt Wärmefluß oder Wärmestrom, seine Komponenten nach den Koordinatenrichtungen die Komponenten des Wärmestromes; die durch die Querschnittseinheit fließende Menge heißt die Dichte des Wärmestromes (w, ihre Komponenten $w_x w_y w_z$).

Für die Fortpflanzung der Wärme gilt das über Fortpflanzung im allgemeinen (**97**) Gesagte, d. h. es giebt Wärmekonvektion, Wärmeleitung und Wärmestrahlung. In Bezug auf die Wärmeleitung giebt es Leiter und Nichtleiter oder richtiger Körper von verschiedenem Wärmeleitungsvermögen; in Bezug auf die Wärmestrahlung giebt es durchstrahlbare oder diathermane und undurchstrahlbare oder adiathermane Stoffe, richtiger aber Stoffe von verschiedener Diathermansie. Als eigentlicher Träger der Wärmestrahlen muß, da sie auch im sog. Vakuum stattfinden, der Äther angesehen werden.

Reine Wärmeerscheinungen (vgl. **125** (2)) sind solche, bei denen lediglich Temperaturänderungen, also lediglich Wärmebewegungen auftreten oder wenigstens bei dem gewünschten Genauigkeitsgrade allein in Betracht kommen; im Gegensatze zu ihnen stehen die thermodynamischen Erscheinungen, die sich aus Temperatur- und Ortsänderungen, also aus Wärme- und Massenbewegungen zusammensetzen.

(1) Da die Wärme die Körper ausdehnt, sind streng genommen alle Wärmeerscheinungen thermodynamisch; man kann aber bei den festen und flüssigen Körpern diese Ausdehnung häufig vernachlässigen resp. bei den Gasen durch geeignete Anordnung ausschalten.

a) Reine Wärmeerscheinungen.

96. **Wärmeleitung** (Theorie von Fourier 1822, für Krystalle Duhamel 1832, Beobachtungen zuerst von Péclet und Sénarmont). Fundamentalsatz: Die reine Wärmeleitung erfolgt in der Richtung der abnehmenden Temperaturen (über diesen Teil des Satzes vgl. w. u.); die dabei wandernde Wärmemenge ist in einem isotropen Medium mit der Zeit, dem Querschnitt und dem Temperaturgefälle senkrecht zum Querschnitt proportional, d. h. der Wärmestrom ist mit dem Temperaturgefälle proportional; in einem heterotropen Körper sind seine Komponenten homogene lineare Funktionen der Komponenten des Temperaturgefälles. Formeln:

isotrop: $$W = -k\frac{\partial\Theta}{\partial n}qt, \tag{alw}$$

$$w = -k\frac{\partial\Theta}{\partial n}, \quad w_x = -k\frac{\partial\Theta}{\partial x}, \quad w_y = -k\frac{\partial\Theta}{\partial y}, \quad w_z = -k\frac{\partial\Theta}{\partial z}; \tag{alx}$$

heterotrop:

$$\left.\begin{aligned} -w_x &= k_{11}\frac{\partial\Theta}{\partial x} + k_{12}\frac{\partial\Theta}{\partial y} + k_{13}\frac{\partial\Theta}{\partial z} \\ -w_y &= k_{21}\frac{\partial\Theta}{\partial x} + k_{22}\frac{\partial\Theta}{\partial y} + k_{23}\frac{\partial\Theta}{\partial z} \\ -w_z &= k_{31}\frac{\partial\Theta}{\partial x} + k_{32}\frac{\partial\Theta}{\partial y} + k_{33}\frac{\partial\Theta}{\partial z}. \end{aligned}\right\} \qquad \text{(aly)}$$

(1) Denkt man sich ein System von Isothermenflächen (Flächen gleicher Temperatur von solchen Abständen n, daß von einer zur nächsten Θ um 1^0 abnimmt, so erhält man einfach (isotrop): $w = k/n$, d. h. der Wärmestrom ist mit dem Abstande der Isothermenflächen umgekehrt proportional.

(2) Erfahrungsgemäß ist $k_{21} = k_{12}$, $k_{31} = k_{13}$, $k_{32} = k_{23}$. (alz)

180. Wärmeleitungsfähigkeit. Die Größe k heißt die Wärmeleitungsfähigkeit des isotropen Körpers; sie ist definiert als der Wärmestrom bei der Einheit des Temperaturgefälles. Die sechs Größen k_{11} u. s. w. heißen die Wärmeleitungskonstanten des heterotropen Körpers; Dimensionsformeln (vgl. **130**, Gl. DC und **133**, Gl. DG):

$$\left.\begin{aligned} [k] &= l^{-1}t^{-1}m, & [k_{11}] &= l^{-1}t^{-1}m \text{ u. s. w.}, \\ [w] &= t^{-3}m, & [W] &= l^2t^{-2}m. \end{aligned}\right\} \qquad \text{(FK)}$$

(1) An der Grenze zweier leitender Medien muß die Normalkomponente des Wärmestromes zu beiden Seiten gleich groß sein:

$$k\frac{\partial\Theta}{\partial n} = k'\frac{\partial\Theta'}{\partial n}; \qquad \text{(ama)}$$

die andere Komponente ist aber verschieden und infolgedessen findet Brechung statt nach dem Gesetze (Voigt):

$$\operatorname{tg}\omega : \operatorname{tg}\omega' = k : k' \qquad \text{(amb)}$$

(ω und ω' Winkel der Ströme mit der Normalen der Grenze).

An der Grenze eines Leiters und eines nichtleitenden, aber diathermanen Mediums, z. B. Luft, ist die Normalkomponente des Wärmestromes mit dem Überschuß der Temperatur über die der Umgebung (Θ_0) angenähert proportional:

$$k\frac{\partial\Theta}{\partial n} = h(\Theta - \Theta_0); \qquad \text{(amc)}$$

die Größe h heißt äußere Leitungsfähigkeit (und, wo Verwechselungen zu vermeiden sind, k innere Leitungsfähigkeit); sie bedeutet die von der Oberflächeneinheit in der Zeiteinheit an die um 1^0 kühlere Umgebung abgegebene Wärmemenge. Dimension:

$$[h] = l^{-2}t^{-1}m, \qquad \text{(FL)}$$

$$\left[\frac{h}{k}\right] = l^{-1}. \qquad \text{(FL')}$$

(2) Die Wärmeleitungsfähigkeit ist nur bei einigen Metallen groß, bei den übrigen Stoffen klein oder sehr klein, am kleinsten bei den Gasen. Übrigens nimmt sie mit steigender Temperatur bei den festen Körpern meist ab, bei den Flüssigkeiten und Gasen dagegen zu.

(3) Die Wärmeleitungsoberfläche der Krystalle (vgl. **73**) ist ein Ellipsoid, das Wärmeleitungsellipsoid; seine Axen heißen die Hauptwärmeleitungsaxen, in ihnen steht die Stromrichtung auf der Isotherme senkrecht (sonst nicht), und es findet einfache Proportionalität zwischen Wärmestrom und Temperaturgefälle statt, die Proportionalitätsfaktoren heißen die drei Hauptwärmeleitungskonstanten. Bei den regulären Krystallen ist das Ellipsoid eine Kugel, also nur eine Hauptleitungsfähigkeit vorhanden, bei den tetra- und hexagonalen Krystallen ist es ein Rotationsellipsoid, also $k \parallel$ und $\perp$ zur Axe verschieden; ist $k \parallel$ kleiner, so heißt der Krystall thermisch positiv, anderenfalls thermisch negativ; bei allen anderen Krystallen giebt es drei Hauptleitungsfähigkeiten. Der Mittelwert der beiden resp. drei Hauptleitungsfähigkeiten wird zuweilen mittlere Leitungsfähigkeit genannt.

(4) Einige Werte von k in absolutem Maaß (zuweilen werden relative Zahlen, auf Silber = 100 bezogen, angegeben) und von seinem Temperaturkoeffizienten β in der Formel $k = k_0(1 + \beta\Theta)$):

Metalle

	k	β
Blei	0,079	−0,000 072
Eisen	0,15 bis 0,18	negativ
Gold	0,507	
Kupfer	0,99	−0,0006
Magnesium	0,376	0
Messing	0,25	positiv?
Neusilber	0,08	„ ?
Platin	0,080	
Quecksilber	0,015 bis 0,020	negativ?
Silber	1,10	
Stahl	0,09 bis 0,14	
Wismut	0,017	−0,000 013
Zink	0,29	
Zinn	0,15	−0,000 15

Versch. feste Körper

	k
Gesteine	0,001 bis 0,04
(am besten Marmor, dann Granit, Sandstein, Gneis, am schlechtesten Thon).	
Hölzer $\parallel$ Faser	0,0003 bis 0,0028
Steinkohle	0,0003
Kautschuk	0,0004
Ebonit	0,0004
Gläser	0,0011 bis 0,0023
Stärkstes Flintsilikat	0,0011
Schwächeres „	0,0014
Crownglas	0,0016
Natronsilikat	0,0019
Natronborsäuresilik.	0,0023
Eis	0,005
Schnee	0,0005

Krystalle

	k	β
Steinsalz . .	0,013	
Quarz ∥ . .	0,028	negativ
„ ⊥ . .	0,016	
Kalkspat ∥	0,0098	„
„ ⊥	0,0085	
Verhältnis $k(\perp):k(\parallel)$		
Antimon . .	2,6	positiv
Turmalin . .	1,34	
Korund . . .	0,82	negativ
Kalkspat . .	0,87	
Quarz	0,58	

Flüssigkeiten

	k	
Wasser	0,00125	(mf)
Alkohol	0,00048	
Äther	0,00034	
Benzol	0,00033	
Terpentinöl	0,00030	(ml)
Glycerin	0,00066	
Petroleum	0,00035	
Kochsalzlösung (Dichte 1,18) . . .	0,00112	(mm)
Schwefelsäure (Dichte 1,2). . . .	0,013	

β meist $+0,005$ bis 0,01.

Gase (0° C.)

	k	β	
Luft	0,000 053	+0,0019	(mn)
Sauerstoff	0,000 056	—	
Stickstoff	0,000 052	—	
Wasserstoff	0,000 358	+0,0017	
Kohlensäure	0,000 031	+0,0038	
Quecksilberdampf (200°)	0,000 018	+0,0074	

(5) Der Wärmeleitungskoeffizient der Gase steht nach der Molekulartheorie (**101**) in naher Beziehung zum Reibungskoeffizienten η und zur spezifischen Wärme c (vgl. **101** (3) und **133**); nach der Clausius'schen Annahme, daß für die Wärmeleitung nur die fortschreitende Bewegung der Molekeln in Betracht komme resp. nach der Maxwell'schen, daß auch die intramolekulare Atombewegung beteiligt sei, erhält man die Formeln ($\varkappa$ Verhältnis $c_p : c$, vgl. **134**):

$$\text{Clausius: } k = 1{,}53\,\eta\,c, \qquad \text{Maxwell: } k = \frac{15}{4}(\varkappa - 1)\,\eta\,c, \qquad \text{(amd)}$$

die für einatomige Gase genau, für zweiatomige sehr nahe miteinander und mit der Beobachtung stimmen, während für mehratomige die Clausius'sche Recht behält.

(6) Die Wärmeleitung der Gase soll nach der Molekulartheorie vom Drucke unabhängig sein und ist es thatsächlich, außer für extreme Drucke.

(7) Die Wärmeleitung der Gase soll nach der Molekulartheorie mit der Temperatur (T absolute, Θ Celsius, α Ausdehnungskoeff.) wachsen, und zwar soll sein nach:

$$\text{Clausius: } k = \text{const}\,\sqrt{T} = k_0\left(1 + \frac{\alpha}{2}\Theta\right), \qquad \text{(ame)}$$

$$\text{Maxwell: } k = \text{const}\,T = k_0(1 + \alpha\Theta); \qquad \text{(amf)}$$

die Beobachtung hat, wenigstens für Luft und ähnliche Gase, zu Gunsten der ersteren Formel entschieden.

(8) Temperaturleitungsfähigkeit ist die durch die Dichte und die spezifische Wärme dividierte Wärmeleitungsfähigkeit eines Stoffes; sie wird gewöhnlich mit a^2 bezeichnet und spielt bei den meisten Vorgängen eine unmittelbarere Rolle als k (vgl. **97**); Formel und Dimension:

$$a^2 = \frac{k}{\varrho c}, \qquad [a^2] = l^2 t^{-1}. \qquad \text{(amg) (FM)}$$

Einige Werte von a^2 sind:

Puddelstahl	0,173	Eis	0,011	Wasser	0,00125
Bessemerstahl	0,117	Steinsalz	0,03	Alkohol	0,0012
Blei	0,250	Sandstein	0,014		
Zink	0,405	Granit	0,011	Luft	0,25
Kupfer	1,21			Wasserstoff	1,6
Silber	1,83			Kohlensäure	0,1

(mo).

(9) Die äußere Wärmeleitungsfähigkeit hängt von der Natur und dem Bewegungszustande der Umgebung, der Oberflächenbeschaffenheit des Körpers selbst u. s. w. ab, sie ist daher schwer exakt anzugeben. Ungefähr ist bei mäßiger Temperaturdifferenz:

für blankes Kupfer in ruhiger Luft $h = 0{,}00018$,
„ berußtes „ „ „ „ $h = 0{,}00032$. (mp)

97. Grundgleichung der Wärmeleitung in isotropen Körpern (k als unabhängig von Θ betrachtet):

$$\frac{\partial\Theta}{\partial t} = \frac{k}{\varrho c}\left(\frac{\partial^2\Theta}{\partial x^2} + \frac{\partial^2\Theta}{\partial y^2} + \frac{\partial^2\Theta}{\partial z^2}\right) \qquad \text{(amh)}$$

oder kurz:
$$\frac{\partial\Theta}{\partial t} = a^2\Delta\Theta; \qquad \text{(ami)}$$

die Beziehung zwischen zeitlicher und örtlicher Temperaturänderung hängt also nur von der Temperaturleitungsfähigkeit ab.

Spezielle Fälle:

a) Stationärer Zustand (Θ in jedem Punkte zeitlich konstant):

$$\Delta\Theta = 0, \qquad \text{(amk)}$$

also: α) für eine Platte (x Dickenrichtung, x_1 und x_2 Koordinaten der beiden Oberflächen, Θ_1 und Θ_2 ihre Temperaturen):

$$\frac{d^2\Theta}{dx^2} = 0, \qquad \Theta = \frac{\Theta_2 - \Theta_1}{x_2 - x_1}x + \frac{\Theta_1 x_2 - \Theta_2 x_1}{x_2 - x_1}, \qquad w = k\frac{\Theta_2 - \Theta_1}{x_2 - x_1}, \qquad \text{(aml)}$$

die Temperatur nimmt also von Schicht zu Schicht gleichförmig von Θ_1 bis auf Θ_2 zu.

β) Für einen Stab (u Umfang, q Fläche des Querschnittes, Θ von der Temperatur des umgebenden Mediums als Nullpunkt aus gerechnet):

$$\frac{d^2\Theta}{dx^2} = \frac{h}{k}\frac{u}{q}\Theta, \qquad \text{(amm)}$$

also für einen unendlich langen Stab (Θ_0 Temperatur im heißen Anfangsquerschnitt):

$$\Theta = \Theta_0 e^{-\frac{h}{k}\frac{u}{q}x}, \qquad \text{(amn)}$$

d. h. Θ nimmt mit arithmetisch wachsendem x geometrisch ab; für einen Stab von der endlichen Länge l (1 2 3 irgend drei gleich weit voneinander abstehende Punkte):

$$\frac{\Theta_1 + \Theta_3}{\Theta_2} = e^{-\frac{h}{k}\frac{u}{q}l} + e^{+\frac{h}{k}\frac{u}{q}l}. \qquad \text{(amo)}$$

b) Veränderlicher Zustand. α) Körper mit ebener Oberfläche, deren Temperatur periodisch wechselt wie $\Theta_0 \cos 2\pi t/T$ (Θ_0 Amplitude, T Periode der oberflächlichen Wärmeschwingung, x Tiefe unter der Oberfläche):

$$\Theta = \Theta_0 e^{-\frac{x}{a}\sqrt{\frac{\pi}{T}}} \cos\frac{2\pi}{T}\left(t - \frac{x}{2a}\sqrt{\frac{T}{\pi}}\right), \qquad \text{(amp)}$$

d. h. nach der Tiefe zu schwächt sich die Amplitude ab und verzögert sich die Phase der Wärmeschwingung; das Dämpfungsverhältnis δ und die Phasenverzögerung φ pro Tiefeneinheit sind

$$\delta = e^{-\frac{1}{a}\sqrt{\frac{\pi}{T}}}, \qquad \varphi = \frac{1}{2a}\sqrt{\frac{T}{\pi}}. \qquad \text{(amq)}$$

Das Reziproke der letzteren Größe kann man die Fortpflanzungsgeschwindigkeit der Wärmeschwingung nennen.

(1) Anwendung auf die Erde. 1. Für die täglichen Temperaturschwankungen wird, wenn $a = 0{,}1$ (Sandstein, Granit u. s. w.) genommen wird, $\delta = 0{,}94$, die Schwankungen betragen also in 1 cm Tiefe 94, in 1 dm 54, in 1 m nur noch $^1/_4$% der oberflächlichen, in $1^1/_4$ bis $1^1/_2$ m Tiefe giebt es keine täglichen Schwankungen mehr; ferner ist $\varphi = 14$ Minuten, die Verzögerung beträgt also in 50 cm Tiefe eine halbe, in 1 m eine ganze Periode, so daß hier Maximum und Minimum wieder wie an der Oberfläche liegen. 2. Für die jährlichen Schwankungen ist im Mittel $\delta = 0{,}997$, die Amplitude in 1 m Tiefe 74%, in 10 m nur noch $4^1/_2$%, in 20 m nur noch $^1/_5$%

der oberflächlichen, in mittleren Breiten werden die jährlichen Schwankungen etwa in 20 m Tiefe, am Äquator schon in 1 m Tiefe unmerklich; ferner ist $\varphi = 4^1/_2$ Stunden pro cm, also 19 Tage pro m, die Verzögerung beträgt also in rund 10 m Tiefe eine halbe, in 20 m eine ganze Periode.

β) Körper mit ebener Oberfläche, die plötzlich abgekühlt oder erhitzt wird (A ursprüngliche Temperatur, x Tiefe):

$$\frac{\partial \Theta}{\partial x} = \pm \frac{A}{\pi a \sqrt{t}}, \qquad \text{umgekehrt} \quad t = \frac{A^2}{\pi a^2 \left(\frac{\partial \Theta}{\partial x}\right)^2}. \tag{amr}$$

(1) Anwendung auf die Erde (säculare Abkühlung): nach Beobachtungen in Bohrlöchern ist gegenwärtig die Temperaturzunahme nach unten etwa:

$$1^0 \text{ C. auf } 35 \text{ m}, \quad \text{also} \quad \frac{\partial \Theta}{\partial x} = 0{,}0003;$$

setzt man $A = 4000$, $a = 0{,}1$, so erhält man $t = 170\,000\,000$ Jahre; diese Zahl giebt hiernach wenigstens die Größenordnung der seit Erstarrung der Erde verflossenen Zeit an.

γ) Stab (vgl. oben):

$$\frac{\partial \Theta}{\partial t} = a^2 \left(\frac{\partial^2 \Theta}{\partial x^2} - \frac{h}{k} \frac{u}{q} \Theta\right); \tag{ams}$$

anfangs nimmt die Temperatur an irgend einer Stelle nach einem verwickelten Gesetz, später aber einfach geometrisch ab, wenn die Zeit arithmetisch wächst, das Verhältnis der Temperaturen an zwei Stabstellen ist dann zeitlich konstant; am einfachsten angeben läßt sich das Verhältnis der mittleren Temperatur der beiden Enden zur Temperatur der Mitte:

$$\frac{\Theta_0 + \Theta_l}{2\,\Theta_{l/2}} = \cos \frac{\alpha l}{2}, \tag{amt}$$

und hierin ist α die kleinste Wurzel der Gleichung

$$\alpha \operatorname{tg} \frac{\alpha l}{2} = \frac{h}{k}. \tag{amu}$$

δ) Sphärische Ausbreitung der Wärme (φ geogr. Breite, ψ Länge):

$$\frac{\partial \Theta}{\partial t} = \frac{a^2}{r^2}\left[\frac{\partial}{\partial r}\left(r^2 \frac{\partial \Theta}{\partial r}\right) + \frac{1}{\sin \varphi} \frac{\partial}{\partial \varphi}\left(\sin \varphi \frac{\partial \Theta}{\partial \varphi}\right) + \frac{1}{\sin^2 \varphi} \frac{\partial^2 \Theta}{\partial \psi^2}\right], \tag{amv}$$

speziell wenn Θ nur von r abhängt:

$$\frac{\partial \Theta}{\partial t} = a^2 \left(\frac{\partial^2 \Theta}{\partial r^2} + \frac{2}{r} \frac{\partial \Theta}{\partial r}\right) \quad \text{oder} \quad \frac{\partial (r\Theta)}{\partial t} = a^2 \frac{\partial^2 (r\Theta)}{\partial r^2}, \tag{amw}$$

es verhält sich also alles wie bei der einseitigen Ausbreitung, nur nimmt die Amplitude in demselben Verhältnis ab, wie die Entfernung zunimmt.

ε) Krystallplatte (d Dicke):

$$\frac{\partial \Theta}{\partial t} = a_{11}{}^2 \frac{\partial^2 \Theta}{\partial x^2} + a_{22}{}^2 \frac{\partial^2 \Theta}{\partial y^2} + 2 a_{12}{}^2 \frac{\partial^2 \Theta}{\partial x \partial y} - \frac{2h}{\varrho c d} \Theta \qquad \text{(amx)}$$

oder auf die Hauptaxen bezogen

$$\frac{\partial \Theta}{\partial t} = \lambda_1 \frac{\partial^2 \Theta}{\partial \xi^2} + \lambda_2 \frac{\partial^2 \Theta}{\partial \eta^2} - \frac{2h}{\varrho c d} \Theta; \qquad \text{(amy)}$$

die Isothermenlinien auf der Platte sind eine Schar ähnlicher Ellipsen, nämlich

$$\frac{\xi^2}{\lambda_1} + \frac{\eta^2}{\lambda_2} = \text{const.} \qquad \text{(amz)}$$

181. Wärmestrahlung (MELLONI 1835 u. A.). Die auf einen Körper fallende Wärmestrahlung wird durch ihn teils reflektiert, theils, und zwar mit Brechung, eingelassen, und dieser letztere Teil wiederum teils absorbiert, teils hindurchgelassen; setzt man die auffallende Wärme gleich 1, so hat man

$$R + A + D = 1; \qquad \text{(ana)}$$

ist R zu vernachlässigen, so ist einfacher

$$A + D = 1, \qquad \text{(anb)}$$

dabei hängen A und D von der Dicke der Schicht x ab:

$$D = e^{-\varkappa x}, \qquad A = 1 - e^{-\varkappa x}, \qquad [\varkappa] = l^{-1}, \qquad \text{(anc) (FN)}$$

und hierin heißt $\varkappa$ der thermische Absorptionskoeffizient.

(1) Zuweilen werden A und D in Prozenten ausgedrückt, also $A + D = 100$ gesetzt.

(2) Die der Wärmestrahlung zu Grunde liegenden Transversalschwingungen des Äthers müssen gewisse Grenzen der Schwingungszahl, also die fortgepflanzten Wellen gewisse Grenzen der Wellenlänge innehalten, um auf unser Wärmegefühl oder das Thermometer zu wirken; unter gewöhnlichen Umständen ist die obere Grenze etwa 8 μ, die untere etwa 0,4 μ, unter besonderen Umständen sind aber noch viel längere Wärmewellen (Sonnenstrahlen) bis über 20 μ = 0,002 cm hinaus konstatiert worden. Jedenfalls überdeckt sich das Gebiet mit dem der Lichtstrahlung, in dem sich deckenden Bereiche ist ein physikalischer Unterschied zwischen Wärmestrahlen und Lichtstrahlen nicht vorhanden. Man nennt häufig solche Wärmestrahlen leuchtende Wärme, die anderen dunkle Wärme oder ultrarote Strahlen.

(3) Für Strahlen bestimmter Wellenlänge ist ein Körper genau ebenso durchsichtig wie diatherman; für die Gesamtheit der auffallenden Strahlen kann er sich aber wegen des verschiedenen Anteils der darin enthaltenen Wellenlängen optisch und thermisch gleich oder verschieden verhalten. Man kann demgemäß folgende vier Grenzfälle unterscheiden:

durchsichtig und diatherman (Steinsalz),
durchsichtig, aber adiatherman (Eis),
undurchsichtig, aber diatherman (Jod in Schwefelkohlenstoff),
undurchsichtig und adiatherman (Ruß).

(4) Je nach dem Verhalten gegenüber auffallender Wärme kann man folgende Grenztypen von Körpern unterscheiden:

thermisch spiegelnd (alle Strahlen regelmäßig reflektierend),
thermisch weiß (alle Strahlen diffus reflektierend),
thermisch schwarz (alle Strahlen absorbierend).

Einen solchen Körper nennt man einen „vollkommen schwarzen Körper", man kann ihn z. B. dadurch herstellen, daß man einen Hohlraum auf möglichst gleichmäßige Temperatur bringt; daß man, um ihn anzuwenden, seine Strahlung durch eine Öffnung nach außen gelangen lassen muß, bringt einen Fehler hervor, den man aber rechnerisch ausgleichen kann.

(5) Zwischen obigen Grenztypen giebt es natürlich alle möglichen Übergänge, insbesondere giebt es „thermisch farbige" Körper, welche einzelne Wellenlängen diffus reflektieren, andere absorbieren: Thermochrose oder selektive Absorption resp. Reflexion.

182. Emissionsvermögen (E) eines Körpers heißt die in der Zeiteinheit pro Oberflächeneinheit von ihm ausgestrahlte Wärmemenge. Sie hängt nicht nur von seiner eigenen, sondern auch von der Temperatur des bestrahlten Körpers ab, man spricht deshalb von dem relativen Emissionsvermögen eines Körpers gegen einen anderen; hat letzterer die absolute Temperatur $T = 0$ (-273^0 C.), so spricht man vom absoluten Emissionsvermögen des ersten Körpers. Endlich heißt das Emissionsvermögen eines Körpers von $T = 1$ auf einen solchen von $T = 0$ Strahlungskonstante oder Strahlungskoeffizient (σ).

(1) Dimensionsformeln für E (Effekt pro Flächeneinheit, vgl. **120** (2)) und σ:

$$[E] = t^{-3} m, \qquad [\sigma] = l^{-8} t^{5} m. \qquad \text{(FO) (FP)}$$

***98.* Strahlungsgesetz von Stefan** (1879). Das Emissionsvermögen eines Körpers gegen einen anderen ist proportional mit der Differenz der vierten Potenzen ihrer Temperaturen, der Proportionalitätsfaktor ist die Strahlungskonstante. Formel:

$$E = \sigma(T^4 - T_0^4). \qquad \text{(and)}$$

Das Gesetz ist von STEFAN aufgestellt, später von BOLTZMANN theoretisch begründet und schließlich von LUMMER und PRINGSHEIM für einen vollkommen schwarzen Strahlungskörper (**181** (4)) bestätigt worden; für andere Körper gilt es nur mehr oder weniger angenähert (s. w. u.)

(1) Gegen das Stefan'sche treten die sonst noch aufgestellten Strahlungsgesetze, soweit sie E als Funktion von T darstellen, zurück. Die weiter gehende Aufgabe, E als Funktion von T und von der Wellenlänge λ darzustellen, ist noch nicht befriedigend gelöst.

(2) Unter den zahlreichen Bestimmungen von σ und E befinden sich nur wenige von allgemeinerer Bedeutung. Die Strahlungskonstante σ für den schwarzen Körper ist im Mittel aus älteren Messungen $1,1 \times 10^{-12}$, nach KURLBAUM $1,28 \times 10^{-12}$, im Mittel also

$$\sigma = 1,19 \times 10^{-12} \text{ cal.} = 4,9 \times 10^{-12} \text{ Watt.} \qquad \text{(mq)}$$

In Kalorien ist ferner für

den schwarzen Körper von 100°:	E (100° C. gegen 0° C.)	= 0,015	(mr)
geschwärztes Kupfer von 18° C.:	E	= 0,002	
Platin von 400°:	E	= 0,38	
„ „ 1000°:	E	= 4,7;	

im übrigen hängt das Emissionsvermögen in hohem Maaße von der Konstitution des Körpers ab, bei weitem am größten ist es für pulverförmige Verteilung, z. B. für Ruß; ferner hängt es von der Dicke der strahlenden Schicht ab. Für dunkle Wärmestrahlen (100 bis 200°) gelten etwa folgende Zahlen:

Ruß . . .	100	Graphit . .	75	Platin . . .	10	(mf)
Eisenoxyd .	93	Chlorsilber .	70	Kupfer . .	6	
Bleioxyd . .	88	Kochsalz . .	49	Gold . . .	4	
Flußspat . .	82	Steinsalz . .	42	Silber . . .	3	

(3) Die **Ausstrahlung eines schwarzen Körpers** hat etwa folgenden Verlauf: bei niedrigen Temperaturen ist es im ganzen genommen klein, der Anteil der kleinen Wellenlängen sogar geradezu null; mit steigender Temperatur nimmt die Wellenlänge der hauptsächlich beteiligten Strahlen zu (etwa umgekehrt proportional); die leuchtenden Strahlen treten dann folgendermaaßen auf:

Dunkelrotglut bei	525°	anfangende Weißglut bei	1200°	(mt)
Rotglut „	800°	volle Weißglut „	1600°	
Gelbglut „	1000°			

(4) Für kleine Temperaturdifferenzen kann man entwickeln und angenähert setzen:

$$E = 4\sigma (T - T_0)\, T_0^3. \qquad \text{(ane)}$$

Hieraus ergiebt sich als Abkühlungsgeschwindigkeit v, d. h. als Temperaturerniedrigung in der Zeiteinheit (f Oberfläche)

$$v = \frac{Ef}{mc} = \frac{4\sigma f(T - T_0) T_0^3}{mc}, \qquad \text{(anf)}$$

in Worten (erweitertes Newton'sches Abkühlungsgesetz): Die Abkühlungs- oder Erkaltungsgeschwindigkeit eines Körpers ist mit der Strahlungskonstante, der Oberfläche, dem Temperaturüberschuß des Körpers über die Umgebung und dem Kubus der absoluten Temperatur der Umgebung direkt, mit seiner Masse und spezifischen Wärme umgekehrt proportional.

(5) Solarkonstante heißt die in Kalorien ausgedrückte Wärmemenge, welche die Flächeneinheit der Erdoberfläche ohne die Absorption in der Atmosphäre in der Minute empfangen würde. Ihr Wert liegt zwischen 1,7 und 4,0, der abgerundete Wahrscheinlichkeitswert ist 3,0 (0,05 pro sec). Hiernach empfängt die ganze der Sonne zugewandte Erdhälfte pro sec 64×10^{15} cal $= 27 \times 10^{16}$ Watt; jährlich also 20×10^{23} cal. Ferner beträgt die ganze von der Sonne in den Weltraum ausgestrahlte Wärme pro sec 15×10^{25} cal $= 63 \times 10^{25}$ Watt, ihr Emissionsvermögen beträgt also 2400 cal = 10000 Watt (14 Pferdekräfte). Die Lehre von der Strahlung der Sonne und anderer Gestirne heißt Aktinometrie.

99. **Kirchhoff'sches Gesetz** (1860): Das Verhältnis des Emissionsvermögens zum Absorptionsvermögen ist für eine bestimmte Wellenlänge und Temperatur bei allen Körpern gleich groß, nämlich gleich dem Emissionsvermögen eines vollkommen schwarzen Körpers. Formel:

$$\frac{E}{A} = \text{const} = E_s \text{ (schwarz)}, \qquad E = A E_s. \qquad \text{(ang)}$$

(1) Die Relativzahlen für das Emissionsvermögen verschiedener Körper gelten hiernach zugleich auch für das Absorptionsvermögen unter gleichen Umständen.

(2) Aus dem Kirchhoff'schen Gesetze folgt, daß man, um für verschiedene Temperaturen und Wellenlängen zu einem möglichst einfachen Gesetze zu gelangen, entweder den schwarzen Körper benutzen oder aber, für andere Körper, nicht E, sondern E/A als Funktion von T und λ darstellen muß (vgl. ***98***).

(3) Einige Absorptionszahlen polierter Metalle:

	Stahl	Platin	Zink	Messing	Gold	Silber	
Leuchtende Strahlen	38	35	32	16	13	8	(mu)
Dunkle Strahlen	—	11	—	6	5	—	

(4) Reihenfolge einiger Stoffe nach absteigender Diathermansie, für mittlere T und λ:

Feste Körper: Steinsalz, Kalkspat, Quarz, Rauchtopas, Glas, Schwerspat, Turmalin, Adolar, Gips, Flußspat, Alaun, Eis.

Flüssigkeiten: Schwefelkohlenstoff, Öl, Schwefelsäure, Alkohol, Kochsalzlösung, Wasser.

100.* Die Gesetze der Ausbreitung, Reflexion und Brechung der Wärmestrahlen** sind die für jede Strahlung gültigen (Entfernungsgesetz vgl. ***8, Reflexions- und Brechungsgesetz vgl. ***9***); ebenso gilt für ihre Interferenz, Beugung und Polarisation das in **41** ff. Gesagte.

(1) Selektive Reflexion einiger Metalle in $^0/_0$ (Rubens):

λ (in μ)	Silber	Gold	Kupfer	Eisen	Nickel
0,45	87,0	43,4	53,0	58,7	61,7
0,50	88,3	56,1	54,8	54,4	61,0
0,60	92,4	80,5	77,7	54,6	63,4
0,70	94,5	90,3	83,3	61,4	67,8
0,80	95,2	92,4	85,4	63,6	70,4
1,00	96,5	96,8	88,9	69,0	77,4
1,40	97,4	97,0	91,3	74,3	81,7
2,00	97,3	95,4	93,9	80,5	84,5
2,7 bis 3,2	98,3	84,2	96,4	89,6	91,7

(mw)

es findet, wie man sieht, kein einfaches Gesetz statt.

(2) Einige Brechungsquotienten (vgl. **48**):

Schwerstes Silikat-Flintglas		Leichtes Silikatflint		Steinsalz		Flußspat		Quarz (ord. Strahl)		Wasser	
λ	n	λ	n	λ	n	λ	n	λ	n	λ	n
0,434	1,941	0,434	1,594	0,434	1,561	0,434	1,440	0,434	1,554	0,434	1,340
0,590	1,888	0,590	1,576	0,589	1,544	0,589	1,434	0,590	1,544	0,590	1,333
0,790	1,866	0,778	1,567	0,831	1,535	1,076	1,429	0,979	1,535	0,943	1,326
0,978	1,852	0,958	1,562	1,277	1,529	2,019	1,424	1,957	1,522	1,256	1,321
1,316	1,845	1,382	1,556	2,076	1,526	4,035	1,412	3,06	1,499		
2,368	1,829	2,490	1,543	4,150	1,521	6,46	1,396	4,01	1,468		
				6,90	1,512	7,64	1,361	4,26	1,457		
				8,95	1,503	8,95	1,335				

(mw)

Für die in diesen Zahlen ausgesprochene Abhängigkeit des n von λ, also für die normale Dispersion (**49**), sind verschiedene Formeln aufgestellt worden, z. B. ($a\,b\,c\,d$ resp. $a\,b\,c\,b'\,c'$ Konstanten):

$$\text{Ketteler:}\quad n^2 = a^2 + \frac{b}{\lambda^2 - c^2} - d\lambda^2. \qquad \text{(anh)}$$

$$\text{Paschen:}\quad n^2 = a^2 - \frac{b}{\lambda^2 - c} + \frac{b'}{\lambda^2 - c'}. \qquad \text{(ani)}$$

(3) Das Wärmespektrum zeigt in erster Annäherung (wie das Lichtspektrum) ein Maximum der Intensität, das nach beiden Seiten abfällt, in zweiter Annäherung aber eine große Zahl von Stellen, wo dieser regelmäßige Verlauf unterbrochen ist, also kalte Linien und Banden. Das Maximum der Strahlung liegt (s. ob.) bei einem desto größeren λ, je niedriger die Temperatur ist, außerdem ist sie aber von der Erzeugungsart des Spektrums abhängig, insbesondere ist es oft sehr verschieden beim Brechungs- (prismatischen) und Beugungs- (Gitter-)spektrum (**49**), und bei ersterem wieder je nach dem brechenden Stoffe. Für das Sonnenspektrum gelten etwa folgende Relativzahlen (Strahlung im Rot = 10):

λ	Gegend	Prisma aus Crownglas	Prisma aus Steinsalz	Gitter
0,4	violett	1	1,0	2
0,5	grün	5	2,8	6
0,6	gelb	7	6,6	10 1/2
0,7	rot	10	10,0	10
0,8	ultrarot	13	15,5	9
1,0	ultrarot, 2. Zone	11	18,8	8
1,2	„ 3. „	7	15,2	6
1,6	„ 4. „	2	12,2	4
2,0	„ 5. „	—	4,0	2
5,0	—	—	—	1/2

(mx)

Das Maximum liegt also beim Brechungsspektrum im Ultrarot (1.—2. Zone), beim Beugungsspektrum dagegen im Orange. Dagegen hat glühendes Platin (500° C.) das Maximum bei 1,9 μ (5. Zone des Ultrarot), dunkles Metall von 300° bei 3,0 μ, von 200° bei 4 μ, von 100° bei 7—8 μ, von 0° bei 11—12 μ (der Mond bei 14 μ, wonach er eine Temperatur von etwa −20° haben würde); gleichzeitig wird aber das Maximum natürlich immer schwächer. Von glühenden Gasen hat Kohlensäure ein Maximum bei 4—5 μ, Wasserdampf zwei solche zwischen 4,8 und 8,5 μ. Endlich seien die charakteristischen Wellenlängen der Verbrennungsprodukte einiger der gebräuchlichsten Flammen angeführt (Julius):

H_2O 2,61 μ	CO_2 4,32 μ	HBr > 15 μ	
CO 2,85 „	COS 8,48 „	P_2O_5 > 80 „	(mŋ)
HCl 3,68 „	SO_2 10,01 „		

(4) Polarisation. Bei der Reflexion von Glas tritt lineare, bei der von Metallen elliptische (speziell bei Messing sogar zirkulare) Polarisation (**44**) ein; der Polarisationswinkel (Einfallswinkel, der die stärkste Polarisation giebt) ist für

Glas 55°, Metalle 73° bis 79°, (mz)

das Axenverhältnis der Ellipse schwankt alsdann zwischen 1,0 (Messing) und 1,8 (Arsen und Kobalt); bei verschiedenen Einfallswinkeln ist die Stärke der Polarisation für Glas (KNOBLAUCH):

20°	25°	30°	40°	50°	55°	60°	70°	80°
0,00	0,11	0,41	0,67	0,70	0,74	0,44	0,28	0,19

(na)

Beim Durchgange findet ebenfalls Polarisation statt, z. B. bei einem Satze von Glasplatten:

Einfallswinkel	3	6	9	12 Platten
0°	0,00	0,00	0,00	0,00
20°	0,10	0,16	0,30	0,44
40°	0,22	0,53	0,64	0,70
60°	0,36	0,81	0,96	1,00

(nb)

(5) Drehung der Polarisationsebene findet beim Durchgange durch gewisse Krystalle (Quarz) und Lösungen, im magnetischen Felde aber auch beim Durchgange durch andere Stoffe (Glas) statt. Für Quarz von 1 mm Dicke ist die Drehung etwa bei

λ = 0,76 μ	0,82	0,85	0,93	1,01	mittleres Ultrarot	äußeres Ultrarot
12,7°	10,9	10,2	8,5	7,2	3,0	0,3

(nc)

die Drehung nimmt also mit wachsender Wellenlänge sehr stark ab.

b) Thermodynamik.

101. **Zweiter Hauptsatz der Thermodynamik oder mechanischen Wärmetheorie.** Dieser Satz, der mit dem ersten Hauptsatz (***37***) die Grundlage der Wärmelehre bildet, stellt sich zwar hier lediglich als Anwendung des zweiten Hauptsatzes der Physik überhaupt (***57***) auf die

Wärme dar, historisch ist er aber zuerst ausgebildet worden, und noch heute ist die Wärme neben der Bewegung die einzige Energieform, für die der zweite Hauptsatz in exakter und allgemein gültiger Form ausgesprochen werden kann. Unter seinen Ausspruchsweisen sind einige, welche, wie der allgemeine zweite Hauptsatz, lediglich besagen, daß die Erscheinungen immer in bestimmtem Sinne vor sich gehen resp. daß gewisse andere Erscheinungen nicht möglich sind; man kann diese Formen, die lediglich Erfahrungsthatsachen, zur Grundlegung des zweiten Hauptsatzes geeignet, enthalten, als die generellen bezeichnen und ihnen die quantitative Form, die, wenigstens für umkehrbare Prozesse (**122**), etwas Zahlenmäßiges aussagt, gegenüberstellen. Da die meisten Ausspruchsformen ineinander übergehen, genügt es, hier die typischen herauszuheben.

A) Generelle Formen:

a) Wärme kann nicht von selbst, d. h. ohne anderweitige Kompensationen, von einem Orte tieferer zu einem Orte höherer Temperatur übergehen (Clausius 1850).

b) Unter Anwendung beliebiger und beliebig vieler Substanzen ist niemals ein Prozeß möglich, dessen Gesamteffekt in einem wirklichen Wärmeverlust einer kälteren und einem ebenso großen Wärmegewinn einer heißeren konstanten Wärmequelle bestände (C. Neumann).

c) Unter Anwendung beliebiger und beliebig vieler Substanzen ist niemals ein Prozeß möglich, dessen Gesamteffekt in Aufnahme einer positiven Wärmemenge aus einer konstanten Wärmequelle und Abgabe der ihr äquivalenten Arbeit an ein mechanisches System bestände (W. Thomson 1851).

d) Es ist unmöglich, aus irgend einem System von Körpern mechanische Arbeit dadurch zu erhalten, daß man es unter die tiefste Temperatur der Umgebung abkühlt (W. Thomson).

e) Es ist unmöglich, eine periodisch wirkende Maschine zu konstruieren, die nichts weiter bewirkt als Hebung einer Last und Abkühlung eines Wärmereservoirs (Planck).

f) Bei einem durch Wärme unterhaltenen Kreisprozeß kann die Wärme nicht vollständig, sondern stets nur teilweise in Arbeit verwandelt werden (der Zusatz „Kreisprozeß“ ist durchaus erforderlich).

g) Ein Perpetuum mobile zweiter Art (*57* (6)) läßt sich mit Wärme nicht betreiben (Ostwald).

B) Quantitative Form (Carnot-Clausius'sches Prinzip). Zunächst für den einfachsten Fall, nämlich einen umkehrbaren, zwischen zwei konstanten Temperaturen sich abspielenden Prozeß. Es sind drei Teile des Satzes zu unterscheiden, der zweite präzisiert den ersten, der dritte bringt den zweiten in einfachere Form:

1) Bei einem umkehrbaren, zwischen zwei konstanten Reservoirs sich abspielenden Kreisprozeß ist das Verhältnis der an das kalte Reservoir 2 abgegebenen zu der vom warmen Reservoir 1 aufgenommenen Wärmemenge lediglich eine Funktion der beiden Reservoirtemperaturen (in beliebiger Skala, z. B. Celsius), von der Einrichtung der Maschine und den mitwirkenden Substanzen aber unabhängig (W bedeutet auch hier stets die Wärme, die das System von dem Reservoir empfängt, W_2 ist daher negativ, also $-W_2$ positiv):

$$\frac{-W_2}{W_1} = F(\Theta_1, \Theta_2); \qquad \text{(ank)}$$

diese Funktion heißt Carnot'sche Funktion (1824).

2) Die Funktion F läßt sich zurückführen auf den Quotienten der beiden Werte, die eine einfache Temperaturfunktion $f(\Theta)$ für Θ_1 und Θ_2 annimmt:

$$\frac{-W_2}{W_1} = \frac{f(\Theta_2)}{f(\Theta_1)}. \qquad \text{(anl)}$$

3) Da durch den Wert der Funktion F die Temperatur eines Ortes ebensogut charakterisiert ist wie durch Θ, kann man sie selbst als Temperatur (T) bezeichnen (s. w. u.) und erhält nun:

$$\frac{-W_2}{W_1} = \frac{T_2}{T_1} \quad \text{oder} \quad \frac{W_1}{T_1} = \frac{-W_2}{T_2} \quad \text{oder} \quad \frac{W_1}{T_1} + \frac{W_2}{T_2} = 0. \qquad \text{(anm)}$$

Setzt sich der Prozeß aus lauter derartigen zusammen, indem das bis jetzt kältere Reservoir („Kühler“) unter Beibehaltung seiner Temperatur T_2 zum warmen („Kessel“), ein neues T_3 zum kalten wird u. s. w., so hat man:

$$\frac{W_1}{T_1} + \frac{W_2}{T_2} + \frac{W_3}{T_3} + \ldots = 0, \text{ kurz } \sum \frac{W}{T} = 0; \qquad \text{(ann)}$$

oder, wenn die einzelnen Phasen differentiell, die Temperatur stetig veränderlich ist, wie dies bei natürlichen Prozessen gewöhnlich der Fall ist:

$$\int \frac{dW}{T} = 0. \qquad \text{(ano)}$$

Ist endlich der Prozeß nicht umkehrbar, so läßt sich im allgemeinen nicht sagen, wieviel von der aufgenommenen Wärme abgegeben wird, jedenfalls aber wird mehr abgegeben als bei einem umkehrbaren sonst gleichen Prozeß; es ist also, den obigen Formeln entsprechend:

$$\frac{-W_2}{W_1} > \frac{T_2}{T_1}, \qquad \frac{W_1}{T_1} < \frac{-W_2}{T_2}, \qquad \frac{W_1}{T_1} + \frac{W_2}{T_2} < 0, \qquad \text{(anp)}$$

$$\sum \frac{W}{T} < 0, \qquad \int \frac{dW}{T} < 0. \qquad \text{(anq)}$$

(1) CARNOT (1824) war der erste, welcher Betrachtungen, die zu dem zweiten Hauptsatze geführt haben, anstellte; er hielt aber die Wärme für einen Stoff (wenigstens zu der betr. Zeit), setzte deshalb die Menge der abgegebenen Wärme der aufgenommenen gleich und betrachtete es als Äquivalent der Arbeitsleistung, daß ihr „Niveau“ erniedrigt wurde (Wärme analog fallendem und arbeitleistendem Wasser); CLAUSIUS, W. THOMSON u. A. nahmen die Betrachtung vom Energiestandpunkte auf, zeigten, daß sowohl die Menge, also Energie der Wärme als auch ihr Niveau abnimmt und begründeten damit den zweiten Hauptsatz.

183. Absolute Temperatur (THOMSON 1854). Die Funktion $f(\Theta) = T$ in ***101*** B heißt Thomson'sche absolute Temperatur oder kurz absolute Temperatur. Ihre Definition ist hiernach folgende: Die absolute Temperatur eines Körpers im Verhältnis zu der eines anderen (wärmeren) Körpers ist das Verhältnis der an ihn abgegebenen zu der von dem anderen gelieferten Wärmemenge, wenn er bei einem umkehrbaren Kreisprozesse als Kühler, der andere als Kessel dient:

$$T = T' \cdot \frac{-W}{W'}. \qquad \text{(anr)}$$

Für einen Fall bleibt also T willkürlich, für alle anderen ist es dann bestimmt. Um T vollständig zu bestimmen, muß man für einen bestimmten Fall die Temperaturzahl beliebig festsetzen. Benutzt man siedendes Wasser als Kessel und schmelzendes Eis als Kühler, so wird $-W = 0{,}732\, W'$, also auch $T = 0{,}732\, T'$ und folglich, wenn man z. B. willkürlich $T' = 373$ setzt, $T = 273$; man hat alsdann eine absolute Skala, die mit der Celsiusskala die durchschnittliche Gradgröße gemein hat. Dieser Skala bedient man sich bei wissenschaftlichen Untersuchungen gegenwärtig allgemein. Eine andere Festsetzung wäre die des absoluten Temperaturgrades, der dadurch bestimmt ist, daß die Erwärmung von 1 g Wasser um ihn gerade die Arbeitseinheit erfordert, vgl. oben **81** und **132** (1).

(1) Bei einem umkehrbaren Kreisprozesse ist $\int dW/T = 0$ (s. ob.), d. h. es ist dW/T ein wirkliches Differential, obgleich, wie ***37*** (3) angeführt, dW selbst kein solches ist. Hiernach kann man T auch definieren als die Größe, mit der man dW dividieren muß, um ein vollständiges Differential zu erhalten; oder kurz: Die absolute Temperatur ist der integrierende Nenner der zugeführten Wärmemenge (ZEUNER).

(2) Die absolute Temperatur stimmt für die gewöhnlichen praktischen Zwecke mit der Gay-Lussac'schen (**81**) überein; sie hat vor ihr den Vorzug, daß sie nicht auf dem Verhalten einer besonderen Klasse

von Körpern (Gasen) beruht und, für feinere Zwecke, daß sie, während letztere bei Anwendung verschiedener Gase etwas verschieden ausfällt, prinzipiell eindeutig bestimmt ist, dagegen den Nachteil, daß die Experimente, die man anstellen muß, um sie festzustellen, sich nur in Gedanken, nicht aber, wenigstens nicht mit genügender Exaktheit, in der Wirklichkeit ausführen lassen, und zwar, von allen einzelnen Schwierigkeiten abgesehen, schon deshalb nicht, weil in der Wirklichkeit kein Prozeß streng umkehrbar ist (**170** (1)); vgl. auch ***105*** i.

(3) Die absolute Skala im obigen Sinne ist wie die Galilei'sche (**81a**) eine arithmetische; man kann ebensogut auch eine der Dalton'schen (**81b**) entsprechende geometrische absolute Skala aufstellen, ja es ist sogar diese, zu der man mit Benutzung der ältesten Thomson'schen thermodynamischen Definition gelangt (Schreber); wie die arithmetische Temperatur im Verhältnis, ist diese in Differenz mit einer anderen, willkürlich gewählten, definiert, und zwar durch folgenden Ausspruch: Die Differenz der Temperaturen zweier Körper, zwischen denen als Reservoirs ein umkehrbarer Kreisprozeß sich abspielt, bei dem vom wärmeren Körper die Wärmemenge W_1 aufgenommen und an den kälteren die Wärmemenge $-W_2$ abgegeben wird, ist

$$T_1 - T_2 = \frac{1}{\log 2} \log \frac{W_1}{-W_2}. \tag{ans}$$

Wählt man den Eispunkt zum Nullpunkt, so hat man für die Beziehung zwischen arithmetischer und geometrischer absoluter Temperatur

$$T(\text{geom.}) = \frac{\log T - \log 273}{\log 2}, \tag{ant}$$

also z. B.

für								
Θ (Celsius) =	−273	−173	−100	0	+50	100	500	1000
T =	0	100	173	273	323	373	773	1273
T(geom.) =	−∞	−1,46	−0,66	0	+0,23	0,45	1,49	2,23

(nd)

Die geometrische absolute Temperatur ist, wie die Formel zeigt, eine reine Zahl.

184. Thermodynamischer Wirkungsgrad (oder Güteverhältnis, vgl. **168**) ist das Verhältnis der bei einem thermodynamischen Prozesse geleisteten Arbeit zu dem Arbeitswerte der aufgewandten Wärme; den Rest, also das Verhältnis der an den Kühler abfallenden Wärme zur aufgewandten, kann man den Zerstreuungsgrad nennen. Formeln:

$$w = \frac{A}{jW_1}, \qquad z = \frac{-W_2}{W_1}, \qquad w + z = 1, \tag{anu}$$

$$[w] = [z] = 1; \tag{FQ}$$

in der Praxis werden w und z gewöhnlich in Prozenten ausgedrückt, also $w + z = 100$ gesetzt.

Der Wirkungsgrad hängt bei einem umkehrbaren Kreisprozeß nach ***101*** B nur von den beiden Temperaturen, zwischen denen er sich abspielt ab, und zwar ist

$$w = \frac{T_1 - T_2}{T_1}, \qquad z = \frac{T_2}{T_1}; \tag{anv}$$

also z. B. w für (Θ die den T entspr. Celsius-Temp.):

$$\left.\begin{matrix}\Theta_1 = 50^0\\ \Theta_2 = \;\;0^0\end{matrix}\right\}15^1/_2\,\% \;\Bigg|\; \left.\begin{matrix}\Theta_1 = 100^0\\ \Theta_2 = \;\;0^0\end{matrix}\right\}27\,\% \;\Bigg|\; \left.\begin{matrix}\Theta_1 = 200^0\\ \Theta_2 = \;\;0^0\end{matrix}\right\}42\,\% \;\Bigg|\; \left.\begin{matrix}\Theta_1 = 500^0\\ \Theta_2 = \;\;0^0\end{matrix}\right\}65\,\%. \tag{ne}$$

Für jeden nicht umkehrbaren, also auch jeden in der Wirklichkeit ausführbaren Prozeß zwischen entsprechenden Temperaturen ist nach ***101*** B (3) der Wirkungsgrad noch kleiner, er ist z. B. bei einer Dampfmaschine gewöhnlich nur etwa 15—25%.

(1) Mit Hilfe des Zerstreuungsgrades kann man die absolute Temperatur dahin definieren, daß sie für einen als Kühler dienenden Körper das Produkt der absoluten Temperatur des als Kessel dienenden Bezugskörpers in den Zerstreungsgrad des zwischen beiden sich abspielenden umkehrbaren Kreisprozesses ist:

$$T = z \,.\, T'. \tag{anw}$$

(2) Der Wirkungsgrad eines Kreisprozesses bleibt stets prinzipiell unter 1; dagegen kann man leicht offene Prozesse angeben, bei denen er gleich 1 ist (Ausdehnung eines idealen Gases durch Erwärmung).

185. Entropie (Clausius 1865) ist diejenige Größe, deren Zuwachs von einem Zustande eines Systems zu einem anderen, mit dem ersten durch einen umkehrbaren offenen Prozeß verknüpften, gleich der Summe aller ihm bei dem Prozeß zugeführten, durch die entsprechenden absoluten Temperaturen dividierten Wärmemengen ist. Formel:

$$dS = \frac{dW}{T}, \qquad S - S_0 = \int \frac{dW}{T}. \tag{anx}$$

Dieser Entropiebegriff, den man auch als thermische Entropie bezeichnen kann, ist der zuerst (von Clausius) aufgestellte, aus ihm geht dann durch Verallgemeinerung der generelle (**167**) hervor. Bisher ist nur die thermische Entropie streng gefaßt worden, und auch sie hat eine exakte Bedeutung nur für umkehrbare Prozesse, weil nur für solche dW/T ein vollständiges Differential, also das Integral über einen offenen Weg vom Wege unabhängig ist. Man überträgt nun den Begriff auch auf nichtumkehrbare Prozesse, indem man sie mit umkehrbaren zwischen denselben Grenzen vergleicht und die Differenz des Ergebnisses feststellt. Freilich kann man dann nicht mehr sagen, wie groß schließlich die Entropie geworden ist, sondern höchstens Grenzwerte aufstellen, zwischen denen sie verschiedene, vom Wege abhängige Werte haben kann. Dabei folgt aus ***101*** B ganz allgemein, daß der untere Grenzwert der Wert ist, der bei einem umkehrbaren Wege resultieren würde, in Formel:

$$dS(\text{irrev.}) > dS(\text{rev.}) \qquad \text{(any)}$$

(1) Die Entropie ist ebenso wie die Energie mit der Masse proportional, die Entropie der Masseneinheit kann man spezifische Entropie nennen (s). Dimension:

$$[S] = m, \qquad [s] = 1; \qquad \text{(FR)(FS)}$$

dabei ist die in W vorkommende spezifische Wärme als reine Zahl behandelt; thut man dies nicht (**133** (1)), so erhält man die Entropie als eine Wärmekapazität. Jedenfalls ist hiernach die thermische Entropie, entsprechend den allgemeinen Ausführungen von **167**, der Quantitätsfaktor der thermischen Energie, während die Temperatur deren Intensitätsfaktor ist.

(2) Bei der schon oben (**130** (1)) erwähnten anderen, ebenfalls erlaubten und in mancher Hinsicht vorzuziehenden Auffassung führt man die Wärmemenge selbst als Quantitätsfaktor, also als Entropie ein und erhält dann die Wärmeenergie, wo eine solche Darstellung überhaupt möglich ist, durch Multiplikation der Wärmemenge mit der Temperatur.

(3) Die Entropie enthält, wie die Energie, eine willkürliche additive Konstante; man kann sie mit Hilfe der Vorgeschichte des Systems und des „Nullzustandes“ der Wärme bestimmen; nennt man dabei die durch die Temperatur bei der Aufnahme dividierte Wärme die reduzierte Wärmemenge, so kann man kurz sagen: Entropie ist der gesamte reduzierte Wärmeinhalt eines Systems, welches niemals andere als umkehrbare Prozesse durchgemacht hat.

(4) Prozesse, bei denen sich die Entropie nicht ändert, heißen isentropische Prozesse; zu ihnen gehören nach der Definition die adiabatischen umkehrbaren Prozesse; nichtumkehrbare Prozesse sind dagegen, wenn isentropisch, nicht adiabatisch (und umgekehrt).

102. **Entropieform des zweiten Hauptsatzes: Prinzip der Vermehrung der Entropie.** Benutzt man zum Ausspruche des zweiten Hauptsatzes den Entropiebegriff, so erhält man ohne weiteres folgenden Satz: Die Entropie eines energetisch abgeschlossenen Systems kann nie kleiner werden, sie bleibt vielmehr in dem Idealfalle umkehrbarer Veränderungen des Systems konstant und nimmt bei allen wirklichen Veränderungen sogar zu. Ist das System nicht abgeschlossen, so kann seine Entropie abnehmen, aber nur zu Gunsten der Entropie der mit ihm in Beziehung tretenden Systeme, und für das vollständige System findet wieder Zunahme der Entropie (im Grenzfalle Konstanz) statt. Oder: Bei freiwilligen Prozessen nimmt die Entropie stets zu, bei erzwungenen kann sie abnehmen, es findet dann aber anderwärts eine mindest ebenso große Zunahme statt. Im ganzen genommen strebt also die Entropie der Welt einem Maximum zu (Clausius, vgl. *57*).

(1) Kann ein System ohne fremde Hilfe nur Änderungen eingehen, bei denen die Entropie abnehmen würde, so geht es überhaupt keine Änderung ein; das thermische Gleichgewicht ist also durch das Maximum der Entropie charakterisiert. Ist sie ein Minimum, so ist das Gleichgewicht labil, im Zwischenfall neutral (vgl. *59* und **170**).

(2) Wie im allgemeinen Falle kann man auch in der Thermodynamik den zweiten Hauptsatz dahin charakterisieren, daß der andere Energiefaktor, also ihr Intensitätsfaktor, d. h. die Temperatur bei freiwilligen Prozessen sich stets ausgleicht, womit man wieder auf die Clausius'sche Form (*101*) zurückkommt. Im Weltall als Ganzen gleichen sich hiernach die Temperaturdifferenzen mehr und mehr aus, und als Endzustand erscheint der überall gleicher Temperatur.

(3) Die Angriffe gegen den zweiten Hauptsatz resp. die Vermehrung der Entropie richten sich teils mehr gegen die Auffassung der Begriffe (d. h. gegen die Wahl der Entropie als Faktor der Wärmemenge, vgl. oben), teils betreffen sie die Grenzen der Gültigkeit des Prinzips. Daß die Wärme nicht völlig in Arbeit verwandelbar ist, erscheint vom Standpunkte der Molekulartheorie mit Rücksicht auf den ungeordneten, unseren groben Hilfsmitteln unzugänglichen Charakter der Wärmebewegung durchaus begreiflich; ob aber für feinere Kräfte, z. B. die lebende Substanz, diese Unmöglichkeit auch bestehe, ist zweifelhaft (v. Helmholtz; vgl. *57* (5)).

186. Freie Energie; thermodynamisches Potential. Man kann nach dem Verhalten der Wärme sagen, daß die Energie aus zwei in verschiedenem Grade wirkungsfähigen Teilen besteht, und diese Teile freie und gebundene Energie nennen; freilich haben beide nur für umkehrbare Prozesse angebbare Werte. Die freie Energie (v. Helmholtz, vgl. *57* (4)) hat den Wert (S Entropie):

$$F = E - TS. \qquad \text{(anz)}$$

Die aus der freien Energie und dem Potential V der äußeren Kräfte zusammengesetzte Größe

$$\Phi = F + V = E - TS + V \qquad \text{(aoa)}$$

heißt das thermodynamische Potential (Duhem 1886); für einen äußeren Druck p (Volumen v) ist z. B.

$$\Phi = E - TS + pv. \qquad \text{(aob)}$$

(1) Die negativ genommenen Größen F und Φ heißen auch „charakteristische Funktionen" (MASSIEU).

103. Der zweite Hauptsatz läßt sich nun auch mit Hilfe von F oder Φ in neue Gestalt bringen und lautet dann:

a) **Satz von der freien Energie:** Bei allen unter Konstanz von Volumen und Temperatur sich abspielenden Prozessen, auch wenn das System nicht abgeschlossen ist, nimmt die freie Energie stets ab; ist sie schon ein Minimum, so ist der Zustand ein Gleichgewichtszustand.

b) **Satz vom thermodynamischen Potential:** Bei allen unter Konstanz von Druck und Temperatur sich abspielenden Prozessen, auch wenn das System nicht abgeschlossen ist, nimmt das thermodynamische Potential ab; ist es schon ein Minimum, so ist Gleichgewicht vorhanden.

104. **Zweite Hauptgleichung.** Die mathematische Formulierung des zweiten Hauptsatzes für umkehrbare Prozesse heißt zweite Hauptgleichung, ihre allgemeine Form ist $\int \frac{dW}{T} = 0$; ausgeführt läßt sie sich wie die erste (***37***) in verschiedenen Formen schreiben, die besonders einfach werden, wenn zwei Variable genügen, um den Zustand des Systems zu bestimmen:

(p und v):
$$\int\left(\frac{\Xi}{T}\,dp + \frac{H}{T}\,dv\right) = 0, \tag{aoc}$$
oder
$$H\frac{\partial T}{\partial p} - \Xi\frac{\partial T}{\partial v} = T \tag{aod}$$
(ZEUNER, vgl. (pp) in ***37*** (5));

(T und irgend eine andere Variable x):
$$\int\left(\frac{X}{T}\,dx + \frac{Y}{T}\,dT\right) = 0, \tag{aoe}$$
$$\frac{\partial\left(\frac{X}{T}\right)}{\partial T} = \frac{\partial\left(\frac{Y}{T}\right)}{\partial x} \quad \text{oder} \quad \frac{X}{T} = \frac{\partial X}{\partial T} - \frac{\partial Y}{\partial x}. \tag{aof}$$
Die letztere Gleichung stimmt einseitig mit der den ersten Hauptsatz ausdrückenden Gleichung (ps) in ***37*** (5) überein; man kann demnach beide kombinieren und erhält so die „thermodynamische Doppelgleichung":
$$\frac{\partial Q}{\partial x} - \frac{\partial P}{\partial T} = \frac{X}{T} = \frac{\partial X}{\partial T} - \frac{\partial Y}{\partial x}, \tag{aog}$$
und ferner wird:
$$dS = \frac{X}{T}\,dx + \frac{Y}{T}\,dT, \qquad \frac{\partial S}{\partial x} = \frac{X}{T}, \qquad \frac{\partial S}{\partial T} = \frac{Y}{T}. \tag{aoh}$$

Ferner ergeben sich durch Kombination beider Hauptsätze folgende ausgeführte Werte der Energie und der Entropie, ausgedrückt (statt durch alle vier Koeffizienten $PQXY$) durch die Arbeitskoeffizienten P und Q und den zweiten Wärmekoeffizienten Y_0 für $x = 0$ als Funktion von T:

$$\left.\begin{aligned} E &= \int dT(Q_0 + Y_0) + \int_{x_0}^{x} dx\left[P + T\left(\frac{\partial Q}{\partial x} - \frac{\partial P}{\partial y}\right)\right], \\ S &= \int dT\frac{Y_0}{T} + \int_{x_0}^{x} dx\left(\frac{\partial Q}{\partial x} - \frac{\partial P}{\partial y}\right); \end{aligned}\right\} \quad \text{(aoi)}$$

umgekehrt erhält man:

$$\left.\begin{aligned} X &= T\frac{\partial S}{\partial x}, & Y &= T\frac{\partial S}{\partial T}, \\ P &= \frac{\partial E}{\partial x} - T\frac{\partial S}{\partial x}, & Q &= \frac{\partial S}{\partial T} - T\frac{\partial S}{\partial T}. \end{aligned}\right\} \quad \text{(aok)}$$

(1) Besteht die Arbeit in Drucküberwindung und Ausdehnung, $p\,dv$, so ist (α_v und s_v kubische Ausdehnungs- resp. Elastizitätskoeff., α_p thermischer Druckkoeff., vgl. **76** ff. und **133** ff.):

$$\frac{X}{T} = -\frac{\partial v}{\partial T} = -v_0\alpha_v, \quad \text{also} \quad X = -v_0\alpha_v T, \quad \text{(aol)}$$

$$C_p - C = \frac{\alpha_v^2}{s_v}v_0 T, \qquad \frac{\partial C_p}{\partial p} = -T\frac{\partial^2 v}{\partial T^2} = -v_0 T\frac{\partial \alpha_v}{\partial T}, \quad \text{(aom)}$$

$$\frac{\partial C}{\partial v} = T\frac{\partial^2 p}{\partial T^2} = p_0 T\frac{\partial \alpha_p}{\partial T}; \quad \text{(aon)}$$

adiabatische Gleichung:

$$\frac{dT}{dp} = \frac{T}{C_p}\frac{\partial v}{\partial T} = \frac{T}{C_p}v_0\alpha_v, \qquad \frac{dT}{dv} = -\frac{T}{C}\frac{\partial p}{\partial T} = -\frac{T}{C}p_0\alpha_p, \quad \text{(aoo)}$$

in Worten: bei adiabatischer (plötzlicher) Ausdehnung findet gewöhnlich, d. h. wenn α_v resp. α_p positiv ist, Abkühlung, bei adiabatischer Kompression Erwärmung statt; in abnormen Fällen, d. h. wenn α negativ ist, umgekehrt.

(2) Werte von E und S in speziellen Fällen (eine willkürliche Konstante ist gleich fortgelassen):

ideales Gas (R Gaskonstante, vgl. ***24 b***):

$$E = CT \text{ (vgl. } \mathbf{38}\text{, Gl. qt)}, \qquad S = C\log T + R\log v; \quad \text{(aop)}$$

ideale inkompressible Flüssigkeit (angenähert):

$$E = \int_{T_0}^{T} C_p\,dT, \qquad S = \int_{T_0}^{T}\frac{C_p}{T}\,dT, \quad \text{(aoq)}$$

genauer, mit Rücksicht auf die thermische Ausdehnung:

$$\left.\begin{aligned} E &= \int_{T_0}^{T} C_p\, dT - \int_{p_0}^{p} T \frac{\partial v}{\partial T} dp - (v_T - v_0)_{p=0}, \\ S &= \int_{T_0}^{T} \frac{C_p}{T} dT - \int_{p_0}^{p} \frac{\partial v}{\partial T} dp. \end{aligned}\right\} \qquad \text{(aor)}$$

Flüssigkeit in Berührung mit ihrem Dampf (x relativer Anteil des Dampfes, vgl. **136** (1), s und σ spezifisches Volumen von Flüssigkeit und Dampf, vgl. **63** (8)):

$$E = \int_{T_0}^{T} C_p\, dT + T^2 x (s - \sigma) \frac{d}{dT}\left(\frac{p}{T}\right), \qquad \text{(aos)}$$

$$S = \int_{T_0}^{T} \frac{C_p}{T} dT + x (s - \sigma) \frac{dp}{dT}. \qquad \text{(aot)}$$

***105.* Thermodynamische Beziehungen als Folgen des zweiten Hauptsatzes.**

a) Boyle-Gay-Lussac'sches Gesetz (*24 b*). Aus dem Boyle'schen Gesetz $vp = f(T)$ und der Unabhängigkeit der spezifischen Wärme vom Drucke (**133** (10)) folgt das Gay-Lussac'sche Gesetz: $f(T) = RT$, also das kombinierte Boyle-Gay-Lussac'sche Gesetz $vp = RT$. Für wirkliche Gase ergiebt die Thomson-Joule'sche Formel (*38*, qu) das genauere Gesetz in der Form:

$$v = \frac{RT}{p} - \alpha \frac{C_p}{3} \left(\frac{273}{T}\right)^2 = \frac{RT}{p} \left(1 - \frac{p \alpha\, 273^2 \varkappa}{3 T^3 (\varkappa - 1)}\right). \qquad \text{(aou)}$$

Wenn also der Druck sehr klein oder die Temperatur sehr hoch ist, gilt das Boyle-Gay-Lussac'sche Gesetz genau, anderenfalls fällt v etwas kleiner aus, was mit den Regnault'schen Messungen stimmt.

b) Temperaturänderung durch Druck und Volumenänderung mit der Temperatur. Für adiabatische Prozesse besteht zwischen diesen beiden Größen die Beziehung:

$$\frac{dT}{dp} = \frac{T}{C_p} \frac{\partial v}{\partial T}, \qquad \text{(aov)}$$

beide Größen haben also dasselbe Vorzeichen, d. h. unter normalen Verhältnissen bringt Druck Erwärmung, Zug Abkühlung hervor; für Metalldrähte z. B. wird (P Druck- oder Zuggewicht, s Gewicht der Längeneinheit des Drahtes):

$$dT = \frac{T \alpha_l}{j c_p s} dP, \qquad \text{(aow)}$$

was zu Werten führt (Stahldraht: $P = 21{,}7$ kg, $s = 0{,}014$ kg, $dT = 0{,}107^0$), die mit der Beobachtung (HAGA) gut übereinstimmen. In abnormen Fällen, z. B. bei Kautschuk, oder bei Wasser zwischen 0° und 4° (Zusammenziehung), muß Druck Abkühlung bewirken, was ebenfalls bestätigt ist.

c) Gay-Lussac'sches Gesetz und spezifische Wärme. Zwischen der Änderung der spezifischen Wärme mit dem Druck und der Änderung des thermischen Ausdehnungskoeffizienten mit der Temperatur (also der Abweichung vom Gay-Lussac'schen Gesetz, vgl. **24 b** (2), ca) ergiebt sich die Beziehung:

$$\left(\frac{\partial C_p}{\partial p}\right)_T = -T\left(\frac{\partial^2 v}{\partial T^2}\right)_p = -T\frac{\partial \alpha_v}{\partial T}, \qquad \text{(aox)}$$

d. h. beide werden gleichzeitig null; also wieder wie oben: wenn c_p von p unabhängig ist, gilt das Gay-Lussac'sche Gesetz genau, anderenfalls müssen sich c_p mit p und α_v mit T ändern, und zwar entgegengesetzt; da nun α_v mit T meist ein wenig abnimmt, muß c_p mit p zunehmen, und zwar T mal so stark, also gar nicht so unerheblich.

Man kann auch c_p mit dem Thomson-Joule'schen Koeffizienten α (**38**, qu) in Beziehung bringen:

$$\frac{\partial C_p}{\partial p} = 2\frac{\alpha}{T}\left(\frac{273}{T}\right)^2, \qquad \text{(aoy)}$$

womit bestätigt wird, daß C_p mit p wächst, freilich mit zunehmendem T immer langsamer (für gewöhnliche Temperaturen um $^2/_{1000}$ seines Wertes pro Druckeinheit).

d) Differenz der spezifischen Wärmen. Diese schon früher mittels des ersten Hauptsatzes ausgedrückte Größe (**134**, qp) läßt sich jetzt auch mittels des zweiten ausdrücken:

$$C_p - C = T\left(\frac{\partial p}{\partial T}\right)_v\left(\frac{\partial v}{\partial T}\right)_p = -T\left(\frac{\partial p}{\partial v}\right)_T\left(\frac{\partial v}{\partial T}\right)_p^2 = -T\left(\frac{\partial p}{\partial v}\right)_T \alpha_v^2. \qquad \text{(aoz)}$$

Hieraus ergiebt sich das früher im Prinzip unbestimmt gebliebene Vorzeichen von $C_p - C$: es muß nämlich, da $\partial p/\partial v$ immer negativ ist, immer $C_p > C$ sein, und zwar gleichviel, ob α_v positiv, wie gewöhnlich, oder negativ (wie beim Wasser zwischen 0° und 4°) ist; nur im Grenzfalle $\alpha_v = 0$ wird $C_p = C$.

(1) Die Anwendung auf Gase ist schon oben gegeben (**134** (1); einige Beispiele für feste und flüssige Körper sind (vgl. **133** (11), ff—fn):

$$\left.\begin{array}{lll} \text{Kupfer:} & c_p - c_v = 0{,}0017, & c_p = 0{,}094, \\ \quad\text{folglich} & c_v = 0{,}092, & \varkappa = 1{,}02; \\ \text{Quecksilber:} & c_p - c_v = 0{,}0054, & c_p = 0{,}0333, \\ \quad\text{folglich} & c_v = 0{,}0279, & \varkappa = 1{,}19; \end{array}\right\} \qquad \text{(nf)}$$

Wasser	bei 4°	50°	90°	
	$c_p - c_v = 0$ $\varkappa = 1$	$c_p - c_v = 0{,}034$ $\varkappa = 1{,}036$	$c_p - c_v = 0{,}078$ $\varkappa = 1{,}081$	(nf)

Wie man sieht, ist auch bei festen und flüssigen Stoffen c_p oft recht beträchtlich von c verschieden (beträchtlicher als bei manchen Dämpfen).

e) Schmelzwärme und Abhängigkeit der Schmelztemperatur vom Druck (J. Thomson 1849, W. Thomson 1850, Bunsen 1857). Zwischen diesen beiden Größen (vgl. **83a** (8), ci und **136** (2), gi) besteht die einfache Beziehung (s und σ spezifisches Volumen der festen und der flüssigen Substanz (vgl. **63** (8), L Schmelzwärme in Erg):

$$\frac{dT}{dp} = \frac{T(\sigma - s)}{L}; \tag{apa}$$

bei den meisten Stoffen muß also durch Drucksteigerung der Schmelzpunkt erhöht und nur bei denen, die sich, wie z. B. Wasser, beim Schmelzen zusammenziehen ($\sigma < s$), erniedrigt werden; als Betrag ergiebt sich ferner bei Wasser:

$$-0{,}0074 \text{ für } 1 \text{ Atm.} \tag{ng}$$

Diese Schlüsse stimmen mit den **83a** (8), ci angegebenen Zahlen gut überein.

f) Verdampfungswärme und Abhängigkeit des Siedepunktes vom Druck (vgl. **83c** und **138**; V Verdampfungswärme in Erg):

$$V = T(\sigma - s)\frac{dp}{dT} = T\left(C_x - C_x' + \frac{dV}{dT}\right). \tag{apb}$$

Der erste Teil dieser Gleichung entspricht genau der vorigen Gleichung für die Schmelzwärme, nur sind hier V (Verdampfungswärme) und dp/dT (Änderung der Dampfspannung mit der Temperatur, also das Reziproke der Siedepunktsänderung mit dem Druck) von gleicher Größenordnung, man kann also sowohl V aus dp/dT als auch umgekehrt dp/dT aus V berechnen; man erhält dabei befriedigende Übereinstimmung mit der Beobachtung. Im zweiten Teile der Gleichung (dem übrigens auch ein analoger Teil für den Schmelzprozeß entspricht) bedeutet C_x die spezifische Wärme der Flüssigkeit, C_x' die des Dampfes bei konstanter Dampfmenge, d. h. die spezifische Wärme des gesättigten Dampfes (**139**); für letztere ergiebt sich:

$$C_x' = C_x - \frac{V}{T} + \frac{dV}{dT}; \tag{apc}$$

für Wasser ist nun empirisch $V = 796 - 0{,}71\, T$ (vgl. **138** (3), gq), damit wird

$$C_x' = C_x - \frac{796}{T}, \qquad \text{(apd)}$$

d. h. für Temperaturen bis $T = 796$ oder genauer (da C_x für hohe Temperaturen > 1 ist), bis etwa $T = 773$, also Θ (C.) $= 500^0$ ist bei Wasserdampf C_x' negativ, erst dann wird es positiv (vgl. **139**).

(1) Für den adiabatischen Prozeß erhält man hiernach die Beziehung (x Dampfmenge):

$$V\frac{x}{T} + c \log T = \text{const}. \qquad \text{(ape)}$$

(2) Die Abhängigkeit der Verdampfungswärme von der Temperatur bleibt nach wie vor empirisch. Dagegen hat VAN DER WAALS folgende Formel für die molekulare Verdampfungswärme für gleiche reduzierte Temperatur bei verschiedenen Gasen gegeben ($\mathfrak{T}$ kritische Temperatur, (vgl. **85**):

$$\frac{V_m}{\mathfrak{T}} = \text{const}; \qquad \text{(apf)}$$

diese Formel giebt als const für:

Aceton	Äther	Chloroform	Schwefelkohlenstoff	Wasser
1,44	1,41	1,35	1,35	1,35

(nh)

bestätigt sich also ziemlich gut. Hieraus folgt ferner, daß das Verhältnis der Verdampfungswärmen bei zwei verschiedenen reduzierten Temperaturen für alle Stoffe gleich ist, d. h. daß die Abhängigkeit der Verdampfungswärme von der reduzierten Temperatur für alle Stoffe dieselbe ist.

Andere Formeln (Trouton'sche Regel u. s. w.) haben keine oder untergeordnete Bedeutung.

g) Lösungswärme und Dampfspannung (KIRCHHOFF 1858). Zwischen ihnen besteht unter gewissen Voraussetzungen die Beziehung ($\mathfrak{L}$ Lösungswärme in erg, vgl. **137**, p_0 Dampfspannung über reinem Wasser, p_1 über der Lösung, vgl. **84** u. ***26*** (5)):

$$\mathfrak{L} = R\, T^2 \frac{d \log p_1/p_0}{dT}; \qquad \text{(apg)}$$

sie stimmt mit der Beobachtung, insoweit nicht zwei Einflüsse sich geltend machen, nämlich die Abweichung des Dampfes vom Boyle-Gay-Lussac'schen Gesetz (***24b*** (1)) und eine mit dem eigentlichen Auflösungsprozeß verbundene Arbeit (DIETERICI).

(1) Über die Änderung von $\mathfrak{L}$ mit T s. ob. **137** (5).

h) Heterogene Systeme, Phasen, Phasenregel (Gibbs 1875). Bei einem aus verschiedenen, physikalisch und chemisch differenten Teilen bestehenden Systeme unterscheidet man nach Gibbs einmal die „Phasen", d. h. die räumlich aneinander grenzenden Teile, deren jeder in sich homogen ist, und zweitens die „unabhängigen Bestandteile", d. h. die Zahl der chemisch verschiedenen Stoffe, soweit sie nicht durch die übrigen Bestandteile, und zwar in jeder Phase, mitbestimmt sind.

Ändert sich bei irgend einem Prozesse die Masse des ersten Bestandteiles in der ersten Phase um dm_{11} (entsprechend dm_{12}, dm_{21} ..) und ändert sich lediglich hierdurch die Energie um Vdm_{11}, so ist, wie sich beweisen läßt, V für einen bestimmten Bestandteil in allen Phasen gleich, es ist also eine für diesen Stoff im System charakteristische Größe und heißt daher sein thermisches Potential (Gibbs) oder seine Intensität (Helm).

Zwischen der Zahl der Phasen (β) und der der unabhängigen Bestandteile (α) besteht die Beziehung (Gibbs'sche Phasenregel):

$$\beta \leqq \alpha + 2, \qquad \text{(aph)}$$

in Worten: die Zahl der Phasen kann die Zahl der unabhängigen Bestandteile höchstens um zwei übertreffen. Im Falle $\beta = \alpha + 2$ ist das Gleichgewicht des Systems in sich bestimmt, für $\beta = \alpha + 1$ muß noch eine äußere Festsetzung (z. B. Druck) getroffen werden u. s. w.

Beispiele. Für $\alpha = 1$ kann $\beta = 1$, 2 oder 3 sein, d. h. es kann ein einziger Stoff nur in einem einzigen, oder in zwei, oder in allen drei Aggregatzuständen nebeneinander bestehen, so daß es im ganzen 7 Fälle giebt, z. B.

1. Eis, 2. Wasser, 3. Wasserdampf, 4. Eis und Wasser, 5. Eis und Dampf, 6. Wasser und Dampf, 7. Eis, Wasser und Dampf;

die drei ersten Fälle sind durch nichts beschränkt, bei den drei folgenden muß eine Beziehung zwischen Druck und Temperatur bestehen, beim letzten müssen diese sogar bestimmte Werte haben, die man „Fundamentaldruck" und „Fundamentaltemperatur" der Substanz nennen kann (Planck); es ist die Temperatur, bei der Schmelzdruck, Dampfdruck und Sublimationsdruck (Druck des Dampfes über Eis) gleich groß sind. Bei Wasser ist z. B. (vgl. **84** (1), co und ***105*** e, ng)

$$p\,(\text{norm.}) = 0{,}46\,(\text{cm Hg}), \qquad \Theta\,(\text{norm.}) = +0{,}0074^{0}\,\text{C}; \qquad \text{(ni)}$$

der entsprechende Zustand heißt Fundamentalzustand oder dreifacher Punkt.

Für $\alpha = 2$, $\beta = 2$ hat man z. B. eine Salzlösung mit ihrem Dampf oder eine Salzlösung mit ihrem festen Salz oder zwei nicht in beliebigen Verhältnissen mischbare Flüssigkeiten. Ist die Lösung mit dem Dampf und zugleich mit dem festen Salz in Berührung, so hat man $\alpha = 2$, $\beta = 3$ (vgl. den Fall g). Bei schwefliger Säure und Wasser ist im allgemeinen $\alpha = 2$, $\beta = 4$ ($SO_2 + 7H_2O$ fest, SO_2 in H_2O gelöst, SO_2 flüssig, SO_2 gasförmig). Außer diesen 3 Fällen giebt es hier aber noch einen, nämlich $\alpha = 2$, $\beta = 1$, z. B. Lösung eines Stoffes in einem homogenen Lösungsmittel.

Analog für $\alpha = 3$ u. s. w.

In diesem System sind auch allotrope Modifikationen, Dissoziationen u. s. w. enthalten.

i) Temperaturbestimmung. Prinzipiell ist zwar die absolute Temperatur durch den umkehrbaren Kreisprozeß (**183**) festgelegt; da aber die bezüglichen Bestimmungen praktisch nicht exakt ausführbar sind (**183** (2)), ist die Bemerkung wichtig, daß jede aus dem zweiten Hauptsatze folgende Beziehung zwischen meßbaren Größen zur Bestimmung von T als Funktion der bei den betreffenden Versuchen benutzten praktischen Temperatur Θ (vgl. **81**) dienen kann. Ein Beispiel solcher Beziehungen ist (Planck):

$$\log \frac{T}{T_0} = \int_0^{\Theta} \frac{\left(\frac{\partial p}{\partial \Theta}\right)_v}{\left(\frac{\partial W}{\partial v}\right)_\Theta} d\Theta = a, \qquad \log \frac{T_{100}}{T_0} = \int_0^{100} \frac{\left(\frac{\partial p}{\partial \Theta}\right)_v}{\left(\frac{\partial W}{\partial v}\right)_\Theta} d\Theta = b, \quad \text{(api)}$$

also schließlich
$$T = \frac{100 e^a}{e^b - 1}; \quad \text{(apk)}$$

ein zweites ($d\Theta / dp$ nach Joule-Thomson)

$$\log \frac{T}{T_0} = \int_0^{\Theta} \frac{\left(\frac{\partial v}{\partial \Theta}\right)_p d\Theta}{v + (C_p)_\Theta \frac{d\Theta}{dp}} = r, \qquad \log \frac{T_{100}}{T_0} = \int_0^{100} \frac{\left(\frac{\partial v}{\partial \Theta}\right)_p d\Theta}{v + (C_p)_\Theta \frac{d\Theta}{dp}} = s, \quad \text{(apl)}$$

also schließlich
$$T = \frac{100 e^r}{e^s - 1}; \quad \text{(apm)}$$

ein drittes (Dampfdruck, vgl. ***105*** f):

$$\log T = \int \frac{\sigma - s}{V} \frac{dp}{d\Theta} d\Theta. \quad \text{(apn)}$$

106. **Thermodynamische Bewegungsgleichungen.** In den Bewegungsgleichungen der Mechanik (z. B. ***79***) sind die Geschwindigkeitskomponenten, die Dichte und der Druck die durch $xyzt$ dargestellten, also als Funktionen von Ort und Zeit bestimmten Größen. Ist auch die Temperatur variabel, so kommt noch eine weitere

Gleichung für diese hinzu. Im allgemeinen wird dieselbe sehr kompliziert; berücksichtigt man aber nur die Wärmeleitung, so kann man sie für Flüssigkeiten und Gase auf folgende relativ einfache Form bringen (ϱ Dichte, k Wärmeleitungsfähigkeit, vgl. **180**, η und η' Reibungskoeffizienten, vgl. **94**):

$$\left.\begin{aligned} -(C_p - C)\frac{\frac{\partial p}{\partial \varrho}}{\frac{\partial p}{\partial T}}\frac{d\varrho}{dt} + C\frac{dT}{dt} = \frac{1}{\varrho}\left[\frac{\partial\left(k\frac{\partial T}{\partial x}\right)}{\partial x} + \frac{\partial\left(k\frac{\partial T}{\partial y}\right)}{\partial y} + \frac{\partial\left(k\frac{\partial T}{\partial z}\right)}{\partial z}\right] \\ + \frac{\eta}{\varrho}\left\{2\left(\frac{\partial u}{\partial x}\right)^2 + 2\left(\frac{\partial v}{\partial y}\right)^2 + 2\left(\frac{\partial w}{\partial z}\right)^2\right. \\ \left. + \left(\frac{\partial v}{\partial z} + \frac{\partial w}{\partial y}\right)^2 + \left(\frac{\partial w}{\partial x} + \frac{\partial u}{\partial z}\right)^2 + \left(\frac{\partial u}{\partial y} + \frac{\partial v}{\partial x}\right)^2\right\} \\ - \frac{2\eta'}{\varrho}\left(\frac{\partial u}{\partial x} + \frac{\partial v}{\partial y} + \frac{\partial w}{\partial z}\right)^2; \end{aligned}\right\} \text{(apo)}$$

für Flüssigkeiten fällt das letzte Glied fort.

Für Gase kann man die Bewegungsgleichungen auch auf der Basis der Molekulartheorie (**100**) entwickeln. Es seien $\xi\,\eta\,\zeta$ die Geschwindigkeitskomponenten einer Molekel, $\overline{\xi}\;\overline{\eta}\;\overline{\zeta}$ ihre Mittelwerte für alle Molekeln, Q irgend eine Funktion von $\xi\,\eta\,\zeta$, $\overline{Q}$ ihr Mittelwert, ebenso seien $\overline{\xi\,Q}$ u. s. w. die Mittelwerte von $\xi\,Q$ u. s. w., N die Molekelzahl in der Raumeinheit; das Zeichen D bedeute die Änderung durch Zusammenstöße, ∂ die sonstige Änderung. Dann gilt die „Grundgleichung" eines bewegten Gases (KIRCHHOFF):

$$\left.\begin{aligned} \frac{\partial(\varrho\,\overline{Q})}{\partial t} - \varrho\frac{D\overline{Q}}{Dt} = -\left[\frac{\partial(\varrho\,\overline{\xi Q})}{\partial x} + \frac{\partial(\varrho\,\overline{\eta Q})}{\partial y} + \frac{\partial(\varrho\,\overline{\zeta Q})}{\partial z}\right] \\ + \varrho\left(X\frac{\overline{\partial Q}}{\partial\xi} + Y\frac{\overline{\partial Q}}{\partial\eta} + Z\frac{\overline{\partial Q}}{\partial\zeta}\right). \end{aligned}\right\} \text{(app)}$$

Aus ihr erhält man fünf einzelne Gleichungen, indem man der Reihe nach setzt:

$$Q = 1, \quad Q = \xi, \quad Q = \eta, \quad Q = \zeta, \quad Q = \xi^2 + \eta^2 + \zeta^2 \quad \text{(apq)}$$

(wobei das Glied mit den D stets wegfällt), und von diesen ist die erste die Kontinuitätsgleichung, die zweite bis vierte sind die reinen Bewegungsgleichungen, die fünfte ist die Temperaturgleichung; die vier ersten werden mit den entsprechenden der gewöhnlichen Mechanik (vgl. **79**, Gl. ahn) identisch, wenn man setzt:

$$\left.\begin{aligned} \overline{\xi} = u, \quad \overline{\eta} = v, \quad \overline{\zeta} = w, \quad \varrho\overline{\xi^2} = X_x, \quad \varrho\overline{\eta^2} = Y_y, \quad \varrho\overline{\zeta^2} = Z_z, \\ \varrho\overline{\eta\zeta} = Y_z, \quad \varrho\overline{\zeta\xi} = Z_x, \quad \varrho\overline{\xi\eta} = X_y. \end{aligned}\right\} \text{(apr)}$$

Fünfter Abschnitt: Elektrizität und Magnetismus.

107. Energieverwandlung und Energievergeudung bei elektrischen und magnetischen Prozessen.

a) Chemische Wärme und Stromwärme (vgl. **140** und **158**). Wenn eine galvanische Kette, die umkehrbar wirkt (Daniell'sches Element, Akkumulator u. s. w.) und in der ein einfacher chemischer Prozeß sich abspielt, einen elektrischen Strom erzeugt, so ist die Stromwärme nicht, wie der erste Hauptsatz zuließe, einfach gleich der Wärmetönung oder chemischen Wärme (d. h. der Wärme, die in der Kette ohne Strom durch den chemischen Prozeß selbst entwickelt würde), sondern sie ist kleiner, der Rest bleibt als chemische Wärme in dem Elemente, wird also vergeudet. Der erste Teil der aufgewandten Energie ist „freie Energie", sein Verhältnis zur ganzen ist der galvanische Wirkungsgrad oder Nutzeffekt (Braun) der Kette (vgl. **168**). Der Wirkungsgrad ist hiernach unter den angegebenen Bedingungen stets kleiner als 1 (kleiner als 100 Proz.).

(1) Bei zusammengesetzten chemischen Vorgängen in der Kette kann er auch gleich oder größer als 1 sein, d. h. die Kette liefert nicht nur die chemische Wärme an den Strom ab, sondern noch einen Überschuß, der sich natürlich durch ihre Abkühlung oder anderweitig markiert; übrigens sind diese Fälle selten und z. T. unsicher. Einige ungefähre Nutzeffekte (in Prozenten) nach Braun:

Zn, Cl_2, aq	86	Zn, Br_2, aq	92	Zn, J_2, aq	97	(nf)
Cd, „ „	83	Cd, „ „	91	Cd, „ „	106	
Ag_2, „	83	Ag_2, „	94	Ag_2, „	109	
Cu, „ aq	79	Pb, „	91	Hg_2, „	86	
Fe, „ „	75	Cu, „ aq	77			
Hg_2, „	75	Hg_2, „	63			
Au, Cl_3, HCl, aq	57					
Pt, Cl_4, „ „	49					

b) Thermische Veränderlichkeit der elektromotorischen Kraft von Ketten. Diese Größe steht thermodynamisch zur Strom- und chemischen Wärme in der einfachen Beziehung (v. Helmholtz) (α ein Koeffizient)

$$W_s = W_{ch} + \alpha T \frac{\partial e}{\partial T}, \qquad \text{(aps)}$$

in Worten: Die Stromwärme ist gleich, größer oder kleiner als die chemische Wärme, je nachdem die elektromotorische Kraft mit wachsender Temperatur konstant bleibt, zunimmt oder abnimmt. Bei einfachen Elementen muß hiernach e mit steigendem T abnehmen, bei anderen kann es auch zunehmen; die Erfahrung scheint dies zu bestätigen (Czapski u. A.).

c) Änderung der elektromotorischen Kraft mit dem Druck. Diese Größe hat eine ganz analoge Beziehung zu der Volumenänderung, die durch die chemischen Vorgänge in der Kette eintritt:

$$dv = -\beta \frac{\partial e}{\partial p}; \tag{apt}$$

je nachdem also e mit steigendem p konstant bleibt, zunimmt oder abnimmt, findet in der Kette Konstanz des Volumens, Zusammenziehung oder Ausdehnung statt (Duhem); ebenfalls bestätigt.

d) Elektromotorische Kraft und Konzentration. Die elektromotorische Kraft hängt von der Konzentration der in der Kette verwendeten Lösung ab; es besteht demgemäß auch zwischen verschiedenen Konzentrationen desselben Salzes eine Potentialdifferenz (vgl oben *54*(5)). Für die elektromotorische Kraft solcher Konzentrationsketten sind zwei Formeln aufgestellt, eine rein thermodynamische (v. Helmholtz), nämlich (p Dampfdruck über der Lösung, v spezifisches Volumen, c Konzentration, m die durch die Stromeinheit gelöste Salzmenge):

$$e = m\int_0^1 cv \frac{\partial p}{\partial c}\, dc; \tag{apu}$$

eine zweite, auf der Ionentheorie beruhende von Planck, die schon oben *54*(5) angeführt worden ist. Die Konsequenzen auch dieser Formeln sind durch die Erfahrung in den meisten Fällen gut bestätigt worden.

e) Piezoelektrizität und Elektrostriktion (**157**) stehen in entropischer Reziprozität zu einanander. Ebenso muß es, reziprok zur Pyroelektrizität (**157**), eine Temperaturänderung im elektrischen Felde geben; sie ist auch thatsächlich konstatiert, aber sehr schwach.

f) Magnetischer Wirkungsgrad. Auch bei magnetischen Prozessen tritt stets Energievergeudung in Form von ungewünschter Erwärmung auf. Die Hauptursache ist hier die Hysteresis (**152** (11)), bei einem Kreisprozesse (Hin- und Hermagnetisieren) ist die vergeudete, meist als Wärme auftretende Arbeit durch die vom auf- und absteigenden Zweige der Magnetisierungskurve („Hysteresisschleife") eingeschlossene Fläche dargestellt (Warburg 1880, Ewing u. A.), vgl. **118** (2). Dazu kommt noch die Entstehung von Wirbelströmen in der Eisenmasse (*50*(8)). Infolgedessen würde der magnetische Wirkungsgrad von Dynamomaschinen u. s. w. weit unter 1 bleiben, wenn man nicht die Hysteresis durch Wahl bestimmter Eisensorten (schwedisches Schmiedeeisen oder besonderer Stahl) und mäßige Magnetisierung, die Wirbelströme durch

Zerteilung der Eisenmassen stark herabminderte; infolgedessen haben neuere Dynamomaschinen sogar einen hohen Wirkungsgrad, der 90% oft übersteigt.

g) Der elektrischen Endosmose (*86* c (2)) stehen reziprok gegenüber die elektrischen „Diaphragmenströme" oder Strömungsströme, die auftreten, wenn eine Flüssigkeit durch eine poröse Schicht strömt (QUINCKE 1859, Theorie v. HELMHOLTZ 1879).

187. Elektrizitätsbewegung. Wie die Wärme kann sich auch die Elektrizität auf drei verschiedene Arten bewegen, nämlich durch

elektrische Konvektion (Fortführung durch fortschreitende materielle Teilchen);

elektrische Leitung (wirkliche Fortbewegung von Schicht zu Schicht der ruhenden Materie);

elektrische Strahlung (scheinbar momentane Fortpflanzung, in Wahrheit Wellenbewegung im dielektrischen Medium, also Fortpflanzung elektrischer Schwingungen).

(1) Diese drei Arten der Elektrizitätsbewegung sind nicht immer streng zu trennen; bei dem Durchgange der Elektrizität durch Gase, den sogenannten Entladungen, kommen z. B. alle drei Arten vor und gehen ineinander über. Sie sind am besten nur als Typen anzusehen, unter denen wir uns verschiedene elektrische Vorgänge am einfachsten vorstellen. Die elektrolytische Leitung z. B. läßt sich auf Konvektion zurückführen, ebenso beruhen manche der mit Lichterscheinungen verbundenen Elektrizitätsbewegungen (Kathodenstrahlen u. s. w.) wahrscheinlich auf Konvektion; endlich erweist sich die Annahme einer Leitung z. B. durch Metalldrähte als überhaupt überflüssig, wenn man die dielektrische Fortpflanzung im umgebenden Medium mit Rücksicht auf den Einfluß des Drahtes dafür einsetzt. Überhaupt darf hiernach der Ausdruck „elektrischer Strom" nur im formal-bildlichen Sinne verstanden werden; vom Standpunkte der Energielehre stellt er eine Wanderung der Energie (125) dar, und diese letztere findet eben im wesentlichen gar nicht in der Strombahn, sondern im umgebenden Dielektrikum statt. Immerhin bleibt bestehen, daß der Metalldraht (oder dgl.) der Energiewanderung die Wege weist, und in diesem Sinne darf von Strom, Strombahn und Leitung gesprochen werden.

***108.* Gesetz der stationären elektrischen Strömung** (KIRCHHOFF 1849). Die Gesetze der Elektrizitätsleitung sind ganz analog denen der Wärmeleitung (*97*); Elektrizitätsmenge statt Wärmemenge, Potential statt Temperatur), mit dem für variable Strömung jedoch wesentlichen Unterschiede, daß hier ein neuer Einfluß durch die elektrische Induktion hinzukommt, wodurch die variable Elektrizitätsleitung viel komplizierter wird als die variable Wärmeleitung.

Für stationäre Strömung in isotropen Körpern ist (i Elektrizitätsmenge, die in 1 sec durch den Querschnitt df fließt, λ ein Faktor):

$$i = -\lambda \frac{\partial V}{\partial n} df, \tag{apv}$$

also: $\int \lambda \frac{\partial V}{\partial n} df = 0$ oder $\frac{\partial^2 V}{\partial x^2} + \frac{\partial^2 V}{\partial y^2} + \frac{\partial^2 V}{\partial z^2} = 0$

oder kurz: $\Delta V = 0$; (apw)

außerdem muß an der Grenze gegen einen Isolator resp. gegen einen anderen Leiter (λ' ein neuer Faktor)

$$\frac{\partial V}{\partial n} = 0 \quad \text{resp.} \quad \lambda \frac{\partial V}{\partial n} + \lambda' \frac{\partial V'}{\partial n'} = 0 \tag{apx}$$

sein; erstere Gleichung besagt, daß die Grenzfläche gegen einen Isolator aus Stromlinien gebildet ist; endlich muß an der Grenze gegen einen anderen Leiter $V - V'$ einen bestimmten Wert haben, nämlich gleich der elektrischen Differenz beider Stoffe sein (**143** (3)).

Der Faktor λ heißt Leitungsfähigkeit (s. w. u.).

Wendet man die Formeln auf ein begrenztes Stück zwischen zwei Querschnitten eines linearen Leiters an, so erhält man (l Länge, q Querschnitt, e elektromotorische Kraft, vgl. **143**):

$$V_1 - V_2 = \frac{il}{\lambda q}, \qquad i = \frac{\lambda q}{l} e \tag{apy}$$

oder, wenn man setzt

$$w = \frac{l}{\lambda q}: \qquad i = \frac{e}{w}, \tag{apz}$$

d. h. das schon oben (***45***) von anderem Gesichtspunkte aus aufgestellte Ohm'sche Gesetz. Zugleich erhält man für die schon dort eingeführte Größe w (**148**) den Satz:

Der Widerstand eines linearen Leiters ist mit seiner Länge direkt, mit seinem Querschnitt und seiner Leitungsfähigkeit umgekehrt proportional. Zugleich folgt: Das Potentialgefälle ist für eine gegebene Stromstärke in einem bestimmten Leiter konstant, in verschiedenen aber desto größer, je kleiner Querschnitt und Leitungsfähigkeit ist.

Der Widerstand eines körperlichen Leiters ergiebt sich aus der allgemeinen Formel

$$w = \frac{V_1 - V_2}{-\lambda \int \frac{\partial V}{\partial n} df}, \tag{aqa}$$

er hat nur dann einen Sinn und Wert, wenn die Leiteroberfläche sich aus einem Ein- und einem Ausströmungsstück (Potentiale V_1 und V_2) und einem Mantel von Stromlinien zusammensetzt.

In körperlichen Leitern gelten ferner folgende Sätze (HELMHOLTZ):

Die von verschiedenen elektromotorischen Kräften herrührenden Potentiale in einem Punkte addieren sich einfach, ebenso die Stromkomponenten (Superpositionsprinzip).

Innere elektromotorische Kräfte lassen sich durch geeignete oberflächliche ersetzen.

Eine elektromotorische Kraft in a erzeugt in b denselben Strom wie dieselbe in b wirksame Kraft in a.

(1) Aus der Gleichung $\Delta V = 0$ pflegt der Schluß gezogen zu werden, daß auch bei stationären Strömen, wie bei ruhender Elektrizität, im Inneren keine freie Elektrizität vorhanden sei; dieser Schluß läßt sich aber anfechten resp. dahin modifizieren, daß die im Inneren befindliche freie Elektrizität sich mit der Zeit nicht ändern, oder daß die wahre Elektrizität (s. w. u.) im Inneren null sei.

(2) Für die Komponenten der Stromdichte (**147** (2)) ergeben sich die Formeln:

$$u = -\lambda \frac{\partial V}{\partial x}, \qquad v = -\lambda \frac{\partial V}{\partial y}, \qquad w = -\lambda \frac{\partial V}{\partial z}. \tag{aqb}$$

(3) Einige Formeln für körperliche Widerstände:

Unendliche Ebene, in die zwei Drähte vom Radius a in zwei um d voneinander abstehenden Punkten einmünden:

$$w = \frac{1}{\pi \lambda}\left(\frac{1}{a} - \frac{1}{d}\right), \tag{aqc}$$

also annähernd, wenn d groß gegen a ist:

$$w = \frac{1}{\pi \lambda a}. \tag{aqd}$$

Kugel vom Radius r, in die zwei Drähte vom Radius a in zwei diametral entgegengesetzten Punkten einmünden:

$$w = \frac{1}{4\pi \lambda r}\left(\frac{4r}{a} + \log \frac{9r^2}{a^2} - 2\right). \tag{aqe}$$

Kugel, in die zwei Drähte in Punkten münden, deren Centriwinkel-Abstand ε ist

$$w = \frac{1}{4\pi \lambda r}\left(\frac{4r}{a} + \log \frac{r^2}{a^2} + 2 \log \left(2 \sin^2 \frac{\varepsilon}{2} + 2 \sin \varepsilon\right) - \frac{2}{\sin \varepsilon}\right). \tag{aqf}$$

Draht von der Länge l und dem Radius a, der in einen voluminösen Leiter mündet (λ und λ' Leitungsfähigkeit des Drahtes und Leiters):

$$w = \frac{1}{\pi \lambda a^2}\left(l + \frac{\lambda}{\lambda'} 0{,}8\, a\right), \tag{aqg}$$

speziell für $\lambda = \lambda'$ (gleiches Material von Draht und Leiter):

$$w = \frac{1}{\pi \lambda a^2}(l + 0{,}8\,a); \tag{aqh}$$

die Länge muß also um das 0,8-fache des Radius vergrößert werden, man nennt dies die korrigierte Länge, das ganze Zusatzglied aber, $w' = 0{,}8/\pi\lambda a$ den Ausbreitungswiderstand.

Cylinder mit Drähten in den Mitten der Endflächen:

$$w = \frac{1}{\pi \lambda a^2}(l - 0{,}77\,a), \tag{aqi}$$

die Längenkorrektur ist also hier ebenso wie das Zusatzglied des Widerstandes negativ.

Abgestumpfter Kegel (Länge l, Dicken an den Enden D und d):

$$w = \frac{4l}{\lambda D d \pi} \tag{aqk}$$

(Anwendung auf fehlerhafte Cylinder, Quecksilberfäden u. s. w.; man verfährt bei Anwendung obiger Formel genauer, als wenn man aus der an verschiedenen Stellen gemessenen Dicke das Mittel nimmt und dann nach der Cylinderformel rechnet).

Kugelschale mit den beiden Kugelflächen als Elektroden (Strom überall in der Richtung des Radius):

$$w = \frac{1}{4\pi\lambda}\frac{R-r}{Rr} = \frac{D}{Rr} = \frac{1}{r} - \frac{1}{R}. \tag{aql}$$

Cylinderschale mit den beiden Cylinderflächen als Elektroden (Höhe h):

$$w = \frac{1}{2\pi\lambda h}\log\frac{R}{r}, \tag{aqm}$$

also nur von dem Verhältnis des äußeren und inneren Radius abhängig (Anwendung auf galvanische Elemente).

$$\left.\begin{array}{ll}
\text{Unbegrenzter leitender Raum mit einer kleinen kugelförmigen (Radius } r\text{) Elektrode} & w = \dfrac{1}{4\pi\lambda r}. \\
\text{Ebenso mit zwei Kugelelektroden . . .} & w = \dfrac{1}{2\pi\lambda r}. \\
\text{Unendlicher Halbraum, ebenso . . . .} & w = \dfrac{1}{\pi\lambda r}. \\
\text{Statt der kugelförmigen kreisförmige Elektroden . . . .} & w = \dfrac{1}{2\lambda r}.
\end{array}\right\} \tag{aqn}$$

Rechteckige Elektroden (Seiten a und na, ferner zur Abkürzung $N = (1 + n)^2 - 8n/\pi$):

$$w = \frac{1}{\pi\lambda a\sqrt{N}}\log\frac{n+1+\sqrt{N}}{n+1-\sqrt{N}}. \tag{aqo}$$

Diese Formeln sind wichtig in ihrer Anwendung auf den Erdwiderstand zwischen oberflächlich eingesenkten Metallplatten.

(4) Serienschaltung und Parallelschaltung. Der Widerstand hintereinander geschalteter Leiter ist die Summe der einzelnen Widerstände, der Widerstand nebeneinander geschalteter (also gleichzeitig vom Strom durchlaufener) Leiter ist der reziproke Wert der Summe der reziproken Einzelwiderstände; sind alle Leiter (Anzahl n) von gleichem Widerstande, so wird jener gleich dem n-fachen, dieser der n-Teil des Einzelwiderstandes. Diese Sätze sind besonders wichtig für galvanische Ketten, Akkumulatoren, elektrische Lampen u. s. w., die erste Schaltung heißt hier Serienschaltung, die zweite Parallelschaltung. Formeln:

$$W_s = \sum w, \qquad \text{speziell } W_s = nw \tag{aqp}$$

$$W_p = \frac{1}{\sum \frac{1}{w}}, \qquad \text{„} \quad W_p = \frac{w}{n}. \tag{aqq}$$

(5) Der Widerstand der die elektromotorische Kraft liefernden Teile (Elemente, Maschinen u. s. w.) heißt innerer, der Rest äußerer Widerstand des Stromkreises:

$$w = w_i + w_a, \qquad i = \frac{e}{w_i + w_a}. \tag{aqr}$$

(6) Für den allgemeinsten Fall beliebig vieler sich beliebig verzweigender und kreuzender linearer Leitungen gelten die folgenden Sätze (Kirchhoff 1847):

a) Jedem Kreuzungspunkte strömt ebensoviel Elektrizität zu als von ihm weg.

b) In jeder einfachen, aus dem Schema herausgegriffenen Schließung ist die Summe aller Produkte aus Stromstärke und Widerstand gleich der Summe aller elektromotorischen Kräfte innerhalb der Schließung. Formeln:

$$\sum i = 0, \qquad \sum iw = \sum e. \tag{aqs) (aqt}$$

(7) Strombrücke heißt ein System von 6 Zweigen, von denen 2 als Diagonalen des durch die 4 übrigen gebildeten Vierecks angesehen werden können, wobei für die Wahl zu Seiten und Diagonalen verschiedene Möglichkeiten bestehen. Wirken in allen Zweigen beliebige konstante elektromotorische Kräfte, und ist die Stromstärke in einer Diagonale gleich groß, ob die andere Diagonale offen oder geschlossen ist, so bilden die Widerstände der 4 Seitenzweige eine Proportion, und umgekehrt. Formel:

$$w_1 : w_2 = w_3 : w_4 ; \tag{aqu}$$

genauer: Die Widerstände zweier Seiten, die von demselben Endpunkte einer Diagonale ausgehen, verhalten sich wie die Widerstände der beiden Seiten, die von dem anderen Endpunkte der Diagonale ausgehen. Ist nur in der einen Diagonale eine elektromotorische Kraft vorhanden, so bleibt bei deren Schluß die Stromstärke in der anderen Diagonale null. Die allgemeine Strombrücke heißt Froelich'sche Brücke, der genannte Spezialfall Wheatstone'sche Brücke.

(8) Wirkungsgrad von Schaltungen und Leitungen. Um mit n galvanischen Elementen oder elektrischen Maschinen die größte Stromstärke zu erzielen, muß man je k von ihnen parallel schalten (*108* (4)) und n/k solche Gruppen hintereinanderschalten, wo k und damit dann i die Werte haben (e elektromotorische Kraft, w_e Widerstand eines Elementes, w_a äußerer Widerstand):

$$k = \sqrt{n\frac{w_e}{w_a}}, \qquad i = \frac{e}{2}\sqrt{\frac{n}{w_e w_a}}, \tag{aqv}$$

der ganze Kettenwiderstand ist dann gleich dem äußeren. Der Wirkungsgrad ist hierbei freilich nur $1/2$, er ist nämlich allgemein

$$\varepsilon = \frac{w_a}{\frac{n w_e}{k^2} + w_a}; \tag{aqw}$$

um ihn also möglichst groß zu machen, also die Batterie möglichst auszunutzen, muß man k möglichst groß, d. h. gleich n machen, es wird dann

$$\varepsilon = \frac{w_a}{\frac{w_e}{n} + w_a}. \tag{aqx}$$

Die reine Parallelschaltung ist also am ökonomischsten und desto ökonomischer, je mehr Elemente es sind und je kleiner der Widerstand jedes einzelnen ist.

Bei Leitungen, insbesondere Kraftübertragungen hängt der Wirkungsgrad (außer von sekundären, oft erheblichen Einflüssen) von der Stromspannung und dem Widerstande nach der Formel

$$\varepsilon = 1 - \alpha\frac{w}{e^2} \tag{aqy}$$

ab, wo α eine Konstante ist; man muß also entweder w klein, d. h. die Leitung kräftig, oder e groß, d. h. hochgespannten Strom nehmen; die Abwägung beider Faktoren wird durch Kostenfragen bestimmt.

(9) Strömungen in Flächen, Platten u. s. w. (Kirchhoff 1845). Die Grundgleichung (*108*, apv) wird hier für ebene Flächen:

$$\frac{\partial^2 V}{\partial x^2} + \frac{\partial^2 V}{\partial y^2} = 0, \tag{aqz}$$

die Lösung (vgl. *32* (5)) ist der reelle Teil jeder Funktion von $x+iy$, wo $i=\sqrt{-1}$, der andere Teil V' konstant gesetzt giebt die Gleichungen der Stromlinien, die Orte, wo $V=\pm\infty$ wird, sind Quellen resp. Senken oder Anoden resp. Kathoden. Das allgemeine Ergebnis dieser Theorie ist, daß sich die Elektrizität in lauter isolierten Stromlinien bewegt, die sich (außer in den Quellen und Senken) nicht weiter verzweigen, also gerade wie wenn die Fläche (ebenso ein Körper) aus lauter einzelnen leitenden Fäden bestände. Man beachte die Analogie hiervon mit dem Huygens'schen Prinzip für die Strahlung.

Beispiele: Unendliche Ebene mit einer Quelle (Senke ist der unendliche Rand, r und ω Polarkoordinaten, δ Dicke der Platte):

$$V = -\frac{i}{2\pi\delta\lambda}\lg r, \qquad V' = \omega = \text{const}, \tag{ara}$$

also Niveaulinien konzentrische Kreise, Stromlinien Radien. Ähnlich für einen unendlichen Keil mit der Quelle in der Spitze, nur daß hier der Keilwinkel α an Stelle von 2π tritt.

Unendliche Ebene mit Quelle und Senke im endlichen oder Kreisscheibe mit Quelle und Senke in Randpunkten ($r\,\omega$ resp. $r_1\,\omega_1$ von Quelle resp. Senke gerechnet):

$$V = \frac{i}{2\pi\delta\lambda}\lg\frac{r_1}{r}, \qquad V' = \omega_1 - \omega_2 = \text{const}, \tag{arb}$$

also Niveaulinien harmonische Kreisschar zu Quelle und Senke, Stromlinien alle durch Quelle und Senke gehenden Kreisbögen.

Kreisscheibe mit Quelle und Senke im Inneren. Hier muß man die „elektrischen Spiegelbilder" (Thomson) zu Quelle und Senke suchen (derart, daß der Kreisradius das geometrische Mittel zwischen den Centrumsabständen von Objekt und Bild ist), es wird dann

$$V = \frac{i}{2\pi\delta\lambda}\lg\frac{r_1 R_1}{rR}. \tag{arc}$$

In anderen Flächen findet man die Strömung durch ähnliche Abbildung auf den Kreis, in krummen Flächen durch Abbildung auf die Ebene.

(10) Brechung des elektrischen Stromes (Kirchhoff 1845, Quincke 1856). Es gilt wie bei der Wärme (**180** (1)) das Gesetz (ω und ω' Winkel der Stromlinien im ersten und zweiten Leiter mit der Normale zur Grenze): Beide Stromlinien liegen mit der Normale in einer Ebene und es ist (vgl. **180**, Gl. amb):

$$\operatorname{tg}\omega : \operatorname{tg}\omega' = \lambda : \lambda'. \tag{ard}$$

(11) Nobili'sche Ringe (1827) entstehen auf einer Metallplatte am Grunde eines mit elektrolytischer Lösung gefüllten Gefäßes, wenn

man von nahegebrachten Drahtenden einen Strom übergehen läßt; eine Abart sind die **Guébhard'schen Ringe** (1880). Es sind im Prinzip Linien gleicher Stromdichte, thatsächlich fallen sie nicht selten mit den Niveaulinien nahe zusammen. Bei einer einzigen Anode sind es z. B. konzentrische Ringe, sonst Lemniscaten, Hyperbeln u. s. w.

(12) **Zerstreuung der Elektrizität** heißt die langsame Fortleitung aus einem guten in einen schlechten Leiter; Zerstreuungskoeffizient die Größe τ in der Formel (ε El.-Menge)

$$\varepsilon = \varepsilon_0 e^{-\tau t}; \qquad [\tau] = t^{-1}. \qquad \text{(are) (FT)}$$

Für einen elektrischen Strom, dessen Umgebung (feuchte Luft, Erdreich u. s. w.) zerstreuend wirkt, gilt die Grundgleichung und das Ohm'sche Gesetz nicht mehr; es ist alsdann vielmehr (linearer Strom):

$$\frac{d^2 V}{dx^2} = \beta^2 V, \qquad \text{(arf)}$$

wo β eine von Querschnitt, Leitungsfähigkeit und Kapazität des Leiters abhängige Konstante ist; für den Fall, daß das Ende abgeleitet, also daselbst $V = 0$ ist, wird (V_0 Wert von V im Anfangspunkt):

$$V = V_0 \frac{e^{\beta(l-x)} - e^{-\beta(l-x)}}{e^{\beta l} - e^{-\beta l}}, \qquad \text{(arg)}$$

insbesondere das Potential in der Mitte

$$V_{l/2} = \frac{V_0}{e^{\beta l/2} + e^{-\beta l/2}}, \qquad \text{(arh)}$$

d. h. kleiner als $\frac{1}{2} V_0$, wie es ohne Zerstreuung sein müßte; das Gefälle ist hier nicht gleichförmig, sondern anfangs groß, allmählich kleiner (wie bei der Wärmeleitung ohne resp. mit äußerer Abgabe, vgl. ***97*** a, α und β); für unendlich langen Leiter nimmt V und damit auch die Stromstärke einfach geometrisch ab, wenn x arithmetisch wächst.

(13) **Entladung** (vgl. ***50*** (5)) heißt ein kurzer Strom, der die Potentialunterschiede zwischen verschiedenen Stellen ausgleicht. Von ihr gelten im allgemeinen die obigen Stromgesetze. Die Entladung kann einfach oder **oscillierend** sein, ihre Dauer resp. die Dauer einer Oscillation mißt nach milliontel Sekunden und wächst mit dem Widerstande, den sie zu überwinden hat (etwa wie die Wurzel aus diesem). Läßt man die Entladung auf eine dielektrische Platte treffen, die mit Schwefel- und Mennigepulver bestreut ist, so erhält man die **Lichtenberg'schen Figuren**, die für positive Entladung sternförmig, für negative wolkig sind.

188. Leitungsvermögen. Spezifisches Leitvermögen oder Leitfähigkeit eines Stoffes heißt der Faktor λ in obigen Gleichungen, d. h. die Größe

$$\lambda = \frac{i}{-\int \frac{\partial V}{\partial n} df} = \frac{il}{eq} = \frac{l}{wq}; \tag{ari}$$

die reziproke Größe, also

$$s = \frac{-\int \frac{\partial V}{\partial n} df}{i} = \frac{eq}{il} = \frac{wq}{l} \tag{ark}$$

heißt spezifischer Widerstand; es ist der Widerstand eines Würfels der betr. Substanz von 1 cm Kante gegen einen von Fläche zu Gegenfläche durchfließenden Strom.

Dimensionsformeln (vgl. **155**, EU):

$$\text{elektrostatisch: } [\lambda] = t^{-1}, \qquad [s] = t, \tag{FU)(FV}$$

$$\text{elektromagnetisch: } [\lambda] = l^{-2}t, \qquad [s] = l^2 t^{-1}. \tag{FW)(FX}$$

Als Einheit des spezifischen Widerstandes (**156** (2)) kann entweder die absolute elektromagnetische Widerstandseinheit oder das Ohm (Ω) oder der spezifische Widerstand eines bestimmten Stoffes, allgemein Quecksilber bei 0° C., gewählt werden; letzterer selbst ist gleich $1/10630\ \Omega$ oder gleich $10^9/10630 = 94100$ absoluten Einheiten. Ist der spezifische Widerstand irgend eines anderen Stoffes in jenen drei Einheiten s, s_1, s_2 und das Leitvermögen entsprechend λ, λ_1, λ_2, so gelten folgende Umrechnungsformeln:

$$\left.\begin{aligned} s &= 10^9 s_1 = 94100\, s_2, & \lambda &= 10^{-9}\lambda_1 = 1{,}063 \times 10^{-5}\lambda_2 \\ s_1 &= 10^{-9}s = 0{,}941 \times 10^{-4}s_2, & \lambda_1 &= 10^9\lambda = 10630\,\lambda_2 \\ s_2 &= 1{,}063 \times 10^{-5}s = 10630 s_1, & \lambda_2 &= 94100\,\lambda = 0{,}941 \times 10^{-4}\lambda_1. \end{aligned}\right\} \tag{arl}$$

Im absoluten Maaße ist der spezifische Widerstand (s) in sec resp. cm²/sec, im praktischen (s_1) ist er in Ohm-cm (Ohmcentimeter, vgl. **156**) ausgedrückt, statt dessen wird er zuweilen, um bequemere Zahlen zu erhalten, in Mikrohmcentimetern (für sehr gute Leiter) oder in Megohmcentimetern (für sehr schlechte Leiter) ausgedrückt.

Bei elektrolytischen Stoffen, insbesondere Lösungen, ist die Leitung vom Charakter der Konvektion (**187**), die dissoziierten Teilchen, die Ionen (**161**), führen die Ladungen mit sich fort, die nicht dissoziierten beteiligen sich an dem Leitungsvorgange überhaupt nicht (Clausius, Williamson, Arrhenius). In diesem Falle ist es, um zu einfacheren Beziehungen zu gelangen, gut, statt des Leitvermögens das „molekulare Leitvermögen" oder das „Äquivalent-Leitvermögen" einzuführen, d. h. das Leitvermögen dividiert durch die in Grammmolekeln resp. in Grammäquivalenten pro cbcm der Lösung ausgedrückte Konzentration (vgl. **99** (3) und **103** (1)); ob man das eine oder das andere wählt, macht bei einwertigen Stoffen keinen Unterschied, bei n-wertigen bedingt es den Zahlenfaktor n (**99** (2)). Formeln (molekulares resp. Äquivalent-Leitvermögen λ^* resp. Λ, molekulare resp. Äquivalent-Konzentration c^* resp. C):

$$\lambda^* = \frac{\lambda}{c^*}, \qquad \Lambda = \frac{\lambda}{C}. \tag{arl}$$

Dieses Leitvermögen setzt sich aus den elektrolytischen Beweglichkeiten der beiden Ionen (***54*** (3)) zusammen und ist einfach ihre Summe (additive Größe, vgl. ***17*** (3)):

$$\Lambda = B_a + B_k. \tag{arm}$$

(1) In bestimmten Fällen werden noch andere Arten von spezifischem Widerstand resp. Leitvermögen benutzt, so z. B. der Widerstand resp. das Leitvermögen der Längen- und Masseneinheit (der Querschnitt ist dann nicht 1), sie sind einfach ϱs resp. λ/ϱ, wenn ϱ die Dichte ist.

(2) In der Praxis wird der spezifische Widerstand gewöhnlich nicht auf das cbcm, sondern auf einen Faden von 1 cm Länge und 1 qmm Querschnitt bezogen; Quecksilber hat alsdann den spezifischen Widerstand 941×10^6 (absolut) oder 9,943 Ω-cm. Für die auf Quecksilber bezogenen Zahlen anderer Stoffe hat diese Änderung der Dimensionen natürlich keinen Einfluß, wenn sie durchweg vorgenommen wird.

(3) Isohydrische Lösungen (Arrhenius) sind Lösungen, die miteinander gemischt ein dem arithmetischen Mittel der einzelnen gleiches Leitvermögen ergeben.

109. **Gesetze und Beziehungen des Leitvermögens.**

a) Das Leitvermögen bewegt sich für die verschiedenen Stoffe in äußerst weiten Grenzen, am größten ist es für Silber, am kleinsten, soweit Bestimmungen oder Schätzungen vorliegen, für Hartgummi und Paraffin; diese Grenzwerte verhalten sich etwa wie $10^{24} : 1$.

b) Das Leitvermögen der Metalle hängt von der mechanischen Konstitution ab (weich besser als hart, u. s. w.)

c) Das Leitvermögen der „metallisch“, d. h. ohne Zersetzung leitenden Stoffe nimmt mit der Temperatur ab, das der Elektrolyte zu; zu den letzteren gehören auch zahlreiche Stoffe, deren Zersetzung nicht augenfällig ist (Glas, Porzellan, Kohle u. s. w.).

Bei den Metallen ist

$$\lambda = \lambda_0 (1 - \alpha \Theta + \beta \Theta^2), \tag{arn}$$

$$w = w_0 (1 + \alpha \Theta + \beta' \Theta^2); \tag{aro}$$

hierin ist bei zahlreichen Metallen angenähert α gleich dem Gay-Lussac'schen Ausdehnungskoeffizienten der Gase (0,003 67, vgl. ***24 b***), ferner bewegt sich β in vielen Fällen nahe um den Wert $0,6\,\alpha^2$, was mit Rücksicht auf das meist benutzte Temperaturintervall übereinkommt mit $\beta' = 0$ oder sehr klein; hieraus folgt, daß man in erster Näherung

$$w = w_0 \frac{T}{273} \qquad \text{(arp)}$$

(T absolute Temperatur, vgl. **24b**, gd) setzen kann, in Worten: Der spezifische Widerstand der Metalle ist in erster Annäherung der absoluten Temperatur proportional. Die Abweichungen von diesem Satze lassen sich dann durch sekundäre Einflüsse (spezifische Wärme, Magnetismus u. s. w.) darstellen. Im absoluten Nullpunkte würde hiernach der Widerstand null werden, thatsächlich wird er in tiefen Temperaturen sehr klein.

Beim flüssigen Quecksilber ist α nur $^1/_4$ so groß wie bei den normalen festen Metallen.

Bei Elektrolyten ist

$$\lambda = \lambda_0 (1 + a\,\Theta), \quad w = w_0 (1 - a\,\Theta), \qquad \text{(arq)}$$

und a bewegt sich meist zwischen 0,008 und 0,08, für sehr verdünnte Lösungen ist es etwa 0,02 bis 0.025.

d) Das Leitvermögen von Legierungen ist in den meisten Fällen viel kleiner als nach den Anteilmengen zu erwarten wäre und nicht selten sogar kleiner, als das jedes der Bestandteile, und zwar auch dann schon, wenn von dem einen Bestandteile nur eine geringe Menge vorhanden ist. Bei den Amalgamen ist das Leitvermögen größer als zu erwarten wäre. Besonders charakteristisch für die Legierungen ist der im Vergleich zu den einfachen Metallen viel kleinere Temperaturkoeffizient, der bis auf 0,0001 herabgeht und bei gewissen, eigens zu diesem Zweck hergestellten Legierungen (Kruppin, Nickelin, Konstantan) praktisch fast vernachlässigt werden darf.

e) Beim Schmelzen wird das Leitvermögen meist geringer (bei Antimon und Wismut größer).

f) Im magnetischen Felde nimmt die Leitfähigkeit bei Eisen, Nickel und Kobalt in der Richtung der magnetischen Kraftlinien ab, senkrecht zu ihnen zu; bei Wismut und Antimon nimmt sie stets ab.

ff) Durch Beleuchtung nimmt die an sich sehr geringe Leitfähigkeit des Selens bedeutend zu.

g) Das elektrische Leitvermögen λ der Metalle ist ihrem Wärmeleitungsvermögen k (**180** (4), mh) annähernd proportional, der Quotient $k:\lambda$ ist im absoluten Maaße etwa 1700; die Abweichungen lassen sich auf sekundäre Einflüsse, z. B. bei Eisen auf seinen Magnetismus schieben.

h) Gesetz der unabhängigen Wanderung der Ionen (F. Kohlrausch 1879): In verdünnten Lösungen hat jeder elektrochemische Bestandteil ein bestimmtes Leitvermögen, gleichviel in welcher Lösung er sich befindet.

i) Mit der Konzentration nimmt das Leitvermögen der Elektrolyte zu, aber allmählich langsamer (Ionenreibung); unter Umständen erreicht es sogar ein Maximum und nimmt bei weiterer Konzentration wieder ab. Anders ausgedrückt: Das molekulare Leitvermögen nimmt mit wachsender Konzentration ab, oder umgekehrt: es nimmt mit wachsender Verdünnung zu und erreicht für äußerste Verdünnung einen Grenzwert.

k) Die Leitfähigkeit von Krystallen ist in verschiedenen Richtungen verschieden.

(1) Einige Zahlenwerte von s, λ, α und β, Λ u. s. w.

Metalle

(λ_2 Leitvermögen bez. auf Hg, s' Widerstand in Mikrohm-cm, beides bei 0°, α und β Temperaturkoeffizienten von λ_2)

Metall	λ_2	s'	$\alpha \times 10^4$	$\beta \times 10^4$
Aluminium, weich	32,4	2,91	39	—
Antimon	2,6	36,1	40	0,10
Blei	4,8	19,6	39	0,09
Kadmium	13,9	6,8	37	0,08
Eisen, rein	9,7	9,7	51	0,13
Gold	46,0	2,1	37	0,08
Kupfer, rein	61,8	1,53	37	0,09
Magnesium	22,6	4,3	—	—
Nickel, weich	7,6	12,4	37 (?)	—
Platin	6,6 (?)	14,0 (?)	24 (?)	—
Quecksilber	1,0	94,1	9	—
„ , fest	4,0	23,5	45	—
Silber, weich	62,6	1,5	38	—
„ , hart	57,8	1,63	38	0,10
Stahl, hart	5,1	18,4	—	—
Wismut	0,8	118,0	35	0,06
Zink	16,7	5,6	37	0,08
Zinn	7,1	13,2	36	0,06

(nm)

Legierungen

Legierung	s'	$\alpha\times 10^4$	Legierung	s'	$\alpha\times 10^4$
Aluminiumbronze	11,9	—	Neusilber	30	3,6
Konstantan	48	0,0	Nickelin ca.	40	2,2
Kruppin	84	7	Patentnickel	34	2
Mangankupfer	101	0,4	Platinsilber	24,6	3
Messing	7	—	Rheotan	47	2,3

(nn)

Kupfer bei niedrigen Temperaturen

Θ =	0°	−103°	−146°	−193°	−200°
$\lambda : \lambda(0°)$ =	1	1,74	2,66	6,23	8,73

(nv)

Wismut im Magnetfelde

(normaler Widerstand = 1 gesetzt, F abs. Feldstärke, vgl. **152**)

‖ Kraftlinien		⊥ Kraftlinien			
F	s	F	s	F	s
0	1	0	1	10000	1,420
7390	1,203	2000	1,049	12000	1,527
9880	1,233	4000	1,126	14000	1,634
10930	1,302	6000	1,217	16000	1,740
		8000	1,316		

(np)

Widerstand schlechter Leiter

(meist nur rohe Werte)

Stoff	s_1 (Ω-cm)	Stoff	s_1 (Ω-cm)
Ebonit	3×10^{17}	Porzellan bei 60°	10^{14} bis 10^{15}
Glas, gew. Temp.	10^{9} bis 10^{16}	„ „ 200°	10^{13} „ 10^{14}
„ , 200°	10^{7} „ 10^{9}	„ „ 600°	10^{8} „ 10^{9}
„ , 400°	10^{5} „ 10^{7}	Selen	3×10^{5} bis 15×10^{7}
Gummi	15×10^{15}		
Guttapercha	2×10^{14}		
Kautschuk	4×10^{14}	Äther	2×10^{6}
Kohle (Carré) ($\alpha = -0,00052$)	0,0064	Alkohol	2×10^{6}
		Benzol	2×10^{13}
Kohle, versch. Sorten	0,001 bis 0,007	Olivenöl	10^{13}
		Ricinusöl	2×10^{11}
($\alpha = -0,0001$ bis $-0,001$)		Schwefelkohlenstoff	3×10^{11}
		Vaselinöl	2×10^{14}
Phosphor	8×10^{10}	Wasser, a. d. Luft dest.	$1,5 \times 10^{6}$
„ nach d. Schmelzen	2×10^{6}	„ , im Vakuum „	4×10^{6}
Paraffin	35×10^{16}	„ , ganz rein	25×10^{6}

(nq)

Leitvermögen von Lösungen

(P Gewichtsprozente des wasserfreien Elektrolyten in der Lösung, C Äquiv.-Konzentration, ϱ Dichte, λ_1 Leitvermögen (1 : Ω-cm) bei 18°, Λ Äquivalent-Leitvermögen, α Temperaturkoeff. pro Grad zwischen 18° und 26°).

a) Salze

Stoff	P	$C \times 10^5$	ϱ	$\lambda_1 \times 10^4$	Δ	$\alpha \times 10^3$
KCl	5	69	1,031	690	99,9	20
	10	143	1,064	1359	95,2	19
	21	321	1,141	2810	87,5	17
NH_4Cl . . .	5	95	1,014	918	96,8	20
	15	292	1,043	2586	88,4	17
	25	500	1,071	4025	80,5	15
$NaCl$	5	88	1,035	672	76,0	22
	10	183	1,071	1211	66,2	21
	20	392	1,148	1957	49,9	22
	26,4	542	1,201	2156	39,8	23
$CaCl_2$	5	94	1,041	643	68,6	21
	20	425	1,179	1728	40,6	20
	35	847	1,342	1366	16,1	24
$MgCl_2$	5	109	1,042	683	62,4	22
	20	494	1,176	1402	28,4	24
	34	943	1,321	768	8,1	32
$ZnCl_2$	5	77	1,048	276	73,6	21
	20	349	1,190	912	26,1	16
	60	1537	1,746	369	2,4	31
$HgCl_2$	1	7	1,007	1,14	1,51	37
	5	39	1,045	4,21	1,07	25
KBr	5	44	1,036	465	106,9	21
	20	195	1,158	1907	98,1	18
	36	399	1,320	3507	87,9	15
KJ	5	31	1,036	338	108,3	21
	20	141	1,168	1455	103,4	18
	55	540	1,630	4226	78,2	14
$AgNO_3$ . . .	5	31	1,042	256	83,4	22
	20	141	1,196	872	62,0	21
	60	676	1,916	2101	31,1	21
K_2SO_4	5	60	1,040	458	76,8	22
	10	124	1,081	860	69,4	20
Na_2SO_4 . . .	5	74	1,045	409	55,6	24
	15	241	1,143	886	36,7	26
$MgSO_4$ . . .	5	87	1,051	263	30,1	23
	15	289	1,160	480	16,6	25
	25	534	1,286	415	7,8	29

(nr)

Stoff	P	$C \times 10^5$	ϱ	$\lambda_1 \times 10^4$	$\varDelta$	$\alpha \times 10^3$
$ZnSO_4$	5	65	1,051	191	29,3	23
	15	217	1,168	415	19,1	23
	25	404	1,305	480	11,9	26
$CuSO_4$	2,5	32	1,025	109	34,0	21
	10	139	1,107	320	23,1	22
	17,5	263	1,200	458	17,4	24
$FeSO_4$	—	0,5	1,034	154	30,8	22
	—	2	1,138	390	19,5	22
	—	3,5	1,236	470	13,2	24
Na_2S	2	53	1,021	612	115,7	20
	5	136	1,056	1321	97,2	21
	18	564	1,215	2180	38,8	30

(nr)

b) Säuren

Stoff	P	$C \times 10^5$	ϱ	$\lambda_1 \times 10^4$	$\varDelta$	$\alpha \times 10^3$
HCl	5	141	1,024	3948	281,0	16
	20	603	1,100	7615	126,2	15
	40	1318	1,201	5152	39,1	15
HBr	5	64	1,032	1908	299,5	15
	15	205	1,104	4940	241,5	15
HJ	5	41	1,037	1332	328,9	16
HNO_3	6,2	102	1,035	3123	307,1	15
	12,4	211	1,072	5418	257,0	14
	31	587	1,195	7819	133,1	14
	62	1364	1,387	4964	36,4	16
$C_2H_4O_2$	1	17	1,001	5,8	3,5	—
	5	84	1,006	12,3	1,46	16
	20	342	1,026	16,1	0,47	18
	40	699	1,050	10,8	0,15	20
	75	1336	1,069	1,5	0,01	21
	99,7	1741	1,049	fast null	fast null	—
H_2SO_4	5	105	1,033	2085	198,0	12
	15	338	1,104	5432	160,9	14
	30	747	1,221	7388	98,9	16
	60	1838	1,502	3726	20,3	21
	80	2825	1,732	1105	3,9	35
	99	3705	1,836	390	1,1	34
	100	—	1,842	160	—	31
H_3PO_4	10	323	1,055	566	17,5	10
	45	1779	1,292	2087	11,7	16
	87	4526	1,700	709	1,6	37

(nf)

c) Basen ($\Theta = 15^0$)

Stoff	P	$C \times 10^5$	ϱ	$\lambda_1 \times 10^4$	Λ	$\alpha \times 10^3$
KOH	4,2	78	1,038	1464	188,4	19
	29,4	674	1,288	5434	80,6	22
	42	1070	1,430	4212	39,4	28
NaOH. . . .	2,5	64	1,028	1087	169,6	19
	15	438	1,170	3463	79,0	25
	42	1532	1,462	1065	7,0	69
NH_3	0,4	23	0,997	4,92	2,10	—
	4	231	0,982	10,95	0,48	24
	30,5	1601	0,896	1,93	0,01	25

(nt)

Äußerst verdünnte Lösungen: $\Lambda(18^0)$

$C \times 10^5$	KCl	NaCl	KJ	$AgNO_3$	$\frac{1}{2}K_2SO_4$	$\frac{1}{2}Na_2SO_4$
0,01	129,5	109,7	130,3	115,5	133,5	110,5
0,1	127,6	107,8	128,8	114,0	129,0	106,7
1	122,5	102,8	124,0	108,7	117,4	96,8
10	111,9	92,5	114,1	94,7	95,9	78,4
100	98,2	74,4	103,4	67,8	71,8	50,8

$C \times 10^5$	$\frac{1}{2}MgSO_4$	$\frac{1}{2}CuSO_4$	$\frac{1}{2}H_2SO_4$	HCl	$C_2H_4O_2$	NH_3
0,01	110,4	113,3	—	—	107	66
0,1	100,2	101,6	361	377	41	28
1	76,6	72,2	308	370	14,3	9,6
10	50,1	45,0	225	351	4,6	3,3
100	28,9	25,8	198	301	1,3	0,9

(nu)

Gase und Dämpfe.

Im kalten Zustande äußerst schlechte Leiter, im heißen etwas bessere. Relativ gut leiten die Dämpfe von Jod, Brom, Kochsalz, Salzsäure, Salmiak, Chlorkalium, schlecht Luft, Stickstoff, Wasserdampf, Ammoniak, von Metalldämpfen am besten K und Na, weniger gut Bi, Pb, Al, Mg, Zn, Ag, am schlechtesten Hg und Sn, letztere noch schlechter als Luft. Ähnliches gilt von Flammengasen. Zahlen lassen sich in diesen Fällen nicht angeben, teils weil das Leitvermögen zu gering ist, teils weil hier das Ohm'sche Gesetz nicht mehr gilt.

Vergleichende Übersicht des spezifischen Widerstandes in absolutem Maaße (typische Stoffe in aufsteigender Folge).

Stoff	s	Stoff	s
Kupfer bei − 200° C. .	$1,7 \times 10^{2}$	Selen, bestleitend .	3×10^{14}
Silber bei 15° . . .	$1,5 \times 10^{3}$	Wasser, gewöhnl. .	$1,5 \times 10^{15}$
Eisen bei 15° . . .	$0,97 \times 10^{4}$	„ ganz rein	$2,5 \times 10^{16}$
Quecksilber	$0,94 \times 10^{5}$	Glas bei 200° . .	10^{17}
Kohle, gut leitend .	10^{6}	Porzellan bei 500°.	10^{18}
„ schlecht leitend	10^{7}	Ricinusöl	2×10^{20}
HNO_3, 30 %	$0,8 \times 10^{9}$	Olivenöl	10^{22}
NaCl, 9 %	10^{10}	Vaselinöl	2×10^{23}
H_2SO_4	$0,6 \times 10^{11}$	Porzellan	10^{24}
$C_2H_4O_2$, 40 % . . .	$0,9 \times 10^{12}$	Gummi	$1,5 \times 10^{25}$
NH_3, 30 %	$0,5 \times 10^{13}$	Paraffin	$3,5 \times 10^{26}$

(nb)

189. Leitungsgeschwindigkeit oder Stromgeschwindigkeit. Eine eigentliche, d. h. von der Strecke unabhängige Fortpflanzungsgeschwindigkeit des elektrischen Stromes giebt es nur in dem Falle, daß der Widerstand und die Kapazität der Leitung (**144**) klein sind, und zwar ist sie in diesem Falle rund 300000 km oder 3×10^{10} cm, d. h. gleich der Lichtgeschwindigkeit im Vakuum (vgl. w. u.). In allen anderen Fällen ist das Problem komplizierter, es kommt alsdann eine neue Größe, die Ladungszeit, in Betracht, d. h. die Zeit, welche ein in der Leitung erregter Strom braucht, um stationär zu werden, damit also die Spannung, die ursprünglich eine Funktion von x (Ort) und t (Zeit) ist, eine Funktion von x allein werde; dann wird die Spannung in x, V_x, einen bestimmten Wert (Bruchteil von V_0 im Anfang) angenommen haben. Das Reziproke dieser Größe ist die Ladungsgeschwindigkeit. Nun ist aber die Ladungszeit proportional mit der Kapazität c, dem Widerstande der Längeneinheit w und dem Quadrate der Länge l der Leitung (nicht mit der Länge selbst), eine bestimmte Ladungsgeschwindigkeit giebt es also nicht, sie ist vielmehr desto kleiner, je länger die Leitung ist. Im allgemeinen wird man daher Zahlen erhalten, welche nach den Gesetzen l/t und l^2/t kombiniert sind. Für den wirklichen Wert der Fortpflanzungszeit macht es ferner einen Unterschied, ob es sich um einen Dauerstrom oder einen Stromimpuls, eine Stromwelle (Telegraphie) handelt, im letzteren Falle handelt es sich um die Zeit, die das Strommaximum zum Zurücklegen der betr. Strecke braucht; im ersten Falle ist $T = {}^1/_2\, c\, w\, l^2$, im zweiten $T_1 = {}^1/_6\, c\, w\, l^2$, also nur ${}^1/_3$ so groß oder die Geschwindigkeit (bei gleicher Strecke) 3 mal so groß.

(1) Folgende Tabelle enthält einige Versuchsergebnisse; die Zahlen

haben aber nur rohe Bedeutung, in jeder Reihe ist sowohl l/t als auch l^2/t angegeben, für kurze Leitungen hat aber nur jene, für lange nur diese maaßgebende Bedeutung.

a) freie Drähte (c klein)

Beobachter	l	t	l/t (km)	$l^2/t \times 10^{-5}$
WHEATSTONE	0,8	0,00000174	(460 000)	3,7
SIEMENS u. FRÖLICH . .	3,7	0,0000153	242 000	8,9
„ „ . .	23,4	0,0001014	230 000	54
PLANTAMOUR u. HIRSCH .	132,6	0,000895	147 000	197
HAGENBACH	284,8	0,00176	162 000	461
FIZEAU u. GOUNELLE .	314	0,00309	102 000	319
LOEWY u. STEPHAN . .	863	0,024	36 000	308
GUILLEMIN	1004	0,028	36 000	360
GOULD u. WALKER .	1681	0,07255	23 200	392

(nw)

Die Zahlen für l^2/t nähern sich mit wachsendem l, die für l/t mit abnehmendem l einem konstanten Grenzwert; der Wheatstone'sche Wert ist offenbar fehlerhaft.

b) Kabel (c groß)

Beobachter	l	t	l/t (km)	$l^2/t \times 10^{-5}$
ALBRECHT	305	0,053	5800	17,7
FRÖLICH	796	0,300	2650	21,1
FARADAY	2414	2,0	1207	29,0

(nx)

Für Kabel gilt unter gewissen Annahmen der Satz, daß die Fortpflanzungsgeschwindigkeit umgekehrt proportional ist mit der Wurzel aus der Dielektrizitätskonstante der isolierenden Schicht (KIRCHHOFF).

(2) Indirekt kann man die Fortpflanzungsgeschwindigkeit elektrischer Schwingungen in Drähten bestimmen, indem man stehende Wellen durch Reflexion an dem frei in der Luft endenden Ende erzeugt (HERTZ 1888), die Wellenlänge λ durch Feststellung der Knoten oder Bäuche (mittels Resonanz u. s. w.) mißt und mit der Schwingungsdauer T kombiniert. Die Schwierigkeit dabei ist die, daß man T nur für relativ langsame Schwingungen direkt angeben kann, für diese aber λ zu groß wird um gemessen werden zu können. Es bleibt der Ausweg λ sehr klein zu wählen und T aus der Thomson'schen Formel für oscillierende Entladungen zu berechnen (***50*** (5), Gl. zv). Diese Formel lautet in elektrisch-magnetischem Maaße (vgl. **155**; nur in diesem kann man die in ihr vorkommenden Größen bestimmen), wenn v die Licht-

geschwindigkeit (**155** (5)), c die Kapazität des Erregers und p die Selbstinduktion der Schließung (***50*** e) ist:

$$T = \frac{2\pi}{v}\sqrt{p\,c}; \qquad \text{(arr)}$$

ergiebt nun die Messung $\lambda = 2\pi\sqrt{p\,c}$ (gewöhnlich wird von Knoten zu Knoten oder von Bauch zu Bauch gemessen, also $\lambda/2 = \pi\sqrt{p\,c}$), so ist die Geschwindigkeit der elektrischen Welle im Drahte gleich der Lichtgeschwindigkeit, und das ist in der That der Fall (Hertz, Lecher, J. J. Thomson, Cohn u. A.).

Übrigens muß die Dämpfung der Schwingungen einen starken Einfluß auf v ausüben, unter Umständen könnte sie es bis auf $^2/_3$ des obigen Wertes herabdrücken (Sommerfeld).

Nimmt man jetzt v als gegeben an, so kann man rückwärts aus v und λ die Größe T oder $1/T = n$, d. h. die Schwingungszahl berechnen; sie und das entsprechende λ in cm hat etwa folgende Größenordnung:

	n	λ	
für die Schwingungen in geöffneten Induktionsapparaten	10^4	3×10^6 (30 km)	(ntt)
für die oscillierenden Flaschenentladungen . .	10^6	3×10^4 (300 m)	
für die Schwingungen des Hertz'schen (älteren) Erregers	10^8	3×10^2 (3 m)	
für die Schwingungen des zweiten Hertz'schen Errregers	10^9	30 (cm)	
für die Schwingungen der kleinsten Erreger (Righi, Drude u. s. w.)	10^{10}	3 (cm)	

(3) Nach dem Gesagten ist die Geschwindigkeit in Drähten so gut wie unabhängig von Dicke, Material u. s. w. des Drahtes selbst; dagegen hängt sie (und ebenso die Wellenlänge) von dem den Draht umgebenden Medium ab, sie ist nämlich einfach gleich der Geschwindigkeit des Lichtes in diesem Medium (s. w. u.). Diese beiden Thatsachen führen zu der auch sonst nahegelegten Auffassung, daß es überhaupt keine eigentliche Leitung der Elektrizität giebt, daß diese vielmehr nur das scheinbare Ergebnis einer andersartigen Fortpflanzung im Dielektrikum ist.

190. Elektrische Strahlung. Die durch die Luft oder andere Isolatoren hindurch erfolgende Äußerung elektrischer Wirkungen wurde früher als eine Fernwirkung (**56 a**) betrachtet. Diese Auffassung wurde zuerst erschüttert durch den Nachweis, daß das Zwischenmedium von Einfluß auf die Wirkung ist und selbst durch diese beeinflußt wird

(Dielektrizitätskonstante, dielektrische Spannung u. s. w. vgl. **145**); dann aber geradezu unmöglich gemacht durch den Nachweis, daß auch in Isolatoren die Wirkung sich schrittweise und demgemäß in Zeiten, die mit den Strecken wachsen, fortpflanzt. Besteht die Erregung in Schwingungen (Schwingungen in Leitern, oscillierende Entladungen durch Luft oder andere Dielektrika, vgl. ***50***(4) und (5)), so hat die Fortpflanzung den Charakter einer Wellenbewegung, gerade wie beim Schall, der Wärme und dem Licht. Auch die Gesetze dieser Wellenbewegung sind die jeder Wellenbewegung (**39**), insbesondere gilt auch hier das Huygens'sche Prinzip (***7***), d. h. es entstehen, wenn keine Hindernisse auftreten, geradlinige Strahlen; man nennt sie elektrische Strahlen oder Strahlen elektrischer Kraft. Mit den Schallstrahlen haben die elektrischen, soweit sie bis jetzt hergestellt worden sind, die Größenordnung der Wellenlänge (meist 1 cm bis 100 m), mit den Wärme- und Lichtstrahlen den transversalen Charakter der Wellen, die Fortpflanzungsgeschwindigkeit und den Umstand gemein, daß man den Äther als ihren Träger anzusehen durch die Thatsachen genötigt ist, d. h. einen Stoff ohne merkliche Masse und Trägheit, der überall vorhanden ist. Die Schwingungszahl der bis jetzt hergestellten elektrischen Strahlen liegt daher ($n = v/\lambda$) in der Mitte zwischen denen der Schall- und Lichtstrahlen; eine wirkliche Grenze hat ihr Bereich aber nicht, da sie nicht durch die Wahrnehmbarkeit mittels eines spezifischen Sinnesorganes definiert sind. Sieht man von diesem physiologischen Unterschiede ab, so werden Wärme-, elektrische und Lichtstrahlen identisch, es giebt nur noch zwei Arten von Strahlen: Luftstrahlen (resp. Strahlen, deren Träger wägbare Materie ist) und Ätherstrahlen.

(1) Reflexion und Absorption folgen den allgemeinen Gesetzen (**46** und **47**). Das Reflexionsvermögen läuft meist mit dem Leitvermögen parallel, z. B. reflektieren Metallwände sehr gut. Auch das Absorptionsvermögen ist bei Leitern groß, so daß selbst relativ schlechte Leiter, wie der menschliche Körper, stark absorbieren; dagegen lassen Holz, Steine und andere Isolatoren die Wellen zum größten Teile hindurch.

(2) Der Brechungsexponent ergiebt sich nach einer der beiden Formeln

$$n = \frac{\sin i}{\sin r}, \qquad n = \frac{v}{v'} = \frac{\lambda}{\lambda'}, \qquad \text{(ars)}$$

d. h. entweder aus der Ablenkung der Strahlen in einem Prisma aus der Substanz oder durch Vergleichung der Fortpflanzungsgeschwindigkeit in Luft (v) und in der Substanz (v') oder, was dasselbe ist, der beiden Wellenlängen (λ und λ'). Er steht in einfacher, durch die Theorie vorausgesetzter Beziehung zur Dielektrizitätskonstante ε (**145**):

$$n = \sqrt{\varepsilon}, \qquad \varepsilon = n^2, \qquad \text{(art)}$$

(vgl. **145** (8)), und hierin hängen beide Größen von der Wellenlänge der benutzten Strahlen ab, d. h. es findet elektrische Dispersion statt; das ist der Grund, warum 1. der optische Brechungsexponent bei zahlreichen Stoffen die obige Beziehung nur ungenau oder gar nicht erfüllt und 2. der aus statischen Versuchen abgeleitete Wert von ε die Formel nicht immer genau befriedigt; man darf also nur Werte von ε und n, die sich auf die gleiche Wellenlänge beziehen, streng vergleichen. Die Dispersion ist bei manchen Stoffen schwach, bei anderen stark, bei manchen normal, d. h. n nimmt mit abnehmendem λ oder zunehmender Schwingungszahl z zu, bei anderen anomal, d. h. n nimmt mit abnehmendem λ, wachsendem z ab. Die anomale Dispersion ist meist mit einer für bestimmte z starken Absorption verknüpft, und an diesen Stellen macht n einen Sprung. Einige Werte von n für verschiedene z (vgl. übrigens die Werte von ε, **145** (3)):

Stoff	z klein	$z = 0{,}25 \times 10^8$	$z = 1{,}5 \times 10^8$	$z = 4 \times 10^8$	Dispersion
Äther . . .	2,06	—	—	2,11	schwach norm.
Alkohol . .	5,1	5,0	4,9	4,8	„ anomal
Benzol . . .	1,5	—	—	1,50	fast null
Essigsäure .	3,2		2,7	2,6	anomal
Glycerin . .	—	7,5	6,2	5,0	stark anomal
Methylalkohol	5,7	5,8	—	5,8	fast null
Petroleum . .	—	—	—	1,4	—
Wasser . .	8,96	8,98	9,04	9,14	schwach norm.

(nz)

Für wässerige Lösungen ist bis zur Leitfähigkeit (Hg = 1) 5×10^{-7} der Brechungsexponent derselbe wie für reines Wasser, darüber hinaus ist er kleiner; ebenso ist er bei konzentrierten Zuckerlösungen kleiner, die Dispersion ist hier anomal.

(3) Die Fortpflanzungsgeschwindigkeit in Luft ist fast genau

$$v = 3 \times 10^{10}, \tag{va}$$

also ebenso groß wie in Drähten, die in Luft ausgespannt sind (**189**); in anderen Stoffen oder in Drähten, die von diesen Stoffen umgeben sind, ist sie

$$v' = \frac{v}{n} = \frac{3 \times 10^{10}}{n} = \frac{3 \times 10^{10}}{\sqrt{\varepsilon}}. \tag{aru}$$

Der Draht selbst spielt also nur eine sekundäre Rolle, die Bewegung der Elektrizität spielt sich, wie man sagen kann, nur an seiner Oberfläche ab, sie dringt nicht in ihn ein. Überhaupt üben, wie sich auch direkt zeigen läßt, Metallmassen eine Schirmwirkung gegen schnelle elektrische Schwingungen aus.

(4) Durch metallische Hohlspiegel oder durch dielektrische Linsen von parabolisch-cylindrischer Form und Dimensionen, welche die Wellenlänge übertreffen, kann man die vom Erreger ausgehenden divergierenden Strahlen sammeln und überhaupt alle bezüglichen optischen Erscheinungen nachahmen (Hertz'sche Versuche 1888).

(5) Polarisation. Infolge der linearen Natur der meist benutzten Schwingungen (Leiter, Funkenstrecken) erhält man geradlinig polarisierte Strahlen (**44**). Sind die Schwingungen vertikal, so erregen sie vertikale Resonatoren am stärksten, horizontale gar nicht; bringt man zwischen beide ein Drahtgitter, so fängt dieses, vertikal gestellt, die Schwingungen auf, läßt sie hingegen, horizontal gestellt, hindurch und zerlegt sie, schräg gestellt, in eine seinen Drähten parallele Komponente, die es auffängt, und eine dazu senkrechte, die durchgelassen wird und, da sie ihrerseits eine horizontale Komponente enthält, nunmehr auch auf horizontale Resonatoren wirkt (Analogie mit Nicol'schen Prismen in paralleler, gekreuzter Stellung und mit Zwischenschaltung einer Krystallplatte, vgl. w. u.).

(6) Resonanz und Dämpfung (vgl. **35**, **36**, ***94***). Die Schwingungsdauer eines Resonators hängt in viel höherem Grade von seinen eigenen Verhältnissen als von der Periode der erregenden Schwingungen ab; es liegt dies zum Teil daran, daß die erregenden Schwingungen meist nicht einfache, sondern aus zahlreichen Partialschwingungen (***6***) von verschiedenen Schwingungszahlen zusammengesetzt sind, d. h. die Resonanz ist, wie häufig in der Akustik, eine „unbestimmte" oder „multiple" Resonanz (vgl. ***94*** (1)); zum anderen und, wie es scheint, meist wesentlicheren Teile liegt es an der starken Dämpfung der erregenden Schwingungen, die infolgedessen den Resonator nur eben erregen, ihn dann aber seiner eigenen Periode überlassen.

In drei verschiedenen Fällen fand Bjerknes das logarithmische Dekrement der erregenden Schwingungen (**35**):

$$\delta_1 = 0{,}26, \quad \delta_2 = 0{,}5, \quad \delta_3 = 0{,}4, \quad \text{Mittel}: \delta = 0{,}38; \qquad (\mathfrak{o}\mathfrak{b})$$

ein Wert, der sehr groß ist gegen das logarithmische Dekrement der gewöhnlichen akustischen Schwingungen und etwa dem einer in Quecksilber angeschlagenen Stimmgabel entspricht (vgl. ***91*** (1)).

191. Maxwell'sche Theorie; Definitionen nach Hertz. Als letztes Ziel der Elektrizitätslehre kann man zweierlei hinstellen: entweder eine Kraftformel, welche alle elektrischen und magnetischen Wirkungen auf die Fernwirkung zwischen zwei Teilchen zurückführt (Punktgesetz — für die elektrischen Wirkungen ist das Weber'sche Gesetz, ***42***, Gl. sd, eine solche Formel), oder ein System von Gleichungen, welche für die elektrischen und magnetischen Erscheinungen das leisten, was die Lagrange'-

schen (71) für die mechanischen Vorgänge leisten. Dabei bleibt ganz dahingestellt, ob man die elektrischen Gleichungen wirklich mit den mechanischen in Beziehung bringen, ob man also die elektrisch-magnetischen Vorgänge mechanisch auffassen will oder nicht; auch wenn man es nicht thut, behalten die Gleichungen ihre selbständige Bedeutung, sie verlieren nur ihre Anschaulichkeit.

Die in Rede stehenden Gleichungen sind zuerst von MAXWELL (1864) aus den Thatsachen mit Hilfe hypothetischer Begriffe und Vorstellungen abgeleitet worden. Nachdem sie einmal gefunden sind, ist es nach HERTZ (1890) am besten, sie einfach hinzustellen und zu zeigen, daß man die Erscheinungen aus ihnen ableiten kann. Da die Gleichungen lediglich über die Kräfte etwas aussagen, muß man auch bei den Definitionen mit diesen anfangen und gelangt erst nachträglich und nebensächlich zu den Begriffen der elektrischen und magnetischen Massen (**142**).

a) Als Maaßsystem diene das elektrisch-magnetische (elektrische Größen elektrisch, magnetische magnetisch gemessen, vgl. **155**).

b) Elektrische Kraft und magnetische Kraft haben den Sinn von **146** u. **152**, ihre Komponenten seien XYZ resp. LMN.

c) Die Energie der Volumeneinheit ist im reinen Äther (oder auch in der Luft):

$$E_0 = \frac{1}{8\pi}(X^2 + Y^2 + Z^2) + \frac{1}{8\pi}(L^2 + M^2 + N^2), \tag{arv}$$

in irgend einem isotropen ponderablen Körper ist sie, wenn ε und μ zwei Konstanten sind:

$$E = \frac{\varepsilon}{8\pi}(X^2 + Y^2 + Z^2) + \frac{\mu}{8\pi}(L^2 + M^2 + N^2), \tag{arw}$$

die Konstanten ε und μ heißen elektrische resp. magnetische Permeabilität (erstere auch Dielektrizitätskonstante, vgl. **145**, über letztere vgl. **152**); in einem heterotropen Körper endlich ist (die ε und μ die Permeabilitätskonstanten, **146** (2) resp. **152** (7)):

$$\left.\begin{aligned} E' = {} & \frac{1}{8\pi}(\varepsilon_{11} X^2 + \varepsilon_{22} Y^2 + \varepsilon_{33} Z^2 + 2\varepsilon_{23} YZ + 2\varepsilon_{31} ZX + 2\varepsilon_{12} XY) \\ & + \frac{1}{8\pi}(\mu_{11} L^2 + \mu_{22} M^2 + \mu_{33} N^2 + 2\mu_{23} MN + 2\mu_{31} NL \\ & \qquad + 2\mu_{12} LM). \end{aligned}\right\} \tag{arx}$$

d) Elektrische Induktion und magnetische Induktion (oder Polarisation, was aber zu Irrtümern Anlaß geben kann) haben den Sinn von **146** resp. **152**, für isotrope Stoffe sind ihre Komponenten einfach

$$\mathfrak{X} = \varepsilon X, \quad \mathfrak{Y} = \varepsilon Y, \quad \mathfrak{Z} = \varepsilon Z, \quad \mathfrak{L} = \mu L, \quad \mathfrak{M} = \mu M, \quad \mathfrak{N} = \mu N; \tag{ary}$$

für heterotrope ist ($\varepsilon_{21} = \varepsilon_{12}$ u. s. w., $\mu_{21} = \mu_{12}$ u. s. w.):

$$\left.\begin{aligned} \mathfrak{X} &= \varepsilon_{11} X + \varepsilon_{12} Y + \varepsilon_{13} Z & \mathfrak{L} &= \mu_{11} L + \mu_{12} M + \mu_{13} N \\ \mathfrak{Y} &= \varepsilon_{21} X + \varepsilon_{22} Y + \varepsilon_{23} Z & \mathfrak{M} &= \mu_{21} L + \mu_{22} M + \mu_{23} N \\ \mathfrak{Z} &= \varepsilon_{31} X + \varepsilon_{32} Y + \varepsilon_{33} Z & \mathfrak{N} &= \mu_{31} L + \mu_{32} M + \mu_{33} N. \end{aligned}\right\} \quad \text{(arz)}$$

e) Elektrische und magnetische Kraftströmung resp. Induktionsströmung durch ein Flächenelement df, dessen Normale die Richtungscosinus $\alpha\beta\gamma$ hat, sind die Größen

$$(\alpha X + \beta Y + \gamma Z)\, df \qquad (\alpha L + \beta M + \gamma N)\, df \qquad \text{(asa)}$$

$$\varepsilon(\alpha X + \beta Y + \gamma Z)\, df \qquad \mu(\alpha L + \beta M + \gamma N)\, df. \qquad \text{(asb)}$$

f) Elektrizitätsmenge und Magnetismusmenge: Diese Größen erscheinen hier als rein analytische Ausdrücke (wie die Massen in der Kirchhoff'schen Mechanik, vgl. **71** (1)); und zwar ist zu unterscheiden zwischen wahrer und freier Elektrizität, wahrem und freiem Magnetismus: e und $\mathfrak{e}$, m und $\mathfrak{m}$ ($d\tau$ Volumenelement):

$$e = \frac{1}{4\pi}\int(\alpha\mathfrak{X} + \beta\mathfrak{Y} + \gamma\mathfrak{Z})\,df = \frac{1}{4\pi}\int\left(\frac{\partial\mathfrak{X}}{\partial x} + \frac{\partial\mathfrak{Y}}{\partial y} + \frac{\partial\mathfrak{Z}}{\partial z}\right)d\tau \qquad \text{(asc)}$$

$$m = \frac{1}{4\pi}\int(\alpha\mathfrak{L} + \beta\mathfrak{M} + \gamma\mathfrak{N})\,df = \frac{1}{4\pi}\int\left(\frac{\partial\mathfrak{L}}{\partial x} + \frac{\partial\mathfrak{M}}{\partial y} + \frac{\partial\mathfrak{N}}{\partial z}\right)d\tau \qquad \text{(asd)}$$

$$\mathfrak{e} = \frac{1}{4\pi}\int(\alpha X + \beta Y + \gamma Z)\,df = \frac{1}{4\pi}\int\left(\frac{\partial X}{\partial x} + \frac{\partial Y}{\partial y} + \frac{\partial Z}{\partial z}\right)d\tau \qquad \text{(ase)}$$

$$\mathfrak{m} = \frac{1}{4\pi}\int(\alpha L + \beta M + \gamma N)\,df = \frac{1}{4\pi}\int\left(\frac{\partial L}{\partial x} + \frac{\partial M}{\partial y} + \frac{\partial N}{\partial z}\right)d\tau; \qquad \text{(asf)}$$

speziell für isotrope Stoffe wird:

$$e_{is} = \frac{1}{4\pi}\int\varepsilon(\alpha X + \beta Y + \gamma Z)\,df = \frac{1}{4\pi}\int\left(\frac{\partial\varepsilon X}{\partial x} + \frac{\partial\varepsilon Y}{\partial y} + \frac{\partial\varepsilon Z}{\partial z}\right)d\tau \qquad \text{(asg)}$$

$$m_{is} = \frac{1}{4\pi}\int\mu(\alpha L + \beta M + \gamma N)\,df = \frac{1}{4\pi}\int\left(\frac{\partial\mu L}{\partial x} + \frac{\partial\mu M}{\partial y} + \frac{\partial\mu N}{\partial z}\right)d\tau. \qquad \text{(ash)}$$

Hiernach ist die Dichte ϱ der vier Substrate:

$$\varrho(e) = \frac{1}{4\pi}\left(\frac{\partial\mathfrak{X}}{\partial x} + \frac{\partial\mathfrak{Y}}{\partial y} + \frac{\partial\mathfrak{Z}}{\partial z}\right), \qquad \text{(asi)}$$

$$\varrho(m) = \frac{1}{4\pi}\left(\frac{\partial\mathfrak{L}}{\partial x} + \frac{\partial\mathfrak{M}}{\partial y} + \frac{\partial\mathfrak{N}}{\partial z}\right); \qquad \text{(ask)}$$

$$\varrho(\mathfrak{e}) = \frac{1}{4\pi}\left(\frac{\partial X}{\partial x} + \frac{\partial Y}{\partial y} + \frac{\partial Z}{\partial z}\right), \qquad \text{(asl)}$$

$$\varrho(\mathfrak{m}) = \frac{1}{4\pi}\left(\frac{\partial L}{\partial x} + \frac{\partial M}{\partial y} + \frac{\partial N}{\partial z}\right); \qquad \text{(asm)}$$

speziell für isotrope Stoffe:

$$\varrho(e)_{is} = \frac{1}{4\pi}\left(\frac{\partial\varepsilon X}{\partial x} + \frac{\partial\varepsilon Y}{\partial y} + \frac{\partial\varepsilon Z}{\partial z}\right), \qquad \text{(asn)}$$

$$\varrho(m)_{is} = \frac{1}{4\pi}\left(\frac{\partial\mu L}{\partial x} + \frac{\partial\mu M}{\partial y} + \frac{\partial\mu N}{\partial z}\right). \qquad \text{(aso)}$$

An der Grenzfläche verschiedener Körper tritt ferner eine elektrische resp. magnetische Flächenschicht auf; ihre wahre resp. freie Flächendichte ist:

$$\varrho'(e) = \frac{1}{4\pi}[\alpha(\mathfrak{X}_2 - \mathfrak{X}_1) + \beta(\mathfrak{Y}_2 - \mathfrak{Y}_1) + \gamma(\mathfrak{Z}_2 - \mathfrak{Z}_1)] \quad \text{(asp)}$$

$$\varrho'(m) = \frac{1}{4\pi}[\alpha(\mathfrak{L}_2 - \mathfrak{L}_1) + \beta(\mathfrak{M}_2 - \mathfrak{M}_1) + \gamma(\mathfrak{N}_2 - \mathfrak{N}_1)] \quad \text{(asq)}$$

$$\varrho'(\mathfrak{e}) = \frac{1}{4\pi}[\alpha(X_2 - X_1) + \beta(Y_2 - Y_1) + \gamma(Z_2 - Z_1)] \quad \text{(asr)}$$

$$\varrho'(\mathfrak{m}) = \frac{1}{4\pi}[\alpha(L_2 - L_1) + \beta(M_2 - M_1) + \gamma(N_2 - N_1)]; \quad \text{(ass)}$$

speziell für isotrope Stoffe:

$$\left.\begin{aligned}\varrho'(e) &= \frac{1}{4\pi}[\alpha(\varepsilon_2 X_2 - \varepsilon_1 X_1) + \beta(\varepsilon_2 Y_2 - \varepsilon_1 Y_1) + \gamma(\varepsilon_2 Z_2 - \varepsilon_1 Z_1)] \\ \varrho'(m) &= \frac{1}{4\pi}[\alpha(\mu_2 L_2 - \mu_1 L_1) + \beta(\mu_2 M_2 - \mu_1 M_1) + \gamma(\mu_2 N_2 - \mu_1 N_1)].\end{aligned}\right\} \text{(ast)}$$

g) Dielektrika und Leiter, Leitungsfähigkeit. In einem Dielektrikum (**145**) besteht eine elektrische Kraft ungeändert weiter, solange nicht magnetische Kräfte wirken; Stoffe, in denen das nicht der Fall ist, in denen die elektrische Kraft von selbst dahinschwindet, heißen Leiter (vgl. **142** (5)), zwischen der Kraft und ihrer Abnahme besteht die Beziehung:

$$\varepsilon\frac{dX}{dt} = -4\pi\lambda X, \quad \varepsilon\frac{dY}{dt} = -4\pi\lambda Y, \quad \varepsilon\frac{dZ}{dt} = -4\pi\lambda Z, \quad \text{(asu)}$$

die Größe λ heißt spezifische Leitungsfähigkeit (**188**); für heterotrope Stoffe treten wieder lineare Gleichungen mit sechs Koeffizienten $\lambda_{11}\ \lambda_{22}\ \lambda_{33}\ \lambda_{23}\ \lambda_{31}\ \lambda_{12}$ an die Stelle der obigen. Magnetische Leiter in diesem Sinne giebt es nicht (vgl. **149** a).

h) Elektromotorische Kraft (vgl. **143** und ***43***). In heterogenen Stoffen oder an der Grenze verschiedener Leiter sinkt die Kraft nicht auf null, sondern nur auf einen endlichen Grenzwert, die elektromotorische Kraft; ihre Komponenten $X'\ Y'\ Z'$ sind von denen der elektrischen Kraft, XYZ, überall wo sie auftreten, abzuziehen.

i) Elektrischer Strom, Stromkomponenten (vgl. **147** und ***108***). Letztere sind die Ausdrücke

$$u' = \lambda(X - X'), \quad v' = \lambda(Y - Y'), \quad w' = \lambda(Z - Z') \quad \text{(asv)}$$

für isotrope Körper; für heterotrope wieder die entsprechenden linearen Gleichungen mit den Koeffizienten λ_{11} u. s. w.

k) Ponderomotorische Kräfte (vgl. **141** (6)). Durch die elektrisch-magnetischen Störungen im Felde werden auch mechanische Druckkräfte erzeugt, die sog. ponderomotorischen Kräfte, welche

Bewegungen der ponderabeln Materie zur Folge haben (elektrostatische, magnetische, elektromagnetische, elektrodynamische Anziehungen, Abstoßungen, Ablenkungen, vgl. *42*, *46*, *48*, *49*). In einzelnen Fällen lassen sich diese Druckkräfte direkt angeben; allgemeiner kann man sie aus bestimmten Erfahrungssätzen, insbesondere aus dem Energieprinzip ableiten.

(1) Zur Erläuterung der Begriffe „wahre“ und „freie“ Elektrizität diene folgendes (analog für den Magnetismus):

Wenn ein geladener Leiter und ein Dielektrikum durch Luft getrennt sind, so befindet sich auf der Leiteroberfläche nicht nur wahre, sondern auch, und zwar ebensoviel freie Elektrizität, auf der Oberfläche des Dielektrikums dagegen nur freie Elektrizität. Wenn Leiter und Dielektrikum sich berühren, so ist in der Berührungsfläche die wahre Elektrizität ε mal so dicht wie die freie.

Die Wirkung nach außen (Coulomb'sches Gesetz u. s. w.) wird durch die freie, die elektrische Strömung durch die wahre Elektrizität bestimmt. Die Unterscheidung der Körper in Leiter und Nichtleiter bezieht sich auf die wahre Elektrizität, in Hinsicht der freien Elektrizität können alle Stoffe als Leiter betrachtet werden (Verschiebungsströme). Hinsichtlich des wahren Magnetismus sind alle Stoffe Nichtleiter, hinsichtlich des freien alle Leiter.

Die wahre Elektrizität in einem Raume ist gleich dem Überschuß der in ihn eintretenden über die austretenden Kraftlinien; die wahre Elektrizität befindet sich also in den freien Enden der Kraftlinien; ebenso für den Magnetismus.

Die Differenz der wahren und der freien Elektrizität ist die (durch die elektrischen Verschiebungen) gebundene Elektrizität.

(2) Das Verhältnis $\varepsilon/4\pi\lambda$ ist die Zeit, in der die sich selbst überlassene Kraft auf den e. Teil (2,7. Teil) herabsinkt, sie heißt Relaxationszeit (vgl. **95** (5)). Diese Relaxationszeit (nicht eigentlich ε und λ für sich) ist die eine charakteristische Konstante des Stoffes. Die andere ist die „kritische Geschwindigkeit“ v (s. w. u.).

(3) Die obige Systematik und ihre folgende Benutzung schließt sich am nächsten an Hertz an; andere, in den wesentlichen Punkten aber nur formal abweichende Darstellungen sind, außer von Maxwell selbst, von Heaviside, Cohn, Poincaré, Föppl u. A. gegeben worden.

***110.* Maxwell'sche Gleichungen.** Die in ihnen vorkommende Grösse v, die durch sie definiert wird, ist thatsächlich identisch mit dem Verhältnis der elektrischen und magnetischen Einheiten (**155** und **155** (5)) und mit der Fortpflanzungsgeschwindigkeit der Wellen, also auch des Lichtes im Äther (oder in der Luft): $v = 3 \times 10^{10}$ (vgl. **189** (2) und **190** (3)).

a) Ruhende Körper.

Die Gleichungen sind die allgemeinsten; für Leiter gelten sie ohne Vereinfachung, für Nichtleiter fallen die Glieder mit λ fort, für den Äther oder die Luft wird außerdem $\varepsilon = \mu = 1$:

$$\left.\begin{aligned}
\frac{\partial \mathfrak{L}}{\partial t} &= v\left(\frac{\partial Z}{\partial y} - \frac{\partial Y}{\partial z}\right), & \frac{\partial \mathfrak{X}}{\partial t} &= v\left(\frac{\partial M}{\partial z} - \frac{\partial N}{\partial y}\right) - 4\pi u' \\
\frac{\partial \mathfrak{M}}{\partial t} &= v\left(\frac{\partial X}{\partial z} - \frac{\partial Z}{\partial x}\right), & \frac{\partial \mathfrak{Y}}{\partial t} &= v\left(\frac{\partial N}{\partial x} - \frac{\partial L}{\partial z}\right) - 4\pi v' \\
\frac{\partial \mathfrak{N}}{\partial t} &= v\left(\frac{\partial Y}{\partial x} - \frac{\partial X}{\partial y}\right), & \frac{\partial \mathfrak{Z}}{\partial t} &= v\left(\frac{\partial L}{\partial y} - \frac{\partial M}{\partial x}\right) - 4\pi w';
\end{aligned}\right\}\text{(asw)}$$

für isotrope Medien kann man auch einfacher schreiben (durch Einsetzen der Werte für $\mathfrak{L}\,\mathfrak{M}\,\mathfrak{N}$ und $\mathfrak{X}\,\mathfrak{Y}\,\mathfrak{Z}$ aus Gl. ary):

$$\left.\begin{aligned}
\mu\frac{\partial L}{\partial t} &= v\left(\frac{\partial Z}{\partial y} - \frac{\partial Y}{\partial z}\right), & \varepsilon\frac{\partial X}{\partial t} &= v\left(\frac{\partial M}{\partial z} - \frac{\partial N}{\partial y}\right) - 4\pi\lambda(X - X') \\
\mu\frac{\partial M}{\partial t} &= v\left(\frac{\partial X}{\partial z} - \frac{\partial Z}{\partial x}\right), & \varepsilon\frac{\partial Y}{\partial t} &= v\left(\frac{\partial N}{\partial x} - \frac{\partial L}{\partial z}\right) - 4\pi\lambda(Y - Y') \\
\mu\frac{\partial N}{\partial t} &= v\left(\frac{\partial Y}{\partial x} - \frac{\partial X}{\partial y}\right), & \varepsilon\frac{\partial Z}{\partial t} &= v\left(\frac{\partial L}{\partial y} - \frac{\partial M}{\partial x}\right) - 4\pi\lambda(Z - Z').
\end{aligned}\right\}\text{(asx)}$$

Zu diesen Gleichungen kommen noch die Grenzbedingungen für die zur Grenze tangentialen und normalen Kraftkomponenten (die Grenzfläche falle in die xy-Ebene):

$$X_1 = X_2, \quad Y_1 = Y_2, \quad L_1 = L_2, \quad M_1 = M_2, \qquad \text{(asy)}$$

d. h. die Tangentialkomponenten auf beiden Seiten gleich groß, ferner

$$\left.\begin{aligned}
&\left[\mu_{13}\frac{\partial L}{\partial t} + \mu_{23}\frac{\partial M}{\partial t} + \mu_{33}\frac{\partial N}{\partial t}\right]_1 = \left[\mu_{13}\frac{\partial L}{\partial t} + \mu_{23}\frac{\partial M}{\partial t} + \mu_{33}\frac{\partial N}{\partial t}\right]_2 \\
&\left[\varepsilon_{13}\frac{\partial X}{\partial t} + \varepsilon_{23}\frac{\partial Y}{\partial t} + \varepsilon_{33}\frac{\partial Z}{\partial t} + 4\pi\{\lambda_{31}(X-X') + \lambda_{32}(Y-Y') + \lambda_{33}(Z-Z')\}\right]_1 \\
= &\left[\varepsilon_{13}\frac{\partial X}{\partial t} + \varepsilon_{23}\frac{\partial Y}{\partial t} + \varepsilon_{33}\frac{\partial Z}{\partial t} + 4\pi\{\lambda_{31}(X-X') + \lambda_{32}(Y-Y') + \lambda_{33}(Z-Z')\}\right]_2
\end{aligned}\right\}\text{(asz)}$$

speziell für isotrope Medien

$$\left.\begin{aligned}
&\mu_1\frac{\partial N_1}{\partial t} = \mu_2\frac{\partial N_2}{\partial t}, \\
&\varepsilon_1\frac{\partial Z_1}{\partial t} + 4\pi\lambda_1(Z_1 - Z_1') = \varepsilon_2\frac{\partial Z_2}{\partial t} + 4\pi\lambda_2(Z_2 - Z_2').
\end{aligned}\right\}\text{(ata)}$$

Außerdem ist im reinen Äther und in isotropen Nichtleitern ohne freie Elektrizität resp. freien Magnetismus

$$\frac{\partial X}{\partial x} + \frac{\partial Y}{\partial y} + \frac{\partial Z}{\partial z} = 0, \qquad \frac{\partial L}{\partial x} + \frac{\partial M}{\partial y} + \frac{\partial N}{\partial z} = 0, \qquad \text{(atb)}$$

in heterotropen Nichtleitern gleicher Art

$$\frac{\partial \mathfrak{X}}{\partial x} + \frac{\partial \mathfrak{Y}}{\partial y} + \frac{\partial \mathfrak{Z}}{\partial z} = 0, \qquad \frac{\partial \mathfrak{L}}{\partial x} + \frac{\partial \mathfrak{M}}{\partial y} + \frac{\partial \mathfrak{N}}{\partial z} = 0; \qquad \text{(atc)}$$

an der Grenze zweier solcher Nichtleiter

$$\left.\begin{array}{l}(\mathfrak{X}_2 - \mathfrak{X}_1)\cos nx + (\mathfrak{Y}_2 - \mathfrak{Y}_1)\cos ny + (\mathfrak{Z}_2 - \mathfrak{Z}_1)\cos nz = 0 \\ (\mathfrak{L}_2 - \mathfrak{L}_1)\cos nx + (\mathfrak{M}_2 - \mathfrak{M}_1)\cos ny + (\mathfrak{N}_2 - \mathfrak{N}_1)\cos nz = 0\,.\end{array}\right\} \text{(atd)}$$

Bezeichnet man nach mechanischer Analogie die Größen $\partial Z/\partial y - \partial Y/\partial z$ u. s. w. als Wirbelkomponenten (vgl. **109** (2), kk und *82*, ahy), so kann man die Grundgleichungen so aussprechen: Die zeitlichen Differentialquotienten der magnetischen Induktionskomponenten sind in Leitern gleich den mit der kritischen Geschwindigkeit multiplizierten elektrischen Wirbelkomponenten und umgekehrt; in Nichtleitern sind bei der Umkehrung noch die mit -4π multiplizierten Stromkomponenten hinzuzufügen. Für isotrope Nichtleiter kann man auch sagen: Die zeitlichen Differentialquotienten der magnetischen Kraft sind gleich den mit der kritischen Geschwindigkeit multiplizierten und mit der magnetischen Permeabilität dividierten elektrischen Wirbelkomponenten, und umgekehrt.

Die magnetischen und die elektrischen Kraftlinien in isotropen Medien resp. die Induktionslinien der einen und die Kraftlinien der anderen Art bei heterotropen Medien bilden miteinander einen Winkel, der gerade in den besonders wichtigen Fällen ein rechter wird; dann stehen sie also aufeinander senkrecht (Beispiele: Strom und Magnetnadel, ebene Wellen).

Eliminiert man aus den Grundgleichungen für isotrope Nichtleiter entweder die magnetischen oder die elektrischen Kraftkomponenten, so erhält man die Gleichungen

$$\left.\begin{array}{ll}\dfrac{\partial^2 X}{\partial t^2} = \dfrac{v^2}{\varepsilon\mu}\Delta X, & \dfrac{\partial^2 L}{\partial t^2} = \dfrac{v^2}{\varepsilon\mu}\Delta L \\ \dfrac{\partial^2 Y}{\partial t^2} = \dfrac{v^2}{\varepsilon\mu}\Delta Y, & \dfrac{\partial^2 M}{\partial t^2} = \dfrac{v^2}{\varepsilon\mu}\Delta M \\ \dfrac{\partial^2 Z}{\partial t^2} = \dfrac{v^2}{\varepsilon\mu}\Delta Z, & \dfrac{\partial^2 N}{\partial t^2} = \dfrac{v^2}{\varepsilon\mu}\Delta N \\ \dfrac{\partial X}{\partial x} + \dfrac{\partial Y}{\partial y} + \dfrac{\partial Z}{\partial z} = 0, & \dfrac{\partial L}{\partial x} + \dfrac{\partial M}{\partial y} + \dfrac{\partial N}{\partial z} = 0;\end{array}\right\} \text{(ate)}$$

als mögliche Lösungen ergeben sich (wie in der Elastizität, vgl. *87*) elektrisch-magnetische Wellen, hier aber, wegen der letzten beiden Gleichungen, nur transversale Wellen; ihre Fortpflanzungsgeschwindigkeit ist

$$a = \frac{v}{\sqrt{\varepsilon\mu}}; \tag{atf}$$

longitudinale Wellen sind nicht möglich.

(1) Aus obigem Gleichungssystem lassen sich der Reihe nach die verschiedenen Grundgesetze ableiten; nicht ableitbar sind solche Vorgänge, die nicht durch die elektrische resp. magnetische Kraft allein

dargestellt werden können, also die magnetischen Nachwirkungserscheinungen (permanenter Magnetismus, Hysteresis u. s. w.) und die Dispersion elektrischer Wellen (vgl. bei Optik).

(2) Die Energieveränderung ist teils Qualitätsänderung, es treten Wärme und andere Energiearten auf, ihr Betrag pro Zeit- und Raumeinheit ist $u'X + v'Y + w'Z$ (z. B. die Joule'sche Wärme $\lambda\,(X^2 + Y^2 + Z^2)$ $= \frac{1}{\lambda}(u'^2 + v'^2 + w'^2)$, ferner Peltier'sche Wärme u. s. w.); teils ist es Zunahme der elektrisch-magnetischen Energie. Der in der Zeiteinheit durch die Oberflächeneinheit des Raumes tretende Betrag an Energie ist (über $\alpha\beta\gamma$ s. oben **191** e):

$$\frac{dE}{dt} = \frac{v}{4\pi}[\alpha(YN - ZM) + \beta(ZL - XN) + \gamma(XM - YL)]. \quad \text{(atg)}$$

Betrachtet man die Energie als eine räumliche, lokalisierbare Größe, so kann man hiernach sagen: Die Energie wandert in der sowohl auf den elektrischen als auf den magnetischen Kraftlinien senkrechten Richtung, und zwar mit einem Betrage (pro Zeit- und Flächeneinheit) gleich dem Produkte aus der elektrischen und der magnetischen Kraft, dem Sinus des Winkels zwischen ihnen und dem Faktor $v/4\pi$; in besonderen Fällen ist der Winkel 90°, der Sinus 1; alsdann stehen alle drei Richtungen aufeinander senkrecht.

Setzt man zur Abkürzung

$$a = \frac{v}{4\pi}(YN - ZM), \quad b = \frac{v}{4\pi}(ZL - XN), \quad c = \frac{v}{4\pi}(XM - YL), \quad \text{(ath)}$$

so erhält man

$$\frac{dE}{dt} = \alpha a + \beta b + \gamma c; \quad \text{(ati)}$$

setzt man ferner

$$S = \sqrt{a^2 + b^2 + c^2}, \quad \text{(atk)}$$

so kann man S den Strahlungsvektor nennen (Poynting).

(3) Die Glieder auf den linken Seiten der Grundgleichungen sind meist sehr klein gegen die rechts stehenden, ihre Vernachlässigung führt zu den Ampère'schen elektrodynamischen Beziehungen (*49*), nur bei sehr raschen elektrischen Schwingungen werden sie erheblich, und dies führt zu den Hertz'schen Versuchen (**190**).

b) Bewegte Körper.

Hier muß man eine Annahme darüber machen, ob und wie sich der Äther mit der ponderabeln Materie bewegt. Nimmt man an, daß er sich ganz wie sie selbst bewege, so kann man die eigentlich elektrisch-magnetischen Erscheinungen darstellen (betreffs der Lichterscheinungen s. w. u.).

Die bezüglichen Grundgleichungen sind von Hertz und in einer die Erscheinungen bei ruhenden Körpern mit umfassenden Form von Volterra aufgestellt worden.

Sechster Abschnitt: Licht.

192. Lichtbewegung: Konvektion, Strahlung, Leitung. Wie Wärme und Elektrizität, so kann auch das Licht auf drei verschiedene Arten sich durch den Raum hin fortpflanzen:

a) Konvektion des Lichtes. Es ist das die Art der Fortpflanzung, die in der Fortschleuderung materieller Teilchen von der Lichtquelle aus besteht; die von Newton (1704) begründete Emissions- oder Emanationstheorie des Lichtes nahm diese Fortpflanzungsart allgemein an, sie ist inzwischen durch die andere Theorie verdrängt, tritt aber neuerdings bei gewissen Erscheinungen, die zu den Lichterscheinungen im weiteren Sinne gehören, namentlich bei den „Kathodenstrahlen“, wieder in den Vordergrund (s. w. u.).

b) Lichtstrahlung: Fortpflanzung der, wie man annimmt (**162**), in der Lichtquelle bestehenden Schwingungen in Form von Wellen resp. (nach dem Huygens'schen Prinzip, **7**) Strahlen. Da die Strahlung überallhin erfolgt, muß eine überall verbreitete Substanz, der Lichtäther (**82**), als Träger der Wellen angenommen werden; mit Rücksicht auf die Polarisation (**163**) müssen die Schwingungen transversal sein (oder mindestens eine transversale Komponente haben). Diese Schwingungen kann man entweder als elastische oder als elektromagnetische betrachten; im letzteren Falle sind sie ihrer Natur nach transversal, im ersteren muß man dem Äther besondere Eigenschaften beilegen, ihm nämlich entweder festen Aggregatzustand geben („äußerst dünne Gallert“) oder annehmen, daß er so rasche Schwingungen wie die des Lichtes auch als Gas ausführen könne, was darauf hinauskommt, anzunehmen, daß bei so raschen Schwingungen auch in Gasen der Druck nicht nach allen Richtungen gleich und senkrecht sei, die Zähigkeit sich also bemerklich mache.

c) Leitung resp. Absorption des Lichtes. Die verschiedenen Medien sind in verschiedenem Grade für Lichtwellen durchlässig; die Grenzfälle sind die vollkommen durchsichtigen und die vollkommen undurchsichtigen Stoffe, dazwischen giebt es alle mittleren Grade von Durchsichtigkeit („durchscheinend“, ferner (mit diffuser Ausbreitung des Lichtes) die „trüben Medien“ u. s. w.). Das nicht durchgelassene Licht wird teils reflektiert, teils absorbiert, die Gesetze sind den betreffenden für die Wärme (**181** ff.) ganz analog. Absorption kann man vom elektromagnetischen Standpunkte als Leitung betrachten, man erhält also die beiden Idealfälle des vollkommenen durchsichtigen Körpers und des vollkommenen elektrischen Leiters; in der That sind die besten Leiter (Metalle) fast undurchsichtig, die besten Isolatoren (Luft, Wasser, Glas) fast vollkommen durchsichtig.

(1) Die selektive Reflexion und Absorption (vgl. **181** (5)) erzeugt die Körperfarben, und zwar jene die im auffallenden, diese die im durchfallenden Lichte; so erhält man die Begriffe spiegelnd, weiß, grau, schwarz und farbig (vgl. **181** (4)).

(2) Die Gegenüberstellung der durchsichtigen und der elektrisch leitenden Stoffe ist nicht allgemein durchführbar; sieht man selbst von den Lösungen ab, weil sie den Strom konvektiv fortpflanzen, so bleiben noch andererseits zahlreiche Stoffe, wie Porzellan, Siegellack und Guttapercha, die weder durchsichtig noch leitend sind.

(3) Die Strahlungsgesetze von Stefan und Kirchhoff (***98*** u. ***99***) gelten auch für das normale Leuchten (nicht für die Luminescenz, vgl. **162** und w. u.).

(4) Hindernisse, die in den Strahlengang treten, erzeugen Schatten, und zwar Kernschatten in Gebieten, die von gar keinen, Halbschatten in solchen, die nur von einem Teile der Strahlen getroffen werden. Der Schatten ist nach Größe und Form in erster Annäherung durch den von der Lichtquelle an das Hindernis gelegten Kegel bestimmt, jedoch ruft die Beugung (**42**) Abweichungen hervor, die unter Umständen die Erscheinung gänzlich umgestalten können (s. w. u.).

111. **Grundgleichungen der Lichtbewegung für durchsichtige isotrope Körper.** Sie sind identisch entweder mit den elastischen oder mit den elektromagnetischen Grundgleichungen (***77*** (ahb) resp. ***110*** (ate)) und sämtlich in der Form

$$\frac{\partial^2 \varphi}{\partial t^2} = a^2 \Delta \varphi \qquad \text{(atl)}$$

enthalten, hierin ist φ nach der elastischen Theorie nach einander gleich $S_x S_y S_z$, nach der elektromagnetischen gleich $XYZ\ LMN$ zu setzen, und a, die Lichtgeschwindigkeit ist

$$\text{elastisch: } a = \sqrt{\frac{k_2}{\varrho}}, \quad \text{elektromagnetisch: } a = \sqrt{\frac{v^2}{\varepsilon \mu}}, \qquad \text{(atm) (atn)}$$

(ϱ die Dichte, k_2 der Gestaltsmodul des Äthers in dem betr. Medium, vgl. **178**, v die Lichtgeschwindigkeit im reinen Äther, ε und μ die elektrische und magnetische Permeabilität des Mediums für ganz rasche Schwingungen); dazu kommt noch die „Transversalitätsgleichung“

$$\frac{\partial \varphi_x}{\partial x} + \frac{\partial \varphi_y}{\partial y} + \frac{\partial \varphi_z}{\partial z} = 0, \qquad \text{(ato)}$$

gültig für $S_x S_y S_z$ oder XYZ und LMN.

Ganz entsprechend wie die obige Grundgleichung für die Kräfte ist die für die elastischen resp. elektrischen und magnetischen Verrückungskomponenten (Induktionen), also für $u' v' w'$, $\mathfrak{X}\mathfrak{Y}\mathfrak{Z}$, $\mathfrak{L}\mathfrak{M}\mathfrak{N}$.

Für den Fall, daß φ nur von z und t abhängt, erhält man ebene Wellen (**40**) mit Schwingungen parallel der xy-Ebene; setzt man auch noch $v' = 0$, so werden die Schwingungen geradlinig, und es ist für fortschreitende Wellen (**37**) die Lösung (T Schwingungsdauer, $\lambda = aT$ Wellenlänge):

1) elastisch: $$u' = A \sin 2\pi \left(\frac{z}{\lambda} - \frac{t}{T}\right), \quad v' = 0, \quad w' = 0, \qquad \text{(atp)}$$

2) elektrisch: $$\mathfrak{X} = A \sin 2\pi \left(\frac{z}{\lambda} - \frac{t}{T}\right), \quad \mathfrak{Y} = 0, \quad \mathfrak{Z} = 0,$$
und die hierdurch nach den Grundgleichungen zugleich erzeugte magnetische Schwingung:
$$\mathfrak{L} = 0, \quad \mathfrak{M} = \frac{A}{\sqrt{\varepsilon\mu}} \sin 2\pi \left(\frac{z}{\lambda} - \frac{t}{T}\right), \quad \mathfrak{N} = 0, \qquad \text{(atq)}$$

3) magnetisch: $$\mathfrak{L} = A \sin 2\pi \left(\frac{z}{\lambda} - \frac{t}{T}\right), \quad \mathfrak{M} = 0, \quad \mathfrak{N} = 0,$$
und die dadurch erzeugte elektrische Schwingung:
$$\mathfrak{X} = 0, \quad \mathfrak{Y} = \frac{A}{\sqrt{\varepsilon\mu}} \sin 2\pi \left(\frac{z}{\lambda} - \frac{t}{T}\right), \quad \mathfrak{Z} = 0. \qquad \text{(atr)}$$

Während also die elastische Theorie eine einzige Welle giebt, liefert die elektrisch-magnetische stets zwei, eine elektrische und eine magnetische; die Schwingungsebenen beider stehen aufeinander senkrecht.

Ähnlich für stehende Lichtwellen (**37**), wie sie zuerst Zenker (1868) nachgewiesen und zuerst Wiener (1889) systematisch hergestellt hat; nur besteht ein Unterschied: während in den fortschreitenden Wellen elektrische und magnetische Knoten resp. Bäuche zusammenfallen, fallen in den stehenden die elektrischen Knoten in die magnetischen Bäuche und umgekehrt.

(1) Fresnel'sche und Neumann'sche Theorie (1821 ff. resp. 1832 ff.). Die elastische Theorie ist in zwei etwas verschiedenen Formen ausgebildet worden, die man als Fresnel'sche und Neumann'sche Theorie gegenüberstellt; jene setzt die Elastizität k_2, diese die Dichte ϱ des Äthers in allen Medien gleich; jene kommt dabei zu dem Ergebnis, daß die Schwingungsebene senkrecht zur Polarisationsebene (**163**), diese zu dem, daß sie in ihr liegt. Man kann die Betrachtungen dieser Theorien dadurch erweitern, daß man nicht nur die kinetische Energie (kinetischen Lichtvektor), sondern auch die potentielle Energie (den potentiellen Lichtvektor) verfolgt, und kommt dann zu dem Resultat, daß der kinetische Vektor der Fresnel'schen Theorie dem potentiellen der Neumann'schen entspricht und umgekehrt. Bei Fresnel

liegt also der kinetische Vektor senkrecht zur, der potentielle in der Polarisationsebene, bei NEUMANN umgekehrt.

In der elastischen Theorie ist die maaßgebende Konstante k_2 / ϱ; ist sie nach allen Richtungen gleich groß, so ist der Körper optisch isotrop.

(2) In der elektrisch-magnetischen Theorie läßt sich zunächst nichts über die Lage der beiden Schwingungsebenen, der elektrischen und magnetischen, zur Polarisationsebene sagen; erst wenn man davon Gebrauch macht, daß μ in allen durchsichtigen Körpern ziemlich gleich (1 bis 1,001) ist, ε dagegen sehr verschiedene Werte hat (1 bis 80), kann man den Schluß ziehen, daß die elektrische Kraft senkrecht, die magnetische in der Polarisationsebene schwingt. Die elektrische Kraft entspricht hiernach dem Fresnel'schen kinetischen oder dem Neumann'schen potentiellen Vektor, die magnetische dem Neumann'schen kinetischen oder dem Fresnel'schen potentiellen Vektor. Hier zeigt sich die Überlegenheit der elektromagnetischen über die elastische Theorie, da man die Werte von ε und μ für die ponderabeln Stoffe kennt (wenn auch nicht für so rasche Schwingungen, für die vielleicht auch μ merklich größer als 1 ist), die Werte von k_2 und ϱ für den Äther aber nicht kennt.

(3) Die Streitfrage, ob die Lichtschwingungen in oder senkrecht zur Polarisationsebene (**163**) erfolgen, ist nun auf die beiden zurückgeführt: 1) ob die Lichtwirkung von der elektrischen oder magnetischen Kraft herrühre; Antwort für photographische Wirkung (bei stehenden Wellen nach WIENER) und Fluorescenz (nach DRUDE u. NERNST): die elektrische Kraft; in der elektromagnetischen Theorie liegt also die wirksame Schwingungsrichtung senkrecht zur Polarisationsebene; 2) ob die elektrische Kraft, also auch das wirksame Licht, besser auf kinetische oder auf potentielle Energie zu beziehen sei; aus der Maxwell'schen Theorie resp. ihrer mechanischen Deutung scheinen sich Anhaltspunkte für die letztere Annahme und damit zugleich für die Neumann'sche (gegen die Fresnel'sche) Theorie zu ergeben.

193. Lichtgeschwindigkeit, Aberration, Korreption. Die Bestimmungen der Lichtgeschwindigkeit haben zu folgenden Zahlen geführt:

a) Astronomische Methoden (Vakuum):

	km	
aus den Jupitermonden (RÖMER 1675), neuester Wert	297100	(OC)
aus der Aberration, vgl. w. u. (BRADLEY 1727), neuester Wert .	298200	
aus Marsbeobachtungen (LIAIS 1865)	302000	
aus der Veränderlichkeit von Algol (CHARLIER 1889)	298000	
Mittelwert	298800	

b) Physikalische Methoden (Luft):

	km	
Cornu nach Fizeau (1873)	298 500	(0d)
„ „ „ (1874)	300 400	
Young und Forbes nach Fizeau (1881)	301 300	
Foucault (1862)	298 000	
Michelson nach Foucault (1878)	300 140	
„ „ „ (1880)	299 940	
„ „ „ (1885)	299 850	
Newcomb „ „ (1885)	299 860	
Mittelwert	299 750	

Die astronomischen Methoden leiden unter der ungenauen Kenntnis, die wir vom Werte der Sonnenparallaxe resp. der Aberrationskonstante (s. u. (2)) haben, sie können mit den physikalischen nicht konkurrieren; man hat also zu setzen:

$$v = 299\,750 \text{ km} = 2{,}9975 \times 10^{10} \text{ (abs.)}, \tag{0e}$$

und zwar in Luft; im Vakuum muß sie noch im Verhältnis von 1,000294 : 1 größer sein, d. h.

$$v_0 = 299\,840 \text{ km} = 2{,}9984 \times 10^{10} \text{ (abs.)}. \tag{0e'}$$

Diese Zahl stimmt mit dem Mittelwert des Verhältnisses der elektromagnetischen zur elektrostatischen Einheit der Elektrizitätsmenge (**155** (5) und ***110***) ausgezeichnet überein.

In anderen Stoffen läßt sich die Lichtgeschwindigkeit nicht gut direkt mit Genauigkeit beobachten, man leitet sie daher besser aus der in Luft und dem Brechungsexponenten n (s. w. u.) ab; in Wasser ist sie etwa $^3/_4$, in Schwefelkohlenstoff $^4/_7$ von der in Luft.

(1) Die Lichtstärke scheint keinen irgendwie merklichen Einfluß auf die Lichtgeschwindigkeit zu haben; einen wenn auch meist kleinen Einfluß hat aber die Farbe, und zwar geht rotes Licht in Luft um 4 millionteI, in Wasser um 1 hundertel schneller als blaues.

(2) Aberration des Lichtes (Bradley 1728) heißt die scheinbare Ortsverschiebung von Gestirnen infolge des Umstandes, daß während der Zeit, die das Licht braucht, um zu uns zu gelangen, die Erde sich fortbewegt; sie ist am größten in den Fällen, in denen die Erde senkrecht zur Sehrichtung des Gestirnes fortschreitet, und heißt alsdann Aberrationskonstante α. Sie ist natürlich für alle Sterne gleich groß, und zwar (neuester Wert)

$$\alpha = 20{,}496'', \tag{0f}$$

freilich noch immer mit einer Unsicherheit von etwa $^1/_{1000}$ des Wertes.

Mit der Lichtgeschwindigkeit v steht α in der Beziehung (u Erdgeschwindigkeit, T ihre Umlaufszeit, R ihr Bahnradius):

$$\operatorname{tg} \alpha = \frac{u}{v} = \frac{2\pi R}{v T}. \tag{ats}$$

(3) Von der Sonne zur Erde (bei mittlerem Abstande) braucht das Licht 500,8 sec oder 8 min 20,8 sec; vom α Centauri (dem vermutlich nächsten aller Fixsterne) zur Erde $3^3/_4$, vom Sirius 17 Jahre.

(4) Korreption des Äthers heißt die etwaige Teilnahme des Äthers an einer von dem Medium, in dem er sich befindet, ausgeführten Bewegung; der betreffende Bruchteil heißt Korreptionskoeffizient. Theoretisch muß er desto größer sein, je dichter das Medium ist, z. B. für Wasser etwa 0,44, für Luft nur 0,0006; experimentell hat sich bisher eine thatsächliche Entscheidung der Frage nicht ergeben.

(5) Doppler'sches Prinzip (1842). Wie beim Schall (**178**(5)) tritt auch beim Licht eine Änderung der Schwingungszahl, hier also der Farbe, auf, wenn Lichtquelle und Ort der Wahrnehmung (Auge) sich gegeneinander bewegen; die Formeln sind dieselben, wegen der großen Lichtgeschwindigkeit muß aber hier auch die Bewegungsgeschwindigkeit sehr groß sein, wenn die Wirkung merklich sein soll. Bei irdischen Lichtquellen ist das nicht der Fall, wohl aber bei Gestirnen, deren Farbe man demgemäß (falls sie homogen wäre) mit ihrer Bewegung in Beziehung setzen könnte (Doppelsterne, vgl. w. u.).

194. Geometrische Optik; Definitionen. Geometrische Optik ist die Lehre von den Richtungsmannigfaltigkeiten der Lichtstrahlen, insbesondere ihren Richtungsänderungen bei der Reflexion und Brechung, ohne Rücksicht auf das Zustandekommen der Strahlen selbst und ohne Eingehen auf die Intensitätsverhältnisse (die folgenden Nummern hätten daher auch direkt an **43** ff. angeschlossen werden können). Die Lehre von der Reflexion heißt auch Katoptrik, die von der Brechung Dioptrik.

Das längs einer Linie fortgepflanzte Licht heißt ein Strahl, er kann geradlinig oder geknickt oder stetig gekrümmt sein; eine Gruppe von Strahlen heißt Strahlenbüschel oder Strahlenbündel, der mittelste Strahl heißt Axe, der Vereinigungspunkt der Strahlen Brennpunkt oder Fokus, der von den Strahlen daselbst gebildete Raumwinkel die Öffnung des Büschels.

Ein Strahl kann in seinem Verlaufe reflektiert, gebrochen und absorbiert werden; die Reflexion ist entweder regelmäßig, d. h. es entsteht ein reflektierter Strahl von bestimmter Richtung, oder diffus, d. h. es wird nach allen oder vielen Seiten Licht reflektiert; jene findet an glatten, diese an rauhen Flächen statt und läßt sich im Prinzip auf jene zurückführen. Die Ebene des einfallenden Strahles und des im Einfallspunkte auf der Fläche errichteten Lotes heißt Einfallsebene, der Winkel zwischen jenen Linien Einfallswinkel; entsprechende Bedeutung haben der Reflexions- und der Brechungswinkel; endlich heißt der Winkel zwischen einfallendem und gebrochenem Strahl Ablenkungswinkel. Das Verhältnis des Sinus des Einfalls- zum Sinus des Brechungswinkels

$$n = \frac{\sin \varphi}{\sin \psi}, \qquad [n] = 1 \qquad \text{(att) (FY)}$$

heißt der relative Brechungsquotient des zweiten Mittels zum ersten oder, wenn letzteres das Vakuum — näherungsweise auch wenn es Luft ist — der absolute Brechungsquotient des zweiten Mittels; statt Brechungsexponent sagt man auch Brechungsverhältnis, Brechungsexponent oder Brechungsindex (vgl. **48**).

Regelmäßig reflektierende Flächen heißen Spiegel, es giebt ebene, Konvex- und Konkavspiegel, ferner ebene, cylindrische, sphärische und parabolische Spiegel.

Die Kombination zweier brechender Ebenen unter einem Winkel, insbesondere ein so gestalteter Körper heißt Prisma, die Linie, in der die Flächen zusammenstoßen, brechende Kante, der Winkel brechender Winkel, die zur brechenden Kante senkrechte Ebene Hauptschnitt. Die Kombination zweier gekrümmter brechender Flächen heißt Linse, es giebt Sammellinsen: in der Mitte am dicksten, und Zerstreuungslinsen: in der Mitte am dünnsten; jene können plankonvex, bikonvex oder konkavkonvex, diese plankonkav, bikonkav oder konvexkonkav sein; ferner ist zwischen Cylinderlinsen und sphärischen oder Kugellinsen zu unterscheiden.

Bei sphärischen Spiegeln und Linsen heißt der mittelste Punkt Scheitel, der Kugelmittelpunkt Mittelpunkt, ihre Verbindungslinie Axe, der aus der ganzen Kugel ausgeschnittene Raumwinkel Öffnung oder Apertur, wobei für jedes System praktisch zu entscheiden ist, von welchem Punkte (Objekt, Bild) aus gesehen der Raumwinkel zu rechnen sei; derselbe Ausdruck wird oft auch für den Winkel eines Axialschnittes gebraucht; endlich heißt das Produkt aus dem Sinus des halben Öffnungswinkels (für kleine Winkel aus dem halben Winkel selbst) und dem Brechungsexponenten die numerische Apertur (Abbe):

$$a = n \sin \frac{\omega}{2}. \qquad \text{(atu)}$$

Bei dünnen (engen, schmalen) Strahlenbüscheln, die auf eine Fläche treffen, unterscheidet man centrale (normal zur Fläche) und schiefe; unter den Strahlen eines Büschels spielen eine ausgezeichnete Rolle der axiale Strahl, die zu ihm parallelen Parallelstrahlen (und zwar, wenn sie ihm sehr nahe sind, axiale Parallelstrahlen) und die durch den Mittelpunkt gehenden Centralstrahlen; Strahlen, die mit der Axe sehr kleine Winkel bilden, werden zuweilen Nullstrahlen genannt.

Jedes von einem Punkte ausgehende oder nach einem Punkte hinstrebende Büschel heißt homocentrisch, im ersteren Falle heißt es divergent, im letzteren konvergent. Der ursprüngliche Ausgangspunkt heißt leuchtender Punkt (selbstleuchtend oder indirekt leuchtend), jeder andere Vereinigungspunkt Brennpunkt. Bei sphärischen Flächen heißt Brennpunkt oder Fokus speziell der Schnittpunkt axialer Parallelstrahlen (bei cylindrischen Flächen giebt es keinen Brennpunkt, sondern eine Brennlinie), die im Brennpunkt auf der Axe senkrechte Ebene Brennebene; der Abstand des Brennpunktes vom Scheitel heißt Brennweite oder Fokaldistanz. Die Thatsache, daß die von der Axe entfernteren Parallelstrahlen sich nicht in demselben Punkte treffen, heißt sphärische Aberration, und zwar die seitliche Entfernung, in der jene Strahlen beim Brennpunkte vorbeigehen, laterale, die Strecke, um die vom Brennpunkt entfernt sie die Axe treffen, longitudinale Aberration; die engste Stelle des Büschels heißt der kleinste Zerstreuungskreis, die Aufeinanderfolge (Einhüllende) der Strahlenschnittpunkte Brennlinie resp. Brennfläche oder Kaustik (bei Spiegelung Katakaustik, bei Brechung Diakaustik; Beispiel: Kardioide). Aberrationsfreie Flächen heißen auch aplanatische Flächen.

Der einem leuchtenden Punkte entsprechende Vereinigungspunkt heißt Bildpunkt, beide zusammen heißen konjugierte Punkte, ein besonderes Paar konjugierter Punkte sind der unendlich entfernte Axenpunkt und der Brennpunkt. Die Gesamtheit der den Punkten eines Objekts entsprechenden Bildpunkte heißt Bild, der Vorgang, der sich hierbei abspielt, Abbildung; ihr idealer Grenzfall, der an homocentrische Strahlenbüschel geknüpft ist, ist die punktweise Abbildung. Vereinigen sich die wirklichen Strahlen, so erhält man ein reelles Bild, vereinigen sich nur ihre Rückverlängerungen, ein virtuelles Bild; fernere Unterscheidungen sind die zwischen aufrechten und umgekehrten Bildern sowie die zwischen vergrößerten und verkleinerten (im Grenzfalle kongruenten) Bildern, das Verhältnis linearer Dimensionen heißt Abbildungsverhältnis; dabei ist zu unterscheiden zwischen Lateralvergrößerung und Axial- oder Tiefenvergrößerung, wozu als drittes noch die Angularvergrößerung oder das Konvergenzverhältnis (Verhältnis der Tangenten der Büschelwinkel) hinzukommt. Am allgemeinsten endlich ist bei einem sich durch den Brennpunkt resp.

die Brennebene hindurch erstreckenden Objekte die Unterscheidung in rechtläufige und rückläufige, kollektive und dispansive Abbildung. Bei der rechtläufigen entspricht einer Bewegung des Objektes in einem Sinne (absolut genommen) eine ebensolche des Bildes, bei der rückläufigen eine umgekehrte (im Sinne der Lichtbewegung dagegen ist jede realisierbare Abbildung rechtläufig); jene heißt auch dioptrische Abbildung, weil sie durch Brechungen (ev. noch durch eine gerade Zahl von Spiegelungen), diese katoptrische, weil sie durch eine ungerade Zahl von Spiegelungen (ev. noch beliebige Brechungen) erzielt wird. Jedoch deckt sich dies nur im großen Ganzen, im einzelnen können (bei nicht sphärischen Flächen) katoptrische und dioptrische Abbildung in gewisser Hinsicht ineinander übergreifen. Bei der kollektiven Abbildung wird der vor der Brennebene liegende Teil des Objektes aufrecht, der hintere verkehrt abgebildet, bei der dispansiven umgekehrt; Systeme, die das leisten, heißen kollektiv resp. dispansiv (diese Definition umfaßt freilich nicht alle Fälle). Durch Kombination erhält man die vier möglichen Abbildungsarten: kollektiv-rechtläufig u. s. w.

Die beiden konjugierten Punkte der Axe, in denen die Lateralvergrößerung 1 ist, heißen Hauptpunkte, die in ihnen errichteten Ebenen Hauptebenen; die Axenpunkte, in denen das Konvergenzverhältnis 1 ist, heißen Knotenpunkte, die in ihnen errichteten Ebenen Knotenebenen; in dem besonderen Falle, daß das Objekt- und Bildmedium gleich sind, fallen Haupt- und Knotenpunkte zusammen. Die Verbindungslinie irgend zweier konjugierter Punkte der Hauptebenen ist hiernach der Axe parallel, dagegen sind die Strahlen nach Axenpunkten der Knotenebenen einander selbst parallel. Die Punkte, wo obige Verhältnisse —1 sind, heißen Haupt- resp. Knotenpunkte zweiter Art.

Alle obigen Punkte zusammen heißen auch Kardinalpunkte.

Astigmatismus heißt die Erscheinung, daß auch ein enges räumliches (kegelförmiges) Büschel im allgemeinen keinen Brennpunkt liefert, sondern zwei in verschiedenen Entfernungen gelegene, aufeinander senkrechte kleine Brennlinien, herrührend von den Strahlen derjenigen beiden Längsschnitten des Büschels, die die Fläche in der größten resp. kleinsten Krümmung schneiden; der Abstand beider heißt astigmatische Differenz. Alle schiefen Büschel (auch bei Kugelflächen) und alle (auch centrale) Büschel bei Cylinderflächen, beim menschlichen Auge u. s. w. sind astigmatisch; stigmatisch (Bildpunkt liefernd) oder anastigmatisch sind nur centrale Büschel bei Kugelflächen sowie Büschel, die von eigens zu diesem Zwecke konstruierten Kombinationen geliefert werden (Anastigmate).

112. **Geometrisches Grundgesetz der Reflexion und Brechung für isotrope durchsichtige Medien.** Das Grundgesetz der Richtung des reflektierten und des gebrochenen Lichtstrahles stimmt mit dem für die Strahlung überhaupt (*9*) überein: Beide Strahlen liegen in der Einfallsebene, reflektierter und einfallender Strahl bilden mit der Normale gleiche Winkel nach entgegengesetzten Seiten, d. h. der Reflexionswinkel ist gleich dem Einfallswinkel, und der gebrochene Strahl bildet mit der Normale, ebenfalls nach ihrer anderen Seite und nach der anderen Seite der Grenzfläche hin, einen Brechungswinkel ψ, der aus dem Einfallswinkel φ nach der Formel (a_1 und a_2 Lichtgeschwindigkeiten in beiden Medien)

$$\frac{\sin\varphi}{\sin\psi} = \frac{a_1}{a_2} = n \tag{atv}$$

folgt, wo n, der Brechungsindex, von φ unabhängig ist; mit anderen Worten: Der schon oben als das Verhältnis $\sin\varphi : \sin\psi$ definierte Brechungsindex ist vom Einfallswinkel unabhängig, er ist (für eine bestimmte Farbe, s. w. u.) eine für die beiden Medien charakteristische Konstante. Das Medium mit kleinerem Winkel, also kleinerem a, also $n > 1$ nennt man das optisch dichtere Mittel, das andere das optisch dünnere. Aus der Umkehrung

$$\sin\psi = \frac{a_2}{a_1}\sin\varphi = \frac{1}{n}\sin\varphi \tag{atw}$$

folgt, daß für $a_2 < a_1$, d. h. für $n > 1$, d. h. für den Übergang vom dünneren zum dichteren Mittel stets ein gebrochener Strahl existiert, für $a_2 > a_1$, d. h. $n < 1$, d. h. beim Übergang vom dichteren zum dünneren Medium dagegen nur für

$$\sin\varphi \leqq \frac{a_1}{a_2} \quad \text{oder} \quad \sin\varphi \leqq n; \tag{atx}$$

in diesen Fällen findet also „partielle Reflexion“ und partielle Brechung, in dem noch übrigen Falle

$$a_2 > a_1, \qquad n < 1 \text{ und } \sin\varphi > \frac{a_1}{a_2}, \text{ also } > n$$

dagegen „totale Reflexion“ statt; der Winkel

$$\varphi = \arcsin\frac{a_1}{a_2} = \arcsin n \tag{aty}$$

heißt Winkel der totalen Reflexion oder Grenzwinkel.

(1) Einige Werte von n absolut, d. h. gegen Vakuum (abgerundete Zahlen für mittlere Farbe, genauere s. w. u.):

Äther	1,36	Kanadabalsam . . .	1,54
Alkohol	1,36	Kassiaöl	1,61
Benzol	1,50	Kohlensäure	1,00045
Cedernöl	1,52	Kupfer	0,65
Diamant	2,42	Luft	1,00029
Eis	1,31	Monobromnaphtalin .	1,66
Eisen	1,73	Quarz	1,54
Flußspat	1,44	Rotkupfererz	2,85
Glas, leicht Crown . . .	1,51	Schwefelkohlenstoff .	1,63
„ schwer Crown . . .	1,57	Schwefelsäure . . .	1,44
„ leicht Flint	1,57	Silber	0,27
„ schwer Flint . . .	1,75	Steinsalz	1,55
„ sehr schwer Flint .	1,96	Turmalin	1,65
Gold	0,58	Wasser	1,33
Gyps	1,52	Wasserstoff	1,00014
Kalkspat	1,66	Zimmtöl	1,62

(og)

Am stärksten brechen also von Mineralien Rotkupfererz und Diamant (sonst giebt es noch größere, besonders indirekt bestimmte Werte von n), von Gläsern das schwerste Silikatflint (Jenaer Glas „S 57“), von gebräuchlichen Flüssigkeiten Monobromnaphtalin; sehr merkwürdig ist, daß einige Metalle (natürlich in ganz dünnen, durchsichtigen Schichten zu benutzen), nämlich Silber, Gold und Kupfer, optisch dünner sind als der leere Raum. Auf indirektem Wege fand sich übrigens für Silber ein noch kleinerer Wert (0,18) und ein noch wesentlich kleinerer für Natrium, nämlich 0,0045 (Drude).

(2) Der Brechungsexponent hängt von Druck, Temperatur und Aggregatzustand ab, ändert sich also mit der Dichte ϱ; dagegen bleibt annähernd der Ausdruck $(n-1)/\varrho$ und noch besser annähernd der Ausdruck

$$R = \frac{1}{\varrho}\frac{n^2-1}{n^2+2} \qquad \text{(atz)}$$

konstant, man nennt ihn spezifisches Brechungsvermögen oder Refraktionsvermögen; es ist dies zugleich eine additive Eigenschaft (*17* (3)), d. h. bei Mischungen, Lösungen u. s. w. darf man die R einfach addieren; für chemische Verbindungen ist die entsprechende Größe die durch Multiplikation mit dem Molekulargewicht erhaltene Molekularrefraktion, sie ist gleich der Summe der Atomrefraktionen der Bestandteile (Landolt-Brühl'sche Theorie der Refraktionsäquivalente). Im übrigen ist der Temperatureinfluß nicht einheitlich, bei den Flüssigkeiten nimmt n mit wachsendem Θ ab, bei den festen Körpern meist zu (bei Steinsalz, Flußspat, Quarz ab).

(3) Die Brechungsexponenten der Luft gegenüber festen oder flüssigen Stoffen sind die reziproken Werte der obigen Zahlen; in allen

außer Silber, Gold, Kupfer u. s. w. sind diese Werte <1, es kann also, bei genügend schiefem Strahlengang, Totalreflexion eintreten, und zwar ist der Grenzwinkel gegen Luft (für mittleres Licht) bei

Alkohol	$47\frac{1}{4}°$	Glas, sehr schwer Flint	$30\frac{3}{4}°$
Benzol	$41\frac{3}{4}°$	Monobromnaphtalin	$37°$
Diamant	$24\frac{1}{4}°$	Schwefelkohlenstoff	$37\frac{3}{4}°$
Glas, leicht Crown	$40°$	Wasser	$48\frac{3}{4}°$
„ schwer Flint	$35°$		

(oh)

also bei Diamant am kleinsten, bei Wasser am größten.

(4) Die Zeiten, in denen in verschiedenen Medien gleiche Strecken vom Lichte durchlaufen werden, verhalten sich wie ihre n; man nennt daher das Produkt nl aus Brechungsexponent und Strecke die optische Länge oder den reduzierten Weg oder kurz den Lichtweg; für verschiedene nacheinander durchlaufene Medien addiert ergeben sie die ganze Zeit, also den ganzen „Lichtweg“.

***113.* Allgemeine geometrische Gesetze der Reflexion und Brechung** (Konsequenzen des Grundgesetzes).

a) Prinzip der Umkehrbarkeit der Strahlenwege. Einen Weg, den ein Lichtstrahl in einer Richtung zurücklegen kann, kann er auch in der umgekehrten zurücklegen. Oder spezieller: Wenn ein Strahl nach irgend welchen Reflexionen und Brechungen senkrecht auf eine spiegelnde Fläche fällt, so durchläuft er genau den ursprünglichen Weg rückwärts.

b) Malus'scher Satz (1808, nach der Wellentheorie selbstverständlich): Ein System von Strahlen, welches einmal senkrecht zu einer Fläche ist, bleibt dies auch nach beliebig vielen Reflexionen und Brechungen.

c) Satz vom gleichen Lichtwege. Für alle Strahlen eines Büschels, das von einem Punkte ausgeht und sich schließlich wieder in einem Punkte vereinigt, ist der Lichtweg gleich groß. Insbesondere gilt dies hiernach für die Spiegelung oder Brechung an einer aplanatischen Fläche (**194**), ihre Gleichung ist demgemäß für Spiegelung $l + l' = \text{const}$, für Brechung $nl + n'l' = \text{const}$.

(1) Die aplanatische Fläche für Spiegelung ist das Rotationsellipsoid, speziell für Parallelstrahlen (Ausgangspunkt in unendlicher resp. sehr großer Entfernung) das Rotationsparaboloid; letzteres ist daher die Form, die großen Spiegeln vielfach gegeben wird (Reflektoren für Schall, Wärme, Licht, elektrische Strahlen, letztere entsprechend der Objektlinie als parabolische Cylinder). Für Brechung ergeben sich als aplanatische Flächen die sog. Cartesischen Ovale; für eine bestimmte Lage des Objekts als spezieller Fall eine Kugel.

d) Satz vom kürzesten Lichtweg oder von der schnellsten Ankunft (Heron, Fermat, Huygens). Der wirkliche Lichtweg eines Strahles zwischen zwei gegebenen Punkten, zwischen denen er beliebige Reflexionen und Brechungen erfährt, ist ein Minimum oder Maximum gegenüber allen benachbarten (nur gedachten) Wegen; mit anderen Worten: Die zur Zurücklegung der Strecke erforderte Zeit ist ein Minimum oder Maximum.

(1) Früher glaubte man, der Lichtweg sei immer der kürzeste (daher der Name des Satzes). Er ist es thatsächlich immer für ebene Grenzflächen. Für eine gekrümmte brechende Fläche ist er ein Minimum oder Maximum, je nachdem sie in dem Punkte, in dem sie der Strahl kreuzt, nach dem dichteren oder dünneren Medium hin stärker konvex ist als die in diesem Punkte sie berührende aplanatische Fläche. Letztere selbst stellt den Grenzfall dar, wo alle Strahlen des Büschels wirkliche Lichtwege und gleich groß sind (s. ob.).

114. **Allgemeine Gesetze der optischen Abbildung** (Abbe 1872 ff., s. u. die Anmerkg.).

Grundgesetz. Die Lagen- und Größenverhältnisse optischer Bilder sowie alle die Brenn-, Haupt-, Knoten-, Bildpunkte u. s. w. (**194**) betreffenden Sätze sind ihrem Wesen nach gänzlich unabhängig von den physikalischen und geometrischen Bedingungen ihres Entstehens, sie sind vielmehr rein mathematische Konsequenzen der Abbildung eines Raumgebietes (des Objektraumes) in einen anderen (den Bildraum) und setzen lediglich die beiden Festsetzungen voraus, daß jedem Punkte des einen Raumes ein und nur ein Punkt des anderen Raumes entspreche, und daß den Strahlen, die durch einen Punkt gehen, im anderen Raume Strahlen entsprechen, die sämtlich durch einen anderen Punkt, den konjugierten oder Bildpunkt gehen.

Die Abbildung ist eindeutig und im allgemeinen stetig; dem Punkt entspricht ein Punkt, der Graden eine Grade, der Ebene eine Ebene („kollinear"). In jedem der beiden Räume giebt es eine Ebene, deren konjugierte Ebene im anderen Raume in der Unendlichkeit liegt, sie heißt Unstetigkeits- oder Diskontinuitätsebene und ist nichts anderes als die Brennebene (**194**); der spezielle Fall, daß sich die beiden unendlich fernen Ebenen entsprechen, heißt teleskopische Abbildung.

Abbildungsformeln. Zunächst allgemein:

$$x' = \frac{a_1 x + b_1 y + c_1 z + d_1}{ax + by + cz + 1}, \quad y' = \frac{a_2 x + b_2 y + c_2 z + d_2}{ax + by + cz + 1}, \quad z' = \frac{a_3 x + b_3 y + c_3 z + d_3}{ax + by + cz + 1}, \quad \text{(aua)}$$

für teleskopische Abbildung werden $a = b = c = 0$. Vereinfachungen treten ein, wenn die x- und x'-Axen senkrecht zu den Unstetigkeitsebenen gewählt werden; weitere, wenn unter den Geraden der x-Richtung diejenige zur Axe gewählt wird, deren Bildlinie dann ebenfalls

Axe wird (d. h. für $y = z = 0$ auch $y' = z' = 0$); weitere, indem man auch die y- und z-Richtungen als konjugierte wählt; ferner kann man noch konjugierte Ebenen zu yz-Ebenen wählen und erhält dann

$$x' = \frac{a_1 x}{ax+1}, \qquad y' = \frac{b_2 y}{ax+1}, \qquad z' = \frac{c_3 z}{ax+1}, \tag{aub}$$

speziell im Falle der teleskopischen Abbildung

$$x' = a_1 x, \qquad y' = b_2 y, \qquad z' = c_3 z. \tag{auc}$$

Schließlich kann man aus den konjugierten Ebenen die Unstetigkeitsebenen herausgreifen und zu yz-Ebenen machen und erhält dann, wenn $\mathfrak{a}\,\mathfrak{b}\,\mathfrak{c}$ neue Konstanten sind:

$$x' = \frac{\mathfrak{a}}{x}, \qquad y' = \frac{\mathfrak{b}y}{x}, \qquad z' = \frac{\mathfrak{c}z}{x}. \tag{aud}$$

Für den in der Optik häufigsten Fall der um die x-Axe symmetrischen Abbildung wird noch außerdem $b_2 = c_3$ resp. $\mathfrak{b} = \mathfrak{c}$.

Die beiden Konstanten $\mathfrak{a}$ und $\mathfrak{b}$ ergeben in sehr einfacher Weise den Charakter der Abbildung; sie ist nämlich für

$\mathfrak{a} < 0$: rechtläufig $\qquad$ $\mathfrak{a} > 0$: rückläufig

$\mathfrak{b} < 0$: dispansiv $\qquad$ $\mathfrak{b} > 0$: kollektiv (vgl. **194**).

Gesetz der Vergrößerung. Aus den Formeln ergiebt sich sofort: Die Lateralvergrößerung ist für alle Punkte derselben auf der x-Axe senkrechten Ebene gleich groß, dagegen proportional dem reziproken Objektabstande von der Objektbrennebene oder dem direkten Bildabstande von der Bildbrennebene; die Tiefenvergrößerung dagegen ist proportional dem Quadrate dieser Größe. Hieraus folgt schließlich: die Tiefenvergrößerung kleiner Objekte ist proportional dem Quadrat der Lateralvergrößerung (größerer Objekte proportional dem Produkt derLateralvergrößerungen in der vorderen und hinteren Ebene).

(1) Die früheren Theorieen der optischen Abbildung (Gauss 1841, Moebius 1855, Lippich 1871 u. A.) gingen von speziellen physikalischen, meist dioptrischen Vorgängen aus und gelangten durch Verallgemeinerung zu Beziehungen von weitergehender Bedeutung; dies gilt auch noch von der Gauss'schen Theorie, wenn auch hier der Ausgangspunkt etwas weniger speziell ist. Die Theorie von Möbius führt zwar alles auf die kollineare Verwandtschaft zurück, führt aber zu ihrer Verwirklichung ebenfalls noch bestimmte dioptrische Wirkungen ein. Erst die Abbe'sche Theorie läßt die physikalischen Vorgänge ganz beiseite und stützt sich ausschließlich auf das obige Grundgesetz.

***115.* Reflexion und Abbildung enger Büschel durch sphärische Spiegel.**

a) Hohlspiegel. Parallelstrahlen gehen nach der Reflexion durch den Brennpunkt und umgekehrt, Centralstrahlen (die in diesem Falle vom Mittelpunkte selbst ausgehen) werden in sich selbst reflektiert. Die Summe der reziproken Spiegelabstände konjugierter Punkte ist gleich der reziproken Brennweite, insbesondere ist die Brennweite gleich dem halben Radius, d. h. der Brennpunkt liegt in der Mitte zwischen Scheitel und Mittelpunkt. Das Bild eines außerhalb der Brennweite liegenden Objektes liegt vor dem Spiegel, ist reell und umgekehrt und das laterale Abbildungsverhältnis ist gleich dem Verhältnis der Spiegelabstände (oder auch der Mittelpunktsabstände) von Bild und Objekt; das Bild ist also verkleinert, wenn das Objekt außerhalb, kongruent, wenn es im, vergrößert, wenn es innerhalb des Mittelpunktes liegt. Das Bild eines innerhalb der Brennweite liegenden Objektes ist virtuell und aufrecht. Formeln (s resp. σ Abstände des Objektes resp. Bildes vom Scheitel, f Brennweite, r Kugelradius, g resp. γ Objekt- resp. Bildgröße):

$$\left.\begin{aligned} &\frac{1}{s}+\frac{1}{\sigma}=\frac{1}{f}=\frac{2}{r}, \qquad && f=\frac{r}{2}, \\ &\gamma : g = \sigma : s, && \gamma=\frac{\sigma}{s}g \end{aligned}\right\} \tag{aue}$$

und hiernach

$$\sigma=\frac{rs}{2s-r}=\frac{rf}{s-f}, \qquad \gamma=\frac{r}{2s-r}g=\frac{f}{s-f}g. \tag{auf}$$

b) Konvexspiegel. Parallelstrahlen werden so reflektiert, daß sie von dem hinter dem Spiegel gelegenen Brennpunkte zu kommen scheinen; Centralstrahlen, die hier nach dem Mittelpunkt konvergieren, werden in sich selbst reflektiert. Das Bild ist stets virtuell, aufrecht und verkleinert, letzteres desto stärker, je entfernter das Objekt ist.

c) Planspiegel. Er stellt den Grenzfall zwischen Konkav- und Konvexspiegel dar und liefert hinter ihm gelegene, also virtuelle, mit den Objekten gleich große, symmetrisch gelegene Bilder.

***116.* Brechung und Abbildung enger Büschel durch Linsen von geringer Dicke** (so daß die beiden Hauptebenen zusammenfallen).

a) Sammellinse. Parallelstrahlen vereinigen sich nach der Brechung im Brennpunkt, Centralstrahlen gehen ungebrochen hindurch; die Brennweiten auf beiden Seiten der Linse sind bei gleichem Medium gleich groß. Das Bild eines außerhalb der Brennweite gelegenen Objektes liegt hinter der Linse, ist reell und umgekehrt, die Summe der reziproken Linsenabstände von Bild und Objekt ist gleich der reziproken Brennweite, und die Bildgröße verhält sich zur Objektgröße wie der Bildabstand zum Objektabstand. Das Bild eines innerhalb der Brennweite gelegenen Objektes liegt vor der Linse, und zwar entfernter von ihr als das Objekt, ist virtuell, aufrecht und vergrößert, an die Stelle obiger Summe tritt hier die Differenz. Formeln (n Brechungsexponent, r_1 und r_2 die beiden Kugelradien):

bikonvex: $$\frac{1}{f} = (n-1)\left(\frac{1}{r_1} + \frac{1}{r_2}\right), \qquad \text{(aug)}$$

konkav-konvex: $$\frac{1}{f} = (n-1)\left(\frac{1}{r_1} - \frac{1}{r_2}\right), \qquad \text{(auh)}$$

reell: $$\frac{1}{s} + \frac{1}{\sigma} = \frac{1}{f}, \text{ also } \sigma = \frac{fs}{s-f}, \qquad \text{(aui)}$$

$$\gamma : g = \sigma : s, \text{ also } \gamma = \frac{f}{s-f} g = \frac{\sigma - f}{f} g, \qquad \text{(auk)}$$

virtuell: $$\frac{1}{s} - \frac{1}{\sigma} = \frac{1}{f}, \text{ also } \sigma = \frac{fs}{f-s}, \qquad \text{(aul)}$$

$$\gamma : g = \sigma : s, \text{ also } \gamma = \frac{f}{f-s} g = \frac{f-\sigma}{f} g. \qquad \text{(aum)}$$

b) Zerstreuungslinse. Parallelstrahlen divergieren nach der Brechung so, daß sie von dem vorderen Brennpunkt herzukommen scheinen, Centralstrahlen gehen ungebrochen durch. Das Bild liegt vor der Linse und zwar näher als das Objekt und ist virtuell, aufrecht und verkleinert. Formeln:

$$\frac{1}{\sigma} - \frac{1}{s} = \frac{1}{f}, \qquad \sigma = \frac{fs}{f+s}. \qquad \text{(aun)}$$

$$\gamma : g = \sigma : s, \qquad \gamma = \frac{f}{f+s} g. \qquad \text{(auo)}$$

(1) Bei mehreren in unmittelbarem Kontakt befindlichen dünnen Linsen ist die reziproke Brennweite des ganzen Systems gleich der Summe der reziproken Einzelbrennweiten. Die reziproke Brennweite nennt man auch die „Stärke der Linse“; bei direktem Kontakt summiert sich also die Stärke der Einzellinsen einfach.

(2) Für dicke Linsen und für getrennte Linsenkombinationen werden die Formeln komplizierter, insbesondere ist für zwei dünne Linsen vom Abstande d die kombinierte Brennweite

$$f = \frac{f_1 f_2}{f_1 + f_2 - d}. \qquad \text{(aup)}$$

***117.* Brechung durch Prismen und Platten.** Die Ablenkung, d. h. Richtungsänderung eines Strahles beim Durchsetzen eines Prismas ist erstens desto größer, je größer der Prismenwinkel ist; beim Durchgange durch eine planparallele Platte findet also gar keine Ablenkung (nur eine parallele Verschiebung) statt; zweitens wächst sie mit dem Brechungsexponenten; drittens hängt sie bei einem gegebenen Prisma vom Einfallswinkel i ab, und zwar nimmt sie für im Hauptschnitte (194) verlaufenden Strahlengang von $i = 90^0$ bei abnehmendem i

bis zu einem Minimum ab und dann wieder zu; dieses Minimum der Ablenkung findet statt, wenn der Strahl symmetrisch durchgeht, d. h. wenn die beiden Winkel in der Luft, Eintritts- und Austrittswinkel i und i', einander gleich und damit die beiden Winkel in Glas r und r' ebenfalls einander gleich sind. Formeln (α brechender Prismenwinkel, δ Ablenkung, Index 0 für Minimum der Ablenkung):

$$\sin\frac{\delta+\alpha}{2} = n\sin\frac{\alpha}{2}\,\frac{\cos\frac{1}{2}(r-r')}{\cos\frac{1}{2}(i-i')}, \tag{auq}$$

$$\sin\frac{\delta_0+\alpha}{2} = n\sin\frac{\alpha}{2}, \tag{aur}$$

$$r_0 = r'_0 = \frac{\alpha}{2}, \quad \delta_0 = 2i_0 - \alpha, \quad i_0 = \frac{\delta_0+\alpha}{2} = \operatorname{arc}\sin\left(n\sin\frac{\alpha}{2}\right). \tag{aus}$$

Speziell für kleines α (Keil) wird

$$\delta_0 = (n-1)\,\alpha. \tag{aut}$$

(1) Während es nur ein Minimum der Ablenkung giebt, giebt es zwei Maxima, nämlich bei streifendem Eintritt ($i = 90^0$) und bei streifendem Austritt ($i' = 90^0$), und ebenso kommt jede andere Ablenkung zweimal vor, nämlich für gleiche positive und negative Werte von $i - i'$ resp. $r - r'$.

(2) Damit ein durch die eine Seite in das Prisma eintretender Strahl durch die andere austreten könne, muß für den Einfallswinkel die Bedingung

$$\sin i > n\sin\left(\alpha - \frac{\pi}{2} + \operatorname{arc}\cos\frac{1}{n}\right) \tag{auu}$$

erfüllt sein, falls die Klammer positiv ist, und zwar muß der Strahl von der Breitseite des Prismas unter diesem Winkel einfallen; ist die Klammer negativ, so darf er von der Breitseite unter beliebigem Winkel, von der Kantenseite dagegen nur unter der Bedingung

$$\sin i < n\sin\left(\alpha - \frac{\pi}{2} + \operatorname{arc}\cos\frac{1}{n}\right) \tag{auv}$$

einfallen; wird die rechte Seite dieser Ausdrücke > 1, so giebt es für diese Werte n und α überhaupt keinen Strahlengang durch das Prisma. Beispielsweise darf für $n = 1{,}5$ der Strahl bei einem Prisma von 30^0 bis zu $i = 18^0$ von der Kante herkommen, bei einem Prisma von 60^0 muß er schon von der Breitseite kommen, und zwar mit mindestens $i = 28$, bei einem Prisma von 90^0 geht überhaupt kein Strahl mehr hindurch. Für den äußersten möglichen Fall des Durchtritts, nämlich mit streifendem Eintritt und zugleich streifendem Austritt entsprechen sich folgende Werte von n und α, denen noch die (α zu 180^0 ergänzenden) Ablenkungen δ_0 (denn bei der Symmetrie des

Strahlenganges sind es die Minima der Ablenkung für die betreffenden Prismen) beigefügt sind:

n	1,3	1,4	1,5	1,6	1,7	1,8	1,9	2,0
α	100° 34′	91° 10′	83° 37′	77° 22′	72° 4′	67° 30′	63° 30′	60° 0′
δ_0.	79° 56′	88° 50′	96° 23′	102° 38′	107° 56′	112° 30′	116° 30′	120° 0′

(oi)

(3) Formeln für den Brechungsquotient:

Minimum der Ablenkung: $$n = \frac{\sin \frac{1}{2}(\delta + \alpha)}{\sin \frac{1}{2}\alpha}, \quad \text{(auv)}$$

Senkrechter Austritt: $$n = \frac{\sin(\delta + \alpha)}{\sin \alpha}, \quad \text{(auw)}$$

In sich zurückkehrender Strahl (s Winkel zwischen den durch die vordere und hintere Fläche erzeugten Spiegelbildern): $$n = \frac{\sin s}{\sin \alpha}, \quad \text{(aux)}$$

Streifender Eintritt: $$n^2 - 1 = \left(\frac{\cos \alpha + \sin i'}{\sin \alpha}\right)^2. \quad \text{(auy)}$$

(4) Bei einem nicht im Hauptschnitt verlaufenden Strahl ist das Minimum der Ablenkung ceteris paribus größer; die Formeln für die Ablenkung überhaupt sind hier kompliziert. Das Bild einer im Hauptschnitte liegenden Gerade ist selbst eine Gerade, dagegen sind die Bilder anderer Geraden gekrümmt; damit hängt es zusammen, daß auch die Grenzlinie des Gebietes der totalen und der partiellen Reflexion (*112*), wie sie im durchgehenden Lichte beobachtet wird, im allgemeinen gekrümmt ist.

(5) Durch eine Planplatte gesehen erscheint ein Objekt näher, und zwar um (d Dicke)

$$s = \frac{n-1}{n} d; \quad \text{umgekehrt } n = \frac{d}{d-s}. \quad \text{(auz)}$$

(6) In einem Medium, dessen Dichte stetig variiert, findet fortwährende Ablenkung der Lichtstrahlen statt, und es entstehen gekrümmte Lichtstrahlen; für ein gegebenes Gesetz zwischen Ort, Dichte und Brechungsexponent kann man die Kurven ermitteln. Hierher gehört die „atmosphärische Strahlenbrechung", durch die die Sterne und irdische Gegenstände („astronomische" und „terrestrische" Strahlenbrechung) gehoben erscheinen, und zwar desto mehr, je näher sie dem Horizont stehen; im Zenith ist die Hebung 0, im Horizont etwa $^1/_2{}^0$, je nach Luftbeschaffenheit mehr oder weniger. Unter abnormen Luftverhältnissen tritt zuweilen ein doppeltes Bild von Gegenständen auf, „Luftspiegelung". Die Krümmung der Strahlen

in der Sonnenatmosphäre kann zur Erklärung des scharfen Sonnenrandes dienen (Schmidt'sche Sonnentheorie).

118. **Intensitätsgesetze der Reflexion und Brechung an isotropen durchsichtigen Körpern.** Während es für die Richtungsgesetze genügt, die Strahlen zu betrachten, kommt für die Intensitätsverhältnisse die Wellennatur und insbesondere der Polarisationszustand (**163**) der Strahlen wesentlich in Betracht. Der allgemeine Fall läßt sich auf die beiden speziellen zurückführen, in denen der einfallende Strahl geradlinig, und zwar entweder in der Einfallsebene oder senkrecht zu ihr, polarisiert ist; die Amplituden des einfallenden reflektierten und gebrochenen Strahles seien im ersten Falle E_p, R_p und G_p, im zweiten Falle E_s, R_s, G_s. Dann gelten nach Fresnel (1821) resp. für die elektrische Kraft die Formeln (vgl. ***111***; φ Einfalls-, ψ Brechungswinkel):

$$\left.\begin{aligned} R_p &= -E_p \frac{\sin(\varphi-\psi)}{\sin(\varphi+\psi)}, & G_p &= E_p \frac{2\cos\varphi \sin\psi}{\sin(\varphi+\psi)}, \\ R_s &= E_s \frac{\operatorname{tg}(\varphi-\psi)}{\operatorname{tg}(\varphi+\psi)}, & G_s &= E_s \frac{2\cos\varphi\sin\psi'}{\sin(\varphi+\psi)\sin(\varphi-\psi)} \end{aligned}\right\}\text{(ava)}$$

dagegen nach Neumann (1835) resp. für die magnetische Kraft die Formeln:

$$\left.\begin{aligned} &R_p \text{ wie oben}, & G_p &= \frac{\sin 2\varphi}{\sin(\varphi+\psi)}, \\ &R_s \text{ wie oben}, & G_s &= \frac{\sin 2\varphi}{\sin(\varphi+\psi)\cos(\varphi-\psi)}. \end{aligned}\right\}\text{(avb)}$$

Die Intensitäten sind proportional den Quadraten dieser Amplituden, für das gebrochene Licht aber außerdem noch von φ und ψ abhängig; sie befriedigen natürlich das Energieprinzip.

Hierin liegen folgende Gesetze: a) Das reflektierte Licht ist desto stärker, je größer die Differenz und je kleiner die Summe von Einfalls- und Brechungswinkel ist; für die s-Komponente wird es 0, wenn $\varphi + \psi = \pi/2$ ist, d. h.: beim Einfall unter dem Polarisationswinkel (**163**, tp) steht der gebrochene Strahl senkrecht auf dem polarisierten (Brewster'sches Gesetz 1815). Nach den beiden Theorien sind die Formeln identisch oder, wenn man die Schwingungsrichtung ins Auge faßt, vertauscht, d. h. das Fresnel'sche R_p gleich dem Neumann'schen R_s, und umgekehrt. b) Es findet bei der Reflexion am optisch dichteren Mittel in dem einen Falle eine Phasenverzögerung von einer halben Wellenlänge statt, in dem anderen nicht; mit anderen Worten: Die elektrische Kraft kehrt sich bei der Reflexion um, die magnetische nicht; bei der Reflexion am dünneren Mittel findet keine Verzögerung statt. c) Komplizierter verhält sich das gebrochene Licht; die Amplituden sind hier nach beiden Theorien verschieden, die

Intensitäten aber natürlich identisch. d) Bei in beliebiger Ebene polarisiertem Lichte findet eine Drehung der Polarisationsebene statt in der Weise, daß diese bei der Reflexion der Einfallsebene genähert, bei der Brechung von ihr entfernt wird; diese Drehung wächst mit dem Einfallswinkel und wird bei der Reflexion für den Polarisationswinkel, bei der Brechung für den Grenzwinkel (*112*, aty und oh) ein Maximum. Fällt natürliches Licht auf, so wird es bei der Reflexion teilweise, speziell für den Polarisationswinkel sogar vollständig polarisiert; ebenso wird es bei der Brechung teilweise polarisiert, kann also durch wiederholte Brechung (Plattensatz) schließlich fast vollständig polarisiert werden.

(1) Für kleine Einfallswinkel wird, gleichviel ob es sich um die p- oder s-Komponente handelt:

$$R = E\frac{n-1}{n+1}, \qquad \text{also} \qquad R^2 = E^2\left(\frac{n-1}{n+1}\right)^2, \tag{avc}$$

d. h. von der einfallenden Intensität wird nur ein kleiner Bruchteil reflektiert, z. B. bei Glas nur $^1/_{25}$, bei Wasser sogar nur $^1/_{49}$.

(2) Die oben ausgesprochenen theoretischen Gesetze werden durch die Erfahrung in den meisten Fällen annähernd bestätigt.

(3) Platte und Plattensatz. Fällt ein Strahl von der Intensität J_e auf eine durchsichtige planparallele Platte, so kombinieren sich die Reflexionen und Brechungen an der Vorder- und Hinterfläche, und es wird, wenn i_r die Intensität nach einmaliger Reflexion eines Strahles von der Intensität 1 ist, die Gesamtintensität J_r und J_g des reflektierten resp. gebrochenen Lichtes:

$$J_r = J_e\frac{2\,i_r}{1+i_r}, \qquad J_g = J_e\frac{1-i_r}{1+i_r}, \tag{avd}$$

und hierin ist i_r je nach der Polarisationsrichtung das Quadrat eines der beiden trigonometrischen Brüche in den Formeln für R_p und R_s (Gl. ava). Für einen Plattensatz (m gleiche Platten) erhält man

$$J_r = J_e\frac{2m\,i_r}{1+(2m-1)\,i_r}, \qquad J_g = J_e\frac{1-i_r}{1+(2m-1)\,i_r}. \tag{ave}$$

(4) Totale Reflexion. Die obigen Formeln kann man auch auf die totale Reflexion (**112**) anwenden, indem man unter ψ eine komplexe Größe versteht, deren Sinus reell, deren Cosinus dagegen imaginär ist; statt dessen kann man auch direkt neue Formeln aufstellen auf Grund der Erfahrungsthatsache, daß das Licht in das dünnere Medium eindringt, wenn auch nur bis zu sehr geringer Tiefe. In jedem Falle findet man, daß der reflektierte Strahl die volle Intensität des einfallenden hat, daß die Phasenverzögerung für die p- und s-Komponente verschieden groß ist, und daß folglich Licht, dessen Polarisationsebene von der

Einfallsebene abweicht, bei der Totalreflexion elliptisch polarisiert wird. Dagegen bleibt natürliches Licht hier ungeändert.

(5) Metallreflexion (vgl. auch w. u.). Ähnlich wie bei durchsichtigen Körpern für den Grenzwinkel, liegen die Verhältnisse bei undurchsichtigen Körpern, insbesondere Metallen, für jeden Einfallswinkel; der, wie man annehmen kann, in sie eindringende Strahl wird auf kurzer Strecke absorbiert (**46** und **192**c).

Die Definition des Absorptionskoeffizienten (vgl. **181** für Wärme) ist nicht einheitlich, meist wird darunter, wenn die Amplitude auf der Strecke 1 im Verhältnis $1 : e^{-\varkappa}$ geschwächt wird, die Größe $\varkappa$ verstanden (andere setzen jenes Verhältnis $1 : e^{-2\pi\varkappa/\lambda}$ oder $1 : e^{-2\pi n\varkappa/\lambda}$ und nennen dann $\varkappa$ den Absorptionskoeffizienten oder -Index). Die reflektierten p- und s-Komponenten haben auch hier eine relative Phasendifferenz, und der Einfallswinkel, für den sie gerade $\frac{\pi}{2}$ $\left(\text{d. h.} \frac{\lambda}{4}\right)$ ist, heißt Haupteinfallswinkel Θ; für senkrechte Incidenz ist sie null, für streifende $\pi\,(=\lambda/2)$. Endlich heißt, wenn $\operatorname{tg}\chi$ das Amplitudenverhältnis jener Komponenten $(s:p)$, χ also das „Azimut" des reflektierten Strahles ist, der besondere Wert von χ für den Haupteinfallswinkel und das Einfallsazimut 45^0 das „Hauptazimut" χ_1. Für den Haupteinfallswinkel wird $R_s : R_p$ ein Minimum, er entspricht also dem Polarisationswinkel bei durchsichtigen Stoffen; eine völlige Polarisation ($R_s = 0$) tritt aber hier nicht ein. Dimension:

$$[\varkappa] = l^{-1}. \tag{FZ}$$

Formeln (zur Abkürzung ist $\lambda/2\pi = \mu$ gesetzt):

$$\sin\Theta \operatorname{tg}\Theta = \sqrt{n^2 + \mu^2\varkappa^2}, \qquad \operatorname{tg} 2\chi = \mu\frac{\varkappa}{n}, \tag{avf}$$

$$\operatorname{tg}^2\chi_p = \frac{(J_r)_p}{(J_e)_p} = \frac{\mu^2\varkappa^2 + (n - \cos\varphi)^2}{\mu^2\varkappa^2 + (n + \cos\varphi)^2}, \tag{avg}$$

$$\operatorname{tg}^2\chi_s = \frac{(J_r)_s}{(J_e)_s} = \frac{\mu^2\varkappa^2\cos^2\varphi + (n\cos\varphi - 1)^2}{\mu^2\varkappa^2\cos^2\varphi + (n\cos\varphi + 1)^2}, \tag{avh}$$

speziell bei senkrechter Incidenz (identisch für die p- und s-Komponente):

$$J = \frac{J_r}{J_e} = \frac{\mu^2\varkappa^2 + (n - 1)^2}{\mu^2\varkappa^2 + (n + 1)^2}; \tag{avi}$$

das Verhältnis J wird als Reflexionsvermögen des Metallspiegels bezeichnet.

Einige Werte von $\varkappa$ (in 0,001 mm^{-1}), Θ, χ_1 und J für Natriumlicht (Drude) (vgl. auch w. u.):

	$\varkappa$	Θ	χ_1	J (%)		$\varkappa$	Θ	χ_1	J (%)
Aluminium .	56	79,9°	37,6°	83	Silber . . .	39	75,7°	43,6°	95
Blei	37	76,7	30,7	62	Stahl	36	77,0	27,8	58
Gold	30	72,3	41,6	85	Wismut . .	39	77,0	32,0	65
Kupfer . . .	28	71,6	38,9	73	Zink	58	80,6	34,7	79
Platin . . .	45	78,5	32,6	70	Zinn	56	79,9	37,4	82
Quecksilber	53	79,6	35,7	78					

(of)

Am undurchsichtigsten ist hiernach (nächst dem hier nicht aufgeführten Natrium) Zink, am durchsichtigsten Kupfer; aber auch in letzterem sinkt die Amplitude auf der Strecke von $^1/_{28000}$ mm schon auf den 2,72. (e-ten) Teil, auf der Strecke einer Wellenlänge schon auf den hundertmillionten Teil. Das Reflexionsvermögen ist am größten bei Silber (Silberspiegel), am kleinsten bei Stahl. Für einige Metalle folgt hier die selektive Reflexion (Hagen und Rubens, vgl. ***100*** (1)):

Metall	λ = 0,45	0,50	0,60	0,70 μ
Gold	36,8	47,3	85,7	92,2
Kupfer	48,8	53,3	83,5	90,7
Platin	55,8	58,4	64,2	70,1
Silber	90,6	91,8	93,0	94,6
Stahl	56,3	55,2	56,9	59,3 ;

(of′)

bei den roten Metallen Gold und Kupfer sind die Zahlen in hohem, bei den anderen in weit geringerem Maaße von λ abhängig.

(6) Auch bei durchsichtigen Stoffen findet unter Umständen eine elliptische Polarisation auch des partiell reflektierten Lichtes statt; man schreibt sie, da ihre Absorption meist nicht ausreicht, um sie zu erklären, gewissen Oberflächenschichten (Politur u. s. w.) von abweichendem n zu; übrigens ist die Elliptizität meist nur klein (am größten für Selen : 0,12, Turmalin : 0,09, Kalkspat : 0,06).

(7) Auch Metalle kann man neuerdings in die Form sehr dünner, durchsichtiger Platten oder Prismen von sehr kleinem Winkel bringen (Kundt 1888); die Verschiebung, Ablenkung und durchgelassene Intensität wird dann ebenfalls durch die Absorption beeinflußt; die prismatische Ablenkung ist

$$\delta = \alpha\left(\frac{n}{\cos\varphi\left[1+\frac{1}{2}\,\frac{\sin^2\varphi}{\mu^2(1+\varkappa^2)}\right]}-1\right)=\alpha\left(\frac{n}{\cos\varphi}-1\right), \qquad \text{(avk)}$$

letzteres angenähert (da die eckige Klammer meist sehr klein ist).

195. Interferenz des Lichtes (Boyle 1663, Hooke 1665, Newton 1672, Young 1802, Fresnel 1815, Wangerin u. Sohncke 1867ff., Feussner 1880). Die Interferenz der Lichtstrahlen folgt den allgemeinen Interferenzgesetzen (41). Nur kohärente Schwingungen (**41** (4)) geben regelmäßige Interferenzen, die Lichtstrahlen dürfen daher nicht von unabhängigen leuchtenden Punkten, sondern müssen von Punkten ausgehen, die selbst wieder einem und demselben leuchtenden Punkte entsprechen, z. B. seine Spiegelbilder oder seine dioptrischen Bilder sind.

a) Direkte Interferenz. Fresnel's Spiegelversuch und Prismenversuch (1816 resp. 1826). Bei zwei Centren sind die Flächen gleicher Lichtstärke Rotationshyperboloide, deren gemeinsame Brennpunkte jene Centren sind: unter ihnen befinden sich bei bestimmter Lichtart (Wellenlänge) solche, in denen Dunkelheit und solche, in denen größte Helligkeit herrscht (Hauptaxe $\frac{2m+1}{2}\lambda$ resp. $m\lambda$). In einem Axialschnitte erhält man Hyperbeln, in einem Parallelschnitt konzentrische Kreise: Interferenzringe. Hat man zwei Lichtlinien, also statt der sphärischen cylindrische Wellen, so erhält man statt dessen gerade Interferenzstreifen. Die Streifenbreite d ist, wenn λ gegen d, und d und der Abstand der beiden Lichtquellen a gegen den Abstand der Streifenebene von der Ebene der Lichtquellen b klein angenommen wird:

$$d = \frac{b\lambda}{a}, \tag{avl}$$

d. h. sie ist mit dem Abstande b und der Wellenlänge direkt, mit dem Abstande a der Lichtquellen umgekehrt proportional.

(1) Damit die Streifen sichtbar seien, muß b ein vielfaches von a sein, also a sehr klein (Winkelspiegel resp. Prisma von fast 180^0), b groß gewählt werden; für $a = 0{,}1$ cm, $b = 500$ cm wird z. B. $d = 5000\,\lambda$, also für mittleres Licht $d = 0{,}3$ cm.

(2) Infolge der in der Wirklichkeit vorhandenen Breite der Lichtquellen schwächen sich die Intensitätsunterschiede zwischen hellsten und dunkelsten Streifenstellen ab, desto stärker, je breiter jene sind; bei einer gewissen Breite verschwinden sie ganz, kehren bei noch größerer Breite wieder, aber so, daß jetzt der Mittelstreifen dunkel ist und überhaupt hell und dunkel ihre Orte vertauscht haben u. s. w.

(3) Ein Glasprisma giebt etwa dieselbe Wirkung wie ein Winkelspiegel, wenn sein stumpfer Winkel etwa doppelt (genauer $1/(n-1)$ mal) so stark von 180^0 abweicht wie der Spiegelwinkel.

(4) Statt des Fresnel'schen Spiegels oder Prismas sind noch zahlreiche andere Anordnungen zur analogen Erzeugung von Interferenzen angegeben worden; die wichtigsten sind:

Die Billet'schen Halblinsen (in der Mitte durchschnittene Sammellinse, die Schnittflächen können in beliebigen Abstand von einander gebracht werden).

Die geneigten Glasplatten (FIZEAU resp. JAMIN) nebst Sammellinse.

Michelson's nahezu rechtwinkeliger Winkelspiegel (die nacheinander an 1 und 2 resp. an 2 und 1 gespiegelten Bilder fallen nahe zusammen und bilden die Objekte).

Fresnel's drei Spiegel (1 und 3 gegen 2 symmetrisch gestellt und leicht geneigt; der eine Strahl an 2, der andere an 1 und 3 reflektiert; Mittelstreifen schwarz wegen der Phasenverzögerung bei der Reflexion).

Lloyd'scher Spiegel (direkter Strahl interferiert mit dem nahezu streifend reflektierten Nachbarstrahl; Streifensystem vom dunklen Mittelstreifen nur einseitig ausgebildet).

b) Interferenz bei der Reflexion und Brechung durch Schichten. Hierher gehören folgende Fälle:

Helligkeit einer Planplatte. Fallen von einer Lichtquelle Strahlen auf eine planparallele Schicht aus anderem, durchsichtigen Stoff, so werden sie teils direkt, teils nach 1-, 2- oder mehrmaligem Hin- und Hergange reflektiert resp. gebrochen; sind die auffallenden Strahlen parallel (entfernte Lichtquelle, event. durch eine Linse parallel gemacht), so liefern sie in bestimmter Weise zusammenfallende austretende Strahlen, die aber wegen des 0-, 1- oder mehrmaligen Hin- und Herganges eine von der Schichtdicke und der Neigung des Durchtrittes abhängige Phasendifferenz haben und somit, da sie kohärent sind, interferieren. Hierzu kommt unter Umständen noch eine weitere Phasenverzögerung durch Reflexion am dichteren Mittel (***118***); ist nämlich die Schicht optisch dichter, als das vordere und hintere Medium, so erleidet der direkt reflektierte Strahl eine Verzögerung um $\lambda/2$, die anderen keine; ist es optisch dünner, so erfährt der direkt reflektierte keine, der nächste eine von $\lambda/2$, der nächste von $3\lambda/2$ u. s. w.; liegt endlich die Schicht ihrer Dichte nach zwischen beiden Medien, so erfahren alle schließlich reflektierten Strahlen keine oder gleiche Verzögerung; gerade umgekehrt ist es bei den schließlich durchgehenden Strahlen, sie erhalten nur dann eine Phasendifferenz, wenn die Schicht optisch zwischen beiden Medien liegt.

Eine Planplatte wird also durch parallele Strahlen verschieden hell erscheinen je nach Dicke d, Brechungsexponent n und Einfallswinkel φ, und zwar im durchgehenden Licht gerade umgekehrt wie im reflektierten. Meist genügt es, die beiden ersten Strahlen zu berücksichtigen, die weiteren sind viel schwächer; auch der zweite ist schon schwächer als der erste, namentlich beim Durchgange, bei dem deshalb die Kontraste geringer sind als bei der Reflexion.

Bedingungsgleichung ($m = 1, 2, 3 \ldots.$):

$$2d\sqrt{n^2 - \sin^2\varphi} = \begin{cases} \left(m - \frac{1}{2}\right)\lambda \begin{cases} \text{für größte Helligkeit im reflektierten,} \\ \text{„ „ Dunkelheit „ durchgehend. Licht} \end{cases} \\ (m-1)\lambda \begin{cases} \text{„ „ „ „ reflektierten} \\ \text{„ „ Helligkeit „ durchgehend. Licht} \end{cases} \end{cases} \quad \text{(avm)}$$

speziell für senkrechte Incidenz:

$$2dn = (m - {}^1/_2)\lambda \text{ resp. } (m-1)\lambda, \quad \text{(avn)}$$

und zwar für Luft:

$$2d = (m - {}^1/_2)\lambda \text{ resp. } (m-1)\lambda; \quad \text{(avo)}$$

also Helligkeit im letzteren Falle für $d = \frac{\lambda}{4}, \frac{3\lambda}{4} \ldots$, Dunkelheit für $d = 0, \frac{\lambda}{2}, \ldots$

Streifen- oder Ringbildung bei einer Planplatte. Sind die auffallenden Strahlen divergent (i variabel), so erhält man ein System von abwechselnd hellen und dunkeln „Kurven gleicher Neigung“, und zwar sind es bei cylindrischen Wellen (leuchtende Linie) im einfachsten Falle parallele Streifen, bei sphärischen Wellen (leuchtender Punkt oder leuchtender Körper) konzentrische Ringe; sie heißen Haidinger'sche oder Mascart'sche Streifen oder Ringe (HAIDINGER 1849, MASCART 1871). Formel für den i. Ring (angenähert):

$$\sin^2\varphi_i = i\frac{n\lambda}{2d}, \quad \text{(avp)}$$

für die Mitte ist $i = 0$ u. s. w.

Streifen bei einer keilförmigen Platte oder einer Plankonkavlinse. Bei einer solchen müssen auch durch parallel einfallende Strahlen Streifen erzeugt werden, nämlich abwechselnd helle und dunkle „Kurven gleicher Dicke“, und zwar bei einem Keil im einfachsten Falle der Kante parallele Streifen, bei einer Konkavlinse konzentrische Ringe, das Centrum, wenn hier die Linsendicke null ist (Uhrglas auf Planglas), im reflektierten Lichte dunkel, im durchfallenden hell; sie heißen Newton'sche Ringe oder Fizeau'sche Streifen; letzterer Name besonders für dicke Schichten in Anwendung (HOOKE 1665, NEWTON 1675, FIZEAU 1862).

Streifenabstand b beim Keil vom Winkel α

$$b = \frac{\lambda}{2\operatorname{tg}\alpha\sqrt{n^2 - \sin^2\varphi}}, \quad \text{(avq)}$$

d. h. desto größer, je kleiner α und n, dagegen je größer φ ist, außerdem mit λ proportional; für Luft, senkrechte Incidenz und mittleres Licht ist etwa

$\alpha = 1''$	$1'$	1^0	10^0	45^0
b (cm) = 6,12	0,102	0,0017	0,00017	0,000008

(ol)

Für das sphärische Glas auf dem Planglas ist der Keilwinkel in der Mitte null und wächst nach außen stetig, der Ringradius r ist (R Radius des sphärischen Glases):

$$r = R \sin \alpha = \sqrt{2dR}; \tag{avr}$$

die Radien der hellen Ringe verhalten sich also wie

$\sqrt{1} : \sqrt{3} : \sqrt{5} \ldots$ oder wie $1 : 1{,}732 : 2{,}236 \ldots$

die der dunkeln wie (om)

$\sqrt{0} : \sqrt{2} : \sqrt{4} \ldots$ oder wie $0 : 1{,}414 : 2{,}000 \ldots$,

beides im reflektierten Licht; im durchgehenden umgekehrt. Außerdem verhalten sich die Ringradien bei verschiedenen Linsen wie die Wurzeln aus ihren Krümmungsradien.

Da die Erscheinung von λ abhängt, werden bei nicht ganz reinem Lichte die Ringe oder Streifen mit wachsender Dicke der Schicht immer verschwommener; bei Natriumlicht z. B., das aus zwei wenig verschiedenen λ besteht, verschwinden sie bei 0,014 cm Dicke, tauchen aber bei der doppelten wieder auf u. s. w.

Herschel'sche Streifen entstehen bei Auflage eines totalreflektierenden Prismas auf eine Platte, und zwar neben der Grenze der Totalität.

Michelson'sche Streifen entstehen durch eine unter 45° geneigte Glasplatte und Vereinigung der reflektierten und der gebrochenen Strahlen durch Spiegel.

Brewster'sche oder Jamin'sche Streifen entstehen dadurch, daß die von einer Planplatte aus einem schief einfallenden Strahl durch Reflexion an der vorderen und hinteren Fläche erzeugten Strahlen durch den umgekehrten Prozeß an einer zweiten, der ersten nahezu parallelen Planplatte wieder vereinigt werden. Im einfachsten Falle erhält man parallele Streifen vom Winkelabstand ($m = 1, 2 \ldots$, α Winkel zwischen den Platten)

$$\delta = m \frac{\lambda n}{4 d \alpha}. \tag{avs}$$

(1) Die exakte Theorie ist bei allen obigen Interferenzerscheinungen sehr kompliziert, da sie von Ausdehnung der Flamme, Ort der Beobachtung u. s. w. abhängt; es können unter Umständen sehr verschiedene Kurven, Ellipsen, Hyperbeln u. s. w. entstehen. Auch der

Ort, an dem die Interferenzerscheinung selbst ihren Sitz hat, hängt von diesen Umständen ab.

c) Interferenz in entgegengesetzter Richtung sich kreuzender Wellen (WIENER 1889, vgl. ***111***). Hierbei entstehen nach den allgemeinen Wellengesetzen stehende Wellen, mit Knoten, d. h. Minima, und Bäuchen, d. h. Maxima der Intensität. Mit dem Auge kann man sie, da dies nur einseitig zugänglich ist, nicht sehen, wohl aber auf photographischen Schichten nachweisen; und zwar entweder auf einer äußerst dünnen, schief in das Büschel gestellten Schicht nebeneinander (WIENER) oder in einem Schnitt durch eine gewöhnliche Bromsilbergelatineschicht hintereinander (Zenker'sche Blättchen, NEUHAUSS).

196. Beugung des Lichtes (GRIMALDI 1665, NEWTON 1704, YOUNG 1802, FRESNEL 1815, FRAUNHOFER 1822). Aus dem Huygens'schen Prinzip (***7***), strenger aus der Kirchhoff'schen Fassung desselben (***33*** e), mit Rücksicht auf die Grundgleichung der Lichtbewegung (***111***, atl), ergiebt sich die Konsequenz, daß ein in den Lichtweg gebrachter undurchsichtiger schwarzer Körper, z. B. ein Schirm mit Rand oder ein Schirm mit einer Öffnung, im allgemeinen an der Natur der Erscheinung als einer geradlinigen Strahlung nichts ändert, also lediglich nach geometrischen Gesetzen einen Schatten (**192**)(4)) hinter sich erzeugt. Ausgenommen ist nur der Fall hart am Rande vorbeigehender Strahlen und der andere Fall, in welchem die Summe der Entfernungen r_0 des leuchtenden und r des beobachteten Punktes von einem Randpunkte des Körpers (Schirm, Schirm mit Öffnung) für den ganzen Rand oder einen endlichen Teil desselben konstant ist. In diesen Fällen findet, als Resultat der Wellenbildung, eine Ablenkung der Strahlen statt, diese Ablenkung heißt Beugung, ihre Ursache Beugungsschirm oder Beugungsöffnung, die erzeugte (mit dem Auge oder auf einem Schirme jenseits des Beugungsschirmes aufgefangene) Erscheinung die Beugungsfigur. Die beiden obigen Fälle lassen sich nicht immer scharf trennen, und so unterscheidet man gewöhnlich nur zwei Klassen von Beugungserscheinungen, nämlich die Fraunhofer'schen, bei denen r_0 und r sehr groß, Objekt und Beugungsfigur also vom beugenden Schirm weit entfernt sind, und die Fresnel'schen, wo dies nicht der Fall ist; jene werden in der Praxis mit dem Fernrohr, diese mit der Lupe beobachtet oder entsprechend objektiv dargestellt.

Formeln (φ eine gegebene Lichtbewegung; man kann sich darunter eine der drei elastischen Verrückungen oder elektrischen oder magnetischen Kräfte vorstellen (vgl. ***111***), D und D' Amplituden, δ Phase, J_0 Lichtstärke in der Schirmebene, J in der Beugungsfigur, n Normale auf der Schirm- oder Öffnungsebene):

$$\varphi = \frac{D}{r_0}\cos 2\pi\left(\frac{r_0+\delta}{\lambda} - \frac{t}{T}\right) + \frac{D'}{r_0}\sin 2\pi\left(\frac{r_0+\delta}{\lambda} - \frac{t}{T}\right), \tag{avt}$$

$$J_0 = \frac{\text{const}}{r_0^2}(D^2 + D'^2), \qquad J = \frac{\text{const}}{4\lambda^2 r_0^2 r^2}\left(\frac{\partial r_0}{\partial n} - \frac{\partial r}{\partial n}\right)^2 (D^2 + D'^2)(c^2 + s^2), \tag{avu}$$

also
$$J = \frac{J_0}{4\lambda^2 r^2}\left(\frac{\partial r_0}{\partial n} - \frac{\partial r}{\partial n}\right)^2 (c^2 + s^2); \tag{avv}$$

hierin heißen c und s die Fresnel'schen Integrale und haben die Bedeutung (ds Element der Öffnungs- oder Schirmfläche)

$$c = \int ds \cos\frac{2\pi}{\lambda}(r_0 + r + \delta), \qquad s = \int ds \sin\frac{2\pi}{\lambda}(r_0 + r + \delta) \tag{avw}$$

oder, wenn die Öffnungsebene die xy-Ebene, ihr Mittelpunkt der Nullpunkt, $x_0 y_0$ der leuchtende, uv ein Öffnungspunkt, xy ein Punkt der Beugungsfigur, ϱ_0 und ϱ die Abstände des leuchtenden und des Figurpunktes vom Nullpunkt sind:

$$\left.\begin{aligned} c &= \iint du\,dv \cos\frac{2\pi}{\lambda}\left[u\left(\frac{x_0}{\varrho_0} + \frac{x}{\varrho}\right) + v\left(\frac{y_0}{\varrho_0} + \frac{y}{\varrho}\right) - \frac{u^2+v^2}{2}\left(\frac{1}{\varrho_0} + \frac{1}{\varrho}\right)\right] \\ s &= \iint du\,dv \sin\frac{2\pi}{\lambda}\left[u\left(\frac{x_0}{\varrho_0} + \frac{x}{\varrho}\right) + v\left(\frac{y_0}{\varrho_0} + \frac{y}{\varrho}\right) - \frac{u^2+v^2}{2}\left(\frac{1}{\varrho_0} + \frac{1}{\varrho}\right)\right] \end{aligned}\right\} \tag{avx}$$

a) Fraunhofer'sche Beugungserscheinungen. Setzt man zur Abkürzung:

$$p = \frac{2\pi}{\lambda}\left(\frac{x_0}{\varrho_0} + \frac{x}{\varrho}\right), \qquad q = \frac{2\pi}{\lambda}\left(\frac{y_0}{\varrho_0} + \frac{y}{\varrho}\right), \tag{avy}$$

so erhält man

$$c = \iint du\,dv(pu + qv), \qquad s = \iint du\,dv \sin(pu + qv). \tag{avz}$$

Lichtstärke J_c im Mittelpunkte der Beugungsfigur und Lichtstärke J in irgend einem Punkte der Beugungsfigur

$$J_c = \frac{J_0}{r^2\lambda^2}\left(\iint du\,dv\right)^2, \qquad J = \frac{J_0}{r^2\lambda^2}(c^2 + s^2) = J_c\frac{c^2+s^2}{\left(\iint du\,dv\right)^2}. \tag{awa}$$

Die Beugungsfiguren einer Öffnung und eines Schirmes von gleicher Größe sind, abgesehen von der Helligkeit im Centrum, identisch.

Einige Beispiele. Spalt von der Breite a:

$$J = J_c\left(\frac{\sin\frac{pa}{2}}{\frac{pa}{2}}\right)^2; \tag{awb}$$

Helligkeitsmaximum in der Mitte, weitere Maxima zu beiden Seiten für tang $pa/2 = pa/2$, d. h. für

$\frac{pa}{2} =$	0	$\pm 1{,}43\,\pi$	$\pm 2{,}46\,\pi$	$\pm 3{,}47\,\pi$
relative Stärke =	1	0,045	0,016	0,008;

(on)

Minima für $\sin pa/2 = 0$ (ausgenommen $pa/2 = 0$), also $pa/2 = \pm\pi$, $\pm 2\pi \ldots$, ihre Intensität ist null. Der zentrale helle Streifen ist doppelt so breit wie die seitlichen und unvergleichlich heller. Die Streifenbreite ist mit der Wellenlänge direkt proportional (für rot am größten, für violett am kleinsten), mit der Spaltbreite umgekehrt proportional.

Rechteck (Seiten a und b).

$$J = J_c \left(\frac{\sin\frac{pa}{2}}{\frac{pa}{2}}\right)^2 \left(\frac{\sin\frac{qb}{2}}{\frac{qb}{2}}\right)^2; \qquad \text{(awc)}$$

im Zentrum der Beugungsfigur ein helles Rechteck mit Seiten proportional zu a und b, aber umgekehrt, dunkle und helle Streifen nach links und rechts, oben und unten, in geringerem Maaße auch nach den Diagonalrichtungen.

Kreis. s ist hier null, c eine Bessel'sche Funktion erster Ordnung. Heller Zentralkreis, um ihn herum konzentrische Ringe, dem Öffnungsradius umgekehrt, der Wellenlänge direkt proportional; der erste helle Ring etwas breiter als die übrigen.

Zwei parallele Spalte oder Kreise: dieselben Figuren wie bei einem Spalt oder Kreis, aber von schwarzen Linien (Minimis) in der Richtung der Spalte resp. senkrecht zur Verbindungslinie der Kreise durchzogen.

Gitter. Mit der Zahl der Spalte vermehrt sich die Zahl der Minima, und es bleiben nur noch einzelne helle Stellen übrig, die, wenn man als Objekt einen den Gitterstreifen parallelen leuchtenden Spalt benutzt, als zentrale und seitliche Beugungsbilder des Spaltes bezeichnet werden können; ist b der Streifenabstand im Gitter (Abstand der Mitte zweier Nachbarstreifen, sog. Gitterkonstante), i der Einfallswinkel und α der Winkelabstand oder Beugungswinkel des $m$ten seitlichen Spaltbildes, so ist

$$\sin(\alpha + i) = \sin i + m\frac{\lambda}{b}, \qquad \text{(awd)}$$

umgekehrt

$$\lambda = (\sin(\alpha + i) - \sin i)\frac{b}{m}, \qquad \text{(awe)}$$

speziell für senkrechte Incidenz:

$$\sin\alpha = m\frac{\lambda}{b}, \text{ umgekehrt } \lambda = \sin\alpha \cdot \frac{b}{m}; \qquad \text{(awf)}$$

d. h. der lineare Abstand der Spaltbilder ist mit der Wellenlänge direkt, mit der Gitterkonstante umgekehrt proportional; oder auch: mit der Streifenzahl pro cm direkt proportional.

(1) Die vollkommensten Gitter sind die Rowland'schen Metall-Konkavgitter (1882); man beobachtet bei ihnen nicht im durchgehenden, sondern im reflektierten Lichte, sie erzeugen reelle Beugungsbilder, und zwar, da sie bis zu 20000 Streifen pro cm enthalten, sehr weit abstehende, so daß z. B. die Bestimmung von λ sehr exakt möglich ist.

(2) Auf der Beugung basiert die Abbe'sche Theorie der Abbildung nicht selbst leuchtender Objekte, insbesondere der mikroskopischen Abbildung (1874). Solche Objekte werden dadurch abgebildet, daß sie das Licht, durch das sie beleuchtet werden, an manchen Stellen hindurchlassen, an anderen nicht (resp. mehr oder weniger); sie spielen also die Rolle von komplizierten Gittern, liefern daher Beugungsfiguren, und diese letzteren sind für die Abbildung maaßgebend, so daß, wenn man gewaltsam Teile von ihr abblendet, auch das dioptrische Bild verändert, nämlich in das Bild verwandelt wird, welchem der Rest der Beugungsfigur entspricht; man kann auf diese Weise als Bild eines Streifengitters ein Gitter mit 2, 4 .... so vielen Streifen oder schließlich eine gleichmäßig helle Fläche, als Bild eines Kreuzgitters ein einfaches Diagonalstreifengitter erhalten u. s. w. Solche Abblendungen finden aber in Wirklichkeit von Schicht zu Schicht des Objekts von selbst statt, außerdem durch die Blenden des Mikroskops u. s. w. Man muß also in der Deutung der Bilder nicht selbst leuchtender Objekte vorsichtig sein.

(3) Die Beugung verwandelt Lichtpunkte in Scheibchen, zwei benachbarte Lichtpunkte also unter Umständen in sich teilweise überdeckende Scheibchen; sie setzt damit der Differenzierung von Objekten im Fernrohr (Doppelsterne) und im Mikroskop eine Grenze.

b) Fresnel'sche Beugungserscheinungen. Die Formeln, insbesondere die Fresnel'schen Integrale sind hier sehr kompliziert. Bei einem gradlinigen Schirmrande erhält man außerhalb der geometrischen Schattengrenze eine Reihe von Maxima und Minima, die sich für das Auge oder auf einem Beobachtungsschirme als dem Schattenrande parallele, für rotes Licht am weitesten, für violettes Licht am wenigsten abstehende Gerade darstellen; innerhalb der Schattengrenze nimmt die Lichtstärke nicht plötzlich, sondern allmählich, wenn auch auf einer sehr kurzen Strecke, bis auf null ab.

Hat der Beugungsschirm zwei nahe benachbarte parallele Ränder, also die Form eines dünnen Streifens oder einer Nadel, so erhält man dagegen nicht nur außerhalb, sondern auch innerhalb des Schattens Fransen, und die mittelste Franse, also gerade die im Schattenzentrum liegende, ist immer hell. Im umgekehrten Falle eines feinen Spaltes ist die Erscheinung dieselbe, nur ist hier die Mitte, je nach der Spaltbreite oder je nach der Entfernung vom Spalte, in der man die Erscheinung beobachtet, hell oder dunkel. Auch hinter einem kleinen schwarzen Scheibchen ist das Schattenzentrum immer hell, hinter einer kreisrunden Öffnung dagegen je nach deren Größe oder dem Beobachtungsabstande hell oder dunkel.

Alle Fresnel'schen Beugungserscheinungen sind nur bei schmalen oder punktähnlichen Lichtquellen sichtbar; je ausgedehnter letztere wird, desto mehr verschwinden sie und gehen schließlich in die einfachen Erscheinungen des Kern- und Halbschattens (**192** (4)) über.

197. Dispersion oder Farbenzerstreuung des Lichtes (vgl. **49**; NEWTON 1666) ist das Auseinandergehen ursprünglich vereinigter Strahlen von verschiedener Wellenlänge nach verschiedenen Richtungen, wie es bei zahlreichen Vorgängen infolge des Umstandes auftritt, daß diese Vorgänge je nach der Wellenlänge quantitativ verschieden ausfallen; solche Vorgänge sind namentlich die Brechung (Brechungsexponent für verschiedene Wellenlängen verschieden), die Grenze der totalen und partiellen Reflexion (Grenzwinkel verschieden), die Interferenz (Streifenabstand verschieden), die Beugung (Abstand der Beugungsstreifen oder Beugungsbilder verschieden) und die Drehung der Polarisationsebene (**163** (1)).

a) **Spektrum** (**49**, ***100*** (3)). Die vom Auge, sei es subjektiv, sei es auf einem in das dispergierte Büschel gestellten Schirme objektiv wahrgenommene Erscheinung heißt Farbenspektrum oder kurz Spektrum, die einzelnen, Strahlen von bestimmter Wellenlänge entsprechenden Stellen desselben heißen einfache oder Spektralfarben; über den Zusammenhang zwischen Farbe, Wellenlänge und Schwingungszahl s. ob. **164** (4), fb. Die wichtigsten Arten des Spektrums sind das Brechungsspektrum und das Beugungsspektrum, im besonderen jenes auch prismatisches, dieses Gitterspektrum genannt. Das Beugungsspektrum heißt auch normales Spektrum, weil bei ihm die Ablenkung sehr nahezu proportional der Wellenlänge ist, also gleichen Strecken im Spektrum gleiche Differenzen von λ entsprechen, während beim prismatischen Spektrum die Länge der einzelnen Strecken von der spezifischen Dispersion des Prismas abhängt, also für verschiedene brechende Materien verschieden, meist aber derartig ist, daß das violette Ende im Vergleich zum roten viel zu lang erscheint. Außerdem besteht zwischen beiden Spektren der Gegensatz, daß, vom einfallenden Strahl resp. seiner Verlängerung aus gerechnet, das Beugungsspektrum mit violett beginnt und mit rot aufhört, das Brechungsspektrum dagegen (wenigstens bei normal durchsichtigem Prismenmaterial) mit rot anfängt und mit violett aufhört; d. h. die roten Strahlen sind die wenigst brechbaren aber beugbarsten, die violetten die brechbarsten aber wenigst beugbaren. Während endlich bei der Brechung nur ein einziges, treten bei der Beugung, z. B. durch ein Gitter, zahlreiche Spektren zu beiden Seiten des zentralen farblosen Bildes auf (vgl. 196), man nennt sie erstes, zweites u. s. w. Seitenspektrum; sie überdecken sich teilweise und geben so zu Mischfarben (**164**) Anlaß.

Emissionsspektrum. Die eigentlichen Spektra, wie sie durch Dispersion des von einem leuchtenden Körper gelieferten Lichtes entstehen, heißen Emissionsspektra; durch Glühen des Körpers in einer Flamme oder im elektrischen Bogen resp. Funken erhält man die Flammenspektra, die Lichtbogenspektra und die Funkenspektra, letztere der höchsten Temperatur entsprechend; ihnen gegenüber stehen die Luminescenzspektra (s. w. u.). Ist der glühende Körper fest oder flüssig, so erhält man ein kontinuierliches Spektrum, und zwar bei Rotglut (525°) nur den roten Teil, bei höherer Glut immer weitere Teile und bei Weißglut (1600°) das volle Spektrum. Dagegen liefern glühende Dämpfe Linienspektra, d. h. einzelne durch dunkle Zwischenräume getrennte Linien, Spektrallinien, von der der betreffenden Gegend des Spektrums entsprechenden Farbe; mit steigender Temperatur pflegen die Linien heller zu werden und neue hinzuzukommen; auch treten, wenn die Temperatur in verschiedenen Teilen der Lichtquelle (Flamme, Funkenstrecke) verschieden ist, „kurze" und „lange" Linien auf. Außerdem giebt es noch eine dritte Art, die Banden- oder Säulenspektra, bei denen gewisse Reihen an Intensität abnehmender Streifen sich mehrmals wiederholen, so daß an den Grenzen zweier Reihen Helligkeit und Dunkelheit zusammenstoßen. Derselbe Stoff kann übrigens bei verschiedenen Temperaturen oder unter sonst verschiedenen Bedingungen abweichende Spektra liefern, indem sich z. B. mit zunehmender Dampfdichte die Linien verbreitern, schließlich kann sogar das Linien- in ein Bandenspektrum übergehen. Verbindungen geben meist das Spektrum des Metalles, können aber auch spezifische Spektra liefern, es kann z. B. das Spektrum eines Metalles in seinen Chloriden und Oxyden verschieden sein.

Absorptionsspektrum. Das Spektrum einer durch eine Schicht einer Substanz vom Beobachtungsorte getrennten weißleuchtenden Quelle nennt man das Absorptionsspektrum dieser Substanz. In ihm fehlen ganze Strecken des vollen Spektrums oder auch nur einzelne Linien, Absorptionslinien; sie erscheinen also schwarz in farbiger Umgebung, und zwar nach dem Kirchhoff'schen Gesetze (*99*) gerade diejenigen Teile, die in dem Emissionsspektrum der Substanz (bei derselben Temperatur) vorhanden sind. Das Absorptionsspektrum ist also zum Emissionsspektrum reziprok, man nennt dies die Umkehrung der Spektrallinien.

Sonnenspektrum; Fraunhofer'sche Linien. Eine Verbindung eines Emissions- und Absorptionsspektrums ist das Sonnenspektrum: im großen Ganzen kontinuierlich, im einzelnen aber von äußerst zahlreichen, meist ganz feinen schwarzen Linien, den Fraunhofer'schen Linien (1814), durchsetzt; jenes rührt, wie man annimmt, vom glühenden Sonnenkern, diese größtenteils von der Absorptionswirkung der Sonnenatmosphäre her, einzelne Linien, die tellurischen oder terrestrischen, von der Absorption in der Erdatmosphäre.

Spektralanalyse (Kirchhoff und Bunsen 1860) heißt die Methode, die Anwesenheit von Stoffen aus der Beobachtung ihrer Emissions- oder Absorptionslinien zu erschließen (wozu oft die Anwesenheit von Bruchteilen eines milliontel mgr genügt); aus dem Zusammenfallen von Linien irdischer Stoffe mit Fraunhofer'schen Linien kann man dann weiter auf die Anwesenheit dieser Stoffe auch auf der Sonne schließen.

Manche Spektra sind sehr einfach, z. B. hat das Flammenspektrum des Thallium nur eine Linie, und zwar im Grün; oder nahezu einfach: die Doppellinie des Natrium im Gelb; andere wieder äußerst zusammengesetzt, z. B. hat das Eisenspektrum nahezu 5000 Linien.

Wellenlängen der wichtigsten Linien des Sonnenspektrums und der Spektren von Elementen.

Von Ψ bis Z ultrarotes (Wärme-) Spektrum (vgl. ***100***(3)), von A bis L sichtbares Spektrum, von M an ultraviolettes (photographisches) Spektrum (s. w. u.). Fr = Fraunhofer'sche Linie, E = Element, α, β, γ verschiedene Linien desselben, λ in $\mu\mu$ (milliontel mm); die zugehörigen Farben s. ob. **164**(4).

Fr	E	λ	Fr	E	λ	Fr	E	λ
Ψ	—	2700	—	Hg β	579	L	Fe	382,06
Φ_2	—	1240	—	Hg α	546	M	Fe	372,7
Φ_1	—	1200	—	Tl	534,9	N	Fe	358,1
Y	—	899,04	E_1	Fe	527,05	O	Fe	344,1
Y	—	898,65	E_1	Ca	527,04	P	Fe	336,1
X_4	—	880,61	E_2	Fe	526,97	Q	Fe	328,7
X_3	—	866,14	b_1	Mg	518,38	R	Ca	318,0
X_2	—	854,18	b_2	Mg	517,29	S	Fe	310,0
X_1	—	849,70	b_3	Fe	516,91	T	Fe	302,1
Z	—	822,64	F	H β	486,15	U	Fe	294,8
—	K α	768	—	Sr δ	460,8	—	Si	288,2
A	O	759,41	—	In α	451	—	B	249,7
a	—	718,6	—	H γ	434,0	—	C	247,9
B	O	686,75	G	Fe, Ca	430,8	—	Cd	214,4
—	Li α	670,8	h	H δ	410,2	—	Zn	202,4
C	H α	656,31	—	In β	410	—	Al	198,8
D_1	Na	589,62	H_1	Ca	396,86	—	Al	193,1
D_2	Na	589,02	H_2	Ca	393,38	—	Al	185,6

(DD)

Harmonische Serien (Balmer 1885, Kayser u. Runge 1887). Bei Spektren mit zahlreichen Linien kann man deren Wellenlängen nicht selten in einen gesetzmäßigen Zusammenhang bringen, der dem der Partialtöne in der Akustik (vgl *6*, **129**, *88*) entspricht und den man in analoger Weise auf die Schwingungen der leuchtenden Molekeln zurückführen kann. Jedoch hat sich gezeigt, daß harmonische Verhältnisses im engeren Sinne (1 : 2 : 3 u. s. w.) nicht vorkommen, die Formeln vielmehr komplizierter sind; so die Balmer'sche Formel für 14 Wasserstofflinien ($m = 3, 4 \ldots\ldots 15$, c eine Konstante):

$$\lambda = c\frac{m^2}{m^2 - 4}, \qquad \text{(awg)}$$

ferner die sehr fruchtbare Formel von Kayser und Runge (m eine Reihe ganzer Zahlen):

$$\frac{1}{\lambda} = A + Bm^{-2} + Cm^{-4}; \qquad \text{(awh)}$$

bei verschiedenen B und C erhält man verschiedene Serien (Haupt- und Nebenserien), bei verschiedenen A, aber gleichen B und C Linienpaare oder Duplets, die bestimmten Abstand haben; in anderen Fällen Triplets u. s. w. Endlich lassen sich auch, wenn auch ziemlich versteckte, Beziehungen der Spetrallinien verschiedener Elemente zu einander und zu ihren Atomgewichten angeben.

b) Doppler'sches Prinzip (1842, vgl. **193** (5)). Exakter muß sich diese Wirkung bei Sternen, die sich auf uns zu oder von uns weg bewegen, in der Verschiebung der Spektrallinien zeigen, die freilich in den beobachteten Fällen sehr klein ist (beim Sirius etwa 0,3 des Abstandes der beiden D-Linien), aber selbst für die entgegengesetzte Bewegung der beiden Ränder der rotierenden Sonne wahrnehmbar ist.

c) Zeeman'sches Phänomen (Zeeman 1896, Theorie von Lorentz u. A.) ist die Veränderung der Spektrallinien durch Einwirkung des magnetischen Feldes auf die Lichtquelle; im großen Ganzen besteht diese Veränderung in der Richtung der Kraftlinien in einer Zweiteilung, senkrecht zu ihnen in einer Dreiteilung der Linie, so daß dort ein Duplet, hier ein Triplet entsteht; die Komponenten jenes erweisen sich als links- und rechts-cirkularpolarisiert, die des Triplets sind linear polarisiert, und zwar die mittelste senkrecht zu den beiden anderen. In Wahrheit treten oft noch kompliziertere Gebilde auf, und es verhalten sich verschiedene Stoffe und bei demselben verschiedene Linien verschieden. Quantitativ ist das Phänomen sehr schwach; die Verschiebung von D_1 beträgt z. B. im stärksten Magnetfelde nur etwa den sechsten Teil der Strecke D_1 bis D_2.

d) Talbot'sche Streifen (Talbot 1837, Airy 1840) sind äquidistante feine dunkle Linien (parallel den Fraunhofer'schen), die im Spektrum auftreten, wenn man von der violetten Seite her eine dünne durchsichtige Platte bis in die Mitte der Pupille vorschiebt; sie stellen eine Beugungswirkung dar.

e) Brechungsquotient und relative Dispersion. Um einen Stoff dioptrisch zu charakterisieren, muß man seinen Brechungsquotienten n für möglichst viele Wellenlängen λ angeben; man erhält dann zugleich den „Gang der Dispersion". Meist begnügt man sich mit einigen Werten, z. B. für die Fraunhofer'schen Linien C, D, F, G, woraus dann die partielle Dispersion in den drei Gebieten $C - D$, $D - F$, $F - G$ folgt; die Differenz $n(H) - n(A)$ für das ganze sichtbare Spektrum nennt man totale Dispersion (T. D.) oder man beschränkt sich auf den mittelsten, hellsten Teil des Spektrums, $C - F$, mißt außerdem n für die Linie D, und bezeichnet dann die Größe

$$\Delta = \frac{n(F) - n(C)}{n(D) - 1} \tag{awi}$$

als „relative Dispersion".

In der folgenden Tabelle sind von n immer nur die Dezimalen angegeben, es ist also ein Ganzes zu ergänzen.

Fraunhofer'sche Linie	A	B	C	D	E	F	G	H	T. D.
λ (in $\mu\mu$)	760	687	656	589	527	486	431	397	
Anisöl	—	5486	5508	5572	5659	5743	5912	6084	—
Alkohol (15°) . .	3598	3611	3618	3635	3658	3679	3716	3748	0,0150
Aragonit	674	676	678	682	686	691	698	705	031
Gips	518	519	520	523	525	528	532	—	014
Kassia-Öl (17,5°) .	5858	5924	5958	6053	6194	6340	6652	7009	1151
Schwefelkohlenstoff (16°) . . .	6118	6181	6214	6308	6438	6555	6794	7032	0914
Steinsalz	538	540	541	545	550	554	562	569	031
Topas	608	610	611	614	617	619	624	627	019
Wasser (17,5°). .	3291	3306	3314	3332	3353	3374	3407	3436	0145

(op)

Stoff	$n(D)$	$n(F) - n(C)$	$1000\,\Delta$
Chlorsilber	2,0611	0,0496	46,4
Diamant	2,4173	0254	17,7
Flußspat	1,4339	0045	10,4
Jodsilber	2,1816	1256	104,2
Kalkspat (ord. Str.)	1,6585	0135	20,4
Quarz („ „)	1,5442	0078	14,3
Steinsalz	1,5440	0127	23,3

(oq)

Stoff	$n(D)$	$n(F)-n(C)$	$1000\,\Delta$	
Äther	1,3566	0,0052	14,6	(vr)
Alkohol	3635	0062	17,5	
Benzol	5014	0167	33,3	
Bariumquecksilberjodid . . .	7928	0736	92,6	
Monobromnaphtalin	6582	0325	49,2	
Schwefelkohlenstoff	6303	0345	54,7	
Schwefelsäure	4367	0073	16,7	
Wasser	3330	0060	18,0	
Zimmt-Öl	6188	0431	69,5	
Kohlensäure	1,000 449 2	0,000 004 6	10,2	(vf)
Luft	000 242 9	000 002 95	10,1	
Schweflige Säure	000 686 0	000 013 1	19,2	
Wasserstoff	000 142 9	000 001 95	13,7	

Jenaer Gläser	Nr.	$n(D)$	$n(F)-n(C)$	$1000\,\Delta$	$\frac{n(D)-n(K\alpha)}{n(F)-n(C)}$	$\frac{n(F)-n(D)}{n(F)-n(C)}$	$\frac{n(H\gamma)-n(F)}{n(F)-n(C)}$	
Leichtes Phosphat-Crown	O 225	5159	00737	14,3	0,658	0,698	0,552	(vt)
Silikat-Crown.	O 138	5258	00872	16,6	0,642	0,704	0,566	
Leichtes Borat-Crown. .	S 52	5047	00840	16,7	0,667	0,700	0,555	
Schweres Barium-Silikat-Crown	O 211	5727	00988	17,2	—	—	—	
Leichtes Borat-Flint . .	S 35	5503	00996	18,1	0,656	0,702	0,563	
Boro-Silikat-Flint . . .	O 164	5503	01114	20,2	0,637	0,706	0,578	
Leichtes Silikat-Flint . .	O 154	5710	01327	23,3	0,617	0,710	0,596	
Schweres Borat-Flint . .	S 10	6797	01787	26,3	0,614	0,711	0,594	
Schweres Silikat-Flint .	O 198	7782	02941	37,7	0,584	0,721	0,635	
Schwerstes Silikat-Flint .	S 57	9626	04882	50,8	0,567	0,726	0,666	

Die relative Dispersion ist also am größten bei Jodsilber und Bariumquecksilberjodid, am kleinsten bei Luft, Kohlensäure und Flußspat; bei den Gläsern ist im allgemeinen Δ desto größer, je größer n ist; es finden aber doch einige beträchtliche, für die Anwendung der Gläser besonders wichtige Abweichungen statt, und insbesondere wächst Δ viel stärker als n ($3^1/_2:1$ gegen $2:1$). Mit steigender Temperatur nimmt die Dispersion bei den Flüssigkeiten meist ab, bei den festen Körpern, gleichviel ob ihr n zu- oder abnimmt, stets zu.

Dispersionsformel heißt jede, sei es theoretisch begründete oder empirische Formel zwischen n und λ; die einfachste und die vollkommenste unter ihnen sind die von CAUCHY (1835) und KETTELER (1870):

$$n = \alpha + \frac{\beta}{\lambda^2}, \qquad n^2 = -k\lambda^2 + a + \frac{b}{\lambda^2} + \frac{c}{\lambda^4}; \quad \text{(awk) (awl)}$$

letztere geht bei kleinem k in erstere über; nach ersterer müßte die Kurve der n als Funktion der $1/\lambda^2$ konstante Steigung haben, nach letzterer muß der Steigungswinkel variieren; diese Größe giebt also ein Bild der partiellen Dispersion in den verschiedenen Teilen des Spektrums. Statt mit λ kann man n auch mit der Schwingungsdauer T in Beziehung setzen (Formeln ganz analog).

f) Achromasie und Apochromasie. Mit Hilfe des unabhängigen Verhaltens von Brechung und Dispersion kann man Prismen, und ebenso Linsen, derart kombinieren, daß sie brechen, aber nicht dispergieren; man nennt solche Kombinationen achromatisch, weil das Spektrum im wesentlichen fortfällt. Gänzlich fällt es nicht fort, weil die partiellen Dispersionen verschieden sind, es bleibt vielmehr das sog. sekundäre Spektrum übrig. Um auch dieses (und zugleich die Differenz der sphärischen Aberration für zwei Farben) zu beseitigen, muß man verwickeltere Kombinationen anwenden, die man alsdann Apochromate nennt (ABBE).

g) Absorption und anomale Dispersion. In absorbierenden Medien ist die Grundgleichung des Lichtes (***111***) durch zwei neue zu ersetzen, eine für die Ätherteilchen, die andere für die Körperteilchen, zwischen denen, wie man annehmen muß, eine Wechselwirkung stattfindet. Für eine ebene Welle in der z-Richtung mit Verrückungen in der x-Richtung, u für die Äther-, U für die Körperteilchen, erhält man:

$$\frac{\partial^2 u}{\partial t^2} = a^2 \frac{\partial^2 u}{\partial x^2} - b(u - U), \qquad \frac{\partial^2 U}{\partial t^2} = -c_1 U - c_2 \frac{\partial U}{\partial t} + b'(u - U) \quad \text{(awm)}$$

und als Lösungen

$$u = A e^{-kz} \cos 2\pi \left(\frac{t}{T} - \frac{z}{\lambda}\right), \qquad U = A' e^{-kz} \cos 2\pi \left(\frac{t}{T} - \frac{z}{\lambda} + \delta\right); \quad \text{(awn)}$$

k ist hierin der Absorptionscoeffizient (***118***(5)). Unter gewissen Annahmen erhält man hieraus die folgenden Beziehungen zwischen n und k einerseits und den Schwingungsdauern der Ätherteilchen T und der Körperteilchen (ohne Reibung und Äthereinfluß) T_1 andererseits:

$$n^2 - \left(\frac{\lambda}{2\pi} k\right)^2 = \alpha + \beta \frac{T^2}{T^2 - T_1^2}, \qquad n \frac{\lambda}{\pi} k = \gamma \frac{T^3}{(T^2 - T_1^2)^2}. \quad \text{(awo)}$$

Nach der zweiten Gleichung ist $k = \infty$ für $T = T_1$, dieses stellt einen Absorptionsstreifen im Spektrum dar, das an dieser Stelle schwarz (oder dunkel) erscheint, zu beiden Seiten dieser Stelle fällt k symmetrisch ab. Nach der ersten Gleichung verhält sich hierbei aber auch

n ganz abnorm: für große T (ultrarot oder rot) nimmt es mit abnehmendem T zu wie bei durchsichtigen Substanzen, erreicht ein Maximum kurz vor $T = T_1$, nimmt nun rapide ab, erreicht sehr bald ein Minimum und nimmt dann wieder normal zu bis zum violett oder ultraviolett. Es können auch mehrere Absorptionsstreifen vorhanden sein, und dann springt n jedesmal herunter. Die Folge dieses Verhaltens ist, daß das Spektrum in solchen Fällen, von dem Fehlen einzelner Stellen abgesehen, eine abnorme Farbenfolge aufweist; man nennt diese Erscheinung anomale Dispersion (vgl. das elektrische Analogon **190** (2)).

Beispiele (a Absorption):

Linie	A	B	C	D	E	F	G	H
Fuchsin, fest . .	1,73	1,81	1,90	a	a	a	1,31	1,54
„ in Alkoh. (19 %)	1,41	1,45	1,50	1,56	a	1,31	1,29	1,31
Cyanin in Alkohol	1,378	1,378	1,383	a	1,366	1,371	1,378	1,382

(ou)

Joddampf: rot 1,00205 violett 1,00192 (ov)

	rot	blau
Eisen . . .	1,81	1,52
Nickel . .	2,17	1,85
Platin . .	1,72	1,44
Wismut . .	2,61	2,13

	rot	blau
Gold . . .	0,38	1,00
Kupfer . .	0,45	0,95

(ow)

Die ersten vier Metalle dispergieren also anomal; die beiden letzten dispergieren normal, brechen aber (ebenso wie Silber, vgl. ***112*** (1), og) abnorm, insofern bei ihnen $n < 1$ ist.

Endlich ist hervorzuheben, daß man nicht nur von optischer anomaler Dispersion einerseits und von elektrischer andererseits sprechen kann, sondern auch von anomaler Dispersion im Vergleich optischer und elektrischer Schwingungen, falls nämlich, was oft in hohem Maaße zutrifft, für die langsamen elektrischen Schwingungen n größer ist als für die schnellen Lichtschwingungen; Beispiel (vgl. **190** (2)) Wasser: n(el.) = 9, n(opt.) = 1,33.

h) Farben dünner Blättchen. Bei der Interferenz in dünnen Blättchen (**195 b**) macht sich die Dispersion in der Weise geltend, daß die Dicke der Schicht, bei welcher für eine bestimmte Farbe Helligkeit oder Dunkelheit im reflektierten (umgekehrt im durchgehenden) Lichte eintritt, für die verschiedenen Farben verschieden ist und infolgedessen bei Anwendung weißen Lichtes sich bei einer bestimmten Schichtdicke verschiedene Farben in verwickelter Weise summieren, so daß Mischfarben entstehen. Ein Blättchen von konstanter Dicke zeigt also eine bestimmte Farbe, wenigstens wenn die Dicke von der Größenordnung der Lichtwellen ist (Seifenblasen); ist die Dicke klein gegen die Wellenlänge, so erhält man im reflektierten Lichte schwarz, im durchgehenden weiß; ist sie groß gegen die Wellenlänge, so erhält man wegen der ziemlich gleichmäßigen Übereinanderlagerung aller Spektralfarben nahezu weiß. Bei einem Keil erhält man mischfarbige Streifen, bei einer Konkavlinse (Newton'sche Kombination) mischfarbige, die sog. Newton'schen Ringe. Die wichtigsten Farbenfolgen, nach Newton in „Ordnungen" eingeteilt, sind diese (d Dicke in $\mu\mu$, falls die Schicht aus Luft besteht, für andere Stoffe ist mit n zu dividieren):

d	reflektiert	durchgehend	d	reflektiert	durchgehend
	1. Ordnung			3. Ordnung	
0	schwarz	weiß	575	indigo	unrein gelb
48	lavendelgrau	gelbweiß	630	grünlichblau	fleischfarben
100	grau	gelbbraun	710	fahlgelb	graublau
140	strohgelb	dunkelviolett	750	fleischfarben	meergrün
210	braungelb	blaugrau	820	purpur	graugrün
250	rotorange	blaugrün			
				4. Ordnung	
	2. Ordnung				
280	purpur	hellgrün	900	hellgrün	carmin
295	indigo	goldgelb	980	weißgrün	grau
330	himmelblau	orange	1025	fleischrot	grün
375	grün	hellcarmin			
433	grüngelb	violett		5. Ordnung	
475	orange	dunkelblau	1170	mattblaugrün	mattfleischrot
520	rotpurpur	blaugrün	1330	mattfleischrot	mattblaugrün

i) Dispersion bei der Drehung der Polarisationsebene (Rotationsdispersion) (vgl. **163** (1)). Sie ist sehr beträchtlich, wie folgende Zahlen für Quarz zeigen (bei 20° C. und 1 mm Dicke) (vgl. die ergänzende Tabelle für Wärmestrahlen ***100*** (5), nc):

A	B	C	D	E	F	G	H
12,7°	15,7°	17,3°	21,7°	27,5°	32,8°	42,6°	51,2°

(or)

der Gang der Dispersion ist also ähnlich wie bei der Brechung, d. h. der größte Teil der Dispersion fällt in das Gebiet kleiner λ.

Formel von Stefan:

$$\varphi = -1{,}581 + \frac{8{,}043}{\lambda^2 \cdot 10^6}; \qquad \text{(awp)}$$

genauer sind neuere, nach fallenden Potenzen von λ^2 fortschreitende Formeln.

(1) Regenbögen sind Dispersionserscheinungen in der Natur, die aus dem Zusammenwirken von Reflexion und Brechung einerseits und Interferenz andererseits hervorgehen. Ihre angenäherte Theorie ist sehr einfach, die strenge sehr kompliziert (ANTONIUS DE DOMINIS 1611, NEWTON, AIRY; MARIOTTE 1740, GALLE, BRAVAIS). Winkelradien:

Hauptregenbogen	violett 40° 16′ / rot 42° 2′	Breite 2° 18′	
1. Nebenregenbogen	rot 50° 59′ / violett 54° 10′	Breite 3° 43′	(oy)
Überzählige Bögen	< 40° (innerhalb d. H. R.)		
„ Nebenbögen	> 54° (außerhalb d. N. R.)		
Kleiner Eisring 22°,	großer Eisring 46°.		

(2) Höfe sind Fälle von Beugungsdispersion in der Natur (FRAUNHOFER, VERDET), verursacht durch die Wassertröpfchen des Nebels; je größer diese, desto kleiner der Hof; andere Arten von Höfen rühren von Reflexion und Brechung her, überhaupt gehen Böge und Höfe in einander über.

198. Krystalloptik ist die Lehre von den Besonderheiten, welche zahlreiche optische Erscheinungen in Krystallen (im Vergleich mit isotropen Körpern) infolge des Umstandes aufweisen, daß diese Körper, also auch der Äther in ihnen, sich nach verschiedenen Richtungen ungleich verhalten. Die Theorie dieser Erscheinungen ist naturgemäß kompliziert, wird aber nicht unwesentlich vereinfacht durch die aus der elektrischen Theorie (gezwungener auch aus der elastischen) sich ergebende Konsequenz, daß für die Äthervorgänge in allen Krystallen drei zu einander senkrechte Symmetrieaxen existieren, die Elastizitätsaxen des Äthers.

Die Grundgleichungen enthalten hier ein Glied mehr als bei isotropen Körpern (***111***, atl), sie lauten nämlich (vgl. ***77***, agy):

$$\frac{\varepsilon_1\mu_1}{v^2}\frac{\partial^2 X}{\partial t^2} = \Delta X - \frac{\partial}{\partial x}\left(\frac{\partial X}{\partial x} + \frac{\partial Y}{\partial y} + \frac{\partial Z}{\partial z}\right) \text{ u. s. w.} \tag{awq}$$

(X eine der elektrischen oder magnetischen oder elastischen Komponenten). Für ebene Wellen ergiebt sich hieraus die als das Fresnel'sche Gesetz der Fortpflanzungsgeschwindigkeit bezeichnete Gleichung ($\alpha\,\beta\,\gamma$ Richtungswinkel der Wellennormale gegen die Symmetrieaxen als Koordinatenaxen, $a_1\,a_2\,a_3$ Lichtgeschwindigkeit in den Axen, a in der gegebenen Richtung):

$$\frac{\cos^2\alpha}{a_1^2-a^2} + \frac{\cos^2\beta}{a_2^2-a^2} + \frac{\cos^2\gamma}{a_3^2-a^2} = 0; \tag{awr}$$

$a_1\,a_2\,a_3$ sind die drei Hauptgeschwindigkeiten, $n_1 = v/a_1$ u. s. w. die 3 Hauptbrechungsexponenten des Krystalls. Übrigens ist bei Krystallen die elektrische resp. magnetische Schwingungsrichtung nicht genau senkrecht zur Wellennormale, die Wellen also nicht streng, sondern nur „quasitransversal“; was aber nach wie vor senkrecht auf den Schwingungen steht, ist der Energiestrom (***110*** (2)), also auch dessen sichtbarer Ausdruck, der Lichtstrahl; Lichtstrahl und Wellennormale fallen also hier nicht zusammen. (Man kann auch anders verfahren, nämlich statt der elektrischen resp. magnetischen Kraft die betr. Induktionen (**191** d u. ***110***) einführen, wodurch man genau transversale Wellen erhält).

Aus der angedeuteten Theorie ergeben sich die meisten an Krystallen beobachteten Erscheinungen in befriedigender Weise.

Doppelbrechung (Erasmus Bartholinus 1669). Die quadratische Gleichung für a liefert für jede Richtung zwei Fortpflanzungsgeschwindigkeiten, also zwei Strahlen, so daß auch umgekehrt einem einfallenden Strahle zwei in verschiedene Richtungen gebrochene Strahlen entsprechen; diese Erscheinung heißt Doppelbrechung, in Bezug auf sie sind vier Fälle zu unterscheiden:

a) Bei isotropen Körpern und bei regulären Krystallen kommt sie nicht vor, da hier $a_1 = a_2 = a_3$ ist, also radiale Symmetrie herrscht.

b) Bei quadratischen und hexagonalen Krystallen, die deshalb optisch einaxig heißen, ist $a_2 = a_3$, also a_1 die Hauptsymmetrieaxe, das Ellipsoid ist ein Rotationsellipsoid; es giebt hier nur eine Richtung, die optische Axe (mit obiger Axe identisch), in der es nur einen Strahl giebt; in jeder anderen Richtung giebt es deren zwei, der eine, der ordentliche oder ordinäre Strahl, hat in allen Richtungen gleiche, dieser, der außerordentliche oder extraordinäre, in jeder eine andere Geschwindigkeit, jener befolgt die gewöhnlichen Brechungsgesetze, dieser weicht von ihnen ab; beide sind geradlinig und in zu einander senkrechten Ebenen polarisiert, jener im Hauptschnitt, d. h. der durch Wellennormale und Hauptaxe gelegten Ebene, dieser senkrecht zu ihr. Ein einaxiger Krystall heißt positiv oder negativ, je nachdem die ordentliche Welle sich schneller oder langsamer fortpflanzt als die außerordentliche ($a_1 > a_2$ resp. $a_1 < a_2$); bei positiven ist n (ord.) $<$ n (ex.), bei negativen n (ord.) $>$ n (ex.).

c) Bei den rhombischen, monoklinen und triklinen Krystallen endlich, die deshalb optisch zweiaxig heißen, giebt es zwei Richtungen, in denen nur eine Welle, und zwei andere, in denen nur ein Strahl fortschreitet; jene heißen optische Axen, diese Strahlenaxen; den gewöhnlichen Gesetzen folgt hier keiner der beiden Strahlen. Die den spitzen resp. stumpfen Winkel zwischen den optischen Axen halbierenden Linien heißen erste und zweite optische Mittellinie. Ein zweiaxiger Krystall heißt positiv oder negativ, je nachdem die erste Mittellinie die Richtung der größten oder kleinsten Symmetrieaxe hat. Auch hier sind beide Wellen geradlinig und senkrecht zu einander polarisiert, und zwar in den Ebenen, welche den spitzen resp. stumpfen Winkel zwischen der durch die Wellennormale und die eine optische Axe und durch die Wellennormale und die andere optische Axe gelegten Ebenen halbiert.

d) Bei den optisch aktiven Krystallen u. s. w., welche die Polarisationsebene drehen (**163** (1)) findet außer der gewöhnlichen Doppelbrechung einaxiger Krystalle auch in der Richtung der optischen Axe eine Zerspaltung des einfallenden geradlinig polarisierten Strahles, und zwar in zwei rechts- resp. links-zirkularpolarisierte Strahlen statt; in rechtsdrehenden pflanzt sich der rechts, in linksdrehenden der links zirkularpolarisierte Strahl schneller fort, und die Drehung der Polarisationsebene ist geradezu eine Folge der Wiederzusammensetzung dieser beiden Strahlen (**34** (2)). In Richtungen, die kleine Winkel mit der Axe bilden, entstehen zwei entgegengesetzt elliptisch-polarisierte Strahlen; aber schon bei ziemlich kleinen Winkeln geht die Ellipse in die gerade Linie über.

Wellenfläche oder Strahlenfläche heißt die Fläche, welche durch ihre Radienvektoren die Fortpflanzungsgeschwindigkeit der Strahlen in den verschiedenen Richtungen darstellt. Sie ist bei isotropen Körpern und regulären Krystallen eine Kugel, bei anderen Krystallen dagegen eine zweiteilige Fläche 4. Grades. Bei einaxigen Krystallen zerfällt sie in eine Kugel (ordentlicher Strahl) und ein mit ihr konzentrisches Rotationsellipsoid (außerordentlicher Strahl), beide berühren sich in den Endpunkten der Hauptaxe und zugleich optischen Axe; bei positiven Krystallen ist die Kugel dem Ellipsoid umschrieben, bei negativen eingeschrieben. Bei zweiaxigen Krystallen ist die Fläche von komplizierter Gestalt, ihre drei Hauptschnitte bestehen aber auch hier aus Kreis und Ellipse, wenn diese sich auch nicht berühren; in einem Hauptschnitt liegt der Kreis in der Ellipse, beim zweiten schneiden sich beide, beim dritten liegt die Ellipse im Kreise; in dem zweitgenannten Hauptschnitt laufen die Strahlenaxen nach den Schnittpunkten von Kreis und Ellipse, die optischen Axen nach denjenigen Kreispunkten, in denen die Tangenten zugleich Tangenten an die Ellipse sind.

Normalenfläche heißt die Fläche, deren Radienvektoren die Fortpflanzungsgeschwindigkeiten der Wellennormalen angeben; sie ist die Fußpunktfläche der Wellenfläche und weist an Stelle der Ellipsoide resp. Ellipsen „Ovaloide“ resp. „Ovale“ auf.

Konische Refraktion (von Hamilton 1832 theoretisch, nachher von Lloyd 1833 durch Beobachtung entdeckt) ist die Zerlegung in ein konisches Strahlenbündel, die ein Strahl erfährt, wenn er auf eine senkrecht zu einer der optischen Axen gelegene Fläche einer planparallelen Platte eines zweiaxigen Krystalls senkrecht auffällt; die im Endpunkte einer optischen Axe an die Wellenfläche gelegte Tangentialebene berührt diese nämlich nicht nur in den beiden oben für den Hauptschnitt bezeichneten Punkten, sondern in einem ganzen Kreise, nach jedem Punkte desselben geht also im Innern der Krystallplatte vom Einfallspunkte aus ein Strahl; das Bündel tritt als cylindrisches aus und liefert die Erscheinung eines Lichtringes. Spezieller heißt die Erscheinung innere konische Refraktion im Gegensatz zur äußeren konischen Refraktion, die in der Richtung einer Strahlenaxe, aber an der Austrittsstelle, erfolgt, da die hier trichterförmige Wellenfläche unendlich viele Tangentialebenen hat.

Hauptlichtgeschwindigkeiten und Axenwinkel einiger Krystalle. Erstere sind relativ zu v (Geschwindigkeit im Vakuum oder in Luft) angegeben, das reziproke sind also die Hauptbrechungsexponenten; a_1 gilt bei einaxigen Krystallen für den ordentlichen, a_2 für den außerordentlichen Strahl; + und − bedeutet positiv und negativ; der Winkel φ ist der wahre Winkel zwischen den optischen Axen, im Innern des Krystalls, beobachtet wird der im Verhältnis

$$\sin\frac{\varphi'}{2} = n \sin\frac{\varphi}{2} \qquad \text{(aws)}$$

größere scheinbare Axenwinkel nach dem Austritt in Luft. Sowohl die a als φ sind von der Wellenlänge abhängig, letztere Erscheinung bezeichnet man als Dispersion der optischen Axen; in der Regel gelten die Zahlen für gelbes Licht, nur die mit r für rotes. Auch mit der Temperatur ändert sich φ, zuweilen sogar sehr bedeutend.

Einaxige Krystalle

(oz)

Name	±	$\frac{a_1}{v} = \frac{1}{n_1}$	$\frac{a_2}{v} = \frac{1}{n_2}$	Name	±	$\frac{a_1}{v}$	$\frac{a_2}{v}$
Apatit . . .	−	0,6075	0,6091	Quecksilber-			
Beryll . . .	−	0,6231	0,6347	Chlorür (r) .	+	0,510	0,385
Dolomit . .	−	0,5946	0,6655	Rutil . . .	+	0,3823	0,3445
Kalkspat . .	−	0,6030	0,6728	Turmalin . .	−	0,6110	0,6175
Korund (r) .	−	0,5658	0,5684	Zirkon . . .	+	0,521	0,508
Natriumnitrat	−	0,6308	0,7492				
Quarz . . .	+	0,6475	0,6426				

Zweiaxige Krystalle.

Name	±	$\frac{a_1}{v} = \frac{1}{n_1}$	$\frac{a_2}{v} = \frac{1}{n_2}$	$\frac{a_3}{v} = \frac{1}{n_3}$	φ
Adular	−	0,6582	0,6566	0,6559	67° 30′
Anhydrit	+	0,6371	0,6347	0,6197	43 45
Arragonit	−	0,6535	0,5947	0,5932	18 18
Borax	−	0,6912	0,6809	0,6796	28 42
Dichroit	−	0,6515	0,6489	0,6468	schwankend
Glimmer, ostind. .	−	0,6407	0,6273	0,6251	45
Gips	+	0,6576	0,6567	0,6534	57 30
Olivin	+	0,6020	0,5960	0,5893	87 40
Schwefel	+	0,5127	0,4906	0,4463	schwankend
Schwerspat . . .	+	0,6111	0,6107	0,6068	37 42
Topas, brasil. . .	+	0,6205	0,6197	0,6169	49 30
Weinsäure . . .	+	0,6690	0,6516	0,6230	79

(𝔭𝔞)

Name	φ	Name	φ
Citronensäure . . .	$70\frac{1}{2}$	Kohlensaures Natron .	70
Chlorsaures Kali . .	82	Salpeter	$5\frac{1}{4}$
Cyanit	$81\frac{3}{4}$	Salpetersaures Silber .	$62\frac{1}{4}$
Eisenvitriol	90	Schwefels. Magnesia .	$37\frac{1}{2}$
Epidot	$84\frac{1}{4}$	„ Zinkoxyd .	44
Essigsaures Blei . .	$70\frac{1}{2}$	Talk	$7\frac{1}{2}$

(𝔭𝔟)

Name		A	B	C	D	E	F	G	H	Tot. Disp.
Kalkspat	n_1 (ord.)	1,6500	6530	6545	6585	6635	6679	6762	6833	0,0333
	n_2 (extr.)	1,4828	4840	4847	4864	4888	4908	4946	4978	0,0150
Quarz	n_1 (ord.)	1,5390	5409	5418	5442	5471	5497	5543	5582	0,0192
	n_2 (extr.)	1,5481	5500	5509	5533	5563	5589	5637	5677	0,0196

(𝔭𝔠)

		B	C	D	E	F	G
Gips	n_1	1,5273	5281	5305	5334	5361	5407
	n_3	1,5175	5183	5207	5237	5263	5309

(𝔭𝔡)

Die **konische Refraktion** ist bei den meisten Stoffen, entsprechend der geringen Differenz $a_1 - a_2$, sehr klein; am größten ist sie bei Schwefel (Strahlenkegelwinkel 7° 11′), Weinsäure (3° 54′) und Arragonit (1° 52′). Noch kleiner, nämlich nur etwa halb so groß, ist demgemäß der Winkel zwischen einer optischen Axe und der zugehörigen Strahlenaxe.

Interferenzerscheinungen in Krystallen. Bei Krystallen treten Interferenzen (**195**), insbesondere die Streifen und Farben dünner Blättchen, außer wie bei isotropen Körpern wegen der Wegdifferenz, auch wegen der verschiedenen Fortpflanzungsgeschwindigkeit der beiden sie durchlaufenden Strahlen (s. ob.) auf; und zwar giebt es auch hier zwei Klassen solcher Erscheinungen, die eine hängt von der Dicke der Schicht, die andere von der Neigung der Strahlen ab, jene wird im parallelen, diese im konvergenten Lichte beobachtet. Natürliches Licht bringt solche Erscheinungen nicht hervor, weil die beiden durch Doppelbrechung aus ihm entstehenden Strahlen nicht kohärente Schwingungen darstellen (*5* (1)); wohl aber polarisiertes Licht, dessen Polarisationsebene mit keiner der beiden im Krystalle möglichen Polarisationsebenen zusammenfällt. Die Erscheinungen werden daher beobachtet, wenn Krystallplatten zwischen einen Polarisator und einen Analysator (**163**) gebracht werden; am einfachsten gestalten sie sich für paralleles Licht, wenn die Platte parallel, für konvergentes, wenn sie senkrecht zu der oder den optischen Axen geschnitten ist. Im einfarbigen Lichte erhält man wieder Helligkeits-, im weißen Lichte Farbenwechsel. Im parallelen Lichte zeigt eine Planplatte eine bestimmte Helligkeit resp. Farbe, ein Keil dagegen Streifen, eine Linse Ringe; im konvergenten Lichte zeigt schon die Planplatte Ringe. Wesentlich ist endlich noch die Stellung von Polarisator und Analysator: sind sie parallel, geben sie also für sich maximale Helligkeit, so wird diese durch die Krystallplatte gemindert, sind sie gekreuzt, so wird die Dunkelheit aufgehellt; ebenso entsprechen den hellen und dunkeln Streifen resp. Ringen in dem einen Falle dunkle und helle in dem anderen, und ebenso sind die Farben in beiden Fällen komplementär.

Platte im parallelen Licht. Die Helligkeit zwischen gekreuzten Ebenen ist (Platte parallel den Axen geschnitten, α Winkel zwischen einfallender Polarisationsrichtung und optischer Axe im Krystall, d Plattendicke, m ganze Zahl):

$$J = 2 J_0 \sin^2 \alpha \cos^2 \alpha \left[1 - \cos 2\pi \frac{(n_1 - n_2) d}{\lambda}\right], \qquad \text{(awt)}$$

also:

Maximum für $\alpha = 45^0$, Minimum für $\alpha = 0^0$ oder 90^0

$$\text{Maximum für } d = \frac{\left(m - \frac{1}{2}\right)\lambda}{n_1 - n_2}, \quad \text{Minimum für } d = \frac{m\lambda}{n_1 - n_2}; \qquad \text{(awu)}$$

J bezieht sich nur auf das von einem der beiden Strahlen erzeugte Bild; das andere (das meist abgeblendet wird) ergänzt J zu J_0, im weißen Licht hat es außerdem die komplementäre Farbe; zwischen parallelen Ebenen ist alles umgekehrt. Man kann hiernach die Dicke einer Krystallplatte mit der einer Luftschicht d_0 vergleichen, die durch gewöhnliche Interferenz dieselbe Helligkeit resp. Farbe giebt:

$$d : d_0 = \frac{\lambda}{2(n_1 - n_3)} : \frac{\lambda}{4} = 2 : n_1 - n_3, \tag{awv}$$

z. B. giebt ein 204 mal so dickes Gipsblättchen annähernd die oben (197 h) aufgeführten Newton'schen Farben. Je verschiedener n_1 und n_3 sind, desto dünner muß die Platte sein, um Farben zu geben; bei Quarz oder Gips hören sie erst bei 0,5 mm, bei Kalkspat schon bei 0,02 mm auf. Beim Drehen der Platte wird die Helligkeit resp. Farbe 4 mal am kräftigsten, beim Drehen des Analysators auch, aber so, daß sich immer Komplementärfarben abwechseln.

Keil im parallelen Licht. Er giebt der Kante parallele Streifen, am intensivsten für $\alpha = 45^\circ$, dagegen Dunkelheit oder Helligkeit, je nach gekreuzter oder paralleler Stellung von Polarisator und Analysator, für $\alpha = 0^\circ$. Streifenabstand (φ Keilwinkel):

$$b = \frac{\lambda}{(n_1 - n_3) \operatorname{tg} \varphi}. \tag{aww}$$

Platte im konvergenten Licht. Im konvergenten Lichte treten zwei Arten von Kurven auf; nämlich außer denen gleichen Gangunterschiedes auch noch solche gleicher Polarisationsrichtung oder Isogyren; jene bilden eine Folge von hellen und dunkeln, im weißen Lichte aber von farbigen Kurven, diese sind auch im weißen Lichte hell oder dunkel (für parallele resp. gekreuzte Ebenen); jene heißen daher auch isochromatische, diese achromatische Kurven. Bei einaxigen Krystallen und mäßiger Strahlenkonvergenz sind die isochromatischen Kurven (ψ Winkel der Plattennormale mit der optischen Axe):

$\psi = 0$	$0 < \psi < 54^\circ 44'$	$\psi = 54^\circ 44'$	$\psi > 54^\circ 44'$
Kreise	Ellipsen	Parabeln	Hyperbeln;

(pd)

bei den kreisförmigen Ringen ist der Ringabstand der Wurzel aus der Plattendicke proportional. Die verschiedenen genannten Kurven sind die Schnitte der Platte mit der „Fläche gleichen Gangunterschiedes“ im allseitig ausgedehnten Krystall, einer Art einschaligen Rotationshyperboloids. Bei zweiaxigen Krystallen erhält man senkrecht zu den optischen Mittellinien lemniskatenförmige Kurven, senkrecht zu den optischen Axen nahezu Kreise, parallel zur Axenebene hyperbolische Kurven; die Fläche gleichen Gangunterschiedes ist hier von der Form eines Röhrenkreuzungsstückes. Die Isogyren bilden bei einaxigen Krystallen für $\psi = 0$ ein weißes resp. schwarzes Kreuz mit nach außen breiter werdenden Armen, je nachdem der Hauptschnitt mit den parallelen oder mit einer der gekreuzten Ebenen zusammenfällt; bei Drehung in eine schiefe Lage zerfällt das Kreuz in zwei hyperbolische Schatten. Bei zweiaxigen Krystallen sind die Isogyren für $\psi = 0$ ein längliches Kreuz, das sich bei Drehung der Platte in zwei durch die Lemniskatenzentren gehende hyperpolische Kurven spaltet.

Allgemeine Formel für die Helligeit (δ Gangunterschied, p und a Winkel der Polarisationsebenen im Polarisator resp. Analysator mit der im Krystall):

$$J = J_0 \left[\cos^2 (p - a) - \sin 2p \sin 2a \sin^2 \frac{\delta}{2} \right]. \qquad \text{(awx)}$$

Abnorme Interferenzerscheinungen treten bei Krystallen auf, welche die Polarisationsebene drehen (**163** (1), **197i** u. **198d**), besonders beim Quarz; sie bringen auch senkrecht zur Axe geschnitten im parallelen Lichte eine Veränderung zwischen Polarisator und Analysator hervor. Bei homogenem Lichte besteht sie einfach in einer Helligkeitsänderung, die sich durch Drehung des Analysators aufheben läßt; im weißen Lichte treten aber wegen der für verschiedene Farben verschiedenen Drehung Farben auf, die sich bei Drehung des Analysators nach rechts ändern, und zwar bei rechtsdrehenden Krystallen von rot zu violett, bei linksdrehenden Krystallen in entgegengesetzter Folge; liefert der Analysator beide Bilder, so sind sie komplementär.

Pleochroismus ist die Verschiedenheit der Farbe, die zahlreiche Krystalle in verschiedenen Richtungen infolge des Umstandes zeigen, daß sie in ihnen verschieden stark absorbieren; spezielle Fälle sind bei einaxigen Krystallen der Dichroismus (Basisfarbe und Axenfarbe), bei zweiaxigen der Trichroismus.

Künstlich heterotrope Körper. Die Erscheinungen der Krystalloptik, insbesondere Doppelbrechung und Interferenzfarben, treten auch bei von Natur isotropen, aber infolge eines Zwangszustandes heterotrop gewordenen Körpern auf („accidentelle Doppelbrechung"). Solche Zwangszustände finden statt bei elastischer Beanspruchung (gepreßte Gläser), bei thermischen Druckkräften (rasch gekühlte Gläser), bei Schallschwingungen und bei elektrischer Ladung (dielektrische Doppelbrechung, Kerr 1875, wobei je nach der Beziehung der Doppelbrechung zu den Kraftlinien positive und negative Stoffe unterschieden werden).

199. Fluorescenz und Phosphorescenz sind Erscheinungen des Selbstleuchtens von Stoffen infolge äußerer Einflüsse, also (vgl. **162**) Fälle von Luminescenz, und zwar im engeren Sinne von Photoluminescenz, d. h. die Ursache des Leuchtens ist wiederum Licht; das Leuchten während der Wirkung des primären Lichtes heißt Fluorescenz, das Nachleuchten Phosphorescenz. In weiterem Sinne kann man auch das Nachleuchten nach Reibung (Triboluminescenz), Erwärmung (Thermoluminescenz), infolge chemischer Prozesse (Chemiluminescenz, „freiwillige Phosphorescenz") als Phosphorescenz bezeichnen. Fluorescenz und Phosphorescenz gehören zum abnormen Leuchten, insofern das Kirchhoff'sche Gesetz (*99*) für sie nicht gilt; die Temperatur ist normal und jedenfalls viel niedriger, als wenn bei normalem Leuchten dieselbe Farbe ausgestrahlt wird. Beide Erscheinungen sind ferner eine Folge der Absorption: nur die absorbierten Strahlen können sie erzeugen; infolgedessen ist das Fluorescenzlicht auf die Oberflächenschicht beschränkt und wird, da es sich diffus verbreitet, am besten im reflektierten Lichte wahrgenommen. Endlich haben beide das Charakteristische, daß die Farbe des sekundären Lichtes von der des primären Lichtes verschieden ist; bei der Fluorescenz werden diese beiden Farben zugleich, bei der Phosphorescenz nacheinander sichtbar. Beide Erscheinungen sind nicht scharf getrennt, vielmehr ist die Phosphorescenz im wesentlichen eine Art nachwirkender Fluorescenz; Fluorescenz wird mehr in flüssigen, Phosphorescenz mehr in festen Körpern beobachtet, und man kann geradezu jene in diese überführen, indem man der Flüssigkeit geeignete Stoffe beimengt, die sie dem festen Aggregatzustande nähern (E. Wiedemann).

Nach dem Stokes'schen Gesetze (1854) ist das Fluorescenzlicht von größerer oder höchstens gleicher Wellenlänge als das erregende, es kann also z. B. gelbes Licht nur gelborange und rot liefern, violettes Licht hingegen das ganze sichtbare Spektrum; ja, der größte Teil des Fluorescenzlichtes rührt in den meisten Fällen von, dem unsichtbaren, ultravioletten Teile des Spektrums (**197a**) entstammenden Strahlen her, die Fluorescenz verwandelt also unsichtbare in sichtbare (z. B. blaue oder grüne) Strahlen; man hat hierin ein Mittel, das ultraviolette Spektrum und die zahlreichen in ihm vorkommenden Linien mit dem Auge zu untersuchen: Fluorescenzspektrum. Übrigens verliert das Stokes'sche Gesetz seine Gültigkeit (Lommel) für Stoffe mit ausgeprägter selektiver Absorption, wie sie sich schon durch ihre intensive Färbung zu erkennen giebt; aber auch hier nur für erregende Strahlen aus der Umgebung des Absorptionsstreifens; man kann die Erscheinungen an solchen Stoffen anomale Fluorescenz nennen.

(1) Fluorescierende Stoffe. Normal: Petroleum (blau), Flußspat (dunkelblau), farbloses Glas (verschieden), Äskulin (blau), schwefelsaures Chinin (blau), Kurkumatinktur (grün), Kalium- und Bariumplatincyanür (grüngelb). — Anomal: Chlorophyll (rot), Naphtalinrot, Purpurin, Eosin, Fluoresceïn, Uranglas (grün). — Gemischt: Lackmus (orange), Orseille, Chamäleïn.

(2) Phosphorescierende Stoffe, auch Leuchtsteine genannt

(die Farbe ist oft bei demselben Stoffe sehr verschieden und meist spektral sehr zusammengesetzt). Photoluminescenz: Phosphor, Schwefelkalcium (Balmain'sche Leuchtfarbe), Schwefelbarium, Schwefelstrontium, Diamant, Kalkspat, Flußspat von Nertschinsk (Chlorophon). — Triboluminescenz: Zucker (durch Stoß), salpetersaures Uranoxyd, (beim zerbrechen), Kalium und Natrium (frisch zerschnitten). — Krystalloluminescenz: arsenige Säure. — Chemiluminescenz: in Fäulnis übergehende Stoffe, Leuchtkäfer, Meerleuchten. — Übrigens phosphoresciert der Phosphor (und ebenso vermutlich andere Stoffe) nicht an sich, sondern thut es erst durch Zusatz von Metallen (wenn auch nur in Spuren), deren jedes eine bestimmte Spektralfarbe liefert (Mangan gelb, Kupfer grün, Wismut blau). — Endlich ist zu bemerken, daß die Zeitdauer der Phosphorescenz außerordentlich verschieden ist; in manchen Fällen mißt sie nach Bruchteilen von Sekunden, in anderen nach Tagen.

200. Elektrische Lichterscheinungen. Die bei elektrischen Vorgängen auftretenden Lichterscheinungen sind außerordentlich mannigfaltig; nur die wichtigsten können hier kurz definiert werden.

a) Elektrisches Glühlicht ist das von festen stromdurchflossenen Leitern bei genügender Steigerung der Temperatur ausgestrahlte Licht (über die Temperatur vgl. ***52a*** (5)); durch Wahl des Stoffes oder durch Einschluß in das Vakuum muß, wenn dauerndes Glühen erzielt werden soll, Verbrennung verhindert werden; man erhält dadurch zwei Klassen von Glühlampen: solche in freier Luft und solche im luftleeren Raume, die letzteren, gewöhnlich aus Kohlefaden (karbonisierte Cellulose) hergestellt, sind gegenwärtig noch fast allgemein üblich. Sie haben eine Temperatur von 1270°, verbrauchen pro Normalkerze (**166** (1)) ungefähr 3,1 Watt, verwandeln aber hiervon nur ungefähr 5 % in Licht, ihr optischer Wirkungsgrad (**168**) ist also sehr klein; die üblichste Größe ist die 16kerzige, die üblichste Spannung 100 Volt, der üblichste Strom 0,5 Ampère. Helligkeit in englischen Normalkerzen (C eine die Strahlung bestimmende Konstante, für schwarze Fäden rund 0,00002, für grau glänzende 0,00004, i Stromstärke, V Spannung, f Oberfläche):

$$H = C\frac{i^3 V^3}{f^2} = C_1 i^6 w^3 = C_2 \frac{V^6}{w^3}; \qquad \text{(awy)}$$

der Widerstand w nimmt bei der Erwärmung stark ab, ist aber in der Nähe des Normalleuchtzustandes ziemlich konstant. Die durch H erzielte Beleuchtung ist übrigens in verschiedenen Richtungen nicht unwesentlich verschieden.

b) Elektrisches Bogenlicht ist das zwischen zwei Elektroden, in der Praxis immer Kohlenelektroden, die durch eine kurze Luftstrecke (einige mm) getrennt sind, auftretende Licht; es besteht aus dem Lichte der weißglühenden Kohlen selbst und dem freilich viel schwächeren, durch die in der Luft schwebenden festen Teilchen gebildeten Davy'schen Lichtbogen (1821). Die Elektroden müssen vorher zur Berührung gebracht und erst nach Stromschluß auseinander gezogen werden, die Spannung muß größer als 40 V sein (vgl. ***55*** (7)). Im Gleichstrom leuchtet die positive Kohle 4 bis 5mal so hell wie die negative, und bei der Zerstäubung höhlt sich die positive Kohle aus, während sich die negative zuspitzt. Der Energieverbrauch ist hier nur ungefähr 1,1 Watt pro NK (**166** (1)), der Wirkungsgrad etwa 10 %; die Temperatur nach H. F. Weber 2050°, nach Anderen höher; am häufigsten wird $V = 100$ gewählt, alsdann giebt 1 A nahezu 100 NK; in verschiedenen Richtungen ist die Beleuchtung hier noch verschiedener als bei Glühlampen. Schließlich ist anzuführen, daß der Lichtbogen ganz wie ein beweglicher metallischer Leiter von magnetischen Kräften beeinflußt wird.

c) Elektrischer Funke. Bei größerer, aber nicht zu großer Entfernung der Elektroden und geeigneter Spannung tritt disruptive Entladung in Form einzelner Funken auf, letztere rühren von den mitgerissenen Teilchen her und sind desto heller, je größer V und i ist; um sie zwar seltener, aber desto heller zu erhalten, muß man parallel zur Funkenstrecke Kondensatoren (**144** (5)) schalten. Form und Farbe hängen von den Elektroden und dem Gas ab, über die Schlagweite vgl. **156** (3) Im Spektrum des Funkens finden sich sowohl die Metalllinien der Elektroden, als auch die Gaslinien, jene an den Rändern, diese in der Mitte des Spektrums am kräftigsten (lange und kurze Linien, vgl. **197 a**). Die Dauer des Funkens mißt gewöhnlich nach 10^{-6} bis 10^{-5} Sekunden; bei oscillierenden Entladungen (***50*** (5)) und (***108*** (13)) läßt er sich in eine Reihe einzelner Funken auflösen. Die Funkenentladung wird durch Licht, und zwar durch ultraviolettes, befördert (Hertz); hiermit im Zusammenhange steht es, daß negative (unter Umständen auch positive) Ladungen durch ultraviolette Strahlen zerstreut werden, und daß Belichtung positive Elektrizität hervorrufen kann, Wirkungen, die im Dauerzustande die sog. aktinoelektrischen Ströme erzeugen können (Stoletow).

Die stärkste Funkenentladung ist der bei der Entladung der Wolkenelektrizität auftretende Blitz; er ist bis zu einigen Kilometern lang und häufig verzweigt, entlädt meist Elektrizitätsmengen zwischen 50 und 300 Cb (**156**) und dauert, selbst wenn er aus Oscillationen besteht, im ganzen meist noch nicht 1 sec.

d) Büschellicht und Spitzenlicht. Bei noch größerer Entfernung der Elektroden resp. bei geringerer Spannung treten dauernde

Lichterscheinungen auf, an der positiven Elektrode das ausgedehntere Büschellicht, an der negativen, besonders aber an Spitzen, das konzentriertere Spitzenlicht; auch dieses Licht beruht auf glühenden Metallteilchen, sein Spektrum zeigt demnach die Metalllinien.

e) Glimmlicht (FARADAY 1838, RIESS, GASSIOT, HITTORF u. A.) ist in freier Luft ein bläulicher Lichtschein, der zugleich mit Funken oder Büscheln auftritt und diese umgiebt. Bei gewöhnlichem Gasdruck unscheinbar, gewinnt es mit Abnahme desselben an Bedeutung und nimmt bei etwa 1 mm Druck folgende für die sog. Geissler'schen Röhren typische Gestaltung an: die Kathode ist von einem schmalen hellen Saum umgeben, an ihn stößt der sog. dunkle Kathodenraum, dann folgt unvermittelt die helle Kathodenschicht und von ihr ausgehend, mehr oder weniger ausgeprägt, die Glimmlichtstrahlen; dann folgt der dunkle Trennungsraum und endlich das von der Anode ausgehende Glimmlicht oder Anodenlicht, dieses um so deutlicher geschichtet, je geringer der Druck geworden ist. Die Färbung hängt von der Natur des Gases und anderen Umständen ab; in Luft ist das negative Licht blau, das positive rötlich gelb.

f) Kathodenstrahlen (HITTORF 1869, CROOKES, GOLDSTEIN u. A.). Bei noch weiterer Verdünnung (bis 0,001 mm), in den sog. Hittorf'schen oder Crookes'schen Röhren, weicht das Anodenlicht immer mehr zurück, das Glimmlicht dehnt sich aus, und zugleich heben sich aus ihm immer deutlicher Strahlen hervor, die Kathodenstrahlen. Sie gehen von der Kathodenoberfläche senkrecht aus, bilden also je nach deren Form parallele, konvergente oder divergente Büschel und verlaufen gänzlich unabhängig von der Lage der Anode; während also das Anodenlicht mit seiner Tendenz nach der Kathode hin den Charakter der Strömung wahrt, haben die Kathodenstrahlen mit Strombahnen nichts zu thun und stellen eine wirkliche Strahlung dar; sie werden durch Hindernisse abgeschnitten und entwerfen von ihnen Schattenbilder, sie setzen leichte Körper in Bewegung und üben Wärmewirkungen aus, durch die sie in ihrem Brennpunkte befindliche Körperchen zum Glühen bringen können; endlich erregen sie in der Glaswand und auf geeigneten, ins Innere gebrachten Körpern äußerst lebhafte Fluorescenz und oft lang andauernde Phosphorescenz (**199**); an sich fast lichtlos wegen der geringen Absorption in dem äußerst verdünnten Raume machen sich die Kathodenstrahlen erst durch ihre Wirkungen, besonders die letzte, intensiv bemerkbar. Endlich sei bemerkt, daß sich zwei parallele Kathodenbüschel abstoßen (Deflexion der Kathodenstrahlen), und daß die Kathodenstrahlen vom Magnet abgelenkt werden.

Die Ansicht von der Natur der Kathodenstrahlen hat wiederholt zwischen der Konvektionstheorie und der Äthertheorie hin- und hergeschwankt; das stärkste Argument gegen jene war die Durchdringung fester Schichten (s. u.) durch die Strahlen, die man aber durch die Annahme feiner Urmolekeln resp. Uratome (vgl. **98** (4)) erklären kann; für die Konvektionstheorie andererseits spricht die Fortführung elektrischer Ladungen seitens der Strahlen und manches andere Argument; gegenwärtig (1899) ist daher die Konvektionstheorie vorherrschend, wonach die Kathodenstrahlen aus fortgeschleuderten materiellen Teilchen bestehen.

g) Lenard-Strahlen (Lenard 1894) sind im wesentlichen Kathodenstrahlen, die durch ein sehr dünnes (< 0,02 mm) Metallfenster aus der Entladungsröhre in die freie Luft gelangt sind (in der selbst sie nicht erzeugt werden können). Ihre Existenz in Luft ist übrigens sehr kurz, da sie sehr bald diffus zerstreut werden (die Luft verhält sich gegen sie wie ein trübes Medium, vgl. **192** c); unter Umständen werden die inneren Kathodenstrahlen nach Goldstein ebenfalls diffus reflektiert. Die Lenard'schen Strahlen verhalten sich im übrigen wie die Kathodenstrahlen. Schließlich sei bemerkt, daß man in derselben Weise Kathodenstrahlen auch in einen so stark ausgepumpten Raum bringen kann, daß sie in ihm nicht entstehen könnten.

h) Kanalstrahlen (Goldstein 1886) heißen die vermutlich von der Anode ausgehenden und, falls die Kathode durchlöchert ist, sie durchsetzenden Strahlen; sie sind ebenfalls konvektiver Natur.

i) Röntgen-Strahlen oder X-Strahlen (Röntgen 1895) sind Strahlen, die von den durch die Kathodenstrahlen zur Fluorescenz gebrachten Stellen der Glaswand des Entladungsrohres ausgehen, auch wenn durch Umhüllung mit schwarzem Stoffe die Fluorescenz- und alle übrigen Strahlen erstickt werden. Sie sind für das Auge im allgemeinen unsichtbar, üben aber wie die Kathoden- und Lenard'schen Strahlen photochemische (s. w. u.) und Fluorescenzwirkungen (**199**) aus. Charakteristisch für sie ist, daß sie nicht nur die Luft auf weiten Strecken durchsetzen können, sondern auch durch dicke Schichten von Stoffen hindurchgehen, die für Licht undurchlässig sind; je weniger dicht, desto durchlässiger ist im allgemeinen ein Stoff; z. B. Holz durchlässiger als Metalle, Muskeln durchlässiger als Knochen. Beim Auftreffen auf Körper werden die Strahlen stark zerstreut; dagegen werden sie nicht gebrochen (jedenfalls ist der Brechungsquotient äußerst wenig von 1 verschieden) und vom Magnet nicht abgelenkt. Durch den Durchgang durch andere Medien werden sie zuweilen stark modifiziert, z. B. durch einige Flußspatarten (Flußspatstrahlen mit stark erhöhter Wirkung, Winkelmann u. Straubel). Endlich sind die X-Strahlen befähigt, geladene Leiter zu entladen, entladene wieder zu laden und bei geeigneter Anordnung dauernde Ströme zu erzeugen (PERRIN, WINKELMANN). Aus allen Eigenschaften der X-Strahlen ergiebt sich als zulässige Hypothese, daß sie Ätherstrahlen von äußerst kleiner Wellenlänge sind, womit auch, in Rücksicht auf die Absorptionsverhältnisse, der anomale Wert des Brechungsquotienten stimmt.

k) Tesla-Licht ist der Inbegriff der bei den Tesla-Strömen (**156** (4)) auftretenden Lichterscheinungen; es sind Büschel-, Glimm- und Funkenentladungen, aber von besonderer Ausdehnung und Intensität.

201. Photochemie ist die Lehre von den chemischen Wirkungen, die Strahlen ausüben, wenn sie von Körpern absorbiert werden. Welche Strahlen wirksam resp. am wirksamsten sind und wie groß die Wirkung im ganzen ist, hängt von der Natur des Stoffes ab, und es können schon kleine Beimengungen lichtempfindlicher oder für bestimmte Strahlen empfindlicher Stoffe, sog. Sensibilisatoren, die Wirkung wesentlich verändern und verstärken. Die Wirkung selbst besteht in Verbindung getrennter oder in Zersetzung verbundener Stoffe; ersteres ist namentlich bei Chlor und Wasserstoff, letzteres bei Chlorwasser (wobei sich eben Chlorwasserstoff bildet), bei den Silberhaloiden (Chlorsilber, Jodsilber, Bromsilber), bei Kaliumbichromat und ähnlichen Stoffen, sowie in der Natur selbst bei der Kohlensäure, deren Sauerstoff im Inneren der Pflanze (Chlorophyll) abgesondert und an die Luft abgegeben wird, der Fall. Im weiteren Sinne gehören hierher schließlich auch die Wirkungen des Lichtes auf die Struktur, Farbe u. s. w. mancher Körper; insbesondere wird Selen durch Bestrahlung krystallinisch und besser leitend (photoelektrische Erregung, vgl. ***109*** ff); ferner wird der Sauerstoff unter bestimmten Umständen durch Licht ozonisiert (Bleichen).

Die chemische Wirkung ist der Lichtstärke proportional, wächst dagegen mit der Zeit erst langsam, dann viel schneller („photochemische Induktion"). Bei Chlorknallgas und bei den Haloidsalzen des Silbers, wie bei den meisten photochemischen Vorgängen ist die Wirkung der roten Strahlen fast null, die der gelben Strahlen sehr schwach, die der blauen, violetten und ultravioletten (bis etwa zur Linie T) am stärksten; man nennt letztere daher photochemische Strahlen und das ihnen entsprechende Spektrum (**197a**, oo) das photochemische; indessen giebt es auch Stoffe, die durch rot und gelb kräftig affiziert werden.

(1) Chemischer Extinktionskoeffizient oder Absorptionskoeffizient ist eine dem optischen (***118*** (5)) ganz entsprechende Größe, die aber auch das zur chemischen Wirkung umgewandelte Licht enthält; durch Vergleichung kann man letztere Zahl für sich erhalten.

(2) Photographie (DAGUERRE 1838, TALBOT 1839) ist die Her-

stellung von Bildern durch photochemische Prozesse. Bei der gewöhnlichen Photographie entstehen lediglich Helligkeitsunterschiede, die aber denen des farbigen Objektes nur entsprechen, wenn man rotgelbgrünempfindliche Stoffe, wie Azalin, Eosin, Erythrosin, Cyanin u. s. w. den Bromsilberplatten beimischt: orthochromatische Photographie (H. W. Vogel).

Die Photographie hat die Fähigkeit, Dinge wiederzugeben, die das Auge direkt wegen der kleinen Wellenlänge nicht wahrnehmen kann. Eines der wichtigsten derartigen Produkte der Photographie ist das photographische Spektrum; es reicht nach der ultravioletten Seite weit über das sichtbare (**197a**) und selbst über das Fluorescenzspektrum (**199**) hinaus und ist mit Hilfe von Quarz-, Kalkspat- oder Flußspat-Linsen resp. Prismen einerseits (Schuhmann), Konkavgittern andererseits (Rowland, Kayser und Runge) bis zu den kleinsten Wellenlängen ($\lambda = 0{,}1\ \mu$) verfolgt worden.

Röntgen- oder X-Strahlen-Photographie (vgl. **200 i**). Sie erzeugt nicht eigentlich Bilder, sondern Schattenbilder von Gegenständen, und nicht abgestuft nach ihrer Helligkeit, sondern nach ihrer X-Strahlen-Dichte, d. h. Durchlässigkeit; dafür erlaubt sie, verborgene Konturen wiederzugeben, ist also eine Photographie des für das Auge Unsichtbaren, in anderem Sinne wie die Photographie des Ultravioletten.

Farbenphotographie ist auf zwei ganz verschiedene Weisen möglich: a) durch Erzeugung stehender Lichtschwingungen (***111*** und **195 c**) in der empfindlichen Schicht, in der sich nun dünne Lamellen, die Zenker'schen Blättchen (**195 c**), bilden und zu Interferenzfarben Anlaß geben, die gerade den Farben des erzeugenden Lichtes entsprechen; diese Photographien heißen Lippmann'sche (1891), sind zunächst nur für Spektralfarben anwendbar (farbige Photographie des Spektrums), und verändern mit der Richtung der Beobachtung die Farbe. — b) Durch wirkliche Erzeugung von Farbstoffen (Körperfarben) in der Schicht, die den beleuchtenden Farben entsprechen, was dadurch möglich ist, daß von den zahlreichen durch Belichtung sich bildenden Farbstoffen alle diejenigen, die das Licht absorbieren, von ihm wieder zerstört werden, derjenige Farbstoff dagegen, der das Licht reflektiert, erhalten bleibt, also z. B. bei roter Beleuchtung gerade der rote, bei orangefarbener der rote und gelbe, die orange geben (so daß auch Mischfarben wiedergegeben werden können). Der Prozeß, der hier zu Grunde liegt, kommt in der Natur selbst wahrscheinlich ziemlich häufig vor (Farbenanpassung). (Seebeck 1810, Becquerel 1848, Poitevin 1865; Theorie von Wiener 1895).

Register.

[Nur die wichtigeren Worte konnten hier Aufnahme finden, diese aber sind in möglichst spezieller Fassung und zugleich in sprachüblicher Folge gegeben, z. B. „anomale Dispersion“ (nicht „Dispersion, anomale“); nur wenn alphabetisch benachbarte Worte auch auf denselben Seiten des Buches vorkommen, sind sie in ein allgemeines Stichwort zusammengefaßt, z. B. Wirbelbewegung (Wirbelfeld, -linie, -intensität u. s. w.). Personennamen sind nur in typischer Verbindung mit Sachworten aufgenommen, z. B. Ohm'sches Gesetz. — Die Zahlen beziehen sich auf die Seiten des Buches.]

Abbildung 462 f. 467 ff.
— nicht selbst leuchtender Objekte 484.
Aberration 459. 462.
Aberrationsfreie Flächen 462.
Abkühlungsgeschwindigkeit 404.
Ablöschen 122.
Abnahme der Wirkungsfähigkeit 323.
Abplattung 345.
Absolute Bewegung 18.
— Beweglichkeit der Ionen 305 f.
— Einheiten 4. 174 f. 204. 288. 318.
— Festigkeit 118.
— Temperatur 90. 92. 97. 204. 410 f.
Absoluter Brechungsquotient 461.
— Siedepunkt 109.
Absorption 114 f.
— des Lichtes 455. 475. 491. 507.
— des Schalles 197.
— der Strahlung 35.
— der Wärme 404.
Absorptionsspektrum 486.
Absorptionsstreifen 491.
Absorptionswärme 220. 222.
Abstoßung 45.
Accidentelle Doppelbrechung 501.
Achromatisch 491.
Achromatische Kurven 500.
Additive Größe 63.
Adhäsion 122.
Adiabatisch 180. 213. 420.
Adiatherman 402.
Adsorption 114.
Äquipotentialflächen 152.
Äquivalentgewicht 64.
Äquivalentleitvermögen 434.
Äquivalente Pole 255.
Äquivalenz der Energien 186.
— der Stoffe 63.
— der Ströme und Magnete 285.
Aerodynamik 374.
Aerostatik 347.
Äther 101. 230. 308.
Ätzfiguren 105.
Äußere Reibung 126.
— Wärmeleitfähigkeit 395. 398.
Aggregatzustände 84. 100.
Akkumulatoren 292. 308.
Aktuelle Energie 182.
Aktinoelektrische Ströme 504.
Aktivitätskoeffizient 304.
Akustik 189. 380.
— der Gebäude 391.
Albedo 317.
Amalgam 111.
Ampère 290.
Ampère'sches Gesetz 278 f.
Ampère-Stunde 291.
Ampère-Windung 291.
Amplitude 26.
Amylacetatlampe 318.
Anastigmatisch 463.
Anion 304.
Anlassen 122.
Anlauffarben 122.
Anode 148. 304.
Anomale Dispersion 491 .
— Magnetisierung 271.
Antrieb 173.
Anziehung 45.
Aperiodisch 30.
Apertur 461.
Aplanatisch 462. 466.

Apochromatisch 491.
Arbeit 172 ff. 186.
Arbeitsäquivalent der Wärme 203.
Archimedisches Prinzip 332.
Astatisch 334.
Astigmatisch 463.
Atmolyse 380.
Atmosphäre 111.
Atmosphärendruck 53.
Atmosphärische Elektrizität 233. 237.
— Strahlenbrechung 472.
Atom 131 ff.
Atomenergie 184. 213. 216.
Atomgewicht 132 f.
Atommasse 132.
Atomrefraktion 465.
Atomvolumen 132. 134.
Atomwärme 213.
Auflösung 103.
Auftrieb 332. 348.
Ausbreitung der Flüssigkeiten 346.
Ausbreitungswiderstand 429.
Ausdehnung der festen und flüssigen Körper 89 ff.
— der Gase 95 f.
Ausdehnungsarbeit 201.
Ausfluß 369. 375 f.
Auslösung 184.
Ausscheidung 104.
Außerordentlicher Strahl 495.
Avogadro'sches Gesetz 137.
Axenwinkel 497 f.

Babo'sches Gesetz 106. 114.
Ballistische Kurve 355.
Bandenspektrum 486.
Barometrische Höhe 347.
Bedingungen 328 f.
Beharrung 38.
Beleuchtung 316 f.
Beobachtung 2.
Beschleunigende Kraft 40.
Beschleunigung 17. 21 ff.
— durch die Schwere 51. 352.
Beschreibung 2.
Beugung 34.
— des Lichtes 481 ff.
Beugungsspektrum 485.
Bewegende Kraft 43.
Bewegung 16 f. 30.
— der Flüssigkeiten 367.
— fester Körper in Flüssigkeiten 370.
— der Gase 374.
— des Schwerpunktes 68.
Bewegungsgröße 43.
Biegung 339 ff.
Biegungsfestigkeit 118 f.
Bifilare Aufhängung 359.
Bild 462.
Billet'sche Halblinsen 477.
Biot-Savart'sches Gesetz 275.
Bivektor 6.
Blasen 346.
Blitz 504.
Bodendruck 344.
Bogenlicht 503 f.
Boyle-Gay-Lussac'sches Gesetz 93. 95 f. 135 f. 417 f.
Brachistochrone 354.
Brandung 373.
Brechung 35 ff.
— der elektrischen Strahlung 445.
— des elektrischen Stromes 432.
— des Lichtes 460. 463 ff. 473 ff.
— des Schalles 390.
— der Wärme 405.
Brechungsquotient (-exponent, -index) 37. 390. 461 ff. 472. 489 f.
Brennpunkt (-ebene, -weite u. s. w.) 462.
Brewster'sche Streifen 480.
Brewster'sches Gesetz 473.
British Assoc. Einheit 291.
Büschellicht 504.

Carcellampe 318.
Carnot-Clausius'sches Prinzip 408.
Carnot'scher Kreisprozeß 202.
Celsiusskala 97.
Centimeter 7.
Centralkräfte 45.
Centralstrahlen 462.
Centrifugalkraft 45.
Centripetalbeschleunigung 22.
Centripetalkraft 45.
Centrisch-symmetrisch 65.
CGS-System 52.
Charakteristische Funktionen 415.
Chemie 1.
Chemiluminescenz 309. 503.
Chemische Wärme 226 ff. 424.
Chemisches Element 132.
Chladni'sche Klangfiguren 387.
Cirkular polarisiert 28. 309.
Cirkulation 147. 149.
Clausius'sches Prinzip 408.
Contractio venae 369.
Coulomb 232. 290.
Coulomb'sches Gesetz 154. 233. 257.
Cykel 18.
Cyklische Bewegung 18. 147.
Cykloidenpendel 357.
Cyklon 375.
Cylinderwellen 32.

Dämpfe 105. 222. 225. 419.
Dämpfungsverhältnis 29. 385. 447.
D'Alembert'sches Prinzip 350.

Dalton'sches Gesetz 112.
Dampfdichte 57. 108 f.
Dampfdruckverminderung 114. 143.
Dampfspannung 107 ff. 420.
Dauerbewegung 146.
Davy'scher Lichtbogen 504.
Deduktive Methode 3.
Deformation 18. 62. 116.
Deformationsmodul 80.
Dehnungsmodul (-koeffizient) 80 ff.
Dehnungsgrenze 117.
Deklination 256.
Determinanten des Stromes 279.
Deviationsmomente 70.
Dialyse 379.
Diamagnetisch 256.
Diaphragmenströme 426.
Diatherman 394. 402.
Dichroismus 501.
Dichte 54 ff.
Dichtemaximum 91 ff.
Dielektrikum 243.
Dielektrizitätskonstante 243 ff.
Differenz d. spez. Wärmen 210 f. 418.
Differenztöne 393.
Diffraktion 34.
Diffuse Ausbreitung 34. 455.
— Reflexion 460.
Diffusion 378 ff.
Dilatation 60 f.
Dimension 4.
Dimensionsformel 5.
Dioptrik 460.
Diosmose 112.
Direktionskraft 47. 258.
Direktrix 279.
Dispersion 37.
— des Lichtes 485 ff. 490 ff.
Dissipative Prozesse 328.
Dissoziation 137. 304.
Dissoziationswärme 229.
Dissonanz 192. 392.
Donner 391.
Doppelbrechung 495. f.
Doppelpunkt (-linie, -fläche) 59. 163 f.
Doppelschwingung 25.
Doppler'scher Satz 391. 460. 488.
Drehkraft 45.
Drehstrom 251.
Drehung 17 f. 45.
— d. Polarisationsebene 310 f. 493. 501.
— — der Wärme 407.
Drehungsgesetz der Winde 374.
Drehungskomponenten 23.
Drehungsmoment 46.
Dreidimensionale Erscheinungen 6. 12.
Dreikörperproplem 361.
Drillung 341 f.
Druck 44. 47 ff. 93. 135.
Druckfestigkeit 118 f.
Duktilität 121.
Dulong-Petit'sches Gesetz 214.
Dunkle Wärme 401.
Durchsichtigkeit u. Leitvermögen 455.
Dynamik 330. 349.
— elastischer Körper 362.
Dyne 50.

Ebbe und Flut 373.
Ebene Wellen 32.
Echo 391.
Effekt 174.
Effektive Stromstärke 252.
Eindimensionale Erscheinungen 6. 12.
Eindringung 81. 119. 341.
Einfach zusammenh. Raum 14.
Einfache Farben 313.
— Maschinen 334.
— Schwingung 25. 27.
Einfacher Faden (Blatt) 255. 262.
— Ton 198.
Einfallsebene 461.
Einfallswinkel 36. 461.
Einheiten 4.
Einheitsdruck 49.
Einheitspotential 150.
Elastizität 78 ff. 85 ff. 117 f. 337 f. 362 f. 381 ff.
— der Krystalle 81. 342 f.
Elastizitätsgrenze 115. 117.
Elastizitätsmodul(-koeffizient, -konstanten) 80 ff. 86 f.
Elastizitätszahl 80. 87 f.
Elastische Nachwirkung 117.
— Schwingungen 365. 381 ff.
— Vollkommenheit 115.
Elastisches Potential 171.
Elektrizität 229. 424.
Elektrizitätsbewegung 426.
Elektrizitätsmenge 232. 449.
Elektrisch-magnetisches Maaßsystem 286 f.
Elektrische Ausdehnung 294.
— Brechung 445 f.
— Dämpfung 447.
— Dichte 233. 239. 250. 449.
— Differenz 237.
— Dispersion 446.
— Endosmose 380.
— Energie 229. 235. 448. 454.
— Induktion 248. 448.
— Kondensation 243.
— Konvektion 426. 434. 505.
— Kraft (Feldstärke) 235. 248. 448.
— Kraftströmung 449.
— Leitung 233. 426. 433 ff. 450.
— Oberflächenspannung 237.
— Permeabilität 243. 250.
— Polarisation 447. 448.
— Resonanz 447.

Elektrische Scheidungshypothese 231.
— Schirmwirkung 247.
— Schwingungen 230. 444 f.
— Spannung 235. 238.
— Strahlung 426. 444 f.
— Susceptibilität 249 f.
— Verstärkung 243.
Elektrischer Funke 504.
— Strom 230. 250. 426. 450.
— Widerstand 252. 427 ff.
Elektrisches Feld 151 ff. 231.
— Gleichgewicht 238 ff.
— Grundgesetz 233 f.
— Leitvermögen 427. 433 ff. 450.
— Licht 503 ff.
— Maaßsystem 232. 286 ff.
— Moment 248.
— Potential 235.
Elektrisierungskonstanten 248.
Elektrochemie 303.
Elektroden 148.
Elektrodynamik 234. 278 ff. 447 ff.
Elektrodynam. Maaßsystem 289.
Elektroluminescenz 309.
Elektrolyse 303 ff. 436.
Elektromagn. Lichttheorie 455.
Elektromagnetisches Maaßsystem 286 ff. 290.
Elektromagnetismus 274 ff.
Elektromotorische Kraft 235 f. 292. 424 f. 450.
— — der Polarisation 304.
— Wirkung 231.
Elektrostatik 235 ff.
Elektrostatische Induktion 248.
— Kapazität 241 ff. 245 ff.
— Kraft 248.
Elektrostatisches Grundgesetz 233.
— Maaßsystem 233. 286 ff.
— Potential 235.
Elektrostriktion 294. 425.
Elektrothermik 296.
Elemente 132 ff.
Elliptische Polarisation 309.
— Schwingungen 28.
Emissionsspektrum 486.
Emissionstheorie 455.
Emissionsvermögen 402.
Empfindliche Flammen 392.
Emulsion 112.
Enantiomorph 75.
Endothermisch u. exothermisch 229.
Energetisch 177.
Energie 1. 175 ff. 321 ff.
— der Volumeneinheit 176. 448.
Energiefaktoren 176. 322.
Energieformen 184 f.
Energiemodalitäten 182.
Energieprinzip 176 ff.
Energievergeudung 322. 424.
Energieverwandlung 185. 200. 322. 407. 424.
Energiewanderung 185. 454.
Energiezerstreuung 322. 424.
Entfernung 11.
Entfernungsgesetz der Kraft 154.
— der Strahlung 35.
Entladung 251. 284. 298. 433.
Entmagnetisierende Kraft 265.
Entropie 321 f. 412 ff.
Entwertung der Energie 322.
Erddichte und -masse 57 f.
Erddimensionen 7.
Erdmagnetismus 256. 259.
Erdströme 286.
Erhaltung der Energie (Kraft) 176.
— der Flächen 72.
— der Kraftströmung 152.
— der lebenden Kraft 186.
— der Rotationsebene 362.
— der Schwingungsebene 359.
— des Schwerpunktes 68.
— des Stoffes 62.
Erklärung 2.
Erstarrung 101.
Erste Hauptgleichung 200.
— Hauptlage 258.
Erster Hauptsatz der Physik 176. 323.
— — der Thermodynamik 200.
Erweichung 102.
Erzwungene Prozesse 321.
— Schwingungen 30.
Euler'sche Gleichungen 367.
Experiment 2.
Experimentalphysik 2.
Extensitätsgrößen 42.
Extinktionskoeffizient 507.
Extraordinärer Strahl 495.
Extrastrom 280.

Faden 60.
Fahrenheitskala 97 f.
Fall 352 ff.
Farrad 290.
Farbe 312.
Farben dünner Blättchen 492 f.
Farbenphotographie 508.
Farbenzerstreuung 485.
Fechner'sches Gesetz 196. 319.
Feldstärke 152.
Fernkraft 44.
Ferromagnetismus 256.
Feste Körper 84 f.
Festigkeit 117 f.
Finitiv 321. 328.
Fizeau'sche Streifen 479.
Fläche 6 ff.
Flächendichte 59.
Flächenelement 12.

Flächenhelligkeit 317.
Flächenmaaße 7 f.
Flächenpotential 158 ff.
Flächensatz 72.
Flächenströme 252. 431 f.
Flächenwinkel 9.
Flageolettöne 382.
Flammenspektrum 486.
Flaschenzug 335 f.
Flüssigkeiten 484 f.
Flüssigkeitsstrahlen 370.
Fluidität 124.
Fluorescenz 501 ff.
Flutwelle 374.
Fokus 462.
Fortpflanzungsgeschwindigkeit 31. 131. 389. 443. 458.
Fortschreitende Schwingungen 30.
Foucault'sches Pendel 359.
Foucault'sche Ströme 285.
Fourier'scher Satz 27.
Fraunhofer'sche Beugungserscheinungen 482 f.
— Linien 313. 486.
Freie Elektrizität 250.
— Energie 324. 414.
— Schwingung 30.
Freier Fall 352.
— Magnetismus 260.
Freies System 330.
Freiheitsgrade 24.
Freiwillige Prozesse 321.
Frequenz 252.
Fresnel'sche Beugungserscheinungen 481 f. 484.
— Lichttheorie 457. 473.
— Prismen und Spiegel 476 f.
Fresnel'sches Gesetz 494.
Froelich'sche Brücke 431.
Fundamentaldruck u. Temperatur 421.
Funken 504.
Funkenspektrum 486. 504.
Fußpfund 174.

Galilei'sches Prinzip 38.
Galvanische Elemente 238. 292. 424.
— Polarisation 304. 306 f.
Galvanomagnet. Wärme 297.
Ganze Schwingung 25.
Ganzer Magnetismus 260.
Gasdichte 57.
Gase 84 f. 135 ff.
Gasskala 98.
Gauß'sche Kapillarkonstante 128 f.
— Potentialsätze 170.
Gauß'sches Maaß 53.
Gauß-Weber'sches Dämpfungsgesetz 376.
Gebundene Energie 324.
Gefrierpunkt 101.
Gefrierpunktserniedrigung 113. 143.
Gegenkraft der Polarisation 307 f.
Gekrümmte Lichtstrahlen 36. 472.
Gemische 111.
Geographische Breite und Länge 12.
Geoid 345.
Geometrische Optik 460 ff.
Geräusch 189.
Gesättigte Dämpfe 107.
Gesamtwärme 223. 225.
Geschmeidigkeit 121.
Geschwindigkeit 19 f.
— „v" 287. 289. 451.
Geschwindigkeitspotential 146. 148. 368.
Gestalt 13.
Gestaltselastizität (-modul) 79. 84. 87.
Gewicht 49 f.
— der Flächen(Längen)einheit 62.
Gewichtsmaaß 50 ff.
Gewitter 233.
Gezeiten 373.
Gibbs'sche Regel 421.
Gipsplättchen 500.
Gitterkonstante 483.
Gitterspektrum 485.
Glanz 317.
Gleichförmige Bewegung 17.
Gleichförmiger Faden(Magnet) 60. 260 ff.
Gleichförmiges Feld 154.
Gleichgewicht 39. 321. 331 ff.
— des elast. Körpers 337 ff.
— der Flüssigkeiten 343 f.
— der Gase 347 f.
— der starren Körper 333 ff.
— des Punktes 333.
Gleichgewichtsaxen 334.
Gleichgewichtsformen d. Flüss. 344 f.
Gleichgewichtsprinzip 327. 331.
Gleichheit der Lichtwege 466.
— von Aktion u. Reaktion 41.
Gleichheitsempfindlichk. f. Licht 320.
Gleichstrom 251.
Gleitende Reibung 126 f.
Gleitfläche 118.
Gleitstelle 282.
Gleitungskoeffizient 126 f.
Glimmlicht 505.
Glocken 387.
Glühlicht 503.
Goldene Regel 336.
Grad 9.
Gradeste Bahn 351.
Gradient 347.
Gradlinige Bewegung 17.
— Schwingung 28.
Graham'sches Gesetz 375.
Gramm 49.
Grammäquivalent (-atom, -molekel) 135.
Grammcalorie 199.

Gravitation 52. 154.
Gravitationskonstante und -maaß 52.
Green'scher Satz 169.
Grenzdehnung (-veränderung, -zwang) 115 f.
Grenzwinkel 464 ff.
Größe 1. 4.
Grundbegriffe 3 f.
Grundfarben 315.
Grundprinzipien 5.
Grundschwingung 27.
Grundton 198.
Guébhard'sche Ringe 433.
Güteverhältnis 411.
Gyrationsradius 69.

Hämmerbarkeit 121.
Härte 119 ff.
Härtung 122.
Haidinger'sche Streifen 479.
Halbdurchlässige Membran 112.
Halbflüssig 102.
Halbschatten 456.
Hall'sches Phänomen 277.
Hamilton'sches Prinzip 326. 349.
Harmonie 192.
Harmonische Serien 487.
Hauptazimut 475.
Hauptdilatationen 61.
Hauptdrehungsaxe u. -moment 47.
Hauptdrucke u. -druckaxen 48.
Hauptebene 463.
Haupteinfallswinkel 475.
Hauptlagen 258.
Hauptlichtgeschwindigkeiten 497 f.
Hauptpunkte 463.
Hauptschnitt d. Prismas 461.
Hauptträgheitsaxen u. -momente 70.
Hebel 334 ff.
Hebelarm 46. 334.
Hefnerkerze 318.
Hektowatt 175. 290.
Helligkeit 317 f.
Hemiedrisch 76.
Hemimorph 76.
Henry'sches Gesetz 114.
Herschel'sche Streifen 480.
Hertz'sche Versuche 443 ff.
Hertz'sches Grundgesetz 351.
Heterogen 64.
Heterogenes System 421.
Heterotrop 64.
Hochspannungsströme 293.
Höfe 494.
Höhe über d. Meere 12 f.
Hörgrenzen 190.
Holoedrisch 76.
Holonom 330. 351.
Homocentrisch 462.
Homogen 64.
Homogene Deformation 65.
Homogenes Feld 154.
Hooke'sches Gesetz 85. 116. 338.
Horizontal 8.
Horizontalintensität d. Erdmagnetismus 257.
Horror vacui 348.
Huyghens'sches Prinzip 33. 171. 481.
Hydrodynamik 367 ff.
Hydrostatik 343 ff.
Hypothese 2.
Hysteresis 39. 271. 425.

Jährl. Temp.-Schwankung 399.
Jahr 15.
Jakobi'sches Ellipsoid 344.
Jamin'sche Streifen 480.
Ideale Flüssigkeiten u. Gase 84.
Impedanz 284.
Imponderabilien 101.
Impuls 38 ff.
Indifferentes Gleichgewicht 327. 332.
Induktionsströme 280 ff.
Induktive Methode 2.
Inklination 256.
Inkohärente Schwingungen 27.
Inkompressible Flüssigkeiten 85.
Innere Energie 184.
— Kräfte 328.
— Reibung 123. 140.
Integralstrom 252.
Intensität der Elektrisierung 248 f.
— des Lichtes 315 ff.
— der Magnetisierung 260.
— des Schalles 194 f.
Intensitätsgrößen 42.
Intensitätsfaktor der Energie 176. 322.
Interferenz 32.
— des Lichtes 476 ff. 498 ff.
— des Schalles 392.
Intermittierender Strom 251.
Intervalle 191.
Ionen 143. 304 ff.
Joule 174. 290.
Joule'sche Wärme 296 ff.
Irreversibler Prozeß 180. 409.
Isentropisch 413.
Isobaren 347.
Isochorisch 180.
Isochromatische Kurven 500.
Isodynamen, -klinen, -gonen 257.
Isoenergetisch 180.
Isogyren 500.
Isohydrische Lösungen 435.
Isohylisch 180.
Isomorph 77.
Isopiestisch, -pyknisch 180.
Isotachen 377.

Isothermisch 180.
Isotonische Lösungen 113.
Isotrop 64.

Kabelströme 442 f.
Kalorie 199. 204.
Kältemischungen 113 f.
Kanalstrahlen 506.
Kapazitätsgrößen 42.
Kapillarelektrische Ströme 308.
Kapillarität 128 ff. 308. 345 f.
Kathode 148. 304.
Kathodenstrahlen 505 f.
Kation 148. 304.
Katoptrik 460.
Kaustik 462.
Kegelöffnung 9.
Keil 335. 337.
Kepler'sche Gesetze 359 ff.
Kernschatten 456.
Kerr'sches Phänomen 312.
Kettenlinie 337.
Kilogramm 50 ff.
Kilogrammkalorie 199.
Kilowatt 175. 290 f.
Kinematik 17.
Kinetische Energie u. Intensität 182 f.
— Gastheorie 135 ff. 216 ff. 397 f. 423.
Kinetisches Potential 326.
Kirchhoff'sche Formeln 430.
Kirchhoff'sches Strahlungsgesetz 404.
Klang (farbe) 198.
Klangfiguren 387.
Klarheit 320.
Kleinste Wirkung 326. 349.
Kleinster Zwang 350.
Knall 189.
Knoten 30.
Knotenpunkte (-ebenen) 463.
Koerzitivkraft 256. 271.
Koexistenz der Schwingungen 27.
Kohärente Schwingungen 27.
Kohäsion 117.
Kolloide 379.
Kombinationstöne 393.
Komma 192.
Kommunizierende Röhren 344.
Komplementärfarben 314.
Kompressibilität 83. 87 f. 339. 342.
Kompressible Flüssigkeiten 85.
Kondensation 105.
Kondensationswärme 223.
Konfigurative Energie 183.
Konische Refraktion 497 f.
Konjugierte Punkte 462.
Konservative Kräfte 179.
— Prozesse 321.
Konsonanz 192. 392.
Konstanten 5.
Konstanter Strom 250.
Konstanz der Energie 176.
— der Masse 62 f.
Konstitutive Größen 63.
Kontaktspannung 237.
Kontinuitätsgleichung 63. 367 f. 374. 423.
Kontraktion 60.
Kontraktionsmodul 79.
Kontrastempfindlichkeit f. Licht 321.
Konvektion 130. 394. 426.
Konvektionsströme 251.
Konvergenzverhältnis 462.
Konzentration 111.
Konzentrationsketten 306. 425.
Koordinaten 10 f.
Koppelung 330.
Korreption des Äthers 460.
Korrespondierende Drucke (Temperat., Volumen) 110.
Körperfarben 456.
Körperliche Ströme 252.
Körperpotential 160.
Körperwinkel 9.
Kräftefunktion 150.
Kräftepaar 46.
Kräfteparallelogramm (-parallelepiped, -polygron) 40.
Kraft 37. 39. 41. 50. 328 f.
Kraftfeld (-faden, -linie, -quelle, -röhre, -senke, -strahlung, -strömung) 151 ff.
Kraftprinzip 39.
Kreiselbewegung 361 f.
Kreisprozeß 180.
Kritische Dichte (Druck, Volumen, Temperatur, Zustand) 109 f.
— Geschwindigkeit 287. 289. 451.
— Temperatur f. Magnetismus 270.
Kryohydrat 113 f.
Krystalle (-klassen, -systeme) 72 ff.
Krystallmagnetismus 269 f.
Krystalloide 379.
Krystalloluminescenz 309. 503.
Krystalloptik 494 ff.
Krystallstruktur 144.
Kubische Ausdehnung 89.
— Kompression 339.
Kürzester Lichtweg 466.
Kugelwellen 32.
Kundt'sche Staubfiguren 388.

Labiles Gleichgewicht 327. 332.
Ladungszeit 442.
Länge 6 ff.
— -Zeit-Masse-System 52.
Längenmaaße 7 f.
Längsdruck und -Zug 338.
Längsschwingungen 31.
Lagrange'sche Gleichungen 351.

Lagrange'sche hydrodyn. Gleich. 367.
Lambert'sches Gesetz 317.
Lamellarer Magnet 255.
Lamé'sche Konstanten 82.
Laplace'sche Konstanten 128.
— Ebene 361.
— Gleichung 165.
Latente Wärme 219. 223. 419 f.
Lebendige Kraft 183. 186.
Legierung 111. 208.
Leidenfrost'sches Phänomen 107.
Leiter 1. u. 2. Klasse 237.
Leitung 130.
Leitungsgeschwindigkeit 131. 442.
Leitungsvermögen (-widerstand) 130. 433 ff. 437 ff.
Lenardstrahlen 506.
Lenz'sche Regel 281.
Leuchtpotential 317.
Licht 308 ff. 455 ff.
Lichtbogen 504.
Lichteinheiten 318.
Lichtgeschwindigkeit 458 f.
Lichtjahr 8.
Lichtstärke (-menge, -strömung) 315 ff.
Lichtweg 466.
Lichtwelleneinheit 8.
Lichtenberg'sche Figuren 433.
Lineare Ausdehnung 60. 89.
— Ströme 252. 430.
Linie 6.
Liniendichte 59.
Linienpotential 156.
Linienspektrum 486.
Linse 461.
Lissajous'sche Figuren 28.
Lloyd'scher Spiegel 478.
Lokalisierung der Energie 185.
Löslichkeit 104.
Lösungen 103 ff. 111 ff. 142.
Lösungswärme 220 ff. 420.
Logarithmisches Dekrement 29.
— Potential 157.
Longitudinale Magnetisierung 255.
— Schwingungen (Wellen) 31.
— Töne 381. 387 f.
Lotrichtung 8.
Luftdruck 347.
Luftelektrizität 233. 237.
Luftspiegelung 472.
Lumen u. Lux 318.
Luminal 317.
Luminescenz (-spektrum) 308. 486.
Lyoluminescenz 309.

Magnetelektr. Wirkung 277.
Magnetische Dämpfung 285.
— Drehung d. Polar.-Ebene 311.
— Energie 229.
Magnetische Hysteresis 256. 271. 425.
— Induktion 264 ff. 276. 448.
— Kraft (Feldstärke) 264. 448.
— Kraftströmung 271. 449.
— Nachwirkung 256. 271.
— Permeabilität 265.
— Polarisation 254. 448.
— Pole der Erde 254. 256.
— Polstärke 254.
— Sättigung 266. 273.
— Schale (Blatt) 255.
— Schirmwirkung 270.
— Störungen 257.
— Susceptibilität 265.
— Theorien 231.
Magnetischer Faden 255.
— Kreis 271.
— Wirkungsgrad 425.
Magnetisches Feld 254.
— Grundgesetz 257 f.
— Maaßsystem 253. 273. 286 ff.
— Moment 254 f. 261. 449.
— Potential 261 f.
Magnetisierungsintensität 260.
Magnetisierungskonstante (-funktion) 266.
Magnetisierungskurven 268.
Magnetisierungspotential 264.
Magnetisierungswärme 302.
Magnetismus 229 ff. 253 ff. 260. 449.
— u. Torsion 295.
Magnetoinduktion 280.
Magnetomotorische Kraft 271.
— Wirkung 231.
Magnetostriktion 295.
Malus'scher Satz 466.
Mariotte'sches Gesetz 93.
Mascart'sche Streifen 479.
Masse 37. 49.
Massenfläche (-linie, -punkt) 59.
Massenmittelpunkt 65.
Massenpotential 151.
Massenprinzip 41.
Materie 131.
Materieller Punkt 59.
Mathematische Physik 3.
Maxwell'sche Theorie 447 ff.
Maxwell'sches Gasgesetz 138.
Mechanik 186. 328. 330.
Mechanische Energie 186.
— Wärmetheorie 200.
Mechanisches Wärmeäquivalent 203 f.
Meeresströmungen 377.
Megaerg 174.
Mehrfach zusammenhäng. Raum 14.
Mehrphasenstrom 251.
Membranschwingungen 385 f.
Metacentrum 332.
Metallreflexion 475 f.
Meter 7.

Meterkerze 318.
Meterkilogramm 174.
Mikrofarad 290.
Minimum der Ablenkung 471.
Mischfarben 312. 315.
Mischungswärme 220. 222.
Mitschwingung 30.
Modalitäten der Energie 182f.
Modullänge 81.
Molekel 131ff. 141f.
Molekularenergie 184. 213. 216. 227.
Molekulargewicht (-masse) 132f.
Molekularmagnetismus 273.
Molekularrefraktion 465.
Molekularströme 231.
Molekulartheorie 131ff.
— der Gase 135ff.
— der Lösungen 142ff.
— des Magnetismus 145. 231.
Molekularvolumen 132.
Molekularwärme 213.
Molekulares Leitvermögen 434.
Moment 46.
Momentdichte 59. 260.
Momentstrom 251.
Monde 361.
Monocykel 18.
Multiple Resonanz 392. 447.

Nachwirkung 39.
Nahewirkung 44.
Natürl. elektr. und magn. Maafssystem 273f. 289.
— Licht 309.
Negative Krystalle 495f.
Neumann'sche Lichttheorie 457. 473.
Neumann'sches Induktionsgesetz 281.
Neutrales Gleichgewicht 328. 332.
Newton'sche Beweg.-Prinzipien 38f.
— Farben 493.
Newton'sche Ringe 479.
Newton'sches Gesetz 154.
Nichtleiter 233. 426.
Nicht umkehrbare Prozesse 180. 412.
Niederschlag 104.
Nippflut 374.
Niveaufläche (-linie, -raum) 148. 152f. 162. 238. 257.
Nobili'sche Ringe 432.
Nordlicht 286.
Normalbeschleunigung 22.
Normaldruck 45. 47.
— der Atmosphäre 54.
Normalelemente 292.
Normalenfläche 496.
Normales Spektrum 485.
Normalkraft 45.
Normallösung 142.
Normalton 194.
Normalzustand 177.
Nutation 362.
Nutzeffekt 325.

Oberflächenenergie 188.
Oberflächenfestigkeit 119.
Oberflächenhärte 120.
Oberflächenspannung 128.
Obertöne 198.
Occlusion 114.
Octave 191.
Öffnung 461.
Öffnungsstrom 280.
Ohm 290.
Ohmcentimeter 291.
Ohm'sches Gesetz 253. 283. 427.
Optik 308. 455.
Optisch aktiv 496.
Optische Axen und Mittellinie 495f.
Ordentlicher Strahl 495.
Ort 10.
Ortszeit 16.
Oscillation 17.
Oscillierende Entladung 284. 433.
Osmose 112. 378.
Osmotische Kraft und Druck 112f.
Oxydationswärme 226.

Paraffinkerze 318.
Parallelogramm u. s. w. der Geschw., Beschl., Kräfte 20. 23. 40.
Parallelschaltung 430.
Parallelstrahlen 462.
Paramagnetisch 256.
Partialdruck 112.
Partialschwingung 27.
Partialtöne 198.
Partielle Reflexion 464.
Peltier'sche Wärme 296ff.
Pendel 355ff.
Periode 24. 252.
Periodische Bewegungen 17.
Periphere Magnetisierung 255.
Permanente Deformation 116.
Permanenter Magnetismus 256.
Permeabilität 264. 268f.
Perpetuum mobile erster Art 178.
— zweiter Art 324.
Pfeifentöne 387f.
Pferdekraft 175. 326.
Phase 25f. 198.
Phasenänderung durch Refl. 473.
Phasen eines Systems 421.
Phasenregel 421.
Phosphorescenz 501ff.
Photochemie 507.
Photographie 507f.
Photoluminescenz 308. 501. 503.

Physik 1.
— der Materie u. des Äthers 230.
Physikal. Chemie 1.
Piezoelektrizität 294f.
Planeten 360.
Plastizität 121 f.
Plateau'sche Figuren 345.
Platte u. Plattensatz 472. 474. 478.
Pleochroismus 501.
Poiseuille'sches Gesetz 376f.
Poisson'sche Gleichung 165.
Polabstand 255.
Polarisation 34.
— (galvanisch) 304. 306f.
— des Lichtes 309f.
— der Wärme 407.
Polarisationsstrom 304.
Polarlicht 286.
Pole 254. 256.
Polstärke 152. 254.
Polycykel 18.
Polygon der Geschw., Beschl., Kräfte 20. 23. 40.
Polymerisation 137.
Polymorphismus 77.
Ponderomotorische Wirkung 231. 450.
Positive Krystalle 495f.
Postulate 2. 5.
Potential 150ff. 184.
Potentialbewegung u. -deformation 147.
Potential der Druckkräfte 171.
— der Wechselwirkung 151.
Potentialgefälle 236.
Potentielle Energie 182. 184.
Potenzflaschenzug 335.
Präzession 361.
Praktisches elektromagnetisches Maaßsystem 290 ff.
Prinzipien 5.
Prisma 461. 470.
Prismatisches Spektrum 485.
Prozeß 179.
Psychophys. Grundgesetz 196. 319.
Pulsation 31.
Pulver 112.
Punkt 6.
Punktpaar (-kette) 59 f.
Punktpotential 155.
Purpur 314.
Pyr 318.
Pyroelektrizität 294. 425.

Quadrant 290.
Quadratgrad 9.
Qualitäten der Energie 184.
Quantitätsfaktor (-größe) 42.
— der Energie 176. 200.
Quasiisotrop 65. 145.
Quelle und Quellpaar 148. 153.
Querkontraktion 80. 83 f. 87 f.
Querschwingungen 31. 382 ff.

Radiale Magnetisierung 255.
Radius der Wirkungsphäre 130.
Randwinkel 130.
Rationalität der Indices 74.
Raoult'sches Gesetz 143.
Raum 6 ff.
Raumelement 12.
Raummaaße 8.
Raumwinkel 9.
Räumliche Kontraktion u. Dilatation 60.
Reaumurskala 97 f.
Rechtläufige u. rückläufige Abbildung 463.
Reduzierte Gaskonstanten 110.
— Zustandsgleichung 110.
Reduktion auf kleine Schwingungen 356.
Reflexion 35 f.
— des Lichtes 460. 463 ff. 473 ff.
— des Schalles 390 f.
— der Wärme 405.
Reflexionsvermögen 405. 475.
Refraktion 35.
Refractionsvermögen 465.
Regenbogen 494.
Reibung 123 ff. 376 ff.
Reibungselektrizität 233.
Reine Tonleiter 192.
Reizschwelle für Licht 320.
— für Schall 196 f.
Relative Bewegung 18.
— Dispersion 489 f.
— Festigkeit 118 f.
Relaxation 127. 451.
Reluktanz 272.
Remanenter Magnetismus 256.
Remanenz 271.
Resonanz 391 f.
Reversible Prozesse 180. 202. 408 f. 412 ff.
Richtungsgrößen 6.
Richtung des freien Falles 353.
Röntgenstrahlen 506. 508.
Rolle und Rollenzug 335 f.
Rollende Reibung 126 f.
Rotation 17. 24 f. 361 f.
Rotationsbewegung u. -deformation 147.
Rotationsdispersion 493.
Rotationsmagnetismus 285.
Rotationspolarisation 310. 493.
Rotor 7.
Rowland'sches Gitter 483.
Ruhe 16.
Ruhewinkel 127.

Säkulare Temperaturänderung 400.
Sättigung des Lichtes 312.

Säulenspektrum 486.
Sammellinse 469 f.
Schall 189 ff. 380 ff.
Schalldämpfung 197.
Schallenergie 189. 195. 197.
Schallgeschwindigkeit 389 f.
Schallleitungsvermögen 391.
Schallstärke 194 ff.
Schatten 35.
Schaum 112.
Scheinbare Größe 10. 164.
Scheitel v. Spiegeln u. Linsen 461.
Scherung 49.
Scherungsfestigkeit 118 f.
Schiefe Ebene 335. 337. 353.
Schirmwirkung 154. 247.
Schlagweite 293.
Schießungsstrom 280.
Schmelzung (Schmelzpunkt, Schmelzdruck) 101 ff. 419.
Schmelzpunktserniedrigung 220.
Schmelzwärme (-arbeit) 219 ff. 419.
Schnellste Ankunft 466.
Schraube 335. 337.
Schraubenbewegung 17. 24.
Schubfestigkeit 118 f.
Schwarz 315.
Schwarzer Körper 402 f.
Schwebungen 33. 192. 392.
Schwellenwert 196. 319 f.
Schwerebeschleunigung 51.
Schwerkraft 352.
Schwerpunkt 65 ff.
Schwerpunktssatz 68.
Schwimmen 332.
Schwingung 17. 24 ff. 30 f.
Schwingungsdauer u. -zahl 24 f. 190. 312.
Schwingungsebene des Lichtes 310. 458.
Schwinguugspunkt 358.
Schwingungszahlen d. Farben 314.
Schwungkraft 46.
Sehgrenzen 313.
Seiches 373.
Seifenblasen 346. 493.
Seitendruck 344.
Sekundärelement 292.
Sekunde 15.
Sekundenpendel 356 f.
Selbstinduktion 280 ff.
Selbstpotential 280.
Selektive Absorption u. Reflexion 402. 404 f. 476.
Senke 148.
Serienschaltung 430.
Sicherheitsmodul 119.
Siededruck u. -punkt 105 f. 419.
Siedepunktserhöhung 114. 143.
Siemens'sche Einheit 291.
Sinusschwingung 27.
Skalar 6.
Solarkonstante 404.
Solenoid 153.
Solenoidaler Magnet 255.
Sonne 58. 361.
Sonnenspektrum 486.
Sonnenstrahlung 404.
Sonnentag 14 f.
Spaltbarkeit 118.
Spannkraft 183.
Spannung 48.
Spannungskoeffizient der Gase 96.
Spannungsdifferenz 236. 293.
Spannungsreihen 232. 237 f. 300.
Spektralanalyse 487.
Spektrallinien 486 f.
Spektrum 37. 406. 485 ff.
Spezifische Energie 176.
— Entropie 413.
— Kohäsion 129.
— Masse 54.
— Wärme 205 ff. 210 f. 225 f.
— Zähigkeit 124 f.
Spezifischer Magnetismus 261.
— Widerstand 434. 442.
Spezifisches Brechungsvermögen 465.
— Drehungsvermögen 311.
— Gewicht 62.
— Leitvermögen 433 ff. 450.
— Volumen 58.
Sphärische Aberration 462.
— Wellen 32.
Spiegel 461. 468 f.
Spiegelung 35.
Spitzenlicht 504.
Spratzen 115.
Springflut 374.
Sprödigkeit 121.
Stabiles Gleichgewicht 327. 331 f.
Stabilität 332.
Stabschwingungen 381 ff.
Standfestigkeit 333.
Starre Körper 78. 328.
Starrheit 80.
Statik 330 ff.
Stationäre Bewegung 18.
— elektr. Strömung 250. 426.
Statische Energie 182.
— Momente 335.
Stehende elektr. Wellen 443.
— Lichtwellen 457. 480. 508.
— Wellen 30.
Steighöhe 346.
Steigkraft des Luftballons 348.
Sterngrößen 319.
Sterntag 14.
Stetigkeitstheorie 131.
Stimmgabel 385.
Störungen 361.
Stöße 392.
Stokes'sches Gesetz 502.

Stoß (-fläche, -geschwindigkeit, -zeit) 363 ff.
Stoßenergie 188.
Stoßfestigkeit 118.
Stoßkräfte 44.
Strahlen 34. 460.
Strahlenaxen 495.
Strahlenbrechung 472.
Strahlenbüschel 34. 460.
Strahlenfläche 496.
Strahlende Wärme 401.
Strahlung 34 f. 130 f.
Strahlungskonstante 402.
Strahlungsvektor 454.
Streifender Ein- und Austritt 471.
Streuung der Kraftlinien 272.
Strömung 147 ff.
— der Flüssigkeiten 369.
— der Gase 375.
Strömungsströme 426.
Stromarbeit 251.
Strombrücke 430.
Stromdichte 250 f. 428.
Stromeinheit 291.
Stromfaden(linie) 148.
Stromgeschwindigkeit 442 f.
Stromstärke 250 ff. 285. 427 f.
Stromwärme 296 ff.
Sturmflut 374.
Sublimation 105.
Summationstöne 393.
Superposition 27.
Susceptibilität 250. 264. 268 f.
Symmetrie der Krystalle 74 ff.

TäglicheTemperaturschwankungen 399.
Tag 14 f.
Talbot'sche Streifen 489.
Tangentialbeschleunigung 22.
Tangentialdrucke 45. 47.
Tangentialkraft 45.
Tautochrone 357.
Teleskopische Abbildung 467.
Tellurische Linien 487.
Temperatur 4. 96 ff. 135 f. 205. 218. 410 f. 422.
Temperaturänderung durch Druck 417.
Temperaturleitungsfähigkeit 398.
Temporäre Deformation 116.
Temporärer Magnetismus 256.
Tension 107.
Tensor 6.
Teslalicht 507.
Teslaströme 293.
Theoretische Physik 2.
Thermische Ausdehnung 89 ff. 95 f.
— Veränderlichkeit der elektromotor. Kraft 424.
Thermischer Druck 89.
Thermochemie 226 ff.
Thermochrose 402.
Thermodynamik 200 ff. 394. 407 ff. 424 f.
Thermodynamische Bewegungsgleichungen 422 f.
Thermodynamisches Potential 414.
Thermoelektrizität 300 ff.
Thermoluminescenz 309.
Thermomagnetische Ströme 301.
Thermoströme 300.
Thomson-Joule'scher Satz 212.
Thomson'sche Wärme 296 ff.
Ton 189.
Tonhöhe 190.
Tonleiter 192 f.
Tonschwingungen 380 ff.
Tonstärke 194 f.
Toricelli'sche Leere 348.
Toroid 255. 265.
Torsion 80. 118. 341 f. 384.
Totalintensität des Erdmagn. 256.
Totale Dispersion 489.
— Reflexion 36. 464. 474.
Tourenzahl 24.
Trägheit 38.
Trägheitsmoment u. s. w. 68 ff.
Tragmodul 117.
Transparenz 317.
Transpiration 377.
Transversale Magnetisierung 255.
Transversalschwingungen 31.
Transversaltöne 382 ff. 385 ff.
Triboluminescenz 309. 503.
Tropfelektroden 238.
Tropfen 346.
Tropisches Jahr 15.
Trübe Medien 455. 506.
Typentheorie 142.

Übereinstimmende Zustände 110.
Überführungszahl 305 f.
Übergangswiderstand 307 f.
Überhitzt 105. 107.
Überschmelzung 102.
Ultrarot 313. 401. 406. 487.
Ultraviolett 313. 487. 502. 504. 507 f.
Umkehrbare Prozesse 180. 202. 324. 328. 408 f. 412 ff.
Umkehrbarkeit der Strahlenwege 466.
Umkehrung der Spektrallinien 486.
Umwandlungsprinzip 322.
Unabhängige Bestandteile 421.
Undulationstheorie 308.
Unfreie Bewegung 17.
Unfreies System 330.
Ungeschlossener Prozeß 180.
Ungleichförmige Bewegung 17.
Ungleichförmiger Magnet 260.
Unipolare Induktion 285.

Unstetigkeitsebenen 467.
Unterkühlung 102. 105.
Unterschiedsempfindlichkeit f. Farben 312. 315.
— für Lichtstärken 319.
— für Töne 192.
Untertöne 385.
Uratome 132.

Vakuum 348.
Valenz 134.
Valenzladung 305.
Van der Waals'sche Formeln 94. 110. 136.
Van't Hoff'sches Gesetz 113. 142.
Variable 5.
Vektor 6.
Veränderliche Bewegung 18.
Verbindung 63.
Verbindungswärme 226 ff.
Verborgene Bewegung 146. 182.
Verbrennungswärme 229.
Verdampfung 105 ff.
Verdampfungswärme 222 ff. 419 f.
Verdichtung u. Verdünnung 60. 221. 348.
Verdünnte Lösungen 113.
Verdunstung 105.
Verflüssigung 105.
Vergrößerung 462. 468.
Verhältnis der spez. Wärmen 210 ff. 216 ff. 418 f.
Verlorene Kräfte 328. 351.
Vermehrung der Entropie 322. 413.
Verrückung (Verschiebung) 18. 23.
Verschiebungs(Verrückungs)potential 146.
Verschiebungsströme 253.
Verstärkungszahl 243. 245 ff.
Verzögerung 17. 21.
Violle'sche Lichteinheit 318.
Virial 334.
Virtuelle Arbeit (Moment) 328.
— Geschwindigkeiten (Verrückungen) 328 f. 331.
Vokale 389.
Vollkommen elastische Körper 116.
— schwarzer Körper 402 f.
Vollständiges System 62. 176 f.
Volt 236. 290.
Voltainduktion 280.
Volta'sche Säule 238.
Volumen 6 ff.
Volumenänderung mit der Temp. 417.
Volumenelastizität (-modul) 79. 84. 87 f.
Volumenenergie 188.

Wälzende Reibung 126.
Wärme 199 ff. 393 ff.
Wärmeäquivalent 203 ff.
Wärmekapazität 205 ff.
Wärmekonvektion 394.
Wärmeleitung 394 ff.
Wärmespektrum 400.
Wärmestrahlung 394. 401 ff.
Wärmetönung 226 ff. 426.
Wellen 401.
Wahre Elektrizität 250. 449.
Wahrer Magnetismus 449.
Wanderung der Ionen 305. 436.
Wasserwert 207.
Watt 175. 290.
Weber 290.
Weber'sches Gesetz 233.
— psychophysisches Gesetz 196.
Wechselkraft 242.
Wechselstrom 251 f. 283.
Wechselwirkung 41. 52. 179. 183. 206.
Wechselzahl 252.
Weich 102.
Weiß 314.
Wellenberg und -Thal 32.
Wellenbewegung 30 ff.
— der Flüssigkeiten 372 ff.
Wellenfläche 31. 496.
Wellenlänge der Spektrallinien 314.
Wellrad 335 f.
Weltzeit 16.
Wertigkeit 134.
Wheatstone'sche Brücke 431.
Widerstand 252 f. 427 ff. 437 ff.
Widerstandseinheit 288. 290 f.
Widerstandskraft 38.
Winkel 9.
Winkelbeschleunigung 23.
Winkelkonstanz 73.
Winkelgeschwindigkeit 21.
Wirbelatome 145.
Wirbelbewegung 147 ff. 371 f.
Wirbelströme 285.
Wirksame Stromstärke 252.
Wirkungsfähigkeit 321.
Wirkungsfunktion 176.
Wirkungsgrad 325 f. 411. 424. 431.
Wirkungssphäre 130. 135.
Wurf 354 f.

X-Strahlen 506.

Zähigkeit 123.
Zahlengröße 4.
Zahnrad 335 f.
Zeemann'sches Phänomen 488.
Zeit 14 ff.
Zenker'sche Blättchen 480.
Zerstreuung der Elektrizität 433.

Zerstreuung der Energie 322.
Zerstreuungsgrad 325.
Zerstreuungslinse 470.
Zug 48.
Zugmodul 80. 86 f. 338.
Zungenpfeifen 388.
Zusammengesetzte Schwingung 27.
Zustand 179 ff.
Zustandsgleichung 96. 110. 181.
Zustandsgrößen 181.
Zweidimensionale Erscheinungen 6.
Zweifach zusammenhängend. Raum 14.
Zweite Hauptgleichung 415.
— Hauptlage 258.
Zweiter Hauptsatz 323. 349. 407 ff.
Zwilling 73.

Berichtigungen.

S. 46,	Z. 23 von oben	lies	***31***	(statt ***30***)
„ 52,	„ 18 „ „	„	***31***	(„ ***30***)
„ 58,	„ 3 „ „	„	59750 × 10^{17} Tonnen	(„ 597 500)
„ 86,	Tab. aʒ	„	Borsäure 2030	(„ 2300)
„ 96,	Z. 5 von unten	„	**183**	(„ **180**)
„ 97,	„ 6 „ „	„	$T=\frac{v}{\alpha_v v_o}$ resp. $T=\frac{p}{\alpha_p p_o}$	(„ $\alpha_v \frac{v}{v_o}$ resp. $\alpha_p \frac{p}{p_o}$)
„ 101,	„ 7 „ „	„	Erstarrungspunkt oder Gefrierpunkt	
„ 119,	„ 7 „ „	„	***65*** (5)	(„ ***62*** (5))
„ 188,	„ 6 „ „	„	***14***	(„ **14**)
„ 218,	„ 13 „ oben	„	$\frac{2}{3\mathfrak{n}}$	(„ $\frac{2}{3}\mathfrak{n}$)
„ 247,	„ 10 „ unten	„	***24***	(„ **24**)
„ 323,	„ 13 u. 14 v. o.	„	***17*** u. ***34***	(„ **17** u. **34**)
„ 327,	„ 13 von oben	„	***57*** resp. ***58***	(„ **57** resp. **58**)
„ 474,	„ 8 „ unten	„	***112***	(„ **112**).

---

www.ingramcontent.com/pod-product-compliance
Lightning Source LLC
LaVergne TN
LVHW091040021026
849161LV00002BA/225
9783112436233